精准达尔文主义进化论

舍英 著

JINGZHUN DAERWEN ZHUYI JINHUALUN

内蒙古科学技术出版社

图书在版编目（CIP）数据

精准达尔文主义进化论 / 舍英著. —赤峰：内蒙古科学技术出版社，2017. 6（2020.2重印）

ISBN 978-7-5380-2815-7

Ⅰ. ①精… Ⅱ. ①舍… Ⅲ. ①达尔文学说—研究②进化论—研究 Ⅳ. ①Q111

中国版本图书馆CIP数据核字（2017）第124200号

精准达尔文主义进化论

作　　者：舍　英
责任编辑：许占武
封面设计：永　胜
出版发行：内蒙古科学技术出版社
地　　址：赤峰市红山区哈达街南一段4号
网　　址：www.nm-kj.cn
邮购电话：(0476) 5888903
排版制作：赤峰市阿金奈图文制作有限责任公司
印　　刷：天津兴湘印务有限公司
字　　数：510千
开　　本：700mm × 1010mm　1/16
印　　张：28.25
版　　次：2017年6月第1版
印　　次：2020年2月第2次印刷
书　　号：ISBN 978-7-5380-2815-7
定　　价：98.00元

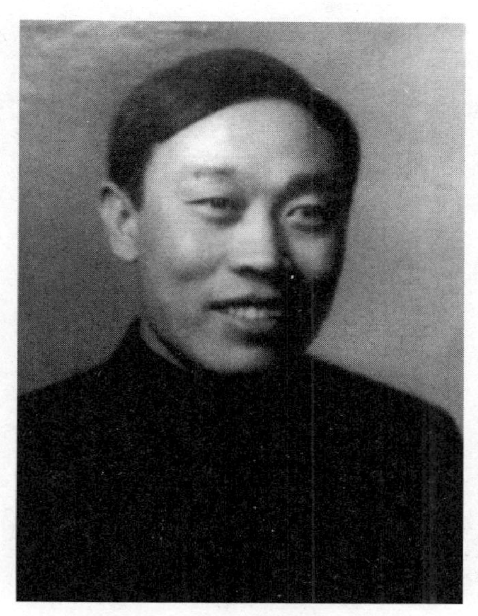

作者学位论文答辩纪念照（1958）

作者简历

舍英，内蒙古医科大学（原内蒙古医学院）细胞生物学教授，蒙古族医学界第一位博士（PHD），中国人民政治协商会议第五届全国委员会委员，内蒙古第五、六届委员。从1963年起受聘为中华人民共和国卫生部科学委员。中国解剖学会第五至第九届全国理事会理事，内蒙古分会理事长。任内蒙古自治区及区外五种杂志编委。1991年起享受国务院特殊津贴，省级劳模津贴。获东北解放纪念章和内蒙古教育厅光荣人民教师奖章。硕士研究生导师。

内容概要

当前进化生物学理论争辩的重点在于，对动物遗传性变异和适应性变异的驱动力、达尔文主义进化论的核心理论——自然选择原理的科学内涵及其演化速度的不同理解。这个被全世界赞颂为19世纪三大发现之一的创新性发现，是人类思想进化的新的亮点。它的整套理念的唯物主义自然观是生物演化与生存环境之间的不可割裂的相互关系。现今，进化生物学开始迈入量子生物学阶段时不可绕过地球的原子进化问题。如果回避组成生物体的29种原子的壳电子的行为的话，就无法谈论在这个绿色星球上如何从碳氢化合物演化出能够以新陈代谢机制复制自身结构的、自我更新的、高度组织化了的、对外开放的同时又具自身独立性的结构复杂的生命体。解释这个生物体的局部结构与整体结构之间的相关规律的不同论点可能是辩证唯物主义自然哲学与形而上学哲学思唯逻辑的分歧点。达尔文进化论在已经走过的150年的发展道路上仍然有“新达尔文主义进化论”和“非达尔文主义进化论”的逆流著作，改了装的神创论——智慧设计论，以及各种以提问、补充、质疑为名反转过来扭曲进化生物学科学原理的著作存在。时至今日我国文献里曲解拉马克—达尔文进化论一些基本原理，不拿出新的事实只用一些华丽的辞藻空口饶舌企图更正、填补达尔文的原创者并不罕见。甚至一些专家们公然提出“达尔文进化论显然不能算科学”。处于这种形势下我们不畏惧冒犯那些权威们的尊严，据理表达了自己的见解，希望有益于进化生物学的发展。

我们在本书里发表了数项理论创新，敬请大家评审和指正。

序 言

自然科学核心学科——数学、物理学、化学（分子物理学）跨入量子学时代，开始引领生物学进入量子生物学新时代。这种新的时代交替，在已经习惯于旧的思唯模式的人们思想里产生了震动。与此同时，在国际文献里出现了木村资生（Kimura，M.，1969）和King，JL.（1969）等仅以一种酶蛋白质进化年代的测定为证据，提出了“生物进化与环境无关”、“生物进化的动力不是自然选择而是基因突变导致的基因随机漂变中命运好的突变基因偶然地遗传下去的”中性基因论——“非达尔文主义进化论”向达尔文进化论发出了挑战。这种意识流在我国生物学界或进化生物学界引起了共鸣。开始出现对达尔文进化论的核心——自然选择原理的质疑到否定的倾向，如《上海科坛》2009年刊登的一系列演讲中公然提出达尔文进化论不能算科学。

进化论始于18世纪，已经经历了260多年的漫长岁月。其开端是1759年沃尔弗（C.F.Wolff，1759）首次在自已的学位论文里否定预成论，而提出进化的概念。他说物种起源是渐次发育的过程。在这天才的预见之后到了奥肯、贝尔、拉马克的预见有了具体的形式。拉马克（Lamarck，1805）从拿破仑的军队退役之后在马来亚森林里长期隐居观察野生动物的习性、遗传特性，发表了《动物的哲学》。阐明了动物在它的生存环境中适者生存，不适者被淘汰（优胜劣汰）；器官的使用者进化，不使用者退化（用进废退），后天获得性状可遗传。这就是被恩格斯誉为“有了具体形式”。1859年查·达尔文（Charles，R.Darwin）胜利地完成了进化论的光辉著作《物种起源》。达尔文创新进化理论被科学界公认为是19世纪人类三大发现之一，是生物学所有门类的最根本的理论基础。它的理论价值超出了生物学的范畴。在哲学、社会学、经济学以及各种自然科学门类、意识形态学门类都引起了轰动。历史上没有一本著作如《物种起源》一样受到先进的、站在自然哲学立场上的众多科学家如此广泛的赞颂，也没有一本著作受到具有唯心主义哲学思想的科学家和宗教界的反对。达尔文创立其理论的年代是宏观形态学时代。在那时进化机制的证据还不为人知。其启动途经——分子遗传知识只是处于萌芽状态。当20世纪DNA、RNA分子结构与功能解析亲缘关系的进化机制得以说明之时，达尔文进化论的主体理论击败了一切针对它的科学质疑。20世纪末到21世纪初，在我国进化生物学发展中出现了微妙的景象。出版业的运行注重以经济为杠杆，导致一切理论著作的出版状况还不如杨红缨的《淘气包马小跳》。尽管后者的知识性贫乏，但它的低水平的趣味性甚高。搞笑、逗乐子博得处于童稚阶段的幼小儿童的青睐，销路极好。

2005年，美国兴起的老旧神创论新版——智慧设计论，在一些原教旨主义根基很深的国度，如在美国、英国、澳大利亚、土耳其传播开了。在我国宗教教旨并未形成痼疾，但是进化论观念也未根深蒂固或深入普及。因此就像叶盛博士指出那样："一些华人出于各种不同的目的——既有单纯传教的，也有借以出名的，回国扯起智设论的大旗。特别是近年来，随着对外开放的程度的加深——客观上为智设论、神创论的发展提供了机会。在这样的背景下，近几年国内很少见到演化论的书籍出版，反而反对演化论的书籍受到追捧。"受国际文献的影响，我国生物学主流意识流里基因学占据了主导地位，例如2001年在北京召开的第10届国际基因、基因族、同功酶研讨会，在5天的会议日程中全部课题属基因学，只有一项为同功酶著作，即舍英著的《应用同功酶学》。在这种背景下"非达尔文主义进化论"受到热捧，赢得了一大批粉丝。我国一位专家甚至认为中性基因论是人类思想进化历史上新的亮点。他认定生物进化与环境无关的结论是唯物主义的。有人认定进化生物学发展的现阶段是后基因学阶段，量子化学对生物学帮助不大。进入21世纪的后基因时代，在有些人看来，达尔文所建立的宏观形态学时代的理论理应反思、受到质疑。最终被判为"达尔文进化论不算科学，只能算假说。这是由进化论本身的性质所决定"。事情到了否定进化论的地步。在我国进化论又将触礁了，又将面临危机。此时，在上海出版了唯一的一本专著《达尔文新考》。这本书在许多方面赞扬了达尔文进化论的科学原理。著者在跟随他的老师逐字逐句核对《物种起源》第一版到第六版的文字变换的繁琐劳动中得出的结论认为，达尔文追随拉马克学说有不少"败笔"。

150年前F.恩格斯认定拉马克是达尔文的先驱者。他在《自然辩证法》一书里指出"无论是达尔文或者追随他的自然科学家，都没有想到要用某种方法缩小拉马克的伟大功绩"。同样所有站在辩证唯物主义立场上的卓有成就的自然科学家都确认拉马克的进化理论与达尔文进化理论是一脉相承的完整的理论体系。这本《新考》主题宣扬的论点纯属魏斯曼的(种质连续学说)。

在达尔文进化论，甚至进化论本身处于危机之际，我们简述了生命物质发生、发育的绿色星球的进化，阐述了生命物质的诞生和它们的发育过程。并同曲解达尔文主义核心理论——自然选择原理的各种论点进行了争辩。阐述了我们的理解和解析，敬请读者参与辩论。科学理论越辩越清。科学真理不靠权威者定论，也不靠选票竞选（所谓公认的），只靠实证求是的辩证唯物主义正确哲学思维逻辑指引才有发展前景。

1925年由薛定谔（Schrödinger）、普朗克（Planck，1900）、朝永振一郎（1955）、P.A.M.Dirac（1958）等人开辟了量子物理学、量子化学、量子生物学的理论基础。他们和众多的同时代的人阐明了结合成动物个体的各种化合物的原子壳电子的活动成为化合或解离的关键机制。从此揭示了困扰化学界百年之久的两个中性原子如何结合为分子的奥秘。在量子力学的影响下生物学进入量子生物学（精确点说的话现阶段应该是原子生物学或电子生物学）已有近半个世纪了。如永田亲义（1975），Н.В.ВОЛЬКШТЁЙН（1977），原田馨（1978），А.С.ДАВиДОВ（1979），邹承鲁（1979），刘次全、温元凯、曹槐（1989），刘次全（1990），郝柏林、刘寄星（1997），原田馨及其他人都有专论。永田亲义说出了20—21世纪化学学科发展趋势的现状。他说“现在量子化学已渗透到化学所有领域。已经到了离开量子化学不能论述现代化学的状况”。因此把基因时代，后基因时代看成进化生物学的永恒的终点的论点应该是与进化生物学发展步伐隔一个世纪的落后的概念。

20世纪60年代末生物学进入分子生物学时代时又迎来与新的形而上学哲学思维逻辑支配下的所谓“非达尔文主义进化论”的新挑战。是由Kimura，M.（木村资生1969）和King.JL.（1969）等以多篇论文及专著形式挑起来的。正如在一百多年前，E.杜林先生说的相吻合。杜林说：“如果能在生殖的内在模式中找出某种独立变异的原因，那么这种思想也许是十分合理的……”杜林是从生物体内部与环境无关的变异中找原因，而其后远隔近两个世纪的后继者们则从生物体外部找命运好的变异。二者的共同点是生物分子进化与环境无关。我们重新学习了量子物理学、量子化学、量子生物学之后反思进化生物学时，回味到自然界发展的客观规律假若回避组成生物体的29种原子的壳电子活动，只停留在蛋白质链和核苷酸链的相互作用而止步则令进化生物学再也不能前进一步。当今有那么一些出版者认为谈论进化论之类理论著作毫无经济效益。我愿向这些急功近利的实用主义者敬告“一个民族要想站在科学的最高峰，一刻也不能没有理论思维”。

舍英博士（PHD）

2009年9月23日

目 录

第一章　地球的诞生

第一节　地球诞生的早期

——原子进化时代

宇宙是无边缘、无限界的空间（宇）和无始端、无终点的时间（宙）的宏大时空。在宇宙空间的所谓真空里充满氢元素和稍少的氦元素，由这些轻元素衍生出无数星系和星体。太阳系只是其中的一个小星系。太阳距银河系中心有3万光年。太阳的半径为6.96×10^8m，质量为1.99×10^{30}kg，其赤道面上的自旋周期为27日（从地球观察值），向地球辐射的能量为32×10^{26}J/s。向地球辐射全色光、X射线和电磁波。太阳是一个大火球，在不停地燃烧着。其燃料不是碳，而是由氢原子裂变产生的热量，温度约在1700℃。太阳的巨大引力吸引着九颗大行星在一个平面上以椭圆形轨道随其自旋运转，即九大行星。所有行星的自转、公转总是与太阳的自转保持相同的方向（左旋）。只有九颗行星的卫星有逆行方向运转的。地球是离太阳第三远的行星。它运转在太阳系的唯一绿色轨道上。地球与太阳的距离可用Bode法则或用Kepler法则计算。

至今人类已发现的有生命物质的星体只有一个，就是地球。这是生命物质的摇篮和生命物质生存繁衍的家园。可以推想：在宇宙空间里肯定还会有类似地球的有水、有空气，气温适宜，有绿色环境的星球。现代天文学家利用一切最先进的科学仪器探索着距我们1亿光年（所谓光年按惠更斯测光法，光在真空以2.997925×10^8m/s的速度运行一年的行程为1光年）的星球的光谱，企图发现生命物质，首先是水的迹象。广大人民群众经常“亲眼看到”“星外来客”“外星飞碟”。由此可见天文学界、生物学界和人民群众渴望得知宇宙里有生命物质，有人类的邻居。

科学界中天文学家及进化生物学家不懈努力，希望求知地球的来源、发展历史、矿藏资源、天灾；希望求知生命物质发生和来源、发育历史、进化规律，为此不惜投入大量精力和资源进行探索。

以现今人类智慧积累的丰富知识建立的地球发展历史和生物进化知识，仍无法解释很多自然现象，有许多疑难问题困扰着科学界。据 Urey, HJ.（1930, 1952）小尾信弥（1973）及多篇文献报道：有些人主张，地球是由爆炸毁灭的旧星体的碎块拼凑形成的星体；也有人认为，地球是宇宙灰尘凝成的球体。但是，现今的天文学家、地质学家几乎都支持拉普拉斯（Laplace, PS., 1779）、赖尔（Lyell, C., 1788）所发现的地球诞生的原理。恩格斯在《反杜林论》一书的引言里提到，康德提出的太阳和一切行星是由旋转的星云团产生的过程的论述——“过了半个世纪由拉普拉斯从数学上作出了证明，又过了半个世纪，分光镜证明了在宇宙空间里存在着凝聚程度不同的炙热的气团”。他接着在《自然辩证法》里盛赞“赖尔以一种至今没人超过的方式详细证明了一个太阳系如何从一个单独的气团中发展起来的：以后的科学愈来愈证明了他的观点”。

据认为，大约在50亿年前从太阳喷发出的太阳微粒子流（Soral plasma）里的氢元素和中子气团被抛向宇宙空间。但这个气团依靠它旋转所产生的角量子和太阳引力，在绕太阳的椭圆形轨道（Orbit）上呈行星式运转，即人们所说的绿色轨道。在现代自然科学许多学科的知识的基础上Lorentz, HA., 1909年首创电子理论，提出一切物质均由电子构成。并阐述了电子大小、电子的质量、共价结合半径、离子结合半径等诸特征，获得了1902年诺贝尔奖。电子理论揭示氢原子的核子只有一个质子及和它数量相等的壳电子在圆形轨道上绕核行星式旋转，即电子云（Electronic cloud）。质子是正（阳，标号“+”）电荷，电子为负（阴，标号“—”）电荷微粒子。原始地球星云气团的氢原子核裂变放出高温热能，气团温度与太阳温度相似，几乎达1700℃。在此高温中氢原子核出现β-衰变（Fitzgerald, PJ., 1957）或α-衰变，按原子序数变位法则（Displacement low）（Soddy, F., 1921年诺奖）单电子原子核冲进中子。原子核里中子过剩引起原子结构不稳定，中子变成质子，放出阳电子（$P=N+e^{+}$），原子的正电荷增加吸引阴电子（e^{-}），这叫阳电子衰变。原子向元素周期表的末段的另一种原子转变：如碳（6C）变成氮（7N）继续变成氧（8O），如此逐步出现元素周期表里的全部多电子天然元素（105种）。在原始地球炙热的气团里多种金属元素或过渡元素在高温高压条件下结合成各种晶体（有机化合物称分子）。大量晶体凝结为硬质硅酸盐岩层和软质碳酸盐亚岩层的地壳（Earthed crust）。地球由星云气团变成了岩性球体。

球体的外层叫地壳（Earthed crust），厚7～60km，除轻质的主要成分花岗岩外还有更轻软的碳酸岩。下方为地幔，厚约2900km，以比重较大的玄武岩（Basalt=SiO_4）和橄榄岩（Periotite=$MgSiO_4$）为主要成分。地壳和地幔之间有一不连续的夹层，叫莫霍罗维奇层（以克罗地亚地质学家的名字命名的）。地球的核心为叫地核，其半径3470km，是熔融状态的铁和镍（28Ni）。这种铁、镍核心的磁力致使地球成为一个巨大的磁体。北极为磁体的N极，南极为磁体的S极。这就是赫姆霍尔兹力的引力。这里使我困惑不解的是，地球表面上人类时而头向上站立着，过12小时头向下贴在地面上。这种附着力无法用磁力加以解释。所谓的上、下只不过是人类的习惯形成的感觉。在宇宙空间里不存在方向。地球的直径12714km。距今50亿年前出现的炙热的巨大的核反应堆——星云气团里的核裂变渐衰，地壳表面渐凉。从地表每下挖12m温度上升1℃。直到地核达1000℃左右。地球有别于月球、金星、木星等无活力的星球，就在于地核里的核反应的热能再加上太阳能的活力，这就是绿色星体的恒温性能。

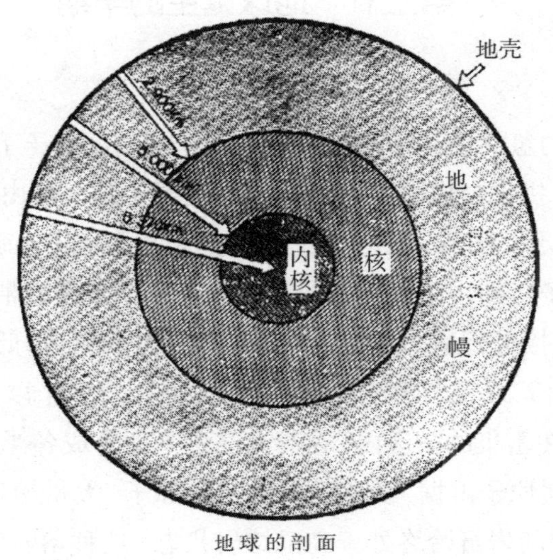

图 1–1–1　地球剖面模式图

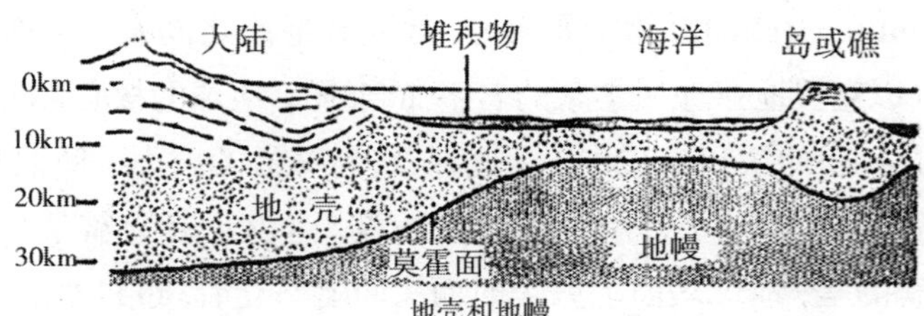

地壳和地幔

莫霍不连续面——地壳和地幔的界面——从地表起的深度随地点不同而有很大的差别，在大陆上深度平均是30千米，而在海洋中则明显的较浅，5~8km。地壳漂浮在地幔上。像地壳那样巨大的岩块已经不是地幔的弹性所能支持的。其所以能支持，是由于地壳和地幔的密度有差别产生浮力。

图 1-1-2　地壳模式图

第二节　地球诞生的早期

——分子进化时代

太阳喷发出的氢元素和中子气团的氢原子在高温高压下衍生出105种天然元素和晶体结构（有机化合物称分子）。在原始地球形成时期由电负性小的活泼的金属原子失去最外层电子形成稳定的电子层结构变成带正电荷的离子。电负性大的活泼的非金属原子得到一个电子形成稳定的电子层结构的带阴电荷的离子。这两类阴、阳离子相互接近到适当距离时引力和斥力相平衡，降低系统的能量，阴阳离子间的价电子结合形成稳定的离子化合物如$MgSiO_4$。两个以上的同种金属原子的激态壳电子结构在富集的矿区内、在高温高压下聚合成各类角形的晶体。晶格的交角由相同的金属原子占据，晶格内充填其他原子。大量熔融状态的晶体凝结成岩石。在地幔深层的岩石始终处于高温熔岩状态。这种熔岩经常涌向地壳表层向外喷发，叫火山。

岩石结构形成之后逐步减少氢核反应，地球实体表面温度下降到300℃以下时，地球表面上氢氧元素结合成水分子。水体占地球表面面积的72%。在陆地上或水环境里碳、氢、氧、氮原子和其他原子在无序的、随机的碰撞中出现有序碰撞，形成无数种类的无机化合物分子、有机化合物分子。这个过程也耗去十几亿年的时间。原子之间的无序碰撞随机结合成有机化合物的几率太小，过程很缓慢。例如两个碳、两个氧、六个氢碰撞出最简单的有机化合物乙酸花费16年时间。有机化合物获得生命活性——生物还要花费漫长的岁月。这就是地球的分子进化时代。

第三节　地球与大气圈

——生物进化时代

地球

地球的基本固体结构是矿物岩石，这些物质是钙（20Ca）的碳酸化合物（$CaCO_3$），为地球矿物如方解石、冰洲石、大理石、石灰石、霞石的组成成分。硅（14Si）和镁（12Mg）即Sima（$MgSiO_4$）是橄榄岩的主要成分，铝（13Al）和硅（Si）即Sial是花岗岩（Granit），片麻岩（Gneiss）的主要成分。四氧化硅（SiO_4）是玄武岩（Basalt）的主要成分，水晶也是以SiO_4为其主要成分。

元素周期表里所列化学元素成为地球化学结构的组成成分即地球岩石结构的晶体，晶格空隙里都是金属元素和部分非金属元素。地球上的岩石结构的形成年代，现代科学家以测定岩石里所含长周期放射性元素的半衰期的方法已经确定。

放射性铀（^{238}U）的半衰期为4.5×10^9年，据原子物理学者的测定，地球最古老的岩石里的1g铀原子在45亿年间衰变成0.433g（^{206}Pb）。由此推算地球诞生于46亿年前的远古年代。

地球诞生之前或形成地球的最早期，在核反应中发生的高温条件下，地球起源的早期阶段我们称为原子进化时代。晶体晶格出现，产生矿物岩层，而后地球表面温度下降到140～180℃时有机化合物自发聚合，进入分子进化时代（Dow, O.1983）。

地球（earth）的整体质量为5.98×10^{27}g，平均密度为5.52g/cm^3。因此地球围绕太阳在引力与地球角动量相平衡的距离上的椭圆形轨道上以行星式旋转，叫公转。当代的公转一周为365天，地球本身还有自转，耗时一昼夜，即24小时。形成地球的所有原子都有壳电子且绕核旋转不止。就是说宇宙里的一切物质的存在形式就是运动。动是绝对的，静止是相对的。

地球的最外层称大气圈，可算是地球的最外层气态壳（后述），大气圈物质的质量为地球质量的$1/10^{-8}$，岩石实体的地球从最外层算起的层次叫地壳（Earths Crust）、地幔（Mantle〈英〉、Manteau〈法〉）、地核（Geocenter）等层。地壳是很薄的地球的外皮，地壳与地幔之间有一层不连续的片层叫莫霍洛维奇层。在高山地区的地壳约厚60km，在深海区为7～8km。地壳外面有多层陆相沉积层和海相沉积层。地球历史上各个代和纪发生的动、植物遗骸化石存留在相应的沉积层里。这是古生物的档案馆，人们称将生物的历史写在地壳上。

地球是椭圆球形（橄榄球形），是太阳系的一颗行星（Planet），其赤道面上的半径为6378km，极半径为6357km，全表面面积为5×10^9km^2，地球表面的水域即海洋、湖泊、河占地球表面积的72%，平均深度为2.3km，最深的太平洋马里亚那深沟达12km。

当今时代，地球表面的气温基本上适合于150万种动物、30万种植物生长繁殖（早期的统计数值）。其赤道面面向太阳的平面称赤道（equartor〈英〉、equaileur〈德〉、Aquartor〈法〉，Экватор〈俄〉）。地球的坐标纬度为0°，向北的纬度0°～+90°，向南极方向0°～–90°，地球表面气温的地理差异是从0°～±30°为热带亚热带，从±30°到±60°为温带和亚温带，从±60°～–90°至极地为寒带。赤道面上的平均温度最高，但1921年7月8日在美索布达米亚的巴士拉北纬+30°附近记录过气温为+58.5℃，而1958年8月17日苏联南极考察站在南极大陆上记录过–87℃。地球绕太阳的椭圆形轨道决定地球表面上的不同地域气温可有春、夏、秋、冬四个季节的温差。地球自转决定日夜温差。

地球只有一个卫星即月球，月球无水，无生命物质，它绕地球公转耗时30天。达尔文（与查·达尔文无关）认为月球是从地球分崩出去的碎块，因为它的大小正好与太平洋凹坑相似，这种推测已被否定。莫霍不连续面——地壳和地幔的界面——从地表起的深度随地点不同而有很大的差别，在大陆上深度平均是30km而在海洋中则明显较浅，5~8km，地壳漂浮在地幔上，是由于地壳和地幔的密度有差别而产生浮力。地核是高温融熔态的金属核，是地球能源和磁力的来源。

大气圈（atomsphere）

是地球表面的气体壳层，这层物质的质量比地球质量轻，地球总质量是5.98×10^{27}g，平均密度为5.52g/cm^3，而大气总质量为5×10^{21}g。

地表海平面往上140km以上为寒冷的宇宙空间，在那里充满氦元素和氢元素，低纬度区（子午线近处）向上17~18km为止的一层称对流层（Troposphere）。在此层，气体大循环和各种气象现象频发，常称的空气就是指的此层大气。此层在元古时代氧含量极为稀薄，所以叫厌氧型大气或还原型大气，从古生代早期对流层大气的氧含量增高到20.9%时称氧化型大气。此大气层转化为氧化型之后嗜氧性动物、植物生长活跃，进化进程加速，对流层里空气流向散乱且猛（风、台风），造成各种气象现象。

对流层气温由底层向上逐渐变冷，在上界面上达-50℃。下层空气氧含量占21%，氮占78%，以及饱和水蒸气，少量的CO_2、氨，百万分之一的氖、氦、氙等惰性气体，也有极为稀少的一氧化氮（笑气）和甲烷。随着对流层大气层高度的变高，大气中的氧含量递减。

自海平面30~50km的上空为平流层（Stratosphere），此处的空气流动方向有别于对流层，因气流与地表平行而得名。

从平流层向上距海平面35km为臭氧层（Ozonosphere）。臭氧是氧分子的同分异构体：在太阳辐射的1.278Å（Λ）的短波紧外线光致蜕变的分子（O^1 ╱ ╲ O^3—O^2）结合角为116.8°，等边三角形分子，通过电击可使氧气变成臭氧分子，臭氧层阻挡太阳辐射的短波紧外线以免地球上的生命物质和其他有机物受损，因此臭氧层有益于保护生物生存环境。现代工业生产日益繁盛，二氧化碳排放量增加，臭氧层被破坏，这也破坏了人类的生存环境。这也是人口过度增加的负面效应。

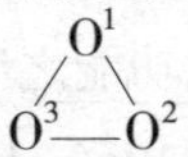

从海平面向上40~80km为中间层或叫光化层，此层里分子氧和氧化氮（N_2O）分子受紫外光解离成为氧离子和氮离子，即辉气，夜间光照度下降时辉气重新化合成分子氧和一氧化氮分子。氧分子和氮分子从太阳吸收光能，而跃迁的壳电子，重新跳回低能轨道，由此释放出光能，照射到北极圈里的寒冷的雾气呈现为极光。

光化层离子浓度高，成为地球上无线电信号传递的大气层，海拔120~140km为氮分子层，320~1000km上空为氦层，再往上为氢层即质子层（protonosphere），这就是宇宙空间。

海拔100~140km的大气层叫电离层，1600年W.Gilbect发现地磁，称地球是一大磁体，现今已知的电离层的电流就是来源于地磁。

地球的大气圈能保护地球免遭流星、陨石之类宇宙物质的打击，这类星外物质穿越大气圈时与空气摩擦而烧毁。20世纪人类向宇宙空间发射大量人造卫星和进行洲际导弹试验及发射各种空间探测器，其残留部件重新进入大气层里与空气摩擦烧毁，不致成灾害。所以说大气层是保护生命的宏观环境。生存于地球上的一切生命物质生存能量来自地球内部的热核反应和来自太阳的射线。太阳能量照射到地球不同区域的强度差异很大，地下热能喷发的区域差异也很大，引起气候变化必然导致生物体内原子结构、分子结构、代谢机制的多样性，体型习性的多样性，最终出现生物物种的多样性。

地球表面气候进化的阶段性差异有力地牵动生物进化阶梯的简繁差异和进化

速度差异，是进化生物学里辩证唯物主义自然观和形而上学或唯心主义自然观的认识论的根基。

地球诞生的早期，距今50亿~45亿年前，是一个温度与太阳相同的炙热的气团。从此渐渐变成固体岩石球体。在这球体上物质相互作用的形式是无序碰撞形式。随着地球原子进化、分子进化，化学元素的固有的亲和力物质相互作用逐渐转化出有序的组织化的有效碰撞形式：如化合物里的定比例化合、倍比例化合等。化合速度也渐变，原先最简单的有机化合物乙酸的合成花去16年时间。然而出现酶蛋白质的催化功能之后分子量甚高的蛋白质在较短期间完成化合。

距今30亿~10亿年前隐生宙时代，地球表面温度降至生命物质能够孕育和演化时出现了有机化合物和蛋白体、核苷酸、原核生物。在元古代后期出现原始无脊椎动物。而后的年代里地球表面气温进入严寒时期生物物种大部分灭绝，气温升高物种骤增。在变动中生物演化繁盛至今。据估计地球还储存着继续使生物生存45亿年的能量。因此了解地球的原子结构及其相互作用机理才能了解生命起源及其进化。那些生物进化与环境无关，奢谈地球与进化论无关的论点和思维源自对地球的无知或属于实用主义逻辑范畴。如有些上帝的奴仆或无知者向达尔文提出自然选择何以决定动物进化方向的问题。

第四节　绿色星球的特征

我们对比地球与月球、金星、火星、土星等无生机的星体发现有如下显著不同之处。

1. 地球的核心是以氢原子为燃料的高温原子炉，不断为地球提供热能，再加上太阳能，使地球变成了得天独厚的、温暖的，适于生物生存的星球。

2. 绿色星球有别于已经死亡、无生命的星球的特殊性在于：它有气态地壳保护生命，还有岩性壳层保存生命的发展历史。地球表面面积的72%被海洋占据。每天有数千万吨水蒸气飘向陆地。

3. 地球在太阳系的轨道上的自旋轴与轨道行程呈直角。因此它的赤道面始终面向太阳直射光线，这是昼夜明暗，昼夜温差的成因。赤道是地球最热的纬度地区，趋向两极逐渐降温。两极全年冰天雪地。同时也是半年黑夜半年白昼的成因。在同一纬度上球体表面凹突不平，水陆相异，被植被或沙漠覆盖。这种不同区域环境的气候变化里生物机体的生存本能必然导致机体结构和生活习性的适应性变异。必然出现多种多样的地理物种。那些质疑“达尔文理论无法找到一种方法来证实自然选择如何使生物定向发展，从而产生新物种”的途径的专家们得出结论说“达尔文主义显然不能算科学”（《上海科坛》2009年，第4期，19页）。这些专家们如果不愿辛苦翻阅150年来的进化论著作的话，请闲游绿色星球的美丽景观和浩瀚大沙漠，大自然会免费赠送给您答案。

4. 地核的熔融岩浆喷向地表释放热能和火山灰，制造肥沃的土壤。

5. 火山活动和地壳板块碰撞致使地壳隆起形成高山峻岭。海拔3500m雪线以上的高峰凝结水蒸气变成云、雨、冰、雪。这是地表淡水的来源。如全世界最高山峰喜马拉雅山脉珠穆朗玛峰高达8844.43m。在亚洲喜玛拉雅山脉海拔7000m以上的高峰有50多座。大高加索山脉（俄，阿塞拜疆，格鲁吉亚）、富士山（日）、阿贡火山（印尼）、基纳巴卢山（马来西亚）均高于3000m，帕米尔高原的4000~7700m高峰很多，青藏高原的众多高峰、印度尼西亚的查亚峰、印度北部山区海拔均在5500m以上；欧洲有阿尔卑斯山脉的勃朗峰，还有大高加索山脉的厄尔布鲁士峰（俄，阿塞拜疆，格鲁吉亚），喀尔巴阡山脉虽然没有高峰，却对该洲气候具有重要意义，奥地利的大格洛克纳山；非洲坦桑尼亚的乞力马扎罗山，肯尼亚的基力尼亚加峰，埃塞俄比亚高原的达尚峰，摩洛哥的阿特拉斯山脉的图卜卡勒山，乍得的库西山峰，喀麦隆火山，乌干达的玛格丽塔峰，马达加斯加的马鲁穆库特峰，南非莱索托高原；大洋洲有新几尼亚的查亚峰，威廉山；北美洲有科迪勒拉山系的阿空加瓜峰，落基山脉埃尔伯特峰，加拿大的洛根山，阿拉斯加山脉的麦金利峰；中美洲的墨西哥高原的奥利萨巴火山，惠特尼山峰，危地马拉的塔胡穆尔科峰，哥斯达黎加的大奇利波峰，巴拿马的巴鲁火山；南美洲安第斯山脉超6000m以上的高峰有50多座。

6. 地球近地大气层里含氮78%，为动、植物合成蛋白质提供氮源；含氧21%，支持生物的氧化还原活动。绿色星球上的氧化型大气、淡水、温暖而又可调控的气候，铺满地球表面的绿色植被和地热以及日光是动物繁衍生存的基本条件。

这就是太阳系唯一一颗绿色星球有别于其他星球的特殊环境。

本节结语

1. 高山峻岭制造地球独具的淡水是生物生存的首要条件。月球及其他行星却无此条件。

2. 高山峻岭和两极冰雪是地球大气层里气温调解的重要阀门。

3. 在气温适宜的地区腐败菌繁殖分解老死的动植物遗骸使之变成养料，是催化地球表面新陈代谢的重要机制。

4. 动植物遗骸的产物流入海洋形成海洋生物生存和繁殖的能量来源。在此还应该看到，地球轨道运行提供的阳光照射面的差异形成的地球两极的冰雪极地和大量火山及地热的贡献也不可忽视。

5. 地球大气层空气含氧21%，含氮78%。对生物生存，氧的意义不必赘述。含氮量如此之大，为生物活动中必需的蛋白质、核苷酸、卟啉环足量、及时地补充氮，以供这些极为重要结构的代谢之需。至今，据估计地球还储存着可供给生物继续生存45亿年的能量。

因此了解地球的原子结构及其相互作用机理才能了解生命起源及其进化。那些生物进化与环境无关的论点和思维欠缺理论依据。

第五节　量子化学的助力

从16—17世纪以来的漫长岁月里，无数化学家耗费终身颗力从炼金术里脱胎出“分子的物理学”即科学的化学学科。创立了质量守恒定律（Lavioser, AL., 1782），定比例定律（Proust, JL., 1803），阿伏加多罗定律也叫体积定比例法则（Avögadro, 1838），体积定比例、相互比等许多定律、常数、法则（Richter, V., 1878）。尽管化学界在无机化学和有机化学方面取得了极为辉煌的研究成果，分析化学、合成化学有了长足发展，人工合成药物开始部分取代天然植物、动物资源，染料工业、爆炸物工业已成国际贸易的重要货源；但是化学原理的知识仍然滞留在化学工业的发展阶段，仍然无法解释生命现象的本质，无法解释形成分子的真正机制。例如两个中性原子氢怎么能化合成氢分子的问题困扰了化学界近百年之久（London, F., 1928）。人类只有认知原子（Atom）、电子是一切物质、一切化合物的基本结构单元，只有认知原子之间量子化价键结合的原理，即强相互作用（Sybesma, C., 1977）之后才有了现代量子化学知识。

早在两千多年前，古希腊哲学家提出“假如有一种刀子能切割金子，切到最小的再也不可切割的小块叫原子（ατομ）”。当时人类还无化学知识，他只从哲学原理角度提出物质的最小的再也不可分割的基本粒子的概念，19世纪末，化学沿用了这个名称和概念。

原子论：19世纪初，由Dalton, J.（1803）、Bezzelius, J.J., Proust, J.L.（1803）、Gerhardt, C.F.（1853–1856）、Cannizzaro, S.（1858）、Менделеев, Д.И.（1864）、

Zimmerfeld, A.J.（1897）、Curie Pierr, Curie, Sklodowskaja（1898，居里夫人）以及一大批理论物理、化学家、数学家的多方面的研究工作为现代化学的发展积累了丰富的基础知识，为量子化学的发展做出了多方面的贡献。

卢瑟伏（Rutherford, E., 1911）以众多原子物理学、放射化学的发现为依据，在自己的α-粒子散射试验的基础上提出了原子的中心为核子，其外周围有行星式运转的电子的原子理论（1909）。这是他的巨大功献。但是Rutherford原子结构模型的缺陷是：只以原子不间断地发射电磁波，最终原子壳电子的能量耗尽，电子被核子捕获而原子崩溃。他的学说认为，原子在紫外光、可视光、红外光各种谱线段都出现谱线，这叫连续光谱（Continuous Spectroum）。事实上原子在通常的化学反应中并没崩溃，而且每一种元素的原子都根据各自的壳电子运动呈现特定光谱波段上的特定数目的辐射光谱，称线形光谱（Line Spectroum）。这也是元素周期表里的所有原子的原子光谱，俗称每种原子的身份证。我们现在在市场上应用谱线标示商品的方式在自然界早已用于标示原子种类的固有的形式了。

1900年，普朗克（Planck, M.K.E.）发现像原子的带电谐振子（Harrmonic Osallator）具有的能量只有hv的整数倍。$h=6.624\times10^{-27}erg/s$（普朗克常数），这是最小的能量单位，hv也称量子（Quantum）或称光子（Photon）。普朗克的想象中光量子呈内潜涵粒子性和波动性，即所谓波粒二相性（粒子的运动性状呈波形）。

光子的粒子性公式：$E=hv$，式中h=普朗克常数，v=粒子速度即频率。

光子波动性公式：$\lambda v=C$，式中λ=波长，C=光速。

光子的质量公式：$E=mc^2$，式中c^2=真空中的光速（爱因斯坦公式）。

光子的动量公式：$\lambda=h/p$，式中p=冲量。

光子的波动性与粒子性联立公式：$mc^2=hc/v$或$\lambda=h/mc^2$。

这些公式表明光子（量子）是一粒接一粒地被发射或吸收，而且其行程呈波性，由此普朗克开创了量子物理学的先河。

丹麦物理学家波尔（Bohr, N.H.D.）受到Planck量子学的启迪，为修正Rutherford原子理论的缺陷于1913年提出了自己的原子结构学说。

波尔的原子结构模型内容为：

1. 电子在特定的圆形的稳定轨道上运转时，既无辐射也不吸收电磁波（或能量）。

2. 电子在不同轨道上运转时，离核最近的轨道上的电子能级最低；离核远的轨道上的电子能级渐次增高，各层轨道上的电子处于最低能态叫基态。而各层电子进入高能级时原子处于激态。原子轨道的能量是量子化（Quantization）的。所谓量子化，指微观粒子运动状态的某些物理量只能取某些不连续的某些磁线的分离数值。

3. 当原子受到辐射、加热等外源性能量激发时离核近的低能级轨道电子跃迁到离核远的高能级轨道上去。原子处于激态，激态电子并不稳定，自发倾向总是由高能级轨道跃迁回到低能级轨道上去。当向低能级轨道跃迁时一定要以光量子形式放射出能量（Reid, C.1957, Егоров, А.П., 1955）。

波尔（ Bohr）理论应用能量量子化的观点解释了经典物理学无法解释的原子结构和原子光谱的特征。Bohr理论为使经典物理学的原子论走向量子物理学做出了一大贡献。

但是Bohr理论无法解释电子在轨道间运行规则，同时也难于说明氢原子光谱与多电子光谱在磁场中出现分裂现象的问题。

1927年，海特勒（Heitler, W.）和伦顿（London, F.〈德〉）在论述氢分子结合的原理时首次提出原子的电子轨道（=轨道函数Orbital function）概念。量子物理学家发现氢原子只有一层壳电子轨道，而多电子原子可有像氢原子的第一层K轨道之外还有依次分为L、M、N、O、P、Q等共七层壳电子的轨道，这些轨道代表电子能级。

现代原子理论中采用四个量子数表示原子结构里运转的电子能态。

光子具有波粒二相性，而法国物理学家戴布罗（L.V.de Broglie, 1924）发现电子也有波粒二相性。因此，欲确定原子核外高速运动中的电子空间坐标和每个电子的动量，根据德国物理学家海森堡（W.K. Heisenberg）于1928年提出的不确定性原理（Unceryintainty Principle）即不可能实现。我们有一种感觉（本书作者）：原子核外高速运动中的电子是粒子性—波性运动的微粒子，它在同一时间点上位于同一空间点上同时又不在此空间点上。如果测试手段适用于测定此粒子运动速度的话必定能测得。所以不可测的结论是否下得过早？因为一切物质（一切存在）都有质量（能量）。我们坚信人类认识世界的能力和认识物质的能力是无限的。测定高速运动中的电子的更加灵敏的测试技术手段出现之际，必将使不确定性原理得以改变。不可知论有悖于人类思维能力，有悖于科学（作者）。

奥地利物理学家薛定谔（Schrödinger）于1925、1926年首创量子力学（又称波动力学Quantum mechanics 或Wave mechanics）。他为了确定原子核外运动中的电子的特定的物理量在境界条件允许的限度内引入Ni、Li、Mi等三种参数，称为量子数值。

1. 主量子数（能级）

主量子数N是原子里的电子出现概率最大区域距原子核的平均距离。这是能量级的最主要的物理量，也是量子化的数值。所说的量子化指电子运动状态的物理量只能采取某些不连续的分立数值。N越小，电子运动状态离核越近，能级越小；N越大，电子离核的距离越大，能级越高。主量子数相同的电子在原子里形成大小几乎相同的电子云，这就是说原子里存在着与主量子数的一定值相符合的电子层或称壳电子层。普通化学书籍里已有记载。

主量子数N=1，2，3，4，5，6，7即第一、二、三、四、五、六、七壳层，其能级符号=K、L、M、N、O、P、Q。

2. 轨道量子数（电子云形状）

轨道量子数L决定原子轨道角动量。表明多电子原子各个壳层里的相同能量的电子的电子云的电子密度的空间分布具有不同形状，有方向性。氢原子核外只有一层无方向性的主量子壳层，因此，氢原子的能量只能依靠主量子数N–1的能量，而无轨道量子数L=0。而多电子原子的能量既有主量子层的能量，也有轨道量子层的能量。因此轨道量子层也称亚能层。

轨道量子数=0，1，2，3。

亚能层符号：s、p、d、f（S=sharp；P=Principal；d=diffuse：F=fundamental）。一般主量子数和轨道量子数决定原子的总能量。多电子原子N=1时，L=0；N=2时L=1；N=3时，*L*=2 ……都是正整数。

3. 磁量子数

磁量子数M确定原子里的电子轨道在空间的伸展方向，电子云的形状和大小只能与量子数N和L可能值相对应，从薛定谔方程得出电子云在空间取向取决于磁量子数M的值。当L确定后，M=0，±1，±2，…±L，对应每一个L要有2L+1个不同的M值，因此有2L+1种取向。

S–亚层，L=0时M–只能为0，说明S亚层只有一个轨道；L=1时，M可取–1、0、+1三个不同值，即P–亚层有三个轨道。因为L壳层的亚层含S^2层和P^2层。S^2的M=0，P^2的M=3（P^2_x，P^2_y，P^2_z）（2L+1）。图1–5–1示：一组磁量子数的值的动量矩的方向。在原子核附近动量=0，而两侧取–1和+1，此一组P–电子云取向在假定的X轴上呈葫芦形（图1–5–2）。其余P^2_y、P^2_z在不同方向轴上呈葫芦形取向（注意+、–符号表示电子动能取向）更为复杂（略述）。

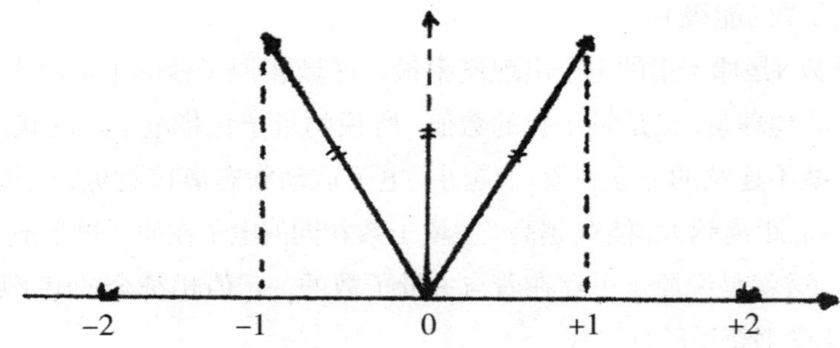

图 1–5–1　一组磁量子数的值，箭头指轨道动量矩的方向

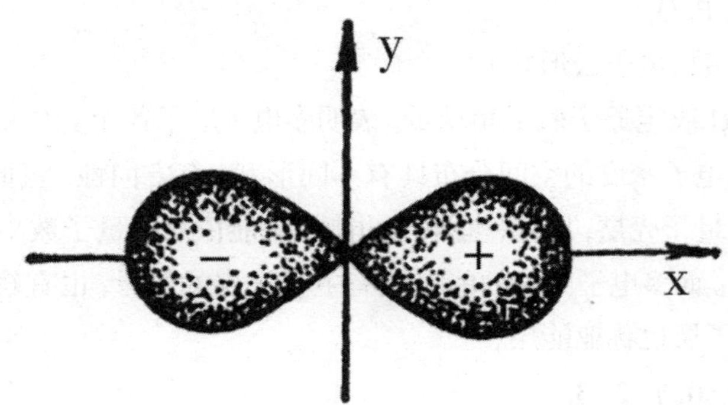

图 1–5–2　2pπ 电子的电子云示意图

M被称为磁场与外源性磁场的相互作用。假如不存在外磁场的话电子在原子里的能量不取决于M值。

d–电子在L=2，M=–2，–1，0，+1，+2五个值，f–电子N=3，M=7（2L+1）。

4. 自旋量子数

上述三种量子数值代表原子里的电子与化学化合物的质量保存定律、倍比例定律、原子的化合价理论、化学亲和力理论等经典化学的定律、法则的量子化的电子运动能量交换机制。

自旋量子数与电子的绕核运动无关。以“S”作符号称Spin，取值为+1/2和–1/2。

1929年，瑞士化学家鲍利（W.Pauli）和德国化学物理学家海森堡（W.K.Heisenberg）共同努力将量子论体系化。把场的理论的一般形式以公式的形式固定下来。Pauli在量子化学里引进了Spin的概念形成了原子相结合成分子的Pauli原理。根据此原理在原子里的每个轨道里只能容纳两个电子，不允许多余的电子进入，这叫轨道不相容原理。与此同时，在一个轨道里运动的两个电子，必须自旋方向相反，叫自旋反对称原理，以

S符号表示。

下面将四个量子数以表格形式展示：

表 1-5-1　原子的四个量子数简化表

主能层	亚能层	磁量子数的可能值	轨道数		最多电子数	
			亚层L	主层N	亚层L	主层N
K（n=1）	S（l=0）	M=0	1	1	2	2
L（n=2）	S（l=0）	M=0	1	4	2	8
	P（l=1）	M=-1, 0, +1	3		6	
M（n=3）	S（l=0）	0	1	9	2	18
	P（l=1）	-1 0 +1	3		6	
	D（l=0）	-2, -1, 0, +1, +2	5		10	
N（n=4）	S（l=0）	0	1	16	2	32
	P（l=1）	-1 0 +1	3		6	
	D（l=2）	-2, -1, 0, +1, +2	5		10	
	F（l=3）	-3, -2, -1, 0, +1, +2, +3	7		14	

现今的普通院校的基础化学教材里，普遍认定动物体（包括人体）结构里的常量元素有11种：

6C, 1H, 8O, 7N, 16S, 15P, 11Na, 19K, 20Ca, 12Mg, 17Cl

微量必须元素18种：

26Fe, 30Zn, 29Cu, 23V, 50Sn, 25Mn, 28Ni, 42Mo, 24Cr, 27Co, 38Sr, 9F, 35Br, 33As, 34Se, 53I, 5B, 14Si, 13Al。

从上列参与动物体原子结构的元素我们可以得出以下几条结论。

1. 参与人体的常量元素和微量元素一般都是原子量较轻的金属元素和过渡元素和非金属元素。

2. 参与人体结构的元素一般都是以具有离子化倾向的元素为主，而且其原子半径较小。

3. 参与人体结构的元素的壳层电子轨道较薄，电子电荷对核电荷的屏蔽作用较低，核引力较强。

4. 非金属元素的90%以上都参与人体原子结构。只有碲（52Te）、砹（85At）两种非金属元素不参与人体结构（与惰性气体相同）。前者的电子亲和力均为负值，容易获得电子。

5. 有人把镭（88Ra）、钚（94Pu）、铀（92U）、长周期放射性元素算作人体结构里的超微量元素。在广岛、长崎核爆幸存者体内可能找到。还把对人体极有害的汞（80Hg）、铅（82Pb）纳入人体结构元素。铅只在日本某一地区流行的ィタヒ-ィタヒ病（痛-痛病）患者体内能查到。正常人体是否以此类危险物质为组成成分值得怀疑。下面我们列表展示参与人构成元素的原子的基态电子层结构。

表 1-5-2　元素基态的电子层结构

原子序数	元素	K	L	M	N	O	P	Q
		1	2	3	4	5	6	7
		S	SP	SPd	SPdf	Spdf	Spdf	Spdf
1	H	1						
5	B	2	2 1					
6	C	2	2 2					
7	N	2	2 3					
8	O	2	2 4					
9	F	2	2 5					
11	Na	2	2 6	1				
12	Mg	2	2 6	2				
13	Al	2	2 6	2 1				
14	Sl	2	2 6	2 2				
15	P	2	2 6	2 3				
16	S	2	2 6	2 4				
17	Cl	2	2 6	2 5				
19	K	2	2 6	2 6	1			
20	Ca	2	2 6	2 6 -	2 - -			
23	V	2	2 6	2 6 3	2 - -			
24	Cr	2	2 6	2 6 5	2 - -			
25	Mn	2	2 6	2 6 5	2 - -			
26	Fe	2	2 6	2 6 6	2 - -			
27	Co	2	2 6	2 6 7	2 - -			
28	Ni	2	2 6	2 6 8	2 - - -			
29	Cu	2	2 6	2 6 10	1 - - -			
30	Ni	2	2 6	2 6 10	2--			
33	As	2	2 6	2 6 10	2 4 --			
34	Se	2	2 6	2 6 10	2 3 --			
35	Br	2	2 6	2 6 10	2 5 --			
38	Sr	2	2 6	2 6 10	2 6 --			

续表

原子序数	元素	K	L	M	N	O	P	Q
		1	2	3	4	5	6	7
		S	SP	SPd	SPdf	Spdf	Spdf	Spdf
42	Mo	2	2 6	2 6 10	2 6 5–	1–––		
50	Sn	2	2 6	2 6 10	2 6 10	2 2––		
53	I	2	2 6	2 6 10	2 6 10	2 5––		

注：此表里只展示参与人体结构的元素。

分子论：1811年，意大利学者阿伏伽德罗（Avogadro）研究气体反应时看到伯奇利厄斯（J.J.Berzelius）在19世纪初根据道尔顿原子量学说提出的原子价二元论假说的缺陷提出了分子学说。成为正确确定原子量的基本根据，据Avogadro法则认定同温同压下在同体积里所有气体物质微粒包括原子、分子、离子，游离基都有相同数值，称Avogadro法则。根据此法则计算出在一克分子量（mol）时的微粒数为6.022045（$\pm$0.0000031）$\times 10^{-23}$的数值称Avogadro常数。1858年被康尼查罗（S.Cannizzero）确认。

1919年，柯塞尔（W.Kossel〈德〉）根据波尔原子结构理论提出了新的原子价理论，Kossel的理论只能说明离子键结合机制而不能说明其他价键结合机制。

1916年，美国物理学家G.N.Lewis提出了由原子结合成分子时的八隅律原子价理论。根据八隅律理论把原子看成四方体物质的话，在它的四面总是分布八个价电子的倾向，在离子键结合型分子的时候，Lewis理论与Kossel理论相一致。

鲍利（ Pauli，W.）、柯塞尔（Kossel，W.）、卢易斯（Leuwis，G.N.）等人的量子力学时代的新的价电子理论彻底解决了困扰化学界一百多年的两个中性原子H+H怎么能结合成为氢分子（H_2）的问题（London，F.，1928）。又如分子氧、分子氟生成机制（Langemuri，I.，1950）。

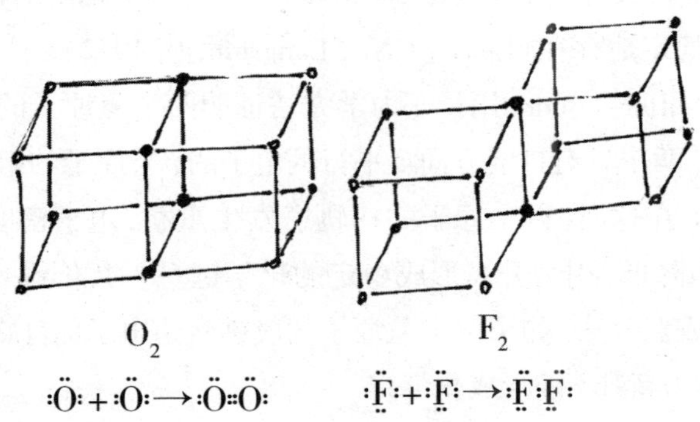

图 1–5–3　分子氧的"立方体"共价结合时每个立方体以面结合。在每个原子周围保持八个原子占八隅，F 分子以棱角结合保持八隅律

根据W. Pauli，J. Lewis的形成化学键的理论是组成分子的原子之间最主要的强相互作用的共价键理论的起点。

相互作用的原子体系势能的降低是形成化学键的关键条件。因为相互作用的原子核和电子组成的体系的势能要减少，因此总是要放出一些能量，体系形成能量亏损。

化学键的种类（关于金属键、氢键和其他键请参阅化学教材）

1. 离子键（Ion bond）：电负性小的、活泼的金属原子与电负性大的、活泼的非金属原子在一定条件下相互接近时都产生达到稳定的稀有气体结构的倾向。活泼的金属原子失去最外层电子形成稳定电子层结构的带正电荷的阳离子；活泼的非金属原子得到电子形成稳定的电子层结构的带负电荷的阴离子。阴阳离子之间以静电引力相吸引。当两原子间距接近时原子核之间和电子之间的排斥力增大，当阴阳离子间距达到较远距离时吸引力和排斥力相平衡时系统的能量降低，阴阳离子之间形成稳定的化学键，即离子键。如以卤化钠为例：

$$N\ Na(1S^2 2S^2 2P^6 3S^1) \xrightarrow{-1Ne^-} N\ Na^+ (1S^2 2S^2 P^6)\}$$

$$N\ Cl(1S^2 2S^2 2P^6 3S^2 3P^5) \xrightarrow{+Ne^-} N\ Cl\text{–}(1S^2 2S^2 2P^6 3S^2 3P^6)\ Nna^+ Cl^-$$

形成离子键，阴阳离子无论从任何方向接近时都可以形成相同的吸引力，证明离子键没有方向性。在离子化合物里的一个阳离子吸引一个阴离子外还可以吸引另外的阴离子，证明离子键没有饱和性。

2. 共价键（Covalent bond）：形成分子的两原子的电负性相同和相近似时或分子里的中心原子的最外层电子少于8个或多于8个时不是稳定的稀有气体结构，但是这类分子仍能稳定地存在（Lewis，GN.，Langrum，I.，1932）。

1927年，Heitler–London用量子力学方法证明两个氢原子的核间距离逐渐减少到最近距离时，两个具有自旋方向反平行的电子的、氢原子的组成体系的势能（E）降低到最低值。在这时，两个原子的1S轨道发生重叠，电子密度加大，系统能量降低，核间排斥力降低，引力升高形成稳定的化学键——共价键。结果电负性相同的两个氢原子形成氢分子。如果两个氢原子的成键轨道电子的自旋方向相平行使体系能量上升，排斥力高升不能形成化学键。

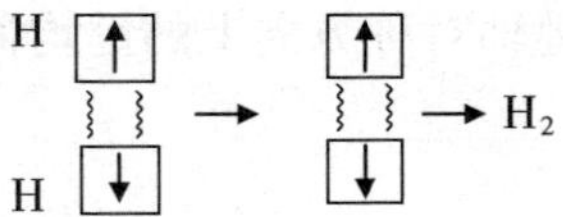

波纹表示氢分子中每个电子都占据两个原子的量子轨道的位置，在双中心力场中运动。

这种双电子双中心键叫共价键，两原子的电子的势能成为两原子共有的势能。

相同的原子形成共价键时原子共有的电子对相对于原子核的空间排布总是对称的叫非极性共价键。如H → + H　H:H，又如N → + N:N:::N:，以氮分子的电子排布可以看到氮的最外层电子有三个未成对电子，说明化合价为3价原子，同时说明电子排布是两原子间形成了双重共价键，每个原子周围都充填着8个电子。还可以说该分子的电子排布是对称的，这种共价键成键能量比起两原子接近所消耗的能量要高得多。分子的稳定性更高叫强相互作用。

2P ↑ ↑ ↑
2S ↑↓
共价电子数（化合价）=3

负电性不同的原子间形成共价键时总电子云的偏离引起负电性较强的原子附近负电荷的平均密度增高，而负电性弱的原子附近负电荷平均密度降低，分子的一侧负电荷密度增高，而另一侧的正电荷密度增高，这叫极性共价键。这种体系叫偶极子（Dipole）。偶极子总电荷等于零。但它在周围空间产生电场强度与分子的偶极矩（Dipole moment）成正比。偶极矩等于分开的两个电荷中的一个，与两个电子电荷之间的距离的乘积（Debye, PGW., 1929）。

原子间强相互作用形成共价键的数目受到参与原子的未成对电子轨道数的限制。一个原子所形成的数目一般取决于参加轨道都是S.P，偶尔也有D电子。这就是共价键的饱和性。因此最多时达9个，为饱和数。

共价键的方向性：

有机化合物不限于线性结构的化合物，还有更多的化合物、生命物质的化合物的空间几何结构都呈立体结构。参与化合的两个原子轨道重叠越多，两个核间出现的概率密度越大，此为原子轨道最大重叠原理。根据此原理应该说共价键具有一定方的向性（Paulling, L., 1928）。S–轨道是球形对称轨道，它可在任一方向上形成成键轨道。就是说S–轨道没有方向性。P、D、F–原子轨道在一定方向上才能发生最大程度的重叠。因此P、D、F–成键轨道具有方向性。共价键形成将沿着原子轨道最大重叠的方向进行。氢分子的键轴方向上的共价键叫σ–键，在所有化合物里的键轴方向上的键均称σ-键，而与σ-键成直角分布，即与键轴对称方向上的键均称π-键：σ-键的键能高于π-键的键能。

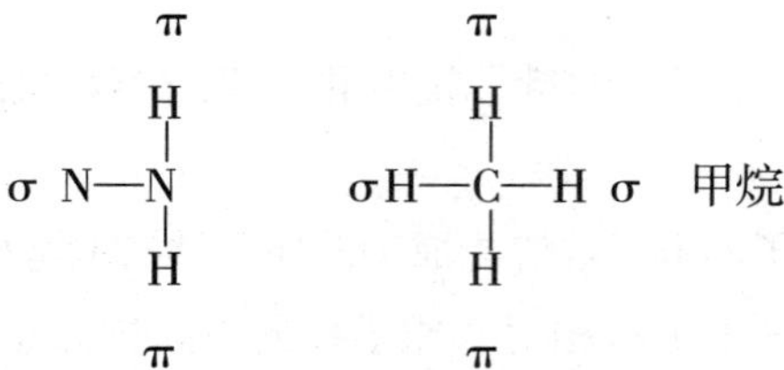

我们从表1-5-2里看到氟（F）原子最外层轨道上只有1个未成对电子，钠（11Na）原子也同样。因此这两种原子只靠这一未成对电子形成共价键在能量消耗和成键获能持平。所以它们是1价原子，氧原子也是靠最外层两个未成对电子成键，因此是2价原子。

但是，有些原子在基态时最外层电子的排布状态不可能成键。只有从外界获得能量改变原来的S-，P-和D-等电子云，使这些电子云沿着相邻原子的方向伸展，加强相邻原子之间的电子云的重叠，导致形成更为稳定的化学键。为此消耗一些能量将S-亚能层的成对电子拆开，使一个电子跃迁到P-亚层轨道上，使S-电子和P-电子杂化（Hybridization；Gllespie，RJ.，1975，阿部芳郎，1958）。如一个S-电子和一个P-电子杂化叫SP-杂化，和两个P-电子杂化叫SP^2杂化SP^3杂化，Spd杂化等形式增加未成对电子数，增加一个原子的1~3、4量子孔，以满足相邻原子的化合价。这时必然为使S-电子跃迁消耗能量，但形成新的共价键增加新的势能。可是为建新键所获能量抵消不了为S-电子的跃迁所消耗的能量。新的分子体系能量亏损，总势能降低，引起分子的更好的稳定性。

这里还要说明S-电子是低势能电子，它跃迁到新的轨道上成为与P-电子同等能量的波函数。S-电子跃迁如果跨主量子层时则消耗的能量更大。下面以图表明电子杂化的实例。

5B 硼原子

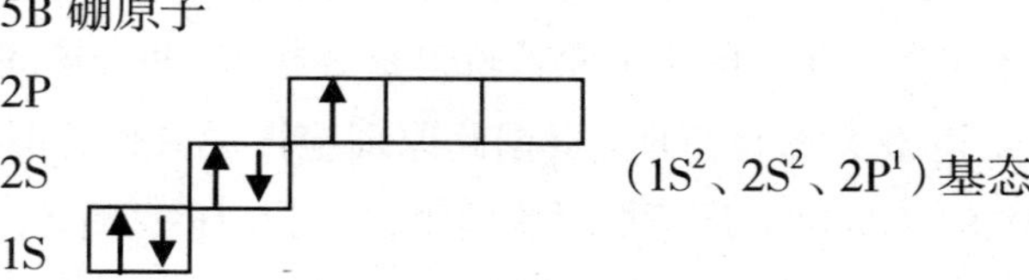

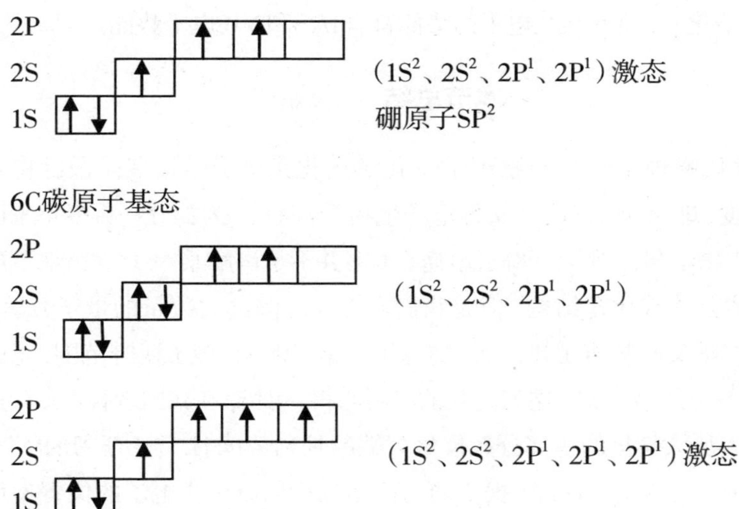

按理说C原子化合价应该是二价，但实际上变为四价原子。因为SP^3杂化结果变成了四个未成对电子和四个量子孔（空穴）的原子。

氯原子本应为一价原子，如基态：

17Cl

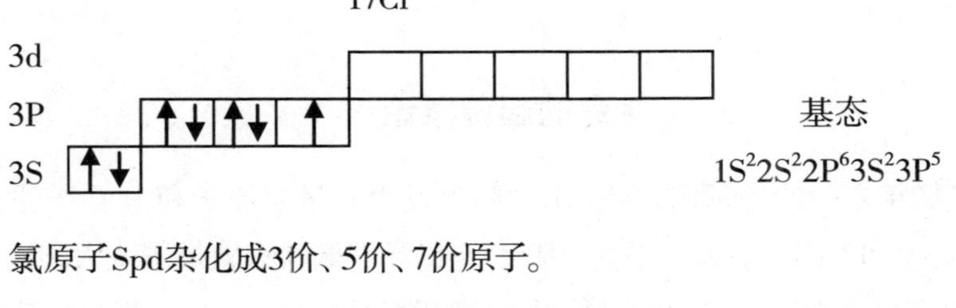

氯原子Spd杂化成3价、5价、7价原子。

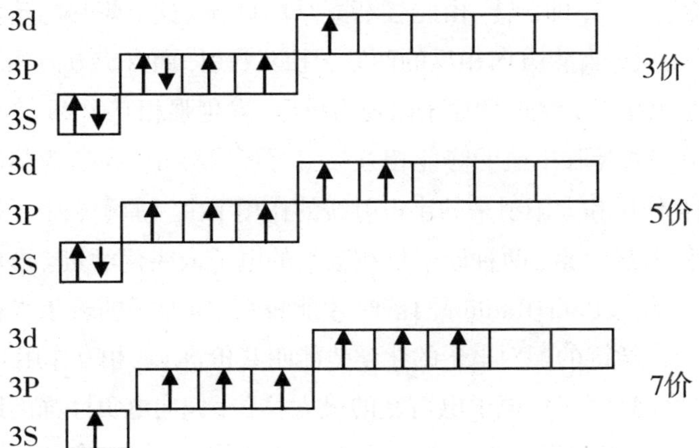

当轨道电子杂化时，所有杂化电子的势能都含1/4S和3/4P电子势能。

本节总结

20世纪30年代物理学和分子物理学—化学进化到电子学发展阶段已将生物学引申到新的高度，即量子生物学（又称电子生物学）时代。为揭开一百多年来困扰化学界，也困扰生物学界的难题开辟了坦途。本书并不是讲解某一个专题细节的专著。没有必要引述公式或化合结构。但是我们专心致志阅读大数量的量子力学、量子化学、量子生物学文献拓宽了知识面，加深了探索习性，扩展了视野范围，增强了分析问题的细微差异的潜意识。这就是我的学习心得。可惜，在我国教育“大跃进”中拔地而起的千万所大学里的一部分教授最欠缺的是刻苦读书，专心学习的风气。

结语：Heisenberg，WK.（1928）提出的高速运动中的原子壳电子的位置不可测得的不确定性原理是否下得过早。不可知论有悖于人类认识自然界的能力无限性的原理。我相信总有一天人类会创造出能够确定的技术手段的。

第六节　生命的起源

一、生命的起源概论

大约在46亿年之前的遥远的古代，由太阳喷发出大量氢原子和中子“气团”。这种气团的离心力和太阳的引力相平衡，因此，它仍沿着椭圆形轨道围绕太阳运行。与此同时，它也有自身旋转运动，即自转。由此逐渐凝结成球体。这个炽热的球体的原子围绕原子核旋转的壳电子自旋方向相反的两原子相互吸引，而自旋方向相同者相互排斥。两原子核间距离小于0.5Å时两原子以强力排斥，发生强相互作用，产生巨大能量。两原子核间距0.53Å时取小值的势能相互吸引可形成分子。在这炽热的星球上由于原子核的强相互作用和太阳射来的宇宙射线的作用下由氢原子和中子衍生出形成地球实体的103种天然元素。两种原子核相吸引的电子云叫化学键。形成化学键的两原子核间距只有超过Bohr Radium两倍时才能吸引（氢原子的玻尔半径为5.2917715×10^{-11}m）。参与化学键的配对电子的化学势能叫共价键（弱相互作用）。

不同原子核间由共价键结合时，电子电荷密的最大移位，偏向电负性强的原子叫非对称移位。由此原子的“配位态”（Coordination State）电子化学键结合的分子获得电偶极矩（electric dipole moment）。这指的是两个电子电荷之间距离的乘积。原子之间的化合势能就是电磁场的弱相互作用。

当地球表面冷却时以量子力学的规律氢原子和氧原子化合成水分子。大量的水形成原始海洋、江、河、湖、泊。这时以碳为骨架氢、氧原子形成最简单的有机化合物，如甲烷、乙酸、胺、甘氨酸等。通过各种相互作用分子间出现聚合现象。与此同时，在受激的和未受激的偶极之间以共振相互作用的势能已生成稳定化合物。原始的有机化合物里又有氮、硫、磷原子通过Van der wall' s的三种形式的相互作用，即弥散效应、感应效应和原子间配对电子的取向效应参与原始生命物质氨基酸链—蛋白体结构中。生命物质里还有另外22种原子也成为生命物质的必需成分。这种蛋白体的内熵（Entropy）总是低于外界。由此促使蛋白体必然出现生命活性的基础，即新陈代谢。

地球表面冷却之时在这个星体的外周形成厚约70km的含氧、氮、CO_2、水蒸气等成分的大气层。这层大气圈是保护生命物质以及供其新陈代谢的必需分子（O_2、CO_2……）屏障。

当前流行一种说法认为生命的本质是核酸，甚至还说这种生命物质是随着向地球撞击的流星、陨石从外星带来，由此才编码出蛋白体的。这种说法与我们人类常见的化学物质变化的基本规律相悖。众所周知，有20种氨基酸基因编码顺序的核苷酸链只能在宿主细胞里才能显现其生命活性。一切化合物的原初都是由简单结构相互螯合、化合、渗透、吸附、凝聚成为复杂化合物的。合成蛋白质的氨基酸为以肽键相连接的烷基大分子化合物。如以嘌呤碱基和嘧啶碱基为例，它的第1位氮原子来自天门冬氨酸的氨基酸；第3、9位氮来自谷氨酰胺的酰胺氮；第2、6、8位碳来自一碳单位和CO_2的碳；第4、5、7位碳和氮来自甘氨酸。见图1-6-1示嘌呤碱结构来源：

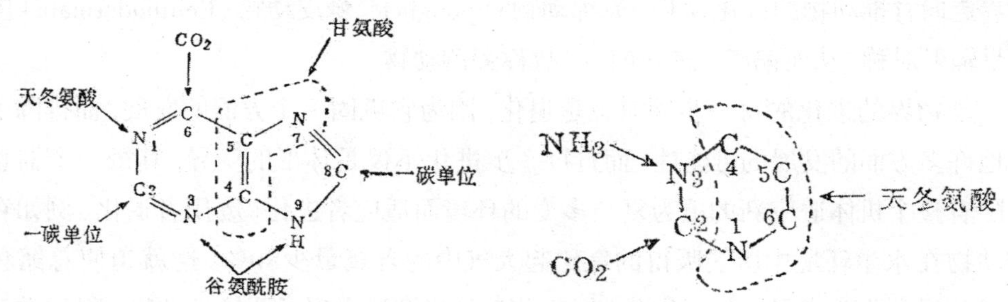

图 1-6-1　嘌呤碱基和嘧啶碱基分子结构

由此不难回答单核苷酸发生于氨基酸之后，而不是先有核苷酸才有了蛋白质的问题。目前已清楚原始地球条件下核苷酸链不可能形成。

生化学界、分子生物学界众所周知的事实是核苷酸链的连接、螺旋化、延伸、终止、解旋、复制、编码、变异、插入等所有过程如果没有相应的酶蛋白质不可能自行完成。有人发现地球上最早出现生命体古细菌的前辈并无核苷酸链而只以极简单的蛋白质执行其极简单的生命活性。一切高等生物的摄食、消化、排泄、细胞内的氧化还原、裂解、变构、连接以及机体的肌肉运动，脑内的记忆、思维等活动和行为都是由蛋白质体现的。难道生物的一切行为直接由核苷酸体现的吗?

恩格斯（F. Engels）将15世纪为止的宗教法庭的黑暗统治初见黎明以来的三百年间的文艺复兴、自然科学的伟大成就加以归纳之后得出的结论是“生命是蛋白体的存在形式”。

这里我们强调了蛋白质是生命活动、生物行为的执行者或叫生命的载体的时候并没有否定核苷酸链作为从原始生命物的复制、更新直至生物进化到最复杂、最高等，甚至进化到有自我意识的动物——人类过程中的蛋白质的模板的生物学意义。

从上边简述中可以看到，地球上最初期的生命现象出现是由碳、氢、氧、氮、硫、磷等28种元素依据量子力学的基本规律相结合的。

地球表面上在原始海洋里的最初期简单的甘氨酸由原子间的价电子键相互作用延伸其分子结构长度及其侧链，出现蛋白质结构必需氨基酸。再以肽键形成简单的蛋白质。在以后的年代里蛋白体适应生存环境的变化，形成参与贮存微量信息的核苷酸链（古细菌只贮存10~29kb的信息量）。

动物界在二十多亿年间由单细胞异养型真核生物不断适应环境的变化而形成多细胞生物，出现了左右对称体形的动物。从此诱导出背腹、头尾的区别。这就是动物界走向脊椎动物的进化途程。海绵动物（Spongia）、棘皮动物（Echinodermata）体形呈辐射对称，从而偏离了进化前程，故称旁侧动物。

动物界的进化的每一步同时也是退化，因为它巩固一个方面的发展，而排除了其他许多方面的发展的可能性。而且每一步进化不仅是体形的变异，其每一个器官也随着整个机体适应新的更为复杂多变的环境而适应者进化，废用者退化。例如脊椎动物在水生环境中所能吸得的氧比起大气中的含氧量少80%。这就迫使总鳍鱼类登陆得到更为充足的氧以供代谢。由此动物界开始出现了两栖类动物、爬行类动物。与此同时，动物体内代谢方式也随之改变。由于器官、组织、细胞种类的变异蛋白质的结构和种类（20种氨基酸的200次乘方之数）变化反馈到核苷酸结构上，使基因结构复杂化，信息贮存量剧增，并把后天获得的信息巩固起来成为新的遗传密码，使蛋白质复制更新。因此，我们可以说物种的变异应被看成是适应和遗传相互作用的结果。这里，我们应把适应看作是，原生动物的信息贮存量很少的基因物质（DNA、RNA）不断增生、创造更高级蛋白质模板的过程，把遗传看作是抗拒变异的保守的过程。与此同时，把遗传看作是保存已获得的基因结构的生存延续过程，而把适应看作是改变废用性蛋白质结构或器官结构的退化过程。

现今时代生物学、医学、生化学的进步日新月异，使人眼花缭乱。各种理论的纷争不断出现着。最引人注目的是中性基因或叫基因随机漂变假说，即“非达尔文主义进化论”（Non Darwinian evalution）。他们把8000万年前来自同一祖先型300种物种的酶和蛋白质的氨基酸顺序的变异速率加以比较后得出结论是：“生物分子进化与环境无关。”“是遗传基因随机漂变，命运好的基因可能遗传下去”。但是只以地中海型、广东型、关塔那摩型G6PD缺乏症的氨基酸顺序加以分析时不难得知G6DP的亚单位的个别氨基酸的替换主要随着疟原虫流行区居民群体的抗病适应性获得的变异，而不是随机漂移的中性基因变异依靠命运遗传。

由霉菌到高等生物的十多亿年间的漫长进化年代里，3-磷酸甘油醛脱氢酶活性中心的氨基酸残基的91%的顺序是相同的。酵母菌和牛肝谷氨酸脱氢酶活性中心的保守性片断叫“不可置换的神圣领域”。碳酸酐酶CA-1亚基分子在3亿年间总共只替换2740个密码子。人和进化近亲物种黑猩猩的CA-1在三百多万年间只替换40个密码子。由此应该得出结论：生物进化过程中首先对环境适应性变异的是体形和全身器官，与此对应的是蛋白质活性和越来越多的酶种类出现的结果。这是进化时空的纵向比较。如果单独提出某种酶蛋质分子结构的横向比较的话，每一种酶的催化功能不分物种不会有急剧的变异。不应该由此得出基因变异是中性的，与达尔文主义进化论不相称的结论。

再提蛋白质的变异基因结构的变异问题。在生物合成蛋白质模板NDA顺序是1953年被证实，叫“中心法则”（central dogma）。逆转录反应（Revers transcription）是1970年才被发现。但是若追溯生物进化里程中在还不具备长链核苷酸链的最原始的生命物质——蛋白体中在原始地球环境里出现过的短杆菌、酪杆菌体内以肽链为模板合成新的肽链的事例。这是自然界里出现的生命现象的进化过程，而不是人们相互争论的个人见解。而后的年代里，迫于环境因素的变异，首先出现反馈信息贮存于最原始的最简单的核苷酸链上，即逆中心法则的出现。由此随蛋白质侧链的延伸，适应性变异反馈到DNA的分子结构的作用愈来愈显现。所以我们有理由说生物进化是在适应（即获得性变异）和遗传（巩固获得的信息）的相互作用中提升的，在逆中心法则和中心则的相互配合中体现的。

有些反达尔文主义者说“拉马克没有提供实验依据”。但是众所周知，达尔文的大量考察对比，古生物学从地质层里提供的生物骨骸遗迹，比较解剖学提供的成果不能算作进化论的可靠证据吗。相比之下，哥白尼发现太阳中心学说，只因其没有试验室资料而能否定吗？文明世纪赋予科学家的使命是深入对比观察物质世界的全貌而揭示事物发展的真实的客观规律，而且以辩证思维逻辑而不是以形而上学的死板公式套以局部现象加以解释。

二、生命就是蛋白体的存在形式

15世纪以来，科学家们在精心探索中发现：哪里有生命现象，在哪里就有蛋白质的身影。恩格斯搜集许多先进科学成果提出“生命就是蛋白体的存在形式”的著名论断。而后的年代里化学界逐步揭示了蛋白质分子结构的通式。现在知道蛋白质就是由20多种氨基酸连接起来的大分子含氮、碳、氢化合物的长链。这些酸性氨基酸（含一个氨基、两个羧基）、中性氨基酸（一个氨基、一个羧基）、碱性氨基酸（两个氨基、一个羧基）以不同排列顺序连接出20^{200}×种类的蛋白质。中性氨基酸结构通式如图1–6–2所示。

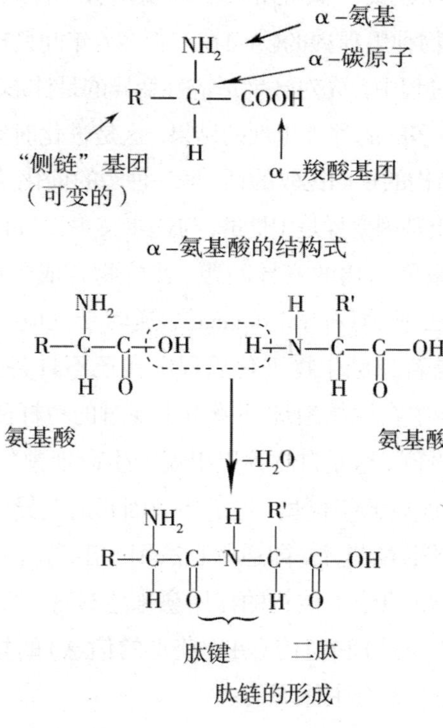

图 1–6–2

氨基酸之间形成肽键时每个氨基酸都会失去一个羟基集团或一个氢原子，所以称氨基酸残基。多个氨基酸残基以此规则相接成长链多肽分子（见图1-6-3）。

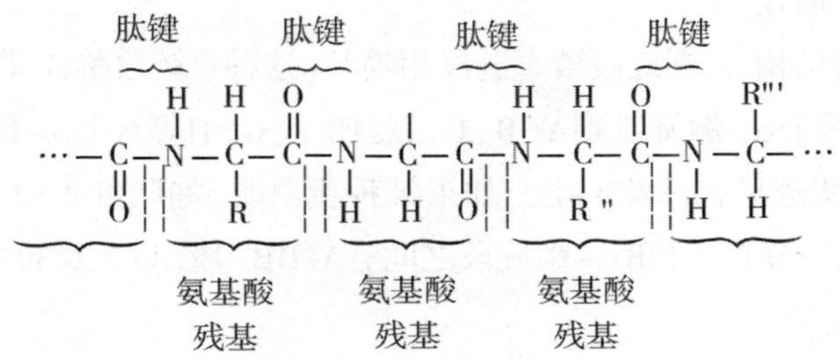

图 1-6-3　多肽链的结构模型

可由两个氨基酸残基到数百个、数千个氨基酸残基连成长短不一的肽链。但是肽链始终保持一端为酸性羧酸基末端，简称C末端；另一端为碱性氨基末端，简称N末端。肽链里的各残基之间的肽键连接形式为“CO-NH-CH”，用英语称“公鸡（COCK）- 母鸡（H）-小鸡（CHicken）”加以形容。

肽链的分子量是依据氨基酸残基总数计数的。分子量在10^3D以下（10个残基）者为小分子量肽（Peptide），10^7D以上者为大分子量蛋白质（Protein）。

蛋白质一级结构的线形长链必然受到各种因素的作用，而不可能始终保持长长的直链线性结构。长链内分子轨道的静电引力促使它折叠、卷曲。如氨基氮原子和羧基羰基氧原子静电引力，还有长链受空间压力和地球磁场左旋引力而构筑蛋白质特有的二级结构，称α-螺旋段。如图1-6-4所示线性结构折叠卷曲成形如弹簧的螺旋状构型。

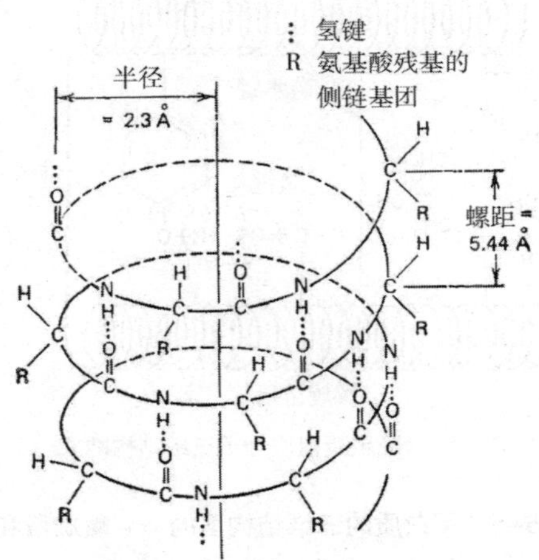

图 1-6-4　α- 螺旋图解。第一圈螺旋有 3.6 个氨基酸残基

每一圈螺旋是由3.6个氨基酸残基构成，称3.6氨基酸残基螺旋。每两圈螺旋之间总有13个原子相对应部位形成一个氨基和羰基之间的氢键加固螺旋的稳定性（氢键还有重要意义，后述）。

蛋白质二级结构α-螺旋段被直链段相隔开。这种直链段称β-段。各种不同蛋白质亚级单位由两个α-螺旋段到A、B、C、D、E、F、G、H等八个α-螺旋段构成，每两螺旋段之间的肽链只有一段β-段。如果某种蛋白质，如肌红蛋白有八个α-螺旋段（详见呼吸色素一节），A和Bα-螺旋段之间有A-Bβ-段，以此类推共有七个β-段（见图1-6-5）。

最常见的规律是氨基末端上出现的氨基酸残基是天冬氨酸（ASP-）-谷氨酸（Gln-）-苏氨酸（Thr-）等酸性极性氨基酸残基。在羧基末端出现赖氨酸（Lys-）-精氨酸（Arg-）-组氨酸（His-）等碱性极性氨基酸残基。通常把丙氨酸（Ala-）、缬氨酸（Val-）、亮氨酸（Leu-）等疏水性或两性氨基酸称为α-螺旋段的支持者，而把天冬酰氨（Asn-）、天冬氨酸（ASP-）、苯丙氨酸（Phe-）等疏水性、亲水性或两性氨基酸称为α-螺旋段的破坏者。

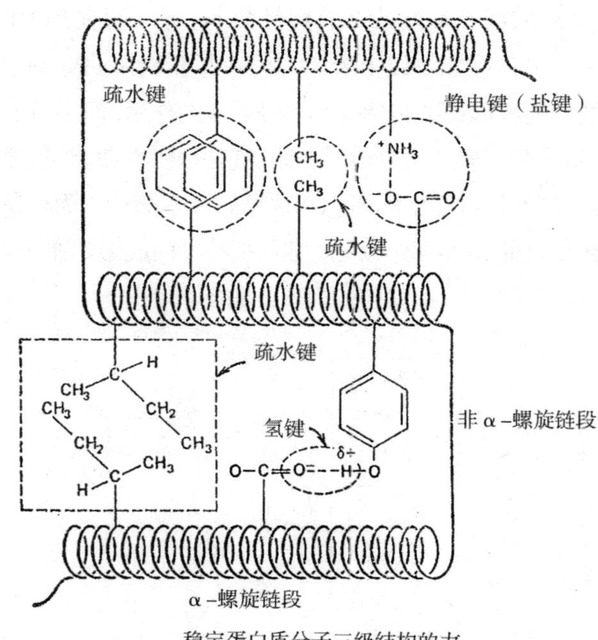

图1-6-5　蛋白质的三维结构里的α-螺旋段和β-段

胶原蛋白（Collagen）、弹力蛋白（Elastin）、角蛋白（Keratin）、肌球蛋白（Myosin）及肌动蛋白（Actin）等纤维蛋白都有未整合的螺钉形α-螺旋二级结构。弹力蛋白的主要成分是甘氨酸、丙氨酸等，几乎占总重量的95%，弹力蛋白和所有纤维蛋白都是肽链的β-折叠片段和单一非整数的α-螺旋成为双股或三股相互缠绕的绳索状强力结构。弹力蛋白只是像橡皮绳那样有伸缩功能。这种功能的出现意味着生物机体已有能力自我运动、猎食异物。这是动物体的最重要的习性的动力机制。

角蛋白由非亲水性、非酶解性α-螺旋段组成，其氨基酸残基成分以胱氨酸、甲硫氨基酸为主。因此每4圈螺旋就有一个双硫键将α-螺旋段加固，这些双硫桥频繁地断裂被还原成硫氢基，重又氧化成双硫桥，看似毛发鳞角无活性，但在它们的成长过程中仍有新陈代谢及破坏和更新的生命活性（即新陈代谢）。

蛋白质的三级结构（Tertiary　Structure）：蛋白质三级结构（有时称三维结构）的性质是呈球形，又有水溶性。三级结构的功能意义是运载蛋白（Carrier Protein）和催化蛋白质——酶（Enzyme）。蛋白质较直而硬的α-螺旋段之间间隔的柔软的β-段弯曲折叠成致密的球状体，即球蛋白。构筑α-螺旋的一些氨基酸残基，如苯丙氨酸、亮氨酸、异亮氨酸、缬氨酸侧链的疏水键之间的相互作用是最主要的力量。而α-螺旋段的其他氨基酸残基的亲水性侧链向外伸展。这是蛋白质与水介质间物质交换的主要途径。α-螺旋段的或β-段的氨基酸残基的酸性极性键也是维持三级结构的力量之一。还有酪氨酸侧链的羟基和天冬氨酸、谷氨酸等的羧酸基之间的氢键也不可忽视。

α-螺旋段分子结构里半胱氨酸残基对酶蛋白质来说极为重要。因为在三级折叠结构里在相对应的位点上分布的半胱氨酸的硫基氧化形成双硫桥（或双硫键）保持酶催化活性的重要结构。由某种因素（如抑制剂、酸碱度、温度）破坏双硫桥，使之还原成相互不键合的硫氢基（也称巯基）时酶活性消失，但破坏因素解除后硫氢基自动氧化，自动恢复双硫桥，酶活性完全赋活。这里说的是抑制因子适度的条件而不是破坏酶蛋白构相的极端条件。高等动物机体内同时存在数百种甚至两千种酶蛋白质。各种酶蛋白质的寿命长短不一。但是多种同时循环于血液时不可能都保持其催化活性。它必受到产物抑制、底物抑制、阴阳离子抑制、竞争性抑制，还有不同酶种之间的相互制约，以及神经系统的功能性调节。以此形成体内统一的代谢秩序。生物机体里出现球性蛋白质表明是进化提升的象征。更为重要的是，酶蛋白质的出现意味着机体内所有生理功能和生物化学功能能够高度协调、迅速整合。

蛋白质三级结构球形亚基可通过氢键结合成四级结构，如血红蛋白（详见本书呼吸色素一节）。

碳氢化合物类中糖、脂肪并非生命物质，而糖、脂肪、一价或二价金属阳离子、非金属阴离子、维生素等物质是为生命物质的活动提供能量。

在漫长的数十亿年间，水介质里C、H、O、N等原子在无序的、随机的碰撞中以壳电子的波函数、角动量、磁能层的自旋取向碳、氢、氧、氮原子在强相互作用中共价结合、离子结合，甚至以疏水基结合力构筑出各种蛋白质及其基本构型。

蛋白质的三维结构构相不可损伤。周围环境里的温度、酸碱度、金属阳离子、非金属阴离子浓度等的强力变化可导致蛋白质三维结构的扭曲、变形，引起蛋白质的“柔性”或“诱导契合”性动力学变化；酶活性受抑制基因专一性、绝对专一性、立体专一性，引起蛋白质大分子内某些电荷集团电子轨道取向、结合距离引起变异，但是蛋白质在被激活的状态下某些肽键断裂，蛋白质活性钝化，可丢失部分氨基酸残基。在干扰因子解除之后得到新的氨基酸得以补充时蛋白质活性重又恢复，这就是生命物质的更新能力。

蛋白质分子里的总能量伴随着各种原子的能量亏损，氨基酸残基的保守性置换，完全性置换（次要的）等无序性、随机性、破坏性变化引起蛋白质分子的内熵（Entropy）不断增高，从外周环境不间断地吸取营养物质。与此同时，太阳能和外界无序碰撞热自发流入体系内，增加体系内的吉布斯自由能，以此压制自发增加的内熵（请参阅热力学第二定理）。

蛋白质多维结构里氨基酸残基的亲水性极性侧链向分子外面排布。这种水溶性结构保证蛋白质分子与环境介质之间的物质交流。因此，蛋白质保持其分子结构的稳定性，按Le Chatelier原理抵抗来自环境的一切干扰因子的同时不断替换不适于环境变化的、失效的、无用的氨基酸残基。这就是生命物质的适应性，也就是自然选择原理的分子基础。在正常情况下，不可能有分子结构的随机漂变。

蛋白质分子把由数百个至数千个氨基酸残基组成的肽链折叠、卷曲成致密的球形构相。体系内出现球性蛋白质意味着体系内分子结构进化途经上的更高层次的标志。球形酶蛋白质在高等动物机体里有两千多种。由这些酶有序、高速度、高灵敏地调控着机体里的极端复杂的代谢活动。

动物细胞的呼吸链的蛋白质集团可把1克分子的软脂酸转换成2340kJ自由能，贮存到130克分子ATP高能键上。可利用能量为1170÷2340×10=50%，即可利用吉布斯能为50%。而任何人工换能机械，如蒸气机、水电机、燃油机、喷气机只能将燃料能量的10%~18%转换为可利用能，这就是生命物质的高效能学。

生命物质里热能、动能、电磁能、机械能、化学能不断转化并守恒，这就是生命物质的能量守衡效能（请参阅热力学第一定理）。

在元古代末期到古生代初期的寒武纪时代，类脂类、乙酰糖苷类、蛋白质、核苷酸链（DNA、RNA），还有一些无机物共同构筑成细胞之后，蛋白质和类脂质组成细胞的各种膜层结构，蛋白质结合乙酰糖苷组成细胞膜内外信息传递通道，蛋白质构筑成细胞转能小器官、分泌小器官、消化小器官、排泄小器官。核苷酸与蛋白质共建细胞核和染色体之后才能完整地发挥蛋白质的属性和核苷酸的遗传模板属性。由此生命物质才会发挥其适应性和遗传性。如Haeckel,E.（1873）指出"生物进化是适应和遗传相互作用的结果"。这就是说细胞并不是蛋白质、核苷酸链各自自发性功能的加和，而是一个完整的、系统的结构组织化了的功能单位。有人主张细胞膜是水里漂浮的脂类包裹在细胞表面，原始线虫演化成为内质网、高尔基器，具有光合功能的细菌滞留在细胞里成为线粒体（内共生说）。根据这种说法，只能承认细胞是由预先加工的零附件拼凑组合的机械，用中国的民间俗话叫拾锦杂拌盒。这种人对生命物质的本质强加歪曲，这是对进化论的亵渎。这里不难闻到预成论残留的遗味。

生命起源问题，是人类探索太阳系唯一绿色星球上，在什么样的条件下产生能复制自身，而且还能繁殖和进化的物体的科学。深入挖掘其背后的奥秘能够破解宇宙间的无法尽数的物质存在的谜底。地球上的宏观物质的变化和微观物质的结构中存在的无法解释和理解的问题成为科学界耗尽智慧和财物的迷路。有人猜测外星人的模样奇异，揣测宇宙空间星体的气象条件离奇多变。人们考察坠落地球上的陨石结构，考察太阳系近地星球可以推测出宇宙间一切物质的存在性是有一个大约相似的规律。生命物质也不会有相差太多的无序结构。无边无际的、异想天开的奇思妙想，无助于人类探求梦寐以求的未知世界的奥秘。

1924年，苏联科学院院士奥帕林（Опарин, А.И.）提出生命起源于化学途径的假说被国际学术界所接受。他被推举为生命起源问题国际协会第一任主席（终身主席，已故）。此后召开过八届国际会议。现在，已经过去90多年之久，从奥帕林的假说没有前进一步。1997年，日本进化生物学家原田馨在自己的论文里写道"生命起源问题是植根于自然界的深远问题，我们无法回答。其背后也可能深潜着神的意志"。原田先生表达的是问题的难度和深度。凡是信仰辩证唯物主义者不支持不可知论，更不信神。人类认识世界的能力是无限的，在世代相传中必定会突破这一难关。

三、有机化合物如何变成生命活性载体的

显生宙早期地球表面72%的面积被水体覆盖，大气含饱和水蒸气。水面浅层太阳光照射度强，在海底火山熔岩补给热能的温暖水域里出现了细菌、蓝藻等原生生物。在寒冷的水域里不孳生原生生物。鸟类和爬行类动物产卵于体外，必须由母体用体温孵育，子雏才能成活。这证明生命物质具有有序化的运动才能促使其发育。在这里热力学第一次定理和零次定理发挥着作用。原生生物的祖先是无生命的以非金属原子碳、氢、氧相互结合的直链烃烷有机化合物。这种化合的种类繁多。氨的骨架原子为碳。碳（$^{12}_{6}C$）原子化合价为2价。由于SP^2轨道杂化变成4价原子，碳的化学亲和力特别强，能形成350万种化合物，元素周期表里的其余104种元素只能形成5万多种化合物。可以说碳成为含氮有机化合物的骨架原子的事实赋予了生命物质结构的百万种类的宽广数值界域。为此，生命物质的微观结构里出现了无法计数的多种类化合物。

1953年，美国研究生Miller,S.L.(Science,117:528,1953)往硬质真空玻璃管里注入饱和水蒸气、甲烷、尿素引爆火花放电后在玻璃管壁上发现甘氨酸结晶。这项试验证明在无序碰撞中碳、氢、氧、氮等原子可以生成任何一种氨基酸。徐春祥主编的高等教育"十五"国家级教材里提到，氮、氧原子给烃、烷链的α-碳原子两对以上孤电子对生成氨基酸的羧酸基和氨基。氨基酸的 σ-键的碳骨架延伸成侧链。侧链上连接各种功能集团，这些功能集团决定每种氨基的特性。

在水介质里生成的烃、烷链的末端键和各种集团生成脂肪、糖类和氨基酸以及各种有机化合物凝结成胶体状团块漂浮在水上。其表层聚合成界膜。这种团块的界膜外为无序碰撞的混乱世界，膜内逐渐变成有序化的体系。

20世纪初以来，量子化学界已经公认这种有机化合物团块是组织化了的对外开放的体系。它的内熵（Entroby）总是处于比外界低的状态。因此，不断从外界吸取营养物质，以求热力学平衡。体系内的各种分子、集团、化合物都以其化学亲合力进行分子间的化合。化合反应必然出现放热效能，增加体系内的吉布斯自由能。与此同时，也进行分解反应，由此，出现耗热效应导致体系内熵增加（热力学第二定理）。太阳能和无序碰撞热自发地流入体系内以扼制内熵。

孤立体系任何反应必定遵守赫姆霍尔兹力学定理。因为赫姆霍尔兹力的概念，是自由能的概念，也就是地球条件下一切物质的存在形式和运动的原动力。它是引力（地心引力，化学亲合力——万有引力）与之对立的斥力之间的相对平衡，平衡点

（重力）的不断变动的合力。这个对立面的任何一方占绝对优势也不能致使对方消失。就是说力不能被消灭，也不能被创造。

根据赫姆霍尔兹力学定理我们推断，在这一瞬间里氨基上的引力的活力占优势的极限，而斥力占劣势时力的平衡点（重力）下降。紧接着羧酸基上的力的平衡点（重力）上升到极限，激起蛋白质链主轴的有节律的钟摆式摆动。力的平衡点（重力）正向—逆向反复扭动激起多肽链起始端氨基酸α-碳的共振。共振波沿肽链依次波及整条多肽链，同时激起所有氨基酸侧链功能基团的共鸣。

所谓力的平衡点的、有节奏的钟摆式摆动就是α-碳上的羧基上的阴电子的自旋波（左旋）和氨基上的阳电子的自旋波之间“磨擦生火”产生的、光量子点燃的共振波（Switch）。

FW.普赖斯（FW. Price）在《基础分子生物学》里写道：“肽链骨架碳原子和氮原子之间的共价键为单键，因此能在它们周围自由旋转。”然而物理测验表明把氮原子连接到羰基碳原子的是共价键，其长度是1. 33Å。它比预期的C–N共价单键要短。而羰基基团的双键长度是1. 24Å，这种差异说明发生了共振。这种力的有节律摆动激起多肽链氨基（碱性基、负电荷）和羧基（酸性基、正电荷）之间形成多肽链大分子成键轨道函数或分子磁力，进一步引发多肽链服从热力学诸定理激活氨基酸的化学活性。某些分子内随机合成的小分子片段或渗入的无序性片段分解，引起吸热反应增强。与此同时，从环境中渗入的化学组分（营养物质）的化学亲和力使封闭体系(F)内化学合成机制起动，增强放热反应。F=U–TS:U=体系内的吉布斯自由能（作功能）与S=内熵（不作功的能）不断增高（热力学第二定理）。但是环境里的太阳能和无序碰撞热也不断自发流入体系内，调控内熵不可能达到与环境之间热力学平衡（热力学第三定理）。这一切力的变换的总和活力开启了体系内的物质交换机制。这种体系内的物质交换和热力学活动就是原始的生命活动的开端。

原生生物（枯草杆菌、蓝藻）还未出现核苷酸链之际，以蛋白质为模板复制蛋白质。第一条蛋白质链构筑之后，从第一条链的羧基端开始沿着一条向反方向与第一链的氨基酸顺序生长第二条蛋白质链。目前人们推想的模板蛋白质氨基酸顺序“复制”的新生蛋白质链氨基酸只能考虑每对氨基酸侧链的各种功能基的对应关系。众所周知，溶液对氨基酸的调控功能不可忽视。JR.Halum(1962)的专著里描述过在质子溶液里一个氨基酸分子的羧基成为质子供体，与此同时，其氨基成为质子受体。这种情况下该氨基酸分子变成偶极离子（Dipole–ion，不是真正的离子）。其两端的电位差消失，整个分子无电势（Electric potential），这种分子在它的溶液处于等电点(Isoelectiric Point)时，变成不溶性氨基酸。我们可以理解两性离子氨基酸也是新生蛋白质链的终止符号。

$$\underset{\text{受体}}{NH_2}—\underset{\text{质子}}{CH_2—\overset{\overset{O}{\|}}{C}}—\underset{\text{供体}}{O—H} \rightarrow \underset{\text{两性离子(Ampho-ion)}}{NH_3—CH_2—\overset{\overset{O}{\|}}{C}—O^-}$$

图 1-6-6　氨基酸分子的羧酸基变成质子供体，同时氨基变成质子受体时氨基酸分子变成两性离子。分子的电位势等于零

对于含氮有机化合物萌发出生命活性的问题时，又有人提出“先有鸡蛋，还是先有鸡”的老问题。核酸派抓住核酸只有五种碱基而蛋白质的分子不计基数，因而提出此问题的。岂不知烷、烃直链与直链反复折叠成五、六环碳环和碳氮杂环的衍生哪一方简，哪一方繁？更不必说核苷酸的活性只有靠酶蛋白质的激活的依存性了。所以我们说基因物质是隐性生命物质，蛋白质是显性生命物质。

进化生物学发展道路上出现过三道难题。物种起源在神创论、预成论、突变论、精源论之类的嘈杂声中1859年由达尔文胜利地完成了。基因物质起源难题在kossel, A.(1881); Astrobely; Wilkins, MH.(1946); Cargaff, E.(1948); Cric FHC. And Watson, JD.(1953); Ochoa(1954); Kornberg, A.(1956); Todd, AB.(1949); Nirnberg, MW.(1961); Jacob, and Monod(1961)以及其他许多科学家的努力下接近完成了。这两道难题都有可供对比、可供探索的实证资料。第三道难题生命起源的历史悠久，它不可能遗留下认何形式的物质痕迹。人们只能依靠眼前所能对比的各种物质运动的抽象规律摸索前进。我们坚信，人类认识世界的能力是无限的，在世代相传中任何难关必定被攻破。

现今，许多进化论专家提出生命发生的磷基发生说。2016年美国加州大学的专家们反对磷基发生说，提倡硫基发生说。本书作者在根据生命是蛋白质的存在形式的定论提出了碳基发生说。

第二章　地质年代表与动物进化史

第一节　地质年代表(Geological age)与动物进化史

地球形成之后的数十亿年间所发生的地球壳层结构、地形外貌、地表土壤及生物和气候因素的变化与生物发生发育年代顺序在地壳岩层里遗留的古生物化石称地质年代。研究生物进化史时不可缺少的技术方法就是，考察地壳岩层的年代与岩层里遗留下来的古生物的遗骸化石或遗迹。众所周知，地壳岩层是生物进化的编年史，即“生命的历史刻在地壳上”。

古生物学、比较胚胎学、比较解剖学、生态学、生理学、生物化学、生物行为学、生物体形学以及现代繁荣起来的细胞生物学、分子生物学、电子生物学（量子生物学）的综合资料，以极为详尽的、丰富的证据为生物进化论提供着科学依据。

无生命物质的时代称隐生宙（Cryptozoic Eonothem），占据地球生成以来的绝大多数的漫长的20多亿年。因为化学进化过程是极为缓慢的过程。就其规模和无序性造成的困难度来说比生物进化繁杂而缓慢得多。生物只占极小部分原子数量，在自然界里在极其广阔的空间里各种原子在无序状态下相互接近，相互作用。而生命物质是有机结合的组织化了的化学体系，有人提到在常温常压下由碳、氢、氧原子结合出乙酸分子需要16年时间，可见更复杂的有机分子和无机晶体可能需要更为漫长的年代。

隐生宙（Cryptozoic Eonothem）

隐生宙可分为太古代（Archaeozoic Era）和元古代（Proterozoic Era）。在太古代的21亿年（距今46亿~25亿年）漫长的世代里，由各种非金属元素氧、氢、硅结合成以玄武岩、闪辉岩、花岗岩、长石、云母等硬质硅酸盐为主的岩石和熔融地幔、地壳。熔融的铁和镍是地核。从地表向上约20km范围内为一切生命物质生存的空间。在这层大气里含二氧化碳，氮、胺、甲烷、氧和水蒸气。大气层里的氧原子的L主层P轨道上的两个未成对电子与氢原子S轨道上的一个孤电子共价结合成水分子

(H∶O∶H=H_2O)。地球表面上开始出现江河、湖海巨大水域之后才有可能出现生命物质。从无机化合物转化出有机化合物，有机化合物构筑出蛋白体以及核苷酸、脂肪、糖类。再由此衍化出单细胞原生生物，如蓝藻、地衣、菌类。这是现存所有种类生物共同的祖先。

元古代（Proterozoic Era）始于距今约34亿年前。持续至24亿年前隐生宙晚期为止。此时的地质由未变质的花岗岩、变质的陆相沉积岩、地表碳酸岩和海相沉积岩（海底碳酸岩）构成。元古代中晚期，在地球表面水生环境里开始孕育和出现生命活性物质，如被A.И.Опарин，称为团聚体（aggregate），被江上不二夫称为水中微粒的活性物质。相继出现古细菌、单细胞藻类、真菌、地衣等原核生物。

元古代大气里氧含量稀薄，故不可能出现较高等生物。这种大气称厌氧型大气或还原型大气（reduced atmosphere）。动物界和植物界从微小的共同的祖先——原生生物开始在生存斗争中，优者适应环境生存繁衍，劣者在自然界里淘汰灭绝。1871—1955年Tanley, AG. 首次提出生态系统的概念所指的是生物与生存环境之间相互作用达到平衡才能进化。现今人所共知，生存环境中的食物、饮水、空气、气温和生存于同一地区内的生物物种是最主要的生态条件。奥德姆，EP. 和布来恩特·C. 提到地球早期的还原型大气只能适合于自养型（Autotrophic）生物生存与进化。氧化型大气则适合于异养型（Heterotrophic）生物生存和进化。据奥德姆的推断自养型生物向植物界演化，异养型生物向动物界进化。

Grant, V.（1967）根据绝大多数生物统计学家的资料认为，现存动物物种有150万种，其中昆虫85万种，植物有30万种，可惜至今只有70万种动物得以命名。他接着说现今新发现的物种在不断增加，可能已有450万种。与Raup, DM. And Stanley, SM.（1971）的估计相同。

表 2-1-1 地质年代与生物历史对照表

代	纪	世	距今大约年代	主要动物的演变情况	占优势的动物	主要植物
新生代	第四纪	全新世 更新世	1万年 200万年	人类	人类	现代植物
	第三纪	上新世 中新世 潜新世 始新世 古新世	1200万年 2500万年 3500万年 5500万年 6500万年	人类起源（类人猿） 哺乳类起源到全盛 鸟类	哺乳类	被子植物
中生代	白垩纪		1.35亿年	爬行类衰亡	爬行类	裸子植物
	侏罗纪		1.8亿年	始祖鸟出现 爬行类占优势		
	三叠纪		2.25亿年	爬行类旺盛		
古生代	二叠纪		2.8亿年	原始哺乳类（兽齿类）出现 两栖类渐减	两栖类	蕨类植物
	石炭纪	宾夕法尼亚纪 密西西比纪	3.5亿年	原始爬行类出现 两栖类全盛		
	泥盆纪		4亿年	原始两栖类（坚头类）出现 鱼类占优势（盾皮鱼类）	鱼类	裸蕨植物出现
	志留纪		4.4亿年	鱼类渐增		
	奥陶纪		5亿年	甲胄鱼出现	高等无脊椎动物	陆生石松植物出现
	寒武纪		6亿年	海产无脊椎动物 三叶虫		
元古代	震旦纪		10亿年	无脊椎动物	低等无脊椎动物	古老的蕨藻类
太古代	始生代		34亿年	生命的起源（未见化石）	原始生物	
	无生代		45亿年	无生物		

表 2-1-2　脊椎动物在各地质年代的兴衰情况（仿 Colbert，稍加简化）

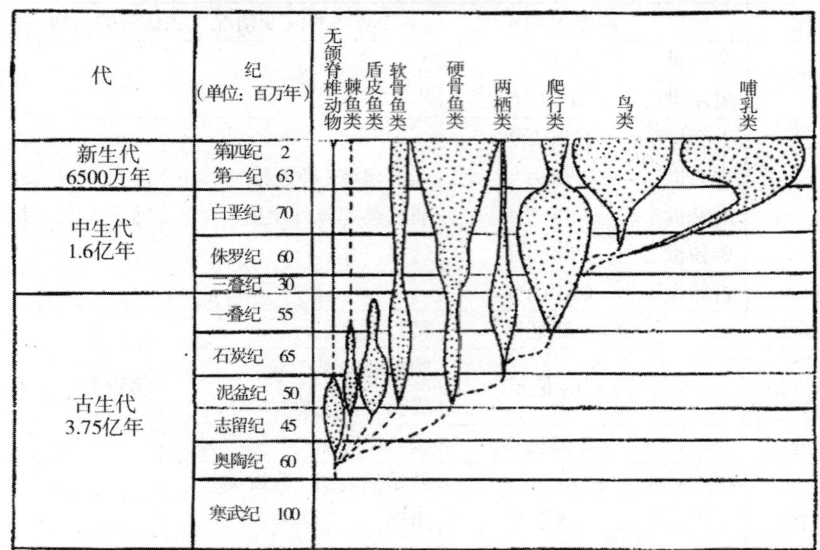

代	纪（单位：百万年）
新生代 6500万年	第四纪 2
	第三纪 63
中生代 1.6亿年	白垩纪 70
	侏罗纪 60
	三叠纪 30
古生代 3.75亿年	二叠纪 55
	石炭纪 65
	泥盆纪 50
	志留纪 45
	奥陶纪 60
	寒武纪 100

目前，生存于世的生物物种的亲缘关系依其体形、性状与习性、生存方式、行为特征、遗传类型、生态特征、区域分布等诸种差异归属于生物分类范畴（Taxonomic Category）加以探索。德国博物学家贝尔（KE. Baer, 1828）在自己的著作《动物的发育》里提出一个动物胚胎发育上的发展规律，认定脊椎动物胚胎愈相似，愈说明它们的亲缘关系愈近。最相似的胚胎首先出现在门（Phylum）的范围内，这叫“贝尔法则”（Baer Law），德国生物学家海克尔（EH. Haeckel），米勒（JFT.Müller）等也在同一时期提出“生物发生律”（Biological law, 又称“重演律”）：认为生物个体发生过程中，按顺序重显其祖先各个主要发育阶段的特点，证明生物进化的重要证据。瑞典博物学家林奈（C.Von Linnaeus, 1753）提出植物分类法及双命名法，后继者逐步完善动物界及植物界的分类法。

生物种类的亲缘关系，进化阶梯的最大的、最概括的范畴称界（Kingdom〈拉〉, Kingdom〈英〉, Tierreich〈德〉, Mup〈俄〉）；在每个界里又分门（Phylum或typus〈拉〉, Phylum〈英〉, Untereich〈德〉, тип〈俄〉），纲（Classis〈拉〉, Class〈英〉, Klass〈德〉, Kacc〈俄〉），目（Ordo〈拉〉, Order〈英〉, Ordung〈德〉, отряд〈俄〉），科（Familia〈拉〉, Family〈英〉, Familie〈德〉, Семейство〈俄〉），属（Genus〈拉〉, Genus〈英〉, Gattung〈德〉, род〈俄〉），种（Species〈拉〉, Species〈英〉, Art〈德〉, вид〈俄〉），个体（Individum〈拉〉, Individual〈英〉, индивидуаль〈俄〉）。

动物界最早期阶段的元古代后期始生代（距今约10亿年前）出现的第一门（Plylum）原生动物（Protozoa）现今生存着5万种，如变形虫纲（Amoeba又称肉足虫*Rhizopoda*，肉质虫*Carcodina*，太阳虫*Haiozoa*），鞭毛虫纲（Flagellata），孢子虫纲（Sporozoa），纤毛虫纲（Ciliata）。原生动物门的鞭毛虫是介于植物界与动物界之间，属自养型生物或异养型生物。原生动物中类似鞭毛虫的鬩虫（*Stylonichia*）（ГГ. Абрикосов等，1955）实质上是单细胞原生动物。但其细胞体较大，约220μm。细胞内有肠道，后部有肛孔，有假体腔，其细胞体表有鞭毛，腹部的两列棘毛几乎像步行动物，依靠腹部棘毛在海底沙土上滑行。

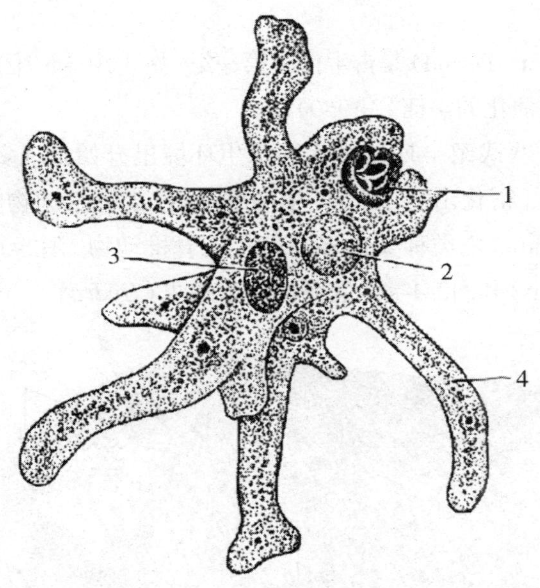

图 2-1-1　单细胞

1. 被吞噬的食物泡；2. 波动泡；3. 核；4. 伪足

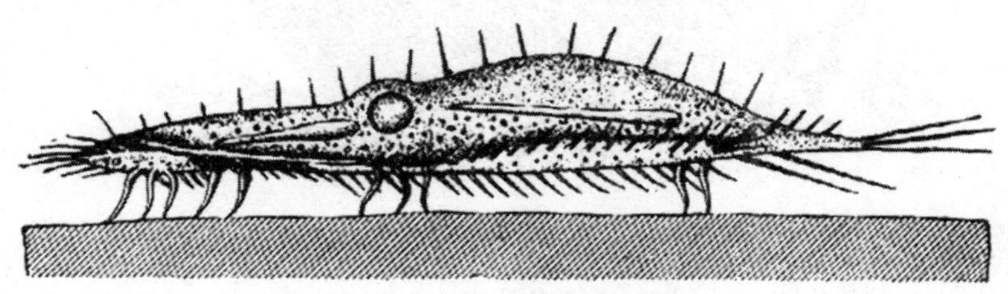

图 2-1-2　单细胞动物鬩虫模式图

鬭虫开始显示出单细胞动物过渡到多细胞动物的趋势，有了爬行活动的象征性过渡趋向。

原生动物细胞膜极薄，无纤维蛋白层，只有液态双脂肪层，无贯通蛋白或跨膜蛋白。是一层胞质原形质固缩的界膜，膜上无酶活性。细胞核具有双层核膜，染色质由核苷酸链、组蛋白、非组蛋白构成，能够进行有丝分裂。核内遗传信息量很少，进行有性生殖，其性别可有5~8种，也可进行裂殖生殖。

显生宙（Phanerozoic Eon）

显生宙包括古生代（Palaeozoic Era）、中生代（Mesozoic Era）和新生代（Cenozoic Era）。

寒武纪（Cambrian Period）是古生代的第一纪，始于距今5.7亿年前，持续700万年至1亿年（杨钟健《演化的实证》，1950）。

古生代后早期，寒武纪早期地球表面水生环境里开始出现多细胞动物，统称后生动物（Metazoa）。衍化出“二胚层”多细胞动物，如海绵动物门（Spongia）、腔肠动物门（Coelenterata）之类种类众多的海生无脊椎动物。图2–1–3示浴海绵动物（Euspongia officinalis）和图2–1–4示腔肠动物水螅虫（*Hydra*）。

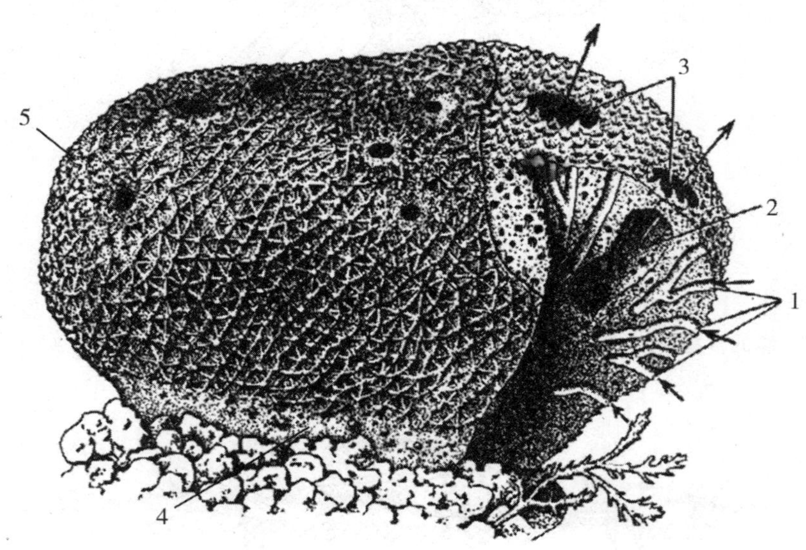

图 2–1–3　浴海绵动物

1. 入水孔；2. 副消化腔；3. 出水口；4. 动物体吸着于海底砂砾上通过水管系滤食水里的腐殖成分为营养；5. 体表以两层细胞的外皮包裹，中胶层里密布硬质弹性硅胶网络（人类沐浴用海绵）

海绵动物是柔软而近球形的海底底息动物，在海底受到巨大的水压。所以这种虫体的中胶层里生成硅质海绵网络或骨针以支持其体形，这种对压力出现应力是自然界的最一般的自然现象。一直以来动物学家、植物学家总是把生物体，对于环境因素的压力，生存斗争的压力，所形成的盾甲、保护色、犀角、利齿以及特殊的感觉器官常常以“目的论”（Teleology）、“超自然力”（Supernatural Power）加以解释。在自然界里“没有没有原因的结果，也没有没有结果的原因，此时此地是原因，而在彼时彼地可成为结果，反过来也是如此”（F.Engels）。并不是生物为生存有目的长出某些器官，只能说生物体对于自然界的适应性，抗拒性物理学、化学、生物学反应而已。

“二胚层”动物水螅虫（Hydra）是筒状体的海底底息动物（很少漂动），也是滤食动物。

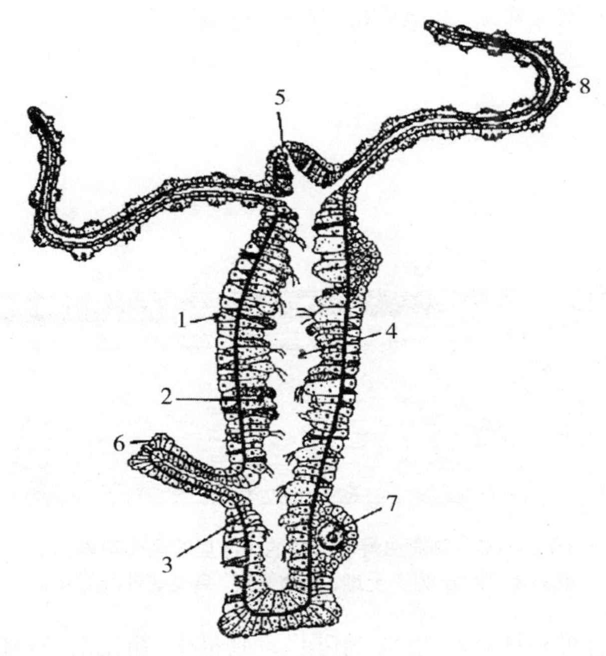

图 2–1–4　水螅虫体剖面

1. 外层细胞；2. 内层细胞；3. 中胶层；4. 消化腔；5. 口（month）；6. 枝芽；7. 卵细胞；8. 触手

水螅虫体外层细胞面向中胶层的基底部伸出很长的收缩纤维，初级收缩纤维集束成次级束，在中胶层里沿虫体长轴方向分布。这种纤维的收缩引起消化腔缩短、膨胀，从口吸入海水。内层细胞的相同收缩纤维是使消化腔变狭、伸长，将海水从口喷出。触手的伸缩有助于捕食，内层细胞就是消化腔表层消化细胞。

水螅虫在夏季温暖季节里生出枝芽，进行无性生殖；秋季条件严酷时，外层细胞的枝芽里分化出生殖细胞，进行有性生殖。水螅虫壁细胞分化出原始光敏细胞、化学感觉细胞及神经细胞的问题后述。

前寒武纪和寒武纪早期出现腔肠动物门珊瑚虫并在热带海洋里极为繁盛，如今仍在太平洋Melanesia，Polynesia，大洋洲珊瑚海域，加勒比海赤道北10°～15°纬度海域，印度洋热带区域里分布着大量珊瑚岛、珊瑚礁，如太平洋基里巴斯共和国（Kiribati）领土中的特大珊瑚礁最著名。马绍尔共和国是由1200多个珊瑚岛组成的"微型群岛"国家（图2–1–5）。

珊瑚虫骨骸形成的岛屿给人类，植物、动物创造了广阔的生存空间，也是浅海小形鱼群生存繁衍的海底天然牧场。小形鱼类是大形海洋动物、海鸟及人类赖以生存的蛋白质食品的重要来源，也就是食物链的底层物种。

图 2–1–5　珊瑚虫骨骸形成的大洋里的珊瑚环礁，礁岛上风化出肥沃土地，植物繁茂，鸟类等动物繁衍

寒武纪是无脊椎动物的世代，"二胚层"动物进化，衍化出"三胚层"动物。

罗默和帕尔森（AS，Romer and TS，Parson，1949–1977），Абрикосов，Г.Г.，Э.Т.Лебинсон，А.А.Паранов（1955），郑作新（1964），日本东京大学教养部生物学教室编辑的生物学资料（第2版，1974），都认为动物界从腔肠动物门向两个方向辐射发育。其一为向环节动物（Annelida），向节肢动物途径；另一方向走向腕足类（Brachiopoda）动物、棘皮动物（Echinodermata），走向脊索动物（Chordata）进化到脊索动物、脊椎动物哺乳动物，如人类。

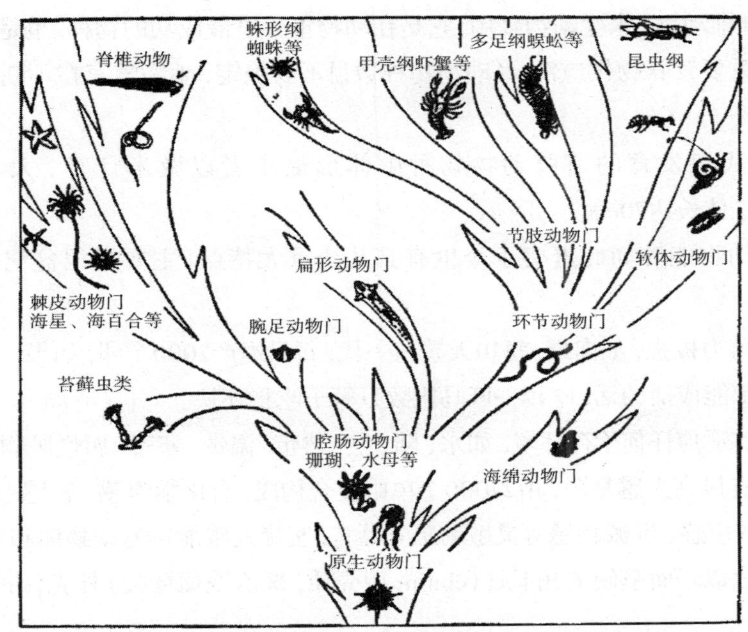

图 2-1-6　由原生动物向无脊椎动物最高等物种节肢动物和脊椎动物进化途径略图(引自 AS 罗默,1985)

腕足类并不是脊椎动物的祖先,只是代表动物物种的个体发育趋势,有关脊椎动物的发育线索将在下文简述。

寒武纪出现的“二胚层”动物中衍化出“三胚层”动物线虫门(Nemathelminthes),体呈左右对称的细长条形,前后有口和肛孔,背腹有别,体内有假体腔。其中较高等者为环节动物(Annelida),如蚯蚓(*earthworm*)长柱状体分节,每个环节有多数刚毛;沙蚕(*Nereis*)每节生有疣足,具刚毛。前有口,后有肛。

环节动物体内出现真体腔,这是动物进化中一步重要变异,出现循环系统的前兆。体腔能使体表层与内脏,肌、神经、血管分离,并降低消化道受体壁运动中产生与地摩擦的干扰。

当进一步衍化时体节减至头、胸、腹三部,疣足进化为步行足或翅,进而发育成节肢动物,是这一进化方向上的最高等动物昆虫,(泥盆纪出现)可在水中生活,陆上急驰,空中飞行。繁殖力极强,如一支蝇一次产2000只卵,10天孵化成长为成虫,以几何级数数量级繁殖。此物种中有腐食者,有猎食者,也有吸血者。在热带、温带、寒带生存繁育,如摇蚊在俄罗斯摩尔曼斯克的极地冰水里每年产6倍体卵,以高数量繁殖。因此节肢动物物种占全部动物种的85%,数量之大足以可供全球鸟类、低等脊椎动物、水生动物食用，它是在动物世界里最成功的物种，也是动物界食物链中的重要营养物供应源。（动物物种数目不易确定，生物学家在不断发现着新物种）

在寒武纪发育的节肢动物物种中体形最小者以微米计算，大者三叶虫（*Trilobita*）体长达70cm。

节肢动物能够如此繁盛于今世有其几个重大特点（主要指泥盆纪出现的昆虫）。

1. 繁殖力极强，如肉蝇，每10天繁殖一代，每只蝇产2000个卵，如果一只蝇的第十代后裔都能成活的话，吃掉一匹马比数只狮子吃得还快。

2. 能够适应任何生存环境，如水、陆、空、热带、温带、寒带、腐烂脏物里等。

3. 具有极高光感复眼，由27000个单眼复合构成，有化学嗅感、触感、温热感、各种波能的声感、机械触感等灵敏的感觉器官，蜜蜂复眼能辨运动物体和紫外光。

4. 体表以轻而坚硬的几丁质（chitin，甲壳质，聚乙酰葡糖胺）外壳保护，既轻质又坚硬。

5. 具猎食、沪食、吸食等多种觅食能力。而且其杂食性习性拓展了它的生存空间。

6. 可用鳃呼吸、支气管网络渗透式呼吸。

7. 排泄代谢尾产物以尿酸形式从泄殖腔排出每一分子尿酸时，向直肠吸回6分子水，因此耐旱性高。

8. 最重要的是运动速度极高，按节省能量、有效利用能量与体重之比在陆生动物界据首。例如陆生动物松鼠（*Sciurus Vulgaris*）跑1000m消耗能量21.00kJ/kg，海鸥（*Larus canus*）飞行1000m耗能6.06kJ/kg，鲑鱼游泳1000m耗能1.63kJ/kg，昆虫肯定比海鸥耗能少，松鼠更无法与之相比。

在节肢动物门外骨骼防盾过重的巨形三叶虫，大甲目巨型板足鲎（*Eurypterida*）的体质只能适用于自身防卫，而不适用于猎食活动，因而在二叠纪全部灭绝（自然淘汰）。而身体外表面装备轻质几丁质的昆虫现今仍保持着极高的适应能力、极活跃的觅食能力、极强的繁殖能力。

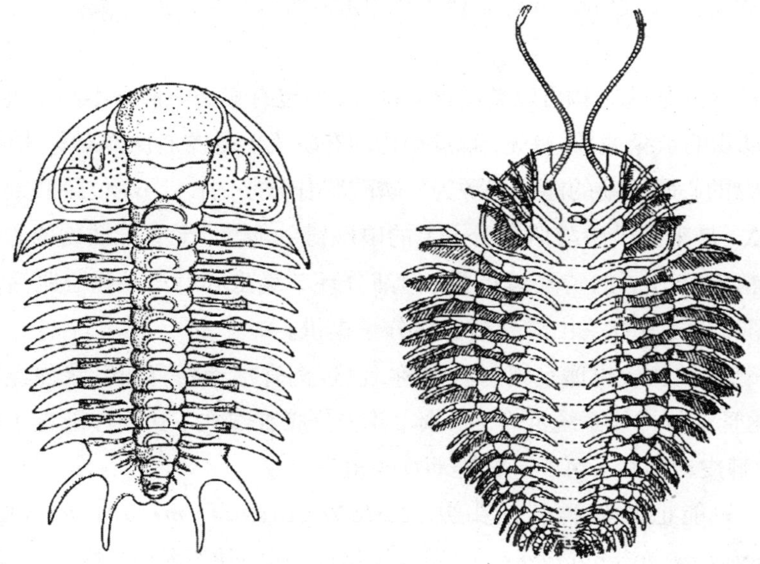

图 2-1-7　左图为三叶虫背索骨架，右图为三叶虫腹面附肢

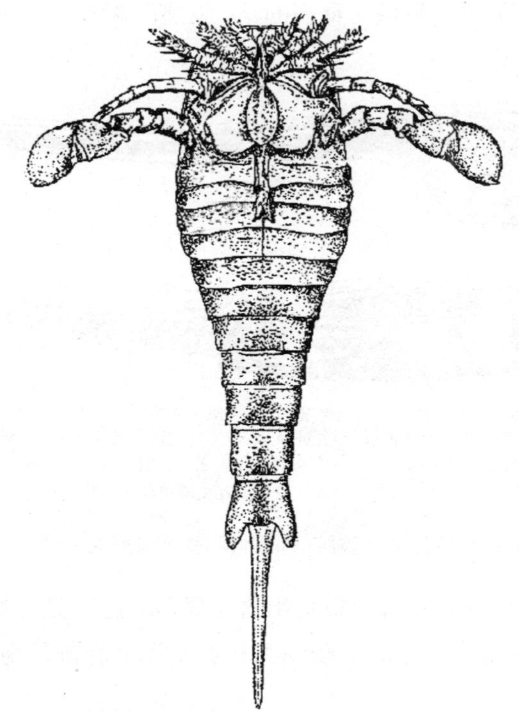

图 2-1-8　巨型板足类鲎，体长 2m

在寒武纪由“二胚层”低等无脊雄动物走向脊椎动物的亲缘关系仍然需要深入探索。

棘皮动物的某些结构可以类比脊索动物，但也有相当一部分不利于说明棘皮动物与脊椎动物的亲缘关系。首先，棘皮动物幼态阶段上是左右两侧对称体形。其次，是脊索动物的心肌活动的能源来源为三磷酸腺苷分子的β–、α–位磷酸键上贮存的能量。再次，是来源于磷酸肌酸分子上的磷酸键的能量，无脊椎动物的心肌能量主要由磷酸精氨酸分子的磷酸键提供。但部分环节蠕虫和棘皮动物心肌活动能量既由磷酸肌酸分子提供，又由磷酸精氨酸分子提供。

但是棘皮动物成虫体呈辐射状对称，已远离脊椎动物背面管状神经索的进化方向，消化管道与神经系统混合为一体，并未分成脏部在下边而体部在上的结构筑型。所以，棘皮动物并不可能是脊椎动物的祖先。

目前，只能把肠鳃类属柱头虫（*Balanoglossus misakiensis*）、玉钩虫（*Dolichoglossus hwangtaoensis*）、黄岛长吻柱头虫，幼态海鞘，羽鳃类动物的杆壁虫（*Rhabdopleura*）以及文昌鱼（*Branchiostoma belcheri*）可认为是脊椎动物近缘物种。许多身体结构相似之中最值得重视的是，脏部占腹侧而体部占背侧，如图2–1–9所示：

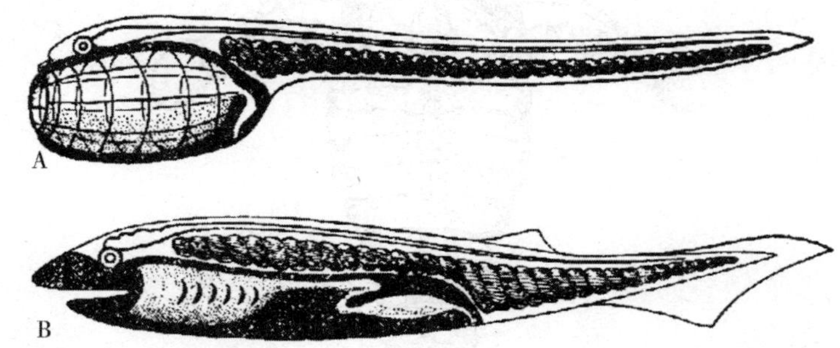

模式图示脊索动物身体的“脏”和“体”两种成分的对比。A.为一个理论的脊索动物，基本上像一个海鞘幼虫，但体部保存到成体；下图是一个真正的脊椎动物。脏成分是黑区范围。在A，体动物位于脏动物（代表脊索动物祖先）之后，但感觉器官和神经管前部在背侧伸至前端。在B，脏成分和体成分已在很大程度上互相覆盖且两部的整合有进展

图 2–1–9　高等脊椎动物体的后体腔，即颅骨和脊椎骨形成后体腔，容纳脑髓和脊髓

Romer, AS. 和TS.Parsons（1985）提出的肠鳃类动物和羽鳃类动物可能是脊椎动物进化祖先的推论值得探讨。但是肠鳃类和羽鳃类是脊椎动物直接祖先的问题仍有争议。

奥陶纪（Ordovician P. ）始于距今5亿年前，持续6000万年，水域继续浸占淹

没陆地边缘。大气中的氧逐渐增多，适于后生动物发生繁殖。海生植物繁茂，陆生低等植物发育，石松科植物出现。水生环境里出现棘皮动物门的一些物种，如海林檎（*Cystoidea*）、海胆（*Echinoid*）等，软体动物门头足纲鹦鹉螺（*Nautilus pompilius*）。

奥陶纪出现的节肢动物门中的大甲目板足鲎（*Eurypterus*）是体形巨大，如达到2m长的鲎形动物。在奥陶纪出现原始鱼形无颌类（Agnatha）甲胄鱼类（Ostracodermi）、盔甲鱼类（Eugaleaspida）、多鳃鱼类（Polybranchiaspida）等，这些无颌类动物先后几近灭绝，现残存物种为营寄生生活的六鳃盲鳗（黏盲鳗，*Eptatretus bürgeri*）和七鳃鳗（八目鳗，*Lampetra Japonica*）。

志留纪（Silurian P.）始于距今4.4亿年前，持续3500万年。海洋蓝藻繁盛，陆生蕨类植物出现。海洋蓝绿藻和陆生植被的光合功能，助长了大气中氧含量的增加。还原型大气转化为氧化型大气，致使各种生物群类繁育旺盛、个体变大（如板足鲎）。

志留纪晚期出现原始有颌类（Gnathostomata）盾皮鱼（*Placodermi*），其头部、体部被笨重的骨板护盖，运动不灵敏，其防护功能强，运动觅食功能欠佳，如节甲鱼（*Arthrodira*）、褶齿鱼（*Ptyctodontida*），均于泥盆纪晚期灭绝。

泥盆纪（Devonian P.）始于距今3.5亿年前，持续5500万年，裸蕨（*Psilophyton*）开始出现，裸子门（Gymnospermae）如铁树（*Cycas revoluta*）、银杏（*Ginkgo biloba*）、松科（Pinaceae）、柏科（Cupressaceae）、铁杉（*Tsuge chinensis*）等树干高达30~50m的乔木繁育。

这些陆生植物覆盖着大部分陆相沉积层和高山峻岭，成为各种无脊椎动物、脊椎动物及中生代出现的鸟纲（Aves）生存繁育的天然乐园，又是巨大无比的天然水库，成为淡水江河湖泊的源头，也是促进大气含氧量增加的主要来源。

与此同时，高大乔木落叶腐烂，被电击倒，或自然死亡，使水境混浊，水的含氧量降低，硬骨鱼类几近灭绝。倒敝的树干埋入水相沉积层变成煤炭、天然气。鱼类一度几近灭绝，后来又繁盛。有些人只看动物物种变异的突发性大繁盛（称大爆发）或大灭绝，而不愿看地球的周期性大变化，如冰河期轮换或地壳板块相撞带来的造山运动的大变化。鱼类大衰退和大繁盛：大型爬行动物——恐龙的大灭绝的实例提醒那些企图否定达尔文的渐变论，企图复活激成论的人们应该把眼光放得更远一些。水境混浊或在干旱环境中肺鱼类（Dipnoi）由一水坑跳到另一水坑，这样提高了肺鱼和总鳍鱼类（Crossopterygii，属硬骨鱼类）肌鳍鱼（*Sarcopterygii*），鳍发达成能跳跃的具备中轴骨的鳍。其消化腔咽裂，出现内鼻孔并开始出现气囊（数对）。

因而此类鱼能在陆地上用肺进行呼吸，而且其舌与内鼻孔成为嗅器官。（我怀疑地壳层的所有碳源全部来自埋没的植物。恐怕还有可能来自地壳碳酸岩分解产物，如极为丰富的甲烷、油母叶岩等）

总鳍鱼类是泥盆纪时代极活跃的肉食类鱼种。据推测是软骨鱼、硬骨鱼的祖先，其一支扇鳍鱼（*Rhipiditia*）是现代两栖动物的祖先；另一支物种空棘鱼类（Coelacanthida）的口只有下颌，而无上颌。它是否是有颌类（Gnahtostomata）与无颌类（Agnatha）的过渡性物种？普遍认为总鳍鱼最后到白垩纪完全灭绝。但是1938年有人在非洲东岸印度洋里的马达加斯加岛（Madagascarlsland）北部莫桑比克海峡北端的科摩罗（comoros）联盟国近海打捞出一只体长2m、重达8kg的矛尾鱼（*Latimeria chalumae*，保存得不好），1952年又打捞出数条另一类称乌兰鱼（*Malania anjoanae*）的空棘鱼，但这种活化石转入深海之后肺已成废退器官。图2-1-10所示硬骨鱼进化谱系。

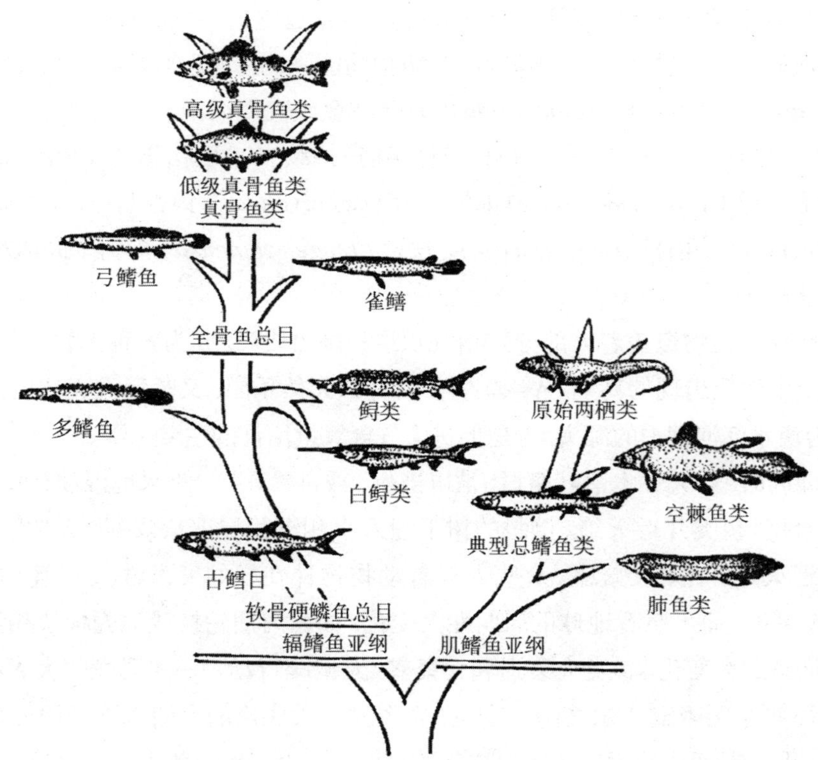

图 2-1-10 硬骨鱼类的简明谱系树，示各类（附棘鱼类外）的相互关系及与两栖类的关系

最近期（21世纪初）在空棘鱼活化石生存的海底已成功地用录像记录到茅尾鱼

的幼鱼的活跃泳动的景象。

与总鳍鱼同一时期出现的迷齿螈（又名鱼石螈，*Ichthyostega*）或虾蟆螈（*Mastodonsaurus*）体长1m，体重80kg，在格陵兰泥盆纪地质层里被发现。目前认为它是现存爬行类的祖先，图2-1-11示迷齿螈体型。

图 2-1-11　迷齿螈类

A. 鱼石螈，已知最早的四足类，发生于格陵兰（Greenland）的泥盆纪地层，迷齿螈类的一个类型。B. 虾蟆螈，分椎体类的“典型”代表。C. 宽额螈（*Metoposaraus*），更高级和完全水生的分椎类。D. 双椎螈 *Diplovertebron*，石炭螈类一早期代表。迷齿螈类属于变化较多的原始两栖类，许多类型个体大，比现存的体小，而“退化”的两栖类更接近于爬行类。（A 和 D 仿 Spinar 和 Burian；B 仿 Fentom 和 Fenton）

志留纪和泥盆纪是鱼类的纪元。

石炭纪（Carboniferous P.）始于3.45亿年前，持续6500万年，陆相沉积层下倒敝的巨大乔木生成煤炭、石油、天然气。

陆地上出现真蕨类，石松类鳞木（高达30m）、裸子植物门科达树（*Cordaitopsida*）、石松科封印木（*Sigillaria*）等高大乔木等。

石炭纪出现昆虫，在泥盆纪时代两栖类（Amphibia）已出现，但是没有大量昆虫的时代里两栖类动物食物来源匮乏，只是在出现大量昆虫以后其后裔赖以生存的食物来源才丰富起来，两栖类已成为石炭纪到二叠纪的最优势物种。

两栖类的出现，在动物进化历程中是又一重大变异，它已开始脱离水生环境，在陆地上充分发挥四足的行动功能捕食昆虫，证明动物界脱离水环境的限制是四足类得到充分发育进化的途径。因为四足从左右两侧移向体躯中心加快行走速度。脱离水环境从空气中得到更为充足的氧气，肺的功能有了更高度的进化。但是两栖类仍不能完全远离水境，必须回到水中产卵，幼虫仍保留鱼类祖先的生活方式。蝌蚪用尾部摆动行动，在水中用外鳃取得氧气。两栖类中有些物种如北美泥螈（*Necturus maculatus*）终生回归水生环境只靠3对外鳃呼吸，终生保持幼体生殖（Paedogenesis）即孤雌生殖（单性生殖Parthenogenesis）。

石炭纪鱼类繁盛，主要以软骨鱼如鲨、鳐为主。大量的无脊椎动物物种灭绝（杨钟健，1952），甲胄鱼、盾皮鱼完全灭绝。

二叠纪（Permian P.）始于距今2.8亿年前，持续5500万年，陆生植物石松科乔木埋入地下成煤炭，裸子科植物黄栌树（*Cotinus Coggygria*）、科达树，银杉（*Cathaya argyrophylla*）退化，银杏（*Ginkgo biloba*）、松科（pinaceae）、柏科（Cupressaceae）、铁树、杉科（Taxodiaceae）植物（乔木）等继续繁茂，海生动物四射珊瑚虫、三叶虫灭绝，石炭纪晚期出现原始爬行动物。石炭纪和二叠纪是两栖类动物繁盛的纪元。

中生代（Mesozoic Era）始于距今2.3亿年前，持续1.63亿年。共分三叠纪（*Triassic* P.）、侏罗纪（Jurassic P.）和白垩纪（Cretaceous P.）三个纪元。

三叠纪（Triassic P.）始于距今2.25亿年前，持续3500万年，陆生植物松柏、苏铁树、蕨类继续繁茂，海生无脊椎动物，如软体动物门的菊石（*Ammonites*）、头足类（Cephalopodium）、鹦鹉螺（*Nautilus pompilius*），瓣鳃纲（Lamellibranchiata）的河蚌（*Anodonta*）、真珠贝（*Pteria margar*）、江珧（*Atrina Pectinata*）继续生存，爬行纲（Reptilia）繁盛，原始哺乳类出现。图2-1-12所示原始哺乳类来源。

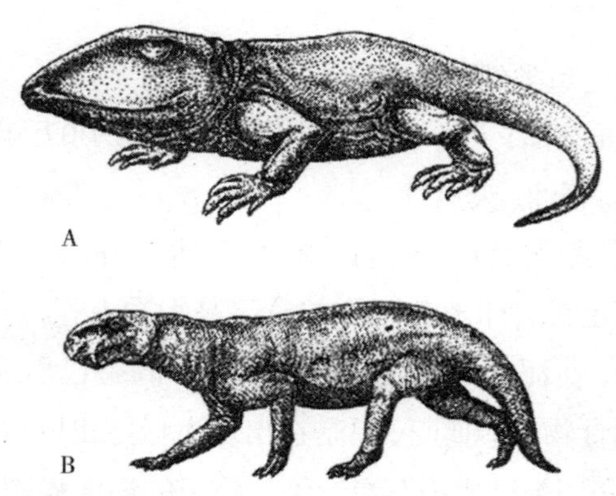

图 2-1-12 合弓型爬行类

A. 蛇齿龙（*Ophiacodon*），原始盘龙类，美国得克萨斯早期二叠纪化石；

B. 狼面兽（*Lycaenops*），生存于南非二叠纪后期。注意后者具有更近似于哺乳类的姿势和犬齿。如果图上以毛代替角质鳞，将像一个哺乳动物；这一点不同于蛇齿龙。（B 仿 Colbert）

爬行动物（Reptilia）是动物进化历程上极为重要的阶梯，动物界从此彻底摆脱水环境的束缚。在陆地上、空中自由行动，按自然选择的法则向更高层次进化的巨大空间里发育。因为第一，爬行动物的卵内贮存大量高质量的营养物——卵黄，足够供养胚胎在卵内生长，待孵化出来时幼体已经是成体动物的“复制品”。能够奔跑、飞翔，能够自己寻觅食物。第二，卵黄与胚体外面由卵黄囊包裹，胚胎在羊水里发育生长几乎和鱼类祖先在水塘里生活一样。第三，出现尿囊贮存氧气，几乎是等于安装了肺脏。

侏罗纪（Jurassic P.）始于距今1.95亿年前，持续5800万年。陆地上针叶树（*Conifer　coniferous tree*），　如松、柏、杉等高大乔木，苏铁树（*Cycas revoluta*）等繁茂，陆地上恐龙独霸天下，曾经成为单极世界的霸主。草食恐龙（四足行走）梁龙（*Diplodocus*）体长达30m，重达50t。腕龙（*Brachiosaurus*）体重达80t，杨钟健提到雷龙（*Brontosaurus*）体长63m，重达30t，但大多数记载都称体长22m。肉食恐龙霸王龙（*Tyrannosaurus*）体长13m，体重6~8t，是爪齿锋利的猎食者。在如此可怕的杀手面前庞大无比的草食恐龙都是它们的猎物。但刚刚出现的弱小的原始哺乳动物兽孔目（*Therapsida*）是如何生存下来的，是个谜（杨钟健）。某些种类的恐龙又返回水生环境，如鱼龙（*Ichthyosaurus*）、蛇颈龙（*Plesiosautoidea*）。从爬行动物中分化出了生长羽毛的始祖鸟（*Archaeo pteryx*）。可谓是长有羽毛的爬行动物。

白垩纪（Cretaceous P.）始于距今1.36亿年前，持续700万年。

在白垩纪时代地幔熔融物质向上涌动，把联合旧大陆地壳板块从下边推开漂移，使之破裂成三块。北部，如今的欧、亚板块和北美劳牙古大陆板块；南部，如今的南美洲、非洲和印度形成第二大板块，称冈瓦纳大陆；如今的大洋洲、南极洲形成第三大板块，而后北美洲板块和欧亚板块分离而去。中间形成大西洋，欧洲板块、亚洲板块和印度板块挤压成欧亚大陆。亚洲大陆板块与印度板块相撞击，把海底地壳挤压上升，出现喜马拉雅山脉。最后大洋洲与南极洲分开，非洲与南美洲分离出现印度洋和太平洋（非洲西海岸线和南美海岸线可以嵌合）。

大陆漂移的同时在各洲大陆地壳运动、造山运动频发，陆地植被面积缩小，新上升的地壳碳酸岩风化，吸收大量二氧化碳，气温骤降，冰川流向平原，首先体形庞大的草食恐龙因食物短缺而死亡，接着引起猎食者肉食恐龙断粮（草食恐龙肉），而最终导致灾绝。小形恐龙跳进水泊免遭灭绝，不管关于恐龙灭绝的渐变论还是灾变论者的争论，终归是因恐龙家族食物链断裂，能量失衡，这肯定是灭绝的终极原因。只因其体重过大能量消耗无度。大约在5000万年前部分哺乳类和爬行类动物回归水域变为水生动物，如鲸、海豹、海象、蛇颈龙。中生代是爬行动物的世纪。陆生动物中体型巨大的动物迁居于水环境里才得以继续生存。

新生代（Cenozoic Era）始于6500万年前，持续至今，分第三纪和第四纪。第三纪又分古新世、始新世、渐新世、中新世和上新世，共持续6300万年。第四纪分更新世和全新世持续300万年，现今植物界大约有30万物种，低等植物仍生存于水生、陆生环境，高等被子植物（显花植物〈Phanerogamae〉）覆盖全球陆地。如上所述，植物（包括种植植物）是人类生存的绿色环境，人们呼吸的氧气，饮用水资源，肉类资源全部仰仗绿色环境。

新生代里动物物种已达150万种以上，由爬行动物演化出哺乳动物和鸟类，为此用去大约1000万年时间，由变温动物演化为恒温动物，由原兽亚纲（Prototheria）发育成真兽亚纲（Eutheria），由卵生动物发育成有胎盘类动物。动物进化历程中出现胎盘的结构又是一个里程碑式的进化现象。因为动物能把幼仔装在腹中随处移动，免遭幼仔被猎食动物盗食。幼仔成熟的真兽类中的高等物种，猿类中由狭鼻猿演化出类人猿，劳动和语言使人类脱离了兽类。有自我意识的智人是动物世界进化历史阶梯上的最高等进化物种。这就是动物进化树所能概括各个发育阶梯上的物种。通常俗称生物是“自然界的创造物”。

本结里阐述了地球年龄与生物发育，物种进化的大体过程。（下列各代、纪出现的代表性物种文献）

本节结语

1. 地球诞生之后的10多亿年间，地壳运动、地形变化、气温变化、空气成分、地表淡水等诸多环境条件越来越向着有利于生物生存和繁殖的方向进化。这是生物个体去除有害变异、中性变异，保留有利变异的根本原因。有人提出“生物为什么向保存有利变异、消除有害变异方向进化（自然选择）？这问题只能问地球为什么进化了。

2. 地球年龄的增长、环境条件的优化促进动物机体结构复杂化速度呈微分函数式的、指数式的进展。

3. 动物遗传在不断变化的生存环境中使动物机体结构和功能有进化的、也有退变的，要看动物本身的情况和局域环境的变化。

第二节　动物物种的概念

地球上目前生存着150多万种动物（Animalis），30多万种植物，还有无法计数的微生物物种。

很早以来，人们知道动物进化的论述对相的基本单位就是物种（Species）。在每个物种里的个体的体形、外貌、习性基本上相同或近似。但是有一些动物体形外观不完全相同的雌雄个体经常同巢相处。尤其是鸟类雌雄外观差异很明显。雄性孔雀尾羽末端有多达250多个花星，鲜艳的色彩闪耀着金光。雌性孔雀相比黯然无光。更为甚者安康鱼雌性体躯巨大，张着可怕的大口，其雄性个体吸附在雌鱼体上酷似长在雌鱼身上的毒刺。这种雌雄两条鱼以其外观而论不会使人相信它们属同一物种的夫妻。雄性红腹角雉全身羽毛光彩夺目，而雌性羽毛暗淡，褐色小白斑满身。如此种种不能不引起关于物种概念的探讨。

当我于1955年在莫斯科研究生院学习期间，导师赫露晓夫院士在我们面前即兴谈话时提到，“同一物种雄性麋鹿巨大的角已失去生存斗争武器的意义，只用于繁殖后代角斗，可能刺激雄激素分泌。不同物种尽管种间距离很近，交配后的第二代不育，也就是不能交换基因”。大概在生物学家的意识里有关物种的定义已经和达尔文的性选择原理相通融。25年之后Dobzhansky, T.（1973）提出物种概念的基本法则是生殖壁障或叫生殖隔离。这个法则被称为判定物种特征的黄金法则。

在同一物种内部雄性个体为争夺雌性经常发生你死我活的角斗。这种斗争叫性选择。身上有屠角、獠牙、利爪、尖喙、重锤之类武器者用此相拼。有的物种如鸟类用华丽的装饰压倒对方博得雌性的芳心。有的以美妙的歌喉或优美的舞姿赢得雌性的钟爱。在不同物种个体之间不存在性选择斗争，这是自然选择适者生存原理的另一种表现形式。动物界绝大多数物种都是一夫多妻制。鸟类少数物种的一夫一妻制比较容易观察。凡是雄性个体雄威，羽毛色彩华丽而雌性衣着朴实的物种都是一夫多妻制，例如孔雀、鸳鸯、野鸡。然而红顶鹤、斑头雁、天鹅、凤头鸊鷉之类都是一夫一妻制。动物界婚配之前一夫多妻制都经过剧烈的角逐、拼搏筛选出强壮的个体。这对物种进化具有积极意义。我国古代文学著作里常常描写鸳鸯为忠于夫妻之情、不可分离的一对伉俪。其实雄性鸳鸯只在交配时节与雌性接近。养护子女、培育后代只由母亲尽全职。鸳鸯也是一夫多妻制鸟类。

1958年的“大跃进”运动中人们创造了 “鹅精鸡，牛精猪”，“柳枝接骨，蒜膜补鼓膜”等违背科学原理的“卫星”（当时把创造发现成果叫“放卫星”）时，我担心社会主义建设中出现如此多的虚夸造假，损害国家前途，便极积写信提醒上级领导采取措施加以纠正。谁知好心却招来了祸，众多积极分子围攻、批判我，甚至对我进行污辱。经过多次辩论，围攻者手无利器、口无论据，只好将我下放到克山病区三年。1962年自治区党委组织部下“赔礼道歉书”给予纠错。

本节结语

1. 生殖壁障或生殖隔离——物种概念的黄金法则。
2. 生殖隔离与近亲交配概念之间的冲突如何解释？

第三节　生态环境与动物物种

生物与生存环境的相互作用维系平衡，与生存在同一地区的不同物种的相互作用维系平衡，取决于每个物种在长期进化过程中积累下来的身体结构，生活习性的适应性能。因为地球上的水、陆环境的温度、湿度、气压、氧气、水质、食物、阳光等多种自然因素随地域纬度、季节、昼夜、局地差异变幻无常。全球性气候变化不可预测。还有不可预测的自然灾害，现今的人工污染都可损害生态平衡。卡拉布霍夫（HH. Калабухов, 1959）详细调查了环境中的物理因素，如温度、湿度、光线、大气压对陆生脊椎动物生命活动的作用。几乎所有生态学家都肯定生物生存环境中的物理因素中温度对生命活动发挥的作用最显著。卡拉布霍夫大量调查的实例也是如此。陆生脊椎动物哺乳类、鸟类对热较敏感。各种哺乳动物的体温达到41～42℃时立即死亡。鸟类体温达46.2～47.9℃即死亡。寒冷条件对生命活动影响幅度较大。他指出：“已经证明，骤然冷却到−90～−180°，体液可以变硬。但未结冰，也就是未发生对有机体组织和细胞致死性的破坏过程”。他称此为玻璃化现象。卡拉布霍夫援引Смирнов (1949) 试验结果的报道称，家畜精子超低温冷冻保存玻璃化封用系统的温度接近0℃时，系统的内熵（entuopy）值也接近0℃。系统内不出现冰凌而出现玻璃化，这对系统内部结构不造成破损（热力学第二、第三定律）。之后，仍能得到正常后代。我们在细胞学研究中，在液氮罐里−198℃保存活细胞的实践中观察到，温度降到−16～−18℃时液体冻成冰凌，刺破活细胞的分子结构，蛋白质螺旋结构内侧面疏水侧链周围的水分结冰刺破蛋白质多维构相。如果迅速降温越过临界温度进入深低温，液体玻璃化，细胞生命就能得以长期保存。

两栖类、爬行类，冬眠动物断食，体温降至+10～+2℃情况下能存活6～6.5个月。在活动状态下的动物断食体温下降，只能存活2～3天。

众所周知，大批候鸟在热带不孵卵，夏季飞过4000～5000km路程到达北极冻土地带生育后代。因为在热带阳光照射下鸟卵会被烤干而死灭。寒冷低温下生物生存极为艰难，但是低温下生存比高温下生存的空间较大。有些大型脊椎动物在长期进化过程中获得了御寒体质结构和习性，体温调节功能增强。如果气温超出其适应能力时还可发挥冬眠之类补救功能。生存在非洲火热干旱的沙漠地区的生物生存技能可能达到极限。

光线也是维持生态平衡的重要因素。日光热线是（V=8000Å）红–红外光使海水蒸发、冰雪融化，为生物提供淡水是生态平衡的极为重要因素。全色光是森林植被光合功能必需条件。生态学家发现全色光能使脊椎动物性腺发育和及时换羽、脱毛。大气压明显影响动物红细胞增生。紫外光促使哺乳动物体内合成抗软骨病的维生素D。鸟类分泌含维生素D的尾腺分泌物。

地球南极和北极是被冰雪永久覆盖的世界。在各种纬度陆地上的高山、海拔3500m以上的峰顶也是冰雪覆盖的天地。在这些区域里的极端环境里能够生存的物种极端稀少。如在北极冰层和永久冻土区白熊是最能适应的动物。它披着丰厚的不透水皮毛，而且长毛是中空管状毫毛（近年来的报道）。本人于1962年在内蒙古自治区呼伦贝尔盟阿荣旗从猎民手中获得大兴安岭里生存的狍子（*Capreolus capreolus*）的刚毛和头颅。将狍子的毫毛及头骨带回扎兰屯研究基地，经制备切片标本观察（肉眼也能看到），发现狍子毫毛呈中空三角菱形长管状。用其毛皮制作的皮袍子远比绵羊皮、狐皮、貂皮袍子暖和。当地的达斡尔族、鄂温克族人最喜欢用其防寒。狍子的鼻甲介远比人类和其他温带生存栖息的真兽类物种的鼻甲介复杂。狍子的鼻甲介生长自鼻翼外侧骨板，向鼻腔内扩展成卷曲的三层圆筒，每层圆筒的内侧底部成为各自间隔的内外相套的3支"烧杯"。每层鼻甲介圆筒的全壁和底部都有无数筛孔。其黏膜层盖有纤细的绒毛上皮组织。这证明，被吸入鼻腔的冷空气受到极大的鼻甲介毛细血管的加热，所以狍子生活在零下45℃的寒冷夜间树林里绝对不会因冷空气刺激而发出反应性鼻响。白熊皮下脂肪厚达15cm。白熊在水里能游180km，能短时潜泳。它善于猎食海豹，积累皮下脂肪。在极地的黑夜冬眠半年不进食，还要哺育幼仔。在南极冰雪严寒里只有帝企鹅、阿德利企鹅、跳岩企鹅等少数几种企鹅和贼鸥能生存。在地球赤道附近低纬度陆地上的热带雨林里适合绝大多数生物物种生存。在热带干旱沙漠里能够生存的动物有黑甲虫。甲虫从植物根系吸得食物和水分。蜥蜴和蛇猎食甲虫生存。这就是撒哈拉干旱沙漠低等动物借以生存的食物链。在一些绿洲里还有一些哺乳动物。肉食哺乳动物以其利爪尖齿为武器猎杀草食哺乳动物得以生存。干旱沙漠环境里生存的小型脊椎动物、大型脊椎动物的共同境遇是动物物种间的利害关系，饮水和节水问题。当地居民给猴子喂食盐，猴子口渴难忍，靠嗅觉寻水源。其他大型耳壳动物和特大型动物也靠嗅觉寻水源。散热降体温也是生存斗争中的重要问题。我们从动物体形上可以看到它们的适应性变异。凡是生存在干旱热带沙漠的动物耳壳巨大。这是它们的特异性散热器。它们的肢体相对较长，蹄掌软而大。АГ.Бабаев，ИС.Зонн，НН.Дроздов，и др的专著《沙漠》里描写了全球各大沙漠的生态环境和动物群落。

两栖纲（Amphibia）、爬行纲（Reptilia）之类变温动物只能在较温暖的水陆境域里生存繁育，因为这类动物体温调节功能欠佳，一般在+25℃的气温地域最适合变温动物活动。环境温度上升+10℃时两栖类、爬行类动物的生存受威胁，而环境温度下降时动物进入休眠状态。探险家和生物学家发现生存在俄罗斯西伯利亚堪察加半岛上永久冻土地带雪原上的蝾螈（*Cynops orientalis*）和蟾蜍（*Bufo*）体内有抗冻蛋白质，其血糖属海藻糖。这种糖可以全部转化为热能。大气圈里对流层范围内的空气中的氧含量对于动物物种生存繁殖和进化影响巨大。

在元古代晚期，距今约18.3亿年前在厌氧大气条件下水生地域里开始出现最原始的无脊椎生物。到显生宙古生代奥陶纪—志留纪时代大气空气逐步转化为氧化型大气时才出现原始脊椎动物，原始鱼形动物如圆口纲（Cyclostomata），即七鳃鳗（*Lampetra japonica*，活化石，寄生生物），黏盲鳗（*Eptatretus bürgeri*，六鳃鳗寄生鱼）。随着氧化型大气中氧含量增高脊椎动物物种进化加快了。

地球表面相似的纬度区域里，由于地理条件的隔绝，动物物种出现了辐射发育的结果分化为地理物种，如在南回归线邻近的东西半球的澳大利亚大陆衍化出最原始哺乳动物单孔目（Monotremata）的鸭嘴兽（*Ornithorhynchus anatinus*）、针鼹（*Tachyglossus aculeatus*），有袋目（Marsupialia）动物，如大袋鼠（*Macropus giganteus* 或*Gangroo*）、袋狼（*Thylacinus cynocephalus*）、袋熊（*Vombatus ursinus*）。

在相似纬度的非洲大草原上却生存着野生偶蹄类哺乳动物，如羚羊、角马（*Connochaetes*）等众多物种，与有袋类相似也是草食动物，但无育儿袋，有角。这些物种中，长颈鹿从祖先型物种开始与相似物种鹿科大羚羊在争夺树叶为食的生存斗争中脖颈适应性伸长。与长颈羚站立起食树叶的争夺食物的生存斗争打造出了身高7.6m，颈长2.7m的物种。达尔文认为“成功的生物个体若没有竞争者就不利于有利变异”（《物种起源》）。我们将在附录里展示非洲大羚羊与长颈鹿争食的图片。他接着还指出“分布在同一广大地区变异物种中具有较强的性状优势的个体众多时就成为优势物种，这是在生存斗争中占优势的个体的群类”（《物种起源》）。

在非洲大平原上与这些草食物种共同生存的有猎食物种，如狮（*Panthera Leo*）、虎（*Panthera tigris*）、花豹（*Pardus*）、猎豹（*Acinonyx jubatus*）、狼（*Canis lupus*）、鬣狗（*Hyaena hyaena*）之类猛兽，尽管狮子身体强壮，牙、爪锋利；尽管猎豹奔驰速度极高，每小时在120km，但迅跑超过半小时，体温就会升至39℃而死亡；尽管鬣狗群体围攻猎物，捕食草食动物幼仔能力很强；尽管巨型鳄鱼凶猛，但羚羊、角马、斑马以它们的奔跑速度优势，以及繁殖能力强的优势，仍是非洲平原上的生存优势物种。达尔文指出“……个体数量大，有利变异的几率大，这是成功的最重要因素”（《物种起源》）。

当我们谈论生存斗争时习惯于谈论弱肉强食。不能完全否定物种间和谐共存的某些实例。如俪虾（*Spongicola*）同玻璃海绵动物间的偕老同穴（Euplectella），又如寄居蟹（*Pagurus*）同海葵（*Actiniaria*）的互利共生，乳汁蚁与牛角相思树蚁互利共生，人类和酵母菌及各种菌类的互利实例不必多谈。和谐共存也是生存斗争的另一种形式。但是维持物种间生态平衡中物种间的和协共存的贡献微不足道。刘绪源先生（2009）引述坎能（Cannon, B.）的《稳态论》纠正达尔文“对生存斗争的错误认识”。坎能认为人体内白细胞、淋巴、血小板维持着功能稳态。同样动物界物种间的共生维持着物种间的生态平衡——稳态。坎能毫无科学根据地类比人体内的稳态和动物界的稳态。稍有点生理学常识的人都知道人体内神经细胞、肌细胞、上皮组织、结缔组织细胞之间不存在你死我活的生存斗争。白细胞、杀伤淋巴细胞只对入侵的病原微生物和体内老化死亡细胞起作用。动物界物种间形成层层食物链，层层弱肉强食才能生存。

我们讨论生态环境时无法一一悉数每种生态因素，但可概括为水、空气、温度等无机环境，绿色植物、生物种类形成的食物链，腐生生物降解大分子结构物质等对于动物物种进化具有重要意义。其中生物和生物之间的关系最为重要（《物种起源》）。

地球表面上的动物界生存的生态环境是在全球范围内不断地变化着，同时也在局部范围内发生着更为频繁的变化。因此动物机体的已经特化的、高效能的器官、体质不一定永远保持高度适应性和遗传功能。有时进化了的、特化体质反倒成为有害结构，导致生物物种灭绝，白垩纪末期的恐龙就是一个明显的范例。

我们考察生物与生态环境之间的相互影响时明显地发现高等动物对生态环境的变异的敏感性较之低等生物要低，而低等生物个体数量巨大，生存周期短，繁殖力超强，体结构简单，易变性空间较大，所以生存繁殖的耐受性明显突出。例如霉菌在地球生态环境中无处不在，并在稍有繁殖条件就迅猛增殖，线状孢子真菌不仅在近地表环境里活跃，其孢子随龙卷风，甚至随宇宙飞船飞向宇宙空间。又如某些极限细菌能在南极洲冰层下生存，并且在太平洋马里亚纳（Mariana）海沟12000m深的海底、巨大压力下及在+250℃高温环境下活跃地繁殖着极限菌。还有庞贝蠕虫活跃在海底火山口上。有人报道：这些极限动物体内有抗热蛋白质。南极冰下湖水里生存着鱼类，据说它们的体内有抗冻蛋白质。

由此我们可以说动物的生存环境和物种的适应能力很重要，但又是具有相对的价质，动物从祖先承继下来的遗传能力仍起到重要作用。请参阅《物种起源》第五章。

本节结语

1. 生存在地球上的动物物种多样性是地球表面生态环境变化导致的生物适应性变异的生物进化结果。生物进化与环境无关的结论不可能用浩大的基因测试量掩盖自然界的本来面貌。（中性基因论）

2. 动物界的生存斗争包括动物自身的适应性变异，不应当与弱肉强食等同看待。

3. 生物体自身防御功能和体内生理功能的平衡和坎能的生态平衡是性质不同的两码事。人体内不存在不同组织之间弱肉强食的关系。而动物界里食物链和气候现象才是维持生态平衡的主要驱动力。

4. 我向纺织工业部门建议：争取创制中空尼龙纤维，纺织防寒毛织服装。仿制北极熊皮衣，为极地考察人员、寒夜守岗人员配备人造北极熊皮装。（本书附录里提供了本人试制的中空拔丝方法，可供纺织工业部门参照）

第四节　动物物种的适应性能的差异

地球诞生已有46亿年了。在其水、陆环境里发育出数百万种动物物种。据Teichert, C.（1956）报道单个物种自起源到灭绝用275万年的时间。全部物种更替一次要用12×10^5万年。如此漫长的岁月，如此多世代的更替，在变化多端的生态环境里每一物种积累的适应性有利变异不可能以相同模式同步发育。这就形成不同基因型物种。因此相同的物理因素同时作用于不同物种可出现有差异的表型。就像达尔文所说的还是决定于“祖先遗留下来的遗传。遗传是流动的”。

动物生存的地球表面陆地面积为1.5亿km^2，占地球总面积的29%。可分为欧亚大陆、非洲大陆、北美大陆、南美大陆、澳洲大陆和南极大陆，以及岛屿、珊瑚礁、半岛等陆地，各大陆上分布着平原、高原、丘陵、山地、沙漠、盆地、苔原、湿地等。水域即咸水海洋总面积为3.61亿km^2，占地球总面积的71%，海洋分浅海、深海、暖流、寒流，温差相异。

由于地壳板块运动掀起许多高大山系和老化低矮丘陵，如科迪勒拉山系（非洲）、阿尔卑斯山系（欧洲）、安第斯山系（南美洲）、喜马拉雅山系（亚洲），所有山系中海拔3500m雪线以上的高峰顶部都有冰盖，地球南北极地也有极大面积的冰山，北极圈内的广大苔原为永久性冻土地带，冰盖的成因是海洋水蒸气飘过山顶，遇到冷空气冷凝为雨、雪。雪层增厚压力加大，每20年形成一层冰层，冰层渐融为淡水流向山谷、平原、裂谷、湿地成为江河湖泊。淡水资源是地球陆地植被、森林的生命源泉也是巨大无比的贮水库，淡水流向的落差能量被人类转化为可利用的动力，如发电站、灌溉渠，也是淡水生物的家乡，是人类及陆生动物、鸟类饮水的源泉。在马达加斯加岛（Madagscar）南端干旱地带生长着树干很粗的树称猴面包树。最粗的面包树树干围径可达50m，树干里贮有大量淡水。平均一棵树贮有5t水。当地居民在树干上部凿孔提取饮水。

地球表层的气候极为复杂，影响各种动植物、微生物的生存、繁殖，使物种分化具有巨大差异。陆地气候分寒带苔原气候、温带针叶林气候、温带润叶林气候、沙漠地带荒漠干旱气候、热带草原气候、热带雨林气候、丘陵地带大陆型气候（三寒四温）、滨海海洋气候。大气层氧、氮、二氧化碳、水蒸气含量，温差随地形、海拔不同相差明显，土壤成分、光照度、降水量、生物因子以及人类出现以后工业污染对生物物种生存影响加剧。（卡拉布霍夫，HИ.，1951）

北极北冰洋和沿岸的永久冻土带半年是黑夜，气温可突降到-40℃，在如此严酷的环境里生存着白熊、白狐、极地狼、麝牛等恒温动物。这类动物都有各自特有的御寒结构和习性。如白熊猎食海豹之类高脂肪动物，积存15厘米厚的皮下脂肪。这层脂肪既是防寒结构，也是冬眠半年的存粮。体表的既厚又密、不透水的绒和毛是特制的外套。其长毛是中空长管型毫毛。如上所述1962年我在下放呼伦贝尔盟防治克山病期间发现的狍子毫毛是三菱形中空长管状毛，防寒性能无与伦比。白熊在冬季半年里穴居冬眠，降低能量消耗越冬。这是在长期生存中祖祖辈辈积累的有利变异的适应性进化的产物。与此相近环境（苔原冻土地带）中还有蝾螈（*Cynops orientalis*）、蛇、蟾蜍（*Bufo*）、蛾等变温动物和昆虫生存和繁殖。这种生存在苔原冻土地带的蛾的幼虫连续16年处于冻死状态。翌年太阳亮相，开始第17个春天时才造蛹完成变为成虫。这种不具备任何御寒结构和习性的动物能够越冬、繁殖实在是难以理解。有人说可能在它们的体内有抗冻蛋白质，可是并无实测资料。我推断它们体形单薄，在环境气温迅速降到-30℃，其体温未经结冰临界温度便进入玻璃化状态，所以才能复活。另一种海底生物生存的例子是太田隆久（1984）报道：在太平洋马里亚纳（Mariana）海沟水深达12000m、水温达250℃的极端条件下生存着极限菌。还有在海底火山口热水中活动的庞贝蠕虫的录像。有人推测可能是抗热蛋白质起作用。地球赤道附近南美洲热带雨林里、澳大利亚热带沙漠里、加勒比海热带水域、印度洋马达加斯加、太平洋加拉帕格斯群岛上动物高度繁盛。这种温暖潮湿区域是鸟类、昆虫、变温动物、异温动物的天堂。

当前对于生态环境与生物进化的相关关系问题进化生物学界里有不同观点，如中性基因论者耗费巨大精力只测试一种酶蛋白质结构里氨基酸更替年代便提出物种进化与环境无关，生物进化的动力是基因突变，随机漂变的结论，称“非达尔文主义进化论”。现代进化生物学领域里基因学的技术手段、理论知识取得了极为高深的发展。在这种风浪中中性基因论者提供的 “中性基因假说”的结论违背自然界的客观规律。但他们摆出了大量基因测试资料，赢得了相当多的追随者。我国有一位专家写道：“中性基因论是人类思想进化的新亮点，是唯物主义的。”这位专家只看重了基因测试资料，但分辨不清生物进化与生存环境的关系。更为不可理解的是：作为中国学者分不清唯物主义和唯心主义基本含义的差别。

美国学者科因著《为什么要相信达尔文》（P154，2009）里说“作为纯粹的随机过程，基因漂移无法演化出适应性，它永远不可能构建一只翅膀，一只眼睛”。李文雄在《分子进化基础》（1991）著作里写道“DNA序列在染色体复制过程中，正常情况下被精确拷贝，然而也会出现错误，从而产生新的序列，称突变”。关于动物适应环境条件的最早报告的是达尔文的先驱者拉马克。他在马来西亚森林里长期隐居，实地考察野生动物生活的基础上提出，在严酷的环境中适应者生存，不适应者被淘汰，称优胜劣汰原理；动物的器官使用者发育，不使用者退化，称用进废退原理；以及后天获得的习性可以遗传的论点。

2009年在上海出版了一本进化生物学专著《达尔文新考》。著者基本肯达尔文的创新性著作《物种起源》。但是借攻击李森克的名义全面否定拉马克的理论。接着指责达尔文继承拉马克理论是达尔文屈服于质疑作出的败笔。著者在《新考》的前言里写道"李森克派认为，拉马克提出的环境改变能直接或间接地影响生物变异的方向，用进废退和获得性遗传的论点是唯物主义的，是正确的，并且歪曲地说这些论点正是达尔文学说的精华"。紧接着下一页里写道"拉马克是第一个试图用自然的原因来解释生物进化机理的伟大进化论者"。这是怎么回事？前言第7页上否定拉马克理论，在第8页上又称拉马克是伟大进化论者。

稍许了解20世纪苏联文化、科学领域里政治斗争的人们可以确认李森克派宣扬拉马克—达尔文理论并不是罪行，而是他们利用达尔文—拉马克的名义乱扣政治帽子打击正直的学者才是他们的罪行。倒掉澡盆里的脏水不要把孩子一起倒掉。一位知识渊博的学者的头脑要用在分辨是非曲直的细微界限上。恩格斯在《反杜林论》和《自然辩证法》等名著里曾有20多处提到达尔文的贡献，始终确认拉马克是达尔文的先驱者。

《新考》139页上写道："为了应对质疑，在好几处他明确地吸取了拉马克的用进废退和获得性遗传的观点——这无异于在光彩夺目的华章中增添了一大败笔。"《新考》著者紧紧抱住魏斯曼的人工损伤不可能塑造出遗传效应的实验结果当做自己的神圣的、不可撼动的信条，来否定拉马克的来自自然界的以事实为根据的诸条原理——借此贬低达尔文主义进化论。

但达尔文在《物种起源》里写道："习性和器官的使用和不使用的效果，相关变异、习性的改变能产生遗传的效果。器官的使用对自身的影响尤为重要。"他又指出"在变动了的生活条件下，一种本来有用的构造如果用处不大了，则此构造趋于萎缩，对于个体有利。因为使养料不至于消耗在无用之处"。

《新考》著作的通篇内容是反对后天获得性状的可遗传性，但无法明确回答隐生宙早期出现生命体没有核苷酸，只以蛋白质自我复制形式繁殖其后代。只有出现信息量极少的单股环状或线形核苷酸链之后才实现蛋白质结构单位的氨基酸顺序编码的机制。例如原核生物大肠杆菌只有3000个密码子，蝇有15000个密码子，人类则有3×10^8密码子（Groose，Chilton，M.D.，Mocarthy，B.J.，1972）。高等动物与原生动物的基因数量差别如此之大是后天获得的还是自然发生的？又如毛里求斯已灭绝的渡渡鸦、夏威夷的秧鸡、新西兰的鹬鸵和枭鹦、莎摩亚的木秧鸡、高夫岛的黑水鸭、奥克兰岛水鸭等因为那些地区无掠食动物而翅膀退化，再也不能飞上天空。非洲马赛马拉草原上的鸵鸟翅膀退化以后肢壮大。这种鸟不能飞，但奔跑速度快，一步能跨越7米，而且可用强大的蹄子踢死猛兽。南极洲企鹅前肢退变成游泳滑桨，这些事实不够说明用进废退吗？又如同一物种豚鼠生活在高山严寒地区的豚鼠尾毛丰厚，而在新西兰热带生存着无尾豚鼠。新西兰的几维鸟翅膀完全退化，羽毛变异成狗毛。它只能在地面上觅食，其长长的喙像工兵的探雷器能探得地下15厘米深的蚯蚓或昆虫卵。在我国西藏自治区喜马拉雅山山脉高海拔地区生存的牦牛腹下、四肢根部丛生极厚而密实的长毛，亦是见证适应高寒环境的适应性状变异的事实吧！

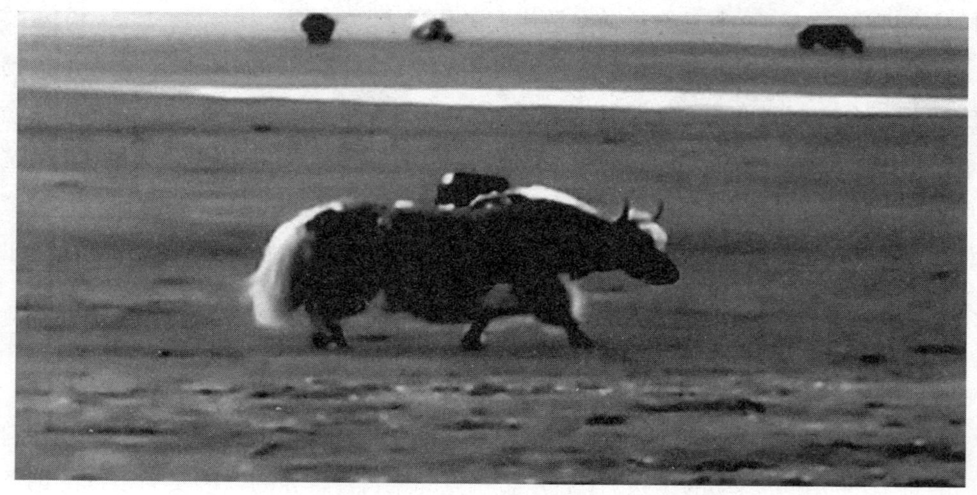

图 2–4–1　喜马拉雅山高海拔地区生存的牦牛

与此完全相同的饲养条件，在蒙古草原上牦牛的这种长毛却开始减弱。可见对比饲养在温差很大的两种环境中的同一物种的适应性结构的变异也能证明后天获得性状是可遗传的。在这许多事实面前那些魏斯曼遗产的后继者们竟从魏斯曼割掉小鼠尾巴，以不可能造成后天可遗传的性状为依据否定拉马克的自然界的后天可遗传性状的原理。

《达尔文新考》（P137，2009）引述了米伐特（G.J.Mivart，1827–1900）向达尔文进化论的核心论点自然选择学说挑战的第四段话的一段说“初生状态的长颈鹿（长颈鹿的祖先种）其颈、前腿、舌还远未像今天这样发达和显示出优越性之前，自然选择何以能选中它发挥作用？”《新考》著者说“回答这样的质疑并非易事”。米伐特向达尔文挑战时说“自然选择何以选中它（长颈鹿的祖先）发挥作用？”如果正确理解自然选择的含意并不是自然界有意挑选动物让它进化或让它退化被淘汰，而是动物选择适合它能够生存的自然条件适应性变异——适者生存，不适者被淘汰，即优胜劣汰（拉马克理论）。根据米伐特的论点自然界有意挑选长颈鹿的祖先，知道它的后代的颈、前腿、舌具有发展前途，让它进化。而不给长颈羚的祖先进化的幸运。人们要问：自然界怎有如此的神机妙算能占卜到长颈鹿祖先的发展前途的？《新考》第136页上写道"关于生物的高等的标准，最良好的定义是器官专业化或分化所达到的程度。自然选择有完成这个目的的倾向……"达尔文的自然选择科学原理里根本没有混入目的论的杂质。第138页上写道"达尔文强调自然选择具有明察秋毫的功力"。达尔文根本没有赋予自然选择人性化的虚拟的功力。一位知识源博的学者的头脑理应花在分辨是非、曲直的细微界线上。《新考》著者的一系列背离唯物主义自然哲学观的思想倾向证明他和米伐特的思想倾向毫无差距。当我阅读进化论文献时常常遇到像米伐特同样理解达尔文自然选择原理的本末倒置、头脚颠倒的曲解自然选择内涵的生物学专家。我们再三强调，进化生物学家应该辨清达尔文自然选择的含意并不是自然界选择动物物种允许它们进化，而是动物寻找适于生存的自然条件变异其结构和习性的。我们在这里再列举实际事例以供广大读者加以评论。在地球北极的冰雪气候条件下生存的北极熊、白狐、极地狼、驯鹿、麝牛之类物种和艾斯基摩人及其驯养的极地狗能够在极端条件下耐受寒冷，能够获得食物。而有许多种类的游禽类、涉禽类候鸟在春季冰雪融化的季节里才能来到自己的出生地繁殖生育。它们能够在极地冷水湖泊里取得充足的食物。它们在热代高温条件下孵卵风险很大，无法繁殖后代，才飞行5000~7000km选择北极的。当极地的秋、冬季节来临时极地水域开始冻结成冰，这些鸟类无法觅食。它们不得不飞回温带江河水域才能觅食。这就说明生物物种自己选择适于生存的环境，即"适者生存"。而不是自然界喜欢北极熊，不喜欢候鸟。也就是说自然界喜欢哪一种动物，愿意挽留它继续安全过冬，让它们享受到恩惠，而另一种物种却被北极自然界讨厌而被驱逐出境。由此可以认定，米伐特对于"长颈鹿祖先被自然界选中"的论点同木村们的"命运好的突变基因有幸遗传下去"的结论都是在自然科学里插入宿命论（随机的机遇论）的观点，都是形而上学哲学观。我们在本书第九章第八节里评述的《上海科坛》（2009，第4期）主编引述"有人提出——达尔文理论不是科学，而是假说的'原因在于'进化论本身的性质所决定"的论点出自同一思路。

本节结语

1. 地球的地理形态，地表的水和氧化型大气与月球、太阳系其他行星是截然不同的。再加上地核和太阳供热，这就使地球这颗绿色星球成为了生命物质的家园。

2. 动物进化的根本条件就是绿色星球的适宜环境。从广义的角度可以说自然界创造了生命（我强调广义角度）。

3. 达尔文主义的核心理论——自然选择原理的含义是动物选择适于生存的环境，保存有利变异而生存、繁育。不是自然界有意选择某些物种让它们进化，让那些不中意的物种退化、灭绝。

第五节　动物物种进化与退化

由于地理环境的隔绝而分化发育出地理物种，如澳洲有袋类，南极洲企鹅（*Spheniscus demersus*），北极白熊（*Thalassarctos maritimus*）、白狐（*Alopex lagopus*），奥洲和非洲的鸵鸟、鸸鹋，南美洲安第斯羊驼（*Lama alpacos*），局域性地理条件的各种物理因素"创造"出各具特色的体质结构、生活习性的物种。与此同时，仍然广泛分布着哺乳动物、鸟类、爬行类、两栖类、鱼类、昆虫等线性物种。所有生物物种的个体的习性、结构不同是动物适应生存环境机体结构在世代相传中缓慢变异的结果。并不是自然界有意看中棕熊使其后代白化，而看不中麝牛（*Ovibos moschatus*）的祖先叫它的后代保持褐色不变。在完全相同的环境中不同物种的后代的变异也可稍有差异，这是因为它们的祖先遗留下来的基因有差异。这就证实了海克尔的物种在适应性变异和遗传性变异相互作用中进化的原理。达尔文在《物种起源》里强调自然选择的功力为环境因素、生物之间的生存竞争和祖先遗留下来的遗传性（遗传本身可变异）。

自从古生代（Palaezoic Era）寒武纪（Cambrian P.），距今5.7亿年前开始出现海生动物，即具外壳的无脊椎动物，如拟软体动物门（Molluscoidea）的腕足纲（Brachiopoda）的古杯动物（Archacocyatha），构造简单骨壳呈杯状，在中寒武纪数量减少，志留纪完全灭绝；海豆芽（*Ligula*，又称舌形贝）两枚外壳呈舌形，有柄吸附在海底岩石上，自寒武纪出现至今仍未灭绝。此后出现的节肢动物门（Arthropoda）三叶虫纲（Trilobita），背壳肋叶紧密排列成三叶，体长达70厘米，寒武纪晚期非常繁盛，志留纪以后衰退，到二叠纪完全灭绝。晚寒武纪出现的甲胄鱼（*Ostracodermi*）是原始的鱼形脊椎动物，其头胸部被硬质甲壳质+碳酸钙化的菱形锥形壳包裹着，成为笨重的防盾，稍微有点侧扁的腹节缺偶鳍和尾鳍，运动速度很慢，所以在古生代中期泥盆纪灭绝。在甲胄鱼出现后的稍晚时期出现了同种盔甲鱼（*Eugaleaspida*）、多鳃鱼（*Polybranchiaspis*）也都在泥盆纪灭绝。奥陶纪出现大甲目板足鲎（*Eurypterida*）体长达2米，头胸愈合盖以坚甲，到二叠纪灭绝。这类动物演化发育出来的时代，它们的体质适合于它们的生存条件。当生存环境进化了，可是它们的体质已经不适用了，而且已经形成的硬壳不太容易改变。生存条件与它们的身体结构和习性之间的冲突不可调和，这必然导致灭绝。在这个时代里又出现了原始脊椎动物鳗形无颌类。现今生存的只有七鳃鳗目、盲鳗目等不多的物种，这些物种属营寄生生活，是无前途的物种。

古生代早期出现的无脊椎动物中几乎都有贝形、螺形介壳的软体动物；节肢动物，但是在环境改变后出现的有笨重头胸甲的动物，因物种间相互猎食的生存斗争，不但无利反而有害了。"这是因为构造、体质及习性的类似必然导致生存斗争，一些物种增加了而被征服的变种被消灭了"。（《物种起源》）

奥陶纪出现头足纲动物（*Cephalopoda*），此类软体动物中无骨壳，只有内藏的外套膜下的软骨片，体呈袋状，头部有口，口周连于乌贼骨（软体动物中唯一有软骨的物种）的强有力的锉齿。体外由肌组织强厚的外套膜包围，腹侧外膜下形成外套膜腔，吸入海水，当外套膜收缩时喷射出水，借喷水的冲力（似火箭喷射原理）高速前进（以头为准的话可看成后退）。乌贼的眼球发育到与高等脊椎动物眼球结构相近似。头足纲现有200多种，已灭绝8000多种。现存头足纲乌贼科中大王乌贼（*Architeuthis* SPP）是无脊椎动物中体形最大的、泳动速度最快的物种，其体长达18米（包括触手），它还能喷出墨汁，具有先进的隐形术。

乌贼体大，泳动速度快，有强力角质锉齿，有一对较长的触手和8个较短的具有两列或四列吸盘的猎食短腕。遍布于渔场、热带海洋里成为捕食鱼类的猎食动物，是毁灭鱼类的害兽。

古生代中期石炭纪出现的两栖动物门的绝大多数物种已灭绝，爬行动物门现存只有4个目（Ordo），已有10个目已灭绝，恐龙类爬行动物几乎完全灭绝，只有少数体形小、近水生存的物种仍在生存。鸟类在侏罗纪出现之后在白垩纪灭绝的物种不少。哺乳类32个目中14个目已灭绝，257个科中已灭绝137科（Familia），占54%。啮齿类（Rodentia）是繁殖力最强的物种，出现过619属（Genus），已灭绝275属，现存只有344属。

动物进化历史证明，在生存条件发生全球性变化或发生局部地理环境的变化时，动物物种中的每个个体来自祖先的和来自双亲的遗传基因的保守性抗拒着自然界的压力，抗拒着适应性变异的压力。与此同时，动物个体适应着自然选择，适者生存的法则，不断改变祖先型不利性状，增加有利变异，逐渐增加特种群体的基因以抗拒退变和灭绝。这是自然界不以人类意志为转移的客观规律。据达尔文的分析，祖先型遗传性与自然选择之间的斗争是决定动物进化或退化的重要因素。在物种起源里用他的语气表示“看动物本身的情况”。

当我们探索古生代以来的无脊椎动物的进化与退化、新的物种的起源与旧的物种的灭绝时我们准备历数进化与退化的具体表型。

1. 繁殖力强盛是保存物种的首要条件，例如微生物作为单细胞原生生物，从元古代数十亿年前开始出现至今仍为数量极多的物种。个体数量充满地球表面绝对巨大的空间的生物活动着。因为它的体形微小，代谢机制简单，消耗能量低，其生存环境中不缺少普通无机化合物溶质，待分解、腐烂的有机化合物等营养物质。微生物能够在水境、陆境、寒带、温带、热带和高温高压的极限条件下生存或以孢子形式保留其物种继承者，其繁殖力足以抵消天然的或人工的杀灭压力下的损耗。永远不可能，也不需要人工灭绝。

2. 单细胞原生动物中寄生性肉质虫（*Carcodina*），从宿主体内每天可排出8000万个囊孢（8×10^7），草履虫（*paramaeium*）靠裂殖生殖方式在12小时内细胞连续分裂3次，以几何级数的速度繁殖，生成厚垣孢子（*Chlamydospore*），随台风、龙卷风，甚至随宇宙飞船上升到太空里。

3. 在奥陶纪出现的四放珊瑚虫，后来的八放珊瑚，又称皱纹珊瑚虫，至今在热带海洋中生存繁殖着，其残留的骨骼形成无法计数的海洋中的岛屿。

4. 生存在非洲大草原上的角马（*Connochaetes*）、羚羊（*Naemorhedus goral*）、斑马（*Equus zebra*），同并存的凶猛的狮（*Panthera Leo*）、猎豹（*Acinonyx Jubalus*）、腐食性猎食兽鬣狗（*Hyaena hyaena*）相比在生存环境中毫无攻击能力和防护盾甲，只以个体数量巨大、繁殖速度快（与猎食动物相比），加上逃奔速度较快，而在非洲大草原上仍为优势物种。达尔文认为“分布在同一广大地区的变异种中具有较强的性状优势的个体众多时就成优势物种。这是在生存斗争中占优势的个体的群体”。（《物种起源》）

5. 本能（instinct）与习性（habits）：发生于隐生宙末期的细胞之类微生物只能依靠其极少量的环状DNA里贮存的遗传信息，吸收无机元素或化合物进行氧化同化活动（autotroph生物），实现其繁殖的功能。单细胞原生动物则利用其膜结构上的某些被捕猎的生物为其营养来源（异养生物）进行繁殖，游动、吞噬、消化、排泄等较为复杂的生命活动为其本能。单细胞原生动物不仅依靠其较多量的遗传信息所编码的较多种蛋白质进行较复杂的本能性活动，甚至还会有靠光感、波动感觉、化学感觉躲避有害因素的后天获得的习性。

6. 后生动物则依据自然选择、适者生存的法则随着进化阶梯遗传信息量极积增多，在经过多世代积累的微小的“经验”获得新的习性，新的习性反过来又增加其物种信息库的信息量。例如节肢动物门蛛形纲（Arachnoidea）的普通蜘蛛都在草丛间吐丝编织网栅捕食小型昆虫。俗称黑寡妇的大黑蜘蛛不仅具有编网的本能且其具有的含有超级毒素的锋利的一双门齿，使它成为了特级杀手。黑寡妇蜘蛛能把体躯巨大的鼠耳蝙蝠吃掉。雄性黑蜘蛛交配之后立即被它吃掉。因此黑寡妇蜘蛛被认为是臭名昭著的、最无夫妻恩爱的动物。捕食小型亚洲飞蝗（*Locnsta migratoria migratoria*）是它的天生习性。阿尔卑斯黑鸦用喙切断细树枝，雕成末端有钩的长杆伸进森林害虫桑天牛（*Apriona germari*）幼虫在树干里的洞里钩其出来捕食。加拉帕格斯雀也会制造带钩的树枝工具捕食虫子。阿尔卑斯金雕（*Aquila chrysaëtos kamtschatica*）将金龟（*Chinemys reevesii*）用利爪抓起来升空，再从百公尺高空抛下，龟被震昏松弛后食其肉。有些小型鸟类用喙叨起带棱角的小石块，投掷撞击鸵鸟蛋食卵黄。非洲卷尾猴（*Cebus capuchinus*）或马达加斯加雨林里的白面狐猴更高明。它们能挑选有驱虫作用的草叶揉碎将汁涂在身上，以防害虫蜇刺，并会用石块砸击坚果进食。狼也非常聪明。本书作者在“大跃进”之后下放到内蒙古呼伦贝尔盟考察克山病因。于1961年冬借宿一达斡尔居民家。户主饲养8只狮头大白鹅（*Anser domestica*）、2条猛犬。翌晨户主发现8只鹅全部消失。鹅和犬全未能发出嚎叫，鹅被狼盗走。日出后在距村约半公里处的深雪坑里有一只鹅伸出脖颈鸣叫。我们去现场发现野狼吃掉一只大鹅，而把其余7只全部咬死，并用雪埋严贮藏，以备再食。其中一只鹅苏醒，报了警。

这些事例说明，动物的本能随着进化阶梯逐步进化，后天获得的即学会的习性汇集成动物体的有利变异基因，丰富群体基因库，转化为新的本能。这在生存斗争中成为优势性状。这种习性和本能的关系被达尔文和海克尔早已确认。

7. 动物体形的变异：动物进化早期，动物体形呈两侧对称者有更高等级进化的重要趋势。因为两侧对称形可使动物头尾分明，背腹分化成为出现头、尾部的摄食口器和排泄肛孔的正确方向。背腹分化成为出现附肢、划桨的起因，海绵动物、棘皮动物幼体呈两侧对称，而成虫呈车轮辐射对称，从而失去了走向更高等级物种的趋势，也成为旁侧物种。鱼类、两栖类、爬行类、鸟类、哺乳类都是在体呈两侧对称中获得了进化的趋向。在上一节里已提到，动物进化早期阶梯上无脊椎动物的消化管道，一般都分布在躯体下部，血管、神经环全部围绕着咽管、肠管周围，但是发育到脊椎动物阶段时神经系统、血管系统、肌肉系统即统称为体部（Body）移行到体躯的背部，而内脏团（Visceral mass）移到腹侧（见图2-1-9），这种变化的生理意义被达尔

文确认“同类动物因生存条件的改变必先形成相适应的习性，由此在世代相传中改变身体结构”。(《物种起源》)

8. 运动速度：动物进化过程中，生存于相同环境中的类似物种间在生存斗争中，运动速度占有极为重要的意义。如以单细胞原生动物门的纤毛虫纲为例。草履虫在每秒钟内可移动2647μm，比鞭毛虫纲的眼虫快得多。眼虫仅靠一根鞭毛每秒内只移动155~235μm。因此草履虫在每小时里形成60个食物消化泡，每个消化泡里消化掉30枚细菌，每天能吃掉43000个细菌。

软体动物门头足纲乌贼（Calamar〈法〉，*Squid*），由于它的喷水反冲力运动，强有力的鸟喙形锉齿，是消灭硬骨鱼类的猎食物种，它既能进攻，又能防守，是依靠其喷墨的掩护来实现的。

鸟纲有游隼（*Falco peregrinus leucogenys*）飞行速度快，性凶猛，善捕小鸟、蛙等。当虎鲸（*Orcinus orca*）或鲨鱼鱼群追赶到海面时鲣鸟（*Sula Leucogaster Plotus*）、潜鸭（*Aythea*）从高空潜入海里捕食小鱼。达尔文指出：“被选择或被保留的变异的性质与环境条件有关，同时与同它斗争的周围的他种生物有关。最后还要与无数祖先所留下的遗传有关。遗传本身是一种变动的因素。”(《物种起源》)

9. 感觉器官：原生动物门眼虫（*Euglena*）胞体内含叶绿素，故该物种对光反应非常灵敏。腔肠动物水螅虫外层细胞中间已开始分化出感觉细胞，对水中化学物质敏感（见图2-5-1）。花水母已有原始眼睛（见图2-5-2），图2-5-3、图2-5-4展示钵水母（*Scyphozou*）各物种的感觉器官。

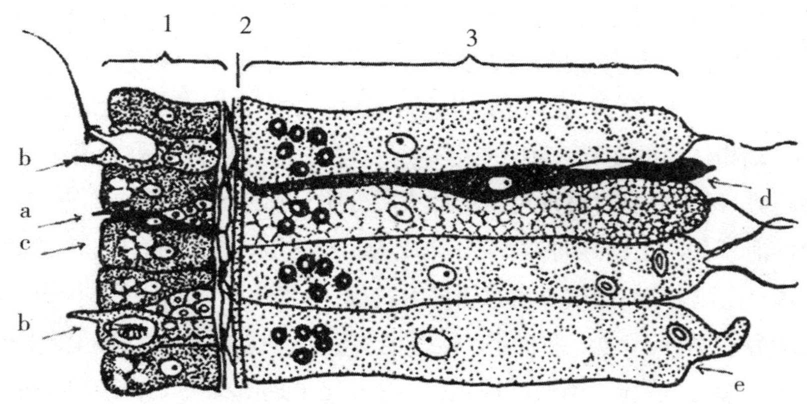

图 2-5-1　水螅虫体壁细胞层

1. 外细胞层；2. 中胶层；3. 内细胞层，a 刺泡细胞（下 b 准备发射毒刺；上 b 已发射毒刺的刺泡细胞）；b 感觉细胞；c 腺细胞。内层细胞 d 为神经细胞或感觉细胞，e 为消化细胞花水母只有原始的眼睛。

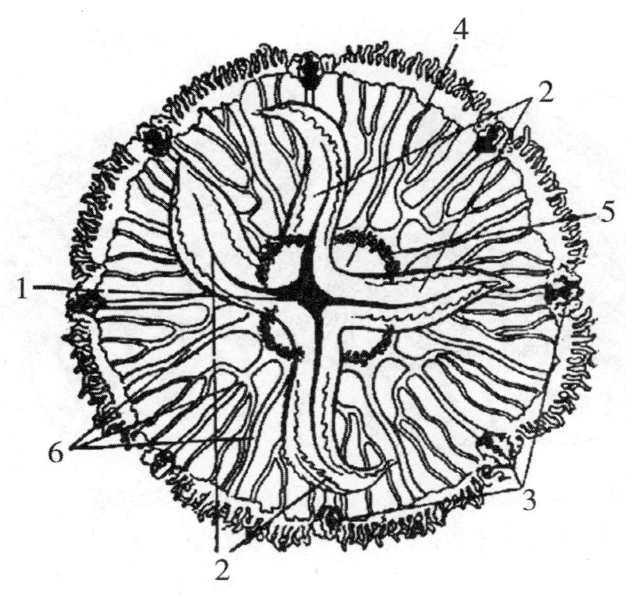

图 2-5-2

1. 口; 2. 口周触手; 3. 感觉球; 4. 胃腔; 5. 胃丝; 6. 辐射管

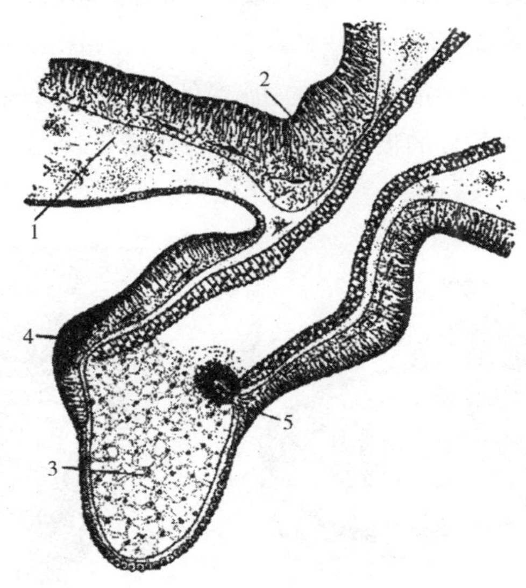

图 2-5-3　钵水母扇形体的下面

1. 外套膜; 2. 嗅器; 3. 平衡器官; 4. 光敏结构; 5. 嗅觉结构

钵水母（*Scyphozoa*类中*Aurelia aurita*）具备多种感觉“器官”。

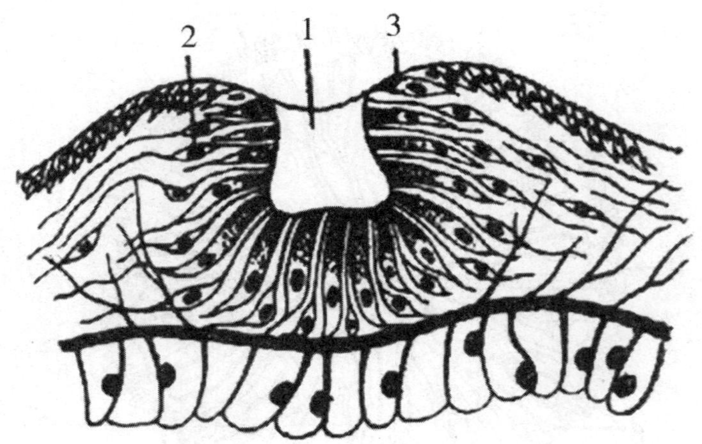

图 2-5-4　钵水母（*Aurelia aurita*）的感觉球的微细结构

1. 玻璃样透明胶状体；2. 视细胞；3. 色素细胞（环玻璃体）

钵水母遍布全球各海洋，伞形体直径达1m多，营浮游生活，靠强力口器，多种感觉器官生存，有的种类还有毒刺，已成为海洋里的猎食动物。

涡虫（*Dendrocoelum lacteum*）和真涡虫（*Euplanaria*）都有一对具有黑色素细胞层的黑眼睛。这种动物生活在混浊的、腐烂的水池里。对酸碱度有很强的感觉能力，具有在这种水质里生存的极大的耐力。它的眼睛是特别用于回避光线而存在的光感器官，如图2-5-5。

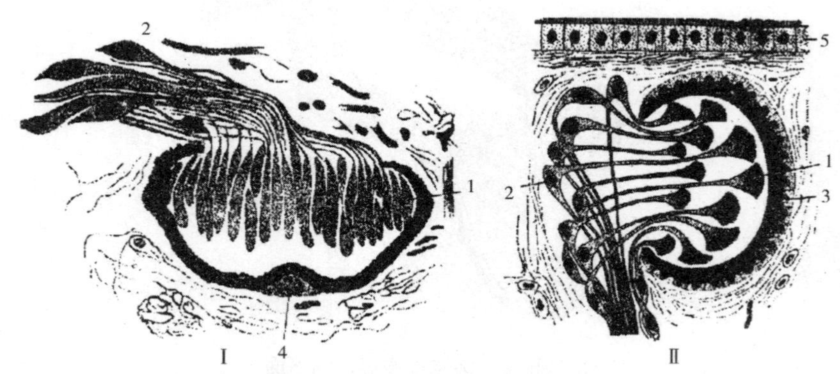

图 2-5-5　涡虫的眼睛结构

1. 视杯；2. 视细胞；3. 色素细胞层；4. 色素细胞核；5. 皮肤上皮层

乌贼眼睛的结构几乎与高等脊椎动物的眼球相似。节肢动物门的昆虫纲的视觉器官结构复杂，功能特化，如蟑螂（蜚蠊*Blattaria*，таракан〈俄〉）的视觉器官由1800只单眼组成。每一个单眼含七个盖有透明六角形角膜，内有视细胞，神经细胞，能准确对焦，能辨色，辨物体大小和形状。天蛾（*Clanis bilinaeta*或*Herseconvolvuli*）复眼由27000只单眼组合而成（总计一万多对视细胞）。环形动物类沙蚕（*Nereis*）的眼球几乎与脊椎动物眼结构类似，已具备角膜、晶体、玻璃体、视网膜等。见图2–5–6。

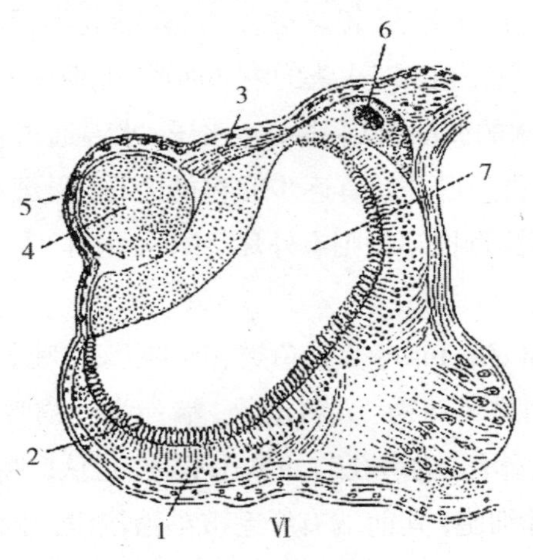

图 2–5–6　沙蚕眼球

1. 视网膜；2. 视杆细胞；3. 晶体变焦肌；4. 晶体；5. 角膜；6. 泪腺细胞；7. 玻璃体

脊椎动物的眼球结构已甚完备，只是在不同物种间视网膜外网层里的视杆细胞（Rod cells）和视锥细胞（Cone cells）的比例依动物物种不同而异。

大多数脊椎动物，如水生鱼类、两栖类、日行鸟类、爬行类、灵长类动物视网膜里都有视杆细胞和视锥细胞，但视锥细胞数比视杆细胞少，人类视网膜里视锥细胞只占5%左右。哺乳动物和啮齿类如白鼠，猫科动物，犬科动物，夜行鸟如猫头鹰（*Strigii*），多数鲨、鳐类（Baloidae），以及深海鱼类视网膜里几乎全是视杆细胞，无视锥细胞。

鹰隼视网膜视锥细胞比灵长类多，视力高度灵敏。视杆细胞在暗光下起作用，辨别物体形状模糊，只能辨黑白色而不能辨别多种色彩，因此鼠、犬、猫、夜鸟所看的世界是灰白，而大多数脊椎动物、灵长类、多数硬骨类、日行鸟类眼里的世界是五彩缤纷的。这是因为视杆细胞端段有原始的来自不同种类Vit–A的视紫质（rhodophane）、视紫红质（rhodopsin）。视紫红质受弱光、短波光时视蛋白与视黄醇分离，失去光敏反应。分离后的视蛋白重新与视黄醇（脱氢，还原，变构）结合成视紫红质。视锥细胞端段有视青紫质（iodopsin）和视蓝质（cyanopsin），这些色素对光反应更复杂，产生色觉神经冲动。

平衡器官：侧线（Latiral　Line），是水生鱼类、两栖类幼体独有的平衡感觉器官，也是对附近水的波动、天敌或食物移动的信息的感觉器官。这是鱼体从尾至头部躯体两侧鳞下的沟或管，间或有向外开口。管内由感觉细胞组成的像味蕾的神经丘（Neuromast）所构成。脊椎动物门爬行类、鸟类、哺乳类无此器官。

鱼类的内耳是侧线管下沉，埋入头的内部而成。与听觉和平衡觉相关，但鱼类、两栖类无中耳和外耳，水的波动、低频振荡、水压、水温通过骨导形式传入脑内。

鱼类、两栖类、爬行类已开始有逐步完善的内耳，听斑在鱼类是由碳酸盐形成的耳石充满球状囊，高等脊椎动物则有外耳、中耳、内耳，是听觉平衡觉最完备的器官。

嗅觉器官（organum olfactus）：真骨鱼类、鸟类、海生哺乳类、灵长类动物嗅觉不发达，陆生猎食动物如猫科动物、犬科动物、啮齿类动物嗅觉高度灵敏，爬行类动物如蜥蜴类、蛇类有内鼻孔，内鼻孔与外鼻孔不通，是从口腔伸向上颚骨里的盲管。管壁上皮细胞内有嗅觉细胞，其前端有纤毛被黏液浸没，末端纤维直接通到中枢神经器官。蜥蜴、蛇在活动中不停地伸缩舌头，外界气体里的化学分子（气味）粘到舌黏膜时该气体分子传送到内鼻孔嗅觉细胞表面，由此探知邻近的物体或猎物。

特殊的感觉器官：蝙蝠（大耳蝠*Plecotus　auritus*）是哺乳动物翼手目，善于捕食飞行中的昆虫（夜暗时），这种动物发出超声波，遇猎物回音协助捕食。在城市里密布的电线上从未出现撞死的现象。

鲸类也有超声波回音器官，电鳐（*Torpedo*）、裸背电鳗（*Gymnotus*）、电鲶（*Malapterurus electricus*）肌组织重叠成发电板，肌与运动神经终末在板上发电，肌板贮电。可以放出500~800V直流电，能击毙猎物。发出的弱电流被物体反射，被侧线感觉器官回收电信息，是真正的生物雷达。

家鸽及许多候鸟物种、犬科动物能识别地球磁极方向，尤其是候鸟飞行数千里不迷失方向，这可能是脑细胞里的铁蛋白质具有指北针的功能。

10. 神经系统：原核生物细胞对水温、水压、水的波动、声、光、化学物质及食物或天敌产生反应，按照适者生存的法则延续其物种。其反应能力极为原始，但以其超强繁殖力补偿毁损，避免物种灭绝。

后生动物，多细胞后生动物则出现信息接收器、信息传递器和反应器。

最原始的感受器发出化学传递系，这是较迟缓的原始的反应程序，到高等动物以激素传递的形式保留下来。

寒武纪时代出现的“二胚层”水螅虫体壁内外层细胞当中分化出原生性感觉细胞，关于神经细胞的渊源方面假说很多，很难定论，总的趋向是由原生性感觉细胞派生出神经细胞。

在后来的纪元里脊椎动物的感觉细胞以其特化的光敏感、化学敏感、波动敏感、电磁波敏感等分化为特殊类型的感觉细胞。神经是派生于外胚叶的特化的传导信息的细胞。

无脊椎动物神经细胞可有两个类型：①单极神经细胞，从其突起分出众多的神经纤维。单极神经细胞形成网络连接支配动物体各种组织和各部位的活动。②高等动物神经细胞，其突起很少分枝，这是联结中枢神经节和外周组织的神经细胞。

无脊椎动物神经细胞有别于脊椎动物神经细胞的特点是多向传导的多极细胞，脊椎动物的神经细胞是定向传导的感觉神经细胞和运动神经细胞，在神经系统的反射弧或反射环路中还有中介神经元，逻辑思维依赖于反射环路。

神经系统的进化是动物个体在高度统一各种细胞、组织、器官系统的适应性功能进化的最关键因素。

11. 动物个体的攻防功能的进化：动物界每个物种群体的每个个体御敌结构是生存斗争中的重要的一面，与此同时，善于捕食也是重要的本能，且为重中之重。寒武纪、志留纪出现的甲胄鱼类、盾皮鱼类、大甲目的板足鲎等物种，全身披重甲御敌功能可谓强大，但活动灵敏性很差，捕食功能欠佳，因此与其他水生物种的生存竞争中无法获胜，于泥盆纪时代被自然界淘汰，走向了灭绝之路。又像甲龙类（Ankylosauria）物种被称为“爬行坦克”，也得到相同命运。达尔文已经注意到“高度特化的器官，如果不再适用于生存斗争所需的话，反而起到破坏作用，致使物种个体灭亡”。（《物种起源》）与此相反，软体动物门头足类动物乌贼运动速度极快捷，角质锉齿发达，触手灵敏，还有喷墨的本事，即成为毁灭鱼类的猎食者。

12. 体形硕大，强壮无比，有利齿或犀角，强厚皮肤的爬行动物恐龙曾独霸动物世界1.2亿年，但从另一个角度说，供应其巨大体躯所需食物也是数量巨大，能量消耗与能量供应的平衡并非易事，因地形剧变、食物短缺致使该物种灭绝。同样体驱巨大的亚洲象（*Elephas maximus*）、河马（*Hippopotamus amphibius*）、独角犀（*Rhinoceros unicornis*）、鲸目（Cetacea，最大型蓝鲸〈*Balaenoptera musculus*〉，体重120t，体长达30m）等并无特殊攻防器官，但它们在热带草原上或在海洋悠然自得地生存繁衍着。陆生哺乳动物或爬行动物转化成水生物种时身体结构的一系列变化，如四肢变异成划桨，毛鬃退化，皮下脂肪增厚，出现水平扇形尾鳍。这些事实完全证实达尔文的结论："生物的全部机构，在其生长发育过程中彼此如此紧密地联系在一起。因此如果有任何部分发育中出了一些微弱的变异，而为自然选择所积累，则其他部分也要相应地变异"。(《物种起源》)

这里还应注意的是，动物体形巨大、皮肤厚实在生存斗争中有一定优势，但是草食恐龙体形巨大的同时脑重量与体重相比非常微小，而鲸类、大象、犀牛脑容量比值却很大，这意味着脑功能在生存中的意义。

13. 特殊的自卫武器：蝽（椿象，半翅目昆虫，俗称放屁虫），后足基节旁有臭腺，遇敌时放出具恶臭的挥发性化学气体以御敌。

臭鼬（*Mephitis Mephitis*），哺乳动物食肉目，肛门腺分泌臭气。一般猎食性猫科、犬科动物避而远之，不敢攻击猎捕。这种特殊御敌功能是一种生存优势。

毒素（Toxin），是动物界生存斗争中的又一种攻防武器，众所周知，眼镜蛇（*Naja naja*）的牙毒，爬行动物毒蜥（*Heloderma suspectum*）的毒牙可喷出剧毒性神经毒素。印度尼西牙科摩多岛上生存的世界上最大的爬行动物科摩多巨蜥（*Varanus komodoensis*）是最凶猛的猎食动物。它有坚厚的皮肤，巨大的身躯，体长3米，体重100千克。锋利的牙齿，唾液里含有使水牛、鹿、野猪之类巨型猎物被咬一口即感染烈性细菌致死，然后被吞食。

14. 体表色素：变色龙（*Chameleon*）、变色树蜥（*Calotes Versicolor*）、七面蜥蜴皮肤细胞里有三种色素，即保护色（Protective coloration），随环境颜色立即配制出与环境相同的肤色，以掩护自身。同时其舌甚长（比身长一倍），尖端有吸盘，舌伸出很长以吸捕昆虫，猎食准确率几乎达到百分之百。变色蜥蜴种类很多。最大的印度尼西亚科摩多巨蜥是世界上体形最大的爬行动物，体长达3m，重约100kg。能袭击比它大十倍的动物，如水牛。它的主要武器是唾液里含的化脓菌。被咬的猎物很快患菌血症而死。最小的南美洲侏儒蜥蜴只有十几克重，在非洲干旱沙漠的极端环境里它能生存。非洲萨哈拉大沙漠是动物生存的禁区，只有很少的物种能生存。黑甲虫吸收植物根系水分生存。蜥蜴捕食甲虫，形成食物链。只有单峰驼和贝都印人才能穿越如此浩瀚的干旱大漠。

有关变色龙随环境色彩随机变色的机制，是它的皮肤上皮组织里藏有黄、红、蓝色细胞。某种细胞随机升到表层显现那种肤色。这种彩色细胞机械性活动的说法值得质疑。我们的假设模式是变色龙的皮肤上皮细胞里含有光敏蛋白质，其末端有各种化学发色基团。当环境射来的彩色光线波段激发皮肤细胞的光敏蛋白质反射出相同波段的彩色光线。这种光敏蛋白质发射数种波段的光束相干涉出多种色彩。动物体的迷彩方式远比当今流行的迷彩服高明得多。

南美洲热带雨林中的皮色鲜绿、鲜红的蛙类，皮肤有剧毒，使猎食性爬行动物见其警告色而却步（警告色）。这种皮肤上皮细胞红、绿、黑固定不变的单调色彩是彩色细胞颜色的表象。

15. 动物物种的社会性群体生存方式的活力在生存斗争中比起屠角、獠牙、坚甲、剧毒强有力得多。动物在物种间生存斗争中，或抗御自然灾害中群体合力生存方式的威力是极为显著的生存优势。人所共知的社会性物种，是蚂蚁和蜜蜂（*Apis mellifera*）。蜜蜂这种动物群体中只有一只母蜂，在盛夏时每天产卵3万~3.5万个，在蜂箱里、在3~4年的时间里能产卵1000万个，其子代几乎都是不能达到性成熟的雄蜂。蚂蚁也与之相同，在孵化阶段性染色体被灭活。这些无生殖能力的幼虫分化成工蜂或工蚁，兵蜂或兵蚁，它们在等级维持素（化学成分略）、群体集合素以及其他分泌物的作用下维持群体社会性，勤劳的建筑蚁塚者（在印度、非洲蚁塚高达3~4m），搬运食物供母虫食用和群体过冬。有些工蜂身体变小，脱去双翅，头部壮大，蜕变成兵蚁，以群体配合的优势力量能够杀灭较大型昆虫作为食物，如蝗虫。兵蚁群体把雄蚁的双翅咬掉圈养在蚁塚里供给食物，让它提供精子。蚂蚁和蜜蜂是自动控制性比恒定的典范物种。在热带雨林里还有杀人毒蜂。

非洲猎豹奔跑速度每小时可达80~120km，善于捕猎羚羊（*Naemorhedus goral*）、斑马（*Equus Zebra*）、角马（*Connochaetes*）、野猪（*Sus scrofa*）等草食动物。猎豹奔跑30分钟以上时，体温会上升到39℃，此时会危及生命。尽管猎豹体躯较非洲鬣狗大，但因独自活动，因而在鬣狗群面前只好丢弃猎物而逃走。因为鬣狗的群体组织性力量远胜于任何强大个体的力量。

上述各种动物物种的本能、习性、身体结构的适应性的有利变异和不利变异，是引起动物物种进化或退化灭绝的主因。在显生宙生物出现以来，约有1000万种动物物种已灭绝。陈旧物质灭绝，新生物质替换是宇宙空间普遍规律。在显生宙新生代的生态环境非常适于动物界的生命活动。因此物种进化与退化，新生与灭绝，及在新陈更替中进化，新生的趋向是主流。Л.Ш.达维塔什维里在《古生物学教程》（上卷，第一分册）的自然选择论里列举了植物、低等无脊椎动物个体过度繁殖的实例。他写道“一株蒲公英10年间产生的种子都能成活的话，10倍后代繁殖需要地球面积的15倍土地。每个肉蝇一次产20000个卵，每个卵10天后又产20000个卵。假如都能变成成虫的话，吃一匹马的速度胜过狮子。一只蛤蜊（*Mactra*）的15代后代贝壳的体积等于7个地球之大。生物学家知道每个动物物种都有大量繁殖后代的趋势。地球的载荷能力不可能承受这种压力。幸好动物界生存模式就是无限繁殖的对立面——层层食物链。自然界也有这种对立面的助力——严酷的气候。这是自然界的客观规律。严酷的气候条件和食物链，加上动物本身的适应本能才是维持生态平衡的基本力量。

本节结语

1. 地球上的动物物种随着自然环境的变化发生着新生与灭绝，在不停地更新着。

2. 动物机体结构的进化在防预性结构和攻击性结构两个方面不可能同时并重。时而有利，时而有害。这要取决于同时生存的天敌的变化。有些优势物种的利器反而会变成物种灭绝的因素。

3. 动物进化过程中，信息交流器官的进化越来越显现出其在生存斗争中产生的决定性作用。

4. 动物生存斗争中体躯庞大或武器锋利者可占优势。但是组织性，群体协同更强势。（虎鲸能杀座头鲸，鬣狗能掠夺单匹雄狮的食物）

5. 动物，尤其是低等物种都有无限繁殖的倾向。只有气候、食物链和动物的适应本能是维持生态平衡的动力。

第三章　细胞、组织、器官的进化

第一节　从发现细胞到细胞学说的创立

动物、植物细胞是由29种元素的原子核子的电磁引力以其壳层电子的波函数、角动量、磁动量、原子自旋函数结合成分子，由分子发育而成。单细胞原生生物的细胞担负着该生物物种个体的一切生存活动的方方面面的各种生命活动功能。多细胞后生动物的细胞则分化成各种不同形态、不同功能的特化了的细胞，并在组织、器官里占据适当的位置，发挥适当的功能。因此说细胞是多细胞后生生物，即动物界和植物界个体的最基本的形态结构单位和最基本的生理功能单位。

人类发现细胞，认识细胞的过程是历经众多献身于探索自然奥秘的勇敢、顽强的学者的漫长的奋斗和在不断的争论中完成的。当时正处于封建奴隶主阶级的政权、宗教法庭的神权摇摇欲坠的中世纪文艺复兴的黎明时代，为科学、真理摆脱宗教邪说的阻挠而奋斗的战士们不仅要克服技术手段上的难题，还要承受宗教法庭火刑的风险。恩格斯评价那个时代的科学家的特征时指出“几乎全都处在时代运动中，在实际斗争中，生活着和活动着，站在这一方面或那一方面进行斗争，一些人用舌和笔，一些人用剑，一些人则两者并用，因此就有了使他们那种性格上的完整和坚强，书斋里的学者是例外，他们不是第二流或第三流的人物，就是唯恐烧到自己手指的小心翼翼的庸人”。

17世纪法国资产阶级革命之后，在英法两国，封建农奴制被新兴资本主义经济体制所代替，在此新的社会背景下，一些自然哲学家和自然探索者不满于受教会控制下的政府，而相互自由交流，进行各种形式的集会。许多欧洲国家的同行们以频繁的书信往来，有时公开聚会，英国而后法国变成了活动中心，最终英国政府无力压制其活动，于1660年英皇卡尔二世亲自参加了这项活动。由此，正式立法承认此协会，称为“英国皇家自然科学协会”。协会活动积极分子中的英国学者霍克（R.Hooke）被选为主席。霍克在17世纪中叶在惠更斯用复合透镜组装的显微镜下，在用刮脸刀片切下的软木塞薄片上发现许多小格，称Cell。人们都认为霍克发现了植物的微细结构细胞。其实他所发现的并不是细胞，而是细胞脱落之后的植物细胞壁形成的空腔（请参阅李洳祺《遗传学问题讨论集》第三册，1963，上海科学技术出版社）。人们认为霍克发现了细胞学说纯属误传。有些人把霍克的发现写成是细胞学说的创立，这就太离谱了。

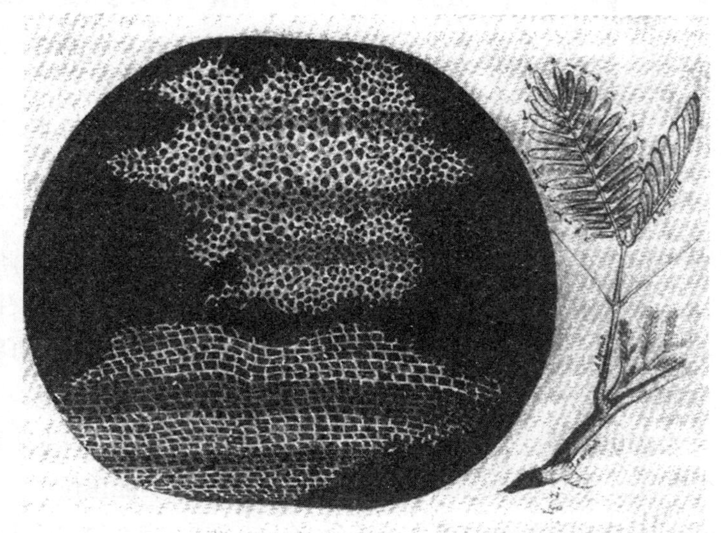

图 3-1-1　霍克于 1665 年出版的植物体结构放大镜下看到的微小空格子图像

与当时马尔皮基（Malpighi，M.1675）、格林（Grew ，N.1671）所观察的显微镜和植物体结构图像基本相同。与霍克同时代人，年轻的荷兰商人万·列文虎克（A.Van Leewenhoek，1632—1672）把一切业余时间全用于研磨透镜和观察自然现象上。他研磨出直径较大的单透镜片，其凸面的弧度曲率特别大，焦点极短。将这种单透镜架设在机械装置上其放大倍数、分辨率不次于Hooke、Malpighi、Grew等人的复合透镜组装的显微镜，只是操作技术难度较高。Leewenhoek用此放大镜观察了各种植物切片，人类精液里精子鞭毛运动，伸展固定的青蛙之舌。观察过有核红细胞和微血管壁的收缩活动，观察过动物心肌纤维，也观察过细菌。他没有把观察结果写成论文，而常常以信件形式寄给伦敦活动的同行和后来成立的皇家协会。在Leewenhoek观察脊椎动物红细胞之际，Malpighi也看到了红细胞。但后者只把它当脂肪球而未加重视，Leewenhoek观察和描述的植物切片上的显微图像与Hooke的显微图像一致。

因为Leewenhoek的大量信件资料受到各国同行的重视，故于1680年英国自然科学皇家协会聘Leewenhoek为正式会员。1685—1718年在英国和德国用荷兰文、英文、法文出版了Leewenhoek的著作。

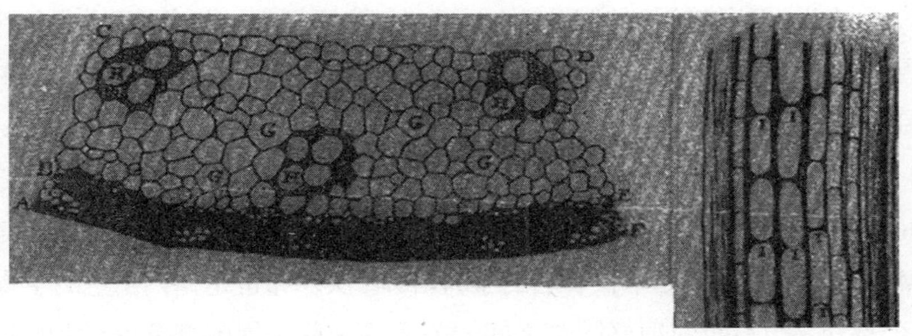

图 3-1-2　Leewenhoek Van A 在植物切片上观察到的小格子、小泡、小孔、小袋 Cell 的图像

与Hooke和Leewenhoek、Malpighi、Grew等同时代的人发表了不可胜数的观察植物体显微结构和一些动物Cell的报告，但在17世纪学术界谁也没有把细胞看作是生物界个体的基本成分，而上升到意识水平。这是因为动植物个体结构里除细胞以外，还有非细胞成分的溶液、原生质，按沃尔弗（Wolff ，C.）的说法"细胞并非生物体的首要成分，而细胞发生于原始的均质的物质"。在这点上Wolff, C. 误导了同时代的人。甚至在相当长时间内阻碍了后继者正确认识细胞学说。另一方面Wolff, C.用自己的《Theocia generationis》（1759）否定Bonett提出的唯心主义自然哲学观点Theoria Preformation，确定了渐成论Theoria epigenesis的功绩是生物科学前进的一个里程碑。

在这个时代里，自然科学家无法认识细胞的另一个具有决定意义的问题是，关于细胞核的真实存在和细胞核在细胞发育、增殖中的作用。

17—19世纪，在德国社会经济制度仍是被容克地主阶级和条顿骑士团控制下的封建农奴制度。一些城市里只有零星的手工作坊。

1848年，农民革命摧毁了德国封建农奴制度。年轻的恩格斯曾经指挥过农民起义军。在资本主义新兴制度发展起来之际，先前的空谈主义思维方式让位给重实践的实验研究的自然哲学。在黑森兴起了J. Von　Liebig（1803—1873）的化学学派，在柏林又创立了以E. Mitscherlich为首的化学中心。与此相应，众多物理学家，如Weber W, E（1804—1891）、Ohm G, S.（1787—1854）、Neumann（1798—1895）也显现出德国物理学首领的本领。

在生物学领域里，E，H，Weber（1795—1878）在莱比希组成了生理学中心。在柏林J.Mü ller形成了自然科学历史中名声斐然的生物学学派，在捷克布拉格形成了Purkyn è为首的著名的年轻生物学家参加的生理学派。

1833年，Müllr, J.被聘为柏林大学的解剖学、生理学教研室主任，解剖学展馆，解剖学、生物学博物馆馆长的职务。他开展了人体解剖学、比较解剖学、组织学、胚胎学、生物学、生理学、病理解剖学等诸多课题的研究工作。他培育出了许多年轻学者，其中后来出名的施旺（Schwann, T.）、亨利（J.Henle）、莱玛克（Remak, R.）、凯立柯（Kölliker, A.）、丢巴乌—莱门（Du-Bois-Reymont，生理学者）、亥姆赫茨（Hemholtz）、布留柯（Brucke, E.）、魏尔赫（Virchow, R.）、黑刻尔（Haeckel, E.）、米勒（Müller, F.）等形成了举世著名的学者群体。沃尔弗也是德国出色的生物学家，只因为个性过激，不能处理好同事之间的关系只好移居俄国继续活动。他在彼得格勒发现过脊椎动物胚胎发育中的卵黄囊。

普金聂（ Purkyné, J.）在捷克的布拉格也形成了一个生物学组织学学术中心。他首次在制作组织学、细胞学标本时使用了升汞、乙酸、乙醇固定剂和靛蓝染色剂显示组织细胞的可靠观察技术。使用松节油、橄榄油使标本透明化。令其学生奥查茨（Oschatz, A.E.）首创了组织切片机。为封存标本采用加拿大树胶。Purkyné所采用的透明剂、封固剂的折光系数与粘贴标本片的载玻片、盖玻片的折光系数相同。

Purkyné之前所有生物学研究者观察的标本是未固定、未染色的从动、植物体上用刮脸刀片切下的原始材料，再在折射光下进行观察。后来在透射光下进行观察的基础上相互争论，建立理论学说的。因此可以说，Purkyné的技术创新在组织学、胚胎学、发生学研究中具有里程碑式的意义。中国有句名言“工欲善其事，必先利其器”，自古以来的自然科学发展史无可争辩的事实是技术手段每前进一步，学术理论才被上升一个台阶。因此Purkyné的学生Bernhardt（1834）首次描述了胚胎颗粒名下的真正动物细胞核，其学生P.Валентин（1835）首次看到纤毛虫细胞质及其纤毛的运动（活细胞质的运动）。

在18—19世纪的一个多世纪里，有众多植物学家和动物学家都看到过动物细胞核和植物细胞核的真实存在，但到了Schleiden, M. J.（1804—1881），他放弃了律师职务，改学植物学，他也看到植物细胞核的存在。他未承认核是细胞的主要组成成分，他的思维并没有停留在细胞核存在的事实水平上。他的贡献在于提示了细胞核在植物生长中是细胞发育绝对必需的事实。他的历史功绩是把细胞核发生的观念引入到理解组织、细胞的理论认识的水平上。他的意识里的细胞核在细胞发育中的意义将成为Schwann, T. 的细胞学理论形成过程中的杆杠。

19世纪30年代Schwann, T. 继其先师Müllr（1834）的业绩对比研究圆口类动物脊索软骨组织和植物组织，看到这两界生物的组织学结构具有相当近似的细胞结构。与此同时，他也进行过发酵过程中的酵母菌的发生、发育研究，也研究过消化生理过程中的胆汁。但他仍然没有满足于动物软骨细胞和植物细胞之间的形态上的相同性。但他又牢记Schleiden提示的细胞核在细胞发生中的作用的重要性。

这里可以说Schleiden ，M. J. 的意识里肯定留下了Wolff, C. F.（1733—1794）《Theoria generations》里表达的渐成论哲学观的痕迹。有意思的是，在庆祝Schwann生日宴会后请Schleiden去参观Müller-Schwann的解剖学展厅，让他观看了圆口类动物脊索软骨细胞核在细胞发育中的现象，Schleiden，M. J. 惊奇地证实植物细胞核也有相同的发生学功能。由此发生了历史性细胞学说的理论知识。

这就是17世纪中叶Hooke，R. 看到软木塞切片上的小格子、小泡泡、小孔，被称为Cell（细胞）的结构，A. Van Leewenhoek看到在低等脊椎动物血管里流动的有核红细胞、精液里游动的精子之后的一百年间，在无数自然探索者付出艰辛劳动中所积累的对自然界奥秘的成果基础上由德国科学家Schwann，T.和Schleiden，M.J.于1838—1840年创立了细胞学理论。这就是后来被恩格斯誉为与德国物理学家W. R. Grove（1855）、J.R.Meyer（1864）、J.P.Joule（1840）发现的能量转换与守恒定律，与英国生物学家C. Darwin（1855）发表的进化论相提并论的19世纪三大发现之一的细胞学说。

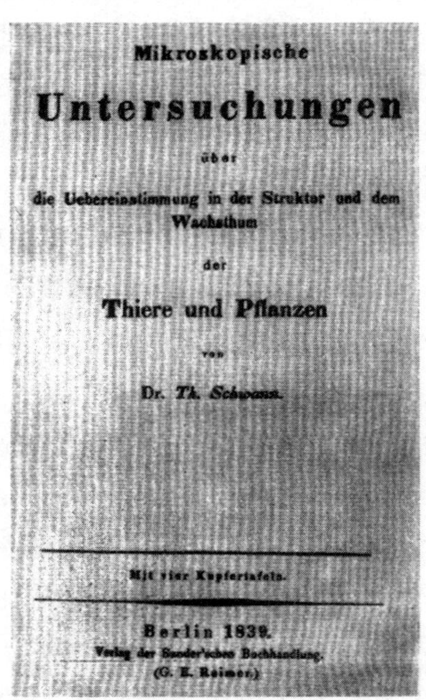
Mikroskopische

Untersuchungen

über

die Uebereinstimmung in der Struktur und dem Wachsthum

der

Thiere und Pflanzen

von

Dr. Th. Schwann.

Mit vier Kupfertafeln.

Berlin 1839.

Verlag der Sander'schen Buchhandlung.

(G. E. Reimer.)

图 3-1-3　施旺 1939 年出版的关于动物、植物结构和发生的相同性的论述的著作封面。这是作者于 1955 年在列宁图书馆第四阅览室拍摄的施旺原著封面

但是在Schwann–Schleiden细胞发生理论里存在的疑点是，细胞最初发生是否来源于非细胞结构的原生质的问题。本书作者在20世纪50年代在苏联列宁图书馆借阅过施莱登（Schleiden）的植物学原著。在那里看到Schleiden 原著里用鹅毛笔画的植物花蕾里细胞发生的描画。在花蕾子房的底部是无细胞结构的原生质，再往上是无细胞核的小格子，最上层是有细胞核的植物细胞。从生命物质发生历史追溯是不难看到最原始的生物物种，如细菌、蓝藻等原生生物就是无核质的原生质。由此可以推测施莱登的假设不能算作错误谬论。

18世纪30年代末，施旺在自己的名著里已强调细胞学理论不仅能说明正常动物、植物体结构发生，也应该说明病理现象。

在19世纪40年代以后，已有米勒（Müller, J.）和他的大批学生们提出细胞学理论应该渗透到病理学范围里。但是他们还没有强烈意识到细胞病理学说的重要性。1858年Müller, J. 的学生中的一位魏尔赫（R.Virchow）发表了著名的细胞病理学著作。他强调，不仅正常生理现象可用细胞学理论加以解释，而且病理学过程中发生的一切现象也以细胞的病变为基本原理。他在著作里还提出另一个重要理论，即细胞从原来的细胞发生，即动物细胞从动物细胞发生，植物细胞从植物细胞发生“Omies Cellulae Cellula”。Virchow提倡的细胞病理学说并不是首创，但细胞从细胞发生的观点纠正了一直以来自然科学界争辩不休的细胞从细胞形成发生的错误观念。这是对细胞学说进一步发展作出的贡献，但是在这项贡献的背后隐藏着反进化论的思想根源。

1859年，在自然科学界里又出现了一个里程碑式的发现，即达尔文进化论著作简称《物种起源》。Virchow, R.起初表示“欢迎”，但他观念深处的隐患表现在“细胞从原来的细胞发生”。那么要问原来细胞从何而来时，只能从预成论或神创论这个死胡同里才能找到“出口”。接着19世纪60年代，英国牛津大主教威尔伯福和当时一大群愚蠢而又骄横的社会上层贵妇人们在大会上叫嚷，要把达尔文送上教会法庭火刑场。自然科学界名流中唯一跳出来参加这一大合唱的就是R. Virchow。达尔文害怕了。赫胥黎（Huexly, T. H. 1859）站出来叫达尔文挺住，并声称“我替你上火刑场”。 后来赫胥黎发表的《人在自然界中的位置》就是支持达尔文进化论的具体行动。

Virchow, R. 提出的第三种理论称为“细胞王国”理论。Virchow, R. 在自己于1885年发表的论文里说“细胞在吃着，在运动着，在排泄着，这就是它们各自的活性，而且是活跃的、积极的活性，细胞活动并不是外界因素直接作用的结果，而是生命延续的内部现象”。他认为单细胞生物的生命活动是由它单一一个细胞完成，而组成多细胞生物的细胞应该被看成是巨大生物王国里的独立活动的细胞公民，Virehow，R. 的观点也正是反进化论观念的又一种表现，是机械论（Mechanism）的又一例证。

从17世纪60年代，霍克看到软木塞切片（刮脸刀切片），列文·虎克确切看到青蛙舌毛细血管里有核红细胞到19世纪40年代的近170多年的时间里，人类才真正认识生命世界的最基本结构的奥秘。在无数自然科学巨匠的肩上站着举起细胞学说的两位勇士就是德国学者Schwann，T.和Schleiden，R. J. 。细胞学说从此为生物科学所有门类，包括进化论，为医学、生态学、公共卫生学的发展提供了坚固的理论基础。有些不熟悉历史发展过程的人们盲目引用Virchow的细胞从原来的细胞发生的结论为"著名论断"；又有些人论述Virchow的反进化论观点时说，Virchow是从个体发生角度论述"细胞从原来的细胞发生"的论点的。但若从Virchow的"细胞王国论"，对达尔文进化论的反对者的活动及在当时细胞的宗系发生理论还未形成的历史背景下，恐怕无法为Virchow的机械唯物主义，反进化论的基本立场进行辩解。正直的科学家必须分清Virchow对生物学作出的贡献和所犯的错误，功过要分清。科学不允许派性作怪。

本节结语

1. 霍克发现细胞的传说流传已久，这是误传。他所发现的是植物切片上细胞脱落、遗留下来的细胞壁。又有说法更为离奇，说细胞学说是霍克创立的。其实霍克（1661）提出"细胞"到施旺、施莱登完成细胞学说之间相隔200年之久。

2. Virchow，R.（1855）的细胞由细胞产生和细胞王国的观点对细胞病理学的发展具有一定的贡献。但是在它的深层隐含着反进化论的隐情。

第二节 原核生物

在元古代的水生环境里出现的生命物质发育到了原始的、具有细胞形态的、独立生命活动的物种称原核细胞（Procaryotic cell），如支原体属（*Mycoplasma*）的类胸膜肺炎微生物（*Pleuropneumonia-like organism*）、细菌，单细胞藻类（蓝绿藻）等为原核生物（Procaryote）。

有些生物学著作或生物学词典里注明病毒（virus）是 "有生命特征的微生物"。事实上病毒并没有新陈代谢，没有自我复制、自我更新的生命活性。它只能借助于有生命特征的生物体内适合于激活其复制功能的条件具备时才能复制自身，进行繁殖。例如从革兰染色阳性细菌体内人工酶解出来的原生质体（Protoplast）不能被认为同微生物一样，现代技术方法完全可以做到提纯分离出核苷酸某些片段，分离出纯质线粒体、染色体。这些物体只有在有生命特征的细胞体内才能显现各自的生命活性。如果把这些细胞体结构成分的活性看成有生命特征的生物体的话，就又回到Virchow，R. 的细胞王国的老路上了。

原核生物体的基本结构是胞质与生存环境的溶液的媒质之间有一定的尽管是极简单的界膜，有人认为这种界膜就是水中漂浮的脂肪包裹了原生质，但高倍电子显微镜观察证明，类胸膜肺炎细菌的限界膜是75Å厚的脂蛋白层，可能是原生质浓缩凝结成的膜。在这种膜里还没有氧化还原酶之类呼吸机制，没有无机离子转换泵，即没有核苷酸酶。物质交换在这里只靠膜内外离子浓度梯度差异，靠隧道效应进行。这种细胞膜并没有自身的积极的生命活性，而受细胞质的推动下显现膜功能，例如在海水里的海胆（*Echinoidea*）卵在高浓度钠盐逆着37倍密度梯度泵出胞质里的钠离子（格利森，1952）。

所有原核生物的细胞里没有细胞核，核膜、胞质里只有分散的短链环状DNA，其核苷酸链里的碱基排列顺序极单调，缺少像真核细胞基因物质那样的高度重复顺序，没有组蛋白和非组蛋白以协助DNA单位形成染色体，因此也就不可能进行有丝核分裂或减数分裂。细菌性别很复杂可能有6～8种性别。但在分裂时染色体分配给子代不均衡。

据Price，F. W.（1979）的记述类胸膜肺炎细菌（PPLOs）是细菌种类中体积最小的细菌，其直径只有1000nm，是最大体积的病毒物种体积的1/5，核苷酸含量约5×10^5Bp，即有16万多密码子。

PPLOs虽然很小，和其他细菌相同，胞质里没有换能装置，即号称细胞发电站的线粒体，没有分泌和排泄装置高尔基器，没有含有消化酶的溶酶体，没有膜片层性的内质网，没有牵引细胞分裂的中心小粒等，总称谓细胞小器官的结构。但它的胞质里仍有散在的核蛋白体，仍有弥散的各种能量代谢（糖酵解）酶蛋白系统，核苷酸代谢酶蛋白分子。所以PPLOs和各种细菌能够复制核苷酸链，能排泄代谢尾产物，包括各种毒性蛋白质，即外毒素，在其分散的核蛋白体上有mRNA，能合成胞体结构成分的蛋白质和酶蛋白质（见图3–2–1）。

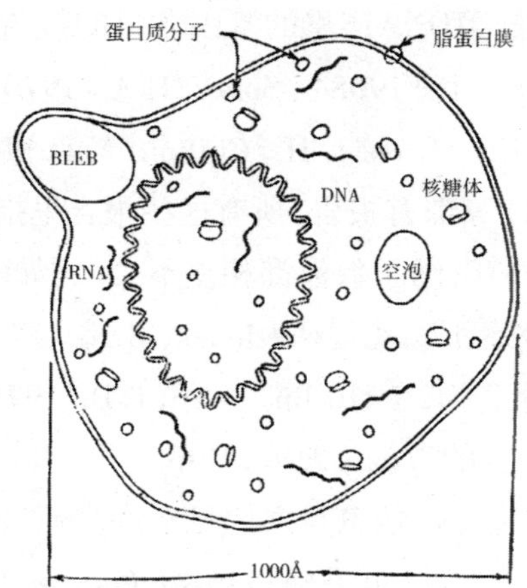

图 3-2-1　一个类胸膜肺炎微生物（PPLOs）的结构

这就是说PPLOs具有低等生物体所应有的生命特征。

大肠杆菌（Escherichia coli）比起PPLOs的进化程度稍许高一点，它是原核细胞菌类中属革兰染色阴性菌。细胞体限界膜（胞膜外）还有一层黏多糖蛋白构成的细胞壁，这和植物体细胞相似，胞体（菌体）比PPLOs大，宽约0.8μm（8000Å），长2μm（20000Å）的杆状体（见图3-2-2）。

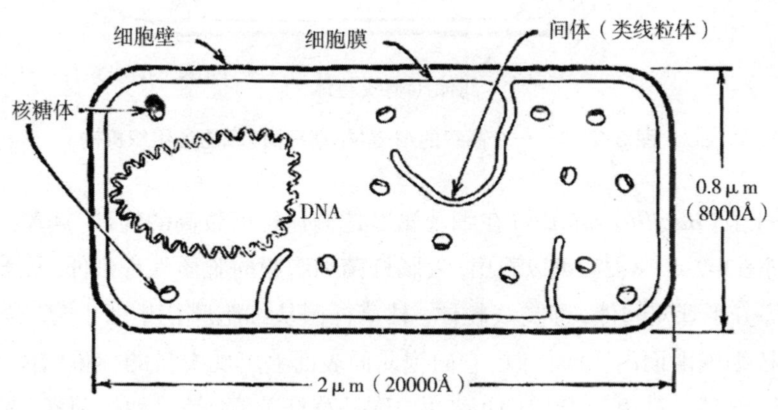

图 3-2-2　一个大肠杆菌的结构

大肠杆菌顶端有一条完全由球状蛋白亚基拧结成的细长鞭毛。鞭毛能使菌体在液体里活动。但其根部已被发现有收缩蛋白之类特殊装置。Meynell，G.C.和Lawu，A.M.（1967）报告里描述大肠杆菌膜表面伸出的由1700~2000 D蛋白质拧结成的能伸缩的纤毛，称性伞毛。里面无基因物质。它是两性菌体上均匀分布的运动器——分子肌。关于大肠杆菌DNA链里的基因含量的报告在国际文献里非常多，如Chirns, J.（1963）、Kennell, D.（1968）、Sober, H.A.（1970）、Laird, C.D.（1971）、Ress, H.和Jones, R.N.（1972）、Groose, H., Chilton, M.D.和Mccarthy, B.J.（1972）、G.Beale, J., Knowles（1984）等都有报告，所有这些报告里指出的大肠杆菌DNA里核苷酸碱基对数值或所带遗传密码子数值都相差不大，例如Chirns, J.（1963）报告大肠杆菌DNA链由3.2×10^6Bp组成。尤尼斯（Jones, R.N.〈1972〉）的报告数据基本相同，Sober, H.A.等（1970）报告为2.7×10^7Bp, Laird, C.D.（1971）的数据为1.6×10^7Bp, Rees, H.和Jones, R.N.（1972）的数据为2.7×10^9Bp。

细菌与昆虫与人类细胞DNA信息量之比见于许多研究论文里，其数据基本一致。如大肠杆DNA里的信息量为昆虫果蝇（*Drosophila melanogaster*）的1/50，人类的1/1000。如图3-2-3所示枯草杆菌结构图。

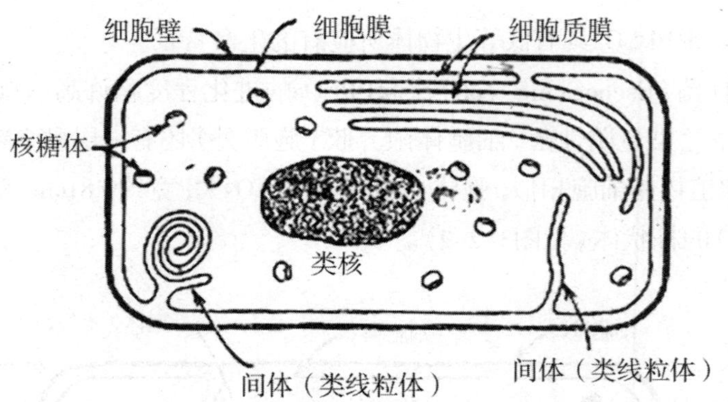

图 3-2-3　一个高级的细菌（枯草杆菌）细胞的组织机构

枯草杆菌（*Bacillus subtilis*）在细菌属里是进化程度较高的物种。属革兰染色阳性菌，从简图3-2-2、3-2-3可以看出，大肠杆菌细胞膜向胞质发育延伸，扩大其活性面积。这部分小管叫间体，即类线粒体。枯草杆菌从细胞膜衍生的小管较为发达，几乎与真核细胞滑面内质网相似。它向胞质面表面上出现少量的核蛋白体，在这里合成由32个氨基酸残基结合成的短链肽，称枯草杆菌素，是一种抗菌素。枯草杆菌的核物质DNA、RNA密集于菌体中心称拟核，但没有核膜，没有组蛋白和非组蛋白，不能形成真正的染色体。

Lederberg, J.（1952）提到控制细菌主要性状的是环状DNA，可称细菌染色体，另外他发现细菌体内还有别的一套小型附加环状DNA，称胞质质体嵌合型DNA即质粒DNA（Plastid DNA），是决定细菌性别的基因物质。据岩佐康（1993）报告原核生物相遇几率决定异性间结合。只能有一方的基因遗传，而另一方的遗传因子自动灭活，并且只能帮助质粒DNA随着遗传活性一方转移。

现在无数文献报告里，以实验证据证明质粒DNA是性比基因，即控制一个物种内雄性个体数与雌性个体数间的一定的比例数值，这种控制机制以杀雄机制来实现，所以又称杀雄基因。

值得特别注意的是，枯草杆菌发育时可以蛋白质为模板复制蛋白质，刘道生（1984），还有别人引述普森勒（1982）的报告时也提到此种论述。石川统（1990）在自己的论文里讲道“方向性的分子进化意指中心法则并非唯一的动物遗传基因流动方向”。20世纪70年代发现反转录酶之后，在生物遗传学界已有论述生物遗传学的反转录流动方向的逆中心法则的可能性。

尽管目前自然科学界主流观念认为遗传流向DNA—RNA—Prot的意识已成传统观念，在反转录方面的研究进展缓慢，具体证据仍欠缺乏，但自然哲学思维不允许否定这个遗传基因活动流向的可逆性。

一直以来对于生物进化过程中生物性状遗传的问题已成普通常识，从拉马克时代开始，尤其在达尔文进化论创立之后生物对环境的适应性问题也是无法否定的事实了。在这样的时代里还有人否定后天获得性状的可遗传性是预成论思维形式逻辑的顽固的保守性残迹。试想一下生物界从显生宙（Phanerozoic Eon）由有简单的生物祖先发育进化出150万种动物，30万种植物。在这过程中只有遗传而无适应性变异的话只能用中国民间俗话说永远是“种豆得豆，种瓜得瓜”了。即永远重复其祖先型物种。现代进化论有别于预成论或神创论的地方就是自然选择中适者生存，劣者受自然淘汰，遗传（inheritance）用分子生物学语言表达的话就是中心法则（central dogma），而适应（adaptation）应该称逆中心法则（Reverse central dogma），如果没有后天获得性状不会有可能进化！

动物界发育进化从原核生物开始就出现控制性比关系的机制的奥秘当前无人能够加以解释。当今人类也保持着固有的性比关系。在一些贫穷地区人群里重男轻女的陋习人为破坏性比关系的现象仍然存在。其后果不堪设想。

第三节　真核细胞（原生动物）

单细胞原生动物（Protozoa）物种的个体就是真核细胞（Eucaryotic cell），如肉足虫纲（Sarcodina）的变形虫（*amoeba*）、太阳虫（*Haliozoa*），鞭毛虫纲（Flagellata）

的夜光虫（*Noctiluca*）、眼虫（*Euglena*），孢子虫纲（Sporozoa）的原虫（*Plasmodum vivax*）、有丝孢子虫（*Cnidosporia*），纤毛虫纲（Ciliata）的草履虫（*Paramecium*）、喇叭虫（*Stentor*），*Spirostomum ambigunem Ciluata*等均属真核生物。

真核细胞比起原核细胞形态结构复杂得多，单细胞原生动物虽然与后生动物身体组织结构里的真核细胞具有基本结构共同点，但是功能发育方面有重大差别。因为前者是独立生存的动物，而后者只不过是整个机体里的具有特化功能的组成成员中的某一种。因此单细胞真核细胞同时具备了动物机体许多方面的原始特征。

如绿色眼虫（*Euglena Viridis*）和所有真核细胞一样，胞体中心有一个结构致密的、外面由与内质网分子结构相同的双层膜包裹。核物质的结构成分以DNA、RNA、组蛋白、非组蛋白为主。这是与原核细胞完全不同的进化产物。当细胞分裂时核物质可以形成染色体核组型。可以进行有丝核分裂和减数分裂，细胞成分可以平均分配给每个子细胞。

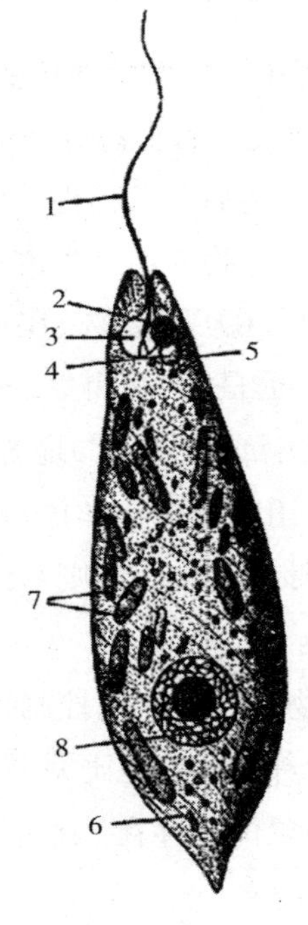

图 3-3-1 绿色眼虫

1. 鞭毛；2. 眼点；3. 贮藏泡；4. 收缩泡；5. 小收缩泡；6. 淀粉粒；7. 叶绿体；8. 核

眼虫胞体呈圆锥形，其尖端有口孔，口孔深部为贮藏泡，在贮藏泡的底壁上贴附着两支鞭毛。这两支鞭毛伸出口孔前结合成一条很长的单条，具有波状颤动功能。它的波动使眼虫以每秒155~235μm的速度运动。贮藏泡的侧旁有一眼点，含红色素，对光极为敏感，是趋光性很强的感觉器。眼虫胞质里有相当于线粒体的叶绿体，是水、二氧化碳和某些矿物质进行光合作用生成糖类的“能量转换站”。达尔文注意到在低等动物的视觉器官眼出现前就出现了光敏蛋白质的现象，这对于探讨先有功能，还是先有结构的问题时可供借鉴。

纤毛虫亚门（Ciliophora，infsorium）的草履虫（*Paramaecium*）较眼虫进化程度更高一些，其体表覆盖着细密的纤毛。其根部在细胞膜内侧胞质里有其收缩蛋白体（刺绿泡），所有纤毛接收类似神经原纤维的纤维丝统一调节其活动，从这种细纤维传导出的信息促使草履虫全身纤毛进行波浪式波动，以推动虫体以每秒310~2647微米的速度运动。草履虫有口孔（图3-3-2〈14〉）吸入食物，沿咽管（图3-3-2〈13〉）进入虫体内，用消化泡内（图3-3-2〈10〉）的消化酶降解食物。每个草履虫每天可猎食约43000个细菌。

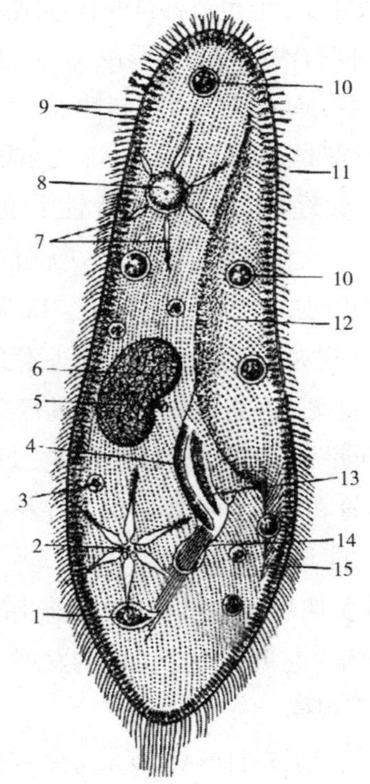

图 3-3-2　草履虫（Paramaecium）

1. 形成中的食物泡；2. 外分泌孔；3. 排泄物；4. 波动膜；5. 微型膜核质；6. 巨型核质；7. 导管；8. 跳动泡；9. 主轴微管；10. 消化泡；11. 纤毛；12. 口沟；13. 咽管；14. 口器；15. 咽腺

食物如被吸入咽管的细菌在形成中的消化泡里（图3–3–2〈1〉）开始消化。当食入细菌时咽管波动膜将使咽管蠕动，不能消化的食物由肛点排出体外。

草履虫虫体中心有一巨大的致密的核叫大核（Macronucleus）又称营养核（Vegetative nucleus），其旁侧有一小核（Micronucleus）又称生殖核（Germ nueleus）。

关于纤毛虫大核（营养核）、小核（生殖核）的报道文献非常多，如Lederberg, G.J.（1952）、Борхсениус, О.Н. и др.（1968）、Скобло, И.И.（1968）、Davedson, E.H., Britten, R. J.（1973）、Molloy, G.R., Jelinek, W., Salditl, M. et al.（1974）、Schmid, C.W., Deinenger, P. L.（1975）、Tayler, J.H., Hozior, J.C.（1976）、Раиков, И.（1975）、Ббылева, Н.（1981）、Miklos, G.G., A.C.Gill、山本秋敏（1981）、Gilirt, W.（1985）、三岛祥三（1986）、Ohta, T.（1988）、滕岛政博（1988）、沿田治（1990）、太田朋子（1992）、岩佐康（1993）、宫田隆（1994）、ドヲヴァ–ス，R.（1992）、月井雄二（1993）以及还有许多研究大小核的学者及报告无法一一列举。

这些人的研究结果大致相似，但也有各自的观察结果。最早发现环状DNA所谓细菌“染色体”和另外少量环状DNA的Lederberg. G. J.（1952）认为在细菌体内大的环状DNA控制细菌的主要性状，而质粒DNA控制性别。

普遍承认纤毛虫的大核同时与虫体的营养功能关系较明显，所以称营养核。岩佐康以草履虫为例，当营养条件较好时依靠小核的无性生殖繁殖后代，营养条件不好时依靠有性生殖繁殖。当小核多，大核基因弱时虫体以无性生殖方式繁殖力较强，三岛祥三（1986）用细菌喂饱草履虫时虫体不分裂而老化。Бобылева, Н.Н.（1981）也证明营养条件充足的克隆化时常出现大核不均等分裂，其后代的大多数是小核细胞品种。普遍认为小核不通过减数分裂就可在姐妹染色体间进行交换。而2倍体分裂型的细胞必须在减数分裂时才能出现同源染色单体姐妹染色体之间进行基因片段的交换。

后生动物的真核细胞尽管和原生动物真核细胞在核、细胞小器官的结构方面有共同性，但分子结构、生理功能具有重大区别。

后生动物的真核细胞确实像恩格斯早在150年前指出的那样：有机体的发展中的每一进化同时也是退化，因为它巩固一个方面的发展，排除其他许多方面的发展的可能性，然而这是一个基本规律。

后生动物真核细胞的小核，即核外DNA已变成杀雄基因，核物质在分裂期组成二倍体染色体。其中有控制性别的X染色体和Y染色体。细胞膜高度延伸成了细胞质里的极长曲折的滑面内质网及粗面内质网（见图3–3–3）。粗内质网的表面出现核蛋白体，是细胞质里生物合成蛋白质，包括结构蛋白、功能蛋白、酶蛋白质的特化结构。由内质网形成的有细胞换能站之称的线粒体，承担分泌和排泄功能的高尔基（Golgi）体。出现溶酶体（Lysosome）含有40多种水解酶，我们用细胞化学方法在溶酶体找到琥珀酸脱氢酶。后生动物真核细胞内还出现中心小粒是在细胞分裂时向每个子细胞方向牵引染色体，使之各子细胞分得均匀量的染色体。后生动物各种组织细胞里都出现承担各种功能的结构。因而失去原生动物真核细胞的一般性结构，如眼点、肛口、口孔、咽管、收缩泡之类结构。

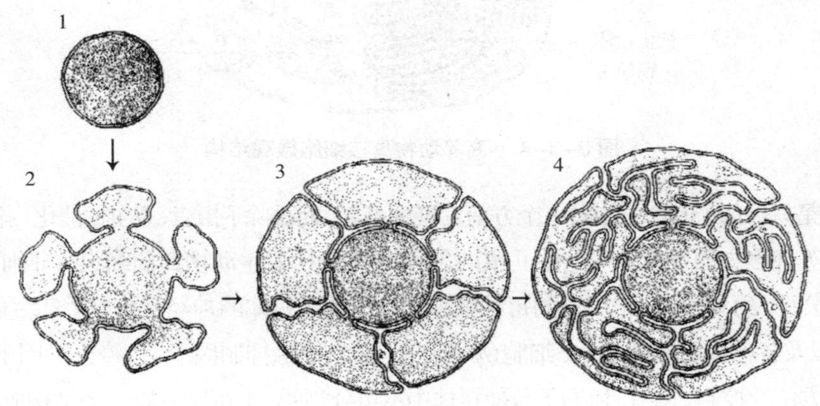

图 3-3-3　后生动物真核细胞的细胞膜延伸出细胞质内复杂的管道系统，膜结构（称片层系统）、核膜等

1. 原生质体被一层膜包裹；2. 原生质体向外突出像伪足；3. 境界膜伸入胞质里形成双层核膜；4. 细胞膜形成内质网

图3-3-4展示后生动物一般真核细胞胞质内由细胞膜衍生的线粒体（mitochondrion）、核膜、高尔基器（Golgi apparatus）、滑面内质网、粗面内质网、核蛋白体、各种颗粒、糖原颗粒等等。我们在放大一万倍的电子显微镜下观察动物分化后期细胞的分裂中后期细胞核里出现两个核仁。其中一个由纵向排列的9×3+2×3微管系组成的核仁。另一个核仁结构相同，但是与前一个成直角排列。这两个核仁在细胞分裂晚期蜕变成星状体。

以脊椎动物真核细胞神经细胞为例，胞体巨大，分为神经突起、神经纤维，胞质里有内质网、高尔基器、粗面内质网、分散的核蛋白体、集聚核蛋白体群（尼氏小体）、微管、线粒体。巨大的细胞核不像单细胞原生动物，已无肛孔、口孔、眼点、食物泡、收缩泡等各类器。神经细胞膜几乎全面被特殊的营养细胞或屏障细胞或支持细胞（也可称绝缘细胞），即神经胶质细胞包裹，以隔绝有害物质，以防干扰信息。

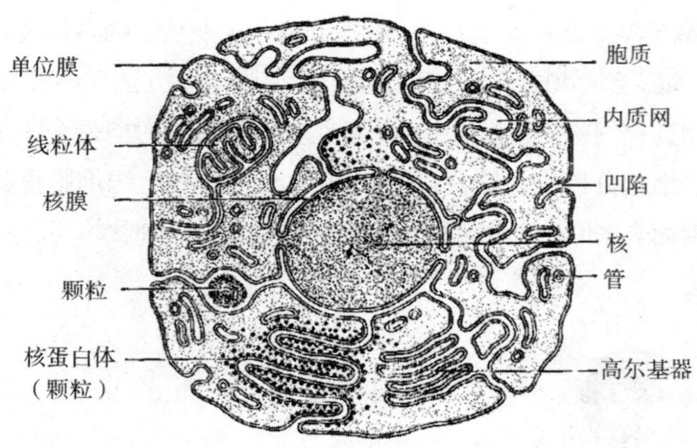

图 3-3-4　高等动物真核细胞微观结构

它是只保留了信息功能向一个方面发展的可能，而排除了摄食、防护、消化、排泄、自我运动等许多方面发展的可能性了。由此更清楚地证明后生动物真核细胞并非细胞王国的独立公民。每种器官、组织里的每种细胞都是在整个机体的神经系统、激素系统、遗传基因，以及各种细胞间的介质、细胞诱导因子、细胞接触抑制因子、免疫介导因子、抗毒素等多方位的控制、调节、协同下行使机体中不可分割的、不可脱节的一个结构成员。

第四节　细胞膜的进化

细胞膜（cell membrane）专指细胞质与外界环境之间的界膜。但是生物膜（Biomembrane）概括为细胞膜，是细胞内部各种膜系统的质膜（Plasmolemma）的总称，也称单位膜。

当我们考查原生生物界膜到高等脊椎动物细胞膜时可以发现生物膜结构在生物进化过程中出现过重要变异。不仅如此，就是在高等动物身体里具有不同功能的细胞之间也出现了极为显著的变异。这些变异以动物机体对环境的变异的适应性为动因，也在同一机体里各种细胞类型以功能分工为动因。

最原始的原核细胞膜只是一层75Å厚的脂蛋白包围着原生质体（Protoplast，Cytoplasma），真核细胞的细胞膜分子结构随着动物物种进化而复杂化，功能特化。

于19世纪中叶Schultze，M.（1863）、Kuhne，W.（1864），均认为细胞膜只不过是细胞质浓缩成外皮的稠密物质。当法国De Fonbraune应用气压式显微操纵仪把持毛细玻璃管挑动动物细胞时，感触到细胞外围具有膜结构，后来人们采用有机溶媒抽取细胞膜和细胞膜结构里的类脂质测定其重量时发现，细胞膜双层类脂质含量与所提取的脂类重量几乎相等。用脂溶性苏丹黑、苏丹红之类色素浸染时发现细胞膜的双层类脂质分子排列的真象。

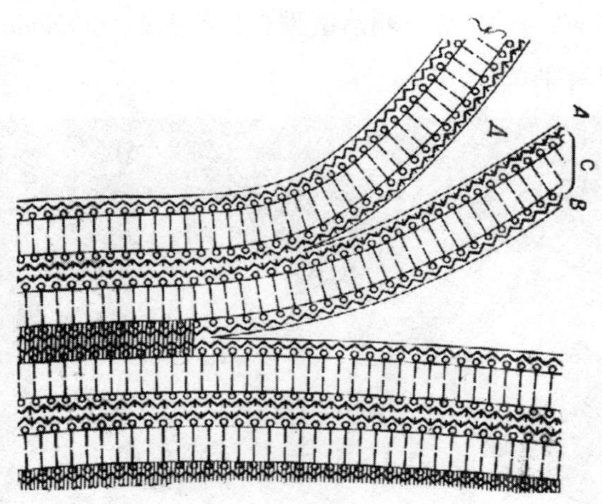

图 3-4-1　神经轴突外包 Schwann，T. 氏鞘的细胞膜结构，双层类脂质分子的疏水基相向排列，亲水基向外排列，在电子显微镜下呈双层电子密度大的膜层

A. 外层蛋白质和碳氨化合物；B. 双层类脂质分子，亲水基向外，疏水基向内；C. 内层蛋白质分子层

现今用高分辨率电子显微镜在超薄切片上显示出细胞膜结构里的各厚20Å的电子密度大的膜层就是双层类脂质分子。中间电子密度低的厚约35Å的夹层是类脂质分子的疏水基间的物质。

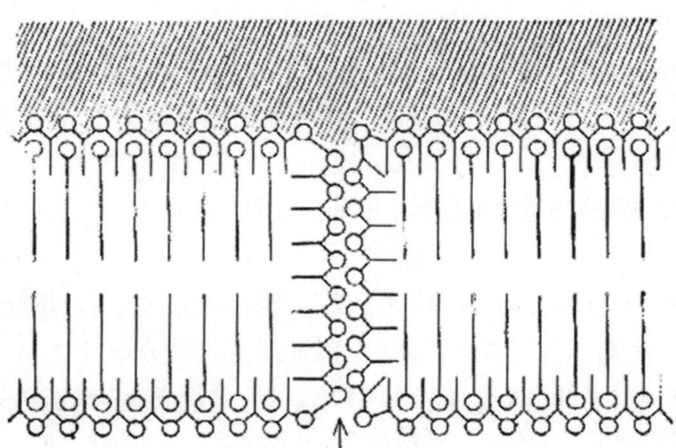

图 3-4-2　Danielli 和 Davson 的细胞膜三明治模型，膜的内外都有蛋白分子铺盖，内两层为脂类分子，各种分子的头部圆圈为亲水末端，尾线为疏水末端。类脂质两层的疏水端相向分布，亲水末端向胞质侧或细胞间质侧分布；箭头所指示电位势（electric　potential）

这种厚度只是一般的概括数据，各种细胞膜都有各自的厚度，两层脂质膜的双面都有各种蛋白质层铺衬，这种两面蛋白质层，中间夹层为类脂质的3层膜于1935年Danielli, J. F. 和Davson, H. 称三明治型膜（波斯尼亚赌徒Sandewich发明的夹肉面包，即夹层结构，中文译成三明治）。

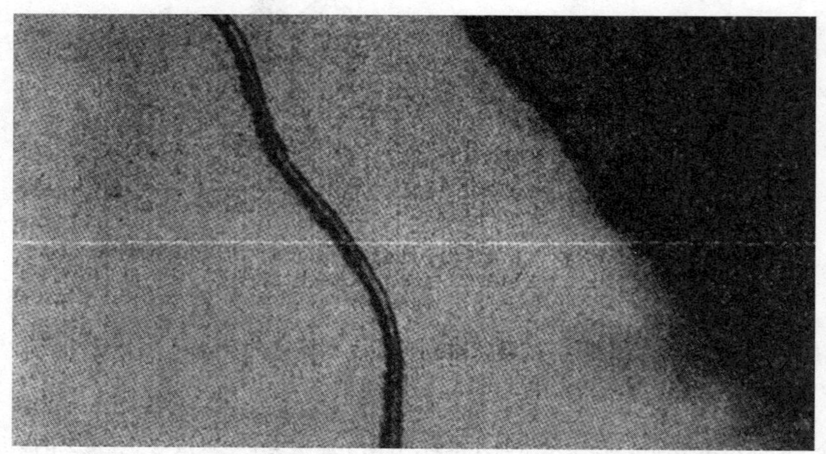

图 3-4-3　在蛋白质—脂肪—水混合物中形成的三层结构的电子显微镜照片，两条宽 25~50Å 锇酸深染层为类脂质分子亲水端和蛋白质，中间 20~25Å 厚的透明带为类质烃链（Stoeckenius, W.）

Danielli和Davson及Robertson等认为生物膜并不是凝固的固态膜，而是流动性脂类膜层里镶嵌着蛋白质的所谓液态镶嵌型膜。最近，又有人提出生物膜是液态晶格结构的液晶膜的理论。

根据Ponder, E.（1948）、J.M.Mitchison（1952）所归纳的所有细胞膜的资料主要以红细胞膜（血影）为模型，因为红膜在不破坏结构的条件下，最容易取材，其次是海胆卵膜。

其他动物细胞膜的研究中技术手段的精度的难度很大，所以我们仍以红膜结构为标本加以描述。

动物细胞膜的正切方向上出现对于偏振光的正、负双折射现象说明双层类脂质分子是向心性分布的，后来电子显微位图像也证实这种分布（图3-4-2），在类脂质层内外侧分布着衬里纤维蛋白质。由α-和β-两亚基组成的多肽链叫Spectrin蛋白质链，这些链组成绳索状长链。在其两端与actin收缩蛋白粒连接。在这种长链蛋白质的各端段又与数个磷酸离子结合。

膜结构的重要功能蛋白质是Glycophorin糖蛋白，也叫贯通蛋白或称跨膜蛋白

(transmembrane protein)。跨膜蛋白质的N–末端留在细胞膜外侧，N–末端上神经胺酸又称唾液酸之类糖苷（N–乙酰基葡萄糖酸），结合成各种特异性受体，也就是被Holum, J.R.(1962)所描述的钥匙与锁理论，是免疫学中的特异性抗原与抗体的专一结构，或者红细胞表面抗原（血型物质）、白细胞型物质、血小板型物质的特异性结构。酶活性的专一性也是更为严密的钥匙和锁头的关系。

跨膜蛋白质链反复穿越细胞膜10次以上，形成细胞内外磷酸烯醇式丙酮酸、丙酮酸、葡萄糖、乳酸等营养物质的通道，但糖原、蛋白质、核酸、脂肪等大分子不能渗入红细胞内，其阴离子通道成为Cl^-=HCO^-、二价阴离子、磷酸根、单碳酸盐的通道，Cl^-成为这种通道的开闸机构，赖氨酸残基（Lys–）、精氨酸残基（Arg–）、组氨酸残基（His–）等碱性氨基酸残基参与关闸机制。

后生动物真核细胞在进化过程中，直至恒温动物鸟类以前的变温动物细胞膜表面没有液体免疫球蛋白性抗原的受体。只从鸟类开始和一切高等哺乳动物细胞外表才出现与液体免疫蛋白抗原相对应的受体。

后生动物细胞膜层里也有特殊蛋白质，成为钾钠离子在细胞内外穿透的泵及其供能的酶类。

从低等原生生物之后到高等动物细胞膜上分布着磷酸腺苷酸酶、磷酸次黄嘌呤核苷酸酶，这些酶主要是给细胞膜上的钾、钠泵蛋白提供能量。

Harford, C.G.(1961)、Mitsui, T.(1960)报告：霉菌、细菌、人类红细胞、白细胞膜结构上有ATP酶、ADP酶、ITP酶，但没有AMP酶。膜及胞质的ATP水解酶降解ATP $\rightleftharpoons$ ADP+P^-，而在线粒体里合成ADP+P^- $\rightleftharpoons$ ATP。

高等脊椎动物机体里各系统、各器官、各种组织里的细胞膜由于每个器官在机体内所承担的功能特点不同，细胞膜的分化也极不相同。例如血小板是凝血细胞，所以它的细胞膜极薄，但也有类脂层。表面有糖蛋白显示血小板凝集素的功能。从膜向里有微管成为钙离子通道。红细胞膜比血小板膜厚很多，绝对保证血红蛋白不能漏出红细胞。尽管每个红细胞能周游全身120天，每17秒钟经过肺脏1次。但红细胞能经受起如此漫长的流程，假如红膜没有如此厚度和坚韧性的话，人体经不住几天就会失血而死亡。

由于小肠上皮细胞所处位置的不同，其功能需求也不不同。人体小肠黏膜上皮细胞游离面上的细胞有高1.4μm、宽0.1μm的细长微绒毛。肾脏近端曲细尿管上皮细胞再吸收面上也形成面积巨大的刷状缘（Brush border），眼球网膜视细胞的感觉端的质膜的总面积的扩张更是惊人之大。质膜上的酶把各种物质所含能量转换成生命活动能量，所以膜面积愈大，其能量转换功能愈强。

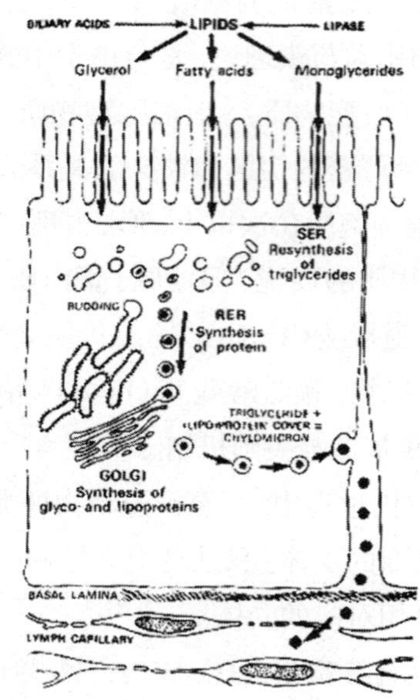

图 3-4-4　脊椎动物小肠上皮细胞顶端微绒毛

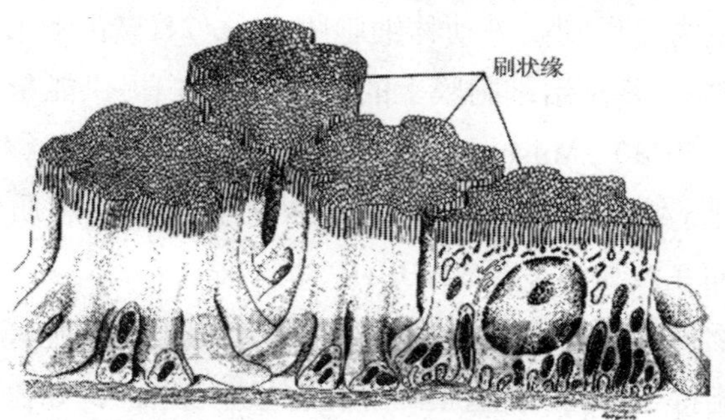

图 3-4-5　肾脏曲细尿管上皮重吸收面的微绒毛（刷状缘 Brush border），刷毛缘将从肾小球滤过的尿液里的蛋白质、盐类、糖类再吸收后从细胞基底部扩张的细胞膜向肾毛细血管输送回流，所以正常人尿里没有蛋白质、糖排泄，在这主动功能部位富含线粒体

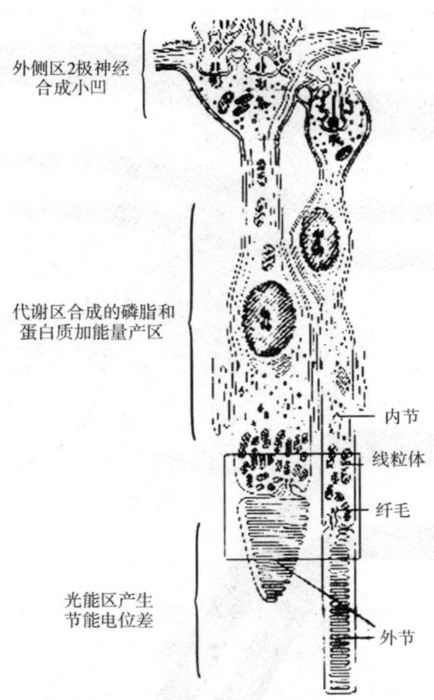

图 3-4-6　人类视网膜视锥细胞和视杆细胞感受区的结构为由高度折叠的细胞膜构成。在此，光信息转化为神经信息传递到视神经细胞的神经终末

软骨鱼类的电鳐（*Porpedo*）、电鳗（*electrophorus electricus*）、电鲶（*Malapterurus electricus*）等鱼类体内运动肌纤维聚集成板状体。细胞之间（肌膜内部充满线粒体）肌板的每个肌细胞末端都有运动神经终板。肌肉收缩时的动力在线粒体内由丙酮酸和16碳饱和脂肪酸转化的能量（电子）贮存在运动终板的细胞膜ATP高能磷酸键上。当鱼体受刺激时细胞膜上的自由电子立即释放出来形成从鱼尾部向头部流动的高频高压电子流，其电压高达8000V、电流达2A。其中有些物种尾侧长出长刺，发出高压电，电击猎物致其死亡。电鱼的肌板的运动神经细胞膜就是生物发电机，后生动物各类物种个体内细胞膜向胞质里延伸，形成各种微管膜层（称片层系统）的分子结构与外膜基本相似。但在细胞内分化成功能不相同的各种细胞小器官。

我们认识细胞膜结构和膜功能时必须承认膜结构的主动代谢活性的同时承认细胞质的主动功能活性。不可仅把生物膜看成是界膜，并要重视细胞质的极为重要的生理活性。

以神经轴突细胞膜上的钠泵为实例，说明膜和胞质功能相互协调机制。（图3-4-7）。

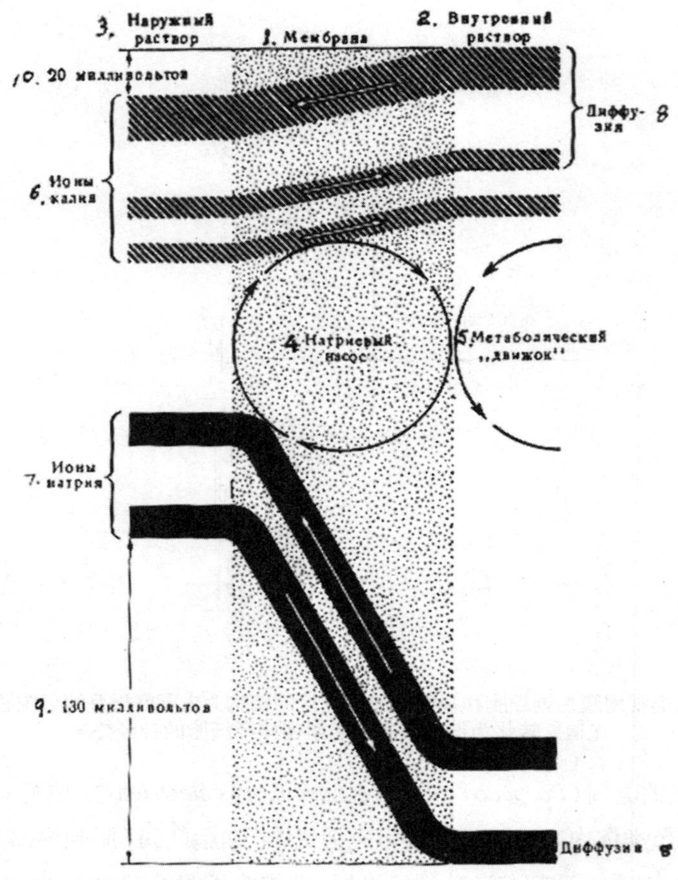

图 3–4–7　神经轴突细胞膜上的钠泵模式图

1. 细胞膜; 2. 细胞膜内液; 3. 细胞膜外液; 4. 钠泵; 5. 代谢动力; 6. 钾离子; 7. 钠离子; 8. 渗透; 9. 130mV; 10. 20mV

钠泵在细胞质代谢动力驱动下保持细胞内液钠浓度在10%，同时使钾离子渗入细胞膜内液浓度保持在内液高于外液30倍。与此同时，每种离子都为保持浓度梯度而向反方向渗透。

第五节　线粒体（Mitochondria）的进化

一切生物嗜氧性个体得以生存的最关键的、最基本的功能是摄取营养物质，在细胞内彻底氧化（燃烧），最终将碳氢化合物所含有的化学能转化成自由能贮存于

ATP高能磷酸键上，为生物细胞的自我复制及各种生命活动提供代谢能量。因此被称为细胞内的供电站的线粒体是营养功能和呼吸功能的基石（Rosette〈德语〉），也是细胞内能量运转的标尺（Modus　operadi〈法〉）。如果我们把细胞核看成是增殖分裂遗传活动及控制性比例数的活性中心的话，可把线粒体看成是为生物细胞适应性进化提供能量的活性中心。

一、原核生物能量代谢

在显生宙早期出现，生存于还原型大气里的原核生物细胞里无线粒体。无脊椎动物能量转换功能的研究资料里只有单细胞酵母菌（*yeast*），如Ephrussi, B.（1953）、Sherman, F., Slonimski, P.（1964）、Komenshukoba, AB., PA.Завягинская（1966a、b、c）；关于纤毛虫（*Tetrahymena Pyriformis*, *Erglena gracilis*, 锥体虫*Trypanosoma*），Mocebuy, TH.（1966）、Malkoff, DB., Bnetow, DE.（1964）、Hogg, JF., Kornberg, HL.（1963）；关于蠕形动物（Helminthes）吸虫（*Tremetoda*）、蛭虫（*Hirudinea*）、蛔虫（*Ascaris lumbricoides*）、海蚯蚓（*Arenicola*），Бенедиков, И.И., Kprokoba, M .E.（1966）、Григоривич, Ю.А.（1966）、Абанесова, П.（1965）、Селмекова, E.A.（1966）、Mattison, A.（1959）；关于节肢动物门龙虾（*Panulirus*）、蝇（*Musca domestica*）Сапрунов, Ф.Ф., Гриориевич, Ю.А.（1966）、Mattison, A.（1959）。从单细胞原生动物到多细胞后生动物中，低等无脊椎动物细胞线粒体转换能量的功能比高等脊椎动物、哺乳动物线粒体功能明显低下。

Сапрунов, Ф.Ф.（Saprunow, F.F., 1966 ）概括论述了上述诸文献中所公布的有关无脊椎动物线粒体研究成果证实，眼虫是自养型单细胞原生植物与异养型单细胞原生动物之间的兼性生物。它既有植物借以阳光光合功能的叶绿体，同时也有原生动物具有能量转换功能的线粒体，但是眼虫及其同属的纤毛动物线粒体能量转换机制的底物（燃料糖）的有氧氧化在有些生存条件下只能从丙酮酸缩合乙酸到琥珀酸→延胡索酸→苹果酸→草酰乙酸再回到丙酮酸。在此途径上只能获得苹果酸脱氢酶的催化下获得3个分子的ATP。有时改善其食物供应时也可从丙酮酸→乙酰辅酶A→琥珀酸的反应中多得3个分子ATP。

蛔虫（*Ascaris lambricodes*）生活于乏氧条件下氧化途径被切断之后，只能吸进高度氧化的碳分子即二氧化碳，利用其氧分子，排除挥发性低氧化碳氢化合物脂肪。

但是其他最低等物种也可从α-酮戊二酸（获一个分子ATP）→琥珀酸→延胡索

酸（2分子ATP）→苹果酸（2分子ATP）→草酰乙酸。这叫乙醛酸途径，见图3-5-1。

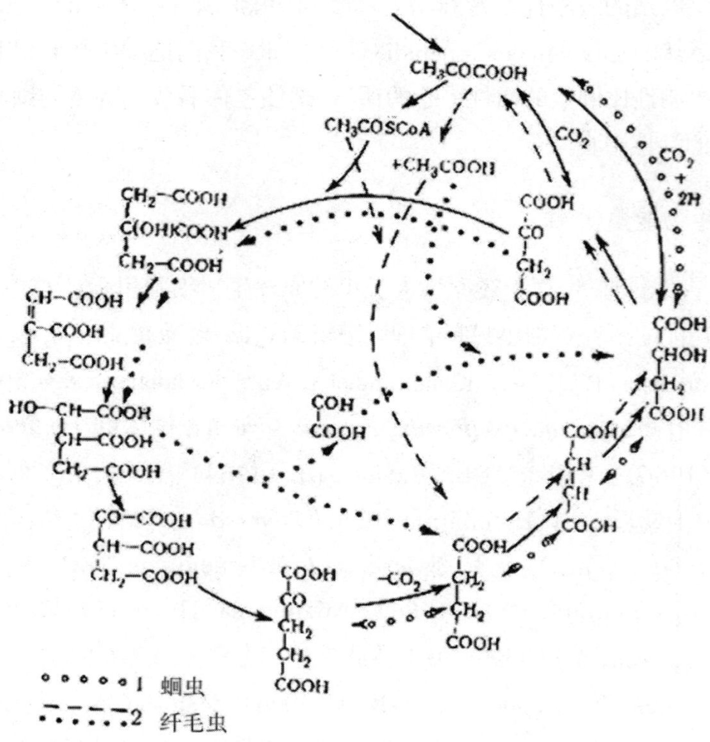

图 3-5-1　无脊椎动物二羧酸丙酮酸氢化途径（乙醛酸途径）

图中实线为高等动物三羧酸循环；。。。。为蛔虫氧化途径；虚线和点线为纤毛虫氧化途径

水库里生存的纤毛虫在食物条件好的情况下，可以经过简化了的Krebs循环，代之以二羧酸循环供能，这里醛基分解使异柠檬酸转化为琥珀酸和乙醛酸（Glyoxylic acid），由于柠檬酸的降解被乙醛酸结合成活性丙酮，在此反应中苹果脱氢酶起了作用。

图3-5-2里以实线勾画出高等脊椎动物线粒体三羧酸循环途径实现碳氢化合物氧化磷酸化反应能量转换机制；以虚线表明高等无脊椎动物节肢动物门家蝇的能量转换机制；以点线表明较进化的蠕形动物门海蚯蚓（*Arenicola*）的能量转换途径；。。。。。线表示有时得到分子氧。多数情况下乏氧生活的寄生线形动物的能量转换机制效能非常低。如蛔虫只能从高度氧化的碳获得分子氧进行呼吸。

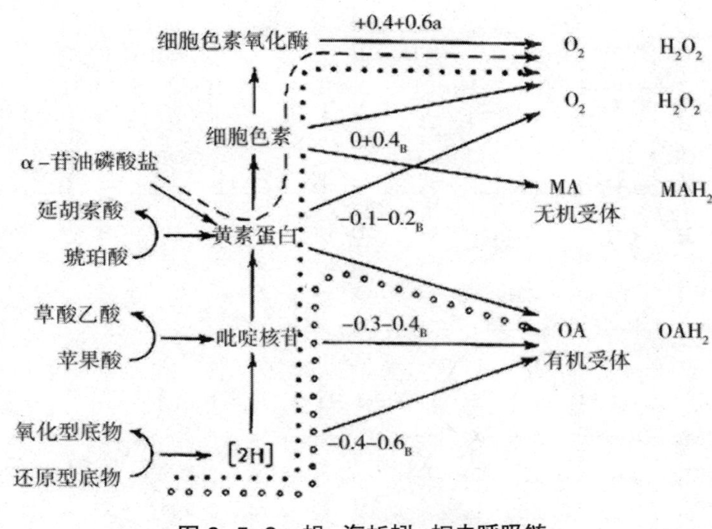

图 3-5-2　蝇、海蚯蚓、蛔虫呼吸链

无脊椎动物各种物种的各种氢化还原途径，图中实线代表正常高等动物线粒体氧化磷酸化途径即三羟酸循环途径，点线代表环节动物海蚯蚓，○○○○○代表蛔虫，虚线表示家蝇（节肢动物）

将无脊椎动物细胞线粒体的氧化磷酸化功能的底物碳氢化合物（燃料）上转换能量的机制概括起来可以认为：

1. 低等多细胞动物囊括一切无脊椎动物的碳氢化合物的氧化磷酸化途径不可能或不一定必须经Krebs循环的闭合来实现。

2. 不一定必须经过电子传递呼吸链来实现。

3. 不一定必须经NAD^+或$NADP^+$，FAD^+作为还原当量的传递为前提。

4. 不一定必须具备分子氧为受体，氧化还原途径的最终产物为H_2O和CO_2。

高等无脊椎动物的能量转换只能依靠光能和无氧糖酵解（Anaerobic glycolysis），这是低效能的获能形式。在这条途径上每对电子只能合成一分子ATP的能量。如图3-5-3所示，无氧糖酵解始于糖原时，糖原磷酸化酶（Glycogen phosphorylase）催化糖原非还原端磷酸开始分解出单个己糖分子。

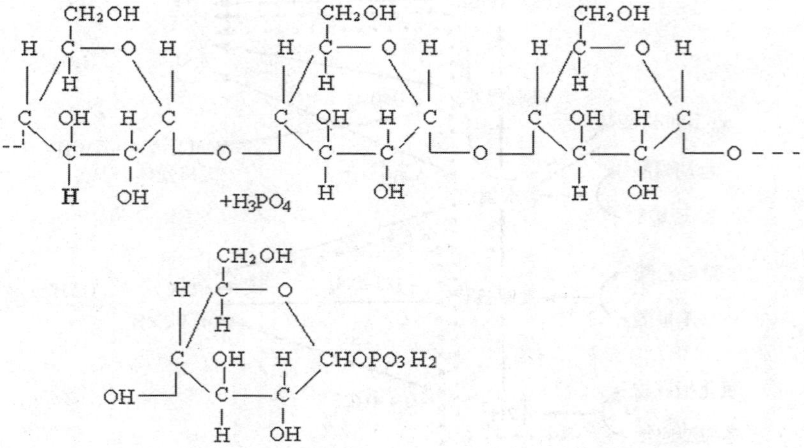

I—磷酸葡萄糖

图 3-5-3　糖原非还原端逐一磷酸解出一分子葡萄糖

由此形成的1-磷酸葡萄糖进入无氧糖酵解途径时，在已糖激酶（Hexokiasa）的催化下变成6-磷酸葡萄糖，为此，消耗一分子ATP。其次6-磷酸葡萄糖在果糖激酶（Fructokinase）的催化下生成1，6-二磷酸果糖。在此反应中又消耗一分子ATP。接着在醛缩酶（aldolase）的催化下六碳糖分裂成两分子磷酸丙糖，即3-磷酸甘油醛和磷酸二羟基丙酮。两种丙糖进行分子内氢转移生成二分子3-磷酸甘油醛（可逆反应）。如图3-5-4所示，两分子丙糖经过一系列反应最终生成丙酮酸的过程中共生成4个分子ATP。总之在无氧糖酵解途径上氧原子不参与反应，因此无氧酵解途径上只获得2~3分子ATP。丙酮酸若进入有氧氧化途径时获得更多的ATP分子（后述）。

在动物进化过程中，在氧化型大气里的真核细胞开始出现线粒体（后述）。但在单细胞型原生动物阶段上获能机制高于原核生物。在这个发育阶梯上能量代谢中1对电子能够合成3个ATP分子。因为这时的氢原子是带有多余电子的氢离子H：ˉ，也就等于氢分子H_2。与此同时，利用线粒体二羧酸循环或低等的三羧酸循环获得ATP，也就是通过乙醛酸循环获得ATP（后述）。

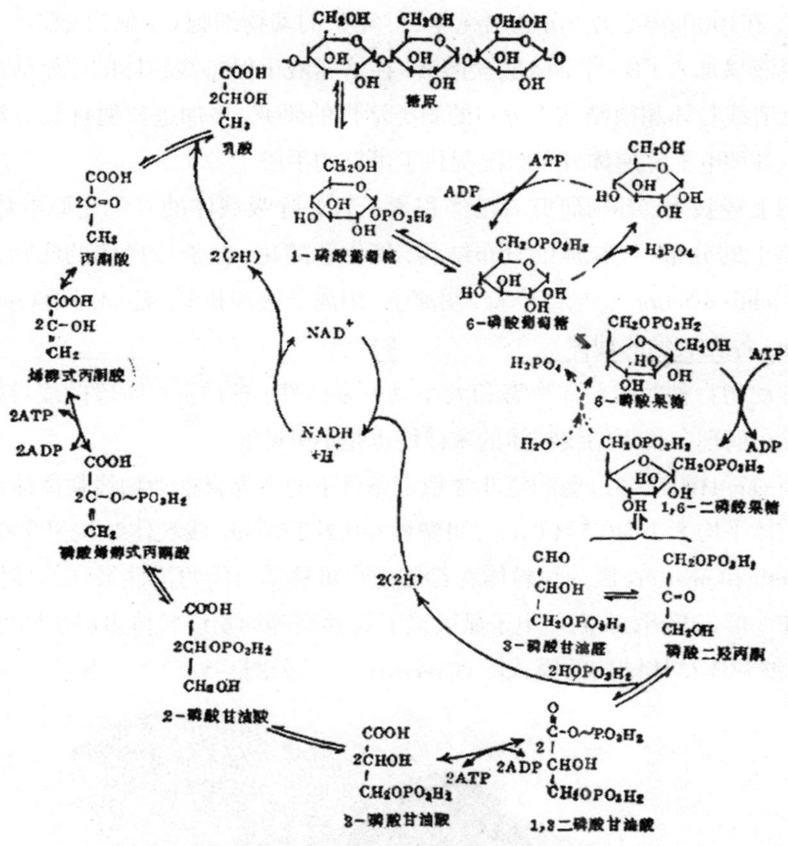

图 3-5-4　糖的细胞质内进行无氧酵解途径

在多细胞后生动物或高等脊椎动物细胞里，无氧糖酵解只不过是依靠高效能的有氧氧化途径的补助性获能机制。因为无氧糖酵解只能从每克分子量葡萄糖获取其能量的4%。

二、高等动物细胞线粒体的结构

研究线粒体的方法是难度较大的技术手段。1941年Terni成功采用Janus Green B（坚牢绿B）水溶液，在pH 7.0的条件下，在切片标本上或单离细胞标本上利用特异性很强的染色技术显示了动物细胞线粒体呈绿色。1938年，Strugger用Rodamin B染色小鼠细胞线粒体，在荧光显微镜下呈现出清晰的金黄色影像。

20世纪后半叶，电子显微镜技术的发展为研究线粒体超微结构广开了门路。Hogeboom，GH.，Scheneder，WC.，Palade，GE.（1948）用0.88mol蔗糖水溶液（pH

7.5~8.0)，在1000g离心力下分离出纯净的、完整的动物细胞（小鼠）线粒体。后人在此蔗糖溶液里加入了β-甘油磷酸盐溶液，在培养液里保持线粒体的原始活性。这种技术为澄清线粒体超微结构上分布的酶类活性的研究，再加进放射标记方法、纸层析法分析各种电子传递体分布状况提供了可靠的手段。

利用上述技术，各国研究者已经积累了有关呼吸载体的氧化还原电势在各层不同位点上的分布：线粒体的分布结构，氧化磷酸化，电子传递体的底物，中间体（半反应semi-reaction），最终产物，阴离子、阳离子透膜机制，还原当量（restore the equivalent）各类底物的载体等。

各种动物物种的线粒体形态和大小具有多样性。各种发育阶段的线粒体，正常条件下或在病理条件下的线粒体的多样性也是不鲜见的。

Zillinger, HH.（1951）曾测定非常稳定条件下的高等脊椎动物线粒体体积，结果肯定线粒体平均大小为0.5~1.0μm，可塑性在0.2~2.0μm。线粒体结构里含有收缩蛋白质如Actiu和 myosiu。因为线粒体在细胞质里可移动至代谢活性最强的部位。

有许多形态学者，在高倍电子显微镜下观察高等动物线粒体多层次图像的基础上做出了线粒体整体结构的模式图（Green, D.）。（见图3-5-5）

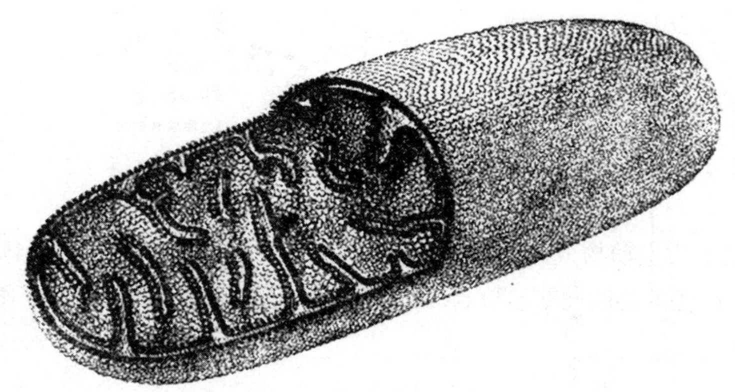

图 3-5-5　普通细胞线粒体整体结构图（Green, D.）

各种不同动物或同一种动物不同器官、组织细胞、同一类细胞在有氧条件下或无氧条件下，在不同抗生素、不同金属离子的作用下线粒体各组分的生物化学变化、形态学变化非常复杂，所以，至今已经澄清的成果还有待作进一步分析，这一工作使人类费尽心机。

在不同来源的线粒体里分布着130多种氧化还原酶（氧化酶、脱氢酶、脱氨酶）、连接酶（Ligase）、水解酶（Hydrolase）等。这些酶中的大部分是在已知的生物化学反应的底物、产物及激活机制的反应或SDS-PAG电气泳动法中加以分析而得知的。

不破坏某种特殊结构和功能的超声波振动，利用各种表面活性剂处理分离组成线粒体的不同膜组分、不同间质或基质组分、各种复合体分子结构组分是更为细致的、更为棘手的、难度极高的技术方法。因此在许多难点上仍有争论。

如图3-5-5示，线粒体是被外层膜完整地包裹着的，在外膜的表面上布满了鱼鳞般的无柄小颗粒，这是外膜的功能结构。在外膜衬里的第二层相同厚度的膜叫内膜，内外膜之间，据大多数研究者的资料显示，有厚约70Å的充满水溶性胶体系统的腔隙，称外室，内容物称间质。如图3-5-5所示：内膜向线粒体腔扩张延伸出许多夹着70Å厚的间质的瓣膜状嵴（Cristae）。这些嵴把线粒体内腔分隔成许多不完全相互隔绝的小室，即线粒体内腔（内室）。其内涵物为水溶性胶体，称基质（Matrix）。

Sjostrand（1955）在高倍电子显微镜图像上测定的线粒体外膜的厚度为45Å，内膜的厚度也是45Å；内外膜之间的腔隙厚度为70Å。内外膜连同夹在中间腔隙的厚度为160Å。

如图3-5-6所示，内外膜结构与细胞结构中的所有膜相同，均有蛋白质内外衬层和中间夹有两层类脂质的单位膜。但线粒体膜有其特定的分子结构。

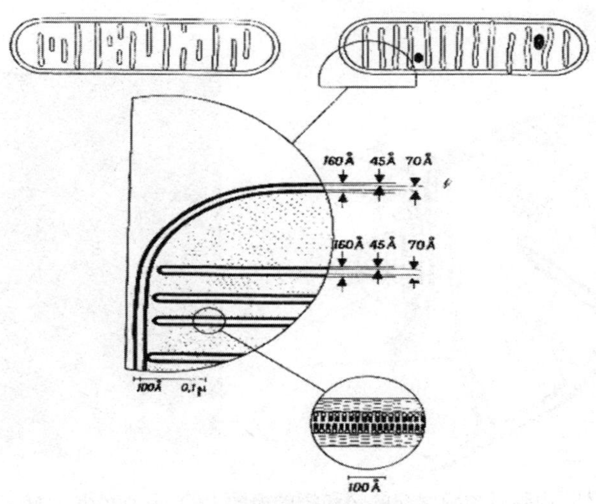

图 3-5-6　线粒体膜层的厚度（Sjostrand，1955）

线粒体膜具有坚韧性、柔软灵活性等物理特性。这是源自于膜结构4/5的蛋白质和1/5的磷脂质。半数蛋白质具有脂族烃（无环性）性侧链。这种很长的疏水性侧链，相互交织成疏松的网，深入到磷脂内部。这种结构成为理解线粒体膜层的通透性、对水溶液的稳定性、功能灵活性的钥匙。

线粒体外膜，据认为有很多小孔，允许10个氨基酸残基的短肽或大小相同的其他物质随着水溶性液体穿入间质里，与此同时，仍有像单胺氧化酶（MOA）、二磷酸激酶（Dinueleosid diphosphokinase）、NAD—细胞色素C还原酶（NAD-Cytch. Reductase）及其他酶的酶触反应。阴阳离子浓度梯度差促使隧道效应，柠檬酸与异柠檬酸的双向浸透等形式使膜内外物质交流。电势梯度差也在这里起作用。

间质（Pl-matrix）是内外膜间的水溶性胶体系统。间质里只有少数的几种酶，主要是磷酸腺苷激酶。线粒体基质里进行的所有生物化学反应的底物的前体消耗尽时，要回补所消耗的物质必须通过间质才能到达内膜。

内膜是线粒体转换能量功能的重要组成部分。它的表面面积非常大，意味着生化学、生理学功能面由于嵴的增减而消长。

Green曾经推测：线粒体里有全部传递电子的载体——呼吸链的分子结构。经过10年的努力他的实验室的Fernandez-Moran在放大40000倍的电子显微镜下发现了这种结构。这是遍布于线粒体的内膜、面向基质的内表面的带有头、颈、基板的小体，称Fernandez-Moran三位一体的特殊颗粒。头的直径为90Å，柄为50Å×30Å。基板是内膜的小片段，如图3-5-7所示。

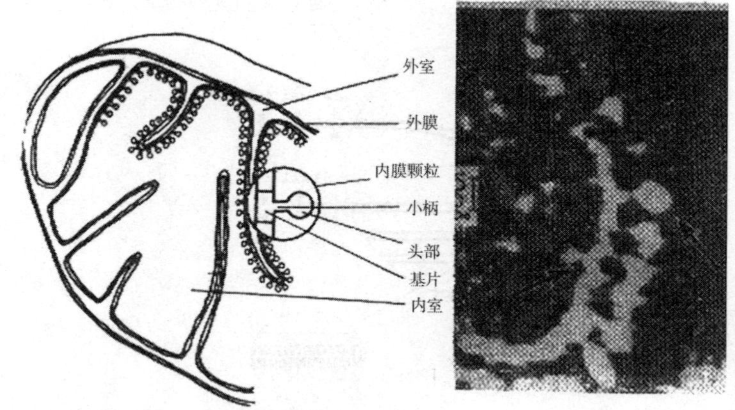

图 3-5-7 线粒体外、内膜及内膜突起的嵴和嵴的表面上的 Fernandez-Moran 小体（圆圈内）。右图为负染色显示的电子显微镜下的三位一体小体（Leninger, A.L., 1964, X120000）

Green, D.（1963）提供的高等动物线粒体内膜结构。线粒体内膜是由20多种酶蛋白、载体蛋白、结构蛋白和一种磷酸脂质构成的。因此内膜的结构极为复杂。对于各种小分子量的带电荷的物质形成严密的屏障。绝大多数跨膜物质必需有特异性运载体（Carrier）。

线粒体内膜上有线粒体DNA环状链，长度约5.0μm（5.0×10^7Å）。面包酵母DNA在每个细胞里约有50~100分子DNA。小鼠肝细胞每个含4~5个环状DNA，而每个肝细胞就有1000个线粒体。总计每个肝细胞有4000~5000个环状DNA。每个DNA环约有1.5×10^4碱基对，足以确定5×10^3个氨基酸，即能编码30~50个短肽。线粒体DNA链里不编码的无效基因片段（又称间隔物〈Spacer〉）也有一部分。线粒体内膜上确实有DNA编码机制，如DNA紧合酶（DNA polymerase）和依赖于DNA和RNA的Polymerase，合成蛋白质的核糖体结合在内膜上。这些数据说明，线粒体DNA的信息含量少，不能满足生物合成所有线粒体蛋白的遗传信息量。所以线粒体蛋白质的合成仍然要受核DNA的控制。因此线粒体自主遗传的问题不能受到公认。

线粒体内膜上的原卟啉合成酶将4个吡咯环以4个次甲基桥（也称半甲烷体）连成一个卟吩环，再在4个卟吩环的8个碳、氮骨架位点上连上甲基、乙烯基（疏水基）和丙酸基（亲水基），这就是原叶啉IX血红素。亚铁螯合酶（ferrochelatase）把FeⅡ离子镶入4个卟吩环的氮原子形成原卟啉环与FeⅡ形成平面结构。FeⅡ的第5配位键与卟啉环成立方体向上与组氨酸的ε-氮原子螯合，第6配位键与分子氧或与CO_2、CNCO容易络合。细胞色素ABC三大类均含亚铁螯合酶。

线粒体内膜上有10种黄素蛋白以其半胱氨酸（Cysteine）的硫基共价结合或以蛋白质的硫桥结合的铁原子称铁硫中心（iron-sulfur center或icon-sulfur protein）。（Fes）1a、（Fes）1b、$(Fes)_2$、$(Fes)_3$、$(Fes)_4$等与NADH脱氢酶的辅基黄素蛋白结合。$(Fes)_5$、$(Fes)_6$、$(Fes)_9$与复合体Ⅲ结合，$Fes)_7$、$(Fes)_8$与琥珀酸脱氢酶的辅基黄素蛋白结合。铁硫蛋白的电子载体功能是通过FeⅡ←FeⅢ氧化还原反应加以实现。线粒体内膜上还有琥珀酸脱氢酶（EC、1、3、99、1）、甘油-3-磷酸脱氢酸（EC、1、1、99、5）、电子传递黄素蛋白（ETF）、NADH（含FMN）脱氢酶（EC、1、6、99、3），都是含黄素蛋白辅基的电子传递酶。

高等动物线粒体内膜上的辅酶Q（CoQ）有10个类异戊二烯（isopteroid）长侧链，这也是电子传递系统中的电子载体。

Green，D.（1963）以略图形式展示了线粒体电子传递系的局部布局及其电子传递方向，见图3-5-8。

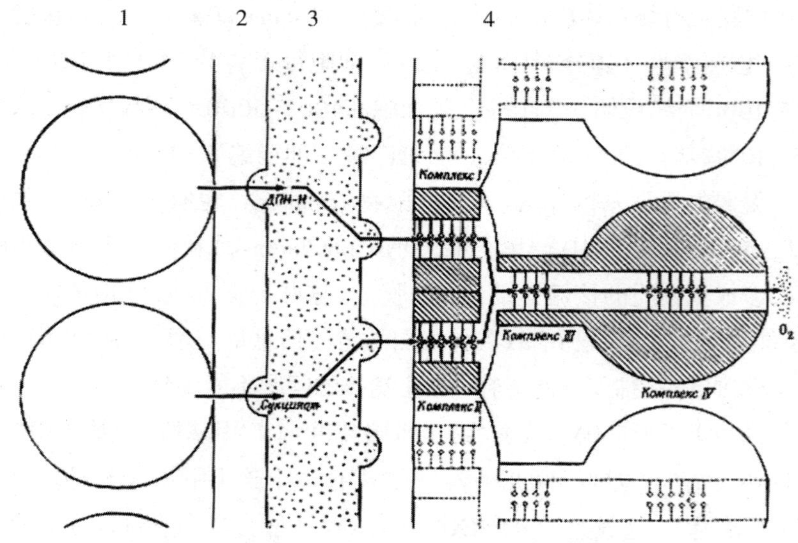

3-5-8　高等动物线粒体膜（内外）结构上的电子载体，
电子传递系统的布局及其传递电子方向的略图（Green，D.，1963）

图中左大圆圈“1”代表外膜表面上的无柄颗粒，“2”外膜内表面（凹陷）为电子载体NADH和电子载体琥珀酸脱氢酶（Succine dehydrogenase），“3”间质层，“4”为内膜和内膜内层电子传递复合体结构。

线粒体内膜内层的每一片段由复合体Ⅰ（Complex I）和复合体Ⅱ（Complex II）组成，每一复合体中段向相排列的大头钉形物质依Green 的看法是带电荷的磷脂质亲水端，而其柄为疏水端插入蛋白质层的疏水性网络里，但也有可能是络合血红素的铁硫蛋白的含铁离子端，中心片段两侧的斜线方块为蛋白质组分。Fernandez-Moran小体的柄为同样结构的复合体Ⅲ（ComplexⅢ）。三合一小体的头为复合体Ⅳ。

Gree，D.及其同事们以及后来的许多研究者证明4种复合体结构里的上述电子传递分子中最接近基质里的分子氧的复合体IV组分细胞色素a_3最先还原。将电子传递给分子氧还原成H_2O，在其前位上的细胞色素C氧化还原电位高于细胞色素aa。依次随着电子向下传递过程中产生氧化还原电位梯度，驱动电子流向下一个电子传递体。在不同电子传递复合体里的铁硫蛋白的铁的电子载体作用是通过铁原子价的改变加以实现，如细胞色素Fe^{2+}（还原型）、细胞色素$Fe^{3+}+e^-$的形式转移电子。细胞色素aa_3含有两个铜原子，即细胞色素a与一个铜原子，而细胞色素a_3与另一个铜原子结合。其氧化还原反应中传递电子的形式也与铁硫蛋白的铁的氧化还原反应相同，即: CuI ⇌ CuⅡ+e^-。

Halebi, Y., Haavik, AG., Fowler, LW. Et. al(1962)曾把分离精制的复合体Ⅰ、Ⅱ、Ⅲ、Ⅳ分别以不同比例混合重组出复合体Ⅰ、Ⅱ、Ⅲ、Ⅳ、Ⅴ、Ⅵ、Ⅶ、Ⅷ、Ⅸ、Ⅹ，每个重组复合体都有组合成分的各自功能。

但是动物细胞线粒体里最显著的电子传递功能者为复合体Ⅰ、复合体Ⅱ、复合体Ⅲ和复合体Ⅳ。这些复合体就像图3-5-9上展示的那样，都是线粒体内膜的三位一体结构。

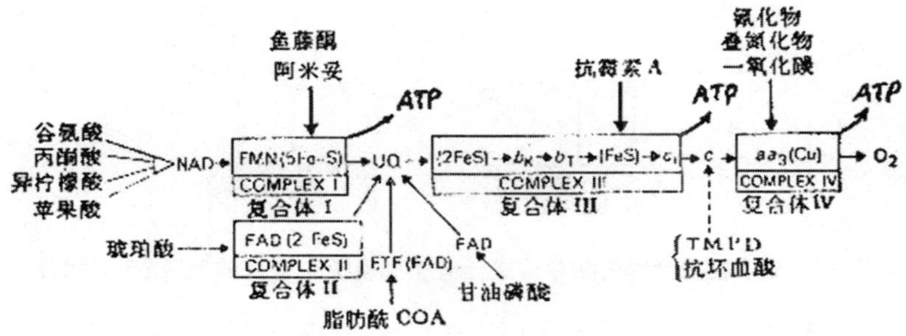

图 3-5-9　电子传递链的功能组织化

从食物来源的碳氢化合物里的碳在三羧酸循环中被氧化（燃烧）降解下的氢原子和碳氢化合物里的所有氢原子被特异的载体携入内膜里，氢原子解离成质子（H^+）和电子（e^-），将电子载体如NAD^+和琥珀酸还原（图3-5-9），而质子被移出线粒体膜外，其结果是线粒体膜外溶液里的质子浓度梯度提高，pH上升，又引起还原电势梯度加强。因为这些系列变化的因果关系，NADH和琥珀酸又把电子推向复合体I和复合体II。

Green, D. 等（1962）设想的在呼吸链里电子传递程序如图3-5-10所示：

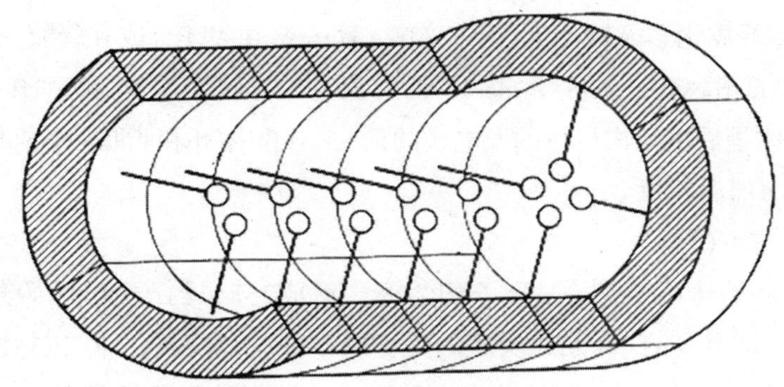

图 3-5-10　呼吸链电子传递复合体内表面铁硫蛋白为头的传递小体犹如出土的编钟一样，从高音阶逐次敲响低音阶，依高电势梯将电子传递到分子氧

圆筒剖面示Fernandez-Moran小体，表面上的铁硫蛋白小体（每节为6支小锤）。如图3-5-11所示。

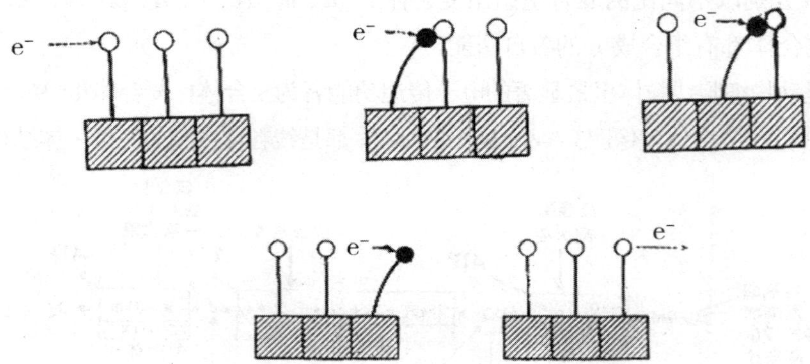

图 3-5-11　电子在复合体内按序传递至分子氧电子 + 外来的 H^+ 结合成水分子

在呼吸链电子传递复合体I、复合体II和复合体III之间有辅酶（coenzyme，Ubiquinone〈泛醌〉）参与传递电子的同时也捕捉质子。质子作为正离子对形成线粒体膜内外电化学梯度、水分子的形成等许多方面都有制造势能的影响。复合体I、复合体Ⅲ、复合体Ⅳ为合成ATP高能磷酸键提供电子。水分子合成、ATP分子合成过程是复杂的过程，这方面的理论争辩不在本书里加以讨论。

线粒体基质（Matrix）

线粒体基质是人体食物来源的必需氨基酸、内源性氨基酸（常称非必需来自外源的氨基酸）、脂肪（3分子脂肪酸+1分子甘油三酯）、糖类相互转化、重组、分解、合成的中心。更为重要的生物学意义是糖和脂肪酸氧化（燃烧），还将糖和脂肪酸的碳骨架氧化，释放化学能转化为自由能（free vortex）供ATP合成和释放热能，这叫三羧酸循环（Tricarboxylie acid cycle =TAC），又称Krebs循环，和脂肪酸β氧化途径。如果说线粒体是后生动物机体的发电站的话，三羧酸循环和脂肪酸β氧化途径是这个发电站的两部涡轮机。

三羧酸循环（TAC）

三羧循环始于丙酮酸（一分子葡萄糖裂解成2分子丙酮酸）的脱羧脱氢酶反应，这种反应是重复的。参与此反应的酶称丙酮酸脱氧酶复合体，包括丙酮酸脱羧酶（Pyruvate decarboxylase，EC.1.2.1.4）、硫辛酸乙酰转移酶（Lipoic acid acetyltransferase，EC.2. 3.1.2.）、二氢硫辛酸脱氢酶（Dihydrolipoic acid dehydrogenase，EC.1.6.4.3）等3种酶。反应的第一步，在丙酮酸脱羧酶反应中从硫胺素焦磷酸的噻唑环给丙酮酸转移一对电子（亲核反应），使丙酮酸交出一分子CO_2，剩下一分子羟乙基残基（$CH_3-\overset{OH}{\overset{|}{C}}-$）。羟乙基残基与硫胺素焦磷酸结合。接着在硫辛酸乙酰基转移酶催化羟乙基残基与硫辛酸结合，再使硫辛酸的双硫键还原成两个硫氢基。羧乙基氧化成乙酰基的反应相偶联（Coupling）。乙酰基与辅酶A共价键结合成乙酰辅酶A。①乙酰辅酶A脱乙酰基时加入一分子羟酸，其一个氢与辅酶A侧链的硫结合成硫氢基，而乙酰基得到一个羟基，形成分子乙酸（关于乙酸盐假说请参阅本书第一章）。②来自乙酰辅酶A的羰基（Carbanyl group）经乙酸分子的两个碳携带着葡萄糖的几乎全部能量与草酰乙酸缩合成柠檬酸。这是在柠檬酸合成酶（Citrate synthetase， EC.4.1.3.7.）的催化下生成的六碳三羧酸。③柠檬酸在顺乌头酸酶（Cis-aconitase，EC.4.2.1.3）催化下脱去一分子H_2O变成顺乌头酸。④在顺乌头酸酶的催化下加一分子H_2O到乌头酸的第一碳上形成羟基，继而生成异柠檬酸。这一反应实际上是柠檬酸的第2位碳上的羧基变构到第3位碳上的变构反应。⑤异柠檬酸脱氢酶（isocitrate dehydrogenase，EC.1.1.1.4.1）催化反应中异柠檬酸氧化生成草酰琥珀酸。在此反应中出现NAD^+还原成NADP的偶联反应。⑥异柠檬酸脱氢酶催化草酰琥珀酸盐脱去一分子CO_2生成α-氧代戊二酸（又称α-酮戊二酸）的反应。⑦α-氧代戊二酸脱氢酶复合体（α-ketoglotarate dehydrogsnase complex）的系列的反应中有一个辅酶A参加使此五碳二羧酸盐氧化，释放二分子CO_2的同时与NAD^+还原成NADH和生成琥珀酰辅酶A（四碳二羧酸），也与丙酮酸转化为乙酰辅酶A的系列反应相似，如α-氧代戊二酸脱氢酶复合体里也有3种酶参与，α-氧代戊二酸脱羧酶（α-Ketoglotarate decarboxylase，EC.1.2.4.2.）；硫辛酸乙酰转移酶（Lipoic acid acetyltransferase，EC.2.3.1.12.）和硫辛酰胺脱氢酶（Lipylamine dehydrogenase，EC. 1.6.4.3）等，在上述反应中释放一分子CO_2，故Krebs循环中五碳二羧酸转化为四碳二羧酸。⑧琥珀酸硫激酶（Succinate sulfur kinase，EC.6.2.1.4）催化琥珀酰辅酶A裂解成琥珀酸盐和辅酶A，同时出现与GDP+Pi=GTP+HSCOA的偶联反应。GTP和ATP是相等势能的分子，所以即将变换：GTP+ADP=ATP+ADP。⑨琥珀酸脱氢酶（Succnate dehydrogenase，EC. 1.3.99.1）催化琥珀酸氧化脱氢生成富马酸（Fumarate，又称延胡索酸或反丁烯二酸）。此一步反应与FAD+ $FADH_2$偶对。⑩延胡索酸酶（Fumarase，EC.4.2.1.2）水化延胡索酸生成苹果酸。⑪苹果酸酶（Malate enzyme，EC. 1.1.1.37）从苹果酸脱掉两个氢生成草酰乙酸，反应与NAD+ $\rightleftharpoons$ $NADH^-H^+$ 相偶对。（见图3-5-

12）

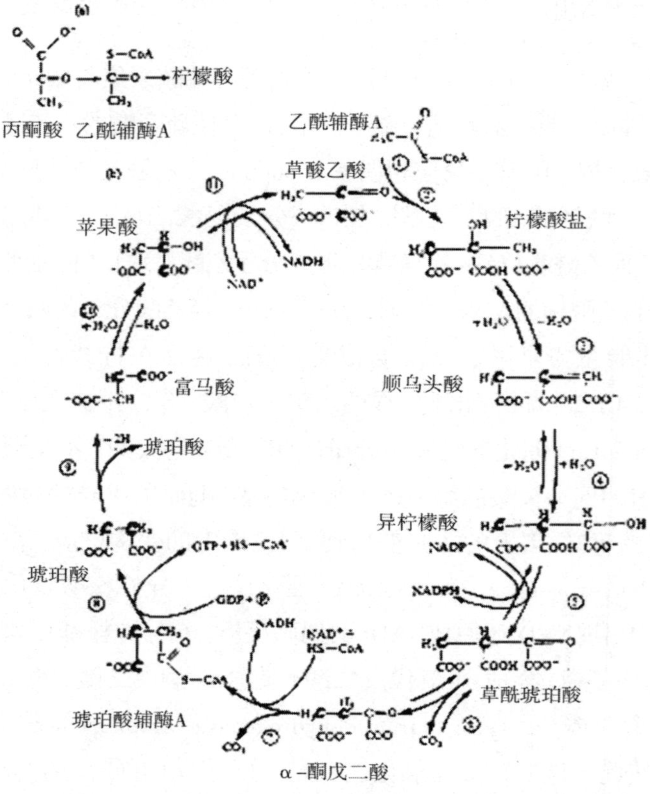

图 3-5-12　三羟酸循环反应途径，浓缩的两个碳是来自乙酸

三羧酸循环始于柠檬酸的氧化至草酰乙酸为一个循环周期。在每一轮循环中丢失两个碳原子（两个CO_2），最终产物是4碳二羧酸分子草酰乙酸（并非来自乙酸的碳）。

再次进入另一轮循环时必定由乙酰辅酶A分子上解下一个乙酰基，转化为乙酸。（见图3-5-13）

乙酸的C-C键和C-H键携带着糖分子的全部能量再与草酰乙酸缩合成柠檬酸。

在三羧酸循环中共出现4次NDA^+分子被还原为NADH+H_2和一分子FAD被还原为FADH，还有一次生成GTP（转化为ATP），因此总共有15分子ADP被Pi磷酸化成ATP。

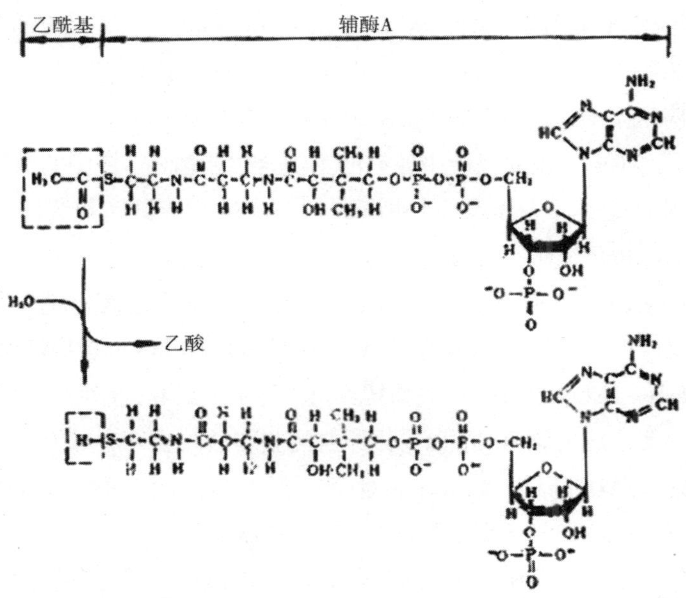

图 3-5-13　乙酰辅酶 A 被酰基转移酶降解出一分子乙酰基。再水化时乙酰基转化为乙酸。乙酰 COA 减少了两个碳基末端硫基从 H_2O 分子中接收一个氢生成硫氢基（S-H）

在三羧酸循环中共有15个高能磷酸键接收来自呼吸链传递的电子贮存于ATP的r-酯键上，还有部分能量以热能的形式散发出来。（有关糖和脂肪酸氧化偶对磷酸化反应中转换能量的参数在下文中详述）

脂肪酸β氧化

高等动物脂肪组织里贮存的甘油三酯在脂肪酶（Lipase，EC.3.1.1.3.）催化下其羧酸键被水解生成甘油（一酰基甘油）和游离脂肪酸。绝大部分脂肪酸被输入到线粒体基质（Matrix）里。在多种酶的酶促反应中从末端以每两个碳为一个切割单元被氧化掉。这种反应叫β氧化，释放大量的能量（后述）。

线粒体里进行的脂肪酸β氧化途径始于外膜结合性酶——脂酰硫激酶（Fatty acylthiokinase，EC.6.2.1.6.）激活脂肪酸反应。①脂酰硫激酶使脂肪酸的酰基和辅酶A合成脂酰辅酶A。在此反应中消耗一分子ATP的能量（-ATP）进入内外膜间质。脂酰辅酶A不可能进入线粒体内膜，只有与肉毒碱（L-β-hydroxy- 4-trimethylaminobutanoic acid）结合脂酰基才能穿入线粒体内膜，这一反应要由②肉毒碱酰基转移酶（Carnitine acyltransferase，EC.2.3.1.3.）加以催化。在线粒体基质里肉毒碱酰基转移酶还可以把酰基转移到辅酶A上解离肉毒碱。肉毒碱又有可能穿过内膜与脂酰基结合成脂酰肉毒碱。脂酰肉毒碱的脂酰基在肉毒碱酰基转移酶的催化下与辅酶A（CoA）结合成脂酰CoA。③脂酰CoA脱氢酶（Fatty acyl CoA dehydrogenase，EC.1.3.99.3）使脂酰CoA氧化脱氢生成烯脂酰CoA（enol Fattyacyl-CoA），在这个反应中有一分子FAD还原成$FADH_2$偶联。④烯脂酰CoA水化酶（enoylfattyacyl-CoA hydrotase，EC.17.）使烯脂酰CoA水合成3羟脂酰CoA。在此反应中原有的不饱合烯脂酰CoA链中的双键必须由顺式转化成反式才能进入下一步反应。由顺式烯型不饱和双键转化为反式要在烯脂酰CoA异构酶（enoylfattyacyl-CoA isomerase，EC.5.-）的催化下完成。⑤3-羟脂酰CoA脱氢酶（3-hydroxy Fattyacyl-CoA dehydrogenase，EC.1.1.1.35）使底物脱氢生成3-酮脂酰-CoA。在此反应中有一分子NAD^+还原成NADH。⑥乙酰CoA乙酰基转移酶（acetyl-CoA acetyltransferase，EC.2.3.1.16）从底物转移出乙酰基生成新的脂酰辅酶A。上述4种酶的顺序反应中新生成的脂酰辅酶A要比原初的脂肪酸减少两个碳（β氧化）。在酶③反应中使一分子FAD还原为$FADH_2$，偶对两分子ADP磷酸化。酶⑤反应中使一分子NAD^+还原成NADH，偶对3分子ADP磷酸化。（见图3-5-14）

一分子含N碳原子的饱和脂肪酸β氧化到CO_2和H_2O分子时消耗一分子ATP，而产出5分子ATP，计5（n/2-1），这是因为每次循环中产生n/2个分子乙酰CoA的结果。

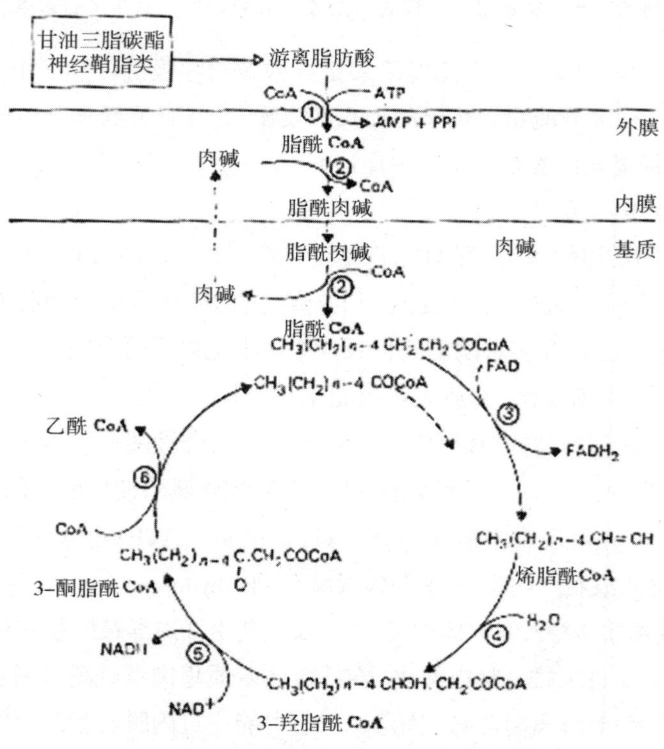

图 3-5-14 游离饱和脂肪酸的 β 氧化

每次β氧化循环中生成的乙酰 CoA进入和Krebs 循环的有氧氧化途径而继续释放能量。

Lehninger, A.(1964)形象地如图3–5–15描述了软脂酸(又称棕榈酸，也叫16碳饱和脂肪酸)生成反应。

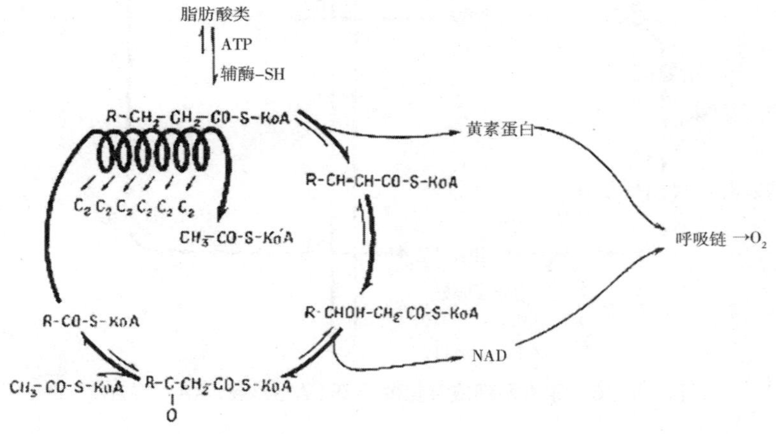

图 3–5–15　16 碳饱和脂肪酸多次反复进行 β 氧化反应。每一次循环减少两个碳，生成乙酰 CoA，经 7 次循环全部成为 CO_2 和 H_2O

线粒体基质里还发生尿素循环的部分反应，首先①由氨甲酰磷酸合成酶(Carboamylphosphate synthetase, EC.2.7.2.5)利用两分子ATP的降解将游离氨和CO_2合成一分子氨甲酰磷酸。(不同物种有氨甲酰磷酸合成酶I、II、III型同功酶)②鸟氨酸氨甲酰转移酶(ornithine Carbamyl transferase, EC.2.1.3.3)催化氨甲酰磷酸与鸟氨酸相互作用生成瓜氨酸(Citrulline)。在此反应中从氨甲酰磷酸释放出磷酸。瓜氨酸通过载体穿过线粒体膜进入细胞质。在细胞质里③精氨酸—琥珀酸复合物合成酶(Argininosuccinate comolex synthetase EC.6.3.4.5)催化瓜氨酸与天冬氨酸相互作用生成精氨酸和延胡索酸。此反应与ATP ⇌ AMP和天冬氨酸→焦磷酸→2磷酸根的反应相偶联。④琥珀酰氨磷酸解出延胡索酸和精氨酸。⑤精氨酸酶(arginase, EC. 3.5.3.1)催化精氨酸降解成尿素和鸟氨酸(Ornithine)。(见图3–5–16)

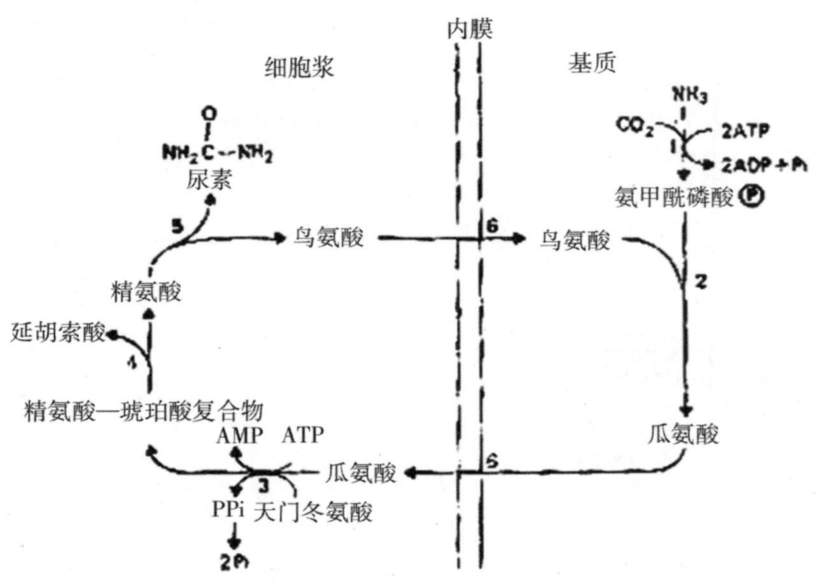

图 3-5-16 尿素循环或鸟氨酸循环（Wittaker, AA., 1978）

尿素循环是从生物体内排除尿素和过多的氨基酸，以防因消耗α-酮戊二酸引起TAC循环受阻，即ATP合成阻抑的严重危害。

根据Lehninger, A.（1964）提供的线粒体里能量转换的机制和磷酸化的参数如下。

每一克分子量丙酮酸彻底氧化到CO_2和H_2O时可净产ATP为14克分子量。如果再加上α-氧化戊二酸提供一克分子量ATP，总数为15克分子ATP。

表 3-5-1 丙酮酸经 Krebs 循环氧化偶对 ADP 的磷酸化数值

氧化程序	载体	ATP数
1. 氧化酮酸→乙酰CoA	磷脂→NAD^+	3
2. 异柠檬酸→α-氧代戊二酸	NAD H→NAD^+	3
3. α-氧代戊二酸→琥珀酰CoA	磷脂→NAD^+	3
4. 琥珀酰CoA $\xrightarrow{\text{磷酸解}}$ 琥珀酸		1
5. 琥珀酸→延胡索酸	FAD	2
6. 苹果酸→草酰乙酸	NAD	3
总计		15

总等式为：

$$CH_3COCOOH+2, 1/2O_2+15ADP+15Pi \longrightarrow 3CO_2+15ATP+17H_2O$$

分等式

$CH_3COCOOH+2, 1/2O_2 \longrightarrow 3CO_2+2H_2O$　$\Delta G=-280kcal$

$15ADP+15Pi \longrightarrow 15ATP+15H_2O$　　$\Delta G=+135kcal$

由此可以计算每克分子量丙酮酸彻底氧化为CO_2和H_2O的自由能为280kcal，而在15克分子量的ATP高能磷酸键上贮存的自由能在135 kcal时得135÷280×100≈48.2 kcal，说明总自由能的48%由呼吸链转载到ATPβr–磷酸键上去。

关于自由能如何贮到高能磷酸键的问题学术界仍有争论，这里不赘述。

每克分子量脂肪酸β氧化生成新的乙酰S–CoA的第一阶段上氧磷比例P/O为2.0，第二阶段当NAD^+介入时P/O=3.0，下表揭示从脂肪酸到乙酰CoA的ATP产生量。

表 3–5–2

反应程序	ATP数量（mol）
1. 棕榈酸→软脂酰CoA	–1
2. 软脂酰CoA→8乙酰CoA	
a.$AFDH_2$（ 7×2=14 ）	+35
b.7NADH+（7×3=21）	
3. 8乙酰CoA→$16CO_2$+8CoA	
（8×4×3=96）	+96
计	+130

总因数

$C_{15}H_{31}COOH+23O_2+130ADP+130Pi \longrightarrow 16CO_2+130ATP+148H_2O$

能量因数

$C_{15}H_{31}COOH+23O_2 \longrightarrow 16CO_2 +16H_2O$　$\Delta G=-2340kcal$

$130ADP+130Pi \longrightarrow 130ATP+130H_2O$　$\Delta G=+1170kcal$

由式中可计算1.0mol 软脂酸转换出自由能为2340kcal ，在130克分子ATP高能键上贮存1170kcal，可利用的能量为1170÷2340×10=50%。

高等动物细胞线粒体的能量转换效能之高，任何人工能量转换机械无法相比（不谈核能转换机制）。人工机械，如蒸汽机、水电机、燃油机、喷气机等只能将可燃原料化学能的10%~20%转换为可利用能。

三、线粒体功能关联的酶

线粒体是三大营养素相互转化、消化和呼吸功能的接合、合成，降解糖、脂肪，转换能量形式的化学反应进行的最复杂的细胞小器官，因此是生物体内极多种类的酶蛋白质活动场所。有些酶是固定在线粒体特定结构上的固有酶种，有些酶及其同功酶同时分布在线粒体结构上，或分布在线粒体膜外，但参与共同反应或偶联反应。

鉴于此，我们在本书里不准备按酶种分布记述，而把相关联的酶一并列出：

1. 单胺氧化酶（Monoamine oxidase, E.C.1.4.3.6.）
2. NAD-Cyt.C还原酶（NAD-Cyt.C Reductase, E.C.）
3. Cyt.b5 E.C.
4. 犬尿酸羟化酶（Kynurine Hydroxylase）
5. 磷酸甘油酰基转移酶（Gloycerophosphate acyl transferase）
6. 溶血磷脂酰基转移酶（Lysophosphotidyl acyl transferase）
7. 磷脂酶A（Phospholipase A.）
8. 核苷二磷酸激酶（Nucleoside diphosphate kinase）
9. 脂肪酸延伸系统酶（Fatty acid elongation Enzyme）
10. 磷脂酸磷酸酶（Phosphatidie phosphatase）
11. 脂肪酰—辅酶A合成酶（Fatty acyl-CoA Synthase）
12. 腺苷酸激酶（adenylate Kinase, myokinase, EC.2.）
13. 核苷酸激酶（Nacleoside kinase, EC.2.）
14. 亚硫酸氧化酶（Sulfite oxidase, E.C.1）
15. NAD-辅酶Q还原酶（NAD-CoQ reductase, EC.1-）
16. 琥珀酸-CoQ还原酶（Succinate CoQ reductase, EC.1-）
17. 辅酶QH_2-Cyt, C还原酶（$CoQH_2$-Cyt.C reductase, EC.1-）
18. 细胞色素C氧化酶（Cyt.C Oxidase, EC.1.9.3.1）
19. ATP合成酶（基质 ATPSynthase, E.C.6 ATP酶）
20. ATP水解酶（基质外ATP Hydrolase, EC.3- ATP酶）
21. β-羟丁酸脱氢酶（β-hydroxybutirate, DH EC.1.1.1.30）
22. 吡啶核苷酸转氢酶（Pyridine nucleotide transhydrogenase, EC.1.6.11.-）
23. 肉毒碱棕榈酰转移酶（Carnitine palmitoyl Transferase, EC.3.-）
24. 亚铁螯合酶（Ferrous chelatase, EC.4.99.1.1）
25. 腺嘌呤核苷酸载体（adenine nucleotide carrier）
26. 丙酮酸脱氢酶复合体（Pyruvate dehydogenase Complex, 包括27、28、29）

27. 硫辛酸乙酰转移酶（Lipoic acid acetyl tranferlase, EC.2.3.1.12.）

28. 丙酮酸脱羧酶（Pycuvate decarboxylase, EC.1.2.1.4.）

29. 二氢硫辛酸脱氢酶（Dihydrolipoic dehydrogenase, EC.1.6.4.3）

30. 柠檬酸合成酶（Citrate synthetase, EC.4.2.3.7）

31. 顺—乌头酸酶（Cis-aconitase, EC.4.2.1.3）

32. 异柠檬酸脱氢酶（isocitrate dehydrogennase, EC.1.1.1.41）

33. α-氧代戊二酸脱羟酶复合体（包括34、35、36）

34. α-氧代戊二酸脱羧酶（α-ketoglotarate decarboxylase , EC.1.2.4.2）

35. 硫辛酸乙酰转移酶（Lipoic acidacety transferlase, 27）

36. 脂酰胺脱氢酶（Lipoamine dehydrogenase, EC.1.6.4.3）

37. 琥珀酸硫激酶（Succinate sulfus kinase, EC.6.2.1.4）

38. 琥珀酸脱氢酶（Succinate dehydrogenase, EC.1.3.99.1）

39. 苹果酸脱氢酶（Malate dehydrogenase, EC. 1.1.1.40: 1.1.1.39: 1.1.1.38: 1.1.1.37: 1.1.1.9: 1.1.1.83: 1.1.1.82: 1.1.99.16）

40. 酰基转移酶（Acyltyran sferase, EC., 生成乙酸）

41. 脂肪酶（Lipase, EC.3.1.1.3）

42. 脂酰硫激酶（Fattg acylthiokinase, EC.6.2.1.6）

43. 肉毒碱酰基转移酶（Carnitine acyltransferase, EC.2.3.1.3）

44. 脂酰辅酶A脱氢酶（Fatty acyl CoA dehydrogenase, EC.1.3.99.3）

45. 烯酰脂辅酶A水化酶（Enoylfattyacyl CoA hydrolase, EC.4.2.1.17）

46. 烯脂酰辅酶异构酶（Enoyl CoA isomerase, EC.5.-）

47. 3-羟基脂酰辅酶A脱氢酶（3-hydroxy fettacyl CoA dehydrogenase, EC.1.1.1.35）

48. 乙酰辅酶A乙酰基转移酶（Acetyl CoA acetyltransferase, EC.2.3.1.16）

49. 氨甲酰基磷酸合成酶（Carboamyl phosphate synthetase, EC.2.7.2.5, 共I、II、III型）

50. 乌氨酸氨甲酰转移酶（Ornithine carbamyl transferase, EC.2.1.3.3）

51. 精氨酸-琥珀酸复合物合成酶（Arginine-succinic complex synthetase, EC.6.3.4.5）

52. 精氨酸酶（Arginase, EC.3.5.3.1）

53. β-羟基-β-甲基戊二酰（HMG）辅酶A合成酶（β-hydroxyl-β-methyl glutaryl CoA synthetase, EC.）

54. 谷氨酸脱氢酶（Glutamate dehydrogenase，EC.1.4.1.2）

55. 天冬氨酸氨基转移酶（Aspartate Aminotransferase，EC.2）

56. 丙氨酸氨基转移酶（Alanine Aminotransferase，EC.2.6.1.2）

57. ATP–异柠檬酸裂解酶（ATP–isocitrate Lyase，EC.4.1.38–）

58. AMP脱氨酸（AMP–deaminase，EC.3.4.5.6）

59. 腺苷酸–琥珀酸合成酶（Adenosine–succinate synthase，EC.6.3.4.4）

60. 腺苷酸琥珀酸裂解酶（Adenosine–succinate lyase，EC.3.4.2.2）

61. 酰基辅酶A脱氢酶（Acyl CoA dehydrogenase，EC.1.3.99.3）

62. 电子传递黄素蛋白（ETF酶）

63. 3–羟基丁酸脱氢酶（3–hydroxybutyrate dehydrogenase，EC.1.1.1.30）

64. β–羟基–β–甲基戊二酰辅酶裂解酶（β– hydroxyl–β–methyl glutaryl CoA Lyase，EC.4.1.3.4）

65. NADH脱氢酶（NADH dehydrogenase，EC.1.6.99.3）

66. 甘油–3–磷酸脱氢酶（Glycerol–3–phosphate dehydrogenase，E.C.1.1.99.5）

67. 辅酶I（NAD）

68. 辅酶II（NADP）

69. 辅酶Q（泛醌，Ubiquinone）

70. 解糖系各种酶、核苷酸各种酶、糖苷酶等不在此赘述，这些酶也都直接或间接参与线粒体功能活性。

四、线粒体跨膜载体

线粒体基质里不间断地进行着三羧酸循环，消耗着大量羧酸盐的碳骨架，每循环一周重新形成草酰乙酸，不间断地进行着软脂酸的β–氧化循环，不断消耗着β–氧化循环，不断消耗着脂酰辅酶A。线粒体里还进行着线粒体核苷酸、蛋白质生物合成，同时不间断地合成着原卟啉IX杂环物质。和许多生化学反应相偶联的各种化学反应一样需要各种化学基团和各类有机离子、无机离子，如Fe^{2+}、Ca^{2+}、Mg^{2+}、Pi、ADP、Cu^{2+}等，线粒体外膜允许小分子（1000 Dalton以下的）物质从胞质透入，但线粒体内膜是各种小分子化合物、各种带电离子的重要屏障。线粒体内需物质必须通过特殊载体跨膜渗入线粒体基质回补反应来完成补充和补满。

线粒体内膜两侧一些小分子量基团、带电离子渗透机制有两种不同运载体，即单向载体和双向对流载体（见图3–5–17）。线粒体里进行氧化还原反应时必须是有辅基蛋白质参与。这些铺基蛋白质就是电子载体、质子载体，在三羧酸循环中的氧化还原反应中把氢原子的电子和质子分离，把还原当量不断沿呼吸链传递，把质子（H^+）推向内膜外侧形成质子运动力（Protonmotive forece，即p.m.f）。伴随着这些反应也产生pH梯度DpH（化学势差，Chemical potential difference）和电势差Δψ（electical potential difference）。质子运动力不利于双向跨膜载体的活性，而跨向基质的单向载体运转成为动力。

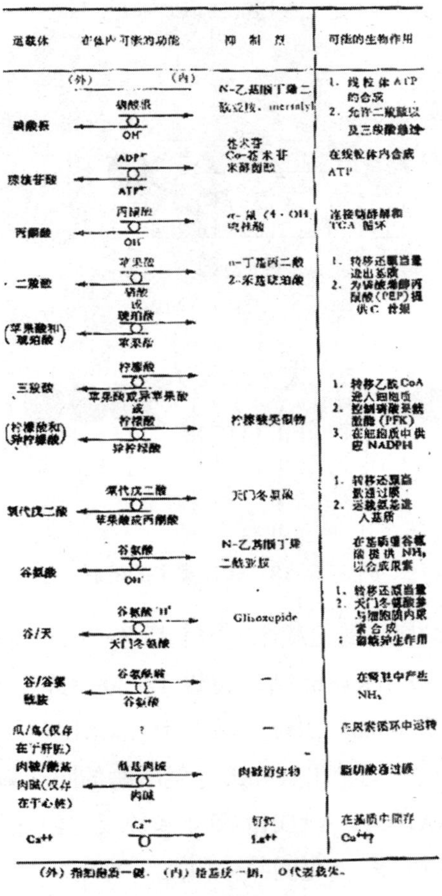

运载体	在体内可能的功能（外）→（内）	抑制剂	可能的生物作用
磷酸根	磷酸根 → ; ← OH^-	N-乙基顺丁烯二酰亚胺，mersalyl	1. 线粒体ATP的合成 2. 允许二羧酸以及三羧酸输送
腺核苷酸	ADP^{3-} → ; ← ATP^{4-}	苍术苷 Co-苍术苷 米酵菌酸	在线粒体内合成ATP
丙酮酸	丙酮酸 → ; ← OH^-	α-氰（4-OH）肉桂酸	连接糖酵解和TCA循环
二羧酸	苹果酸 → ; ← 磷酸 或	n-丁基丙二酸 2-苯基琥珀酸	1. 转移还原当量进出基质 2. 为磷酸烯醇丙酮酸（PEP）提供C骨架
（苹果酸和琥珀酸）	琥珀酸 → ; ← 苹果酸		
三羧酸	柠檬酸 → ; ← 苹果酸或异苹果酸 或		1. 转移乙酰CoA进入细胞质 2. 控制磷酸果糖激酶（PFK） 3. 在细胞质中供应NADPH
（柠檬酸和异柠檬酸）	柠檬酸 → ; ← 异柠檬酸	柠檬酸类似物	
氧代戊二酸	氧代戊二酸 → ; ← 苹果酸或丙酮酸	天门冬氨酸	1. 转移还原当量通过膜 2. 运载氨基进入基质
谷氨酸	谷氨酸 → ; ← OH^-	N-乙基顺丁烯二酰亚胺	在基质里谷氨酸提供NH_3以合成尿素
谷/天	谷氨酸 H^+ → ; ← 天门冬氨酸	Glisoxepide	1. 转移还原当量 2. 天门冬氨酸参与细胞质内尿素合成 3. 糖异生作用
谷/谷氨酰胺	谷氨酰胺 → ; ← 谷氨酸	—	在肾脏中产生NH_3
瓜/鸟（仅存在于肝脏）	?	—	在尿素循环中运转
肉碱/酰基肉碱（仅存在于心肌）	酰基肉碱 → ; ← 肉碱	肉碱衍生物	脂肪酸通过膜
Ca^{++}	Ca^{++} →	钌红 La^{++}	在基质中储存Ca^{++}?

（外）指细胞质一侧，（内）指基质一侧，O代表载体。

图 3–5–17　线粒体内膜的双向或单向载体

图3–5–18展示，对于不可穿越线粒体内膜的氢离子（H^+质子）非对称分布于线粒体膜上的ATP酶或电子传递体分离H^+和OH^-的活性中心。图里"A"为形成化学势差即pH梯度（ΔpH）的非对称分布的ATP酶活性中心，"B"为在线粒体膜上非对称分

布的ATP酶和在它反面上分布的黄素蛋白细胞色素群所控制的氧（O_2），在氧化SH_2^-底物过程中所解离的阳离子H^+和阴离子OH^-。“C”为催化ADP的氧化磷酸化，X参与解离H^+和OH^-的ATP酶。

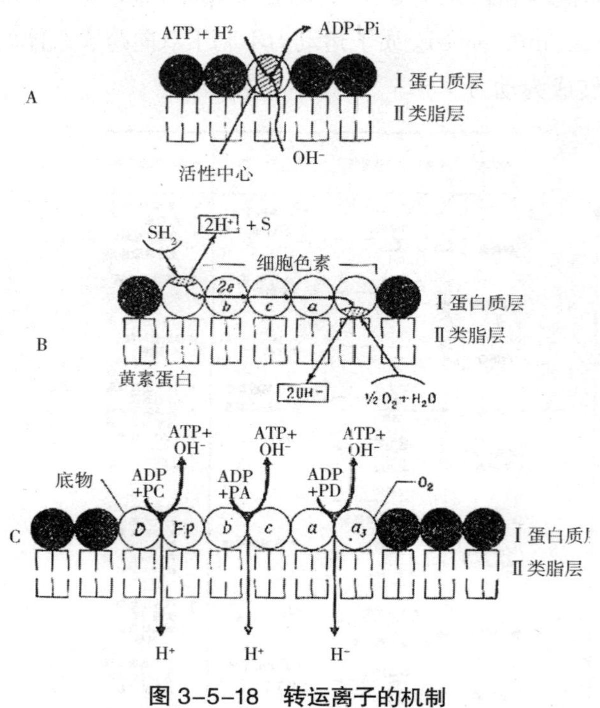

图 3–5–18 转运离子的机制

三羧酸循环所消耗的底物的运载体基本上都是双向对流的运载体，其中乙酰基的运载、草酰乙酸的运载是Krebs循环得以运行的关键。在这套反应中Citrate synthetase, Citrate lygase 和Malate DH起到重要作用。ADH不可能通透线粒体内膜，因此细胞质和线粒体基质之间苹果酸和天冬氨酸酶的同功酶使苹果酸脱氢或天冬氨酸脱氨基反应偶联，NAD+ $\rightleftharpoons$ NADH的氧化还原反应给呼吸链供给还原当量，这种反应是往返重复的反应系统。（见图3–5–19）

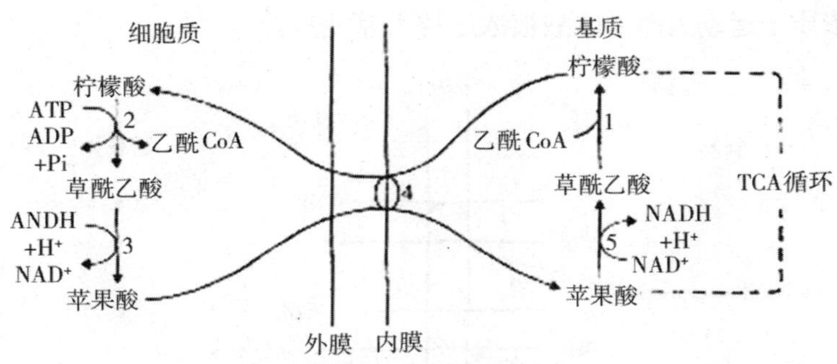

3-5-19　乙酰基和草酰乙酸跨膜穿梭运转机制

柠檬酸经三羧酸运载体运出线粒体膜外，在ATP-柠檬酸裂解酶的作用下形成乙酰辅酶A和草酰乙酸，进一步由苹果酸脱氢酶形成苹果酸，再运转进线粒体基质里再次形成草酰乙酸供三羧酸循环的底物。

Borst循环如图3-5-20所示。

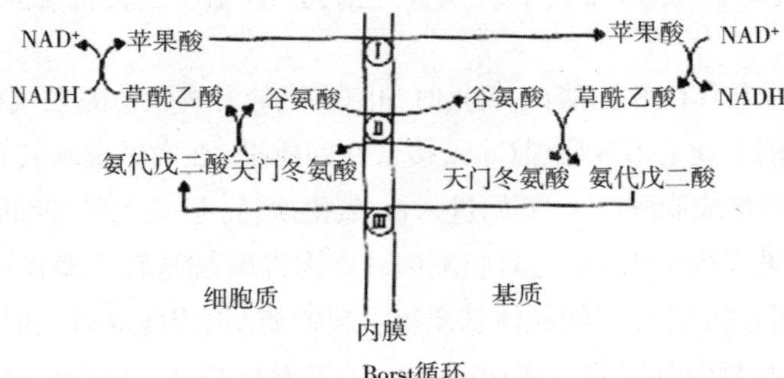

图 3-5-20　Borst 循环

α-氧代戊二酸通过二羧酸运载体（III）从线粒体运至细胞质里，α-氧代戊二酸转化为草酰乙酸→苹果酸。苹果酸通过二羧酸载体又进入基质，苹果酸再转化为草酰乙酸→α-氧代戊二酸，在反应过程中将还原当量供给基质里的ATP合成酶生成ε分子ATP。这些反应还与天冬氨酸与谷氨酸之间的转氨基反应偶联。（见图3-5-21）

线粒体基质里必须积累一定浓度的磷酸根和ADP才能保证ATP合成。磷酸根的运转主要依质子运动力而逆磷酸根浓度透入基质里。

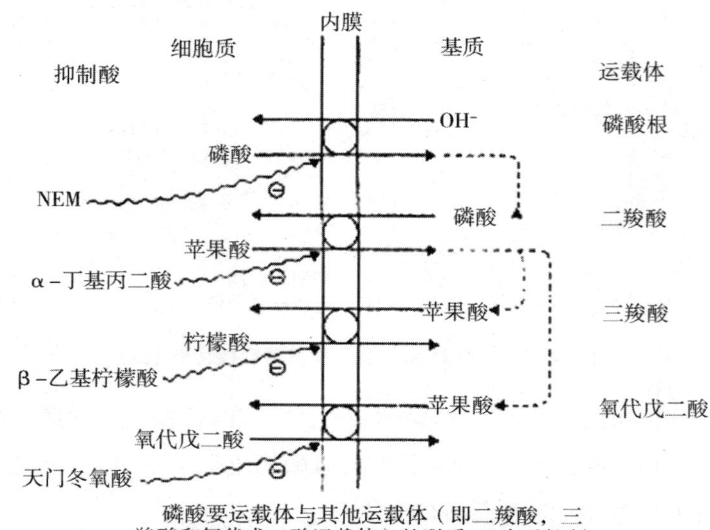

图 3-5-21　磷酸根运载体与二羧酸、三羧酸、α－酮戊二酸运载体的联系

高等动物线粒体内软脂酸β－氧化时细胞质里的游离脂肪酸在线粒体外膜上，在脂酰硫激酶的催化下形成脂酰CoA，接着在间质里，在肉碱酰基转移酶作用下脂酰肉碱进入基质形成脂酰CoA，开始进入β－氧化途径。但是大鼠肝细胞线粒体膜不允许脂酰肉碱进入内膜内侧，这时脂酰肉碱在肉毒碱酰基转移酶作用下形成脂酰CoA，与此反应隔着内膜，在线粒体基质里引起辅酶A形成肉毒碱。再进一步形成乙酰辅酶A，这种现象叫基团移位酶（Tranlocase）运载体功能。（见图3-5-22）

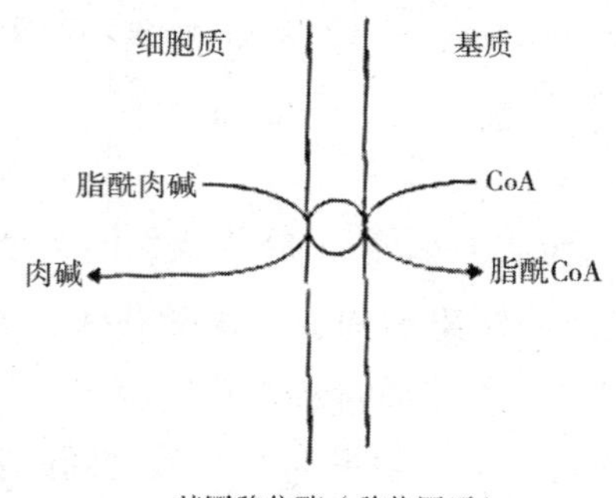

图 3-5-22　基因移位酶（Transport factor）

线粒体跨膜阳离子、阴离子运载活动的正常运行，各种抑制剂、激素的调节是多细胞生物生命活动的极为重要的生理学基础。本书里只选择少数几种运载体以供读者思考。

五、线粒体的发生与进化

动物界从原核细胞发育成结构和功能更为复杂的真核生物之时在细胞质里出现的极为特殊的细胞器（Organelle）——线粒体。线粒体有自身的mtDNA、mtRNA，有自身的核糖体，能够独立地合成自身的部分蛋白质。其脱氧核糖核酸链与大多数原核生物，如细菌的DNA相似，是双股环状DNA链（草履虫的DNA为直链）。但是线粒体DNA的功能活性是半自主性，而不完全独立于核DNA的协助能实现其编码表达功能。若没有核DNA活性的话，mtDNA本身不能复制。例如核糖核酸核蛋白体、RNA聚合酶、DNA聚合酶、氨酰基tRNA合成酶及有些蛋白质合成酶的合成都必须依靠核DNA的编码程序才能实现。

但是尽管线粒体遗传系统与细胞核遗传系统的转录和翻译程度都较相似，但线粒体核蛋白体的一部分是在细胞质粗面内质网上进行，而后才转运入线粒体。鉴于线粒体与真核细胞结构功能有共同点，也有差异；线粒体结构与功能与真菌既有差异也有共性，由此引起线粒体来源的争论，内共生假说（endosymbiosis Hypothesi）。

Altmann, R.（1890）在光学显微镜下发现动物细胞质里有一种颗粒状及有些线形小体，后人称此小体为线粒体（Mitochondria）。Wallin, I.E.（1927）认为线粒体是真核细胞由无氧条件下有生存能力的细菌，借以获得生存能量，在长期进化过程中宿主真核细胞与寄生细菌产生互利共生的习性，细菌在宿主细胞里形成呼吸代谢的细胞器。

Nass, M.M.K.（1969）, Margulis, L.（1968）等在新的实验研究、生化学研究、超微结构的研究中发现的某些现象极力主张内共生假说。主要依据是双股环状、碱基排列顺序单调的线粒体DNA与大多数菌种DNA相似。某些细菌在呼吸色素、蛋白质合成形式、对抑菌抗生素的敏感性等方面真核细胞线粒体与细菌有些共同点。

六、非共生假说

不赞同真核细胞线粒体是来自寄生在细胞内的细菌，即内共生细菌的无法解释事实为依据的研究者们提出了多种非共生假说，因为线粒蛋白质包括结构蛋白和功能蛋白质的大部分依赖细胞核里的DNA为模板。原核细胞异柠檬酸脱氢酶要依靠$NADP^+$传递电子，而真核细胞线粒体异柠檬酸脱氢酶是必须要NAD^+传递电子。原核细胞的细胞色素a、a_3分子里缺少两个铜原子，而与真核细胞色素a、a_3不相同，哺乳动物细胞色素a、a_3不与细菌细胞色素C成为统一的电子传递系统，真核细胞线粒体有肌动蛋白（actin）和肌球蛋白（myosin），因此线粒体在细胞质内能活动，而细菌等原核细胞里没有运动蛋白质。Lehninger A.L.（1964）认为细菌的呼吸功能不可能合成足够满足细胞质里所消耗的ATP氧化还原能。

就这样出现了各种各样的非共生假说，但是目前各种假说都没有掌握充分的证据。

这里我们觉得由原核生物进化到真核生物是发生于久远的元古代时期，现今所有研究者所采用的技术手段是对比分析现今地球上生存的原核生物和真核生物细胞器分子结构为依据。我们一定充分估计在十几亿年间生物进化过程中的一切可能性。因为原核生物进化到真核生物的历史，不可能在地壳岩石上留下哪怕是一点滴的痕迹。因此，当我们分析现代生物资料时不能不借助于自然哲学的辩证思维逻辑和达尔文进化论的自然选择法则的帮助，而不是"想象比知识重要"。由此综合各种非共生假说所提供的所有证据允许我们认为真核细胞的线粒体是细胞膜延伸扩张，深入膜质里形成内质网，内质网进一步增生，折叠成为线粒体的设想，线粒体DNA有可能是原核生物的小核来源的环状DNA，见图3-5-23。

内共体假说的最大缺陷是把原核生物和真核生物从生物进化途径中隔离出去，把两者看成是与物种进化无关的相互并行发育的物种。

据我们理解，大多数主张线粒体来自真核细胞进化过程中的细胞膜，内质网的概念与Gey, G.O.（1956）、Robertson, J.D.（1969）、Varma, P.S.（1986）给出的线粒体膜来源的思路可能是正确的。但他们的模式图表达的线粒体形成机制大概不很确切。

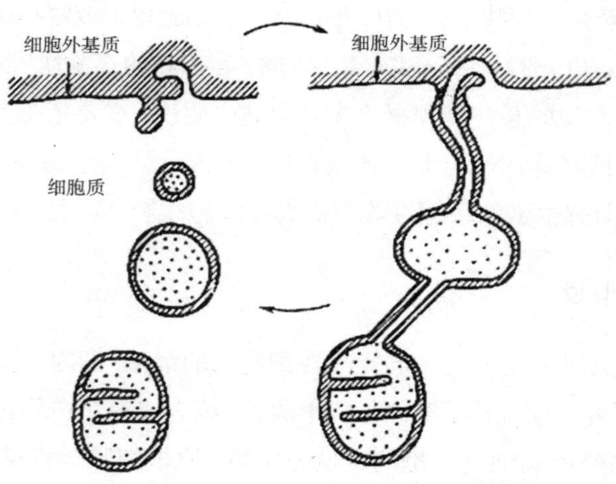

图 3-5-23　内质网延伸增殖出线粒体

图 3-5-24　从刚成年的蛾 Calpodes ethlius 得到的正在分裂的线粒体，四氧化锇固定，醋酸铀染色（来自 Dr, W.J.Larsen）

当今在世界各国的许多专业研究实验室里，为数众多的科学家成功地分离高等动物肝、肾、神经细胞、心肌细胞、肾上腺细胞的线粒体，在体外培养液里用电子显微镜技术、光谱分析技术、酶学技术，甚至用量子化学技术研究其分子结构、酶的分布位点、氧化还原功能、电子传递机制等，积累了极为丰富的资料，可以说分子生物学研究中线粒体的研究大概占据着头等重要的、头等详尽的知识领域。

所有研究者注意力倾注于高等动物细胞线粒体的结构与功能上。但是仍有许多更深层意义上的精确机制是未解之谜，例如碳、氢原子所带的能量如何转移到ATP磷酸键上，这种转移在碳氢化合物分子的轨道电子、ATP分子轨道电子数量上，波函数、轨道电子的自旋振动方向如何改变？为什么只有碳原子和氢原子是氧化还原反应的底物（燃料）？为什么NADH所带氢原子比FADH所携带氢原子能级高？等一系列问题还未得到解决。

关于线粒体的进化问题，只在原核生物与真核生物之间的相关关系方面有所争论，提出了各种假说，但是从元古代以来的十多亿年间动物物种从单细胞原生动物开始发育出多细胞后生动物，发育出水生脊椎动物、陆生脊椎动物，经过两栖类、爬行类动物发育出哺乳动物过程中，线粒体是如何进化的问题方面仍存在许多知识空白。如此重要的细胞器（Organelle）如何从无到有，从结构简单到复杂，低效换能到高效换能的知识仍未见系统报告。例如恒温动物（Homoeotherm）的线粒体能够提供机体活动的能量的同时还提供维持体温恒定的能量。所以，这类物种能在地球表面的所有不同冷热地域里生存，而变温动物（Poikilotherm）如体躯巨大活动能力强大的爬行动物蟒蛇（*Python molurus bivittatus*）、海龟（*Chelonia mydas*）、科摩多巨蜥（*Varanus Komodoensis*）、鳄（*Crocodila*）都不能提供维持自身内环境温度恒定的能量。当体温下降时靠晒太阳得到热能，体温上升高于正常体温+10℃时立即避暑降温，关于此等物种细胞线粒体转换能量的效能如何？体温散热效能如何？线粒体功能的调控机制、酶代谢的缺陷等问题几乎无法找到研究报告。

无脊椎动物能量转换功能的研究资料里只有单细胞酵母菌（*yeast*），Ephrussi，B.（1953）、Sherman，F.Slonimski，P.（1964）、Komenshukoba，AB.，PA.Завягинская（1966a、b、c）；关于纤毛虫（*Tetrahymena Pyriformis*，*Erglena gracilis*）、锥虫（*Trypanosoma*），Mocebuy，TH.（1966）、Malkoff，DB.，Bnetow，DE.（1964）、Hogg，JF.，Kornberg，HL.（1963）；关于蠕形动物（Helminthes）吸虫（*Trematoda*）、蛭虫（*Hirudinea*）、蛔虫（*Ascaris lamdricodes*）、海蚯蚓（*Arenicola*）Бенедиков，И.И.，Kprokoba，M .E.（1966）、Григоривич，Ю.А.（1966）、Абанесова，П.（1965）、Селмекова，Е.А.（1966）、Mattison，A.（1959）；关于节肢动物门龙虾（*Panulirus*）、蝇（*Musca domestica*）Сапунов，Ф.Ф.，Гриориевич，Ю.А.（1966）、Mattison，A.（1959）。关于水生、陆生变温脊椎动物线粒体的结构与功能的报告未能查到。

第六节　细胞的增殖与分化

所有生物个体都是在不停地增殖和不停地死亡中世代交替着。寿命最长的生物大概是某些植物物种，如生存两千年的胡杨乔木，五千年的猴面包树，五千年的仙人棒树。但是长寿命的生物体内的细胞也总是在增殖与死亡的交替过程中生存着。

单细胞原生动物纤毛虫纲的草履虫是以无性生殖方式中的裂殖生殖形式分裂为两个子代细胞。

多细胞后生动物门中原始的海绵动物、腔肠动物，如淡水海绵动物（Frashwater Spongia）增殖是在雌性个体中胶层里生成卵细胞，雄性个体的精子随水流进入雌体里受精，在中胶层里发育成内含胞质，外包带纤毛的膜层的幼虫。幼虫脱离母体自由泳动12小时之后附着于水底物体上继续发育成成虫。在亚温带或寒带冷水里进行枝芽生殖，从枝芽里脱离出单细胞芽球，芽球能过冬翌春发芽增殖。

蠕形动物已有生殖器官，但仍进行有性生殖和无性生殖，环节蠕虫寡毛类（Oligocheata）动物还有雌雄同体（Hermaphrodite）进行繁殖的。多细胞后生动物尽管有进行无性增殖的物种，但是从芽细胞开始出现细胞分化（cell differentiation）现象，可向内细胞层、外细胞层、生殖细胞、感觉细胞、神经细胞等方向分化。所谓细胞分化是指在原祖细胞质里出现新的功能蛋白分子，从而引起细胞功能差异。

后生动物从环节动物蚯蚓，节肢动物昆虫、蟹、虾到脊椎动物鱼类，两栖类动物鱼螈（*Ichthyophis glutinosus*）、大鲵（*Megalobatrachus davidianus*）、金线蛙（*Rana Plancyi plancyi*）、蟾蜍（*Bufo*）、鸟类、爬行类蛇（*serpentes*）、蜥蜴（*Lacertilia*）、鳄（*Crocodilia*），低等哺乳动物鸭嘴兽（*Ornithorhynchus anatiuns*）都以卵生方式增殖后代。还有些鲨鱼（*Carcharhinii*）、蝮蛇（*Agkistrodon halys*）都是卵胎生（ovoviviparous）物种。

真兽类（Eutheria）动物都是胎盘类（Placentalia），为胎生（Viviparous）动物物种。动物进化过程中动物机体的增殖繁殖的机制就是建筑在细胞有丝分裂增殖的基础上（偶见无丝分裂）。

原核生物细胞的增殖基本形式是无性增殖，核物质没有组织蛋白和非组织蛋白的协助不可能形成染色体。

原核生物细菌，藻类（蓝藻）、藻状菌（真菌*physomicetes*）在生存中异性相遇的几率高，所以在异性细胞间融合后分裂增殖，而单细胞真核生物原生动物草履虫只有在同种异性间结合后进行裂殖生殖。在增殖过程中营养核即大核消失，小核决定子代的性别。小核不断分裂，协助重新生成大核，结合双方小核直接形成染色体，直接进行姐妹染色体单体间的基因交换。

后生动物的卵生生殖是以同种异体间带有X染色体的卵细胞（雌性）和带有雄性Y染色体相结合成合子（Zygote），即受精卵。细胞染色体上的随体DNA是防止异种异体间产生受精作用的环状DNA。动物异种间具有生殖隔离功能的基因也是有些动物体内杀雄因子，控制性别比例因子（yunis等，1971）。

后生动物中较高等物种染色体数一般都成双成对的叫2倍体（2N），也有多倍体。

较高等后生动物个体发生的最早期的受精卵以及由其分裂增殖的卵裂球是没

有特殊生理功能但具有向多种方向分裂增殖功能的原祖细胞，常被称多潜能干细胞（Stem cell，有更新干细胞和贮备干细胞之称）。

卵裂细胞增殖中向胚层细胞分化，胚层细胞向组织细胞增殖与分化，细胞的增殖是受着核基因物质、神经内分泌系统、细胞之间刺激因子等多方面的控制。细胞分化也受各种因子的控制。因此每一种组织发展到特定限度即停止增殖与分化，因此动物体才能保持亲体结构的基本原形。有人统计过，人体的所有细胞在7年之中全部更新一次，神经细胞、肌细胞虽然在细胞形态学水平上看不到更新，但它们的分子结构、原子结构全部都处于更新之中，小肠黏膜上皮细胞在24~36小时内死亡（又称凋零），细胞被新生细胞替代，人类成熟红细胞在120日+5小时内更新一次。

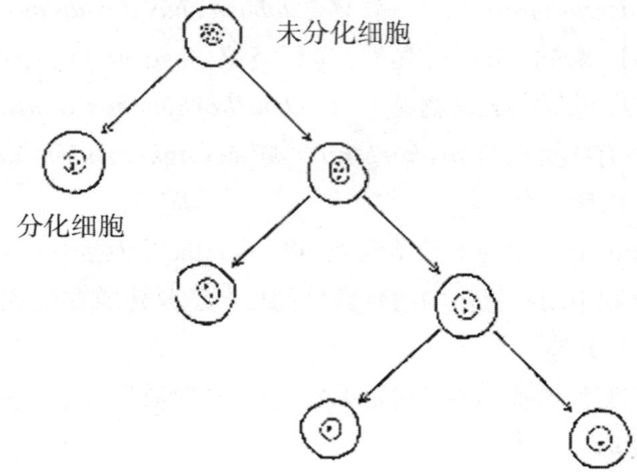

图 3-6-1　正常组织里细胞更新与分化的比例关系

正常组织里死灭一个细胞会被新生的一个细胞更替，在青春期，增殖分化速度快于老年期。

人体组织里有时出现大多数细胞失去分化功能（称脱分化或突变），而无控制地增生，由此引起人体内的赘生组织即良性肿瘤或恶性肿瘤（如图3-6-2）。

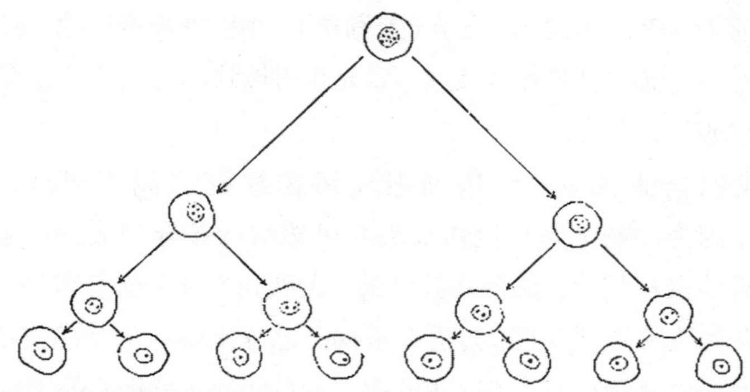

图 3-6-2　干细胞脱分化，无控制细胞增殖的示意图

肿瘤胞细胞与正常细胞争夺营养物质有害于机体正常发育，但良性肿瘤细胞争夺营养不大可能使机体死亡。恶性增殖性疾病，如上皮细胞的恶性增殖称癌（Cancer），血液组织恶性增殖称白血病、红血病、绿血病、黑血病（血色素病），发生在其他组织叫恶性肿瘤。这种基因突变（应与正常变异相区别）引起的恶性瘤细胞不仅限于夺取营养物质，还要分泌毒激素，溶组织蛋白酶D（Cathepsin D），溶解远隔部位的组织，以利于癌细胞转移，甚至癌症晚期还分泌致痛物质（Pain-producing Substance），使患者痛不欲生。

细胞的增殖与分化过程也受到组织内部细胞之间的相互控制，例如E-Cadverene（Pantamethyl diamin）是最明显的细胞间接触抑制因子（伊藤势村，1992），又如神经信息传递物质（NCAN，即Polysial acid），还有一些结构不明的糖蛋白、GMP-14等因子。

动物界每个物种个体在个体发生过程中和个体生存期间内按Haeckel，E.，JFT. Müller（1821—1897）的生物发生律机体器官，系统的祖先型遗传调控机制编组为该物种应有的机体结构的完整性。在这种条件下各种细胞的多潜能干细胞增殖、分化以更新衰老、死亡的细胞。已经分化的终末细胞不能继续增殖，这是正常动物个体生理活动的基本规律。

但是高等动物、植物机体里的各种组织的终末细胞是否仍有增殖潜能的问题，从20世纪初由植物枝条繁殖出完整的植株之后人类已经认识到生物体的所有细胞包括多潜能干细胞、种子细胞和已经分化的特化细胞、终末细胞都有增殖潜能。因为每个原始干细胞或每个已分化的终末细胞核内都有完整的染色体组型、核苷酸（DNA）遗传物质。只有脱离整个机体的调控因素时，在人工条件下均可发育成该物种的个体（细胞克隆技术）。如今发展起来的遗传工程技术、克隆化技术方法已经从表皮细胞克隆出（单性增殖出）山羊（茉莉羊）、小鼠等高等动物。那些魏斯曼学派仍然坚持不放的遗传与体质细胞无关、后天获得性状不能遗传的论点还能拿出什么依据证实早已破灭的幻觉？

在这里我们仍想强调：动物细胞和植物细胞之间不可能转化或化生（metaplasia），因为动物细胞与植物细胞的化学结构差异很大，代谢机制完全不同，所以不必再给柳枝接骨、蒜膜补鼓膜的“大跃进”卫星恢复名誉。我们仍然坚信，由于细胞克隆技术不断发展，会进一步揭开已分化细胞的增殖潜能的奥秘。可是不可能否定动物机体里的器官变异相关律，不可能使各种细胞的增殖与分化脱离机体的调控机制。我们仍然坚信，核酸（DNA）分子无蛋白质（酶蛋白、组蛋白、非组蛋白）的协调不可能自我复制，不可能表达出生命活性，但是蛋白质能否在特定条件下（细胞质里）能够进行自我复制的可能性已有肯定的实证，不必赘述。

第七节　细胞的老化和死亡

生命物质的发生与死亡是一个过程的延续，生必死是不可抗拒的规律。高等动物个体发生早期阶段里几乎所有细胞旺盛地增殖，而很少分化，更不出现衰老死亡（凋亡，Apoptosis）。伴随着胚胎发育生长阶段，胎儿细胞增多，原始干细胞向4种组织细胞方向分化，出现各种功能器官，这时就开始了各类细胞的增殖、分化、凋亡的交替现象。

无脊椎动物中最进化、最高等物种节肢动物门（Arthropoda）中的完全变态型发育方式的物种，如蝇、蛾、蜂等昆虫幼虫吐丝作茧，当脱出茧壳之前几乎所有组织或一些细胞被破坏成糊，在其基因的编组下重新组合细胞和组织，生成与幼虫完全不同组织结构的成虫。

有些种类的蛾的蛹不仅作茧壳而且在最外层形成钙化的“卵壳”，壳内积贮大量高碳褐色脂肪。在亚温带、寒带的严寒冬季蛹体内水分子不结成冰凌，借以过冬。当解冻时蛹体细胞重又改组，此过程称标准完全变态（Standard Completey Metamorphosis）。这大概是动物界个体发生过程中细胞更新的少见的特例。北极永久冻土地带有一种蛾的幼虫称松毛虫，每年冬季 “冻死”（冬眠），春季又复活成毛虫。到第14年春才完全变态成飞蛾。

高等脊椎动物人类除中枢神经系统的神经细胞、心肌细胞以外的所有体细胞、生殖细胞都在不同间歇时间内不间断地增殖、分化、衰老、凋亡。小肠黏膜吸收上皮细胞生命周期更短，这种细胞质里含有肠液内初步消化食物的各种水解酶，因此部分细胞随酶溶入肠液内。

关于细胞老化的问题曾出现过数种理论解说：第一种假设叫差错理论（error theory），认为基因编码蛋白质时出现差错，导致出现功能不全的蛋白质，从而引起细胞老化。第二种假设叫积累理论（accumulation theory），认为毒性物质在体内积累，引起衰老。第三种假设叫反转假说（Reversal hypothesis），认为生物大分子结构里又出现小分子片段，这种变化导致生物老化。第四种假说叫衰竭理论（Exhaustion theory），认为生物体耗尽所需营养物质引起衰竭。

以高等哺乳动物为例，基因表达差错只会引起分子病，如恶性肿瘤，相比之下葡萄糖-6-磷酸脱氢酶一级结构的氨基酸变异导致的红细胞损伤性贫血病并非细胞老化所致，因此基因表达差错不足以说明细胞老化的根源。

新陈代谢障碍，致使分解代谢尾产物，如胺类、酮体、吲哚类、酚类的积累或重金属盐的积累引起细胞衰老是可能的，但是这种现象只见于高等动物个别个体的偶见病例中，而且这种致病机制只说明特有的症状，而没有实验证据提供个体各种细胞老化的现象。

关于反转变异证明，各种细胞老化的根源的假说更是以猜想为依据，这种假说的倡导者都没有提出哪些大分子结构里插入哪种小分子片段，能够引起细胞老化的现象。

细胞老化（Cell Aging）的衰竭假说如果侧重于细胞欠缺营养物质，活动能量不抵消耗的能量的推测则无法说明循环血中的红细胞只能存活120天。红细胞自由流动于血液的高浓度营养物质里，它的活动空间巨大，接触营养物质的自由度是人体里所有细胞无可比拟的，但它仍只活120天，寿命即到尽头而被分流到脾脏里自行灭亡或被巨噬细胞吞噬。（见图3-7-1）

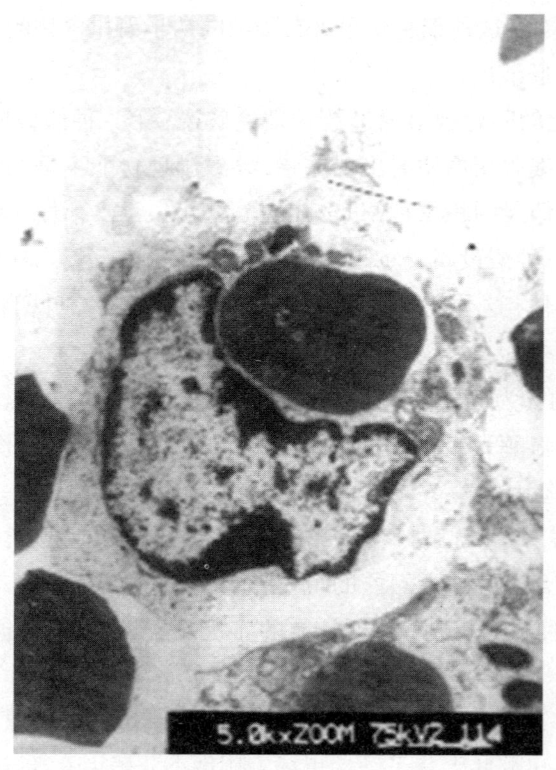

图 3-7-1　山羊脾脏巨噬细胞已吞噬老化红细胞（Erythrocyte），请注意红细胞老化时胞质里出现胞质结构缺阳性泡泡（舍英　侯金凤，电子显微镜，8000×）

但是在现今的物理学面前，许多放射性原子的衰变现象已是常识。在细胞结构里的原子在生命活动中不断从稳态转入为激态时放射出电子，而后又获得电子恢复为稳态。由此可以推想组成功能蛋白质的原子衰变的可能性无法否认。因为酶蛋白质活性减衰的现象在现代分子生物学面前算不上新的假说。我们常见的在某些疾病中同功酶各个区带活性衰变的现象。在这方面，我们观察过许多种酶的同功酶在某些疾病中活性衰变的现象。

由此，我们在认同细胞老化的代谢衰变假说的基础上，提出机体的衰老可能源自功能蛋白质的组成原子衰变，继之欠缺能量以替换废旧氨基酸残基结构的后果。在超薄切片上脾脏红细胞中，红细胞胞质中央出现空泡，空泡内含有少量血红蛋白，图3-7-1里被脾脏巨噬细胞吞噬的红细胞胞质中央出现的一个较大的空泡，其近旁还有小的完全空白的空泡。在组织切片上很容易看到哺乳动物个体出现衰老现象时较显眼的是皮下结缔组织、肌组织和一切组织里的脂肪组织消失，胶原纤维退化。

由此激起组织液干枯，只剩下皮包骨，可以推断出胶原蛋白质的亲水性氨基酸残基的替换受阻，各个功能结构衰退—老化。

第八节 组织与器官的进化

高等哺乳动物个体发生中的胚胎细胞的生长发育和生存条件是非常恒定的，所需营养物质全部来自母体，胚胎细胞不必自己寻觅猎物，不必自己逃避天敌。从单细胞阶段开始发育为胚层，各种组织、器官，机体为全部按基因编序的程序，神经、激素调控程序增殖、分化至胎儿应有的组织器官系统直至出生。

E.Haeckel（1873–1891）、JFT.Müller（1821–1897）提出动物胚胎发育过程是动物界攀登种族谱系树的过程。在这个个体发生过程中有顺序地重复其祖先型各个发育阶梯，叫生物发生律（Biogenetic law），也称重演律（Recapitulation law）。高等脊椎动物从单细胞开始发育直至初生幼体。而动物界单细胞生物开始经历5亿多年的漫长岁月的进化历程，有些物种仍然停留在单细胞生物阶梯，继续生存。又有许多物种辐射发育走向现今的无脊椎动物。有些线性发育物种停留在动物进化树的某阶梯上的物种，保持相对稳定的物种特性仍生存至今。那些进化到某发育阶梯上，保守其物种特征而生存，这是Bennet的生物阶梯论学说。

中国科学史专家李约瑟（J.Needham，1934）评论说Bennet是先成论最热心的生物学战士。因为Bennet声称先成论是理性认识论战胜感性认识论的最大的胜利。可见李约瑟先生是预成论的拥护者。

但是Bennet的理性认识论是建立在先成论的基础上的理性认识。达尔文提出的生物阶梯论认为，生物机体的变异历史并非只在于成体性状上，而在于全部个体发育过程里的变异。生物进化是极其缓慢的渐变的过程，以数千万年来计的话物种阶梯只是变化中的静态表象。物种个体差异的走向轻微变异是走变种的最初步骤，但变种不一定都走向固定的物种，而在途中灭绝或长期保持停留其变异。（《物种起源》中译本37页）。

Acton，AB.（1959）认为，任何新物种的形成是渐进的变异积累起来的结果，并非生殖细胞自行决定的结果。

高等动物中爬行动物因受环境条件的制约而改变其生存方式，如鸟类的前肢变异成为飞行器官。它已失去使用前肢行走或制作工具的趋势。鸟类再也不可能向哺乳动物进化的发育方向发展，只能停留在长有羽毛的爬行动物，以飞行方式生存的进化阶梯上。现存的150多万种动物、30多万种植物的多样性是动物本身适应当时的生存环境，物种机体为了生存及其活动方式造成了该物种。地球表面的动物、植物生存环境进一步变异时已造就的物种生存方式、机体结构再也不可能急剧改变，而停留在该物种的原形上继续进化。达尔文提出“至于那些无利也无害的变异，将不受自然选择的影响。它们或者成为变动不定的性状，或者终于成为固定的性状”（《物种起源》）。

在寒武纪晚期出现的原始的多细胞后生动物身体只由外层上皮细胞、内层上皮细胞和中胶层构成。在以后的动物进化中，在动物机体变大、身体结构复杂化、新陈代谢水平不断提高的情况下出现更为复杂完善的胚层组织。其外胚层衍化出外皮、神经器官、感觉器官，中胚层衍化出结缔组织、骨组织、血管系统，内胚层衍化出消化管道黏膜上皮、呼吸器官上皮、外分泌腺（肝、肾、胰……）。

总之，动物界从水生动物发育到陆生动物，从卵生动物到胎生动物，从爬行动物到四肢动物到哺乳动物的3亿～4亿年间4种基本组织：结缔组织（Connective Tissue，Bundgewebe）、上皮组织（Epithelium，Epithelgewebe）、肌肉组织（Muscular Tissue，Muskelgewebe）及神经组织（nervous tissus）基本上就是各种器官的基本构件。尽管在漫长的进化过程中这些组织的细胞成分出现了多种变异，细胞功能更为特化，但4种基本组织的基本结构与动物体形相比显著保守。

动物界进化过程中器官的进化与体形变异非常明显，变化多端，详见动物界体形进化一节。

第九节　神经细胞的进化

原核生物虽然没有神经纤维之类对外界的刺激敏感的应激反应结构，但是在液体培养液里可以观察到大肠杆菌对于很低度的酸、碱化学物质的反应性很敏感。这肯定源自于菌体原生质的氨基酸的极性侧链的原子壳电子的共鸣振动势能。例如大肠杆菌所有纤毛能协调一致地进行波浪形颤动的信息只能以此解释。

生物进化到多细胞后生动物“二胚层”水螅虫纲时由“外胚层”细胞分化出原始收缩细胞。它面向中胶层的根部突出极细微的纤维丝状突起伸向全身细胞和触手顶端。这种细胞的形态与其他上皮细胞稍有差异，胞体呈长椭球形。它的纤维与其他上皮细胞的收缩纤维没有特征性结构差异，在这个发育阶梯上既是感觉细胞又是神经细胞。其形态与功能不可分辨。其信息传递方向也可能无方向性。在水螅虫整体的中胶层里形成网络，支配单端开口的囊状体协调一致地收缩和伸展，使触手伸缩抓浮游生物。这种神经系统没有定向传导信息的功能，并无树突、轴突之分。称无极神经网络，也叫网络纤维。

蠕形动物门（Helminthes，Vermis）纽形动物（Nemertinea），体内出现了强力的皮肌组织。因此，它的神经系统已经有了相当高度的发展。线形体形腹侧常有疣足或刚毛，身体借助皮肌的有节奏的伸缩从头侧部分着地，下一部分弓起波状蠕行或爬行。协调全身皮肌的伸缩选择有利的方向前进。脑神经节分出纵行神经束。纵行神经束以侧束在身体的末段也相连成神经束环。所有各层次的环状束中食管束环占最重要部分。纵行神经束中背侧束和腹侧束成为神经系统的主干。无脊椎动物的蠕形动物门进化阶梯上的神经传导从动物有方向明确的行为可以判断，或可以认为已有感觉神经细胞和运动神经细胞的形态分化，可以认为它有反射弧活动。

最高等无脊椎动物节肢动物门昆虫纲中枢神经节已成为对称性双节结构。如黑蜚蠊（*Black Blaetaria*）中枢神经系统由11个神经节组成，其第1、2节为上咽节和下咽节。这是脑神经节。再往下3个节为胸节，这5个神经节都是巨大的双节。第6~11节都是微小的胸节和腹节，咽上节是蜚蠊的大脑，由此分出神经支支配眼、触角等感觉器官；咽下节支配口器和咽部。胸节主要支配翅膀、生殖器官；腹节支配6支步行足和呼吸孔及气管分支网络。由这些神经节分出神经干沿消化管道两侧、消化管道腹侧和背侧伸向尾端相吻合。

动物界进化的这个阶梯上动物机体不分体部和脏部。肠鳃类（Enteropneusta）属柱头虫、玉钩虫，羽鳃类（Pterofronchia）属杆壁虫（*Rhabdopleura*）或幼态海鞘（*Seasquirts*）以及文昌鱼体形结构近似脊索动物。其脏部占腹侧，体部（包括肌肉、神经主体）占背侧。（见本书第二章第一节）。

我们可以查阅众多有关无脊椎动物和脊椎动物神经系统的发生、进化，比较解剖学、比较发生学的论文和专著。极为诸多的著作里论述的内容基本上都是动物体内神经束、神经纤维的走行、神经束和神经节分布方面的描述，而对神经细胞和神经突起的显微结构的描述基本上较为简要，例如铃木直吉著《动物神经学——无脊椎动物篇》（东京丸善株式会社，1939），又如《Заварзин，А.А.选集》4卷选集的第Ⅳ卷《神经系统组织学进化概论》（俄文）里系统论述了无脊椎动物的几乎各门、纲到肠鳃类动物。脊椎动物门圆口类、横口类（鱼类）、两栖类、爬行类，哺乳类人类神经系统的组织结构。由此巨著里只能得知从脊椎动物才开始在神经细胞周围被室管膜细胞和星状胶质细胞包裹。追溯这些学者的注意力的偏颇之处，大概是来自于当时还缺乏更先进的研究手段吧。

H.Haden（俄译文，1962），Катц, Б.（1964，B.Katz）在专论活细胞之间信息互通的论文里展示无髓神经纤维和有髓神经纤维的卫星细胞（Satellite Cell），超微结构模式图。我们在这里特选Junqueira，J. / Carniero，J.等人的《 BASIC HISTOLOGY》里的卫星细胞超微结构模式图（见图3–9–1）：

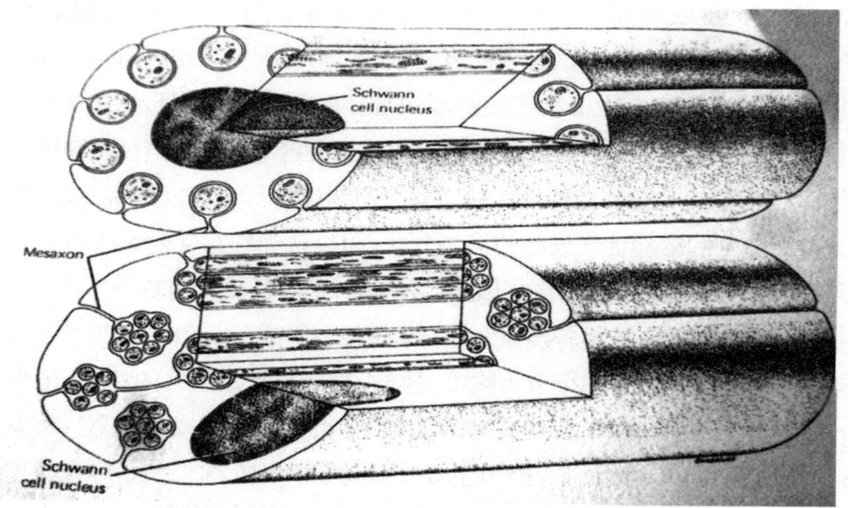

图 3–9–1 无髓神经纤维胶质细胞鞘（修旺氏细胞），有髓神经纤维髓鞘（修旺氏细胞）

根据众多研究者的见解可以归纳神经细胞周围的卫星细胞（Satellite Cell）或胶质细胞包括修旺氏细胞（Schwann Cell）与神经组织里的功能为：①绝缘功能。在每条神经纤维都被胶质细胞（Collagen Cell）或被室管膜细胞（纸等无脊椎动物）包裹成隔绝信息传联的外鞘（屏障）。②神经细胞及其突起（神经纤维）完全被包裹，以隔绝与结缔组织、血管之间成荣养物质传递的中介结构即脑血屏障结构。③神经细胞和它的卫星细胞之间协调一致合成新的蛋白质。据H.Haden（1962，俄译文）报道：神经细胞内的旧的记忆蛋白质为原料虎斑体的RNA合成新蛋白质的速度堪比沿神经纤维传递信息的速度。包裹有髓神经纤维的修旺氏细胞形成如此多层细胞膜不可能仅仅执行绝缘功能。

关于神经细胞的进化、形态结构、生理功能的详细知识在上海生理生化研究所徐科研究员主编的《神经生物学纲要》（科学出版社，2003）里提供专论，对希望深入探讨神经学的学者大有裨益。该著作比较深刻地解析了神经生理学的现代知识。

近年来，有一些生物学家直言不讳地宣称动物的习性和行为由遗传基因物质DNA直接支配。这种论点是Weismann氏种质连续学说保守性隐性发作。恐怕有悖于普通生理学的基础知识。本书著者花费巨大精力对骨髓组织里神经末梢与骨骼细胞之间的连接点进行形态学观察，未观察到二者间的直接接触。由此确信神经末梢必定以介质传递信息。

关于神经信息传导机制至今只是以神经细胞膜内外液里的充分充电的钠（Na^+）、钾（K^+）阳离子和阴离子氯（Cl^-），其他阴离子之间的极化和去极化造成沿神经纤维膜产生电位差以及胆碱酯酶和乙酰胆碱酯酶的水解酶触反应的作用加以解释。

20世纪初（1925），奥地利物理学家薛定谔（E. Schrödinger），1930年德国物理学家普朗克（M.K.E.L. Planck）创立了量子力学。在此基础上丹麦物理学家波尔（N.H.D. Bohr）提出新的原子结构理论。由此从20世纪初开始的分子生物学迎来了量子生物学时代的开端。

但是应用原子光谱技术分析单电子氢原子的壳电子波函数（振幅），角动量解释某些生命现象已经成为普通生物学知识。若用量子化条件解释多原子分子的生命活动时出现参数极为庞大，不借助超高速电子计算机的话不确定性因素太多。

人类视觉器官的辨识能力惊人之高。一位有经验的妇女能用肉眼辨别1300种颜色布料。听觉器官的听频为（20〈或18〉~2）$\times 10^4$赫兹（Hz）。高等动物的内耳螺旋器不仅能辨别复杂的音频还能辨别音色。知音者听得小J.Schtraus的《An der schönen bilauen Dunau》时情不自禁地欢乐并不是简单的音频高低重复刺激的效应，而是它的优美的音色的旋律和节奏与听觉细胞的共鸣的效应。猎食者寻觅猎物，以听、视、嗅等多信息探知猎物的位置。嗅觉器官能辨别50万种气味，味觉器官能分辨酸甜苦辣咸千百种味道。

在量子生物学时代把感觉神经终末器官辨认听觉、视觉、触觉、味觉、嗅觉等不同的特异性信息的传递只用阴阳离子的氧化（极化）、还原（去极化）反应加以解释实难使人理解。

本人在理论物理学、量子化学、高等数学领域里可算文盲或门外汉，并且早已离休，蛰居在被人遗忘的角落里无条件再去做试探性试验。现在只能遵照爱因斯坦提出的“思想实验法”去提出浅显的愚见，以引起学术界的争论。

这里图示（见图3-9-2）爬行动物巨蟒为猎食而不断伸缩的双尖端长舌。这是嗅觉器官也是红外线探测器。因为舌黏膜表面的黏液里有化学物质，当蟒蛇、蜥蜴接近猎物时，发自猎物的气味（挥发性化学物质）被吸纳入黏膜，猎食者的舌缩回口腔后再伸入内鼻孔内，化学信息接触嗅觉神经终末传入大脑嗅觉中枢。

发自物体的光波、气波（声波）刺激视觉器官、听觉器官传入相应大脑中枢区，各种感觉中枢把各种信息传入大脑皮质的极为复杂的反射环网中进行综合判断、推理形成思维。

图 3-9-2　蟒蛇伸舌捕食的瞬间，舌尖指向内鼻孔

如此多种信息，如光波、声波、超声波、电磁波（海生哺乳动物）、化学信息（嗅、味觉），经过电能、介质的化学能由猎物到猎食者感觉器官再传入大脑神经中枢。

但是感觉器官如何分辨发自猎物的气味，如何传递到神经中枢，而在神经中枢里，在黑夜里出现在大蟒的捕猎距离里的小鼠的形象机制依量子力学原理只能用振动（Oscillation 或Vibration）和共鸣或共振（Resonance）加以近似解释。

振动指体系的独立变数和变量的周期性，连续发生的现象，独立变数指时间和变量的物理量在一定坐标上出现的现象。周期性指独立变数的空间坐标上发生的振波（Vibration）。

共鸣（Resonance）指周期性外来能量加之于振动系的振动数与振动系固有的振动数相同或相近似时，使振动系的振幅（波函数）迅速增强的现象叫共鸣或共振。

由此我们推断，来自猎物的气味里的化学物质的组成原子的壳电子振波的波峰重叠形成相长干涉波。其振幅增大4倍（$\pi^2\times2$）。波峰移位1/8、1/4、1/2谐振能量递减，波谷和波峰相遇处坐标上的能量=0，即振幅=0即相消干涉。数量巨大的振幅相异的振动数可能排列组合出类似电码（Telegraphic code）的生物电振动明码。这类生物电码引起猎食者感觉神经终末的化学感受体的固有振幅的激化，传递到中枢神经细胞里记忆蛋白质的原子加以解读（共振或共鸣）。其化学信息、声波、味信息也以相同机制传递到猎食者的神经中枢。在共鸣中生成的电码达到神经终末后传递给神经纤维膜激起阴离子、阳离子反向互换，就像现代电脑语言的0:1两个数码隐含着无数信息那样传递那些共鸣电码。 这就是本人的论理推测，敬请专家们验证。

第十节　动物体形的进化

在动物界进化过程中，伴随生存环境出现的变异最显著、最迅速的适应性变异首先是动物体形的变异，其次是器官系统的变异。组织和细胞的变异并不显见，较为缓慢。最为保守的是分子结构的变异，分子结构的变异之保守性是因为许多种类的蛋白质从低等动物到最高等动物机体里执行的生理功能、生化学功能基本上相同。例如在酶蛋白质中糖酵解途径上低等动物和高等动物体内的磷酸葡萄糖异构酶所完成的催化功能是把5–磷酸核酮糖的2–酮基修饰成2–醛基，使核酮糖改变成核糖。在低等无脊椎动物体内，只要是己糖无氧酵解时这个途径的各种酶催化的都是相同底物，其产物也都是相同产物。只能说，由低等无脊椎动物解糖系的进化并不在于各种功能蛋白质的分子进化，而是在高等无脊椎动物和高等脊椎动物体内出现了能量转换效能更高的二羧酸循环途径、三羧酸循环途径。

因此，由低等脊椎动物到高等脊椎动物的不同进化阶梯上的物种个体的解糖系酶蛋白质的进化不在于分子结构的变异，而且适应于更高水平的能量代谢。二羧酸循环体系、三羧酸循环体系的形成和它的代谢程序的复杂化，酶的种类的增加成了变异的主流。如果说酶蛋白质结构变异的话至多也是蛋白质侧链上氨基酸残基的个别残基的替换，或功能类似酶里的辅基变异的现象较少见。

酶蛋白质的进化中并不多见的变异是无脊椎动物大多数物种心肌供能酶是磷酸精氨酸激酶，而脊椎动物则是磷酸肌酸激酶。当然在长期进化过程中，每一种酶、每一种功能蛋白质、结构蛋白质的大分子链里替换个别老化的氨基酸残基是不可避免的，这就是达尔文进化论主张渐变和微变，即“微小的有利变异的积累”（《物种起源》）。

自从后生动物发生时期开始，蠕形动物身体呈细长索状，前后延长长度不定，左右两侧对称，分前后、头尾，有背腹之分，以腹部爬行，全身分多节，每节的下部逐渐出现疣足。身长渐变短，体节缩减，疣足变步行足，腹部离开地面行走。体部占据身体的上部，脏部占据身体的下部。较早期覆盖在表体有胶状保护膜，后来变成几丁质外骨骼，最后出现毛皮。足肢变成前后两对，即四足，肢体逐渐从两侧向心腹下靠拢，躯体分成头体尾三部，生殖方式由卵胎生到胎生，产仔已经是母体的复制品。

动物进化到依靠外骨骼保护躯体被内骨骼取代。由此内骨骼成为全身肌肉的支架，奔跑速度加快，猎食功能或逃避追捕者的速度比消极防护的外骨骼的优越性显著提升，生存竞争能力显著增强。头部成了大脑的保护壳层。各类远隔感觉器官集中于脑部近侧。口器、呼吸器集中于头部，便于采集外界食物的利器与感觉器的联系更密切。在这种进化阶梯上的动物个体从出生到老化过程中体躯生长速度加速。外骨骼限制成长时，本来有用的外骨骼已经不中用了。由不断更换外壳进化成内骨骼机体，更提高了适应性。

水生动物身体呈梭形，侧扁，流线形体形更为显著。躯体上下左右生出划桨器，尾呈侧扁或扇形，利于在水中高速运动。一些水生物种侧鳍划桨器里出现中轴骨，由鳃呼吸逐渐变为肺呼吸，成水陆两栖动物，有些陆生哺乳动物从新回归成水生动物，四肢退变成划桨器。四足类陆生动物变成水生动物后尾部划桨变成扇形划桨。如鲸鱼、海豹、海象均如此。爬行动物回归水生，体呈侧扁形，尾部左右摆动，这都是保存祖先型行动的基因表现。

陆生动物中前肢变异成飞行器——翅膀，毛发变为羽毛，鸟类出现了。它们的在空中自由飞行能力是生存竞争中出现的极大的优势。

陆生动物中以乳汁喂养幼仔，给予极为丰富的营养条件。有些陆生物种学会直立行走，头颅在躯体上方，视野扩大，视距变远，脑髓增大，走向能够思维的、有自我意识、能够有准备地对待天敌，能够掠取猎物，即把自身的攻防器官延伸到体外——手持武器。这种竞争优势远比奔跑速度快，有獠牙、屠角锐利的猛兽大得多。最终人类成了我们星球上的主宰者。

在如此显著的体形变异的慢长年代里，动物组织仍是结缔组织、上皮组织、肌肉组织和神经组织，尽管这四大组织各有进化，但与体形变异速度无法相比。

我们极为简单地概述了动物界进化史上体形变异引申出动物个体内分子变异的缓慢的保守性，以提醒那些搬出现代生物学的最新技术企图否定达尔文主义进化论的科学原理、违背自然界的客观规律的人们。更为甚者，利用现代分子生物学技术手段分析一两种蛋白质的氨基酸排列顺序的次级结构变异，并以此来涵盖生物物种变异，企图创立新的理论体系——非达尔文进化论，这种行为是科学界非常不严肃的作风。

第四章　动物染色体的进化

第一节　动物界生殖形式的进化

原生动物（protozoa）或原核生物（procaryote），如细菌、立克次体、螺旋体、支原体、蓝藻等微生物的个体以随机的、简单的裂解形式增殖其后代。因此，这类生物个体的后代所得到的胞质和核酸分量不可能均等，而且性别数值也不恒定，可能出现2～8个后代个体。

有人把病毒也算做生物。其实病毒不寄生在宿主体内的话不可能增殖。可以说病毒与分离提纯的线粒体一样是细胞结构的组成成分，至多可称隐性生物。

单细胞原生动物（protozoe）是最原始的低等无脊椎动物。此门物种个体内没有真正的细胞核和细胞小器官。其增殖形式基本上为无性增殖。有时个别物种个体也可出现有性增殖，来繁殖其后代。例如绿色眼虫（*Euglena viridis*）进行裂体生殖（Division）（图4-1-1）。其胞体开始纵向分裂的同时原核也分裂为二，进入两个子细胞里。其特有的叶绿体（相当于后生动物线粒体）和食物泡、刺泡针、气泡（呼吸泡）等小器官也分向两个子细胞质里，这是一种无性增殖形式。裂体生殖的具体过程是：绿色眼虫体部上端出现裂隙，刺器转动弹出刺器泡，伸出胞体前端。接着胞核开始裂开，裂隙沿胞体纵轴延伸。之后做有细胞小器官或小泡分裂，分布到两个子细胞质里。这种增殖形式比细菌体的分裂应算先进。单细胞后生动物门纲物种个体中裂殖增殖形式也常见于海绵动物（Spongia）、肠腔动物（Coelenterata）、扁形动物（Platyhelminthes）。

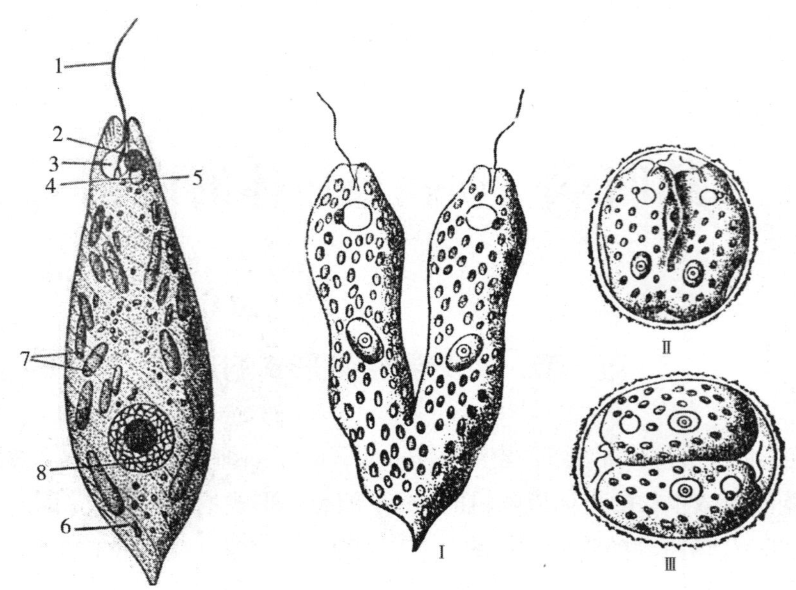

图 4-1-1　绿色眼虫的裂体增殖分裂

1. 鞭毛; 2. 眼点; 3. 储存泡; 4. 伸缩泡; 5. 刺泡转动器; 6. 淀粉副颗粒; 7. 叶绿体; 8. 胞核

纤毛虫纲(Ciliata)草履虫(*Paramaeium*)的增殖形式较眼虫先进一个档次。草履虫胞质里有大核或称雌性核，也叫营养核。还有一个小核称雄性核。当细胞增殖时雄性草履虫与雌性草履虫互相接近，口孔对口孔贴近，膜层溶解，胞质对流。这时两个细胞小核进行两次有丝核分裂(有性生殖Sexual reproduction)，大核行无丝核分裂。结果每个子细胞各含4个小核。其中每个子细胞各有一个小核进行一次减数分裂，但是染色体不分裂。由此，每个子代细胞成为单倍体核组型细胞。其余3个小核均溶解。其中近口孔的小核又进行一次分裂，形成一个雄性游离型小核，另一个小核变成稳定的雌性小核。该核进入对方子细胞与其稳定的雌性小核融合，叫核配合(Karyogamy)。草履虫的核配合过程大约需要12个小时才完成，这时大核溶解。分裂的子细胞的小核又进行3次分裂，出现8个小核。其中3个小核溶解，只剩1个小核，其余4个小核融合为1个大核。最后分裂成含1个大核和1个小核的两个子代细胞的草履虫个体。见图4-1-2。

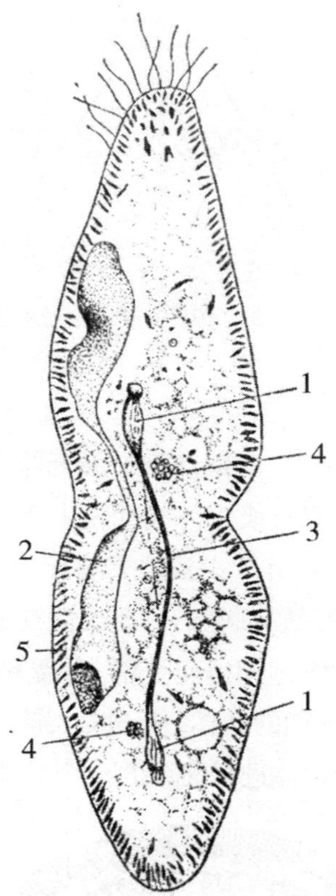

图 4-1-2　草履虫的无性增殖或有性增殖形式图

1. 分裂中的小核; 2. 分裂中的大核; 3. 分裂时的小核间的连丝; 4. 食物泡; 5. 棒形小体(刺针)

接合生殖过程中每个子细胞的核叫合子核(Synkarion)。草履虫通过单性生殖(Parthenogenesis)重新组核，称内合生殖(Endomyxis)，大概要50～60天的时间。见图4-1-3。

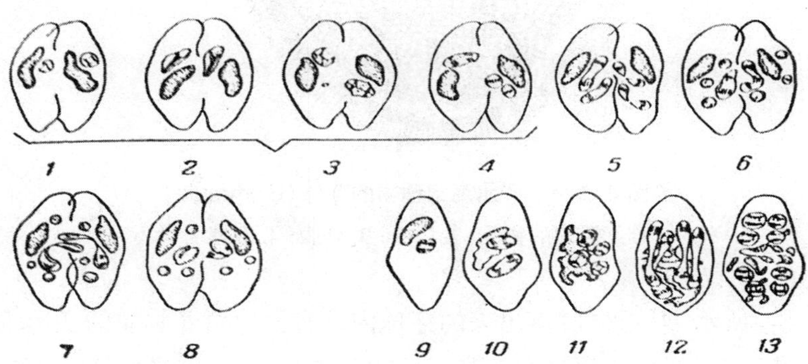

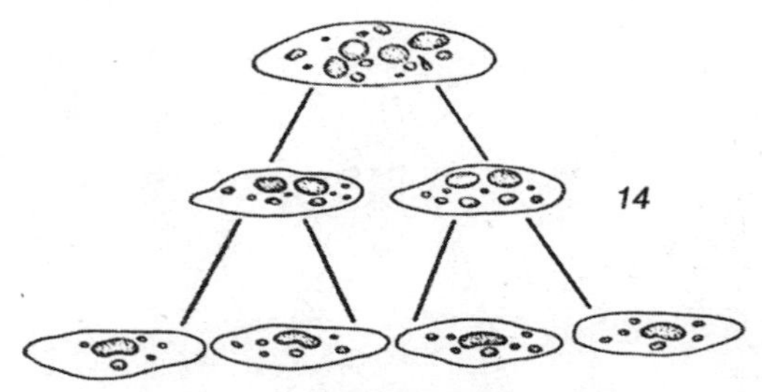

图 4-1-3　草履虫接合生殖略图

1~4. 小核的分裂，5~6. 小核的第 2 ~ 3 次分裂，7~8. 核物质交换称核配合，9~13. 合子核的 3 次分裂，14. 草履虫的连续两次细胞分裂

多细胞后生动物的生殖形式：海绵动物是最低等多细胞无脊椎动物物种，大多数物种生存于海底沉积层上。只有淡水海绵动物生活在陆地淡水江河湖泊里。淡水海绵动物（Spongia）可用有性生殖形式繁殖其后代，也可用无性生殖形式增殖。淡水海绵动物的中胶层里由水管系膜细胞衍化出雄性细胞和雌性细胞。雄性细胞溢出动物体，随水流漂浮时与雌性细胞相遇而受精。在受精雌体分裂时幼体脱出母体。下图示淡水海绵动物有性生殖期的幼体，外包一层膜，内含受精细胞和营养物质，由此生长出成体。淡水海绵动物体进行简单的一个母体无丝分裂为二子体。

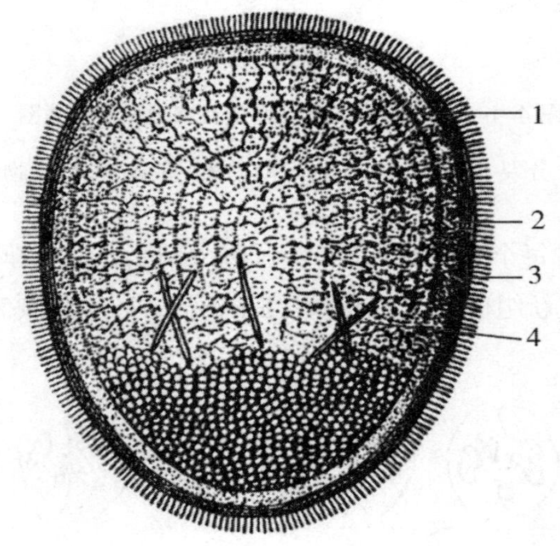

图 4-1-4　淡水海绵动物的芽球（Gemmule）

1. 细胞内的物质；2. 内膜；3. 外膜；4. 双盘骨针

图4-1-4所示：从母体脱落出来的芽球内含有大量营养物质的变形细胞，被内外两层包膜包裹。双层膜之间有由双盘骨针支持的空隙，充满气体。入冬季节芽球

(Gemmule)在水中黏附在流动物体上漂流，凭借其气体保温层越冬。第二年春季由它生长出淡水海绵动物成虫。

水螅虫(*Hydra*)在夏季也以无性生殖形式繁殖其子代(枝芽生殖)。在低温季节水螅虫在枝芽细胞群里由外层细胞分化出生殖细胞，进行有性生殖。

蠕形动物门(Helminthes或Vermis)真涡虫(*Euplanaria*)已经开始有了雄性生殖器官和雌性生殖器官。经过两性交配卵细胞受精。受精卵排出雌体时被腺细胞分泌的黏液包裹成含5~42个生殖体的团块附着在海底物体上进行发育。

动物进化过程中从海绵动物、腔肠动物、蠕形动物开始在生殖细胞分裂时每个门的一些纲的动物物种形成二倍体核组型。核物质有序地、均匀地被分配到两个子代细胞里，并且都开始进行双亲细胞内基因片段的交换。因此动物进化中出现的有利变异得以积累到物种基因库里加以保存。

脊椎动物的生殖形式：脊椎动物各门、纲的物种(除哺乳纲)，都以卵生生殖形式繁殖其后代。这种生殖形式是动物界生殖形式上的重大进化阶梯。因为由此决定动物衍化中出现个体的传代以雄雌两性子代模式固定下来的基础，并且由此促进了性比关系的恒定性。

鱼类是脊椎动物亚门较原始的一大纲。此纲现存2万多物种。其中硬骨鱼类占多数物种，软骨鱼目只有150多个物种。硬骨鱼物种中的绝大多数物种的生殖形式属于体外受精。如鲑鱼(*Oncorhynchus Keta*)生活在寒冷的海洋里，产卵时节洄游数千公里，上溯逆流，跳过缓坡瀑布，到达出生地的淡水河流源头产卵。雄鱼协助雌鱼跳坡上游，并令雌鱼受精。雌鱼产卵后死去，仔鱼和雄鱼回归大海。鱼类一般都是体外受精，进行有丝分裂，减数分裂成2倍体核组型。只有个别物种通过体内进行受精卵生或卵胎生，甚至还有胎生。如软骨鱼类(chondrichthyes)星鲨(*Mustelus manazo*)以胎生繁殖后代。

卵胎生(ovoviviparous)模式是在母体内受精分裂发育成幼体之后出生。但是胚胎发育的营养不取自母体，全靠早已储存的卵黄继续发育，如角鲨(*Squalus acanthias*)。卵生或卵胎生类为：锥齿鲨(*carcharias owstoni*)、星鲨(*musteles manazo*)、锯鲨(*pristiophorus japanica*)。海生底息无脊椎动物物种全部以卵生增殖形式繁殖后代，因为这类物种游动不活泼。锤头双髻鲨(*sphyrna zygaena*)以卵胎生或胎生模式增殖。

两栖类都以体外受精卵生模式繁殖后代。如无尾两栖类青蛙(*rana nigromachlata*)卵的直径在6~8mm，可分动物极和植物极。受精卵动物极含胚盘和黑色素，比重较轻。

从水中浮向水面，接受太阳光孵育。植物极向下沉。经受阳光孵化出来的幼体即蝌蚪（*tadpole*）借外鳃呼吸营祖先型水生生活。当尾部萎缩、四肢发育之后离开水域营两栖生活。

爬行类动物门（reptilia）蛇目（Serpentes，serpentformes）蝮蛇（*Agkistrodon halys*）、海蛇（*Hydrsphis cyanocinctus*）都以卵胎生模式繁殖。蜥蜴类（lacertilia）中也有少数物种靠卵胎生。其余物种如科摩多巨蜥（*Varanus komodoensis*）、鳄（*crocodilia*）之类巨型爬行动物一般都是卵生动物。

爬行动物及鸟类（aves）都是卵生动物。其卵含有大量卵黄，可供养胚胎在卵内成长到成体的复制体。当幼仔出壳时已能独立生活。更为重要的是爬行动物和鸟类的胚盘中胚层细胞衍生出带有大量毛细血管的卵黄囊。这是胚盘吸收卵黄提供营养物质的主要渠道，是在动物进化史上具有重要意义的发展阶段。

观察上述动物生殖模式的发展过程时应该看到：微生物的繁殖模式是生命物质繁殖发育的最原始的模式。它们的繁殖模式是无序裂解模式。单细胞后生动物直至多细胞后生动物的最高等物种——昆虫都是卵生物种。这是高一档次的生殖模式，这是产生雄雌两性动物的总的趋向，是一个新的发育阶梯。卵胎生模式是走向胎生模式的先兆性模式。卵生动物的卵里出现卵黄囊在动物进化史上具有极重大价值，象征着出现有胎盘类动物物种的倾向。

卵生动物产卵数量总是巨大的，称浪费性生殖。例如海生硬骨鱼翻车鲀（*malo malo*）体重400kg，一次怀卵3亿多粒，但是达到成体的卵不到两位数。卵生脊椎动物有趣的特例是，海龙又称杨枝鱼，雄鱼腹部长有孵卵囊。雌鱼将受精卵导管插入孵卵囊里，将受精卵孵化。这和澳洲袋鼠相似。非洲莫赞比克的赞比西河雌性鲫鱼（*Carassius auratus*）将受精卵含在口中孵育出成体。东非大裂谷马拉维湖里的丽鱼也在母体口腔里浮卵。

脊椎动物门哺乳纲（Mammalia）原兽亚纲（prototheria）鸭嘴兽（*ornithorhynchus anatinus*）、针鼹（*Tachyglossus aculeatus*）都以卵模式进行繁殖。在澳洲和塔斯马尼亚岛上的地域物种，除原兽亚纲（prototheria）以外还有后兽亚纲（Metatheria）。此类动物都有育儿袋，无胎盘，称有袋类（Marsupialia），例如袋鼠（*ganganteus*）、袋狼（*Thylacinus cynocephalus*）、袋熊（*Vombatus ursinus*）。真兽亚纲（Eutheria）是有胎盘类哺乳动物。在胚胎发育早期阶段出现卵黄囊、尿囊是重复祖先型爬行类、鸟类个体发育的重演。这个发育模式也是不可或缺的生理步伐。例如尿囊就是临时肺脏。

真兽亚纲物种个体近亲混交遗传基因无交换价值，会产生第二代不育症或隐藏性致死基因。高等动物不同物种之间不混交称生殖隔离。假如进行杂交时出现与近亲混交相同后果。J.B.S.Haldane在20世纪30年代发现两个不同物种个体间杂交时第一代杂种个体的一个性别不育，称异配性别（Heterogametic Sex）。我们的大学医学专业教师应该更多地阅读进化论著作，给学生讲授医学基础学科课时对所讲内容的来龙去脉也讲清，这样课会更生动，进而提升学生的逻辑思维能力。

第二节　细胞增殖周期中的染色体

后生动物真核细胞主要的基因物质包含在细胞核里，在细胞生活周期的间期核里弥漫分布着基因物质，叫染色质（chromatin），用苏木紫—伊红常规染色时部分染色质被碱性染色料苏木紫浓染称异染色质（Heterochromatin）。异染色质在细胞周期的间期里分布较密，成粗糙的不规则网。在细胞中心位置较稀疏，靠近核膜的部分较密集（见电子显微镜下的核，如图4–2–1所示）。

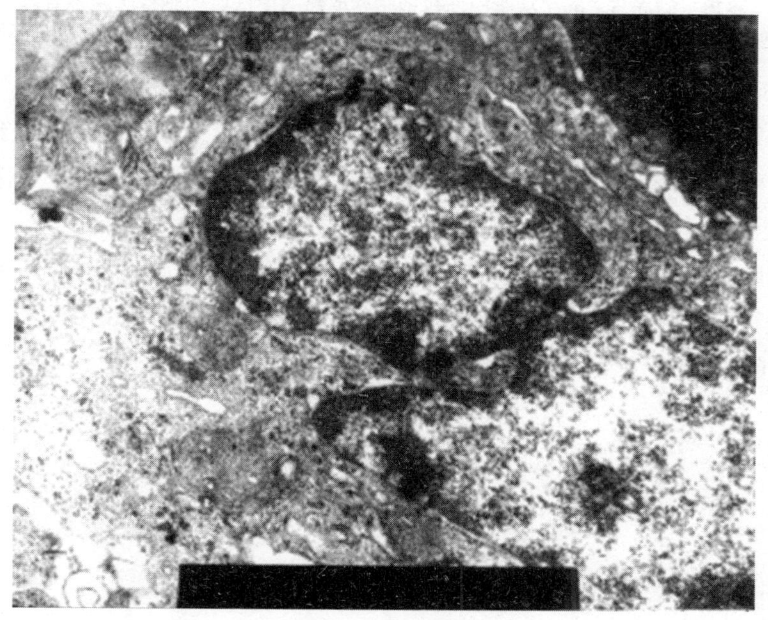

图 4–2–1　小鼠脾细胞间期核染色质分布（电镜放大 1.5 万倍）（舍英，侯金凤）

常染色质在常规染色标本或电子显微镜标本上淡染，分布于异染色质的间隙里。在早器的组织胚胎学教材里常把常染色质当作核液看待。当细胞周期S期末期开始进入分裂期时常染色质开始浓染，显现出染色丝的折叠，出现染色粒。20世纪60年代发现有些染色丝并不折叠而是组蛋白丝围绕于染色丝盘旋区域。

我们应用盐酸水解兔骨髓细胞间期末期脱氧核糖核酸的嘧啶碱基，完全暴露出醛基，使之与硫酸品红结合，显示了骨髓细胞胸腺核苷酸（红色）。

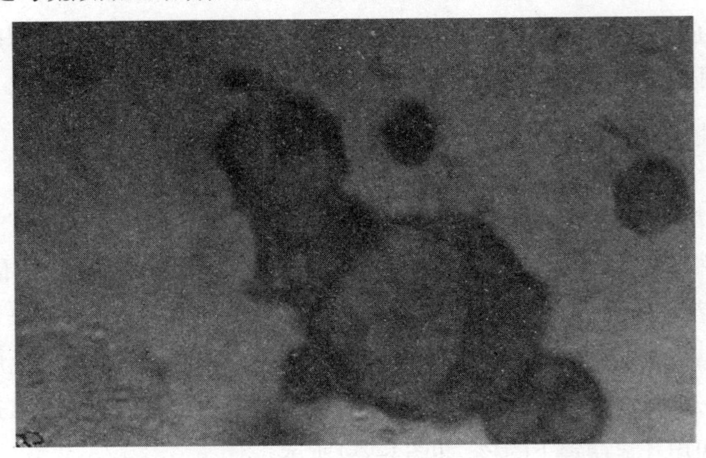

图 4-2-2　家兔骨髓涂片上的早幼嗜中性粒细胞和成熟嗜中性粒细胞核胸腺核苷酸。明显看出早幼粒细胞里的常染色质开始组构许多团块，是各条染色丝变成染色体的趋向，成熟粒细胞核里的核物质无此现象（舍英等）

图4-2-2里显示Feulgen反应中出现的胸腺嘧啶脱氧核糖核酸链染色丝形成染色体的早期表象。这种现象只能在能够进行有丝核分裂的早幼嗜中性粒细胞核里出现，而在近旁的已失去分裂能力的成熟嗜中性粒细胞里不出现。

在细胞增殖周期进入分裂期时，由常染色质的染色丝折叠成染色粒反复折叠，并与钙桥和组蛋白结合起来构成染色体。原核细胞无组蛋白与非组蛋白，故不可能构成真正的染色体。

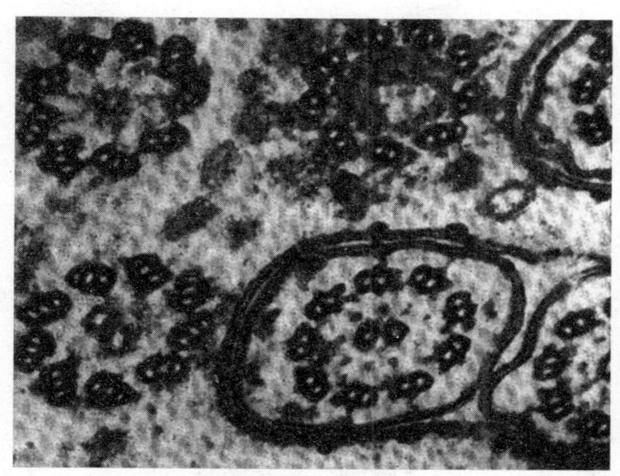

图 4-2-3　草履虫纤毛根部肌动蛋白与肌球蛋白组成的 9+2 微管，是纤毛有序运动的力学结构。后生动物细胞分裂期牵引等价同源染色体移向两个子细胞的两极转移的力学装置也是由非组蛋白里的收缩蛋白组合而成

图4-2-3展示的是单细胞原生动物草履虫纤毛根部的有节律的波浪式颤动的收缩蛋白微管系，称9+2微管。Mazia（1961）的电子显微镜照片上显示软体动物*vivizarus*和人类细胞分裂器与纤毛虫纲草履虫收缩蛋白组成的9+2微管系统完全相似。但是Harris和Mazia共同发表的论述细胞分裂器的纺锤丝是由细胞质胶体凝结的丝状物。Mazia（1964）独自发表的论文里企图肯定细胞分裂器可能有肌细胞的成分。

许多研究纤毛动物草履虫纤毛根部的9+2收缩结构是由肌动蛋白和肌球蛋白结合为微管。见图4-2-4、图4-2-5。

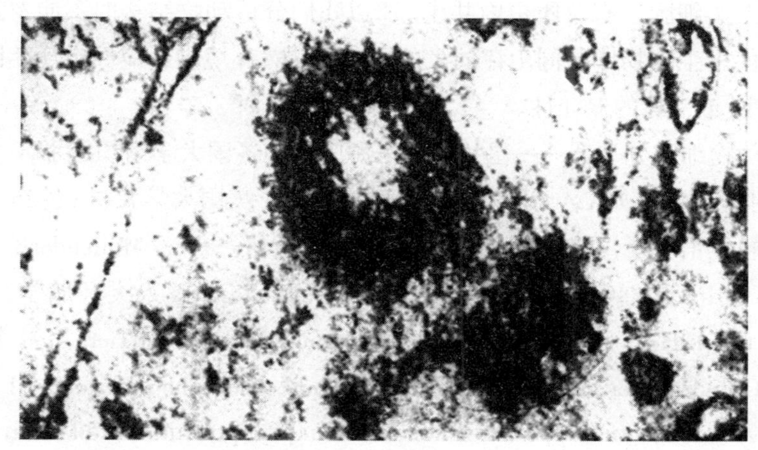

图 4-2-4　Mazia 拍摄的软体动物 *vivizarus* 细胞分裂器（9+2）（放大 175000X）

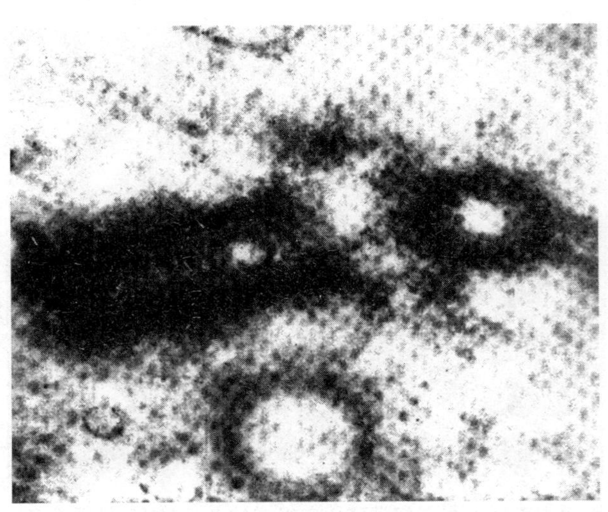

图 4-2-5 Mazia 单独发表的论文里展示的人类癌细胞分裂时的姐妹细胞中心小体电子显微镜照片

Mazia（1962）显示的照片是分离提纯的细胞分裂器，著者认为这些微管属中心小体（又称星状体）。分离的细胞分裂器在切片上的分布方向很难准确定位，根据草履虫的9+2是纤毛运动的收缩机构，后生动物细胞分裂时牵引丝分布于细胞赤道面上的同源染色体的收缩结构应该是纺锤丝，因此我们同意Mazia展示的9+2微管是中心小体。但纺锤体应是微管蛋白，在这里又遇到一个与线粒体内共生假说不相符的证据。例如单细胞原生动物草履虫纤毛根部有9+2收缩结构，在多细胞后生动物如软体动物Vivizarus细胞里出现9+2收缩结构，人类细胞里也出现9+2收缩结构，由此不能认定人类细胞里有草履虫内共生。所以我们分析动物结构时不能忽视在漫长的进化年代里生命物体共同生存的大的同一的自然环境中适应性出现相同功能结构的可能性，或常称的保守性。

后生动物细胞分裂器——星状体的来源问题在各国大学组织胚胎学大学教材里都没有明确解释。如A.A.Maximow, and W.Leom：美国大学教材（1925），该书由魏恩灏和靳仕信中译，是50年代中国解放区大学教材；Sthör/Möllendorff/Goertller《Lehrbuch der Histologie》第27版，1936，德；E.Clara，《人类胚胎学》，1955；E.Korshelt und K.Heider《Vergleichende Entwicklungsgeshichte der Tiere, Jena》，1936；H.Voos，《Grundriss der normalen Histologie und mikroskopishen Anatomie, Leipzig》，1957，德；A.A.Заврзин《Курс гистологии и микроскрокопической Анатомии》，1939，苏联；M.Москов，《Хистология ，София》，1956，保加利亚；Жорес С Йордано

《Ръкводство за практиески занятия по хистолоия София》, 1955, 保加利亚；M.Golstein《Lucrãri Practice de Hisyologie Bucuresti》, 1954, 罗马尼亚（1978）；L.C.Junqueira and J.Carneiro《Basic Histology 4th ed. California》, 1983；《组织胚胎学》，人民卫生出版社，1978，我国现用教材；韩贻仁《分子细胞生物学》（2012）等。

我们在动物骨髓超薄切片上，用电子显微镜放大1.3万倍下观察嗜中性单向干细胞核里发现3×10微管结构。这个细胞正要进入细胞分裂前期（图4–2–6）或开始进入分裂前期的嗜中性早幼粒细胞核里出现两个核仁。其一个核仁里可以看到9×3微管系，另一个核仁里的微管系的分布方向与前一个的方向呈直角。有时还看到第三个核仁。见图4–2–7。

可惜当时呼和浩特市只进口一台分辨率很低的透射电子显微镜，而且自治区科委当作尖端设备保存在特设的建筑物里，我们没有机会利用高分辨率电子显微镜深入观察3×10微管的图像。Anburose，E.J.（1970）发表的著作里提到每个分裂的细胞都有两个中心粒。他确认细胞分裂时中心粒变基质，分裂复制变成星状体的纺锤丝。他图示的照片为9条三连微管，无中心2管。我们在家兔骨髓嗜中性定向干细胞分裂前期的1.3万倍超薄切片上看到核膜还未消失的细胞核里核仁上重叠的如Anburose图示的9×3微管系。这种干细胞分化到嗜中性早幼粒细胞时这个微管系分裂为二，而且两个微管系的方向相互成直角，核仁已消失。（见图4–2–8）

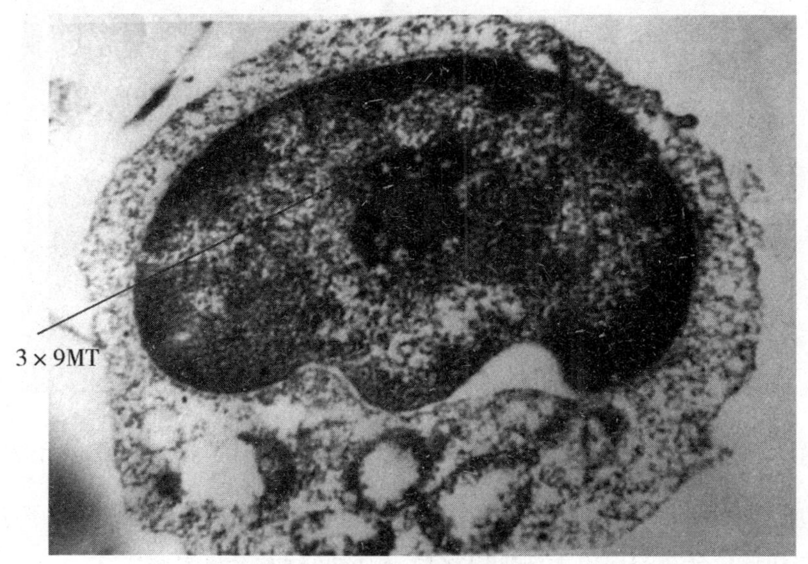

图 4–2–6　即将进入细胞分裂的嗜中性单向干细胞核仁里出现 9×3 微管结构（放大 1.3 万倍，舍英，侯金凤）

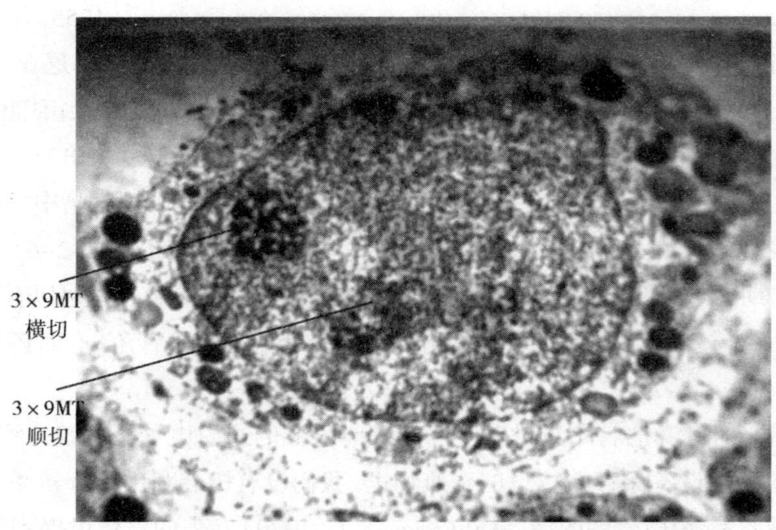

图 4-2-7　开始进入分裂前期的嗜中性早幼粒细胞的已分裂的核仁里的 9×3 微管结构（放大 1.3 万倍；舍英，侯金凤；可惜当时在呼和浩特还无高倍电子显微镜）

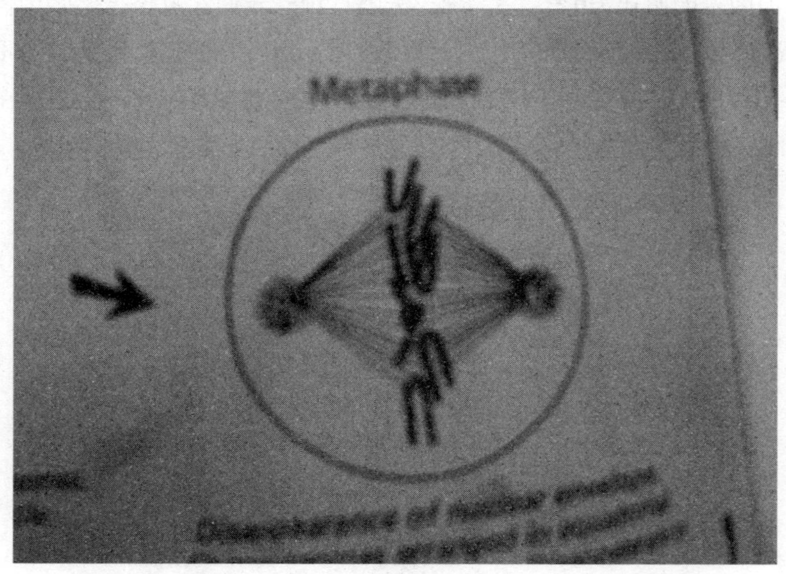

图 4-2-8　细胞分裂中期两个星状体的牵引丝（L.C.Junquera，J.Carneilo，1971）

我所发现的动物骨髓细胞中心小粒在细胞分裂前，核膜完整的情况下如何进入核里，并和核仁合并的现象无法加以解释，敬请同行专家重复验证。

第三节　染色体研究方法的进展

生物学进入20世纪后半叶，开发出多种染色体分带分染技术，由简单的染色体大体形态学分类发展到最高层次，在每个大的染色体上可分辨出1500~2500分带的技术。高分辨分带分染技术提供单个染色体内部片段的转移、移位、转座、臂内倒位、着丝点融合、着丝点裂开等各种变异。如Quinacrine　mustard荧光法，吖啶橙和啡啶溴红（这些都是致癌物质，使用时采取防吸入、防沾染措施）荧光法，对氯霉素敏感性、寡霉素敏感性和对环乙酰亚胺的拮抗性等试验法，原位杂交反杂交法，超速离心沉降分离法，R分带分染法、C带分染法（Conustitutive　Heterochromatin）、G分染法（Giemsa染色）、N分带分染法，电子显微镜法（0.2 Å分辨率）、微分干涉显微镜测定法、X射线衍射法、放射性同位素标记法（生化学分技术或放射自显影法）等。

只有在上述各种技术中挑选出数种技术对照观察，才会给染色体研究带来极为有意义的成果。

第四节　真核细胞染色体的分子结构

真核细胞（Eucaryotic）有核基因DNA，也有核外DNA，二者的DNA碱基序列、超速离心分离沉降系数S（Sved berg）、分子结构都有差异。（有人误解为Sedincentatio coeffneient=S）

核基因分布在细胞核之内，与细胞质隔以双层有孔核膜，在细胞增殖周期间期末期G1期里常染色质变为浓染的集团。异染色质消失，常染色质为主的染色质丝，经蛋白酶处理之后在电子显微镜下呈现横径为20Å的双螺旋脱氧核糖酸链（还有少量的RNA成分）。其核苷酸含量几乎相当于二倍体（2N）核型的两组染色体数量（46×2），92个染色体单体的重量。每条染色质丝是一条很长的DNA链。人类单条染色质丝里的DNA链是由基因组300个重复顺序的核苷酸碱基对（PB）和1000个碱基对的非重复顺序单拷贝（unique　DNA Sequence）链形呈念珠状长链。组蛋白反复缠绕成1000~2000Å粗棒充填DNA双螺旋的中轴。（见图4-4-1）

当今的分子遗传学研究资料认定：单拷贝非重复DNA片段是编码mRNA信使核糖核酸基因片段的模板，中度重复顺序DNA是调节基因（RNA）片段的模板（合成阻遏物），重度重复顺序DNA主要集中在核仁区域里，这种片段可能是核仁组织者。

Molloy, GR., Jdinek, W., Saldett, M.et al.(1974)不同意Davidson等(1973)提出的操纵基因和调节基因交替分布的模型。关于此问题，至今仍未得到充分证据证明两种观点哪一个正确的最终结论。尤其是发现HnRNA(核不均RNA)为mRNA前体之后，观点的分歧进一步拉大。

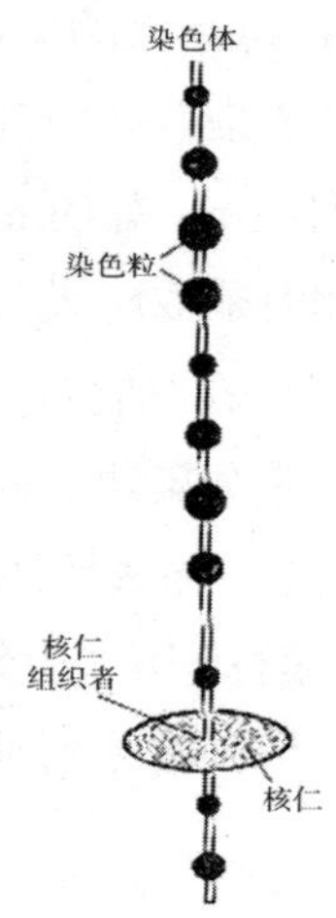

图 4-4-1　一条染色丝的模式图。染色丝是高度重复顺序片段折叠成染色粒，双条直线是非重复顺序片段间隔每一染色粒组成一条念株状长链

Ris, H.(1966)提出DNA双螺旋长链多级折叠的模型。纯DNA纤维丝横径为20Å(a)，初级折叠并由钙离子成为钙桥加重折叠构型时横径变为250Å(c)，再次折叠(d)形成染色粒。(见图4-4-2)

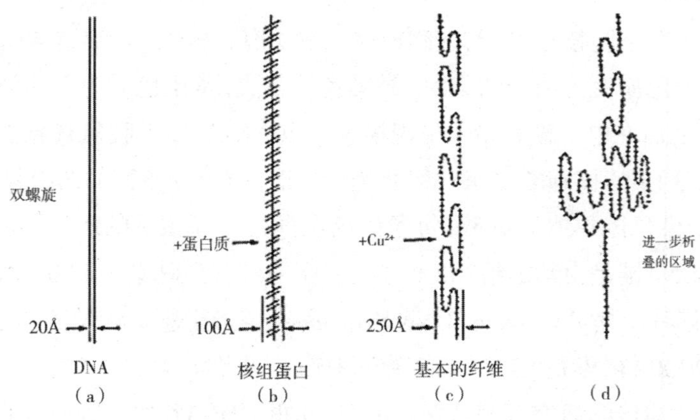

图 4-4-2　Ris 提出的染色体纤维模型

(a) DNA 双螺直径 =20Å；(b) DNA 结合组蛋白后直径变成 100Å；(c) 因钙桥参与折叠径变为 250Å；(d) Ris 设想的染色粒(chromomere)(Ris 设计)

真核细胞核物质以DNA为主，还有少量的RNA，还有占核物质15%的碱性组蛋白，20%的核仁和核膜，50%的酸性非组蛋白。

组蛋白组分中富含赖氨酸（Lys-）残基的组蛋白H_1和组蛋白H_4，稍许多含精氨酸残基的组蛋白H_2A和组蛋白H_2B等成分。

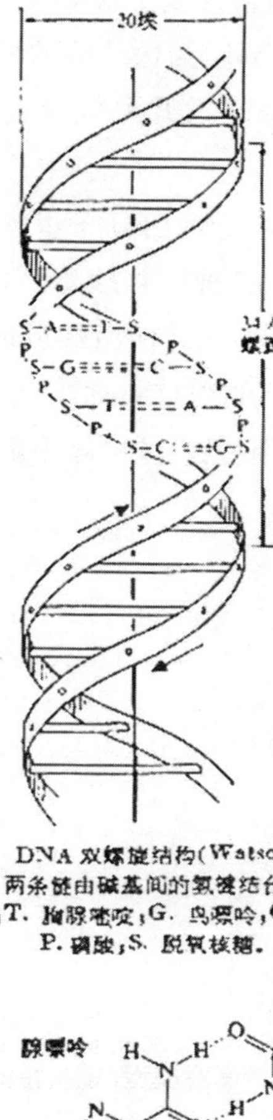

DNA 双螺旋结构(Watson 和 Crick 模型)。两条链由碱基间的氢键结合在一起．A. 腺嘌呤；T. 胸腺嘧啶；G. 鸟嘌呤；C. 胞嘧啶；P. 磷酸；S. 脱氧核糖．

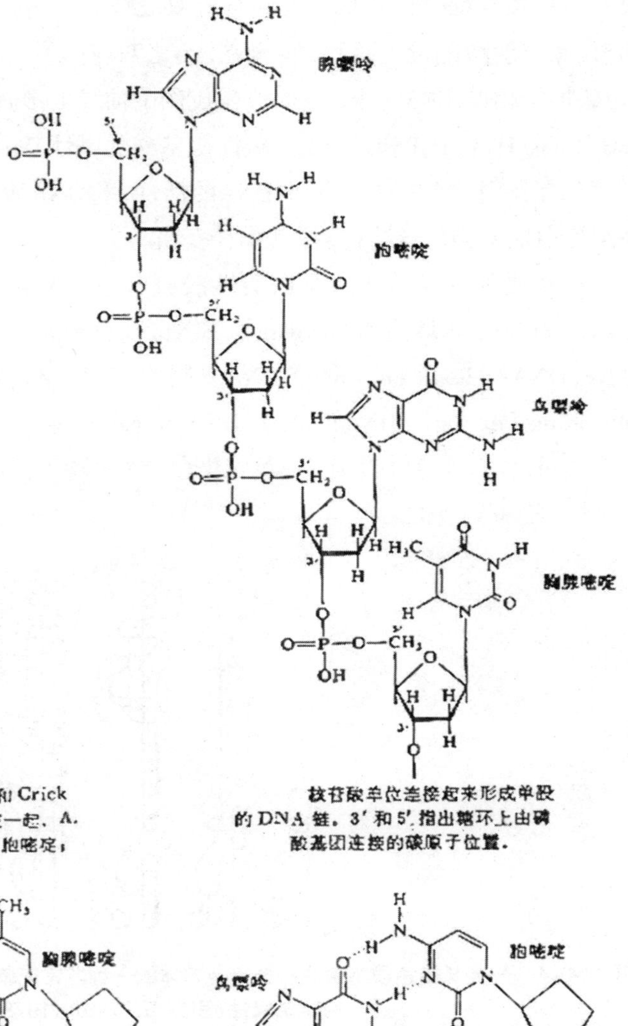

核苷酸单位连接起来形成单股的 DNA 链。3′和 5′指出糖环上由磷酸基团连接的碳原子位置．

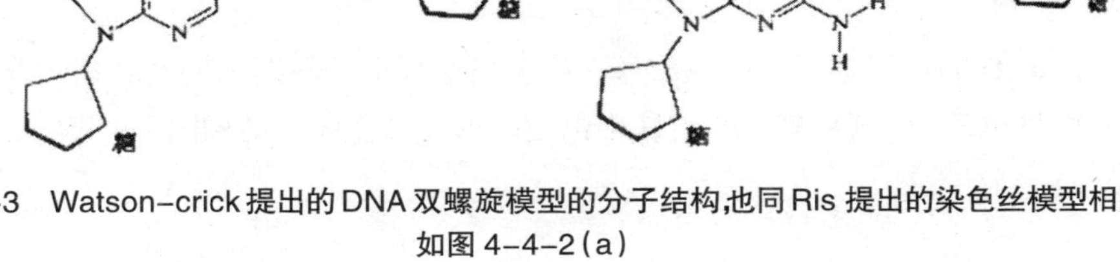

图4-4-3　Watson-crick提出的DNA双螺旋模型的分子结构，也同Ris提出的染色丝模型相同，如图4-4-2（a）

图4-4-2（a）DNA双螺旋就是Watson-crick提出的DNA双螺旋模型（见图4-4-3）的分子结构，此模型是胸腺嘧啶、鸟嘌呤、胞嘧啶和腺嘌呤4种碱基与脱氧核糖加磷酸链成长链核苷酸，每10个核苷酸（长3.4Å）为一个螺旋段。一个螺旋形成DNA链的一圈螺旋段，周期长度为34Å，另一条反方向排列的螺旋丝与对称的螺旋段的每一核苷酸之间形成氢键结合成双股螺旋，一条DNA链的磷酸基团与核糖的第5位碳以磷酸酯键连接称5′-末端，与之对应的另一条链的磷酸基因与核糖的第3位碳原子相连，称3′-末段。双股螺旋的中轴线上镶嵌着富含碱性氨基酸的组蛋白（Histone）H_2A，H_2B和H_3和H_4，碱性氨基酸的碱性基因，NH_3^-与核苷酸的酸性磷酸基因相互作用，酸碱中和，减弱DNA的活性，称DNA活性的“总开关装置”。如上所述组蛋白加入染色丝结构，使其横径变粗。

核物质的50%是非组蛋白酸性胶凝状态的核液，非组蛋白分子里含有肌动蛋白（Actin）、肌球蛋白（Myosin）、微管蛋白（tubulin）。各种核苷酸酶，如DNA松弛酶（DNA-relexin enzyme）、DNA复制酶（DNA polymerase）、DNA螺旋酶（DNA unwinding enzyme）、DNA转录酶（DNA transcriptase）及其他酶（Douvas ，AS.）。

Bahr, G.T.（1975）提出了一条长染色质丝折叠成一条染色质丝单体模型及其转录极性（箭头）。见图4-4-4。

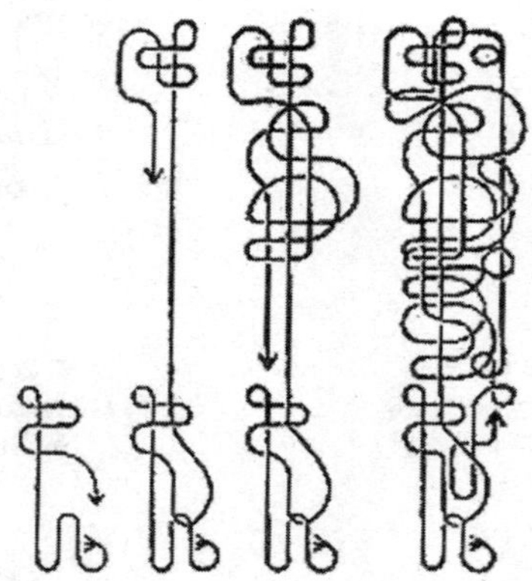

图 4-4-4　一条长染色质折叠成一条染色单体的一种非常简单化的图解模型，箭头指出纤维丝的转录极性（引自 G.T.Bahr〈1975〉）

E. J. Dupraw绘制了由染色质丝在细胞增殖周期的间期末期复制相同分子结构的姐妹染色质丝。这种复制的姐妹染色质丝形成染色体的结构图。见图4-4-5。

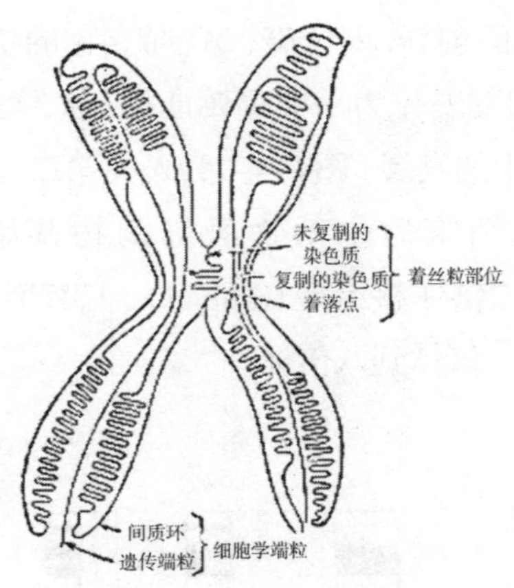

图 4-4-5 中期染色体的另一个折叠纤维模型。在这个模型中，染色质纤维进行纵向与横向的折叠（据 E.J.Dupraw 提出的模型绘制）（引自 Frad, W.1979）

这种已复制的染色质丝以伸展的构型在细胞核内分布。当核膜、核仁消失之后它折叠浓缩成由4条姐妹染色质丝构成的两个染色单体组成染色体。正常体细胞含46条染色体（人类）称二倍体核组型（2n=46=92染色单体）。

图4-4-6示人类第一条在300~500条分带技术时代国际染色体协会根据G带分染法协定染色体着丝粒（Centromere），长臂q，短臂p，阳性染色带（常含数个染色质粒），不染带或称间带是纵向走行的染色质丝。从着丝点向两侧为臂，大格里的数字为区域Regio，小字数为带（Band）。

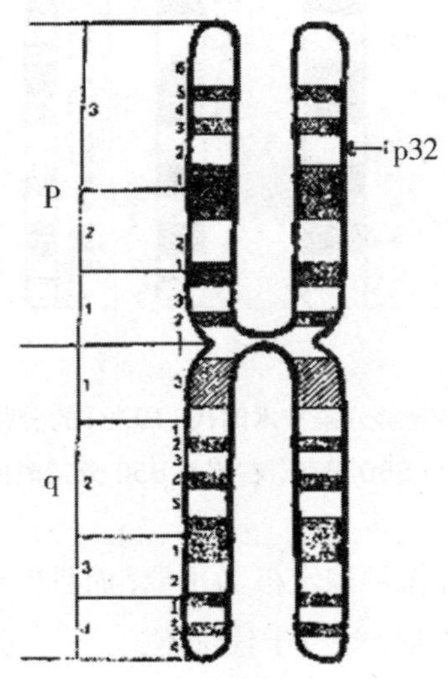

图 4-4-6 1号染色体的区带及其命名

由于染色体分染技术的创新，对于臂、区、带名称的统一，正如日本学者吉田俊秀所说人类在以进化论的发展作为一项重要证据，从“写在染色体上的生物史”中获取信息加快了生物学知识的发展。图4–4–7为人类第二号染色体高分辨率分带。

动物界从原始的多细胞后生动物海绵动物开始直至人类染色体组型（idiogram），基本上都是二倍体核组型（diploid）。只有个别生存条件的压力或基因突变因子的诱导下可出现三倍体到八倍体。

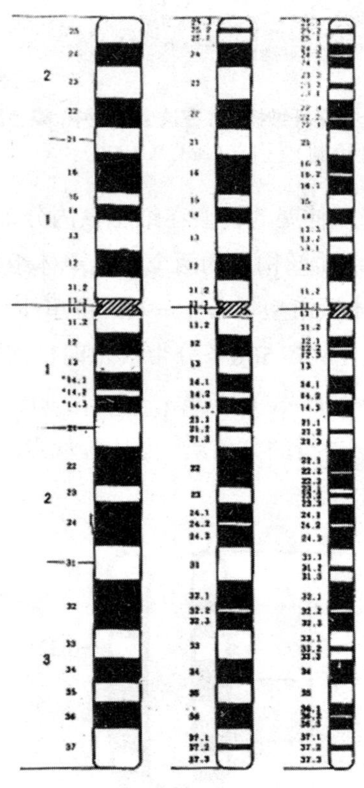

图 4–4–7　人类第二号染色体高分辨分染技术时代（1978）的分带命名协定，左起为 400 分带，第二条为 550 分带，右侧为 850 分带时的命名

二倍体核组型对于保持物种稳定极为重要，而且保证亲代细胞的基因物质，各种功能蛋白分子的模板均匀地分配给子代细胞。

Pearson，P.（1973）报道退火试验（annealing　Experment）证明人类第1号（No1）染色体长臂上添加的随体DNA，这是人类独特的DNA区1q、1、2上的高度重复的DNA。事实上从单细胞原生动物到最高等脊椎动物所有物种都有随体DNA，如小鼠随体DNA叫Mause　satellite　DNA，是高度重复的含400Bp的DNA。Junis，JJ.，Yasmineh和Lae，Chr.（1977）认为随体DNA可能是防止不同物种间受精的生殖隔离基因。

动物进化过程中高等动物精子和卵子等生殖细胞特殊分裂对于适应性选择和有利基因、消除有害基因具有重要意义。有人统计得出结论，物种群体繁育15代中完全能够从物种基因库中清除掉有害基因（携有害基因个体夭折或不育症所致）。

生殖细胞成熟过程中进行两次成熟分裂，第一次为减数分裂（Meiosis）。在减数分裂的终变期里出现来自不同亲体（父母）的非同源染色单体之间某些等位点上的基因片段的交换。在交换中两个非同源姐妹染色单体间交换各方不丢失或不多得一点基因物质。由于交换的结果子代细胞中总有能继承两个亲体在生命活动中所获得的有利变异（不像恶性病变的突变）。

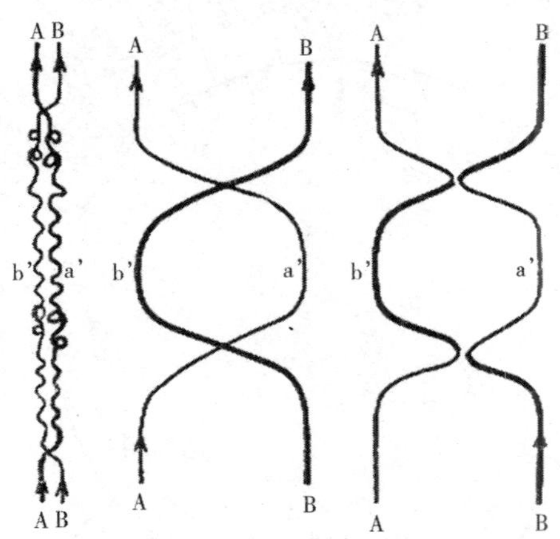

图 4-4-8　染色体中部一块染色质相互交换的设想机制，箭头指出纤维的极性

图4-3-8中表示来自双亲的非同源染色单体a和b的中部发生交换，A-a'：-A变为A-b'：-A染色单体；B-b'：-B变为B-a'：-B染色单体，这种已变异的染色单体第二次成熟分裂中被分配到子代细胞里。

第五节　真核细胞核外染色质

原核生物（Procaryote），如衣原体（*Chlamydia*）、细菌（Bactria）、蓝藻（Cyanophyta）等低等单细胞生物，胞体内无核。DNA呈单股双螺旋闭环链，为细菌染色体，基因存贮量极少。Chirins，J.（1963）报道大肠杆基因组DNA由3.2×10^6Bp组成。在此环状DNA里大约有10多种氨基酸，3~5种物质，如维生素A、B、C（包括Pantothenic acid　Biotin），吲哚，λ原噬菌体，纤毛，鞭毛等大分子化合物或生物结构基因（见图4-5-1）。而无单核苷酸、功能蛋白质基因。Lederberg，J.（1952）报告大肠杆菌除细菌“染色体”之外，还控制少量细菌性状的小的附加环状DNA，称质粒DNA（Plastid　DNA）。据Williamson，DL.（1966），Борхсесе，Д.Н.（1968），Скобло，И.И.（1968），伊腾嘉昭（1992），阿保达彦（1993）以及许多研究者均认为质粒DNA是物种群体控制性比例的基因，也有人称杀雄基因。

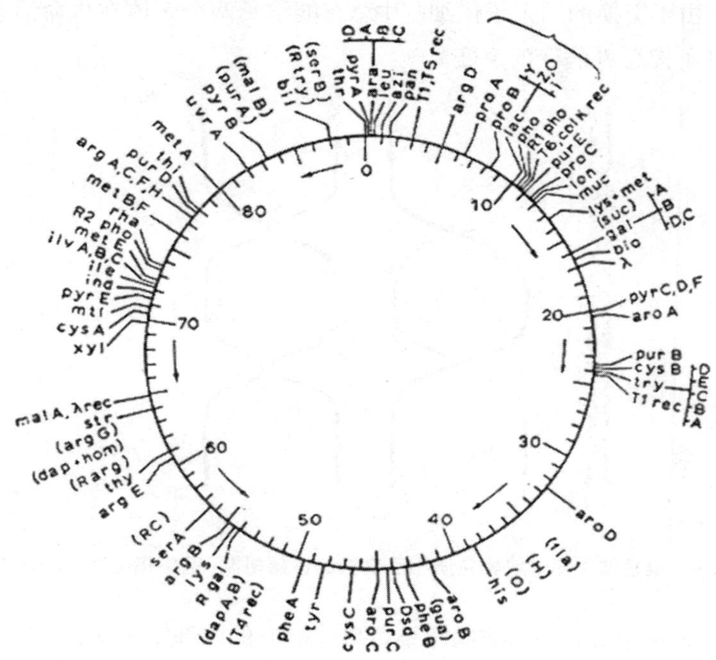

图 4-5-1　大肠杆菌的基因图。符号标出各基因的位置，有括号的符号表示只是大约知道它们的位置，数字把图分成以分钟为单位的时间间隔（取自 A.W.Taylor 和 M.S.Thomau，1964）

原生动物门的鞭毛虫的某些种类的线粒体与一种含有DNA的特殊结构相连，

称动质体（Kinoplasmosome）。是一种能够自我复制的核外细胞器，每只鞭毛虫个体只有一个动质体，分布于鞭毛基粒近处，核外染色质位于动质体内膜基质里。

所有多细胞后生动物从海绵体、水螅虫到人类细胞里都有核外染色质（DNA），都分布在线粒体里。

线粒体DNA是单股双螺旋闭环状DNA。后生动物所有物种线粒体DNA即核外基因的遗传特性不受孟德尔（Mendel）的自由分离、独立分配定律或称自由组合的规则约束。高等动物核外DNA的沉降系数为55~60s，而真菌、裸藻虫里的DNA沉降系数为70~74s。线粒体DNA、细菌DNA都携带自身的tRNA，不同于胞质tRNA，线粒体DNA与细菌DNA分子结构以胞嘧啶和鸟嘌呤（G+C）为主。还有一些特性如线粒体ATP复合体9个亚基单位中6个亚基单位在胞质核蛋白体上合成，其余3个亚基由线粒体DNA编码。核DNA与核外DNA的长度、重量等方面比较之后由Altmann, R.（1890）, Margulis, L.（1970, 1975）, Beal, GH. and Knowles, J（1978）等主张高等动物核外基因，甚至线粒体是原生生物寄生在真核细胞里的内共生生物（Endobiont）。

有关内共生假说和非内共生假说之间争辩的概况请阅读本书第三章第五节。这里我再次强调：在所有真核细胞里用最先进的技术手段观察，没有任何可见性证据证实内共生细菌或单细胞藻的整体结构。只根据真核细胞染色体里的微量环状DNA和某几种类似的蛋白质而强调高等动物细胞内有内共生原核生物的假说恐怕过于勉强。在十多亿年间的生物进化过程中，某些与所有生物物种为生存所必需的分子结构从原生生物发展进化过程中保留下来的可能性任何人都不可能否认。

第六节　核组型

动物界进化过程中从原核生物、真核生物、原生动物、后生动物到人类的遗传基因物质是动物适应环境变化中逐步得到增补、逐步复杂化的过程。

Kenneu, D.（1968）、Sober, HA等（1970）、Lairb, CD.（1971）、Rees, H., Jones, RH.（1972）、Grouse, L., Chilton, MD. Moscorthy, BJ.（1972）、Judd, BH. Shen, MW., Kimura, T.G.（1972）、尤尼斯, JJ.（中译文, 1983）都对比分析过大肠杆菌、果蝇和人类染色体基因组的分子数量。大肠杆菌DNA信息量为3000个密码子，果蝇（*Drosophila melanogaster*）为15000个是大肠菌信息量的50倍，人类DNA贮存信息

量为3.2×10^9Bp，是大肠杆菌信息量的1000倍。

后生动物随着基因信息量的增加，机体适应性结构的更加复杂化，染色质分子有序地、均等地组装到同源染色体里，通过成熟分裂将基因物质均等分配给子代细胞。

动物界不同物种个体细胞常染色体数目、形态如臂的长短、着丝点位置、缢痕、带形、染色体大小，性染色体数目、形态都有不同特征，称核组型（Karyotype）。后生动物核组型基本上都是2倍体（2n），成熟性细胞核组型为单倍体（n）。

核组型的研究对于辨别动物物种、辨别性别、寻找动物进化轨迹、诊断人类遗传性疾病的价值几乎与人类指纹图相比拟。现今已前进到核苷酸碱基序列分析的水平上了。

后生动物所有物种都是2倍体，只有有鳞类蜥蜴目（Lacertilia）的某物种在正常情况下有3倍体（3n），蚜虫可有单倍体（n=2~20）。ЧЕРБорева，Л.А.（1968）报道俄罗斯北极圈的穆尔曼斯科州冰冷河水里蚋蚊（*Prosimulium macropoda*）一年只生一次3倍体（3n=9）幼虫。这说明，在生存环境极端恶劣时动物以孤性多倍体生殖以保证物种继代。吴敏报道无脊椎动物中可见有孤雌生殖3倍体、6倍体、8倍体核型物种，昆虫纲850000种、鱼纲20000余物种中也有多倍体核型物种。多倍体（如3倍体）对物种进化、保证繁殖能力具有更大的优势（李树森，1980，Чербореа，Л.А. 1968）。但一味地增加染色体数也有害的，医学病理学家都知道正常人体细胞里出现3倍体可能意味有着恶性增殖的危险。低等动物细胞多倍体表明，其细胞的有序化功能还有缺陷。

罗马蜗牛（*Helix pomatia*），*Eulota callizoma maritime*等软体动物在生活中可出现原始生殖细胞的雌雄两性变换现象。这种变换早在1930年由Rudu发现，起因于促雄性激素活性增强，引起雌性核型2n=52+XX或雄性核型$2n=52XY_1Y_2$相变的结果。

哺乳动物纲4200余物种全部都是2倍体核型，其性别全由X、Y性染色体决定，奇怪的是唯独麂（*Muntiacus*），雄性核组型2n=7（♂），而雌性核组型2n=6（♀），却无雌雄变换现象。人类也有偶然出现假阳性、假阴性人的变换现象。

下表里列出至今已有文献报道的从原生动物到人类的核组型。

表 4-6-1　动物界核组型(karyotpy)

现存动物总数	已知核型种数	核组型	倍数
原核生物(procaryote) 细菌、蓝藻类、病毒		无核区,无细胞器, 只有闭环式DNA	
原生动物(protozoa),约50000种 纤毛虫类(ciliata)草履虫 孢子虫类(sporozoa)四膜虫 软质虫类(amoeba)变形虫		核分裂出现数至数十支小核,行无性生殖或随机有性生殖	单倍体 n=?
海绵动物(pongia),约5150种, 如*Syncandra raphanus*	7种*	2n=16	=倍体
腔肠动物(coelenterata),约9000种, *Hydra vulgaris*(水母) *Palmatonydra oligoetis*	28种*	2n=32 2n=30	=倍体
蠕型动物(vermis),约20050种, 扁形蠕虫(*platyhelminthes*) *Schistosoman jpa* *Polystomum integerrinum* *Mesostome chrmbergii* *Planaria gonoeephale* *Dalyellie rossi* *Macrostomum tube*	250种*2	2n=16 2n=20 2n=10 2n=16 2n=4 2n=6	

*据1947,牧野佐二郎

续表

现存动物总数	已知核型种数	核组型	倍数
1. Cestodea（绦虫纲）泡状带绦虫 2. 轮形蠕虫（*thochelminthes*） *Asplanchana amphora* 3.圆形蠕虫（*nemathelminthes*） *Ascaris megalochephala* *Ascaris canis*（犬） *Olistonella virgimana* 马驱虫 禽驱虫 牛新驱虫 狮弓驱虫 猫驱虫 4. 线形蠕虫 5. 环节蠕虫（*annelida*） *Limbricus hegemon* *Aphriotrocha gracilis* *Sagitta bipunctata*		2n=125± 2n=18 2n=26 2n= 2n=36, 18, 10 2n=4 2n=1, 2, 3, 6, 9 2n=10 2n=18 2n=8, 7 2n=20, 19 2n=10, 5 2n=14 2n=10 2n=18	
节肢动物（arthropoda）， 约850000种 1. 甲壳类（crustacea） *Eriocheir sinensis*（中华绒蟹） *Eriochrir jap*（日本） *Asell nipponieuc* *Eupagurus ohotensis* （额霍茨寄居虫） *Paralithodes camtschatica* 2. 蛛形类（arance spider） *Ornithodoros monbate* *Ornithodoros alactagals* *Ornit nereensis* *Acariformes*（螨、蜱） *Pediculopsis graminum* *Butus martenisis* *Gamasus brevicornis*	约2000种	2n=146 2n=148 2n=14 2n=254 2n=208 2n=20 2n=32 2n=24~26 Haplod: ploid=13~18 2n=6 2n=24	

续表

现存动物总数	已知核型种数	核组型	倍数
3. 昆虫（insect）		2n=12	
Dorsophilia willistoni		2n=6	
D.virilis		2n=12	
D.marinda		2n=9	
D.pseudoobscura		2n=10	
Dasgcira padibunda		2n=174	
Biston zonaria		2n=112	
Tgcherus suspicawesm		2n=22	
Biasp lethifera		2n=36	
Aphidoletes aphidimiza	440种	2n=2~20	
Lipiniella arenicda		2n=6	
贵州24种果蝇，如		2n=6	
Rsilophe（2种）		2n=8	
Sophophora（13种）			
Dorsophila（9种）	1534种	2n=6，8，10，12	
Prosimullum macropyda		3n=9	
（穆尔曼州附近北极蚊）		2n=14+1（sex）	
Delpnacidae（蝉）		2n=6	
Pentatoma senilis		2n=13	
Protenor belfrage			
软体动物（2种）		2n= 17	
阿地螺科Aryidae		2n= 15	
枣螺科Bullidae		2n= 18	
元角螺科Akeratidae		2n= 7	
多鳃螺类Bisiidae mimetica	碛螺亚纲	2n= 17	
海天牛科Eliisidae		2n= 12，13	
侧鳃科Pleurobronehidae		2n= 13	
裸鳃科16科31属45种		2n= 17 ‘18	
石蟥科Oucidiidae	46种	2n= 16，17	
足襞蛞科Vaginulidae	55种	2n= 16	
菊花螺科Siphonariidae		2n= 17–19	
曲螺科Ancylidae		2n= 18	
网纹螺科Amphibodidae，cilinidae		2n= 18	
latidae		2n= 15–60	
斜顶螺科Acroloxidae	35种	2n= 16–19	
耳螺科Ellobiidae		2n= 18–72	
椎实螺科Lymnocidae		2n= 18，19	

续表

现存动物总数	已知核型种数	核组型	倍数
扁卷螺科Planorbidae		2n= 18–21	
Bulinus forskalli		2n= 36	
Bulinus natalensis		2n= 5 ‘6 ‘25	
Bulinus turncatus		2n= 44	
琥珀螺科Succinidae		2n= 11–24	
无柄两栖螺科Athoracophoridae		2n= 20–23	
琥珀螺亚科Achatinellidae		2n= 29	
槲果螺科Cochleiopidae		2n= 29	
parlulidae		2n= 28	
互娄蜗牛*Valloniidae*		2n= 24	
艾纳螺科Enidae		2n= 25–32	
玛璃螺科Achatinidae		2n= 25–32	
钻头螺科Subilinidae		2n= 25–32	
扁形蜗牛科Parypantiae		2n= 25–32	
巴蜗牛科Bradibaenidae		2n=25–32	
软体动物（mollusca）, 100~500种		2n=17	
腹足类Gastropoda		2n=16–17	
鲍科Chiotidae		2n=9	
孔 Fissurellidae		2n=18, 21	
笠贝科Acmaeidae	7000种中的107科	2n=18	
感帽贝科Patelidae	原始腹足类	2n=11, 12, 14	
马蹄螺科Trocidae		2n=18, 20	
蝾螺科Turbriidae	中腹足类94种	2n=18	
蜓螺科Neritidae		2n=17	
拟螺科Nertopsidae		2n=13, 14	
丽口螺科Pectiaodontidae	新螺足类	2n=13	
环口螺科Cycloporidae		2n=7–14	
蛹螺科Pupinidae		2n=14	
田螺科Viviparidae	肺螺亚网	2n=13	
瓶螺科Pilidae		2n=15–18	
圆口螺科Pomatiasidae		2n=12–17	
浜螺科Littorinidae		2n=16	
锥螺科Tnrrillidae		2n=7–20	
筒螺科Tornatinidae		2n=18	
平螺科Planaxidae		2n=18	
汇螺科Potamcdidae		2n=17	
独齿螺科Aplodonidae		2n=16, 17	
马掌螺科Amalthonidae			

续表

现存动物总数	已知核型种数	核组型	倍数
玉螺科Naticidae			
核螺科Pyrenidae		2n=28–35	
蛾螺科Buccicidae		2n=35，36	
织纹螺科Nassaridae		2n=34	
细带帽螺科Fassarriidae		2n=35	
竖琴螺科Harpidae		2n=30	
小塔螺科Pyramidellidae，1种		2n=17	
Tethyidae，7种		2n=17	
捻螺科Acteonidae		2n=17	
壳蛞蝓科Pmilinidae		2n=17	
拟海牛科Agladidae		2n= 24	
		2n= 25–29	
螺科Zonitidae		2n= 20–31	
阿勇蛞蝓科Aronudae		2n= 21–32	
嗜黏液蛞蝓科Plualomycidae		2n= 21	
大蛞蝓科		2n= 22	
*Hygromia*属		2n= 21–25	
*Pseudolachea*属		2n= 23	
*Cepaea*属		2n= 23	
*Monacha*属		2n= 23	
*Cochlicela*属		2n= 23	
*Euomphalia*属		2n=23	
*Trichia*属		2n=23	
Monachiodes		2n=24	
Zenbeala		2n=25	
Porforapella		2n=26	
Lberus		2n=26	
Troehoidae		2n=26	
Helicella		2n=27	
Otala		2n=27	
Chindidula		2n=27	
Eobamia		2n=27	
Helix		2n=28	
Theba		2n=29–3	
Helicigona		2n=30	
Isoghimestonla		2n=30	
Caucesatachea		2n=30	
Muzella		2n=30	
Cylindrus		2n=30	
Chilastoma		2n=30	
Compylaed		2n=30，31	

续表

现存动物总数	已知核型种数	核组型	倍数
Polygyridae		2n=26	
Allogona		2n=26	
Dolygra		2n=29	
Stenotrema		2n=29	
Mesodai		2n=29	
Ashmanela		2n=29	
Tridopsis		2n=29	
Vispericda		2n=30	
Triodopsis flanduleanta		2n=29，30	
Germana		2n=29	
Oleacicidae		2n=29–30	
Helminthoglyptidae		2n=32	
Oreohelicidae		2n=12	
石鳖亚目Chifonida		2n=8，9	
隐板石鳖亚目Cryptonida		2n=	
鳞侧石鳖亚目Lipidopleurida		2n=12	
慧石鳖亚目Katharinidae		2n=28	
章鱼*Octopus*		2n=30	
*Ancylus sp*曲卷螺（埃塞俄比亚产）		2n=60	
Ancylus pluviatilus（英国产）		4n=15	
Rnodacmea cahawbesis（美国产）		8n=15	
软体动物（Mollusca），100~500种	63种	2n=14–48	
1. 斧足类（Pelecypoda）	106种	2n=8–72	
2. 腹足类（Scaphopoda）	（693种）	2n=18	
3. 头足类（Cephalopoda）	2种	2n=28	
棘皮动物（Echinodarmata），约6000种（绝种20000种）	34种	2n=30–54	
Asterias amurensis		2n=30	
Henricia nipponica		2n=54	
		2n=	
鱼类（Pisces），约20000种		2n=100	
M.anguillicaudatus（泥鳅）		2n=418	
P.dabrganus（泥鳅）		2n=48	
Orycias india		2n=50（小型种）	
（同种avan，Hainan日本		（$X_1X_2Y/X_1X_1X_2X_2$	

续表

现存动物总数	已知核型种数	核组型	倍数
Phillippin, 平均2n=48） *Misgurus anguillicaudatus* （泥鳅） *Coregonus aloula*（西伯利亚白鱼） 中国鲤科Xenocypris argentea *X.davidi*, *Plagiognathops microlepis* *Acanthobrana sinoni* *Oncorhynchus Nerka*（鲑） *Centracanthidae*（黑海）	1076种	2n=98大型种4n （四倍体） 2n= 48 2n=57 58 2n=44, 45, 46, 48	
Oncorhynchus Gorbuscha （大姆洽克，库页岛近海产鳟） *Salvelinus*（嘉鱼属） 鲤形目Cypuinidae *Esox lucius*		2n=53, 54 2n=50–60 2n=24–104 2n=18	
两栖类（Amphibia），约2500种 1. 蚓螈目（无足类Apoda）， 约160种 2. 有尾目（Urodela），约300种 *Amphiumaneans* 版纳鱼螈 双带鱼螈 3. 无尾目（Saliantia），约2000种 *Rana nigromaculate*黑斑蛙 中国东北哈土蟆 （*Rana temporaria chen*） *Rana opoterodonta* *Bufo* 属新疆绿蟾蜍 *Rana Limnocharis*	100种以上	最高2N=64 （Mogalobatachus sapanicus） 2n=42 2n=60 2n=14 2n=24 2n=28 2n=20, 22 2n=44	二倍体 四倍体 单倍体 （死亡率 高）
爬行类（Repitilia），约6000种 1. 龟鳖目（Testudines），250种 *Amgda japonica* *Emys orbicularis* 缅甸陆龟 2. 有鳞目（Squamata） （其中蛇类27种，蜥蝎类3000种） *Anolis gingivinus*（蜥） *Anolis conspesus*	121种	2n=64 2n=50（其中11对 微体） 2n=52 2n=99 30 2n=30 2n=38 2n=57	

续表

现存动物总数	已知核型种数	核组型	倍数
Lacerta soxicola Eversman *Agama caucasica* *Phrynocephalus Heloscopus* *Indian lizards*（百龙子） *Elapha climapcopnora*（蛇目） *Vipera aspis*（蛇）		2n=34 2n=44 2n=30 2n=36 2n=42	二倍体 六倍体
鸟类（Aves），约8600种 1. 雀形目（Passeriformes） *Riparia riparia*（灰沙燕） *Cyanopica cyana*（灰喜鹊） *Garulus Glandarius*（松鸦） 2. 雁形目（Auseripnora） Anatinae（鸭科） *Terpsiphone princeps*	312种	2n=78–80 2n=80 2n=80 2n=78 2n=31–43 2n=68	
哺乳动物（Mammalia），约4500 1. 原兽类（Prototheria） 单孔目（Monotremata） *Tachyglossus aculaatos* *Orn: thouhynchus anatimas* 2. 后兽类（Metatheria） Disyurus Native（袋鼠目） *Phalangeridae*（袋貂） *Macropodidae*（袋鼠） 3. 真兽类（Eutheria） Insectivora（食虫目） Chiroptera（翼手目） Lagomorpha（兔形目） Rodentia（啮齿目） Cetacea（鲸目） Pinnipedia（鳍足目） Piroboscidea（长鼻目） Perissodactyla（奇蹄目） *Tapirus terstirus*（猫） Ateiodactyla（偶蹄目） *Muntiacus muntjak*（鹿） *Vicugna*（ 驼鹿） 4. 灵长类（Primates） Tupaia（树鼯） Prosimian（原猿类） 5. 类人猿类（Homonoidea） Orang-outang（山客猩猩） Gorilla（大猩猩） Homosapiens（智人）	2072种 3种 129种 19种 19种 54种 117种 253种 36种 988种 31种 23种 2种 18种 159种 213种 4种	2n=54–64 2n=63 64 2n=53 54 2n=14–22 2n=14 2n=14–24 2n=16–22 2n=12–68 2n=16–62 2n=38–68 2n=14–82 2n=42–44 2n=32–36 2n=56 2n=32–62 2n=80 2n=6–74 2n=6 7 2n=74 2n=20–82 2n=44–68 2n=20–68 2n–46–48 2n=48 2n=48 2n=48 2n=46 2n=46	骡2n=64

从核组型的变异见证“动物进化的历史写在染色体上”的名言。

较早的动物染色体组型（idiogram）或核组型（Karyotype）的研究结果不十分确定，自从20世纪30年代开发细胞培养、秋水仙碱溶液的应用、低渗压萃法的采用，甲醇—冰醋酸固定法使染色体研究进入实质性进展的第一步，接着1968年Casperson开发染色体分带分染法技术之后染色体研究成果取得了长足进展，尤其是近染色分离技术、同位素示踪技术、荧光染色技术、染色体指印图技术、等位基因的同功酶技术已把染色体核型研究推进到分子生物水平上了。

第七节　从猿到人的进化与染色体变异

猿和人都属灵长类（Primates），最原始的猿类物种树鼩（*Tupaia belangeri*，有人归属于鼠类）、鼠狐猴、狐猴、懒猴衍生于新生代（Cenozoic　Era）第三纪（Tertiary period）早期，距今7000万~6000万年前（Chiarolli，AB.1973）。

从原猿分化出182个灵长类物种，由原猿到卷尾猴又向广鼻猿，如由卷尾猴和狭鼻猿类，如向长尾猿方向分化，由狭鼻猿几经进化到类人猿4个物种，即苏门答腊巨猿（*Oranang-utan*，又称安哥拉大猩猩，又称红毛巨猿）、大猩猩（*Gorilla gorilla*）、黑猩猩（*Pan troglodytes*，*Cimpanzea*）、人科（Hominidae）。

灵长目所有182种全具2倍体核组型，染色体数2n=20–62，绝大部分物种2n=42，个别种类也有2n=82者，人类核组型2n=46，而类人猿染色体2倍体多于人类染色体数。但是在进化过程中类人猿染色体中端粒着丝点相互融合的结果染色数减少，而臂数无变数，这是灵长目182个物种染色体进化的总趋势，另外出现挟着丝点倒位引起染色体着丝点位置改变，而染色长度不改变，其结果是染色体数不改变，但核组型出现变异。

微型卷尾猴（*Microcebus murenus*）最原始物种的染色体全部端粒着丝点，因此染色体数最多，2n=66–68，由于随着物种进化出现两个染色体着丝点融合的几率增加，染色体数目减少，双臂染色体数增多。与此同时出现臂间逆位，相互转座，以及异染色质的增加或减少等极为复杂的变化。

正好Dutrillaux，B.（1979）绘制的灵长目各物种进化与染色体变异，如图4–7–1所示，从A点原猿到B点卷尾猴（*Cebus Capuchinus*）向夜猴（*Aotus*）方向分化的物种称广鼻猿（*Plalyrrhini*）。向长尾猴（*Cercopithecus*）、狒狒（*Papio hamadryas*）、长臂猿（*Hylobates*）到类人猿（Anthropoid）方向分化的种称狭鼻猿（*Calar rhini*）。广鼻猿诸物种间染色体组型的差异较大，而狭鼻猿物种种间距离较近，其绝大多数物种的2倍体都在2n=42–48，通过高分辨分染法（也称高精度分染色法）考察核型时比较确切地证实广鼻猿和狭鼻猿均来自原猿类（Lemura）祖先型物种，广鼻猿是原猿类和狭鼻猿物种进化的中间型。

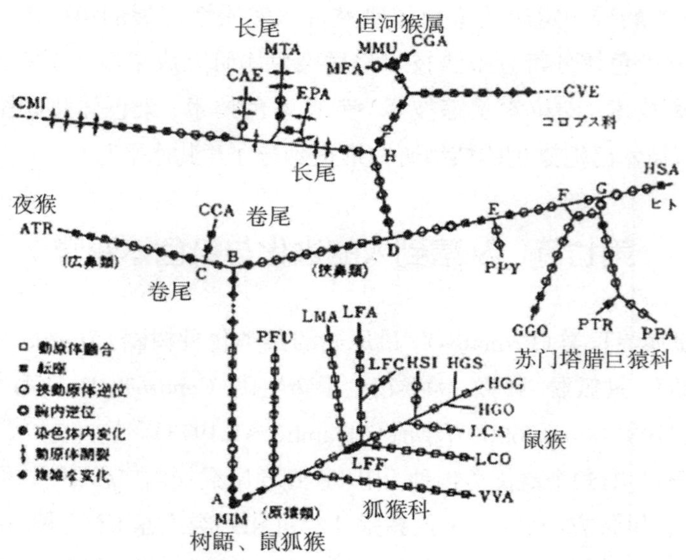

图 4-7-1　根据分染带型推想的灵长类核型进化（Datri aux）

类人猿（*Anthropoid*）包括苏门答腊巨猿（*Oranang-utan*）、大猩猩（*Gorilla gorilla*）、黑猩猩（*Pan troglodytes*, *Cimpanzea*）和人科（Hominidae）共4种。Chiarelli, AB.（1973），Dutrilluax, B.（1979）等先后绘制的灵长目核组型进化树从D点开始的狭鼻猿类两个端粒着丝点染色体融合成一个异形着丝点的Orang–ou–tan和第1号（No1）染色体，它再次发生臂内倒位，并增加异染色质带就变成人类No1染色体了。

Yunis，JJ.和O. parkash（1982）应用高分辨分带分染法分析证明，从原猿类进化到人类染色体大约变异150多次，其中大部分是染色体的内部的位移（shift）、逆位（inversion），其次为染色体之间的着丝点融合，这种变异用去大约30万年时间，类人猿4物种间染色体No6、13、19、21、22性X染色体相似，在人类（Hominidae）、黑猩猩（Cimpanzea〈法〉，Chimpanzee〈英〉、*Pan troglodytes*〈拉〉）、大猩猩（*Gorilla gina*〈学名〉，*Gorilla gorilla*）三种之间染色体No3、11、14、15、18、20Y相似，人类和黑猩猩之间染色体No1、2P、2q、5、6、7、8、9、10、12 ‘16和Y较相似，其次单独把人类染色体和黑猩猩对比时可发现No3、6、7、8、10、11、13、14、19、20、21、22和XY很相似，共13对。人类和大猩猩染色体对比发现No3、6、11、13、19、20、21、22和XY很相似，共9对，人类和苏门答腊巨猩对比有8对相似，如No5、6、12、13、14、19、21、22。4种间染色体的变异的突出特点是臂内逆位，这些物种染色体虽然有如上述相似的染色体，但是高分辨分带分染法显示在带形、异染色质带、臂内逆位、臂间移位等细微结构上还是有差异的，例如通常认为染色体No1在4种类人猿细胞内都相同，但人类染色体近着丝粒处有臂间逆位，大猩猩No1染色体长臂末端有变异，苏门答腊巨猿No4的短臂着丝粒出现额外变异带（Extraband），4种类人猿的Y染色体有种间差异。（见图4–7–2）

人类染色质2n=46，而其他3物种染色体的2p和2q着丝点融合成No2有长短臂的染色体，因此黑猩猩、大猩猩、苏门答腊巨猿核组型为2n=48。

总之从灵长目狭鼻猿中类人猿4物种的进化过程中染色体变异的主流特点是染色体数目减少、双臂染色体增多、端段着丝点染色体减少、浓染带增多（染色体重复片段增多），人类染色体无种族差异，人类染色体上排列的基因族（或组）约有300个位点，而黑猩猩、大猩猩、苏门答腊巨猿（或安哥拉猩猩）3物种染色体上排列的基因族只有50个位点，见图4–7–3。

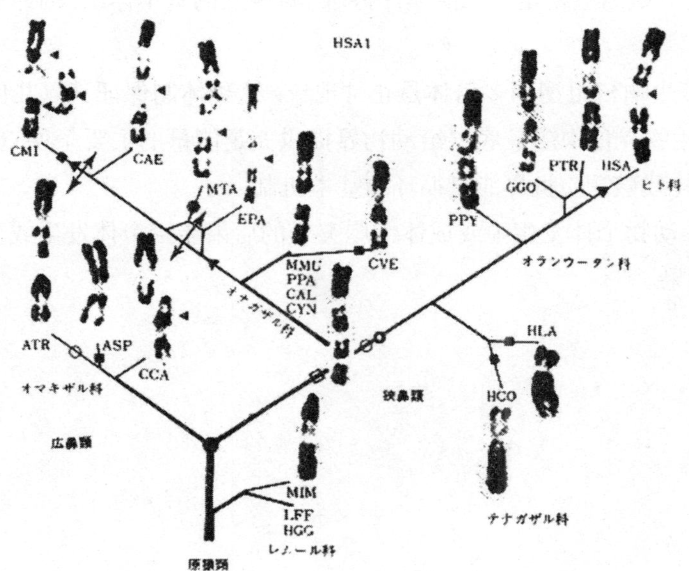

图 4–7–2　人类第一染色的起源

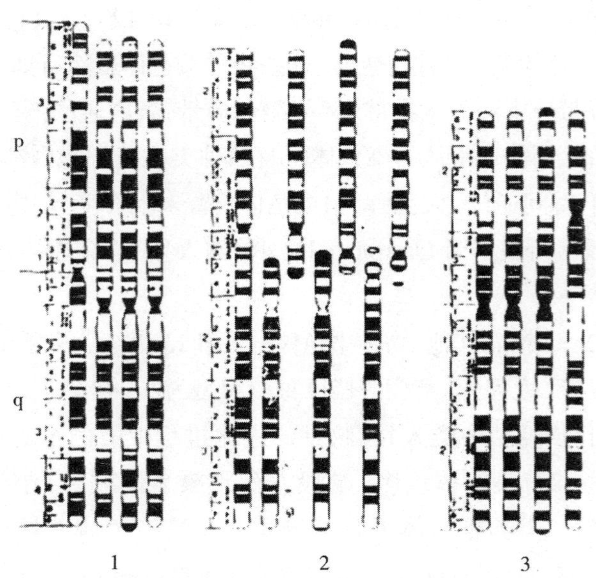

图 4-7-3　三种类人猿科物种的第一对染色体

1. 动物界核组型稳定为二倍体保持雌、雄两性的基本体制，对维持性比平衡是重要条件。

2. 低等生物核组型的多倍体是正常现象。这种体制保证其以几何级数比率增殖，以作为生物界食物链最底层给动物界提供充足能量的主要条件，也是分解死亡的动物、植物残骸物质世界能量循环的基本机制。

3. 高等动物个体发生中或成体细胞突变的后果能给个体发生或个体生存可能造成不良后果。

第五章　呼吸功能的进化

第一节　动物界呼吸形式的进化

地球上的一切生命物质新陈代谢的最基本机制就是摄取生存环境中的营养物质，加以氧化、还原，降解其分子结构，获取化学能量，排除废物，以供自我复制、自我更新。

氧化、还原反应的实质是使组成物质的原子失去电子，使分子遭到破坏，或获得电子，即获得能量重新组合成新的分子的反应，称呼吸。

我们在此章里着重论述动物界进化过程中呼吸形式和借助机体获取分子氧，排出二氧化碳的呼吸色素的分子进化。

低等单细胞原核生物只能将外界环境的营养物质摄入细胞内分解和利用，使之全部成为生命体的结构成分，称氧化同化（Oxidoassimilation）。后生动物的新陈代谢较为复杂，能量代谢的效率较高。

原生动物的呼吸方式是细胞界膜内外依靠高离子浓度梯度的差异，电子跨过势能屏障传递的隧道效应，或以离子渗透形式提供呼吸的动能。多细胞后生动物体内则分子氧的渗透在多种酶（Enzyme）的参与下进行复杂的氧化还原反应。

水生无脊椎动物从体表面、内脏器官表面直接吸入弥散在水里的分子氧进行呼吸，节肢动物门（Arthropoda）蛛形纲（Arachnoidea）动物腹节两侧有气孔，向深部形成的气囊里有叶肺，其15~20个肺叶里分布着毛细血管网（见图5-1-1）。甲壳纲（Crustacea）剑尾目（Xiphosura）动物鲎（*Tachypleus tridentatus*）的5对附肢上出现外皮皱折形成的叶鳃。

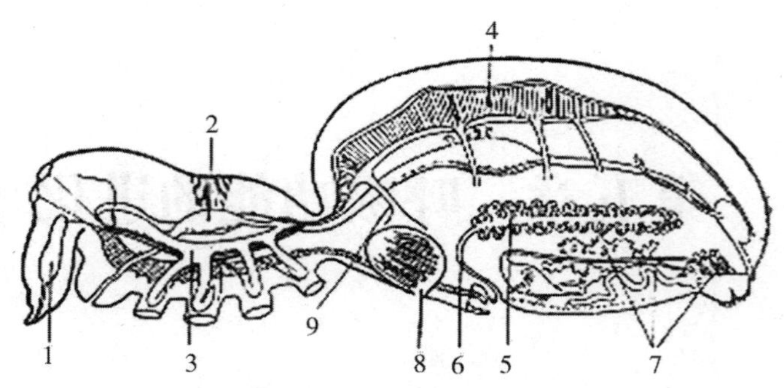

图 5-1-1　蛛形纲蜘蛛腹节里的叶肺（或称页肺）

1. 毒腺；2. 吸胃；3. 盲肠；4. 心脏；5. 卵巢；6. 输卵管；7. 蛛丝腺；8. 叶肺（或页肺、书肺）；9. 血管

鳃（Gill或 Branchia）是水生无脊椎动物的呼吸器官，其组织结构是上皮组织高度扩张其表面面积，形成皱襞，内有毛细血管网，以利于气体交换。

动物进化过程中作为呼吸器官的鳃在动物体内分布状况变异多样。

外鳃（External branchia）见于较少种类的动物，这是从动物体表向外分支的鳃。在鱼类中少数软骨鱼类（Chondrichthyes），鲨，肺鱼（*Dipnoi*），少数硬骨鱼（Osteichthyes）和两栖类的胚胎或幼体，洞螈（*Proteus*）、泥螈（*Necturus maculatus*），非洲肺鱼、南美洲肺鱼（双鳍鱼，*Dipterus*），总鳍鱼类都有外鳃，也是这类动物的恒鳃（Porennibronchia）。（见图5-1-2、3、4）

图 5-1-2　两栖类动物幼虫的外鳃

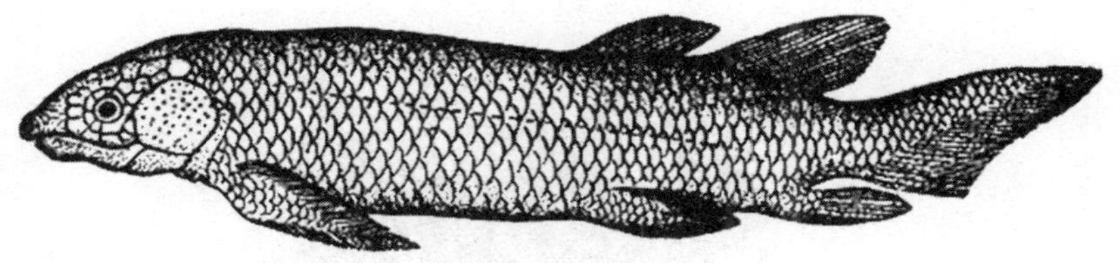

图 5-1-3 肺鱼的外鳃（EB）和肺（LG）

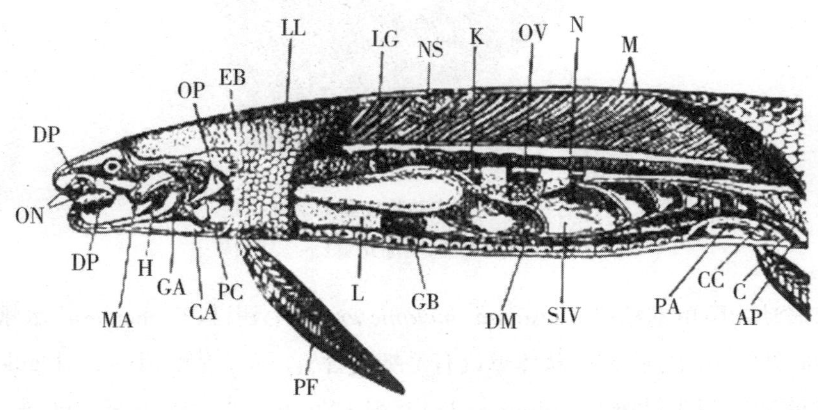

图 5-1-4 非洲肺鱼、南美洲肺鱼均有外鳃（EB）和
肺、鳃盖上边白色小片就是外鳃（External Branchia，EB.）

内鳃（Internal Branchia）是水生无脊椎动物或陆生无脊椎动幼虫水生环境中生存阶段在体内分布的呼吸器官，为水生脊索动物门大多数物种的呼吸器官。

节肢动物门（Arthropoda）甲壳纲（Crustacea）十足目（Decapoda），对虾（Penaeus orientalis）、河蟹（Eriocheir sinensis），软体动物门（Mollusca）瓣鳃类无齿蚌（*Anodonta*，又称河蚌），足根部有瓣鳃（Lamellibranchia，又叫足鳃Rodabranchia、关节鳃Arthrobranchia），是足根部或足关节处的外皮延伸出羽状突起（羽鳃），其外表皮肤皱襞形成鳃盖。

节肢动物门剑尾目（Xiphosura）鲎（*Tachypleus tridentatus*）特有的称书鳃（Book gill，又称叶鳃、页鳃）。鲎的书鳃位于5对游泳肢根部，这种附肢既是呼吸器官又是划桨。

棘皮动物的厚硬的表皮上有许多突起犹如突刺，钳棘或光棘称皮鳃棘。（见图5-1-5）

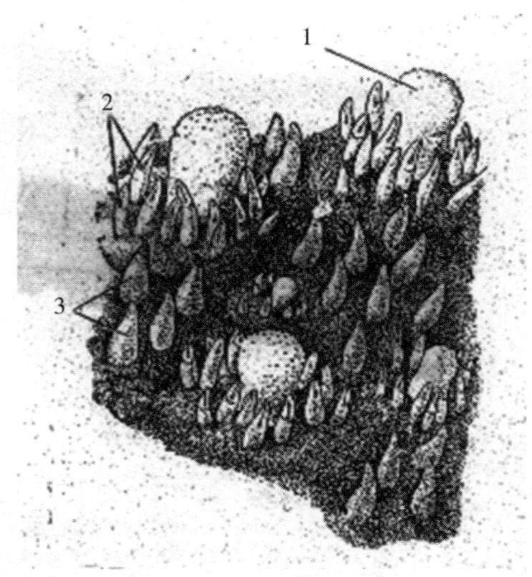

图 5-1-5 棘皮动物皮鳃（Paulea）

1. 突刺；2. 钳棘又称光棘；3. 皮鳃棘

节肢动物昆虫纲蜻蜓（*Aeschna melanictera*），毛翅目（Trichoptera）水蛾水生幼虫体侧向外突出的片状或线状体壁内有毛细气管丛，称气管鳃（Tracheal gill）。

软体动物门头足纲（Cephalopoda）乌贼（*Squid*）外套膜下有一对鳃。腹足纲（Gastropoda），陆生蜗牛（*Fructicicola*或罗马蜗牛*Helix pomatia*）的外套膜上有血管丛成为呼吸器官，称肺，外壳退化的蜗牛称蛞蝓（*Limax*或*arion*，又称鼻涕虫），还有日本产同类海生动物*Dendronotus arborescens*的鳃已退化，而全身边缘担负起呼吸功能，称适应鳃。

半索动物（Hemichorda）肠鳃类（Enteropneusta）柱头虫（*Balanoglossus*）、玉钩虫（*Dolichoglossus huangtaoensis*）、囊舌虫（*Saccoglossus*）以及相似的沪食动物羽鳃类（Pterofronchia）头盘虫（*Cephalodicus*）、杆壁虫（*Rhabdopleura*）等动物的吻腔里起因于沪食，同时也是呼吸器官。（见图5-1-6）

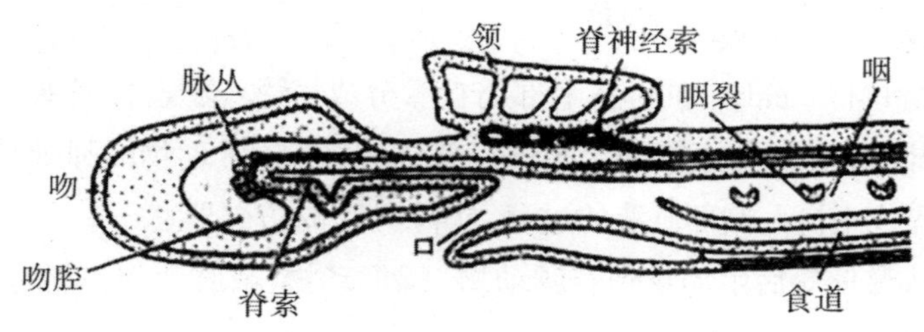

图 5-1-6 半索动物肠鳃类囊舌虫起源于咽裂的肠鳃

脊椎动物（Vertebrate）门硬骨鱼纲（Osteichthyes）辐鳍鱼亚纲（Actinopterygii）的特征性结构鳔（air bladder）是由消化管向背部突起的囊状气室。成为类在生存环境对抗干旱条件的辅助呼吸器官，完全水生环境下失去呼吸功能成为沉浮器官。有些鱼类的鳔由鳔管连通到消化管，是一种充气、排气的调压装置。鳔内有毛细血管网组成的红体（Red body），是向鳔内充气的机构，以对抗高水压。有些鱼类鳔管已退化，但鳔内气体可传导体外振波，成为辅助听觉器，反过来又可成为发声器，也是漂浮平衡器。

所有直接接触空气进行气体交换的动物物种都具肺（lung），肺鱼（*Dipnoi*）是水生动物走向陆生动物的趋向性动物，如图5-1-3所示既有外鳃又有肺，如非洲肺鱼适应于水陆两种环境生存。它在水中浸泡时间久了则会被淹死。在池塘的淤泥里靠外鳃生存，旱季来临时用尾部颤动潜入泥里休眠。同时以肺呼吸和巨大红细胞内的贮氧型血红蛋白供氧熬过旱季，等待雨季来临。两栖类动物、爬行类、鸟类、哺乳类动物完全依靠肺进行呼吸。

两栖类动物幼虫期在水生环境里依靠外鳃呼吸，成虫靠肺生存。爬行类动物的肺稍比两栖类的肺有些进化，但还是囊状的内有皱襞的气室；无步行足躯体延长的爬行动物，如蛇的肺是只有一条长管，属右肺的遗留物。鸟类的肺结构复杂，但较小，由肺突出形成一些气囊，气囊几乎占据身体内部一切空间，如胸气囊、腹气囊，甚至进入骨腔里占据骨髓腔的空间。这种结构是适于鸟飞行时氧气消耗量大，同时又减轻体重的适应性结构。气囊里的气体也有利于保持体温恒定，可助一臂之力。

鸟类肺无肺泡，在气囊里不能进行气体交换，支气管末端为海绵体（无肺泡）是呼吸结构。支气管通向各气囊，如腹气囊、前胸气囊、颈气囊、锁骨间气囊、后胸气囊等贮气器官，当空气被吸入和呼出时分子氧反复扩散进入血管里。可以说鸟类外呼吸效能极高。

哺乳动物（Mammalia）的肺从咽部与食管分成气管、支气管、各级分支气管到毛细气管终于肺泡，肺泡与血管壁之间进行气体交换。哺乳动物的肺既是呼吸器官，也是通向外界或来自大循环血液的过滤、消除异物的防御器官。

动物界从最低等后生动物到腔肠动物、蠕形动物、节肢动物、软体动物、棘皮动物、脊索动物均无呼吸色素。

表 5-1-1　现存百万种动物的呼吸方式

动 物	弥散式	呼吸管	呼吸色素
原生动物（Protozoa）	15000	—	—
海绵动物（Spongia）	5000	—	
腔肠动物（Coelenterata）	10000	—	海绵色素
蠕形动物（Helminthes）	5000	—	部分种类HC血蓝蛋白
节肢动物（Arthropoda）	……	……	无
甲壳纲（Crustacea）	7000	—	—
蛛形纲（Arachnoidea）	1000	19000	10000
多足纲（Myriapoda）	—	10000	部分种类
昆虫纲（Insecta）	—	750000	部分种类
软体动物（Mollusca）	30000	—	58000
棘皮动物（Echinodermata）	3000	—	1400
脊索动物（Chordata）	—	+	1700
脊椎动物（Vertebrata）	—	+	35000
总计	78000	779000	106700
百分率	7.8%	7.9%	14.3%

如表里所示85万种节肢动物中，19000种蛛形纲、1000种多足纲、750000种昆虫具有气管支网，但是几乎所有无脊椎动物无呼吸色素，进行气体交换，或有较原始的气管支网之前原始的呼吸管。绝大多数物种的气体交换方式还是弥散式呼吸，其中少数种类的蛛形纲、多足纲节肢动物和少数种类的软体动物和棘皮动物体内有呼吸色素介入气体交换过程。

呼吸色素介入气体交换过程是高效能的呼吸形式，因为呼吸色素中有运氧型呼吸色素，又有贮气型呼吸色素，这就给动物体有可能适应环境的急剧变化调节气体的利用和排除的剩余空间，也就是增强适应能力。

脊椎动物体内出现鳃、鳔、肺和高效能的呼吸色素的条件与无脊椎动物相比，是进化历程上的更高的生存能力。例如鱼类中最有呼吸效能的鱼通过鳃获得机体所需氧，要消耗全身消耗能量的20%，而陆生脊椎动物用肺呼吸只消耗1%~2%，人类肺泡与空气接触面积50~90m^2，即全身皮肤面积的50倍。在肺泡周围缠绕的毛细血管长约1100km。而且水在+5℃时饱和氧，比空气中的氧含量少20倍，人体内每17秒钟全部血液流经肺部一次，血里的红细胞占人体全部细胞总数的1/4，每个红细胞内含2.8亿分子血红蛋白，在每1/100秒钟每分子血红蛋白供4个分子氧。鸟类的呼吸效能更高。因为吸入的空气经气管、支气管到肺里经毛细支气管经海绵体过滤，也经过副气管进入气囊，当气囊里的剩余氧的气体再经过海绵体呼出，所以在吸入和呼出时海绵体毛细血管总能得到分子氧，这就是动物界呼吸方式的进化。

据AS.Romer 和 TS.Parsons（1977）的论述动物系统发生过程中肺是源生呼吸器官，而鳃是次生性呼吸器官，但是仔细考察时应该承认动物系统发生早期是直至两栖类出现为止，动物是在水生环境里从寒武纪到泥盆纪的1亿多年的漫长时代生存下来的。只有肺鱼、总鳍鱼类时代才开始用肺呼吸为生的。动物系统发生中先由体表、消化管壁、体壁细胞呼吸，接着出现消化管分支的气囊、鳔（后成沉浮器）、鳃之后出现了肺。肺是陆生动物生存方式所必需的最高级的气体代谢器官。

第二节　呼吸色素的分子结构

地球表面上的水生环境里，后生动物进化历程中到志留纪，还原型大气转化成氧化型大气之时动物体液里，而后在特化的细胞里出现呼吸色素。这时动物机体代谢的最终阶段上，能够利用分子氧，更有效地分解营养物质，取得化学能，以供日益复杂化的细胞，组织、器官，机体结构和功能所需求的能量。

呼吸活动中动物机体的所有活细胞，无一例外地都要参与。但呼吸色素是外界环境里的分子氧导入全身细胞的中介物质。

在动物进化过程中，昆虫、鱼类、两栖类动物、爬行类动物、鸟类、哺乳类动物的皮肤、毛发、羽毛里出现过许多种类的色素，从生理功能、生态学意义上可以认为这些鲜艳夺目的色素是保护色、求偶色、警告色、隐蔽色、季节色（受光或避光）。

从化学结构上分析的话，那些特殊色素都是芳香族化合物或一些有机化合物上不饱和结合的>C=O、>C=C<、>C=NH、–N=N–、–N=O、$-N^{+}$（=O）$-O^{-}$、–N=N（C–O）$^{-}$之类原子团，它们成为发色团。

动物界呼吸色素是高效能的运氧型和低效能的贮氧型色素。在动物进化的数亿年间出现过许多种类的呼吸色素，如血红蛋白（Hemoglobin–Hb）、血绿蛋白（Chlorocrourin–chc）、血蓝蛋白（Hemocyanin–HC）、血褐蛋白（Hemerythrin–Hr）、血钒蛋白（Hemovanadin–Hv）、钴卟啉血红蛋白（Picket fine cobalt Hemoglobin–Co^{++}p）、豆球血红蛋白（Legumin Hemoglobin–LHb）、锰血红蛋白（Manganium Hemoglobin–MnHb）、光敏血红蛋白（Phytochrome）、海绵色素（Spongioporphyrin–Sp）、肌红蛋白（Myoglobin–Mb），各种氧化、脱氢酶、细胞色素系统（Cytochrome）等。

同一种呼吸色素在同一物种个体里，在出生前和出生后，在变态前后，幼态和成体里都可出现结构变异。

动物界绝大多数种类的呼吸色素的辅基为原卟啉，甚至植物界的光合色素（叶绿素，Chlorophyll）的辅基也是原卟啉。

动、植物界呼吸色素的最大差别在于，动物呼吸色素辅基所结合的是球蛋白，而植物界呼吸色素辅基所结合的是植物醇。

但是动物界某种个别物种个体里可有叶绿素，如腔肠动物、鸟类羽根、硬骨鱼，似豆科植物。Федатов，Д.М.（1935），Коштаянец，X.C.（1941），提到鲻鱼（*Mugil cephalus*）血液里、植物界某种个别物种个体里可有血红蛋白；Haurowitz和–Hardin，R.（1957）、大植登志夫（1965）及其他学者的报告成为下表动物界呼吸色素的种类和结构、功能一览表的根据。（见表5–2–1、2）

表 5-2-1 动物界呼吸色素的种类及其分布

呼吸色素（Respir, pigment）	辅基	络合金属	分布	分子量（MG）Daltom=D	动物
血红蛋白（Hemoglobin-Hb）	原卟啉IX	Fe	血细胞（高等动物）血浆（低等动物）	17000：34000 68000	动物界和豆科植物
血蓝蛋白（Hemocyanin-Hc）	不明（无原卟啉）	Cu	Busycon Canaliculata 血浆	9980000	软体动物（部分），节肢动物（部分）
血褐蛋白（Hemerythrin-Hr）	不明（无原卟啉）	Fe	体液	66000	蚯蚓等环节蠕虫
血绿蛋白（Chlorocruorin-Chc）	原卟啉	Fe	血细胞	68000~82000	环节蠕虫，龙介类，星虫类
血钒蛋白（Hemovanadin-Hv）	四吡咯环	V		$C_{12}H_{10}O_7$=267.4	幼态海鞘、樽海鞘等被囊动物
海胆色素（Echinochroma A-EC）		Fe	体液		棘皮动物海胆，原索动物
海绵色素（Spongioporphyrin-SP	原卟啉+叶绿素	Fe-Mg			腔肠动物，鸟类羽毛，鲻
翅球蛋白（Pinnaglobin-Pb）	原卟啉	Ma		$C_{728}H_{985}N_{183}MnS_4$-$O_{21}$O =14487.7	软体动物，江珧
肌红蛋白（Myoglobin-Mb）	原卟啉区	Fe	肌细胞	17000D	从环节蠕虫到哺乳动物
黄素蛋白（Flavoprotein-FV）		Mo	心肌细胞		脊椎动物
脱氢酶系（Dehydrogenasts）		Fe	线粒体		嗜氧生物
氧化酶素（Oxidases）		Fe			嗜氧生物
细胞色素（Cytoehrome）	四吡咯环	Fe	一切细胞		生物界（嗜氧生物）

注：1. 细胞色素、脱氧酶、氧化酶、黄素蛋白等类色素系参与细胞内基质氧化还原代谢的酶，可算作呼吸色素，不属于通过循环系统从事运氧、贮氧以参与组织呼吸的呼吸蛋白质。

2. 细胞内含有的呼吸色素分子量低而体液内分布的呼吸色素分子量高，由于各种原因含有呼吸色素的细胞破碎时小分子呼吸色素立即经尿排出体外，因而失去运氧功能（血红蛋白尿症为例）。

3. 血红蛋白可分二型：运氧型和贮氧型。因此某些低等无脊椎动物的神经节含有呼吸色素，在缺氧条件下有利于神经系统的生命活动。

4. Spongioporphyrin=Tetronerythrin，Hemovanadin=achroglobin

表 5-2-2　动物界的呼吸色素的物种分布（F.Haurow: tz）

表5-2-2（1）血红蛋白

动物种类	分布	分子量	功能
原生动物Protozoa *Tetranymena*（四叶虫） *Parameeium*（草履虫）			
蠕形动物（Vermis）			
19000 种含Hb：如			
纽形蠕虫（*Nemertinea*）			
Lineus	体液，软骨，神经干		贮氧
Polia	体液		贮氧
圆形蠕虫			
*Ascaris*蛔虫	血细胞内，体液		贮氧
Nippstrougylus	体液		贮氧
扁形蠕虫			
Derostoma	体液		贮氧
Syndesmis	体液		贮氧
环节蠕虫（Annelida）			
Nereis	血浆	362000	
Arenicola marina（海蚯蚓）	血浆	362000	
Dasybranchus caducas	血细胞内	26000	
厚落鳃沙蚤			
Serpula（龙介）	血细胞内Hb		运氧
	血浆内Hc		贮氧
Terebella	血细胞内Hb		
Pheretima	血细胞内Hb		
Tracisia japonica	血细胞内Hb		
Hyrudo nipponia（水蛭）	血细胞内Hb		
Hrechis（棘尾虫）	血细胞内Hb		
Thelasema（棘尾虫）	血细胞内Hb		
Lokedosoma（棘尾虫）	血细胞内Hb		
Phoronis（帚虫）	血细胞内Hb		
Urechis unitenctus			
Ikedoscma gogoshmense			
Nereil Divesicolor（沙蚕）	体液内（Hb）	3000000	贮氧
	血细胞内Hb	34000	运氧
Glycera gigantean（巨沙蚕）	血细胞内Hb	56000	运氧

续表

动物种类	分布	分子量	功能
软体动物（Mollusca）	12000种含Hb		
Epimania	细胞内	34000	
Anadara	细胞内	34000	
Glycimeris	细胞内	34000	
Pectauculus	细胞内	34000	
Soleu	细胞内	34000	
Planorbis Cormeus（扁蜷螺）	体液内	1300000	
Aria（魁蛤）	体液内		
Planorbis（扁卷螺之一种）	体液内	1540000	
Busicon	细胞内HD 体液内HD		
节肢动物（Arthropoda）	甲壳纲3000种含Hb		
Daphuia magna	血浆中	420000	
Morina macrocopa（裸腹蚤）	血浆中 血浆中		
Simosephalus Vetulus（低额水蚤）	血浆中		
Branchipus			
Balanns	血细胞，血浆		
Elninius	血细胞，血浆		
Chironomus	血浆内	34000	贮氧型
Buenoa	血浆内	34000	
Anisops	血浆内	34000	
Gastrophilus	血浆内	34000	
Daphonia plex	血浆内	3600000	
Chiuonmus（摇蚊）	血浆内	31400	
棘皮动物（Echinodermata）			
Caudina（海参）	血细胞内Hb	34000	
Molpadia（海参）	血细胞内Hb	34000	
Neothyone（海参）	血细胞内Hb	34000	
Theonela（海参）	血细胞内Hb	34000	
Cucumaria planci（瓜参）	血细胞内Hb	34000	
Eupentaeta	血细胞内Hb	34000	
Pentamela	血细胞内Hb	34000	
Holothuria nigra（黑参）	血细胞内Hb	34000	
Thyone aurahtiaca（赛角参）	血细胞内Hb	34000	
Ophiactis Verens（辐蛇尾）	血细胞内Hb	34000	

续表

动物种类	分布	分子量	功能
脊索动物(Chordata)			
Lampetra morii(七鳃鳗)	血细胞内	17000	
Entosphenus(八目鳗)	血细胞内	17000	
Paramyxine(盲鳗)	血细胞内	34000	
圆口类(Cyclostomata)	血细胞内		
部分种类，如文昌鱼	无呼吸色素		
脊椎动物(Vertebrate)			
鱼类(Pisces)	红细胞内	17000	
两栖类(Amphibia)	红细胞内	68000	
爬行类(Reptilia)	红细胞内	68000	
鸟类(Aves)	红细胞内	68000	
哺乳类(Mammalia)	红细胞内	68000	
注：1. 血红蛋白含于最低等动物、豆科植物根瘤、最高等动物，是最重要的呼吸色素。 2. 含于血浆的血红蛋白分子量大(近一千万)。 3. 细胞内含Hb分子量小(Amberson的实验证明小分子量Hb由尿排出)。 4. 血红蛋白分运氧型和贮氧型两种，低等动物Hb大部分属贮氧型，而高等动物Hb属运氧型。			

表 5-2-2(2)　血蓝蛋白

动物种类	分布	分子量	功能
蠕形动物(Vermes)	无		
软体动物(Mollusca)			
46000种含HC，如			
1. Bronchiopoda(腹足类)			
Helix pomatia(罗马蜗牛)	肠，肝	1800000	贮氧
Helix Herteusis	肠，肝	5000000~6630000	贮氧
Helix Homoralis	肠、肝	5000000~6630000	贮氧
Helix Arbustorus	肠、肝	5000000~6630000	贮氧
Paludina vivipara			
Paludina contecta			
Lifforine liforea			
Buccinum undulatam			
Achatioa fulva			
Haliotis rufesteus			
Murex brandaris			
Neptunea autiqua			
Linmea stagnalis			

续表

动物种类	分布	分子量	功能
Limax maximus			
Arion empiricorum			
Bucicon Babilonia			
Dohobeda			
2. Cephalopoda（头足类）			
Octobus Vulgaris			
Eledone Moschata			
Eledone Cirrnosa			
Loligo Vulgaris			
Sepiola Oweniana			
3. Elasmobranchii（板鳃类）			
Mutilus edulis			
Anodonta			
Pecten			
节肢动物（Arthropoda）			
1. Araneida（蜘蛛类）			
Tachipleus			
Scorpionida			
Euscorpius carpathicus			
2. Xiphosrus（剑尾类）			
Xithous（鲎）	体液	1300000	贮氧
Limulus polyphemnus			
3. Crustacea（甲壳类）			
Malacostraca（软甲类中的多类种）	体液内	360000 640000	贮氧
Hamarus Vulgaris（多数种）	体液内	1310000	贮氧
Astacus fluviatilis		640000	
Cancer Pagurus			
Careinus moenas	体液内		贮氧
Maia Squinado		550000	
Palinurus Vulgaris	体液内		贮氧
Dromia Vulgaris		360000	
Pagurus Striatus			
Nephrops norvegicus	体液	2520000	贮氧
Squilla mantis	体液	2520000	贮氧
Neriis Verns（沙蚕，环节）	体液	2520000	贮氧
Arenicolla marina（环节）	细胞内	160000	贮氧
Pectinario belgica（海扇，软体）	体液内		
Arca pexata（蜗牛，软体）	体液内		贮氧
Busicon Canaliculatum（寄居蟹）		9980000，日本人称天狗螺	

表 5-2-2（3）　血褐蛋白

动物种类	分布	分子量	功能
蠕形动物中300种含HE			
Spunculidea（星虫242种HE）			
Phascolosma	细胞内		
Deudrostoma	细胞内		
Priaplida	细胞内		
Halycriptus	细胞内		
Lingula Unguis	细胞内		
环节蠕虫			
Lumpruculas terestris（蚯蚓）	体液	2750000	贮氧
Magellona papilieornis（长手沙蚕）	细胞内		
Sipunculus nudus（星虫）	细胞内		
S.Doulidii	体液		
Phasedosma vulgaris	体液		
P. Elondatus	体液		
Phymosona	体液		

表 5-2-2（4）　血绿色素

动物种类	分布	分子量	功能
蠕形动物700种含chc如：			贮氧
Serpuliomorpha 500种（除多毛类）	体液		
Chlorhemidae（spiomorpn目中的一种）	体液		
Sabelida ventilabrum（帚虫）	体液	2750000	
S.bombyx	体液		
Serpula（龙介虫）	体液		
Siphonostomata Diplochatos	体液		
Spirorbis（多毛纲）	体液		
Sabellu penicillus	体液		

表 5-2-2(5) 血钒色素

动物种类	分布	分子量	功能
原索动物(Protochordata)			
Ascidia(海鞘)	细胞内		
Terebratula	细胞内		
Terebratellina	细胞内		
Cyntia(石勃卒)	体液		
Doliolum tritomus(樽海鞘)	细胞内		
Larvaceans(*Cyclomiaria*,即*Nurse*幼态海鞘)	细胞内		
Taliace	细胞内		

表 5-2-2(6) 海胆色素

棘皮动物(Echinodermata)			
Echinus mamilatus(刺海胆)			
Echinoceamus			
Asterias(海盘车)			

表 5-2-2(7) 翅球蛋白

动物种类	分布	分子量	功能
软体动物(Mollusca)			
Pinna Squamosa(江珧)			
Pinna(贻贝)	贻贝(海生软体动物)		

表 5-2-2(8) 海绵色素

动物种类	分布	分子量	功能
Actiniaria(海葵,腔肠动物门)	海葵腔肠动物		
Anemonia			
Cerens			
Hormathea			
Tealina			
Mugil cephalus(鲻鱼类)			
Asterias(海盘车,棘皮门)			

表 5-2-2(9) 肌红蛋白

动物种类	分布	分子量	功能
从环节动物(Annelida)至哺乳动物均含Mb 对于深潜水哺乳动物意义更大	肌细胞	17000	贮氧

从上表所列动物界呼吸色素功能和结构差异来看，呈现出如下趋势：

1. 血红蛋白分子的辅基是原卟啉区Ⅸ，络合中心原子为二价铁，在动物物种分布中高等动物血红蛋白分子量比低等动物血红蛋白分子量低。

2. 低等动物各种呼吸色素均比高等动物各种呼吸色素的分子量大，最大者可达1000万道尔顿，如Busico canaliculatum 9980000。

3. 贮氧型呼吸色素分子量比运动型呼吸色素分子量大。

4. 体液里分布的呼吸色素比细胞里的呼吸色素分子量大。

5. 贮养型呼吸色素与运氧型呼吸色素的最关键的分子结构差异在下文介绍。

6. 唯独昆虫（insecta）虽有血管，但血管里的血液不介入气体交换，不行使呼吸功能的中介活性，这些物种的血管只参与排泄代谢尾产物的活动。

第三节　肌红蛋白（Myoglobin–Mb）的分子结构

肌红蛋白是低等无脊椎动物环节蠕虫（*Annelida*）开始直至高等脊椎动物肌细胞里传递氧分子进入线粒体，向外排除乳酸分子的传媒结构。肌红蛋白与血红蛋白结构上的差异是前者为单体（Monomer），而后者为四聚体（Tetramer），功能差异是前者不参与二氧化碳的代谢，而后者既传递分子氧，又传递二氧化碳。血红蛋白传递分子氧的过程既能迅速传递，又贮存分子氧来缓慢地传递到线粒体里。

动物界中善于较长时间潜泳的肺呼吸动物，如鲸（*Cetacea*s）、海豚（*Delphinus delphis*）、海象（*Mirounga*）、海马（*Odobenus rosmarus*）、海牛（*Trichechus manatus*）、海狗（*Callorihinus ursinus*）、海狮（*Eumetopias jubata*）之类哺乳动物；海蛙（*Rana Cancrivora*）两栖类；海蛇（*Hydrophis Cyanocinctus*）、水蟒（*Eunectes murinus*）、海龟（*Chelonia mydas*）之类爬行动物；潜鸟（*Gavia stellata stellata*）、潜鸭（*Aythya*）之类鸟类；肺鱼（*Dipnoi*）的贮氧呼吸色素保证它们的生存活动能力。像非洲肺鱼平时用由肠道分支的肺直接进行呼吸，气候进入旱季时在稀泥浆里尾部摆动，潜入泥里进入休眠状态，其巨型有核红细胞里的贮氧型血红蛋白供氧渡过旱季，迎来雨季。

在肌红蛋白分子结构的研究中取得最辉煌成果的是美国学者J，C.Kendrew（1963），他应用6Å分辨率的电子显微镜技术结合X射线衍射技术显示肌红蛋白分子结构。根据较高电子密度三维图像看到了卟啉环结合铁离子的黑色（图中表示的色并非原色），球形团块和与之相连的肽链，但是6Å分辨率不可能给出多肽分子的

弯曲和它的侧链。(图5–3–1)

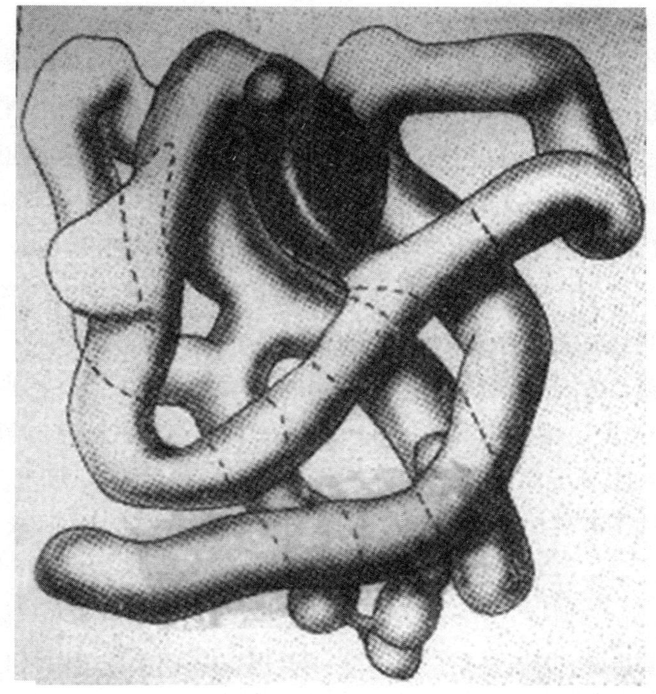

图 5–3–1 肌红蛋白分子(单体)结构模式图

电子显微镜 6 Å 分辨率所示,黑色圆盘为血红素

Kendrew应用2Å分辨率电子显微镜照片技术,测试1万多张X光双光束衍射线的位相,这是照相底片上显示的极限。为了取得电子密度函数,在一个肽分子的范围内测定10万个位点,由此才得到的电子密度显示出α–螺旋段及其侧链原子分布状态。图像显示α–螺旋段是直形的,络合中心铁离子偏离卟啉环核大约有1/4Å的距离。多肽链某一末端的侧链与铁离子相接的高电子密度部位正是多肽链的组氨酸残基(图5–3–2)。沿多肽链长轴出现17个侧链的高电子密度区。2Å分辨率技术能搞清楚血红素集团和多肽的α–螺旋段及其侧链的电子结构,但非螺旋段及其侧链的结构仍不清楚。

Kendrew进一步应用1.4Å分辨率技术最终确证了肌红蛋白原子结构的1260个原子(氢原子除外)中的925个原子的坐标,也确证相邻原子间共价键的影像。

可以肯定,组成肌红蛋白多肽链的151个氨基酸残基中有118个残基分布于8个α–螺旋段上。5个非螺旋段(β–折叠)各含有1~8个残基。非螺旋形羧酸基（C–ter）由5个残基构筑，这些非对称卷曲形成珠蛋白的三维构相，其体积为45Å×35Å×25Å。

肌红蛋白分子卷曲得很紧密，内部几乎不含水分子和溶液，而且没有多余的空间。在充填珠蛋白分子内部的疏水基之间Van der walls弱相互作用力具有极重要作用。在蛋白分子表面的极性基在分子结构间通过溶液只起着辅助功能。

但是谷氨酸（Glu–）、天冬氨酸（Asp–）、丝氨酸（Ser–）和苏氨酸（Thr–）等氨基酸残基以其自由亚胺基与α–螺旋段的末端卷曲部相互作用着。这可能在破坏螺旋结构时起某些作用。这些氨基酸残基被称为α–螺旋段的破坏者。

围绕血红素集团的结构对于肌红蛋白的解释具有特别重要的功能意义。因为一旦把血红素分离起来的话，它就失去反复氧合的能力。特别应该指出的是铁原子的第5个配位键（Cordinate covalent bond）与组氨酸残基的氮原子结合着，第6个配价键与水分子结合着，借此与第2个组氨酸残基的ε–咪唑基形成氢键结合。在血红素周围的其他部位被疏水基围绕着。疏水基之间Van der Walls相互作用力起着作用。

Kendrew对肌红蛋白的研究为澄清血红蛋白分子结构和气体交换功能方面具有极为重要贡献。但肌红蛋白只由单一分子构成，而血红蛋白是4聚体分子。结构上比肌红蛋白复杂得多。肌红蛋白只能与氧原子结合，而不可能与二氧化碳分子结合，气体交换机制比血红蛋白简单得多。

肌红蛋白亚基肽链的α–螺旋段有D段，由7个残基构成。其CD非螺旋段有8个氨基酸残基，与血红蛋白–肽链相似。总计肌红蛋白α–螺旋段结构里的氨基酸残基数为120个，非螺旋段残基数为33个，即153个氨基酸残基构筑肌红蛋白。若想考察每个螺旋段和非螺旋段的氨基酸残基数时还可查阅Oberthur, W.等（Hoppe–Seylers Zeits. Physol. Chem., Bd 362, S, 851–858, 1983）或Dickerson和Geis（1983）绘制的图谱。

图5–3–2示肌红蛋白分子6Å、4.1Å、1.4Å，电子显微镜下的以血红素为核心，并可看到近位组氨酸分子的部分原子图像。

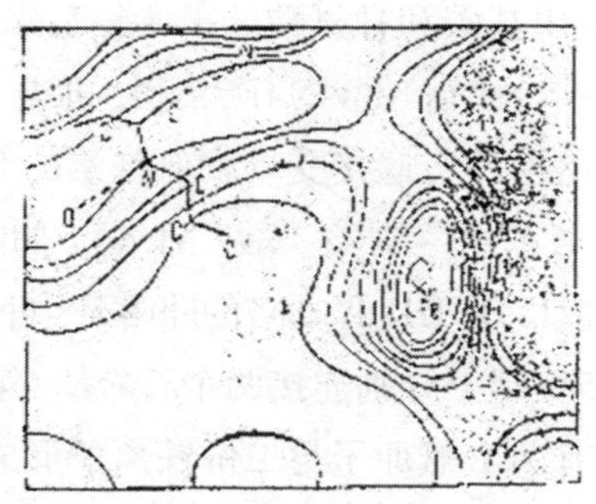

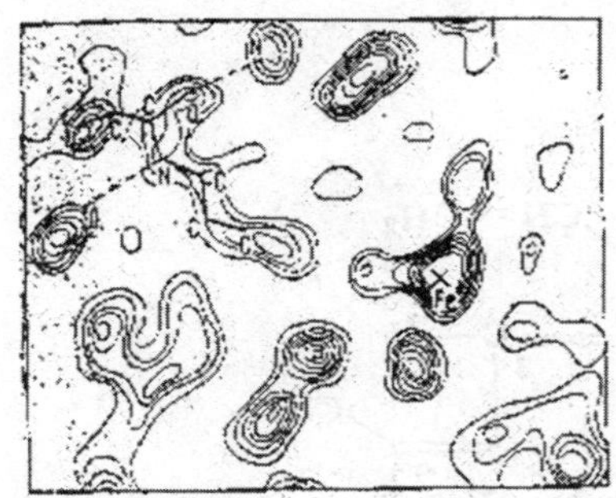

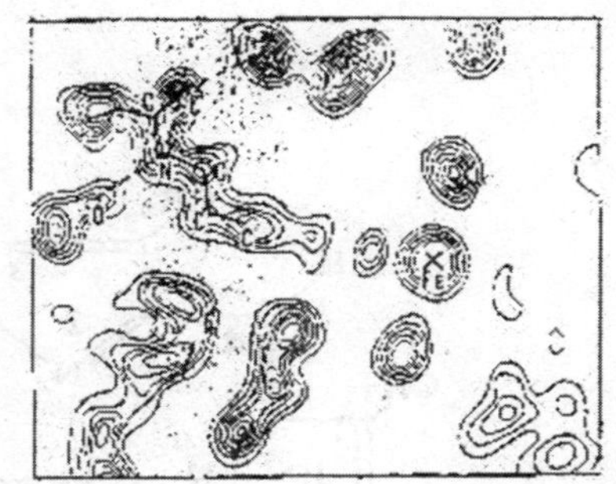

图 5-3-2 在电子显微镜下 6Å、2Å、1.4Å，所示肌红蛋白组成原子图像。三线图是同一个分子沿肌红蛋白、分子螺旋切面的图像，以血红素为中心，并可看到氨酸残基的部分原子

第四节 血红蛋白（Hemoglobin-Hb）的分子结构

太古元古代中后期，在地球表面分子进化时代里，由乙酸、甘氨酸、琥珀酸的碳骨架和氮原子缩合出吡咯基团分子。这世代里，在地球的高温条件下缩合乙酸分子用16年时间，那么缩合出原卟啉可能花去千万年时间。

1913年Kuster, W.（Hoppe-seyllers Z. physiol chen. 88: 377-388, 1913）首次发表了血红素（Haem）是4个吡咯环以4个半甲烷桥（methane bridges）连接成原卟啉环。

1920年Willstater, R., A.Stoll首次发现植物光合色素叶绿素（Chlorophyll）是镁卟啉与植物醇结合的呼吸色素。

1954—1955年Shemin, D.应用放射性元素标记法证实4个吡咯环间的半甲烷桥的4个碳原子来源于甘氨酸的α-碳，4个吡咯环的与乙烯基和丙酸基结合的第3、5、7、8位点的碳也来自甘氨酸的α-碳。在此之前曾有人用放射性原子标记法看到吡咯环的某些碳来源于乙酸盐的甲基碳和甘氨酸的α-碳，后来进一步研究才发现乙酸的甲基碳和甘氨酸的α-碳缩合成琥珀酸的4碳集团，再进一步缩合成α-氨基-β-酮戊二酸的6碳集团。当今化学界普遍接受动物血红素的4个吡咯环的所有碳骨架和结合基的碳全部来自α-氨基-β-酮戊二酸（ALA）。如图5-4-1所示血红素4个吡咯环以4个半甲烷桥连接成I、II、III、Ⅳ吡咯的卟啉环。卟啉环的第1、3、4、6位碳上分别连接4个甲基，第3、5位碳上分别连接两个乙烯基，第7、8位碳上分别连接着丙酸基。卟啉环的4个氮中有两个氮原子与二价铁离子形成共价结合，而与另两个氮原子之间形成氢键的受—授结合，这就是血红蛋白的辅基血红素（Haem）（见图5-4-2）。

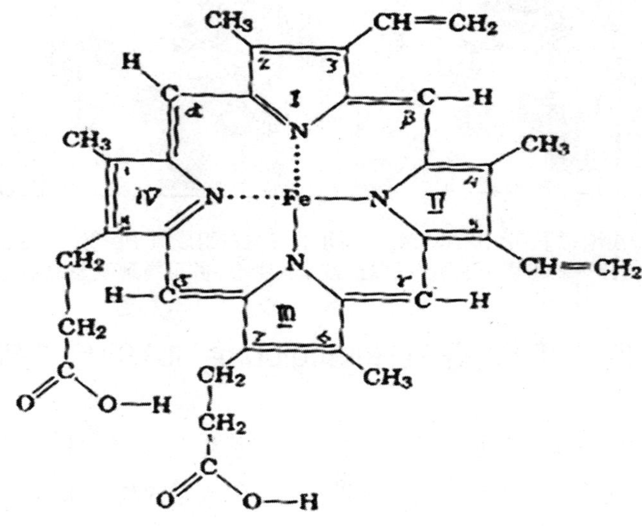

图 5-4-1　血红素（亚铁原卟啉）

血红蛋白分子结构由于Perutz，M.F.的长达23年的不懈努力，终于于1959年才得以彻底澄清。

事情的经过是，1937年Perutz，M. F.在论文答辩时因许多问题悬而未解，评审会上未获通过，但他并没灰心，没有放弃研究方向。当时Perutz意识到只用分辨率5.5Å的X线衍射图像的物理学技术，而不用化学技术给予辅助难于达到所求目标。所幸的是，在他之前Pauling，L和 R. B. Corey 1951年发表了蛋白质一级结构的线形构相卷曲成α-螺旋段的二级结构的多项研究报告；Davies DRJ（1964），Zuckerkandl，

E.（1966），Oberthur, W等（1983）发表过血红蛋白α-链和β-链的一级结构氨基酸顺序的分析报告。另外，Rodwald, K.等（1984a, b）用改进的纸层析法分析了某些种类蛋白质一级结构的氨基酸顺序测定。Linderstrom-Lang, K. U.（1953）证明蛋白质一级结构卷曲成几种具有不对称型螺旋结构，称34螺旋。直线形螺旋段（二级结构）再次折叠成蛋白质三维结构构相，一级结构是由共价键结合的肽链，二级结构的螺旋构型间以氢键加固，三级结构是静电引力，疏水力和Van der walls弱相互作用力保持其构相。所以二级结构和三级结构是非常脆弱的结构，不稳定的结构。这就构成人们制取不破坏其天然构相的蛋白质结晶技术的难度。直到20世纪末到来之时已经积累了将近300多项蛋白质分子结构的数据库，Perutz的同事Kendre, W.应用X线衍射技术证明肌红蛋白α-螺旋段多肽链的原子分布图像（上已述）。Anfinsen, C. B.（1972）也用相同技术手段证明肌红蛋白α-螺旋段的氨基酸残基侧链的相互作用。证明大量疏水基翻转到分子中心，而大多数亲水基分布在螺旋结构的外侧面。这两种非极性基和极性基之间出现大量的Van der walls弱相互作用力。

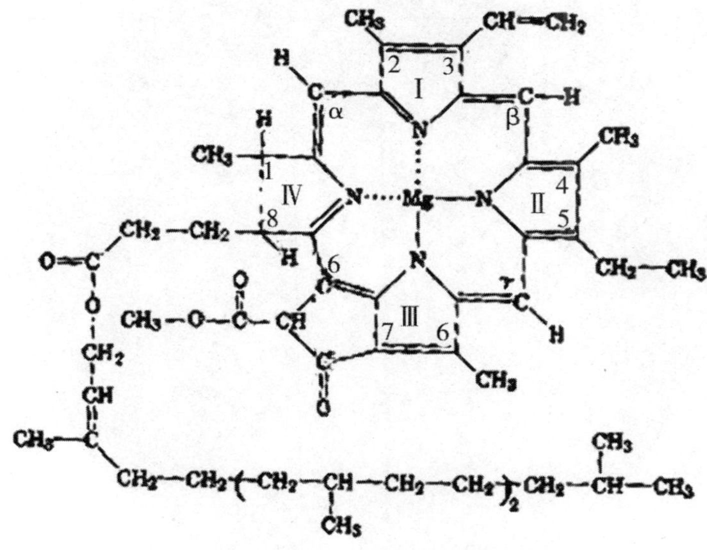

图 5-4-2　血红素和叶绿素的结构

捷克学者Haurowitz, F.（1958）在布拉格自己的实验室里，把血红蛋白针状结晶的悬浮液保存于冰箱里数周。他发现氧合血红蛋白（红色）的氧分子被混入悬浮液里的细菌“吃掉”了。结果红色血红蛋白针状结晶变成褐色或紫色六面体板状晶体。当他把变色的血红蛋白晶体悬浮液滴入盖玻片下，吹入氧气时变形血红蛋白晶体又恢复成鲜红色四面体结晶了。Haurowitz得出结论，血红蛋白由于氧合和脱氧状态其颜色和结构出现可逆变化，肌红蛋白则无此变构能力，Perutz认为Haurowitz的研究成果为他解决血红蛋白生理功能提供了“金钥匙”。

1913年Bragg, W. H.父子两人设计出X–射线分光器（Braggs X–ray spectrometet）并奠定了应用X–体原理的基础。之后有许多人改进了X–射线衍射技术。

Perutz于1959年在众多学者应用X–线衍射技术研究各种蛋白质分子结构基础上完成了人类血红蛋白结构的辉煌成果。他说血红蛋白和其他多种蛋白质一样，分子内部含有一定的水分，当制作晶体的方法有误或血红蛋白干燥、失水招致失去分子结构的有序性。为保持其结晶的自然结构，必须将其吸入含有水分的微细玻管里。然后置入X–射线多光束照射下，观察单晶体。晶体在静置状态下，在背后的感光底片上出现椭球形斑点（见图5–4–3）。

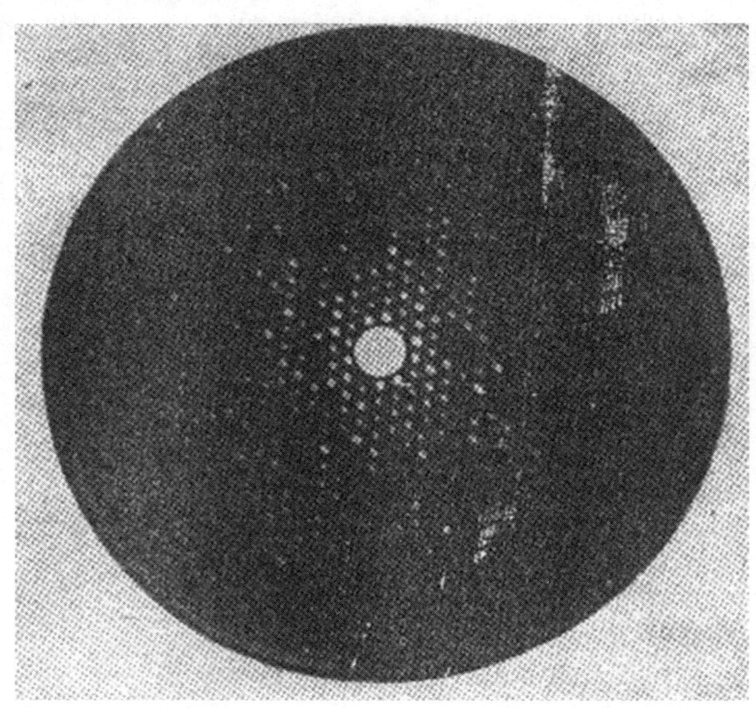

图 5–4–3 单体血红蛋白分子在摄像时旋转的 X– 线衍图，当照射到原子壳电子时照射的射线显现出对称的斑点

如果将晶体转动一定角度时，在双层凸透镜装置的帮助下，斑点变形呈对称性

的相互交错的干涉条纹，这是因为分子内的每个原子核周围的壳电子群几乎变成干涉光栅，左右着各种反射光的强度，在某一方向的光束被个别原子散射而增强光强（相长干涉），另一方向的光束被其他原子干涉而光强（振幅）消失（相消干涉），对比各种原子平面上反射的反光强度，以此能够对各种原子准确定位。（见图5-4-4）

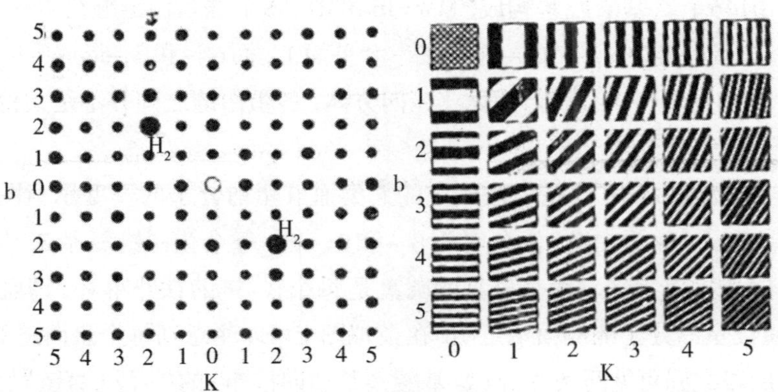

图 5-4-4　右为借助于特殊的光学装置所得原子结构的 X- 光衍射图，与此斑点相对应的干涉条纹如左图，每对分布于中心两侧的对称斑点变成专有的条纹。如数字标记的 2、2 和 2、2 形成 2、2 方块里的条纹，相继将每一列条纹于同一相纸上时可获得原子结构晶格的二维图像，但首先应确定位相

血红蛋白分子是巨大的四维结构分子，要得到它的立体结构图像，不可能用少数几张X-光衍射照片就能得到。为此，要采取两条重大措施：其一必须调整每条光束的位相，使它们的波前的影像反映出真实结构。为此Perutz将重原子汞（Hg）或铂（Pt）、钨（W）与半胱氨酸（Cys-）的硫基（S）结合之后，得到了各光束位相差极明确的影像；其次，为得到血红蛋白三维结构的立体构相，需拍摄数万张显影底片，将它们按层序重叠起来，就像胚胎学家观察整体胚儿的显微结构，制作数万张连续切片标本，贴在玻片上按层序重叠，看到胎儿整体的立体结构一样，观察到了血红蛋白的立体结构。

Perutz说人类红细胞总数几乎占人体细胞的1/4，每个红细胞里含有28000万（280×10^6）分子血红蛋白。每个血红蛋白由1万多个原子（除氢原子不计）构成，我们知道每个血红蛋白分子在1/100秒时间里接受和排出4个分子氧，可见人体每个细胞（只是平均数）受1/4个红细胞在1/100秒钟内供给16个分子氧，带走16个分子CO_2，可以说红细胞可算是分子肺。

血红蛋白与肌红蛋白的辅基正铁卟啉是相同的，有4条含氮大分子。肌红蛋白只与一条珠蛋白相连，称单体（Monomer）。而血蛋白相当于4个肌红蛋白结合成为更大的分子，称4聚体（Tetramer）。其体积HbA=64Å×55Å×50Å，分子量=68483D。

血红蛋白的蛋白链是相同结构的一对α－蛋白链和一对结构相同的β－蛋白链，即Hb=α_2－+β_2－ 。α－链由141个氨基酸残基构筑而成，分子量（MW）=15742D；β－珠蛋白链由146个氨基酸残基构成，MW=16483D。每个珠蛋白链缠绕着一个正铁卟啉环。4个珠蛋白链中α_1–和β_2–排列在一个平面上，而α_2–和β_1–形成下层平面。见图5–4–5，它们围着一个孔隙形成两半正四方体。各蛋白链之间并不是共价结合，后边将详述。

图5–4–6为Perutz用X–衍射法确定的人类血红蛋白分子的模型示意图。图中浅色者为α_1–和α_2–珠蛋白链，深色者为β_1–和β_2–链，每个蛋白链氨基末端用N字表示，羧基末端以C字表示，两个显见的圆盘是每个β－链的铁卟啉环，即血红素。图5–4–7是血红蛋白分子的侧面示意图，在模拟图上可以注意到每个蛋白链的α－螺旋段和各螺旋段之间可见两条并行（氨基酸残基逆向排布）的β－段（直链段）。

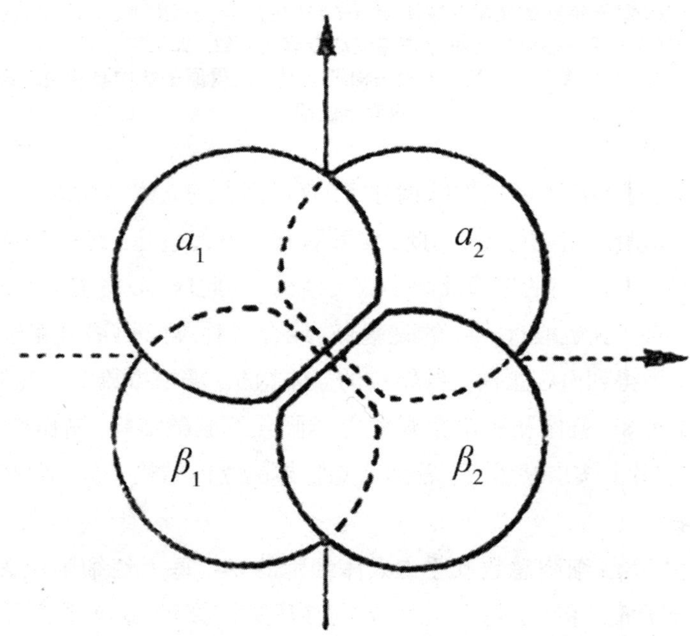

图 5–4–5　人类血红蛋白珠蛋白链 α_1–、α_2–、β_1–、β_2– 在血红蛋白四维结构里的排列位置

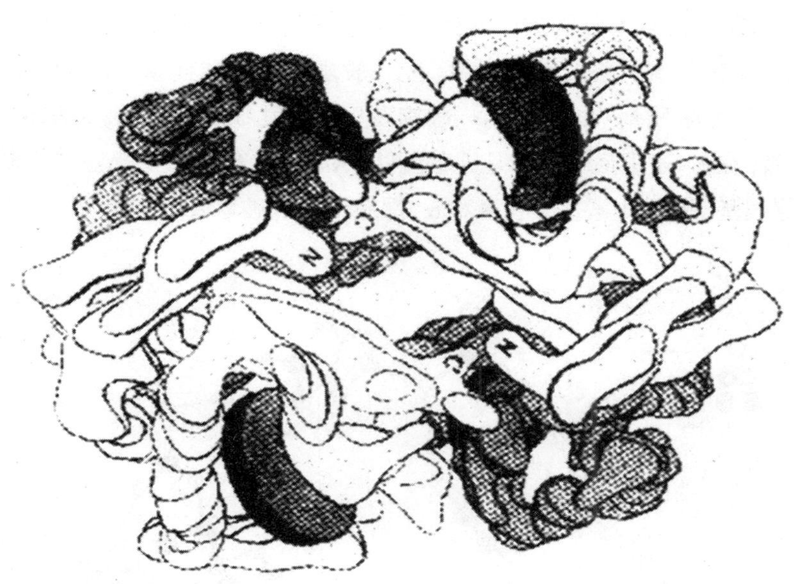

图 5-4-6　人类血红蛋白 A 型模式图，从上面看到中心有孔隙，浅色为 α- 链，深色为 β- 链珠蛋白，N= 氨基末端，C= 羟基末端

图 5-4-7　人类血红蛋白 A 型模式图示半分子的侧面，浅色 α 链，深色 β 链珠蛋白，大圆盘示血红素

血红蛋白一级结构的氨基酸残基的70%以上进入α-螺旋段结构，而30%以下进入并行或逆行的两条直线形β-段。α-珠蛋白富含组氨酸（His-）残基，只有脯氨酸（Pro–）残基位点上阻碍蛋白链折叠（见后面的结构图5–4–8），这种珠蛋白也同样服从一般蛋白质折叠的基本规律。按一般规则丙氨酸残基（Ala–），缬氨酸残基（Val–）、亮氨酸残基（Leu–）是α–螺旋段里富含氨基酸的残基。常称α–螺旋结构的支持者，在β–段里最常见的是天冬酰胺（Asn–）、天冬氨酸（Asp–）、苯丙氨酸（Phe–）等残基，把这些氨基酸残基称α–螺旋结构的破坏者。

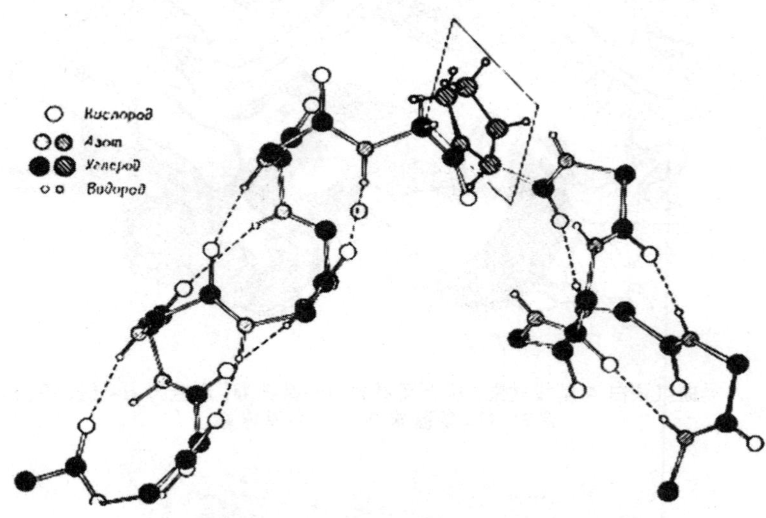

图 5–4–8　脯氨酸残基（四边形框架里）分布位置

人类血红蛋白α–链从氨基末端（N–ter）开始共有A、B、C、E、F、G、H等7个α–螺旋折叠，与此同时β–段由2个残基、A螺旋段由16个残基、AB–β–段由1个残基、B螺旋段由16个残基、C螺旋段由7个残基、CEβ–段由9个残基、缺少D螺旋段、E螺旋段由20个残基、EFβ–段由8个残基、F螺旋段由9个残基、FGβ–段由5个残基、G螺旋段由19个残基、GHβ–段由5个残基、H螺旋段由19个残基、H到珠蛋白链C末端的β–段由3个残基构成，总计α–珠蛋白链的α–螺旋段由108个氨基酸残基构成，β–段则由33个氨基酸残基构成，残基总数为141个。

血红蛋白β–链从N末端起也有A、B、C、D、E、F、G、H等共8个α–螺旋段Aα–螺旋段由15个氮基酸残基、Bα–螺旋段由16个残基、Cα–螺旋段由7个残基、Dα–螺旋段由7个残基、Eα–螺旋段由20个残基、Fα–螺旋段由9个残基、Gα–螺旋段由19个残基、Hα–螺旋段由21个残基构成。

β蛋白链的NA–非螺旋段由3个残基、AB非螺旋段由1个残基、CD非螺旋段由8

个残基、EF非螺旋段由8个残基、FG非螺旋段由5个残基、GH非螺旋段由5个残基、HC非螺旋段由4个氨基酸残基构成，总计β-蛋白链的α-螺旋段和β-非螺旋段的氨基酸残基数为146个。

珠蛋白链卷曲结构的稳定性和功能意义在于极性基和非极性基，即亲水性基和疏水性基分布在分子的表面或者埋没在分子的内部的状态。例如谷氨酸和亮氨酸具有极性化的侧链，因此它们很容易吸引水分子。谷氨酰胺和酪氨酸的侧链虽然均属电中性的，但前者的侧链含氮原子后者侧链含氧原子，这就是说氮原子带正电荷、氧原子带负电荷。这些原子的正电荷或负电荷保持相当远的距离，因此它们很容易形成永久性偶极矩。也就是说，电子非对称移位至负电性强的氧原子或氮原子近处，因此具有偶极矩的原子也易吸引水分子。其结果是减衰电场引力，由此分离出自由能，以此来加强分子内的稳定性。还有亮氨酸、苯丙氨酸的侧链含有碳-氢原子基团。这些侧链虽然是电中性的，但稍许有点两极性，因此总是排斥水分子靠近。这种排斥水分子的原因不太清楚，但还是有意义的。这些功能基偶尔还能使周围的水分子有序化形成类冰的结构。逐渐有序化水分子的增加可以降低蛋白链的内熵（Entropy），同时也降低蛋白分子的稳定性。

Perutz和许多学者得出结论认为多数带电荷的、两极性氨基酸残基暴露在分子表面，并且直接接触水分子。不带电荷的氨基酸残基的绝大部分隐藏在分子内部。即或部分侧链伸向分子外面，也被极性侧链遮盖起来。分子内部的非极性基形成球形三维结构的Van der walls力，因此E、F两α-螺旋段之间的β-非螺旋段折叠成V字形凹陷，在其开口的一边是βGH，而另一边与C螺旋段连接的CD-Corner（角隅）遮盖成叫作Hemopocket 的空隙。CD折角是Hemopocket的开盖。血红素深埋在这空隙里。它的两个丙酸基暴露在外面，而两个乙烯基深埋在Hemopocket的底部。血红素的原卟啉环的α、β、γ、δ半甲烷与4个卟啉环的4个碳之间的双重共价键的每一个键断裂，键角转向血红素平面轴或垂直轴上形成π电子。4个π电子在4个珠蛋白链相互之间形成一种空架栅栏结构叫Picket-fence Fe^{2+}。有时在卟啉环的碳骨架的π电子与组氨酸残基的咪唑基ε-氮原子间插入一个钴离子，形成Picket-fence。这种空架栅栏成为氧原子在血红蛋白分子内外的通道（久野荣进，今井弘廉，1987）。（M.F.Perutz，J.C.Kendrew获1962年诺贝尔化学奖）

珠蛋白分子里的从N末端数起α-链的第7、8链的第92号近位点（Proximal）组氨酸残基咪唑基的ε位氮与卟啉铁（Fe^{2+}）中心原子的平面方向成直角轴上的π电子相互连接的第5位配位子位点。珠蛋白α链上的另一远位组氨酸（distal His-）残基第

58和β链上的第63位点组氨酸残基位于铁卟啉的另一侧（近位His–的反面一侧）近旁处。它的咪唑基的ε位碳并不和中心原子铁直接络合。而铁离子的第6位配位结合的氧原子形成Van der walls力。近年来中子线衍射技术证明珠蛋白链的远位组氨酸残基的咪唑基的ε位氮与氧合血红素的氧原子形成氢键结合，这种氢键大概使铁离子配位结合的氧原子的稳定化有关。

血红蛋白4聚体间相互接触是双轴向结构。参与α_1和β_1链的是B、G、H螺旋段和GH折角（Corner）。α_2和β_2间也与此相同，α_1和β_2或α_2和β_1间是由C、Gα–螺旋段和FG折角予以实现其接触。连接α链和β链间的是疏水基结合和氢键结合。α_1链和β_1链之间连接的面积和原子数量比起α_2链和β_2链间连接大得多，α_1和β_1间接触的共有32个氨基酸残基的126个原子，α_2和β_2之间共有27个氨基酸残基的10个原子。

新近的在1.7~2.1Å分辨率水平上研究表明，人类血红蛋白功能活动时氧合型、脱氧型和氧化型变化时珠蛋白链在平面轴上和垂直轴上都出现接触面的定量移动。例如氧化型时α_1–和β_2–间的接触面（α_2–和β_1–之间也同样）由2620Å^{2}变成1920Å^2，减缩700Å^2，脱氧型转化为氧合型时α_1与α_2之间由470Å^{2}变为710Å^2，增加240Å^2，β_1–与β_2–之间无变化。脱氧型血红蛋白的α链的精氨酸（Arg）第141残基，β链的组氨酸第146残基和二者的HC–3和其他链之间形成盐桥，但当血红蛋白氧化时盐桥断裂，从而血红蛋白的氧亲和力降低1/2。这是因为α链氧合，β链不氧合之故。与此同时，血红蛋白在氧合、脱氧或氧化时α_2和β_2也在Z轴上移动7.5度角（见图5–4–9）。

总之，血红蛋白各肽链形成四聚体（tetramer）并不以共价键键合，只以库伦静电引力（Coulombic interaction）维持其整体分子结构。

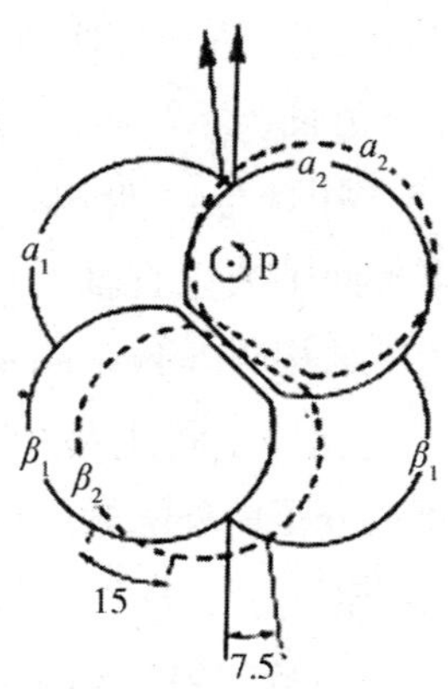

图 5–4–9 脱氧型 H6 的 α 和 β 链重叠（实线），氧合型时上下层偏转 7.50 度角（虚线）

人类对正常血红蛋白的功能方面也有很多研究报告，我们只能简约引述众多文献的概况。人类血红蛋白的血红素是与氧原子络合和解离的分子中心，每个血红蛋白四聚体同时协同动作。若一个血红素开始氧合时必定引起其余3个血红素位点上同时氧合。在1/100秒钟时间内1个血红素脱氧时，立即导致其余3个血红素与氧解离，如图5–4–10所示。

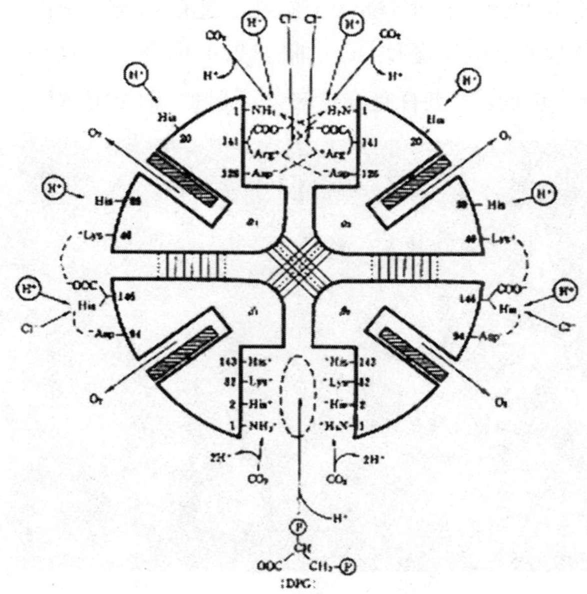

图 5–4–10 血红素与氧原子络合

作者注：解离的协同作用和珠蛋白与二氧化碳结合和解离的协同机制示意图（合井清博，1987），珠蛋白四聚体（白块）内络合的血红素（黑块），4 个血红素协同排出 4 分子氧，珠蛋白同时吸 4 分子 CO_2（体毛细血管）。

在这种氧和二氧化碳相反方向与血红蛋白分子的结合解离机制中碱性Bhor效应和酸性Bhor效应起着重要作用。在此复杂的多项化学反应中组织细胞代谢所引起的氧分压、二氧化碳分压，以及生存环境中的氧分压和二氧化碳分压之间的压差是气体交换的重要因素。

关于血红蛋白在动物进化过程中产生的分子进化方面也有众多文献报告，希望读者查阅A. M.Федатов（1935）、梶田照彦、五十岚吉彦、元田裕明、松田源治、藤木博太等人报道的血红蛋白分子进化树或系统进化树图谱。（本节后附进化树，见图5–4–12）

血红蛋白是最古老的呼吸色素，动物界进化过程中，如F.Haurowitz和R.Hardin（1958）所示的表中所列线形动物（Nemathelminthes）体腔液里开始出现贮氧型血红蛋白，圆形动物蛔蛔虫（*Ascaris lumbricoides*）体液细胞里、体液里和神经节根部出现贮氧型血红蛋白。Yamagishi等人（1966）在电子显微镜放大30万倍图像上显示出环节蠕虫（Annelida）门寡毛纲（Oligochaeta）水蚯蚓（*Limanodrilus goloi*），血细胞内和体腔液里拍摄到大分子血红蛋白。这种血红蛋白分子是两个并列的六角形盘状分子。整个分子为220Å×60Å，每个分子有108个血红素与单独一条多肽链相结合（亚基单位）。每个亚基分子由重叠的9个血红素连接相同数量的多肽链。图5-4-11示水蚯蚓血红蛋白电子显微镜图像，可见暗背景上出现像雪花样六角形大分子，可以分辨血红蛋白分子正面像，也有血红蛋白分子侧面像（较模糊）。

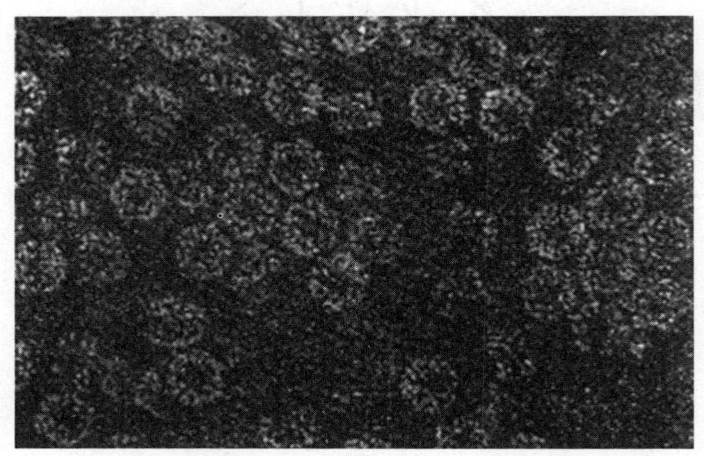

图 5-4-11　水蚯蚓属血红蛋白分子的电子显微镜照片，俯视和侧视图（放大 300000 倍）

环节动物沙蚕（*Nerids Divecolar*）体腔液里的贮氧型血红蛋白分子量高达300万D。巨沙蚕（*Glycera gigantea*）体腔细胞里的运氧型血红蛋白分子量与哺乳动物（Mammalia）血红蛋白分子相近，为560000D。

软体动物许多物种细胞内的运氧型血红蛋白分子量都小，只有340000D。扁卷螺（*Planorbis corneus*），另一种扁卷螺（*Planorbis*），体液内血红蛋白分子量分别为1300000D和1540000D。

棘皮动物门（Echinodermata）各物种血红蛋白均分布在血液细胞里，且分子量均小（13000D）。

脊索动物（Chordata）的七鳃鳗（*Lampetra morii*）、盲鳗（*Paramixine*）血红蛋分子量也都在17000~34000D。圆口类（Cyclostomata）文昌鱼（*Branchiostoma belcheri*）无呼吸色素。

脊椎动物（Vertebrata）鱼类（Pisces）、两栖类（Amphibia）、爬行类（Reptilia）、

鸟类（Aves）的有核红细胞内分布着分子量17000~68000D运氧型血红蛋白，并以此为主，也有贮氧型血红蛋白。这些高等动物的贮氧型血红蛋白分子量也都很小，它们的运氧型血红蛋白与贮氧型血红蛋白只是分子结构上的α–螺旋段的差异。

哺乳动物血红蛋白是无核红细胞里的主要胞质内容。当红细胞膜破裂时溢出细胞外的血红蛋白由排尿系统全部排除体外（血红蛋白尿症）。

低等无脊椎动物的呼吸色素种类繁多，气体交换效能低。如血蓝蛋白在某些环节动物物种体腔液里有分子量250万D的贮氧型色素，如沙蚤（*Neres verns*）、海蚯蚓（*Arenicola*）、*Pectinario belgica*等。

寄居蟹（*Pagurus Busicon Canaliculatum*）的体液里的血蓝蛋白分子量竟达1000万D（9980000D）。

血褐蛋白（Hemerythrin–Hr），在蠕形动物门（Vermis）环节动物纲星虫（*Spunclidea*）242种物种体液淋巴细胞里均有血褐蛋白。蛔虫（*Ascaris Lumbricoides*）体液里的血褐蛋白分子量达2750000D。

血绿蛋白（Chlorocrourin–Chc），主要分布在环形动物门700余物种体液里。

海胆色素（Echinoglobin–Eg），是棘皮动物刺海胆（*Echinus mamilatus*）、海盘车（*Asterias*）等，软体动物门江珧（*Atrina Pectinata*）、贻贝（*Pinna japanica*）等动物的呼吸色素。

动物界系统发生过程中血红蛋白、血绿色素、血褐蛋白、血蓝蛋白等4种呼吸色素分布进化树在Федатов等人绘制的图上标示了细胞内或体液分布的概况，这些色素分子结构解析于下文。

从上述资料中可以看出，血红蛋白是在从低等无脊动物线形动物（Nemathelminthes）开始直至脊椎动物最高等人类为止，是分布最广泛的呼吸色素，低等无脊椎物体液细胞里的血红蛋白的分子量异常大。分子量大的血红蛋白均属贮氧型呼呼色素，但是在高等脊椎动物血细胞里的血红蛋白分子结构，主要在α–螺旋段的差异也形成运氧型或贮氧型呼吸色素。

高等脊椎动物的低分子量血红蛋白成为呼吸细胞的胞质，如果红细胞病理变化使血红蛋白分子溢出红细胞时就引起血红蛋白尿症。有人做过实验，将猫的血液全部取出，立即溶血，再把它又输回猫体内。术后第一、二天猫的生理状况正常，从第三天开始猫昏睡，同时也出现血红蛋白尿症。第四至五天上猫因呼吸困难而死去。这是因为血红蛋白分子量小，而通过肾小球全部漏出体外所致。证明红细胞膜在高等动物血液里的重要意义。

血红蛋白是动物界呼吸色素中分布最广、携氧效率最好的呼吸代谢过程中的气体传递工具。它以铁离子为络合中心原子，但动物界也有以铜（Cu^{2+}）、锰（Mn^{2+}）、钴（Co^{2+}）、钒（$V^{5+、4+、3+、2+}$）、钼（Mo^{2+}）、镁（Mg^{2+}）等金属离子为呼吸色素的络合中心的。

不同金属离子能够成为呼吸色素或氧化酶活性中心络合物的原因，目前没有对比分析资料，也没有这些不同金属离子结合呼吸色素的代谢效能的研究报告。我们对比分析所有文献资料只能推测，铁是地球组成化学成分中比起其他金属元素是最富含的元素。因此在生命物质产生和进化过程中参与其组成成分的几率最大。其他金属元素受局部微环境区域的限制而分布不同。我们没有证据贸然断定在不同物种呼吸系统里的不同金属离子的出现与动物进化有关的结论。

这里再次强调指出，血红蛋白分子量小，在红细胞里占据空间缩小，有利于提高高等动物气体交换效能最高的根本条件。高等动物红细胞膜比机体的其他所有种类的细胞膜都厚，韧性最大，它成为网络小分子量血红蛋白的最佳容器。完全符合生长相关律法则。低等动物耗氧率低，所以呼吸色素分子量大，占据空间大，与其代谢率低成正相关关系。

图5–4–12所示动物界系统发生过程中4种呼吸色素在不同物种体内分布的系统树。

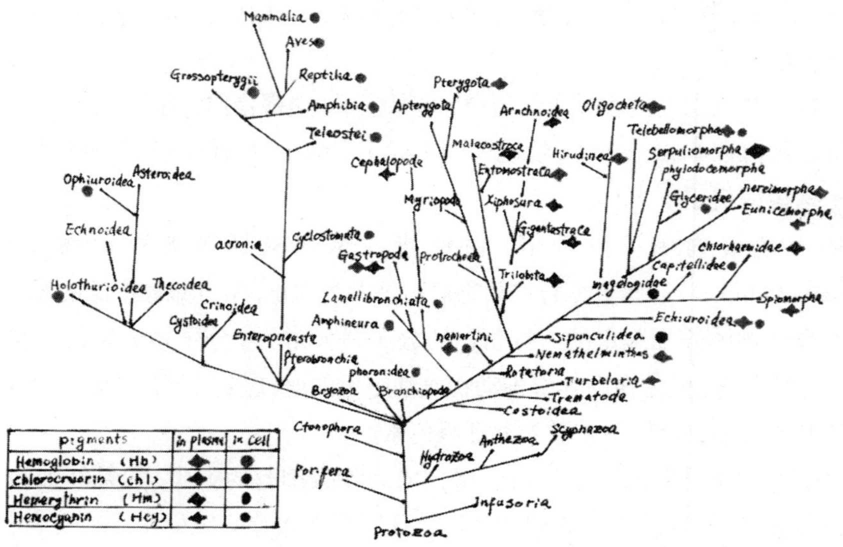

图 5–4–12　动物界呼吸色素系统发生树

在脊椎动物祖先型羽鳃类（Pterofronchia）、肠鳃类（Enteropneusta）、无头类（半索类acronia）至人类全以血红蛋白为其呼吸色素，棘皮动物也以此色素进行呼吸，从线形动物辐射枝的物种中看出少数物种有血红蛋白，但大部分布在体液里，在低等无脊物种中呼吸色素以血蓝蛋白、血绿蛋白、血褐色素之类为呼吸介质。

表 5-4-1　动物界呼吸色素进化树名词对照

Protozoa	原生动物
Ciliate	纤毛虫
Spongia	海绵动物
Siphonophora	管水母
Hydra	水螅虫纲
Anthezoa (Actinozoa)	花虫纲（腔肠动物门，日文）
Scyphazoa	海林檎纲（钵虫纲，日文）
Bryozoa	苔藓动物
Phoronida	帚虫纲
Branchiopoda	鳃足类
Holothurioidea	海参类
Thecoidea	海冠纲
Echinoidea	海胆纲
Ophiuroidea	蛇尾类
Asteroidea	海星类
Cestoidea	绦虫
Crinoidea	海百合纲
Enteropneusta	肠鳃类
Acronia	无头类
Cyclostomata	圆口类
Osteichthyes	硬骨鱼
Amphibia	两栖类
Grossopterygii	总鳍鱼类
Reptilia	爬行类
Aves	鸟类
Mammalia	哺乳类
Amphineura	双神经纲
Lamellibranchiata	瓣鳃类
Gastropoda	腹足类
Cephalopoda	头足类
Nemertini	纽虫
Protrocheata	有爪类（Onychophora）
Myriapoda	多足类
Apterggota	缨尾目衣鱼（Lepisma saceharina）

关于血红蛋白分子病方面在许多教科书中都有详细描述，内蒙古医学院生化教研室秦文斌教授调转包头医学院之后撰写了关于血红蛋白分子病的专著，该书对于关心血液病学、分子病学的学者可能给出现代水平的知识。

但是各国分子生物著作、血液病学著作中注意力均倾向于白血病、红血病、绿色病（绿色瘤）范畴的病变，而对黑血病方面的资料极为罕见。这也可能源于此病种属罕见疾病。日本学者井内岩夫、上田智、柴田进（1978）等报道，至1957年为止全世界及日本发现血红蛋白分子病约460种，关于血红蛋白Hb-M型病种资料几乎未见。黑血病是血红蛋白分子的珠蛋白远位组氨酸残基被酪氨酸残基替换或近位组氨酸残基或缬氨酸（Val-）被谷氨酸残基置换，由此造成氧合效能锐减，导致血液呈绛紫色，这叫黑血病。当前流行一种原因不明的猪的蓝舌病，建议血液病学者研究黑血病与蓝舌病的关系。本书著者于1992年在内蒙古自治区阿拉善盟阿拉善左旗一所小学校羊群里发现一只两岁多的呆小绵羊，用低倍电子显微镜从它脾脏红细胞里发现的两个弧形杆菌外包一层薄膜包含在红细胞质里的包涵体。这就是许多兽医学者描述的猪、羊等家畜以及人类共患的所谓Epierythozoonosis，即附红细胞体。此病是可引起家畜大量传染死亡的一种贫血症。本人发现后叫我的学生侯金凤等人以我个人名刊登在《中国人兽共患病》杂志上。本人也在《中国人兽共患病》杂志（1995年，11期49~50页）上发表过综述文章。

第五节　血绿蛋白（Chlorocrourin-chc）的分子结构

Коштаянец, X.C.（1941）, Fox, M.（1945）, Коржуен, П.А.（1950）, Михаилин, Д.М.（1956）, Hairpwotz, F. and Hardin , F.（1958）, Guerituore, P., ML. Bonacci, M., Bronori, E.etal.（1965）, 大植登夫（1966）, Yamagishi, M., A. Kajita, R.S.Shinkuya, et al.（1966）, Antonini, E. and Brunori, N.（1971）, Waxman, L.（1975）等人先后关于血绿蛋白在物种个体内的分布、分子结构和功能、发生来源等方面发表过论文或专著。

Lancaster, R.J.（1870）发现动物体内有血绿色素，如多毛类（Polychaeta）的帚虫（*Sabelida ventilabrum*）、*Sabelida bombyx*、龙介虫（*Serpula*）；管口类（节肢动物甲壳类）*Spinostoma diplochaitus*、*Spirographis Spellanzanii*等。

根据现今的资料在蠕形动物门（Vermis）环节蠕虫700多种动物体内含有血绿蛋白。Hairpwotz, F.和Hardin, R.（1958）报道在同一属动物中呼吸色素截然不同，如

*Spirorbis corrugata*只有血红蛋白，*Spirorbis berealis*含血绿蛋白，*Spirorbis militaris*（均属螺旋虫属）根本不含呼吸色素。某些*Serpula*（龙介虫）既含Hb又含血绿蛋白，而且幼虫血红蛋白占优势，成虫却血绿蛋白占优势。

根据Hairpwotz和Hardin的描述血绿蛋白辅基的分子结构几乎与血红蛋白辅基相似，只有血红蛋白辅基2–碳上的乙烯基氧化成2–醛基。络合中心金属仍是二价铁。（见图5–5–1）

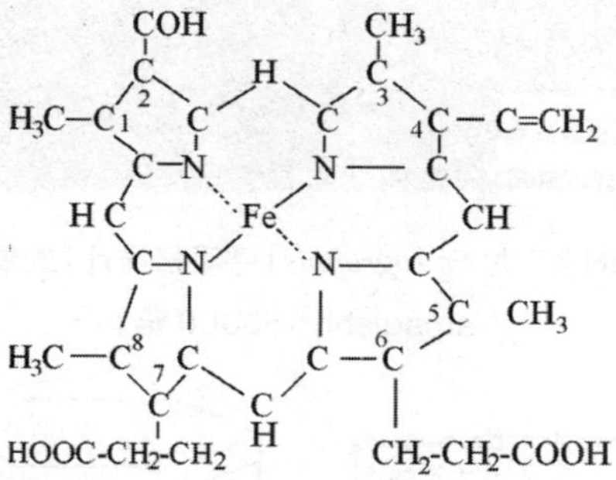

图 5–5–1　血绿蛋白的辅基 1，3，5，8 甲基，2– 醛基，4– 乙烯基，6，7– 丙酸基，络合为 Fe^{2+}

KoржyeH，П.A.（1950）认为携带氧效率最高的是血红蛋白，其次是几乎与血红蛋白相同效率的呼吸色素就是血绿蛋白。尤其在溶解状态下的血绿蛋白携氧效率还比血红蛋白高，他认为血绿蛋白是发生于血红蛋白。但某些物种的血绿蛋白分子量非常大，Fox，M.（1945），Guerituore等（1965），Antonini，E.（1965），Yamagishi等（1966），Waxman，L.（1975）用沉降法、光散法以及用电子显微镜观察证实血绿蛋白辅基周围结合着不同数量以双硫键相连的许多蛋白亚基。每个亚基的分子量为13000~14000D，整个分子呈两层重叠的六角形立体形盘状大分子。直径为270Å，每层六角盘里含有6个三角形A颗粒，其边长为90Å，每个A颗粒里含有成层的3个B颗粒（7×10^4D）。每个B颗粒含两个叶绿素分子，在整个大分子里含有72个血绿素，A颗粒是最小的功能单位，有些动物物种（Sprographis）的血绿蛋白含190个血绿素（M.Fox，1945）。氧合型血绿蛋白呈暗绿色，脱氧型无色。（见图5–5–2、图5–5–3）

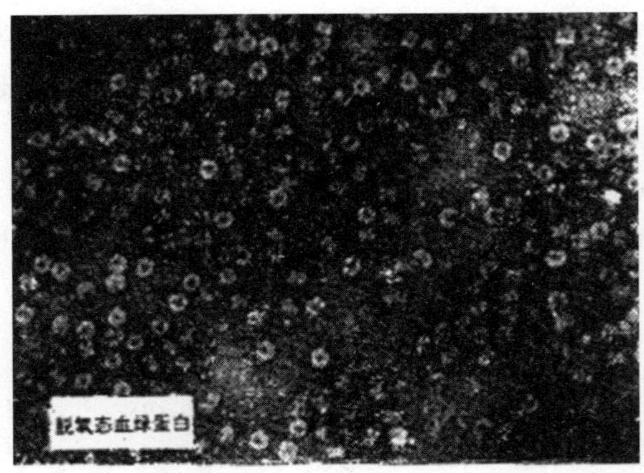

图 5-5-2　血绿蛋白分子在 pH 7.0 时 *Spirographis*（呼吸扫描计）的氧合态与脱氧态因子显微镜像（Yamagishi，150000 倍）

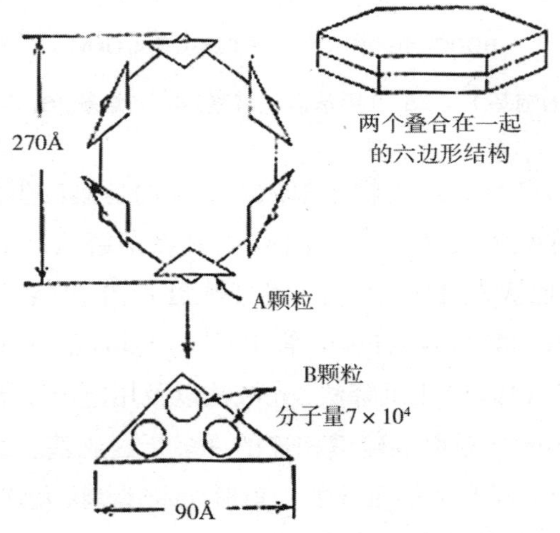

图 5-5-3　血绿蛋白分子模式图（Antonini ，1965）

第六节　血蓝蛋白（Hemocyanin-HC）的分子结构

最早Редфильда, A.C.（1936）报告动物界呼吸色素血蓝蛋白以来，直至现今生物化学界一些研究者对此色素的兴趣仍未减，在Редфильда, A.C.之后有Коштаянец, X.O.（1941）, Jordan, P.（1949）, Van Barggen等（1962）, Van Dreil, R.（1973）, Siezen, RJ.（1974a, b, c）, Antonini ，E.（1971）, Waxman, L.（1975）, 牧野诚夫（1978）, Markle, J.等（1981）, 福田多禾男（1981）, 饶国安（1984）, Voll, W.（1990）, 古田美惠

子（1991）等众多学者应用各种技术手段探究过血蓝蛋白的动物物种分布、分子结构、呼吸功能等并发表过著作。

血蓝蛋白主要分布于高等无脊椎动物（Invertebrate）体液或细胞里。如线虫（*Nematoda*）体液里含血蓝蛋白，而在神经节根部含血红蛋白。多毛纲的沙蚕（*Nereis*）、海蚯蚓（*Arenicola*）的体液里含血蓝蛋白。软体动物门的罗马蜗牛（*Helix pomati*）体液里，节肢动物门剑尾纲鲎、龙虾（*Panulirus*），蜘蛛纲的*Busicon*体液里均含血蓝蛋白。含血蓝蛋白的动物分布的详情请参看表5-2-2（2）。这里值得提出的是，圆虫*Netomatus Lateuicus*的细胞里含此呼吸色素分子量为16000D，属运氧型色素，而寄居蟹（*Busicon canaliculatum*，日本人称天狗蟹）的同样绿色素溶于体液里，分子量高达近1000万D，属贮氧型色素。

血蓝蛋白无原卟啉环辅基。其络合中心离子是铜（Cu^{2+}），铜离子与组氨酸残基咪唑基的ε氮原子形成配位结合。

Antonini发现血蓝蛋白分子结构含有大量蛋白链。

Van Bruggen，EFG.和Wiebange，EH.（1962），Van Bruggen EFG.和Ohtsuki，M.（1966）用电子显微镜显示罗马蜗牛（*Helix pomatia*）血蓝蛋白分子结构。这种呼吸色素的直径300Å，由厚约56Å圆盘重叠的高约335Å的圆柱体。有6层圆盘重叠时是最大分子量的血蓝蛋白。当体液里pH升高，液体偏向碱性时变成3层重叠的圆盘。血蓝蛋白的蛋白链很长，每条蛋白分子由3000~4000个氨基酸残基组成，其β折叠部分都由双硫桥加固其稳定性。

每个圆盘有5个等分区域，每个区域里各分布着5个亚基分子，共25个亚基呈5边形对称排列。这些是6、8、12个分子氧结合结构，据Van Driel，R.分析整体分子总共有180个结合位点，血蓝蛋白氧合时呈蓝色，脱氧型变成无色大分子。

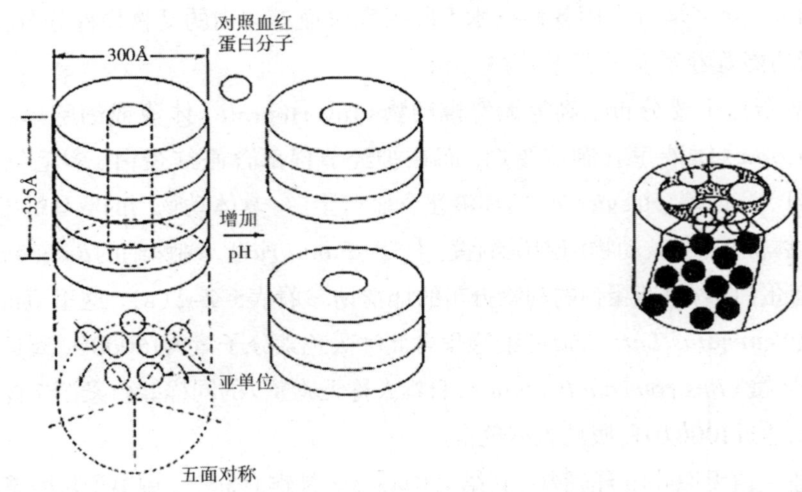

图 5-6-1　血蓝蛋白分子结构模式图

第七节　血褐蛋白的分子结构

低等无脊椎动物体内出现了呼吸色素血褐蛋白。如星虫科（Sipunculida）242种，环节蠕虫蚯蚓（*Lumpruculas terestris*）的体液（MW=2750000D）、长手海蚕（*Magellona papilicornis*）的细胞里，软体动物门海豆芽（*Lingula*）体液细胞里均含有血褐蛋白。

血褐蛋白是运氧型又是贮氧型呼吸色素，其活性中心并不是原叶啉，而是与两个铁离子络合的碳氧化合物，脱氧型血褐蛋白的两个铁离子之间有β-氧桥连接。

如图5-7-1所示，当形成β-氧桥的氧原子接合氢原子，而吸引氧原子并向它移位形成氢键，由此就成氧合型血褐蛋白的活性中心。

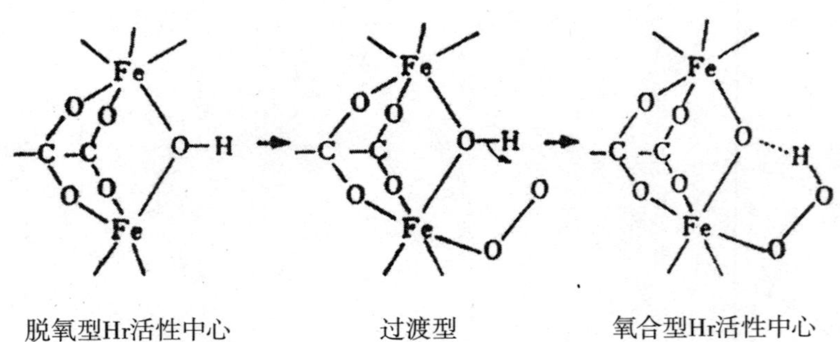

图 5-7-1　血褐蛋白的活性中心结构

血褐蛋白活性中心的铁离子以配位键与周围的蛋白链的组氨酸的ε氮键合成络合物，每个蛋白质亚基单位的分子量为13000~14000D，这种呼吸色素在不同物种液或体液细胞里以3亚基、4亚基、5亚基、8亚级的形式存在，血褐蛋白活性中心的一个铁离子具有运氧功能，而另一个铁离子具贮氧功能，图5-7-2示血褐蛋白3聚体和8聚体结构。

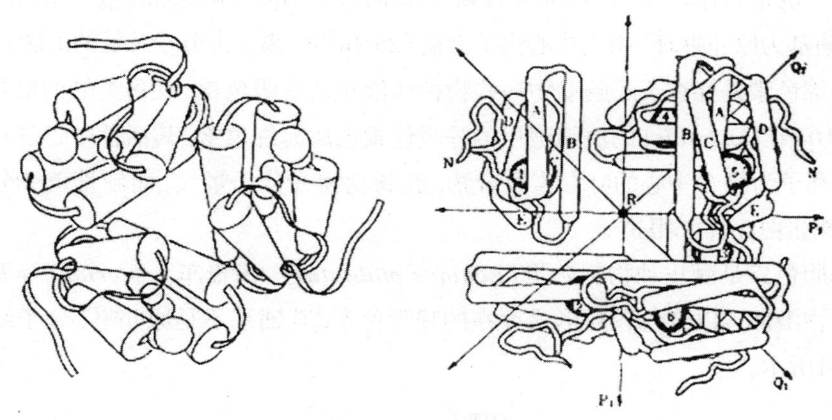

图 5-7-2 血褐蛋白

左为 3 聚体，右为 8 聚体，各蛋白键中心有 28~30Å 空穴，8 聚体的 1、2、3、4、5、6，可看到活性中心（数字）

每个亚基单位的三维结构有5个α螺旋段占氨基酸残基总数的70%~75%，8聚体的4个亚基肽链排成一个平面。另4个亚基重叠在其下面呈四菱形。整体分子的中心角有一个孔穴（R）。

第八节 血钒蛋白的分子结构

血钒蛋白分布于被囊动物（Tunicata或尾索动物Urochorda）门的*Ascidia*（海鞘）、*Terebratula*、*Terebratellina*（穿孔贝目的酸酱贝，*Cyntia*石勃卒）、*Doleolum tritomus*（樽海鞘）、*Larvaceens*（幼态海鞘*cyclomiaria*，又*Nurse*）、*Taliace*等物种的体液细胞里。血钒色素的辅基为原卟啉，络合中心离子为钒（23V，Vanadium）。根据Hellze，M.（1910）的研究报告证实氧化钒的氧的数值的不同而呈现不同颜色，V_2O_2呈灰色或紫色，V_2O_3呈褐色或黑色，V_2O_4呈蓝色或蓝绿色，V_2O_5呈橙色或红色。叶永烈（1974）提示二价钒盐呈紫色、三价钒盐呈绿色、四价钒盐呈浅蓝色、四价钒盐碱性衍生物呈棕色或黑色、五氧化二钒呈红色，是一种变色呼吸色素。

第九节　其他种类的呼吸色素的分子结构

翅球蛋白（又称豆球蛋白，Legumin Hb）是豆科植物根瘤菌的血红蛋白（Kobo，1947）。也是软体动物门，瓣鳃类江珧和海鞘（*Ascidia*）体液细胞里分布的呼吸色素，其辅基为原卟啉环，络合中心离子为锰（$25Mn^{2+}$），离子占分子总量的0.33%。

海绵色素是存在于腔肠动物一些物种体液里的呼吸色素。在鸟类的羽根和鱼纲的鲻（*Mugil Cephalus*）的血细胞里的呼吸色素也属海绵色素，其活性中心是铁卟啉和以镁离子为络合中心的叶绿素复合物，腔肠动物SP分子量大，而硬骨鱼SP分子量小，其珠蛋白无详细报道。

海胆色素是棘皮动物刺海胆（*Echinus malilatus*）、海盘车（*Asterias*）等海生无脊椎动物液体内以红色颗粒形式存在的呼吸色素，其辅基不是原卟啉，分子结构如图5-9-1所示。

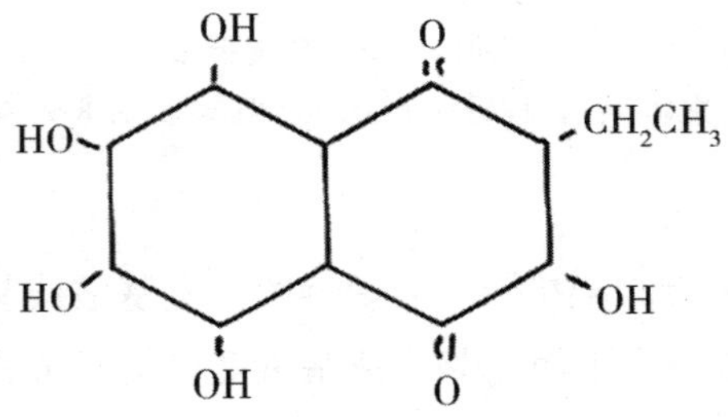

$MW=C_{12}H_{10}O_7=967.4$

图 5-9-1　海胆色素的分子结构

对海胆色素的蛋白链结构不太清楚。

从上述各种呼吸色素的出现与动物物种进化的相关关系可看出一些规律。

1. 动物界在厌氧条件下的呼吸功能是以无氧氧化方式来降解食物、转换气体。动物进化的最低等阶梯时呼吸功能与消化功能的化学机制相同。大气转化为富氧型大气之后动物机体里出现了有氧氧化机制，输入分子氧的呼吸色素为能量转换的介质。

2. 血红蛋白是最古老而且是低等无脊动物到高等脊椎动物普遍使用的呼吸色素，铁离子为中心络合结构的原卟啉是血红素，即是同分子氧连接和解离的功能单位，即运氧分子。与血红素连接的蛋白质链是接合与解离二氧化碳的功能单位，这就是呼吸色素。

3. 高等动物每一个呼吸细胞里包容着2.8亿分子血红蛋白。如果呼吸细胞膜破裂呼吸色素溢出细胞外时血红蛋白经过排泄系统全部从体内漏出。医学临床上的溶血性贫血即是实例。

4. 大多数物种的呼吸色素都以原卟啉为辅基，但是也有例外的。

5. 也有一些动物物种呼吸色素的络合中心原子为铜、锰、钒、钴、镁（Mg^{2+}主要是植物）。

6. 除血红蛋白以外的大部分呼吸色素的分子量大。这类色素分布在一些低等动物的体腔液或血浆里。这类大分子量色素不会通过排泄系统被排出体外。

7. 高等动物血红蛋白里有一些分子的蛋白分子的三维结构与肌红蛋白的α-螺旋相同者具有贮氧功能，称贮氧型血红蛋白。对于善潜泳动物贮氧性血红蛋白占身体肌红蛋白的70%的乳酸和较大的呼吸管腔具有重要意义。

本章结语

1. 植物界以叶绿素为气体代谢的介质从体外导入二氧化碳，借助太阳光能量合成碳-氢烷烃链，释放氧气。动物界以血红蛋白质为气体代谢的介质，导入氧气燃烧营养物质，所含的碳转化其化学能，排出二氧化碳。

2. 动物界与植物界的气体代谢机制截然不同。但是在低等进化阶梯上两界之间界线并不十分清楚。例如豆科植物根瘤菌既含叶绿素又含血红素。

第六章 动物界内环境防御功能的进化

（我们研究室的实验）

在生命物质诞生于地球上的30多亿年间，有超过千万种物种已灭绝，也有千万种物种衍化、繁育。至今还有100多万种动物生存于地球的水、陆生环境。新的物种接替旧的物种，这就是生命物质的历史发展的必然性。

在这30多亿年间的漫长历史中，有些毫无防护功能，又无猎食能力的物种仅靠其无限繁殖力而继续繁衍生存着，如细菌、藻类、小型鱼类、节肢动物的许多物种便是明证。但运动速度极快，攻防能力极强，体躯相对较大，猎食、沪食器锐利的物种总是在生存斗争占有优势，如大型鱼类、两栖动物、爬行动物、脊椎动物。在各种复杂多变的生存环境中以强盛的繁殖能力抗衡天敌的节肢动物目前仍占所有动物物种的85%以上。防护盾皮强固，但攻击速度缓慢，在食物竞争方面处于劣势的盾皮鱼类（Placodermi）、甲胄鱼类（Ostracodermi）、总鳍鱼类（Crossopterygii）、迷齿类（Labyrinthodontia）都已灭绝。有些物种既无猎食能力，又无防盾保护只靠寄生生活苟延残喘着。如许多种寄生虫，又如脊椎动物门圆口纲（Cyclostomata）的六鳃盲鳗（*Eptatretus bürgeri*）、七鳃盲鳗（*Lampetra japonica*）都不是进化优势物种。它们同宿主间属偏利共生关系。

但体躯庞大，身体强壮，猎食利器锐利，盾皮厚实，曾独霸动物界一亿多年的肉食恐龙，如霸王龙（*Tyrannosaurus*）、蛇颈龙（*Plesiosautoidea*）、鱼龙（*Ichthyosaurus*），因食量过大最终未能经得住地壳变化、自然灾害降临而灭绝。

人类是当今地球上的主宰者，依靠人类的智慧能抵御一切猛兽的侵袭，能够改变自身生存环境。尤其是近代工业的发展，航海、交通、信息等一系列科学技术的进步，使人类更具生存优越性。但是由于人类难于填满的私欲，把木材伐尽，将地皮挖掘得底朝天，再加上人口数量不受控地增长，当地球负载过重，能源耗尽时，人类只能以自己的眼泪当水资源了。现今具有远见的人们，正在为控制人口无限增殖，禁止无限度地破坏环境而奋斗着。

还有极微小的鼠疫杆菌、炭疽菌在查斯尼丁的年代里曾夺走过上亿人的生命；当今疟原虫折磨着数亿人，影响着人们的健康；结核杆菌、艾滋病病毒欺凌着人类。人类自身遗传基因的突变（Mutation）导致分子病成了生存危机，例如癌症之类恶性增殖性疾病已夺走了无数生灵的性命。

由此不难得出结论：动物界进化历史上物种个体的强壮有力，盾皮强厚、角齿锋利，运动速度快捷曾经在生存斗争中具有一定的优势，但历史进入新生代第四纪之后，在猎食物种和智人之间这种弱肉强食的优势已经失去意义（这里不说阶级社会里垄断阶级和劳动阶级之间的关系）。人类与繁殖力极强的微生物之间的斗争中人体内环境的防御功能远比猎食物种和被食物种间的关系更为复杂。

第一节　吞噬功能

最原始的生命体是自养型单细胞生物，即原核生物，如细菌、衣原体、单细胞藻类依靠最简单的酶解方式将无机物转化为自身结构里的有机物。生物进化到异养型单细胞原生动物时由胞体伸出伪足，将有机化合物、原生生物包裹进细胞体内，用多种酶或分子氧化分解、酶促降解食物。其第一步动作叫吞噬，最典型的例子如图6-1-1所示阿米巴原虫正在捕捉一个鞭毛虫。第二步将捕捉到的食物在细胞内消化，动物界与植物界的生存功能在许多方面存在差异，动物界最重要的生存方式和最重要的生存斗争方式在于行动和捕食，在这里说的是对最普遍的形式而言。在个别植物物种中也有捕食昆虫的植物，如猪笼草（*Nepenthes mirabilis*）、捕蝇草（*Dionaea muscipula*）、毛毡苔（*Drosera oeltatavar, Lunata*）。

这里我们强调的是动物界从最原始物种发育到高等物种过程中，捕食是生存必需的头等重要功能。原生动物的吞噬功能是营养功能。这种原生动物的细胞内消化功能到后生动物（Metazoa）时已经衍化出次生性功能。就是将侵入机体内的有害异物，或将自身体内老化细胞加以消灭的自身内环境的防卫功能的形态及其功能特化细胞。

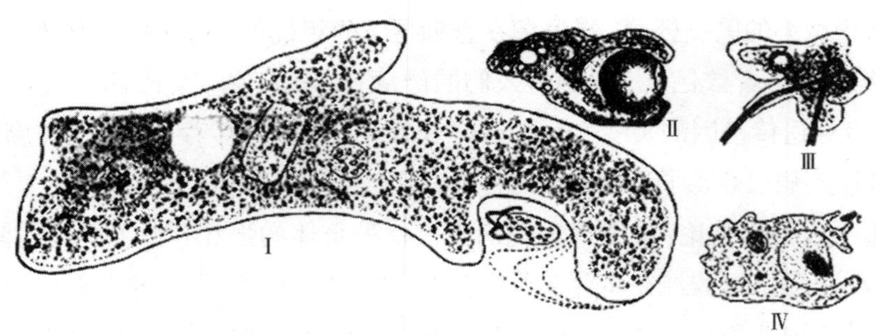

图 6-1-1　Ⅰ. 阿米巴原虫捕捉鞭毛虫时的伪足的动作过程，被捕捉的是眼虫；Ⅱ. 阿米巴原虫的胞质包抄眼虫；Ⅲ. 伸出的藻类 Oscillaria 的纤维；Ⅳ. 同时捕获纤毛虫（上边的）藻类

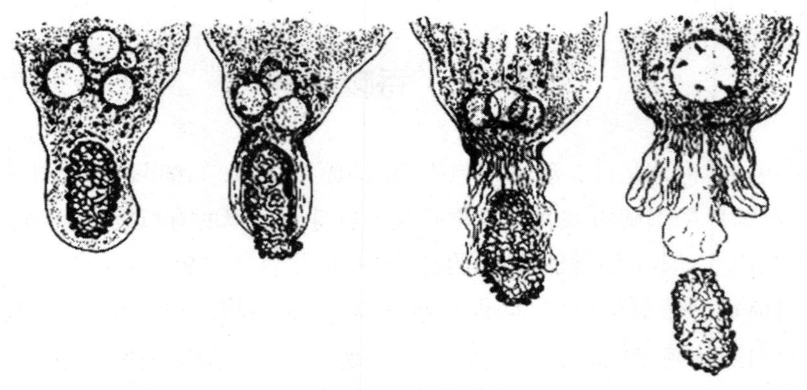

图 6-1-2　阿米巴原虫推出不能消化的食物残渣

"二胚层"多细胞动物水螅虫（*Hydra*）面向消化腔的内层细胞中分化出消化腺细胞分泌消化液水解酶（Hydrolase）。在中胶层里出现小型类淋巴样细胞，这类细胞可能保留着吞噬功能，再进一步进化的低等无脊椎动物体内中胶层衍化成间充质（Mesenchyma或中胚层Mesoderm）。在中胚层里出现呼吸细胞（单细胞肺）、排泄细胞（单细胞肾）、各种颗粒细胞、彩色细胞、爆炸细胞（凝血细胞）等。各种颗粒细胞、彩色细胞、排泄细胞都保留着吞噬功能。

从低等无脊椎动物开始完成消化功能，由口器、口周触手、咽裂、食管、消化道以及消化道上皮衍生的消化腺承担，如摄食、消化、吸收营养物质的功能。

在原始脊椎动物圆口类的消化道黏膜螺旋状皱襞上出现淋巴细胞结节，这是原始脾脏的雏形，是吞噬细胞集群之处。

由上述情况看，似乎吞噬功能和消化功能分离了，事实证明，吞噬功能是细胞内消化功能，所以在动物进化到脊椎动物时原始脾脏发生于消化道黏膜上是具有双重意义的。首先，消化道从外环境摄入食物进入内环境组织里（组织液到血液），在体内由吞噬细胞进行细胞内消化；其次，从另一个角度看，吞噬细胞的细胞内消化功能既具有营养功能又具有对整个机体来说消灭异己物质的功能，即具有防御功能。综观动物进化历史时不难得出这样的结论，即动物界的吞噬功能是起源于摄食功能、消化功能、营养功能，衍化成防御功能。

19世纪困扰临床医学界的一项重大问题是感染性炎症的发病机制问题，当时根据细菌性炎症的红、肿、热、痛等症状，主流医学家认为炎症是细菌毒素引起的毛细血管的病理性应答反应，毛细血管扩张、充血必然出现局部组织水肿，压迫痛觉神经而疼痛；充血引起红细胞增多发红，血管充血发热。

俄罗斯 Новоросиский大学教授И.И.Мечиков（1878—1884）选择了还未发生血管系的低等无脊椎动物海绵动物（Spongia）幼体做实验病理学研究。他给动物注入色素颗粒时，白细胞吞噬色素颗粒，从而被消化掉；插入木刺时白细胞（吞噬细胞）在木刺周围形成包膜；扎入玻璃碴子时有一群吞噬细胞包裹它，形成包囊一同分离出海绵动物体外，由此确立吞噬学理论，1908年获得诺贝尔奖。1884年梅其尼柯夫在巴黎发表《在炎症中的比较病理学》（法文，后被俄译）。

动物体的吞噬功能及与消化功能、营养功能相关联的自身防御功能从原生动物到最高等动物体内在抗病原微生物的侵害所起的病理过程中发挥着极为重要的作用。

人体的吞噬细胞形成的一条对外的防线，就像C.G.Credock（1982）所说“身体的防卫：防卫的尖兵，后备兵和清扫兵”。人体的口咽部是对外开放的最主要门户，在这里有扁桃体，是强大的吞噬细胞、免疫细胞（后述）集中的防线。如果病原微生物经过体表皮肤及其伤口进入血流时必先经肝脏、肺组织后，方有可能侵入心脏或脑组织。肝内有Kuffer氏吞噬细胞，血流还必须经过肺组织毛细血管，在那里有肺隔吞噬细胞。病原微生物经肺泡壁进入血流时，沿肠胃的血管分布着无数淋巴小节。血管系大循环血必经脾脏、淋巴组织过滤，在那里备有强大的清扫兵，脑组织除血液屏障外还有小胶质细胞防护着神经细胞，这个吞噬细胞系统是专防病原微生物、异体有害物质的动物机体的最主要的细胞水平上的一道防线。

第二节 体液免疫系统

当前流行病学界和临床医学界认定免疫（Immunity）的概念是分子水平上预防或消除动物体内一切致病物质的生理机制称免疫。通常包括两个方面的含义：细胞免疫和体液免疫功能，也就是说吞噬和消化外来病原体以及被体液免疫物质——抗体所中和或破坏的外源性大分子糖、脂、肽等抗原（Antigen），再被吞噬细胞吞噬消化掉。

外来抗原中对于动物体威胁最严峻的是病毒核苷酸和细菌毒素等大分子含氮化合物。

动物体内对抗外来抗原物质的最主要功能结构就是淋巴细胞系统的应答性产物——抗体。

对于无数种类的抗原（Antigen）进行无害化处理的淋巴细胞系统的产物叫抗体（Antibody, Antikorper），抗体的最基本分子结构如图6-2-1所示：

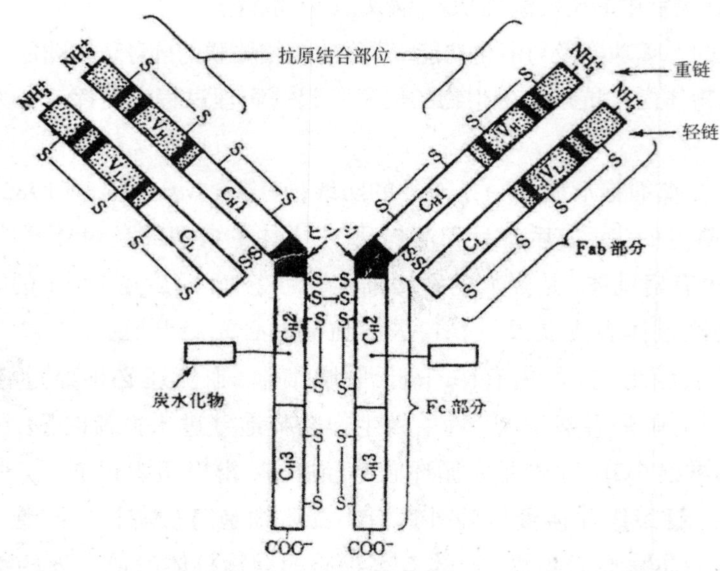

图 6-2-1 免疫球蛋白（抗体）的分子结构

两条轻链（L）和两条重链（H）由双硫桥（S–S）连接成丫字形二维结构。轻链可由 V_L、C_L 两个区域组成。重链由 4 个 V_H、C_H1、C_H2、C_H3 区域组成。V 区域里的三条区带是抗原的互补性区域

抗体，也就是免疫球蛋白（Immunoglobulin）的分子是由两条轻链（Light

chain–L）和两条重链（Heavy chnain–H），共4条肽链组成，两条肽链之间均以双硫键相结合，轻、重两链每条都有分子结构和免疫活性不同的区域。每条肽链的N末端（氨基末端NH_2^-）都由110个氨基酸残基组成的可变区（Variable region），C末端（COO–）叫不变区（Constant region）。可变区的氨基酸残基排列，根据不同分子有变异。最大变动部位叫超可变区（Suppervariable region），这个区域是抗体结合部位（Antibody–Combining Site），有抗原决定簇（Antigenic determinant）。抗原球蛋白各链的C区域一级结构较为稳定，是分担抗体特定生物学功能的区域。（见图6–2–1）

抗体分子的轻、重各链C区域的一级结构由5个类别，如ⅠgM、ⅠgD、ⅠgG、ⅠgE和ⅠgA等结构，每个类别内部也都含有μ、δ、γ、ε、α等重链。

轻链C区域的氨基酸排列可分K和λ两型。

免疫球蛋白一级结构中不论轻链或重链的氨基酸排列和残基数量都很近似，都由110个残基相同单位（Homologiunit）反复形成相同结构。这些相同单位卷曲成三维结构并以双硫键加固。这类小型球形结构称Domain（区段，片断之意）。轻链由两个可变区（Variable region V2和1个稳定区CH domain），重链则由1个可变区（VH）和3~4个CH Domain 构成。

免疫球蛋白种类之多大概很难测，威胁人类健康的细胞丛、病毒及其变异种，各种致敏物质，如花粉、霉菌毒素的种类无法计数。人类机体是在如此危险丛生之中生存着、应对着、拼搏着、进化着。

免疫球蛋白在淋巴细胞系统里生成着，目前已有定论，免疫球蛋白在人体内生成并不是某一种淋巴细胞单独能完成的，据Feldman, M.和Gallily, R.（1967）的实验证明抗原刺激单一种淋巴细胞不可能完成免疫球蛋白的生成，只有将T–淋巴细胞、B–淋巴细胞一同培养，并加进脾脏巨噬细胞时才能出现免疫球蛋白。Ф.Б.Петров, A.B.Чергеев引述Goldre和Osaba（1970）相似的实验结果时也支持此观点。

这里有一个问题必须回答：人的寿命可以达到百岁，但人体内短寿T–淋巴细胞只能生存6天，而长寿的脾T–淋巴细胞的寿命也只有百天，那么人类在胚胎期里从母体胎盘，生后从初乳获得一些抗体。随着现代医学的进步，人们不断给婴幼儿注入抗结核菌、白喉病毒、麻疹、水痘、鼠疫等各种疫苗。有些疫苗的抗病效能短暂，也有些形成终身免疫。那么，新生幼儿获得的抗体效能如何能保持近百年？在人体内保留终身的免疫球蛋白是如何保持其抗病能力的，无数学者对此进行了探究。

为此，有必要对有关淋巴细胞系如何发生和分化的问题略加说明。

当前已经肯定，在胚胎期里人类胸腺淋巴细胞发生自第5~6鳃弓的胸腺原基的上皮细胞集群，在出生后所有淋巴细胞在骨髓造血组织的“生殖场”里发生，到胸腺“分化场”里分化成熟，最后到脾脏、淋巴结等淋巴组织定着或进入“成熟场”，着落于“变异场”里。

淋巴细胞系统的细胞在变异场里进行分化，而发育成各种不同功能的淋巴细胞亚群。

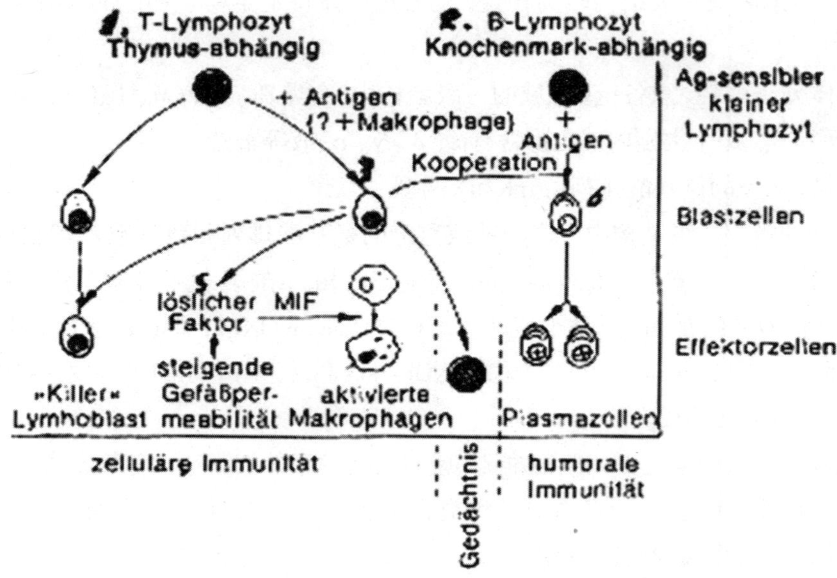

图 6-2-2 T-、B- 淋巴细胞的分化略图（K.H.Meyer, 1975）

如K.H.Meyer绘制的图6-2-2里T-淋巴细胞接受抗原刺激之后分化成记忆淋巴细胞（Gedachtnis）， 这种分化过程并非是T-淋巴细胞受到一次抗原攻击即刻变成记忆细胞的简单过程。首先，脾脏巨噬细胞将第一次攻击的抗原吞噬、分解成许多免疫功能的片段，将它当成传递因子转交给T-淋巴细胞，至少还有第二次相同抗原的攻击，甚至重复多次之后，这群类T-淋巴细胞核里编码出和普通球蛋白基因相同的许多重复基因的小片段，生成该种类抗原相对应的抗体的编码基因。这群类细胞才建立起记忆淋巴细胞的克隆干细胞，成为终身免疫球蛋白源源不断的来路，英文称Memory cell，俄文称зпомяющая клетка，德文称Gedachtnis Zell。顺便强调，医学界和流行病学界将同一种疫苗反复多次接种，对于建立终身免疫系统是必需的重要措施。

在淋巴细胞功能分化的概略研究路线上，也已取得肯定的成果，Nossal，GJV.和Mäkela，Cerottini，JC.和Brunner，K.（1969），长谷川仁（1969），Gershou ，RK.Cohen，P.，Liebhaber，SA et al.（1972），小谷正彦（1972），Петров，P.B.，Чергеев，P.H.，R. Mohr（1975），秋浜哲雄，三浦亮，新滕缴郎，他（1977），Ford，W. L（1980），A . Eimmermann，G.，Brun，Del RE.，H.Brudi et al.（1975），Feldman，M.和R.Gallily（1976），以及许多细胞生物学家、临床免疫学家、分子免疫学家采用现代生物学的所有新技术、新方法不断取得免疫细胞系统的新成果。

可以肯定，胸腺依赖性T-淋巴细胞（Thymus-abhangig）有协助B-淋巴细胞生成抗体的类群称协助淋巴细胞（Cooperative cell，cooperation Zell）。这种细胞接受抗原刺激后协助B-淋巴细胞转化为幼稚浆细胞，另一类群T-细胞称杀伤细胞（Killer cell）。这类细胞以其细胞毒杀伤移植物细胞或异体入侵细胞。R.Mohr（1975）绘图展示T-淋巴细胞的协同机制（见图6-2-3）。

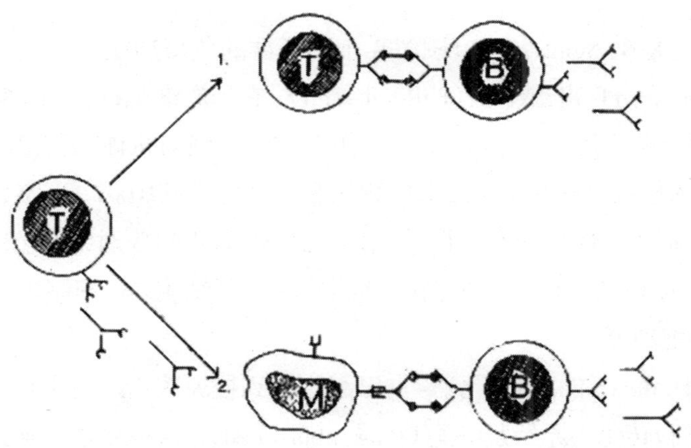

图 6-2-3 T- 细胞和 B- 细胞协同功能的机制

图中，1. T-细胞受抗原刺激后生成靶标决定簇（Determinant）和B-细胞对抗原生成结合簇之后才能完成免疫功能细胞。2. T细胞释放出传递因子激活巨噬细胞，这种巨噬细胞才使B-细胞能释放抗体。

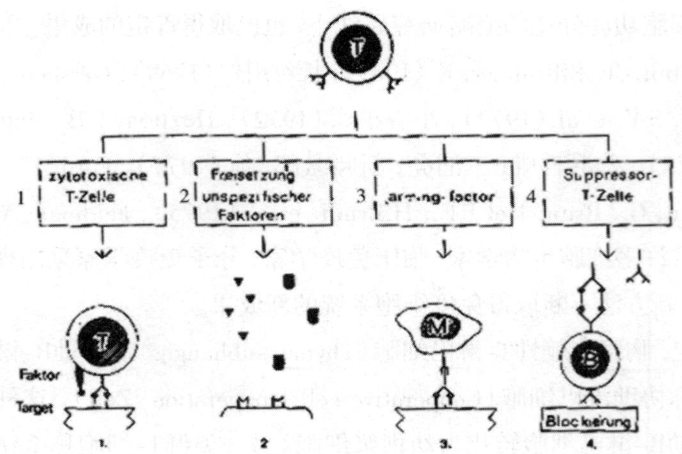

图 6-2-4 T- 淋巴细胞亚群及其功能

1. 细胞毒 T 淋巴细胞; 2. 非特异性分子; 3. 活性细胞; 4. 抑制淋巴细胞

图6-2-4也是R, Mohr（1975）图解T-细胞亚群的免疫功能。

图中, 1. 是杀伤T-淋巴细胞（Killer T-Zell）。它释放细胞毒作用于排除杀伤因子（Faktor）作用于靶细胞（Target cell）。杀伤T-淋巴细胞对机体的防卫功能具有重要贡献。它杀伤入侵的外来微生物、毒性物质和自身免疫细胞。2. T-淋巴细胞的一种亚群只能分泌非特异性抗体（因子）作用于无特殊受体的普通细胞。3. 又一种T-细胞释放Arming因子作用于巨噬细胞, 后者再作用于靶细胞。4. 抑制T-细胞先释放抑制因子阻碍细胞功能。

重新从KH.Meyer 的图解看到T-淋巴细胞受到抗原攻击之后由T-协同淋巴细胞促使B-淋巴细胞转化为原始浆细胞（Plasmablast cell）。这种原浆细胞分裂增殖成为体液免疫主要成分的效应细胞。

B-淋巴细胞并不是单一群类能分泌多种抗体, 每一个B-细胞只能分泌一种抗体, 图6-2-5略示概况：

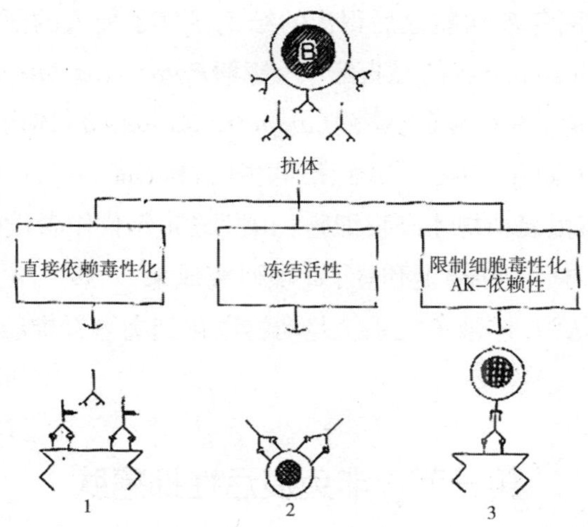

图 6-2-5　B- 细胞分群（只示 3 种）功能（R.Mohr）

上图中，B-淋巴细胞分泌抗体（Antibody），其中有1. C-因子依赖性控制细胞素，作用于靶细胞。2. 抑制性B-淋巴细胞阻碍分泌细胞毒素2B-淋巴细胞致敏。3. Antibody依赖性因子结合的细胞毒的B-淋巴细胞作用于靶细胞即浆细胞。

20世纪中后期，已有相当多的临床抗癌医学家、免疫学家致力于癌细胞抗原及其对应的抗体，进行了以求用免疫法治疗癌症患者的实验研究。但至今仍未取得足以根治癌症的免疫疗法。癌细胞是患者体内自身细胞被诱发突变，失去细胞分化，破坏细胞之间的接触抑制因子，因此无控制增生，并分泌出致痛物质（Point substance，p-物质）和毒素的赘生物。很可能癌细胞本身的某些蛋白质成为自身免疫物。这种病变与外来病毒、放射线或霉菌毒素不完全相同。可能像Jacob和Monod提出的细胞里调节基因和操纵基因之间的抑制物（Repressor）和诱导物（Inducer）或辅抑物（Corepressor）的活性突变引起的，所以一般动物机体内的吞噬细胞防线和体液免疫防线无力阻挡其危害。

19世纪后期以来，极为众多的细胞学家、组织学家、免疫学家付出巨大精力探索过体液免疫系的主要效应细胞——浆细胞在动物进化过程中开始出现的系统发生始端。共同探索的结果基本取得了一致性的认同。浆细胞在两栖类动物、爬行类动物即变温动物体内从未被发现。这些动物体内也可出现免疫球蛋白，主要来自白细胞，其防卫效应很弱而且是非特异的。只有在鸟类、哺乳类动物即恒温动物骨髓或鸟类法氏囊内出现，为特异性抗体球蛋白。

Finstad，J.和Good，RB.（1964）采用许多种技术方法对比研究无脊椎动物和低等脊椎动物的体液免疫功能之后得出的结论证实了前人的研究结论。这两位研究者说圆口类（Cyclostomata）的黏盲鳗（六鳃鳗*Eptatretus bürgeri*）与无脊椎动物相同无体液免疫反应。八目鳗（七鳃鳗*Lampetra Japonica*）体内开始出现牛血清蛋白（Bovine Serum Globlin–Bsg），牛血清r球蛋白（Bovine r–globlin–BGG）和噬菌体（Phage），推断只有恒温动物才有浆细胞。19世纪50年代作者读研时肯定了此种推测。在苏联1958年《中文画报》上刊登了此项研究成果。

由此我们可以认为，体液免疫系统是动物进化到高等脊椎动物体内出现的第二道自身防御系统。

第三节　非免疫活性抑癌肽

人类机体内由于遗传物质的突变或其他调节因子的突变（不是渐变或变异）所引起的分了结构的病变种类并不少见。当前癌症是威胁人类生命的严重病种之一。临床医学家按照常规对待细菌、病毒感染性疾病的习惯治疗方法治疗癌症耗尽了人力财力，并未获得疗效。最初的治疗癌症的思维立足于“最大限度地杀死细胞”，抑制癌细胞的增生。此种思维方法竟忽视了杀伤性有毒药物杀伤癌细胞的同时，也杀伤机体内的正常细胞、巨噬细胞、免疫细胞，导致全身机体恶液质而死亡。有毒药物同时也干涉和破坏机体内正常代谢功能和各器官的协调功能。尤其采取大剂量放射性元素照射癌症病灶时引起对射线最敏感的小肠上皮细胞和骨髓造血细胞的损伤，致使病人食欲减退，招致贫血和吞噬细胞减少，自身大肠杆菌从退变成致病菌，引起自身感染病灶。

当放弃有毒化学药物治疗、放射疗法治疗癌症的企图之后，正在采用的免疫疗法、细胞介素方法等新方法也未取得重大成果。因此抗癌工作徘徊在了十字路口。

那么在人类面前癌症是无法治愈的绝症了吗？1965年T.C.Everson将全世界癌症中心所发表的病例进行了电子计算机联机检索。结果发现从1900年至1965年的65年间，全世界共有176例晚期癌症自然治愈的病例。其中晚期肝癌2例，胃癌4例，大肠癌7例，骨肉瘤8例，膀胱癌13例，绒毛膜上皮癌19例，恶性黑色素瘤19例，神经母细胞瘤29例，肾上腺癌31例，其他44例。这些晚期患癌病人均是经剖腹探查或用其他技术检查证明无望继续治疗的晚期病例，但在放弃治疗后逐渐康复了。这项调查报告显示癌症患者身体内部具有消除癌症、终止恶性突变细胞的强有力的防御机制。

20世纪60年代初，在Everson调查报告发表一年后，许多以实验研究癌症的学者发现，正常动物和正常人的血清里，腹水癌患者血清、腹水里存在着抑制癌细胞增殖，而对正常骨髓细胞增殖无影响的多肽，如Boland，R.P.等（1960），Nobel，E.P.等（1960），Anderws，E.J.（1971），Bichel，P.（1972），Yamazaki（山崎）（1974），Apffel，C.A.（1976），童坦居等（1978），李敏媛等（1980），周爱如等（1980），崔天一等（1983），白若力等（1984）都以Erlich腹水癌细胞为实验对象，在体内或体外培养条件下进行过抑癌实验，较为一致的结论是正常血清里或腹水里都有非免疫活性的抑癌肽。患癌动物的抑癌肽活性高于正常动物。

这里出现一个问题：为什么绝大多数患者不但不能自然痊愈，反而在各种医学干预的情况下仍遭不幸。

众所周知，人体健康素质各异，对各种环境因素的对抗能力差异极大，例如常人注射数百万单位的青霉素不出现异常反应，而有些人只做皮试即导致过敏而死亡。综合上述，众多人的报告所提供的资料，迫使我们联想到这种抑癌肽只有可能是Jacob和Monad（1961）设想的细胞体内合成蛋白质的调节基因片段的辅抑物（Co-repressor），即可能是类激素短肽或酶的亚基肽。（见图6-3-1）

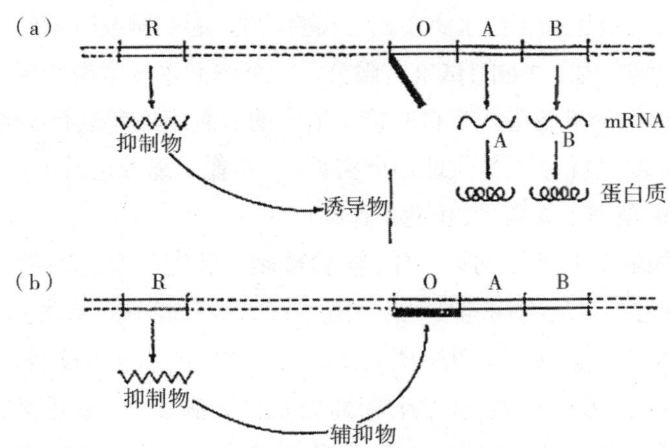

图 6-3-1　Jacob 和 Monad 假设的细菌中蛋白质合成的调节

(a)可诱导的酶系统，诱导物使抑制物失活；(b)可阻抑的酶系统，抑制物被辅抑物激活

为了探索抑癌肽的抑癌效应我们设计了一套实验方法，其要点为：

1. 在生物体内扩增抑癌肽的产量，在受体大型哺乳动物体内产生足够治愈实验动物体内移植的恶性增殖性病变。企图使癌细胞退变，令患癌动物长期存活，或完全治愈。

2. 我们选择山羊为扩增受体动物。以慢性淋巴型白血病为实验治疗病种。我们选择山羊为扩增抑癌肽首选动物是根据其生理特征决定的。

3. 扩增的方法是采集患有慢性淋巴型白血病患者骨髓穿刺液，从穿刺液里使用细胞密度梯度分离法，分离癌变细胞层。这里我们特别重视病种特异性，甚至患者个体特异性。

4. 将癌变细胞用冻融法破坏其细胞的完整结构，不采用玻璃仪器细胞匀浆制备或超声波细胞粉碎法，因为用这些方法的过程中必然引起蛋白质或多肽链的构象的破坏。

5. 用超速离心法制取匀浆里的该物质和短肽分层。弃除细胞核物质（比重大）、糖类和脂肪层（比重小），选取蛋白质层。

6. 为分离分子量2000~8000D，肽链选用生物凝胶（Bio-Gel P系列）进行色层分离技术分离了短肽，在上述每一步操作中都不能忽视相应的检测产物的质量，如骨髓穿刺液的细胞形态学检测，分离细胞层之后的细胞形态学检测；破碎细胞，制取匀浆后的匀浆成分检测等（同日试剂有限公司进行的实验）。

7. 实验治疗动物是从医学科学院血研所引进的L615慢性白血病小鼠。

以可移植性慢性淋巴细胞白血病小鼠为实验动物，起初所进行的分离技术比较粗糙，从2000年开始在内蒙古同日试剂有限公司完全按上述技术操作标准完成的。遗憾的是抑癌肽提取液准备应用于自愿接受治疗的白血病患者进行实验治疗之际2004年发生了“非典”疫情，人员住址远离实验室，工作半途停止，而且已接种扩增的2只山羊被邻院的苗圃工人盗食，由此工作终止。

1975年是我们的实验开始的第一年，实验楼刚安装完门窗。无供水、供暖、供电设备，无助手只有一名动物饲养员（荣丽霞，女）。她只能白天上班。因此我一人昼夜照管小鼠。入冬之后自己往四层楼背煤取暖，自己担水。入夜将鼠笼摆放在火炉四周，自己穿上防寒毛皮装。十二个葡萄糖瓶里装满热水，塞进裤裆、袖筒和腰里熬过严寒冬夜，白天进行实验。在如此艰难条件下坚持了2年，第三年留下了年轻助手阎晓红。当时也有了电、水、热，仪器设备也齐全了。但是采购设备和精密试剂必须由自治区主管公司代办，这又是一道难关。受制于公司办事人员的业务素质和政治道德素质，该公司的年轻办事员为我从香港采购原西德Opton公司紫外光自动扫描多功能显微镜时，竟未买荧光显微镜系统的光路转换器。缺了这一个小部件整个系统无用。在给我们采购普通试验设备时偏偏采购天津海河中学附设工厂生产的不合格设备。只好自己动手修理或改配。改革开放之后，科委主任决定“当年没有经济效益的项目一律停止拨款”，我只好招收研究生。从培养经费里挤出点钱和自己开发的医学临床诊断同功酶试剂盒（Kit）向全国大专院校出售（获内蒙古科技进步奖）的收入维持实验。还有一道难关就是舆论压力。院总务处经常来查“小金库”。科委一位领导（原来是某医院伙食科长）在大会讲台上批评我进行抗癌研究是修正主义科研路线，还说投入14万元连癌症都未解决。我写这些闲话的目的是告诉我们的从事科学事业的年轻后代，立志为祖国科学发展献身的勇士们记住马克思的教导“只有不怕艰险的人才能攀登科学的顶峰”。我本人劳而无功消耗了一生的岁月仅仅换得了沉痛的教训！我总结数十年研究各种动物骨髓细胞的结果发现，变温动物造血器官里B-淋巴细胞不能转化为浆细胞。这意味着变温动物不产生体液免疫物质，只有鸟类、哺乳类恒温动物体内才能出现浆细胞，才能生成体液免疫物质。与此相对应，变温动物体内发生恶性肿瘤的现象很罕见。而癌症似乎是恒温动物的常见病。我们所进行的实验无法肯定体内抗癌物质是否是免疫性短肽。最终我们相信，治愈癌症应该走抗癌免疫途径。同时也不应放弃抗癌短肽试验治疗途径。我想在抗癌实验研究上用两条腿走路更为妥当！我已经年过九旬，只愿我们的后生接力吧。

第七章 造血器官的进化

第一节 动物进化过程中血细胞形态学变异

动物界进化到具有血管网的阶段才开始出现血液细胞，如在蠕形动物（Vermis）纲的纽虫（*Nemertinea*）出现开放式血管，这时的细胞叫血淋巴细胞，也就是既是血细胞也是体液细胞。这是有无颗粒嗜碱性小型球形变形细胞，氧化酶强阳性，过氧化酶阴性细胞。这可能是血淋巴细胞的祖细胞。还有氧化酶阴性，过氧化酶强阳性的嗜酸性粒细胞和氧化酶、过氧化酶均呈强阳性的嗜碱性粒细胞。有纺锤形细胞，可能是肌纤维的碎片。还有含血红蛋白的呼吸细胞，其形态与干细胞相似。

环节蠕虫类（Annelida）除有上述原血细胞以外，依物种不同在血管液和体液里出现各种吞噬细胞、贮存细胞、分泌细胞、排泄细胞，有些作者报道说在海豆芽（*Lingula anatine Brugniere*）、长手沙蚕可看到无核呼吸细胞。这种细胞所含呼吸色素是血蓝蛋白。

软体动物（Mollusca）的血液—体液里除原血细胞外，有贮存物质，也能运送氧分子的细胞。在头足类（Cephalopods），如乌贼、章鱼的粒细胞核已有分叶的趋势，只有板鳃类（Elasmobranchii）的球形细胞质里含有血红蛋白。

节肢动物（Arthropoda）除上述细胞外，出现降色细胞，也叫爆炸细胞，这种细胞一旦溢出体外即自动爆炸，使体液凝固。因此这是血小板的原始形态（甲壳纲Crustacea）。另外，还有变色细胞，这类细胞中有呈红色、橙红色、朱红色、黄色、黄绿色、绿色以及灰色的各种（摇蚊科Chironomidae）色素。其实这是一种呼吸细胞。只因其呼吸色素氧合程度不同而变色（后述）。

棘皮动物（Echinodermata）血管已退化，只有体液细胞。除上述各类细胞外有一种呼吸细胞，形如淋巴细胞而胞质内含有海胆色素（后述）。

圆口类（Cyclostomata）动物已有封闭式血管系。从此才有红血细胞。

血细胞有无颗粒细胞（氧化酶阳性）、粒细胞、变色细胞（红、橙、黄、绿、灰），可能含有血钒色素。文昌鱼无血细胞。

鱼类、两栖类、爬行类、鸟类都已有了类似哺乳动物的各类血细胞，只是在血细胞的形态上有差异。例如呼吸细胞有核和细胞器，凝血细胞有核，叫栓细胞。其他方面的微细差异本文不赘述（请参阅本文作者的专著和短文）。

哺乳类血细胞中呼吸细胞亦失去核和细胞器。这里呼吸功能高度专一化而且随着机体代谢功能水平的提高，每个细胞内呼吸色素含量增高，并且能够钻过比细胞体更细微的毛细胞管。栓细胞也失去胞核形成血小板。

本节结语

血液细胞的进化过程归纳起来应该着重指出：

1. 无脊椎动物（Invertebrata）只有血液—体液细胞，如上所述，从原索动物（Protochordata）开始出现封闭式血管系统之后才有血液细胞。

2. 血液细胞在原始状态下（无脊椎动物）形态不定型，功能不特化，绝大部分细胞都参与吞噬功能，同时也参与排泄功能、运送功能。

3. 从节肢动物开始出现了具有凝血功能的细胞，鱼类开始出现栓细胞，只有哺乳类才有血小板，因此应从进化论角度将血小板、栓细胞、爆炸细胞统称为凝血细胞（Thrombocytes）。

4. 红细胞的进化过程在动物，从低等无脊椎动物到哺乳动物的进化各阶段经历过极复杂的变化，首先在输氧、贮氧细胞的胞质里出现过血红蛋白、血蓝蛋白、血绿色素、血钒蛋白，以及个别种类动物还有过血红蛋白和叶绿体的复合物，这类细胞由有核发展到无核的红细胞应该称为呼吸器（Respiracyte）。

5. 脊椎动物的红细胞在两栖鲵（*Amphiuma tridactyla*）阶段是巨大的有核椭球形细胞，其长、短以经达69.97μm、41.30μm。

表 7–1–1　动物界的血液细胞演化史

动物	躯体结构	血液循环系	血细胞
蠕形动物（Vermis） 纽形蠕虫（*Nemertinea*）	无体腔， 圆形动物， 有假体腔	开放型血管网，无心脏	1. 原血细胞： 无颗粒嗜碱性变形细胞Oxd（+++）、Pox（–） 2. 嗜酸粒细胞：Dxd（–）、Pox（+++） 3. 嗜碱粒细胞：Oxd，Pox（+++） 4. 纺锤细胞：肌肉碎片？ 5. 红细胞：含Hb的原血细胞
环节蠕虫	真体腔 三胚层	有心脏、动脉，动脉开口于血窦，血液定向循环	1. 原血细胞（同上） 2. 依种属不同血液里可出现吞噬、贮存性、分泌性、排泄性等各类细胞 3. 海豆芽（*Lingula anatine Bruguiere*）、长手沙蚕有红细胞（无核），含HE
软体动物（Mollusca）	真体腔	有心脏 1. 开放式血管系，血液由血管、血窦，即筒式回流 2. 闭管式血管系，心脏、血管、微血管、静脉（头足类Cephalopods）	1. 原血细胞：无颗粒嗜碱性变形细胞 2. 粒细胞：是贮存细胞、输氧细胞 3. 乌贼、章鱼粒细胞核稍有分叶趋势 4. 红细胞即输氧细胞。只有板鳃类（Elasmobranchii）红细胞含Hb，血浆含HE，其近亲类无红细胞
节肢动物（Arthropoda）	真体腔，成虫体腔退化变成血腔（Himocoel）	有心脏，动脉开口于血窦，无静脉	1. 原血细胞 2. 浆血细胞 3. 粒细胞（鲎） 4. 降色细胞或爆炸细胞 （甲壳纲Crustacea） 5. 变色细胞（红，橙，黄绿，绿）（Denocyt，摇蚊科）
棘皮动物（Echinodermata）	幼体左右对称，成体辐射对称，体腔膨大，无头无脑	血管系退化，体腔循环代替血液循环	体腔液细胞： 1. 无颗粒变形细胞（淋巴C样），含海胆色素（Echinochroma），既是呼吸色素，又是性引诱素 2. 粒细胞：贮存吞噬粒的无颗粒变形细胞 3. 结晶体细胞：含晶体可能是排泄细胞 4. 红细胞：只有海参纲（Holotheroidea）、蛇尾纲（Ophiuroidea）有红细胞且含海胆色素，而腕足类（Brachiopoda），含血钒色素（Hemovanadin–HV）

续表

动物	躯体结构	血液循环系	血细胞
脊索动物（Chordata）圆口类	有中轴器内骨骼的开端，无头类	封闭式血液循环系统	1. 无颗粒变形细胞Oxd（+） 2. 粒细胞（无呼吸色素） 3. 变色细胞（橙、黄、褐、绿，厌绿色细胞） 4. 文昌鱼、无血细胞
鱼类	有头类内骨骼，中轴器	封闭式血液循环，淋巴循环系	1. 无颗粒白细胞 2. 颗粒白细胞 3. 栓细胞 4. 有核红细胞，含Hb
两栖类（Amphibid）	同上，肺呼吸开端	同上	同上
爬行类（Reptilia）	同上，完全肺呼吸	同上	同上
鸟类（Aves）	有头类，内骨骼，中轴器，出现卵黄囊	封闭式血液循环系，淋巴循环系	1. 无颗粒白细胞 2. 颗粒白细胞 3. 栓细胞 4. 有核红细胞，含Hb
哺乳类（Mammalia）	有头类，有胎盘类	同上	1. 无颗粒白细胞 2. 颗粒白细胞 3. 血小板 4. 无核红细胞，含Hb

第二节　造血理论之争

人类在新近数百年来，通过不懈地努力，揭开哺乳动物血细胞生成、分化及其功能的奥秘。问题的重要性始于贫血病的折磨和临床血液病医生的困惑驱使。尤其后来对各类型白血病、红血病、绿血病（绿色瘤）和黑血病以及各种血红蛋白病的发现进一步加深了对于造血场所的探索愿望。

和临床血液病研究者同道的有更多的显微解剖学者（现今叫组织胚胎学）、细胞病理学家、高山病生理学家、潜水病理学家，甚至遗传学家、生物进化论学家及其他们的潜心研究。

16世纪，西班牙殖民主义侵略军毁灭了南美洲印第安人创建的具有灿烂文化的印加帝国，在横渡科迪勒拉（Cordillera）山脉（安第斯山脉的主脉）时由于饥寒再加上恶劣的气候条件而全军覆没。当地的印第安居民，口嚼可可叶在山巅上放牧驼羊。1564年一位神父De Acosta，J.发现“置人于死命的主要原因是高山地区的空气中某种元素稀薄，不利于人类呼吸”。1774年英国化学家J. Priestley发现了De Acosta，J.神父所预言的高山空气中含量稀薄的某种元素就是氧气（Oxigen-O_2）。18世纪70年代在J. Pristeley之后法国科学家A. L. Laciosier用烧制氧化汞法测得地表上的空气中氧含量为20.9%。20世纪30年代苏联热气球驾驶者从大气的对流层和平流层空气中测得氧和氮的比例为1∶4。

在Acosta之后的300年间把各种贫血症视为“不治之症”，当时处于对贫血症病因和造血器官的奥秘还未被认知的情况下，尝试采用过各种输血方法，曾把狗的血管或把羊、牛的血管与贫血症患者的血管连接起来给病人输血治疗。人与人之间也进行过输血试验，由此引起大批患者死亡。又有些巫师提倡泄血。这些方法从现今科学发展水平来看是愚昧的巫术（见图7-2-1）。当时一批希腊“神医”提出废弃玄学理论，主张医学必须经验与理论相结合。他们开始进行人体解剖，收集草药治病。这样欧洲医学开始进入现代医学的轨道。

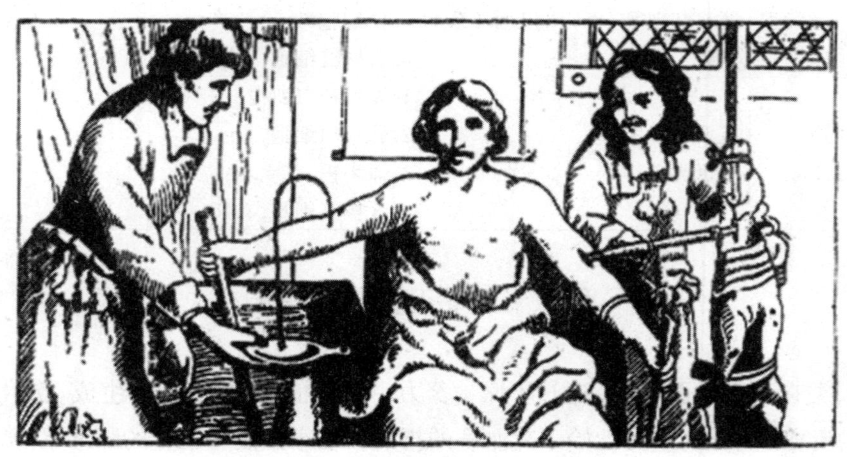

图 7-2-1　给贫血患者输狗血治疗

英国一位内科医生于1665年声称，将健康的狗血输入大失血急症病人的血管里挽救了病人的生命。1667年他到巴黎演讲说“成功地将狗血输入贫血病人血管挽救了病人”，这位医生的演讲无事实证据。他只想炫耀英国人先于法国人掌握了成功的输血技术。这位医生叫R. Lower。

1901年德国人Landesteiner，K.将21名正常人血液随机相混合，在观察凝血和不凝者的几率时发现了ABO 3种红细胞抗原。次年Wrhigt发现AB血型，从此仅用半个多世纪的探索已发现36种红细胞血型、多种血小板血型和Class I.（几十种）、Class II（十几种）、ClassIII（9种）白细胞血型。尤其白细胞Class III的q9血型相吻合时供体和受体间器官移植，包括血液干细胞移植可成为成功的技术。移植器官“永久”存活，免除异体排斥。

但是解决输血问题只能算是一种对于贫血症患者的一种急救方法，是一种补救性的方法。而对血细胞的生成和生长方面存在的问题，仍是临床血液病学者需要从理论和实践中解决的问题。

在这数百年间血液细胞产生场所、产生机制在无数人的探索和遇到的挫折经历中逐步取得了进展。

19世纪40年代初，德国人 Schleiden，M. J.（先学法学，后改学植物学）和Schwann，T.（动物学）在先人的研究中，在细胞的基本结构已被澄清的基础上提出动物和植物全以细胞为基本结构和功能单位的细胞学说开创了生物学研究的新的纪元。在此理论的启迪和显微镜技术的影响下，1868年由德国人Neumann，E.和意大利人Bizozzero，G.同时提出骨髓（Knochenmarkes〈德文〉，delle ossa〈法文〉）是血细胞增生（Blutbildug：Funzione ematopoetica）的场所的推论。同时Bizozzero指出Delle ossa里也能增生白细胞。而后的数十年里，出现过各种各样的有关造血场的争论。

1674年，荷兰眼镜片研磨匠兼市政厅看守人的Van Leeuwenhoek（1674）制造的曲率特大的单透镜放大镜为血细胞研究开辟了广阔途径。Leeuwenhoek在300多年前用他的放大镜观察过精子的运动，伸展固定的青蛙舌毛细血管里流动的红细胞。与此同时，这位未在正规学校学习过的好奇心很强的外行看到毛细血管内皮的自动收缩现象，未写论文，只写信通报给未来的英国皇家协会的同行。

我们的记者曾几何时大肆热炒“×氏理论”。杜撰的巨篇报道说×氏在青岛，从童年时代开始观察海浪的波动，这灵感促使她发现毛细血管的波动性，形成独特的×氏理论。殊不知毛细血管壁能波动的现象在普通大学教材里属于普通知识。文人之笔，妙趣横生，生出“科学新理论”。这些文人应补习一般的自然科学知识，以免误导青年。（我区媒体记者曾将未受过小学教育的纯文盲老医师报道为我区“顶级教授”）

Pappenheim，A.（1896，1900，1909）；Maximow，A（1898，1902，1904，1905，1906a，1906b，1907a，1907b，1908，1909a，1909b，1910a，1910b，1913〈德文〉，1918〈俄文〉，1923〈德文〉，1924〈英文〉，1926，1927〈德文〉），Danchakova，V.（19078，1908，1909a、b，1910〈德文〉，1916a、b〈英文〉，1916〈德文〉，1916〈英文〉，1924

〈德文〉）等人观察骨髓切片，认为各类血细胞均发生于骨髓网状细胞，为多潜能干细胞，因为哺乳动物胚胎早期血细胞发生在胚外中胚层结缔组织的血岛里。这种造血理论被称为造血功能一元论。

临床血液病学家观察髓性白血病淋巴型白血病血细胞的形态特征和脾、淋巴结的病变而提出了造血二元论，其代表为Naegeli, O.（1900）。

也有些临床血液病学家将单核细胞的发生来源看做是网状组织和血管内皮细胞，即网状内皮系统，这是造血理论的三元论学说。

这些理论上的争论被囿于单纯形态学观察的局限性中，当时的染色技术和显微镜技术无法辨识出多潜能干细胞和网状细胞的区别，这两种细胞着色性均差。只有到20世纪中叶，开始出现器官移植技术、细胞克隆（细胞株）培养技术、放射线照射技术，随着这些技术的发展，加拿大人Till, J.E.和Mc Culloch, E.A.最终决定了所有血细胞的原祖细胞——多潜能干细胞（Polyfunctional stam cell –psc）或克隆形成细胞（Clone formation cell–CFC）。他们用致死量放射线照射小白鼠杀灭所有造血细胞之后，移植纯系多能干细胞于脾内观察到血细胞增殖的可能性。在此基础上在琼脂平板固体培养基上培养干细胞，在添加各类血细胞的克隆生成因子如粒细胞因子、巨噬细胞因子、红细胞因子（肾中提取的Erythropoetin）时看到多潜能干细胞分化出单向功能干细胞，由此成长出粒细胞、巨核细胞、红细胞、淋巴细胞。

经继代培养时由一个多潜能干细胞经过5代增殖2、4、8、16、32个单向干细胞，再将每一类干细胞继代培养5代时看到各类血细胞增殖出64、128、256、512、1024个各类成熟细胞。

过程是多潜能干细胞→原巨核细胞→血小板，多潜能干细胞→原红细胞→红细胞，多潜能干细胞→原粒细胞→粒细胞，多潜能干细胞→胸腺淋巴细胞→骨髓或淋巴节细胞→淋巴细胞→浆细胞。

骨髓造血干细胞不停地增殖与分化：在一个人体内以胸骨为中心在其周边的扁平骨的板障内开始造血，再向外在4肢管状骨的红骨髓里每天生产出2000亿个红细胞，100亿个白细胞，4000亿个血小板（M. Tavassoll, 1981）。每个红细胞含有2.8亿分子血红蛋白，每个血红蛋白有4个血红素，每个红细胞能够与11.2亿个分子氧接或气合和解离。血红蛋白的氧合—解离一个循环耗时0.01秒钟。一昼夜24小时内人体获得1935亿分子氧，但是嗜氧组织，如脑细胞、心肌细胞、舌肌纤维、眼球肌、视网膜细胞获得的氧分子（$^3O_2$）肯定高出肌纤维、结缔组织许多倍。脑细胞如果乏氧15分钟即可趋于死亡。上述数据充分证明造血器官不停地增殖出血细胞才能维持人体的正常新陈代谢，才能维持生命活性。生血组织向全身提供血细胞的活动是从胎儿发育第4周伊始直到死亡，终生不停。红细胞从干细胞分化到成熟需经5天时间进入血流。白细胞用20~30小时，血小板在数小时内完成分化成熟。

最近我国媒体表扬一位自愿献血者无尝献血240次。如果这则报道是真实的话，采血者的行为可构成犯罪。因为如此反复多次采血的后果导致供血者的骨髓习惯性生血不止，有可能引起红细胞增多症——恶性红血病（血癌可分白血病、红血病、绿血病、黑血病……）。希望我国初级输血工作者和自愿献血者要知道献血是光荣行为，但是要适度，非周期性献血既对人民有利又不影响献血者建康。而且一个人累计献出48000毫升血是否过多？一个强壮男子全部血液量为7000毫升。把这位志愿者的全部血液抽干7次，其远期后果会如何？（每次抽血按200ml计）

第三节　高等脊椎动物胚胎期造血

人类胚胎发生早期胎体大小在0.5~1.0cm，胎龄4周时胚外中胚层卵黄囊上出现来源于间充质的（也可能来源于内胚叶）生血管细胞（Angiogenic cells）团块，叫血岛（Blood Lsland）。这群细胞分化成血管内皮细胞，在血管内的细胞为原红细胞和栓细胞，血管外壁上的细胞分化为原粒细胞。这种卵黄囊造血现象是脊椎动物系统发生早期卵生（Oviparous）动物或卵胎生（Ovoviviparous）动物的遗传特性的再现。卵黄囊造血（天野重安〈Amano〉，称胎盘造血）只是一过性的造血灶。当胚胎第6~7周时血管伸入胚体内的同时造血灶移至肝细胞索外周的间充质里。胚胎期第2~4月脾脏及淋巴结里开始生成淋巴细胞。第3个月骨髓开始造血。胚胎期肝脏生血时期红细胞既在血管外发育也在血管内进行原红细胞的有丝分裂和无丝分裂。骨髓生血开始之际，红细胞、血小板的生成灶完全移至血管外，粒细胞和淋巴细胞、巨核细胞也都在骨髓网状组织里生成，淋巴细胞再转移至胸腺髓质里，进而成为循环型淋巴细胞。本书著者在数百例正常猫骨髓切片上只有一次看到中幼红细胞在血管里的分裂象，这是极为偶然的现象。但骨髓造血灶受到严重抑制时这现象可常见。

胚胎发育期的红细胞、血小板、粒细胞造血灶即髓性造血灶和淋巴细胞、单核细胞造血灶由胚外中胚层转移到肠管、肝脏、脾脏、胸腺，即由髓外造血转化为骨髓造血。由血管内造血转化为血管外造血的转化机制是动物系统发生过程中造血器官随着动物机体结构的发育而转换部位的重演。

在人类机体正常造血干细胞的遗传基因的突变，出现像白血病之类恶性病变时，骨髓造血功能出现严重障碍，可重复肝脏造血、脾脏髓性造血，甚至脑蜘网膜造血，心肌间质造血。而且血管外造血又回到血管内造血，病变灶由胸骨向外扩散。

第四节　血液细胞的研究方法

本章内容并不囊括血液学的经典的和现代的研究方法的方方面面，只提供本书作者所采用的主要的研究方法。

继Van Leewenhoek 活体观察蛙舌毛细血管内流动的血液红细胞之后的300多年中，血细胞的活体观察或新鲜涂片的活体观察至今仍未失去其实际应用价值。

但是在光学显微镜应用偏振光技术、荧光技术、紫外光显微技术、位相差显微技术、显微分光光密度扫描技术以及透射电子显微镜、扫描电子显微镜技术的应用在血细胞学研究和临床血液学研究中增添着新的理论和实用知识。

1877年Ehrlich，P.首次为研究血细胞引入了伊红—苯胺色素的染色法。May-Grünwald.（1902），1905年波兰人Giemsa和Romanovsky又创造至今用于血涂片上血细胞常规检验的伊红—天青II染色法。Maximov染色法虽然是极为美丽的骨髓细胞的图像，但是配制过程很难。用具必须是瓷器或硅化玻璃、水晶玻璃。钾钠玻璃器皿里很容易使溶剂pH发生变化导致天青染料形成凝块（沉凝）。

血液细胞涂片在普通光学显微镜观察技术中，Ehrlich，P.（1877，1878，1891），May-Grünwald（1902），Maximov，A.（1909），Giwea，G.（1910），Pappenheim，A.（1912）等人创立的碱性染料（Azur，Methylenblau，Hematoxylin）和酸性染料（Eosin）的混合染液为用血液细胞、骨髓穿刺液涂片鉴别细胞的研究方法产生了划时代的推动作用。

这些方法中Ehrlich的方法是最基本的原创性技术。May-Grünwald方法是显示分辨血细胞、骨髓细胞各种胞质颗粒的最好的技术。Giemsa方法染色细胞核结构最好，但胞质颗粒显示得不太理想。我在研究工作中最喜欢使用May-Grünwald-Giemsa双重染色，目前临床血液学者普遍使用着Giemsa，或Wright氏法，因Giemsa染色法最简便省时。

Maximov染色法浸染骨髓切片、骨髓连续切片，效果非常好的，是不错的染色技术。但是此法受到专业研究骨髓结构，骨髓造血灶的局部解剖部位，骨髓血窦结构在连续切片上显示各种细胞的极好的技术的制约。本书作者曾将猫骨髓组织块用5%硝酸溶液脱灰、火棉胶—石蜡包埋，制作成数千张连续切片，探索过骨髓组织结构。此法要求配制染液极为严格，所用玻璃器皿不能是钾玻璃或钠玻璃，因为这类玻璃 “脱落”金属离子，改变染液pH，使Azur形成团块（颗粒）沉淀。所以Maximov染色技术只适用于专业研究者，而在临床血液检验工作中使用过于繁琐。

在血液细胞和骨髓细胞的细胞学、组织学研究中电子显微镜的放大倍数在8000×~12000×~120000×最为有用。高分辨率，如投射电子显微镜1.2Å~2.0Å技术在研究细胞小器官或呼吸色素、染色体结构、蛋白质链、核苷酸链的原子结构时必需使用的方法，对于普通临床血液学检验工作不太适用。

我们在50多年的血液细胞研究历史中曾用酶细胞化学（非组织化学）方法显示过哺乳动物血细胞的多种氧化还原酶、转移酶、水解酶、异构酶、核苷酸水解酶，个别种类的核苷酸环化酶。在部分核苷酸酶在血细胞涂片上每平方微米里的活性强度的比较研究中我们应用德国（当时的西德）全色光和紫外光源显微光密度扫描仪进行扫描定量观察。我们除了做大量酶细胞化学显示工作之外，对于某些功能基团也用细胞化学方法观察过，例如硫氢基、胺基、双硫键、酯键等。

细胞化学方法在探索骨髓细胞增殖、分化、退化机制的认识上具有一定的助益，但这种技术仍属形态学范畴。例如对于哺乳动物成熟红细胞代谢的研究方面丝毫没有用处，因为酶细胞化学反应的底物无法进入红细胞膜内，它的分子量大，红细胞膜并无吸纳底物分子的通道。虽然在这方面投入过巨大精力，但从细胞化学技术上并未获得有价值的成果。

当我们采取细胞分离法分离各种细胞群的纯净标本进行冻融法破坏细胞膜，离心分离出胞质进行聚丙烯酰胺凝胶电泳法分析各种酶蛋白质，以功能基团的区带电泳法分析过白血病细胞和正常血细胞分子亚单位，采用高压电泳法（1000V~4000V）分析过乳酸脱氢酶各亚基的分子结构，我们认为这种技术具有极大的发展空间，较之细胞化学技术优越得多。本书作者在自己工作的基础上撰写了《应用同功酶学》一书（135万字）。在第10届基因、基因族、同功酶国际研讨会上展示，由内蒙人民出版社出版。

在应用分离技术时制取细胞匀浆方法中冻融法比超声波粉碎细胞和玻璃匀浆磨碎法优越。因为冻融法不损伤细胞内蛋白质、核苷酸立体构相。

我们为了分析淋巴细胞亚群的分子结构曾采用冰点下降度分离技术，但未能开展免疫学工作，所以未能取得任何效果。而在后两种技术的应用方面高效分离脾脏淋巴细胞蛋白质的研究成果，获得内蒙古科学技术委员会颁布的科技进步一等奖。当今21世纪高分辨率电镜技术（0.14Å~0.2Å）、X线双光束衍射法、分光技术、层析技术、超速离心技术、生物统计技术、放射自显影技术、高压电泳技术和生物化学技术才能为分子生物学研究增添实证资料。本书著者在20世纪50年代用苏联放射性同位素研究所的设备学过放射自显影技术（Autoradiographic method）。回国后在由我创建的内蒙古医学中心研究室已采购了一切防护设备及原子乳胶、放射剂量测定设备，准备开展放射性短寿命同位素微局里量范围内的实验研究工作。但是请示院领导时，他们根据内蒙古科委的禁令未允许采购同位素。自治区的各级领导一听应用“原子能”材料时惊恐万分。他们未听说短寿命放射性同位素在微局里量的实验方法，在国际上，在普通实验室里普遍进行着。我采用上述各项研究技术的核心目的是在本书第六章里提到的开展抗血癌（白血病）活性肽的实验研究工作。这项工作是蛋白工程中最艰难的课题。为此创建了医学院中心研究室，培养了24名硕士研究生及大批实验技术人员。但是在内蒙古自治区这类偏僻角落的教学单位里进行科学研究被看成是资产阶级修正主义名利思想的殉道者的行为。

尽管研究骨髓细胞的研究方法进展到了超微结构分析技术，初学者必先从辨识人细胞形态入手。曾经有位国内学术界身居高位的临床血液学专家断言：未经染色的骨髓细胞是无法辨认分类的。本人从事此行已有70年经历，在那位专家面前企图露一手，有点像“孔夫子门前卖百家姓”吧，如此只是为后代传授本人的体验。

如何辨认骨髓细胞

骨髓穿刺液涂片经Mai-Grunwald染色法（血细胞常规染色液中最好的染液）处理的标本在光学显微镜下放大40～100倍可以轻易地辨认骨髓红细胞系、三种粒细胞系（嗜中性粒细胞、嗜酸性粒细胞、嗜碱性粒细胞）、淋巴细胞系、巨核细胞系发育各个阶段的细胞类型。这是研究骨髓生血功能的最基本手段。在研究酶细胞化学时，在未经复染的标本上观察和辨认这些近30种细胞的类型，是研究人员必备的技能和基本功及基本方法。因为显示酶活性的标本不可以再复染。1982年，我们在全国第一届科学大会上拿出骨髓细胞34种酶细胞化学观察的报告便获了奖。酶细胞化学报告在我国还是首次。后来在自治区评奖时，科委聘请北京一位专家审评。专家提出未经复染的骨髓标本不可能辨认细胞类型（专家的名字对我保密）。北京专家的结论可能来自他本人缺乏研究骨髓细胞的实际经历；或来自对外省同行的习惯性藐视。我们和世界各国同行都在开展着电子显微镜下观察酶细胞化学的工作。众所周知，超薄切片标本不可能加以复染，这一点北京的专家当时可能未曾听说过。我们在光学显微镜下或电子显微镜下都能辨认骨髓细胞的所有类型。因为长期观察实际标本过程中养成的感性知识极具重要意义。初学者必须首先辨认每个系列的最末端细胞。接着寻找每个细胞类型的胞质结构、细胞核的分化程度。整体细胞的外形几乎类似，只是显得胞质和核结构幼稚一些的细胞依序排队可以辨认该系列的各个类型细胞，并能确认其最早期的干细胞。如图7–4–1～4所示，我们在骨髓组超薄切片上展示：

1. 成熟分叶核嗜中性粒细胞；

2. 嗜中性晚幼粒细胞；

3. 嗜中性中幼粒细胞；

4. 嗜中性早幼粒细胞和它的有丝核分裂前期常染色质分化成染色体和分裂为三的核仁。其中两个核仁结构里出现（3×9）+（2×1）微管系。这两个核仁的微管纵径互成直角；

5.（2×9）+（2×2）微管为草绿虫纖毛运动装置，（3×9）+（2×1）为骨髓细胞有丝分裂星状体牵引丝；

6. 嗜中性粒细胞有丝核分裂期的星状体牵引丝来源于常染色质（3×9）+（2×1）微管系收缩蛋白，异染色质变染色体。

从照片上可以确认晚幼红细胞，其核呈球形，染色质较为致密。胞质特征接近红细胞。在其近邻可看到比前者稍大的细胞可以肯定它是中幼红细胞。在它的上边较大球形细胞就是早幼红细胞。另一个有丝核分裂中的细胞可以肯定是早幼红细胞的分裂象。在透射电镜下拍的照可看出浆细胞、浆细胞有丝分裂象。

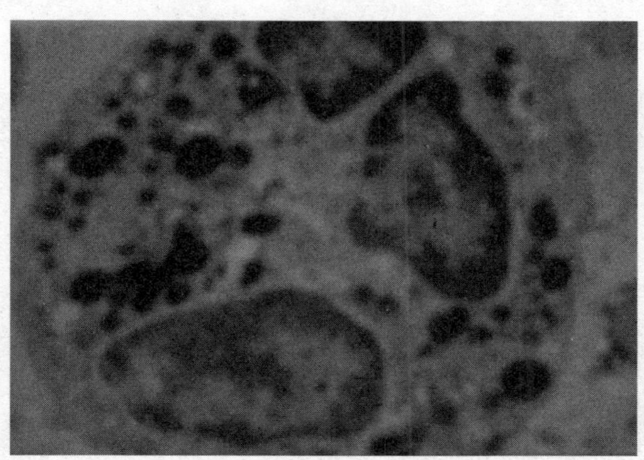

图 7–4–1　超薄片上显示成熟嗜中性粒细胞（分叶核）

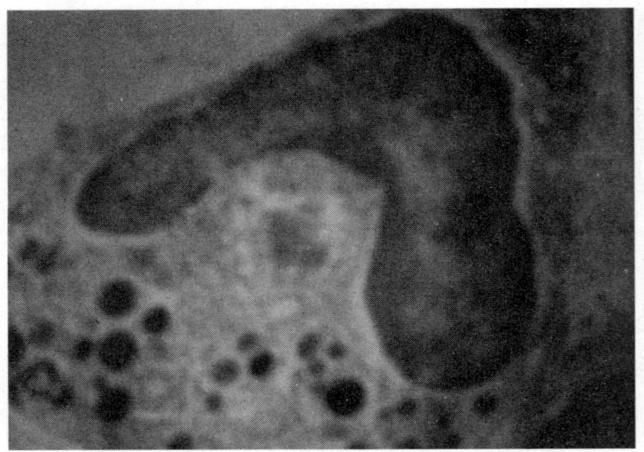

图 7-4-2　嗜中性晚幼粒细胞

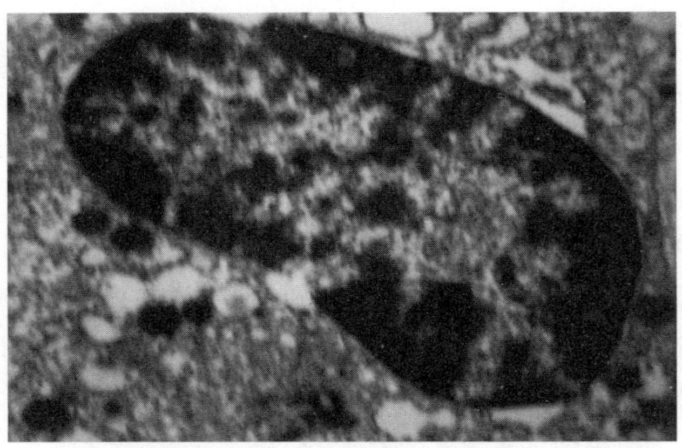

图 7-4-3　嗜中性中幼粒细胞（间期）

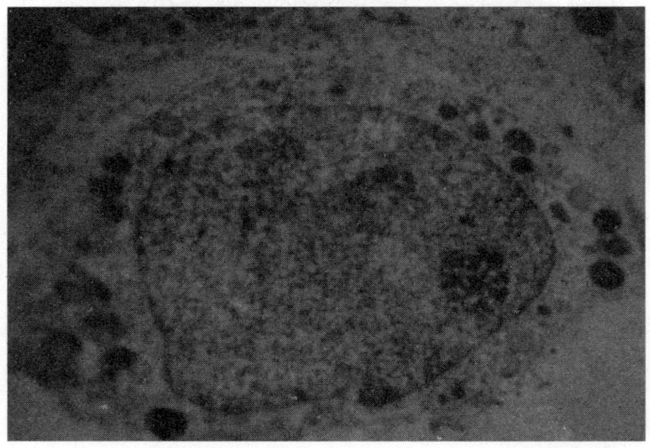

图 7-4-4　嗜中性早幼粒细胞早期常染色质凝结成核仁。核仁分裂并在内部出现 3×9 微管系

第五节　动物造血器官的进化

脊索动物体内还无造血组织，动物进化到最低等脊椎动物圆口类（Cyclostomata，又称无颚类〈Agnatha〉或囊鳃类〈Marsipobranchii〉）如土鳗（泥鳗 *Nacturus maculatus*）、六鳃鳗（*Eptatretus bürgeri*）、七鳃鳗（*Lamperta Japonica*）等物种幼态时在消化道螺旋状皱襞黏膜下结缔组织里出现淋巴结样的细胞集群。在这里的血管里可以看到红细胞、栓细胞的集群及细胞分裂象，血管外结缔组织里粒细胞及其分裂象。Kloatsch，H.（1892），Giglio，Tos，E.（1896，1897），Mawas，J.（1922），Jhordan，HEL.，Spiedel，CC.（1929，1930），Schaelfer，K.（1935），杉田贤郎（1953），友永进，他（1973），石琢宽，他（1975），田中康一（1979）等人认定圆口类动物消化道黏膜下结缔组织里出现淋巴细胞集群是动物进化过程中必然要出现的脾脏的原始雏形。

最原初的造血组织出现于消化道的现象证明，血液有形成分和无形成分是与机体内最重要的营养功能、呼吸功能和机体内环境的防御功能具有相关关系的生理学价值。

鱼类血液及造血组织的研究方面，Maximov，A.，Jhordan，HE. 和Spidel，CC. 等学者所发表的论文和专著数量之多，实令后人敬佩。

在他们之前和之后也有大批研究者报道过软骨鱼类（Selachier，Chondrichthyes）的造血组织，如板鳃类（Elasmobranchii）的银鲛（*Chimaera phantasma*）、鲨（*Carcharhinus*，*Akya*）、鳐（*Raja*）。他们是Rawitz，B.（1899，1900），Griinberg，C.（1901），Maximov，A.（1924）。关于硬骨鱼类，如非洲肺鱼（*Dipnoi Afcrica*）、美洲肺鱼（*Lepidosiren Paradoxa*）、原鳍鱼（*Protopterus annectens*）的造血组织的探索者有Yoffiy，J.M.（1928，1929），Dustin，P.（1934），Bryce，TH.（1905），Jhordan，HE.和Speidel，CC.（1924 ）。对鲫（*Carassius auratus*）、鲤（*Cyprinus carpio*）等硬骨鱼的造血组织的研究者无法计数，我们可以参阅A.A.Заварзин（1953前后多篇），Maximov，AA. Drzewina，A.（1905），天野重安（多篇），掘井五十郎，他（1951），Ocmpoyma，NH.（1957），青木一子（1963），田口武彦，他（1974），石琢宽，他（1975）及其他众人的报告。

软骨鱼类，如星鲨（*Mustelus manazo*或星鲛）、鳐（*Raja*）等物种的脾、消化道螺旋状皱襞黏膜下的Leydigs器官以及肌纤维束间质都是造血组织（A.A.Заварзин，

1953）。软骨鱼到秋冬季性周期休止期里卵巢和精巢变成呼吸色素制造厂。非常有趣的是，自然界赋予生命体尽力节约能量，合理消耗能量，用于对生命活动有利的地方。就像人类创办工厂时在生产淡季“找活儿干”，而这在鱼类以先于人类数亿年前就已做到。

硬骨鱼（Osteichithyes），如肺鱼（*dipnoi*，двуядышашие）、鲫、鲤等鱼类红细胞、栓细胞在脾脏血管里进行增殖，粒细胞在中肾、肝脏、肠管等器官的血管外增殖，淋巴细胞繁殖于脾、肠、中肾等器官。

有尾两栖类蝾螈（*Cynops Orientalis*）、美西螈（*Siredon axolotl*）、大鲵（*Megalobatrachus davidianes*）肝（在细胞索结缔组织鞘里造血）是主要造血器官，而脾脏为辅助性造血器官，红细胞、栓细胞仍在血流里增殖。

无尾两栖类青蛙（*Rana plancyi plancyi*，王样蛙，日）、蟾蜍（*Bufo*）开始才出现骨髓造血，但只是在冬眠期的骨髓内才见有血细胞增殖，春夏季仍以脾脏为基本造血器官。

爬行类（Reptilia）动物造血的共同特点是按季节变化较为显著（Dantschakoffa, V. 1909, 1916）。Эбергард, И.（1909），Majassjedoff, S.（1925），Jhordan（1936, 1937），Заварзин, A.A.（1953），尾曾越文亮（1953）以及许多学者的著作都以相当的篇幅讨论爬行动物（Reptilia）的代表性物种黾（*Emysorbicalaris*）和蜥蜴（*Lacertilia*）的造血器官与哺乳动物胚胎造血和鸟类造血器官进行对比描述过。爬行动物黾鳖目的淋巴管系已独立地发育起来了，而蛇目还处于两栖阶段的状态。

黾鳖类骨髓里已有浸润性淋巴细胞增生组织，其血管内红细胞、栓细胞的增生非常活跃。

鸟类（Aves）可称为长羽毛的爬行类动物，现今的分类是平胸目（Ratitae）又称古颚总目（Palacognathae）、楔翼总目（Impennes）、突胸总目（Carinatae）又称今颚总目（Neognathae）。在20世纪30-40年代，当时我学动物学时将鸟类分为走禽类（平胸类），猛禽类如阿尔比斯鹫金雕，涉禽类如火烈鸟（大焰鹳*Phoenicopterus roseus*）、白鹭（*Egretta garzetta garzetta*），游禽类如雁（*Ansera*）、鸭、野鸭为扁啄类（据Заварзин），鸣禽类百灵（*Melanocorypha Mongolica Mongolica*），攀禽类啄木鸟（*Picus*），无羽类（Apteria）；根据Данчакова（她发表的论文大多数为德文和法文，Dantschacoff 1915, 1916……）的观察涉禽类骨髓里有浸润性淋巴结，据众多人的观察扁啄类雁（*Ansera*）、野鸭（*Anas*）全身无淋巴结，只在颈部消化道附近有一对淋巴结和腰部有一对淋巴结。有些鸟类骨髓内无造血组织，奇怪的是爬行类的髓性造血与淋巴性造血组织已分离存在，而鸟类似乎有些退化，因为鸟类髓性造血和淋巴性造血组织是混合的，通常分布于腔上囊里。在淋巴细胞的进化一节里提到过，浆细胞只从鸟类，即恒温动物开始才出现体液免疫细胞。

哺乳动物纲（Mammalia）包括原兽亚纲（Prototheria）鸭嘴兽（*Ornithorhynchus anatinus*），后兽亚纲（Metatheria）有袋类（Marsupialia）和真兽亚纲（ Eutheria）有胎盘动物（Placentalia）。最高等物种为灵长类（Primates）的类人猿（Anthropoid），包括安哥拉黑猩猩（*Orangu-tan*）、大猩猩（*Gorilla Gorilla*）、黑猩猩（*Pantroglodytes*）和智人（*Homo sapiens, sapiens*）的造血器官主要分布在骨髓腔里，通称髓性生血灶。

原兽类哺乳动物与后兽亚纲哺乳动物、真兽亚纲哺乳动物相比机体结构、生存方式、生殖形式、哺乳方式具有很大的原始性，接近爬行动物的特征。但血细胞、造血器官的总的特点还是与其他亚纲哺乳动物具有较明显的共性。例如红细胞已失去细胞核，凝血细胞已具血小板的形态，造血器官还是以骨髓造血为主。

在此我们只将哺乳动物造血器官的特点概述于下。

本书作者在20世纪50年代初从师于苏联科学赫露晓夫院士，研究动物骨髓细胞的增生、分化问题至今已逾半个多世纪，后来又在其他多种高等脊椎动物，如人、犬、兔、羊、猫、豚鼠、猴、驼、鸡等动物骨髓穿刺涂片上进行研究。

曾将猫骨髓组织的数千张连续切片染色，按顺序排列，并制出骨髓血管窦内外红细胞成熟脱核进入血窦内的模型，用事实印证了无数先人们的研究成果。同时也发现红细胞成熟脱核之前血窦末端由单个周细胞（Pericyt）形成Sphinkter。以此调节血窦的流量，红细胞在血窦壁之外逐渐成熟，最后一大群无核红细胞挤压血窦壁网状内皮细胞破裂，红细胞群挤进血窦内，在这过程中偶有个别有核红细胞和巨核细核也挤入血流，但几乎全部阻截在肺毛细血管血液里，有核红细胞均被消灭。但在多年的观察中始终未能在末梢血液里发现流动的巨核细胞核。在哺乳类草食动物骨髓组织里淋巴细胞小结较为丰富，鼠类、豚鼠、家兔骨髓组织里肥大细胞特别多，这种骨髓造血组织的特点决定了鼠、豚鼠、家兔的末梢血细胞组织呈淋巴型血液，而猫、犬、牛、羊、马、骆驼、人类末梢血细胞组成呈髓性细胞特征。

哺乳动物末梢血液红细胞数一般都在500万/ml数量级，与末梢血白细胞的比值约为800万∶1。这种比值的成因有二：①红细胞寿命长；②骨髓里红细胞的增殖率显著高于白细胞。在猫骨髓穿刺涂片上红细胞系的有丝核分裂，甚至还能看到无丝分裂现象。早幼红细胞的分裂象出现的频率非常高（见图7–5–1），而且中幼红细胞、晚幼红细胞都能分裂增殖（见图7–5–2），与之相比嗜中性白细胞只有早幼粒细胞和中幼粒细胞能分裂增殖，而晚幼粒细胞已失去分裂增殖能力。

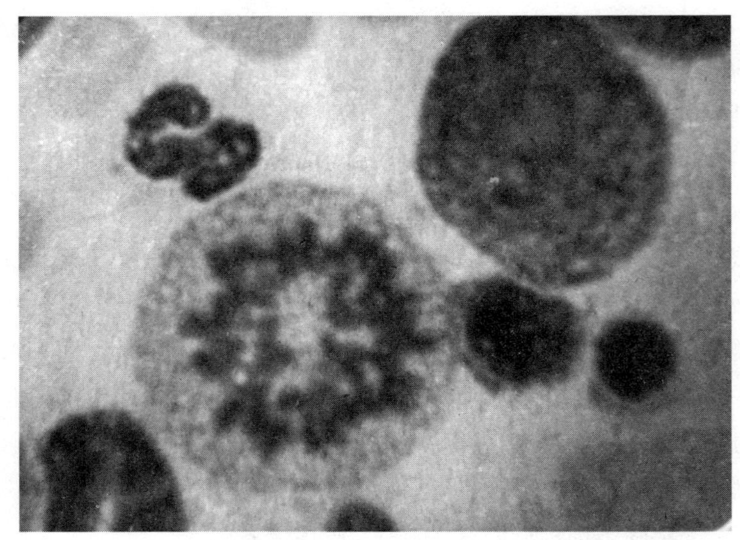

图 7–5–1 早幼红细胞有丝核分裂象（骨髓红细胞分裂时染色体较粗壮）

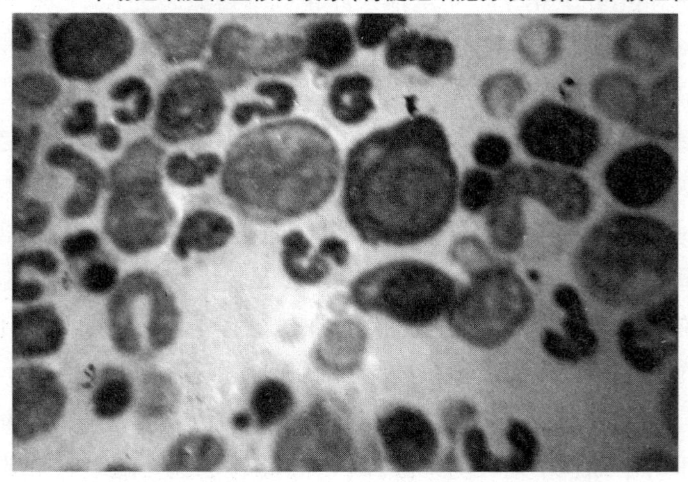

图 7–5–2 照片中心有一早幼红细胞，9 点处有一晚幼红细胞无丝分裂象

其次，血流里的成熟红细胞寿命远比白细胞的寿命长，由此保证血中红细胞的巨大数值。

红细胞脱核过程在绝大多数情况下如图7–5–3所示，细胞核裂解，逐一脱出红细胞。

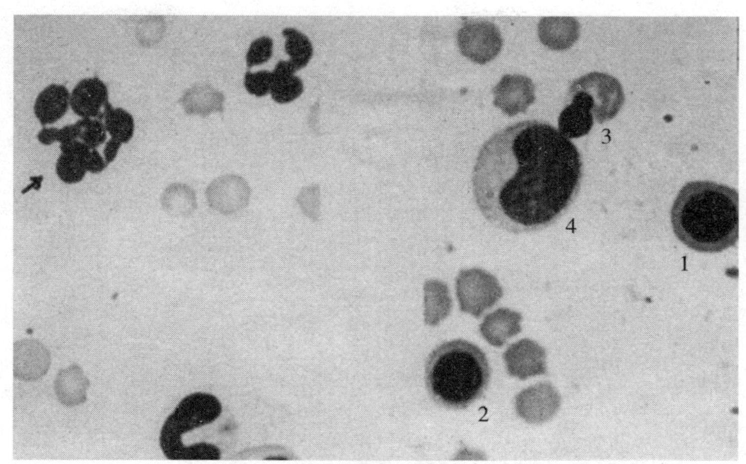

图 7-5-3 猫骨髓涂片 May-Grünwald 染色法（40× 放大像）

1. 中幼红细胞；2. 嗜多色性红细胞；3. 正在脱核的成熟红细胞；4. 早中幼嗜中性粒细胞，7 点处见晚幼嗜中性粒细胞，箭头所指为分叶核嗜中粒细胞

成年家猫骨髓里没有出现淋巴细胞结节。在这种时期淋巴造血已转移到淋巴器官和脾脏里。

成龄猫长骨端段红骨髓组织造血灶（见图7-5-4，股骨近端切片）。

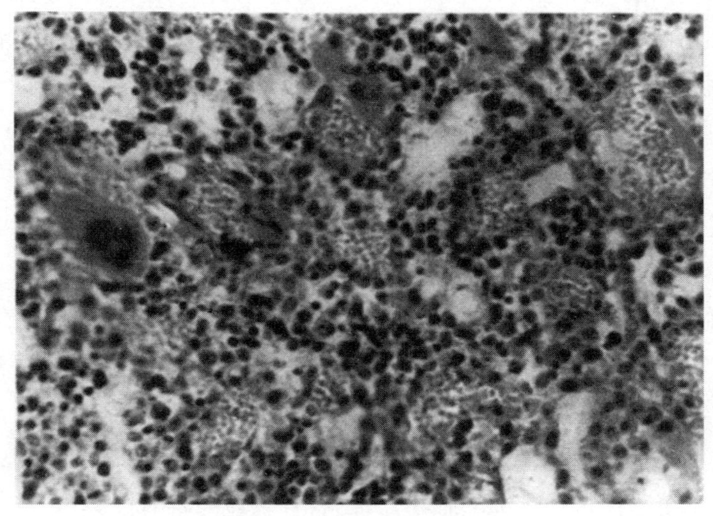

图 7-5-4 成龄猫红骨髓切片 H-E 染色（10×10，舍英）

成龄猫长骨骨干黄骨髓里出现了大量脂肪细胞（股骨近端切片）（见图7-5-5）。

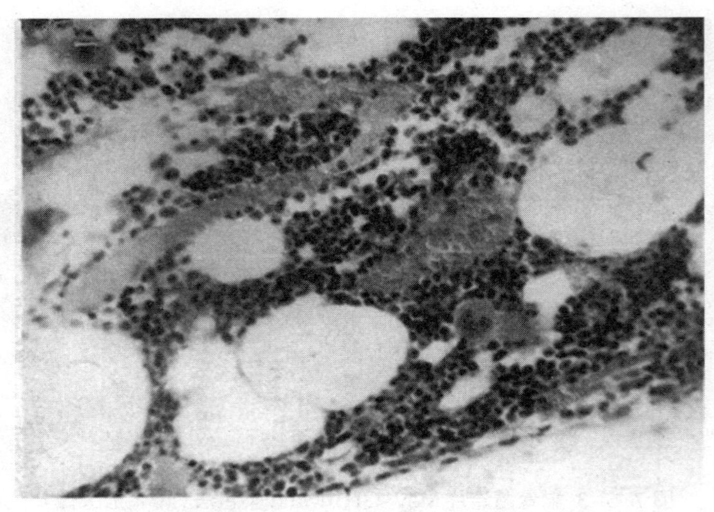

图 7-5-5 成龄猫股骨近端切片（图中空泡为脂肪细胞，H-E 染色，10×10，舍英）

我们曾用细胞化学酶反应的显示技术观察过多种高等哺乳动物骨髓细胞近百种氧化还原酶、转移酶、水解酶、裂解酶、异构酶及硫氢基、胺基、羟基酯基反应，对于某些单核苷酸酶活性强度应用单色光显微扫描定量法测定过骨髓细胞的每平方微米面积上的酶活性强度的比较。与之相应地用荧光显微镜测定细胞核核苷酸荧光强度。也用细胞匀浆的聚丙烯酰胺凝胶电泳法测定过酶蛋白质的电泳带的特征，酶细胞化学反应的彩色照片、扫描图、同功酶谱照片数百张作为附录列于另一部著作里。骨髓组织里各种细胞系列由定向干细胞（Monoclonal Stem Cell）向终末细胞分化过程中，最早期阶段各种酶反应相当微弱。随着细胞分化酶反应、各种功能基反应逐步增强，而到分化系列达到终末细胞时细胞化学反应强度减弱，这是普遍现象（参阅舍英等在《内蒙肿瘤防治》上发表的34篇论文）。

当我们报告研究结果时内蒙古科学技术委员会（现科学技术厅的前身）征求过“北京专家”的评价意见。“北京专家”（具体人名对我们保密）认为骨髓细胞种类繁多，未经Giemsa染色的标本上不可能分辨细胞种类。

我们应用电子显微镜追索过骨髓细胞分化过程的系列图像。众所周知，电子显微镜标本是不可能作核和各种细胞小器官、各种颗粒的特异性染色。但是根据细胞核的染色质的疏密程度、分布状态、各种小器官的超微结构、各种颗粒的电子密度和形态影像完全可以分辨出骨髓细胞的增殖分化过程中的细胞种类。光学显微镜下同样也能分辨出各种细胞的分化阶段上的细胞种类。

骨髓细胞的研究不限于形态学观察技术，也可用密度梯度分离法、冰点下降度分离法、等电点测定法等多种技术手段的结合来提供很多信息。我们不理解那位给内蒙古科委提供评说的“北京专家”否认未经染色的骨髓细胞不可辨认的信息是用什么技术手段得出的？我们毫不夸张地说，不倦怠地观察动物骨髓涂片上染色或未经染色的细胞形态特征，对于40~50年代的任何人并不是难题。本书里提出“坚持，坚持，再坚持”就是这个意思。

就是骨髓细胞分类的初学者，在骨髓穿刺涂片上才能用相差显微镜（Phose contrast microscope）首先找到成熟型细胞。由成熟嗜中性粒细胞的核形、颗粒的大小、形态、分布等特征对比查找较幼稚的同类细胞，逐一对比追索到早幼粒细胞，以此类推可以确认骨髓细胞各系列的各个分化阶段上的细胞类型。这是最简单的分辨未经染色的骨髓涂片上的细胞种类的方法。

白血病晚期骨髓造血功能首先从胸骨向四肢骨放射方向出现严重障碍，这时因机体整体的需要首先肝脏变成造血器官，接着脾脏、肾、心、脑等器官受累，即出现阻碍造血。在此种情况下应急髓外造血器官所生成的血细胞功能只能与低等脊椎动物血细胞相似，因此出现次发性炎症致患者丧命，或脑组织里出现造血器官特有的血窦，极容易出现次发性脑出血而致患者丧命。

最近期，2011年的《中国解剖学杂志》（37〈1〉：145）刊出一段评论说“骨髓不是造血器官，是属于骨的构成成分”。

自从150年前的著名组织学家和血液细胞学家Bizzozero, G.（1822）、Neumann, E.（1868）、Maximov, A.（1890）、Gegolio, TosE.（1896）、Naigeli, O.（1900）、Pappenheim, A.（1900）、Danchakova, V.（1907）及其他众多后继者们，对于脊椎动物从低等物种到最高等物种的造血器官潜心研究的共同结论是，骨髓组织是髓性造血器官，而脾脏和淋巴结为淋巴性造血器官。我在造血器官的研究上已耗了六十多年的精力，并未怀疑我的研究方向。因为骨髓组织的结构完全具备器官结构的条件。评论者们提到骨髓是骨的组成成分的说法是毫无组织学常识的荒诞无稽结论。我怀疑这些教授们是否学习过组织学课程？

本章结语

1. 哺乳动物髓性血液细胞成分发生在骨髓组织里，淋巴性血液细胞成分发生在淋巴结里。鸟类、爬行类、两栖类、鱼类等物种血液属淋巴型血液，发生在消化管黏膜或淋巴样组织里。无脊椎动物血液细胞发生在体腔液里。

2. 哺乳动物的血液细胞在胚胎期和鸟类、爬行类、两栖类、鱼类相同，发生在血管外。出生后哺乳动物血细胞发生在造血组织的血管外。

3. 哺乳动物门的肉食动物属的血细胞相是髓性血液，草食动物血液细胞相是淋巴型血液。

4. 人类骨髓每天向血液里提供2000亿个红细胞、100亿个白细胞、4000亿个血小板。

第八章　血液细胞的进化

第一节　红细胞（呼吸细胞）的进化

动物体内凡是含有以某种金属离子为络合中心，并能和分子氧和二氧化碳分子进行结合和分离反应的色素化合物的细胞均称呼吸细胞。

通常在医学领域里所称的红细胞是指细胞内含有血红蛋白的细胞，在自然条件下呈红色的呼吸细胞而言。在动物世界里还有许多动物物种的呼吸细胞或细胞肺里含有多种呈绿色、蓝色、褐色、橙色、灰色、黑色色素的细胞。这类细胞的基本功能与高等脊椎动物红细胞相同，但呈现的色彩并不相同，所以不会称它为红细胞。将这类细胞统称呼吸细胞（Respiracyte）。星虫纲（Spunculida）属物种（Species），如蚯蚓属（*Pheretima*）等类动物的呼吸细胞质里含有褐色的血褐蛋白（Hemoerythrin），除少数门纲目科属动物个体细胞里含有血红蛋白外，几乎所有脊椎动物亚门的所有物种个体细胞质含血红蛋白（Hb），只有这类细胞才称红细胞（Erythrocyte）。

从19世纪中叶开始，在脊椎动物系统发生（Phylogenesis）过程中和个体发生（Ontogenesis）过程胚体中胚叶细胞结构的变异引起了组织胚胎学家、生物学家的极大兴趣。

由无数研究报告资料中可以找到关于呼吸细胞的最早出现和呼吸细胞的形态、功能的零星资料。但是由于受当时的技术手段所限，研究方向基本限于形态学为主，因此研究成果很不完善，缺乏完整系统的统一观点。

仅据现存的报告资料可以断定，动物界从蠕形动物门开始出现了极为原始的呼吸细胞。在这方面具有开创性的工作是由Kü kenthal（1885—1929），Cuenot（1895）做的，他们发表过大量研究报告。继之有Rosa，D（1896），Joseph，H.（1901，1910〈德〉），A.A.ЗаВарзин（1925〈俄〉），大植登志夫（Ohne，1944）都肯定了法切诺（Cuenot，L.）的研究结果。大植登志夫认定蠕形动物门纽虫体腔液里有含血红蛋白的红细胞。但其他许多研究者确认绿纽虫（*Lineus fuscovirids*）的血红蛋白只存在于神经节根部，而且是储氧型血红蛋白。

关于蠕形动物门寡毛纲（Oligochaeta）血细胞方面除了上述各位生物学家以外还有许多研究者做出了自己的贡献。

关于软体动物门瓣鳃纲（Lamellibranchiata）河蚌（*Anodonta*）、泥蚶（*Tegillarca granosa*）、蚶，Fleiming, W.（1877, 1878），Cuenot, L.（1892），de Bruyne, C.（1893）. Zawarzin, A.A.（1925），古田惠美子（1991），A.A.Заварзин（1925）都发表过研究报告。古田惠美子的研究结果表明，除软体动物门的平卷贝（*Placuna placenta*）、赤贝（蚶）体腔液里的伪足运动游走细胞含有血红蛋白的红细胞外所有软体动物门的物种并无血红细胞，其体液里分布着血蓝蛋白（Hemocyanin–HC）。

Newport, G.（1848）首次报告节肢动物门昆虫纲的血淋巴细胞的各种类型细胞，其中包括呼吸细胞。接着Grabar, V.（1871），Lang, A.（1903），Kollmann, M.（1908），Wigglesworth, V.B.（1933, 1937, 1956），Smith, N.W.（1938），Jones, J.C.（1977, 中译本，上海科学技术出版社，1981），蒋燮治等（1979），名取俊二（1987），芦田正明（1991）都有相关的研究著作。

芦田正明（1991）在研究昆虫血液的研究论文里提到，家蚕体液里中胚层起源的细胞中以粒细胞和浆细胞为主。半翅类和鳞翅类已有“造血器官”，生成造血干细胞，昆虫纲各物种中只有摇蚊血液里有血红蛋白。昆虫纲以外的节肢动物，如蝼蛄（*Gryllotalpa africana*）血液里的呼吸色素为血蓝蛋白。其蛹的血淋巴液里甘油含量达2mol/L的浓度，这样能降低冰点，冬眠在–30～–40℃时体内水分不结冰。更巧妙的是，在它体内能使葡萄糖和甘油之间相互转化。

琼斯（蒋书楠中译，1977）详细描述过昆虫纲许多目、属和物种体液里血淋巴细胞，但也没有明确说明昆虫的呼吸细胞，只提到有些类型的游走细胞在血管内进行有丝分裂增殖。

大植登志夫的《血液》（三笠书店，1944）一书引述许多研究脊椎动物血细胞的资料。他引述脊椎动物门17种动物红细胞形态，36种哺乳动物红细胞大小和椭圆偏心率的差异，26种鸟类红细胞大小，12类爬行动物、13类两栖类动物、19种鱼类红细胞大小，同时也引述了18种蠕形动物门、拟软体动物门、软体动物门和棘皮动物门的呼吸细胞的呼吸色素和细胞形态，这位动物学家详细描述了无脊椎动物各门的血细胞形态分类和一般功能。

关于棘皮动物海胆纲（Echinoidea）体腔液细胞分类方面Geddes, P.（1880）首次报告有五种类型的细胞，CентлерK（1897）提出类似的观察结果。

Cuenot, L.(1891), Knol, Ph.(1893)也发表观察三种海参属三种动物的含有血红蛋白的游走细胞。例如Cuenot, L.写了一种*Cucumaria*的海参红细胞有细胞核、内质网、高尔基体，另外胞质内有数量不多的血红蛋白颗粒。这种细胞还能以有丝分裂繁殖增生。细胞形态不定型，可有粗大的伪足。他还看到橙色金枪鱼（*Thyone anrantica*) 的红细胞类似上述细胞形态，但其伪足很细，像短而细的鞭毛。Welsch, U.等（1979）在一部专著里确认海胆色素（Echinochroma）分布于海豆芽（*Lingula anatina*，从寒武纪至今仍生存的活化石）体腔液呼吸细胞里。他称此种细胞为变形细胞。

在脊索动物门的20种海鞘（*Ascidians*）的血淋巴液里找到含有绿色颗粒细胞的是George, W.C.(1930)。作者证实绿色颗粒的主要化学成分是氧化钒（Vanadium oxide）。Иванов-Катас, O.M.(1948)也观察到海鞘血淋巴细胞含有绿色颗粒氧化钒的呼吸细胞。福田启也等（1961）引述Jordan, 1938年的研究资料中提到的海鞘血细胞中凡能分裂增殖的均属“幼稚红细胞”，其生存寿命与蝾螈（*Cynops Orientalis*）“红细胞”相似，能存在60~90天，这与家兔、白鼠红细胞寿命相同。

Wright, R.K.(1981)创作了脊索动物呼吸细胞的综述性著作。富家雅子（1984），小林淳一等（1989），Azumi, K.(1990, 1991)，德国Gersch, M.在中国讲学（1957，庄考德等译，科学出版社），枥内新（1991）在各自的报告里都证明海鞘血细胞含有抗病毒、杀菌、创伤愈合等活性物质。

综合上述各国学者研究一百多种无脊椎动物（Invertebrate）的呼吸细胞的资料，可以归纳出：一百多种无脊椎动物可能有呼吸细胞，在动物进化的低等物种体内出现体腔液和血淋巴液之时已有了呼吸细胞，这个进化阶梯上的呼吸细胞有些物种含血红蛋白，是贮氧型巨大分子量的呼吸色素。有些物种呼吸细胞借以血红蛋白、血绿蛋白、血蓝蛋白、海绵色素、血钒蛋白运贮氧气。其细胞形态基本上是多形型、变形型，具有阿米巴运动、吞噬、新陈代谢、物质贮存、向外排泄（单细胞肾）、消灭病毒、自身免疫等多种生理功能。这与脊椎动物血细胞相比，进化程度很低，不具有专一性呼吸功能，即运氧功能的巨大区别。在形态学方面也不像脊椎动物双凹圆盘形，细胞膜也只是极薄的限界膜（可能只有类脂层）。

脊椎动物的红细胞是距今330年前，被荷兰的眼镜片研磨工匠Van Leewenhoek（1674）用自己装配的放大40倍的放大镜发现的。此人并非生物学家，但他把青蛙的舌头拉伸并固定起来加以观察时发现毛细血管里流动着红色小球，球体内有核，同时这位工匠还发现毛细血管单层壁细胞有伸缩运动。他还发现动物精子的鞭毛运动，以此为实证资料先后发表过12篇论文（实际上是信）。

鱼类是在寒武纪晚期时代，即距今5.2亿年前出现的体形类似现代鱼类的脊椎动物。这物种叫盾皮鱼类（Placodermi） 或甲胄鱼类（Ostracodermi）。它们在距今4.3亿年前的志留纪繁盛一时，到距今3.5亿年前的泥盆纪中期已灭绝。与此同时出现的银鲛（*Chimera phantasma*）、角鲨（*Squalus acanthies*）、鳐类（Rajiformes）等板鳃目（Elasmobranchii）软骨鱼之后出现的肺鱼纲（Dipnoi）和硬鳞类（Ganoidea）繁盛一时，而今此物种所剩无几。这些物种已被硬骨鱼（Osteichthis）物种占据了绝对多数。这就在研究生物进化过程的人们面前出现了鱼类从前寒武纪至今存系统发生中的变异造成了进化论的一个分支，但是我们不可能在追溯鱼类系统发生中，以血细胞的进化作为自己的专题研究课题，这里只能在整个动物界进化过程中把鱼形动物当做一种从无脊椎动物到脊椎动物哺乳类的进化树上的一个中间阶梯的物种来描述。

Bizzozero，G.（1822），Gigolio，Tos，E.（1896，1897，1899），Werzberg，A.C.（1911），Mowas，J.（1922），Jordan，H.E.（1931）都观察过鱼类最原始的鱼形物种圆口纲（Cyclostomata）的七鳃鳗（*Lampetra Japonica*）的血细胞。他们一致确认这类鱼的消化道黏膜的螺旋形皱襞的黏膜下出现淋巴样细胞群落，这是脊椎动物脾脏的雏形。其血管里有5~6种血细胞。这里的红细胞（Erythrocytes）形态大小差异很大，胞质内只有少数的稀疏散布的血红蛋白颗粒，还能看到有丝核分裂增殖像，还有一些凝血细胞。

在志留纪出现的横口鱼种的板鳃类（Elasmobranchii）和全头类（Holocephali），如银鲛（*Chimarea phantasma*）、丁氏双鳍电鳐（*Narcine timlei*）、赤刀鱼（*Acanthoce pola Krusensterni*）、猫鲨（*Scyliorhinus torazame*）等物种的血细胞形态分类由Grunbergh，C.（1901），Maximov.A.（1923）及其他生物学家、组织胚胎学家进行过较细致的研究。Maximov, A.（1923）看到循环血里的红细胞直径很大，横径和纵径为（17μm×10μm）~（21μm×13μm），而且常有细胞核的有丝分裂像。从泥盆纪世代的祖先型生存至今的肺鱼类（Dipnoi，属硬骨鱼）只残存着三属五种。非洲肺鱼在干旱季到来之前钻入泥浆里，将自己埋在干涸泥皮下休眠至下一雨季的到来。在这漫长的旱季期间用其巨大的有核红细胞里集贮的贮氧型血红蛋白供氧，安全渡过旱季（Dustin，P.1934）。

硬骨鱼的血细胞研究者有Rauitz，B.（1899，1900），Nigelowski，F.（1894），Drzewina，A.（1905），Werzberg，A.（1911），A.A.Заварзин（1937），Rawitz，B.等，他们都观察过板鳃类、硬鳞类软骨鱼和硬骨鱼（osteichthyes）的血细胞。Drzewina，

A., Werzberg, A.对比硬骨鱼脾血管里的有核红细胞与有尾两栖类红细胞基本上相同，A.A.Заварзин，主要描述小杜父鱼（*Cottiusculus gonez*）红细胞大小不一，小者4μm×4μm，大者为椭圆形，8μm×6μm。

动物界进化到脊椎动物门阶段伊始，呼吸细胞开始形成了规整的圆盘球形、椭圆盘球形细胞。其形态大小有较大差异，从形态学角度看，具有特殊意义的是细胞的横径和纵径数值的差异值。这和物种的代谢机制、血管网的口径之间具有相关系。因此测量各物种红细胞的椭圆偏心率是非常必要的。如果红细胞的长轴和短轴的长度完全一致时椭圆偏心率（Ellipticity）等于0。如果红细胞长轴的直径与短轴的直径的差异愈大时Ellipticity的值愈大，即椭圆偏心率愈大。如生存于干旱碱性土壤地带的骆驼、驼羊红细胞。

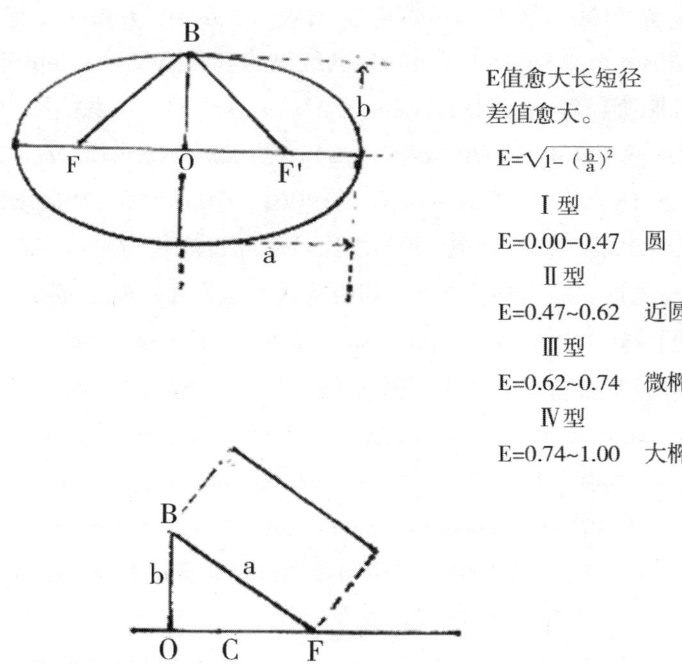

图 8–1–1　椭圆偏心率的图解（Grunther 氏设计）

图8–1–1中设椭圆体的长轴a，短轴b，焦点为F，F′ 时，由直角∠BOF决定椭圆偏心率E，其中BO=b，斜边BF=a，OF=c边，由此$c=\sqrt{a^2-b^2}$，斜距为F，F′ =2c。所以$E=c/a=\sqrt{a^2-b^2}/a=\sqrt{1-(b/a)^2}$。E值越大，红细胞长短轴直径差异越大，如果长短轴径的差异最大时椭圆偏心率E值最大。

测定的软骨鱼类如猫鲨、赤刀鱼等物种红细胞长短袖直径大者在21μm×13μm，其E值应该是0.79；硬骨鱼类的小杜夫鱼红细胞小者在4μm×4μm，E=0，大者8μm×6μm，E=0.66。

大植登志夫（1944）在自已的《血液》一书里引述的19种鱼类的红细胞中只选数种鱼的红细胞直径和椭圆偏率。如非洲肺鱼（硬骨鱼类）红细胞长短轴直径在44.56μm×26.93μm，E值=0.794；梭鱼（*Liza Haematochila*）红细胞长短轴直径为12.7μm×7.11μm，E=0.829；电鱼红细胞长短轴直径在31.75μm×25.40μm，E=0.6；鲈（又称亲鲵，*Lateolabrax jap.*）红细胞长短轴直径在12.11μm×10.18μm，E=0.54；鲛红细胞长短轴直径为25.40μm×16.42μm，E=0.762。总之鱼类红细胞均有细胞核和细胞小器官，直径较大，椭圆偏心率也较大。

Grunberg，C.（1901）曾发表过研究鲨、电鳐（*Narcine timlei*），有尾两栖类的幼态美西螈（*Acsolotl*或*Siredon axolotl*）的红细胞和爬行动物（Reptilia）龟、鸟类（Aves）血红细胞直径对比资料；Werzbezg，A.（1911）也对有尾两栖类幼态美西螈、普通蝾螈和无尾两栖类雨蛙（*Hyla chinensis*）、蛙（*Rana temporaria*）、蟾蜍（*Bufo*）的红细胞发表过研究论文。Maximov，A.（1906，1910）观察过哺乳动物早期胚胎发生阶段网状组织里红细胞生成，并与之比较研究过蝾螈（*Cynops Orientalis*）红细胞生成过程，他证实二者极为相似，均由网状细胞发生有核红细胞；Freidsohn，A.（1910）描述了蛙、大鲵（*Megalobatrachus davidianus*）、螈（*Salamander*）、蟾蜍红细胞，他发现这些变温动物红细胞生成随季节而有变化；Jordan，H.E.，and I. Flippin（1913），Jordan，H.E. and C. Speidel（1924）观察过爬行类龟和有尾两栖类、无尾两栖类动物血细胞形态和生血现象；Dantschakova，V.（1916）关于爬行类；Jolly，J.（1910）关于猛禽（Oiseeuoc de Jopiter）；Massojedoff，S.（1926）关于鸡（*Gallus Domestica*）；Cullen，E.K.（1903）关于鱼和鸟类红细胞研究报告均成为低等脊椎动物红细胞形态和发生过程的文献资料。

从上述文献报告所提供的两栖类、爬行类、鸟类等各种纲属物种的红细胞的资料中可以归纳出如下的结论：首先，两栖类、爬行类、鸟类的红细胞完全不同于这些纲属低等动物的红细胞。鱼类以下进化程度较低的物种红细胞既具有游走细胞的变形活动、吞噬功能，又具有代谢功能（贮存养料）、排泄（单细胞肾）功能等。与此同时，作为呼吸细胞含有少量的贮氧型血红蛋白颗粒，而上述三纲物种红细胞是球形、椭球形（橄榄果核形），并已具有专一呼吸细胞的功能。在动物进化过程只有在这个进化阶梯上才可称为红细胞（Erythrocyte）。其次，三纲动物的红细胞均发生在血管腔里，均有核。其血红蛋白含量较丰富。在此进化阶梯上的红细胞可能从网状组织的细胞或内皮细胞演化增生，这个现象给以Maximov, A.为代表的造血一元理论提供了论据。在处于Maximov, A.的年代里不可能想象出哺乳动物特有的造血器官里的血管外的造血干细胞的存在。但是现代血液病学临床表象中常出现髓外造血，出现有核红细胞，甚至出现血管内造血等现象不能不使人推论为人类造血器官功能严重衰竭时有可能重现动物进化低级阶梯的造血和高等动物胚胎发育早期阶段的造血现象。第三点，两栖类、爬行类、鸟类中前两种动物为变温动物，其体内代谢水平、体温供热系统、能量供应水平还未脱离像鱼类和脊索动物的低等水平，但变温动物类爬行动物和恒温动物类的鸟类的造血、血细胞，许多代谢功能仍有众多共性。现今认为，鸟类是身上长有羽毛的爬行动物，我们从动物界进化进程角度可以理解鸟类是渊源于爬行动物纲，因此也处于由变温脊椎动物过渡到恒温脊椎动物进化阶梯的物种。第四点，红细胞里血红蛋白含量在动物界进化过程中的不同阶梯上有较大差异。如哺乳动物红细胞里血红蛋白含量的均值为78.6%、鸟类为79.5%（鸽为100%）、爬行类为 37.1%、两栖类为52.7%、鱼类为55.0%，这些数值只能说明脊椎动物各纲物种血色素含量的相对差异。这证明，爬行类动物血色素含量是脊椎动物各物种中应算最低者。因为爬行动物中像龟类物种的代谢率最低。上述红细胞血红蛋白量（百分含量）是用20世纪30年代的技术手段提供的数值，生物学自进入到分子生物学时代开始，提供的每个红细胞里含有的血红蛋白量是指蛋白质分子量、分子数值和运氧型血红蛋白和贮氧型血红蛋白分子数。目前只知道人类每一个红细胞约含2.8亿个运氧型血红蛋白分子，而低等动物红细胞里的血红蛋白的大部分是贮氧型血红蛋白。运氧型血红蛋白一般特性是分子量较小的α_2，β_2四聚体珠蛋白，从分子结构上说β-链和由7个3，4α-螺旋段构成，而贮氧型血红蛋白分子量较大，并由A-G8个3.4Åα-螺旋段构成的蛋白质链。遗憾的是目前还没人用分子生物学技术探索低等脊椎动物各物种红细胞所含血红蛋白的功能属性和分子量及分子数值，更少见分子结构的报道。

动物界进化过程中，红细胞形态的变异较为明显，鱼类红细胞是有细胞核、细胞小器官的呼吸细胞。两栖类、爬行类、鸟类红细胞也是如此。而且这些物种的红细胞全都是椭球形，本书作者将大植登志夫提供的20种鱼类红细胞的长短径，应用椭圆偏心率计算公式推算，结果平均值为E=0.72。电鱼红细胞长径为31.75μm、短径为25.40μm，E=0.8；星鲨（*Mustelus manazo*）红细胞长短径之比25.40μm：16.42μm，E=0.76，肺鱼（*Dipnoi*）红细胞长短径之比44.56μm：26.93μm，E=0.79；

13种两栖类动物红细胞平均E=0.82。其中两栖鲵（*Amphiuma tridactyla*）红细胞长短径之比69.97μm: 41.30μm, E=0.81; 盲螈（*Proteus anguinus*）红细胞长短径之比63.67μm: 35.08μm, E=0.84; 蟾蜍（*Bufo*）红细胞长短径之比24.35μm: 12.70μm, E=0.85。

爬行类动物12个物种红细胞平均E=0.72。其中鳄（*Crocodilia*）红细胞长短径之比20.60μm: 11.08μm, E=0.84; 蜥蜴（*Lacertilia*）红细胞长短径之比15.77μm: 8.73μm, E=0.83; 科摩多巨蜥（*Varanus Komodoensis*）红细胞长短径之比为16.67μm: 9.53μm, E=0.82。

26种鸟类红细胞平均E=0.82, 其中秧鸡（*Rallus aquaticus inodicus*） 红细胞长短径之比为17.31μm: 9.97μm, E=0.85; 天鹅（*Cygnus Lewicki*）红细胞长短径之比为14.10μm: 6.85μm, E=0.87; 鸵鸟（*Struthio camelus camelus*）红细胞长短径之比为15.33μm: 8.47μm, E=0.83; 秃鹫（*Aegypius monachus*）红细胞长短径之比为13.87μm: 7.62μm, E=0.84。

人、猩猩（*Pongo pygmaeus*）、猴（*Macoca mufata*）等灵长类动物红细胞无核、呈圆形双凹碟形, 容积66μm^3~78μm^3, 直径7.94μm ~7.42μm; 猫（*Felis domestica*）、豹（*Felis leopardus*）、虎（*Felis tigris*）、狮（*Felis Leon*）等猫科动物红细胞呈圆形, 双凹碟形, 无核, 直径5.75μm、5.86μm、6.03μm、5.84μm, 容积在30μm^3~34μm^3, 红细胞最大者为印度象（*Elephas maximus*）直径在9.23μm, 容积123μm^3。红细胞最小者为山羊, 直径3.97μm, 容积1μm^3。据刘志洁的《野生动物血液细胞学图谱》记载（2003, P127）, 岩羊（*Pseudois nayaur*）红细胞直径在3.0μm ~3.4μm。但是刘志杰的数据是目测和手工画作, 而不是用显微测微尺测定的数据, 只可作参考。

哺乳动物纲中只有骆驼（*Camelus*）和南美安第斯山区动物羊驼（*Lama alpacos*）红细胞是不同于其他所有哺乳动物种属的红细胞。这种属动物的红细胞为无核椭球形红细胞, 据刘志洁《图谱》记载, 羊驼红细胞短长直径为3μm×8μm, 椭圆偏心率应该是E=0.93, 本书作者从阿拉善沙漠区得到10峰双峰驼血片, 测得红细胞长短径为4.3μm×8.53μm, E=0.87, 驼类动物红细胞为什么呈椭球形的问题无人加以解释。但是可以肯定, 驼类是生活于干旱缺水沙漠或山岳地带, 而且嗜食盐类的动物, 因此他的血液黏度较高, 所以受到生存环境的影响无核椭球形红细胞便于通过毛细血管以供应全身细胞所需的分子氧, 骆驼产奶量非常低, 但驼奶浓度非常高, 几乎类似糨糊样黏稠。

综上所述，在动物进化过程中，从红细胞形态的变化中可以看出如下几个特点：①从蠕形动物门环节蠕虫血淋巴液里开始出现具有运送或贮存分子氧的呼吸色素的游走细胞，动物进化这个阶段的这种呼吸细胞仍兼其他代谢功能，如吞噬功能、排泄功能（单细胞肾）等多功能的呼吸细胞，进化到脊椎动物门的鱼类呼吸细胞开始成为含有血红蛋白的专一性呼吸细胞，即红细胞。②从鱼类、两栖类、爬行类到鸟类为止的进化过程中的红细胞是有核、椭球形、体积较大的并含有贮氧型和运氧型血红蛋白的红细胞。③到哺乳动物纲之后各物种的红细胞为无胞核，圆盘形，含丰富运氧型血红蛋白分子的呼吸细胞。哺乳动物纲中只有骆驼科，干旱地区反刍属动物红细胞是无核椭球形细胞，其椭圆偏心率E=0.85左右。④两栖类动物中，非洲肺鱼、大鲵红细胞特别巨大，并富含贮氧型血红蛋白分子，像肺鱼在干旱季节钻入泥中夏眠，在这个季节由此巨型红细胞供氧，保证机体存活到雨季到来，这就是动物适应环境的特例。⑤鸟类在脊椎动物中属于恒温动物，应该有别于变温脊椎动物爬行类，但在许多方面与爬行动物无大区别。因此，人们称鸟类为长羽毛的爬行动物，但鸟类能够在高空飞行，尤其是候鸟可飞行近万公里，所以它变得氧耗高，热耗高，使体重尽量变轻，例如将子代装入含有足够营养物质的卵壳里留在地面上使之出生。鸟类将代谢尾产物胺以尿酸的形式排泄，每排除一分子胺的溶液——尿汁时在泄殖腔里向大肠吸回6分子水，以节约水分子的丢失。鸟类后肢的外漏部分肌肉被腱索或骨索替代，以防冻，其红细胞形态保持着祖先型类爬行动物的形态，但血红蛋白含量异常丰富，如鸽（*Columba*）红细胞运氧型血色素含量达100%，也就是全是运氧型血红蛋白。

红细胞的膜是当今生物科学研究生物膜的典型标本，往往以此模式推断各种细胞膜的结构和功能，因为红细胞膜比较容易单离。例如在高张力盐水里红细胞膨胀、破裂胞质溢出，经洗净，离心分离出红膜，用此纯净的膜可做超薄切片，用高倍电子显微镜观察，也可分离提纯出各种化学成分，做电泳分析。

但是高等脊椎动物红膜并不与不同进化阶段上的呼吸细胞膜完全雷同。生物膜结构和功能也处于进化过程的变异中，红细胞膜也并不完全与同一机体内的不同组织细胞膜相同。

原核生物的细胞膜在前寒武纪的元古时期不可能与高度组织化了的哺乳动物或高等植物的复杂功能性的生物膜相比，目前讨论的生物膜都是在20世纪20年代由Gorter, E.等（1925），Danielli，J.F.等（1935）利用哺乳动物红膜分子结构创立的生物膜模型作生物膜的典型代表。至今有些生物学家推论着原核生物的细胞膜早期形成机制的可能结构。一般认为，地球水环境里生物进化阶段蛋白体团聚体外表与水环境相隔绝以保障蛋白体不被水相溶化和不被各种金属离子阻碍其代谢的趋势。浮在水面上的脂质膜被蛋白分子吸引而包裹在团聚体表面。脂质的疏水端面向水环境，这种推论至今还无直接可见的证据。从生物进化论的角度可以说它是不合乎逻辑的，随着生物进化在一层疏水基向外的脂质分子吸引第二层脂质分子，二者的疏水基相向排布，其里外均由骨架蛋白加固，逐渐进化到被现代分子生物学家所证实的典型的生物膜。

Gorter，E. and R.Grendel（1925）提纯和分离哺乳动物红细胞膜的经典试验证明，红膜内分布的类脂质层的总面积恰巧是红细胞表面面积的两倍，以此证明生物膜是由双层类脂质构成。Danielli，F. and H.Dawson（1935）提出了红细胞膜是蛋白质层—双层类脂层—蛋白质的三明治（英国赌徒波斯尼亚人Sandwichi发明的夹肉面包）模型，而后的年代里由于生化学技术的进展和高倍率电子显微镜技术的应用出现了液态镶嵌型双层类脂质和蛋白质的三明治生物膜学说。新近有人以像液体一样流动性，又像晶体分子一样排列的高度有序性，称其为液晶学说（Liguid Crystal thecoy）。

尽管有关Danielli的生物膜三明治模型被生物学界、生化学界所接受，但在当时用最高倍光学显微镜观察胶质细胞膜、神经轴突细胞膜及红膜也只能看到吸光度较高的一条线（膜的片段）。20世纪30年代德国学者Schmidt，W. 用偏振光显微镜的起偏器测得生物膜分子的各向异性体的反光现象，由此确认生物膜是由暗的亲水性磷脂构成的壳是磷脂质的疏水性碳氢化合物端。图8–1–2示单位膜的磷脂质分子排列图像。

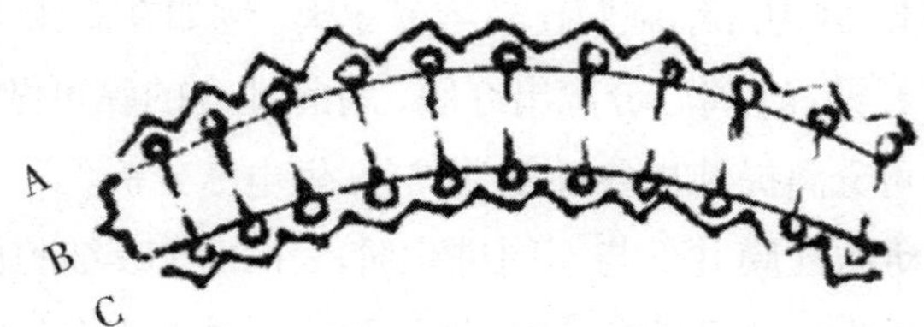

图 8–1–2 单位膜结构

A. 细胞膜外层蛋白质；B. 双层磷脂质其亲水端向外，疏水端相向排列（亮区）；C. 细胞内层蛋白质

20世纪40年代以后，各国的细胞学家、生物学家都用高倍率电子显微镜直接观察到人类梦寐以求的生物膜的分子排列结构。如丹野循彦（1951），长野敬（1971），

Robertson, D.(1964)等观察红膜和神经胶质细胞膜时看到膜内外各有一层厚约30Å的电子密度大的暗区，其中间夹着厚约80~110Å电子密度低的亮区。他们又引述V. Llft用过锰酸钾代替OsO_4固定时出现的三层膜结构。内外层暗区为20Å，中间亮区为35Å，共计75Å厚，用偏振光显微镜观察和电子显微镜观察到的并没有比Danielli的膜结构模型前进一步。

但在20世纪70年代开始应用提纯分离的红膜经电泳技术分析之后关于膜结构有了重大进步。

M.Y.(1971)，长野敬(1971)，Ji, TH.(1973)，井上文英等(1978)，Cohen, CM.(1980)，中岛原夫等(1980)，佐藤真悟等(1986a, b)，神芳则等(1983)，Goodman, SR.等(1983)，井上文英(1984)，Pesternack, GR.等(1985)，Low, PS.(1986)，松山博文(1986)，松山玲之等(1989)，井上文英等(1989a, b)，砂川胜德等(1989)，井上文英等(1990)，松山玲之(1990)，近藤宇史(1990)，井上文英等(1991)，松山玲子等(1991)，舍英等(1999)都对哺乳动物红细胞膜结构和功能发表过论文报道。

电泳分析红细胞膜蛋白质在电泳凝胶上出现的区带Steek, TL.(1974)提出了人类红细胞膜蛋白质由分子量的命名1–5–6区带，这种通常与酶蛋白电泳区带的命名顺序相反。(见图8–1–3)

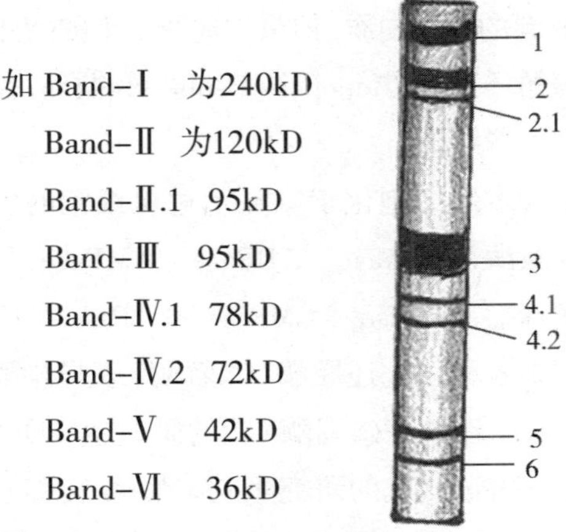

图 8–1–3 哺乳动物红细胞膜蛋白质电泳区带命名法(Steek, TL.1974)

哺乳动物红细胞膜蛋白质成分基本上相同，但是上述作者中有不少人对比人类、鹿、猴、山羊、绵羊、啮齿类动物、犬的红膜蛋白电泳区带发现不同种动物间都有明显差别。以人类红膜蛋白区带为准的话，Band–1由Spectrin为主。这是红膜骨架蛋白质的2聚体肽链组成的纤维蛋白，每个亚基均由106个氨基酸相连接的分子量为240kD蛋白质，Band–2是Ankirin分子量为200~95（Spektrin，Ankirin）的类脂层的衬里蛋白质。Band–3是跨膜蛋白质。此种蛋白质的N末端留在细胞膜外侧并与各种N–乙酰基糖类结合成具有识别功能的受体糖蛋白。它有2聚体也有4聚体肽链组成的亲水性通道功能。这种跨膜蛋白链穿过红膜5~10次之后其C末端在胞质里与细胞第2信使^{35}cAMP和$^{35-}$GMP相沟通，在这过程中并与G蛋白相连，跨膜蛋白含有阴离子通道系，这是Cl^-和HCO^-构筑的阴离子的通道。这条通道中胞质里的碳酸脱氢酶降解碳酸盐搬运碳酸气，如CO_2、CO等。同时也是单价阳离子和二价阳离子出入细胞内外的离子通道。维持细胞质和细胞间质的酸碱平衡有重大关系的钾（K^+）离子和钠（Na^+）的通道。在钾、钠通透时必须有Na–ATP酶、K–ATP酶参与。但ATP不能预选此通道进入胞质内，葡萄糖、烯醇式丙酮酸可以经跨膜蛋白的一定通道进入红细胞里，但糖原不可能进入细胞内，2，3–二磷酸甘油酸与氧的通透关系密切。跨膜蛋白链里的赖氨酸（Lys–）、精氨酸（Arg–）和组氨酸（His–）等碱性亲水性氨基酸残基是各种通道的关闸机构而阴离子是开闸机构。

红细胞里除核苷酸链合成酶系、蛋白质合成酶系、糖原合成酶、有氧氧化酶系之外机体代谢的几乎所有酶在红细胞质里仍有活性，而且在红细胞的生存期间（120天±5h），虽不能合成新的酶蛋白质，但最初遗留下来的酶能长期保持其活性，并且红细胞还有特殊的酶循环系，叫Rapoport–Leubering循环，是一种浪费一点ATP而保存部分葡萄糖的合理浪费系统。

国际文献里报道过，许多酶细胞化学家显示过血细胞的多种酶活性，本书作者显示过二十多种单核苷酸酶（^{5}ATAase，^{5}ADPase，^{5}AMPase，^{3}ATPase，^{5}GTPase，$^{5-}$GDPase，^{5}GMPase，$^{5-}$CTPase，$^{5-}$CDPase，$^{5-}$CMPase，^{5}UTPase，$^{5-}$TMPase，$^{35-}$AMPase，$^{3.5}$GMPase，$^{3.2}$AMPase），以及各种氧化还原酶、水解酶、表异构酶（我的研究生陈春华），各种糖苷酶、胆碱酯酶、乙酰胆碱酯酶（我的研究生崔明玉），核苷酸环化酶（我的研究生赵若雷），各种酯酶（我的研究生刘宗愉），转移酶（我的研究生安广宇）。总计显示过在光学显微镜下可观察的9种哺乳动物骨髓细胞、体外培养骨髓细胞的70多种酶和电子显微镜下可观察的近20种酶，并用自动扫描显微镜扫描定量分析过近10种酶。但是骨髓细胞从最幼稚型直至成熟细胞里都显示出酶活性，只有成熟红细胞里不能显示酶活性。木村隆（1983）也做过骨髓细胞葡萄糖–6–磷酸脱氢酶的电子显微镜细胞化学显色反应，他的结果和我们的观察结果完全吻合。由此我们只能得出结论认为红膜比其他幼稚骨髓红细胞和各种分化阶段的淋巴细胞、粒细胞的膜厚得多，显示酶的底物那样大分子化合物不能渗透进去，而且也没有那些化合物的特异性通道。因此不可能显示出细胞化学酶的活性。

当我们对比分析高等哺乳动物成熟红细胞的细胞化学业研究结果与红细胞匀浆聚丙烯酰胺凝胶电泳法（Polyacrylamid gel electrophoresis）研究结果可以肯定，绝大部分酶蛋白质活性周期事实上非常长。至今所有文献里都报道，酶蛋白质活性周期很短，有的酶活性只有数小时。这只是体液环境里的酶活性寿命，因为在动物体内各种酶在整个机体的代谢过程中，有序地出现其激活剂，有序地出现抑制剂，在代谢底物出现某种酶必需显现其活性，催化功能完成时代谢产物抑制其活性，所以在底物抑制以及其他特异抑制物和特异激活物的作用下人体内的1000多种酶不可能同时都发挥其活性。但在红细胞质里没有线粒体、高尔基体、核蛋白体之类细胞小器官，也没有核苷酸链之类基因物质，所以红细胞里不可能合成酶蛋白，因此在这里只有糖代谢系列的酶，这些酶从红细胞脱核之后，在120天的红细胞存活期间完成其催化功能。

我研究脊椎动物生血细胞的路程已有60年的时间了，但一直没有关注血细胞感染寄生物的问题。偶然有一次应邀去基层澄清羊群因不明原因大批死亡的问题。因我区农牧业大学有大批本行专家，我总有点不自量力之感。但是下基层又是不可推诿的，只好带领几位助手前往阿拉善牧区采回病羊脾脏，同时查阅世界各国文献。当时国际畜牧产品贸易中幼畜死亡率最高，主要是血虫病致家畜贫血死亡，是较普遍的，因此我们锁定为血虫病。

哺乳动物无核红细胞血虫病种类很多。根据布坎南（Buchnan, R.E.1983）等《伯杰氏细菌鉴定手册》（科学出版社，1984）里的分类立克次体目，属V的血虫体（Eperythrozoon），中译为附红细胞体。我查阅109篇英、德、日、韩、西、波、古、南非、东南亚、非洲、澳洲的许多国家和地区的近代文献：施令（Schilling, V.1928）报道受感染的脊椎动物血液里都有0.4~1.5μm大小的圆形，环状，盘状小体。Bartonellaceae属小体环形者罕见。施令型在红细胞表面和血浆里分布比例为1∶1。巴通体在血浆里不出现。Wigand, R.（1958）用位相差显微镜、暗视野显微镜观察都未看到环状小体。至20世纪末所有研究血虫体的学者无一例外地都肯定血虫体是附着在红细胞表面的球形小体。定名为附红细胞体（Epierythozoonosis），都肯定所有脊椎动物可感染，可引起贫血症，是人兽共患的病原体，幼兽死亡率甚高。20世纪70年代造成国际家畜贸易的重大事故。当时应阿拉善左旗旗兽医站邀请，我去帮助澄清病因。本人于1997在一群羊群中发现一只2周岁的矮小绵羊，身高41cm，体重11.5kg。随即我们解剖小绵羊，取回其末梢血涂片和脾脏，我的实验师侯金凤制作了矮小绵羊的脾脏的超薄切片。在巨大的脾脏里的每一张超薄切片上的无数红细胞中寻找一粒附红细胞体等于是大海捞针。我本人累得双眼疲劳无法视物，只好叫小侯继续观察。我在和旁人闲聊中突然获得灵感，便转过身叫小侯返回刚刚看过的视野，告诉他们这就是我们梦寐以求的东西。寻找到它并无多大的技术困难，但是找到它的几率太小。自然界的辩证法就是这样千条万条，偶然性的背后总会有其必然性。我这次是幸运儿。

我们首次证明，此病原体是寄生于红细胞质里的一对短杆菌，这是人兽共患病原体。从图8-1-4可以清楚地看到像八卦图中心的"阴阳鱼"。每个菌体内分散的核物质呈高电子密度小粒，菌体限界膜很清楚。可惜我已离休，再也不能分离培养它，并弄清消灭它的途径了。

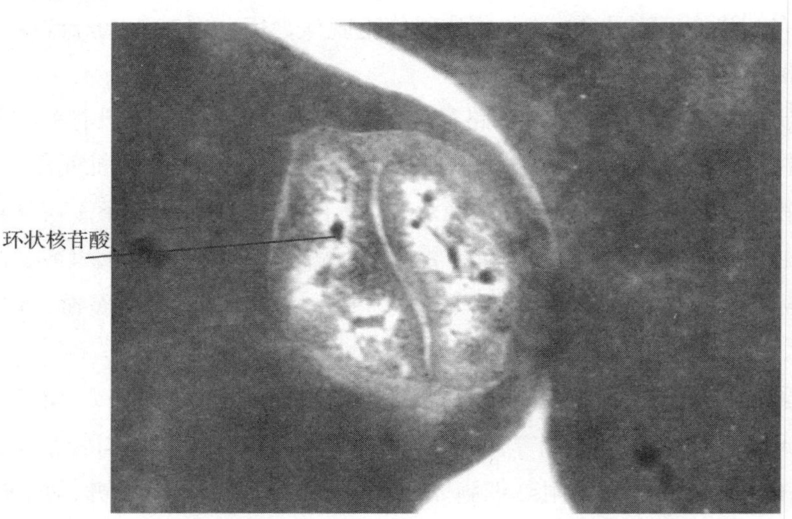

图 8-1-4　Epierythozoonosis 的电子显微镜像（×8000，舍英，侯金凤）

我们的这种发现并非是技术手段上的改进所得，只是在巨大脾脏组织块中，经过超薄切片在无数断层上有幸遇到的。不过这终归应算是新的发现，是我从事半个多世纪血细胞研究的劳苦回报。在这里不能忘记侯金凤取材制做标本的辛劳。

本节结语

1. 哺乳动物外周血液红细胞呈双面凹陷圆盘形细胞。其直径最大者，非洲肺鱼红细胞44μm，最小者朝鲜豹3~5μm。无细胞核，细胞小器官，无核苷酸合成酶，无蛋白质合成酶。其他氧化—还原酶，各种代谢酶俱全。

2. 鸟类、爬行类、两栖类、鱼类红细胞有核，细胞小器官。有核酸、蛋白质合成酶。其代谢功能与体细胞相同。

3. 哺乳动物红细胞膜特别厚，分子量与血红蛋白相似的分子不能通透。这可保证血色素不可溢漏。我们显示多种酶细胞化学活性，未获得成功。

4. 人类红细胞从干细胞到成熟用5天。成熟红细胞进入血流存活120天±5小时。一个红细胞里含2．8亿分子血红蛋白质。成年男子全血量=7000ml，每毫升含500万个红细胞，总计350×10^8（35亿）个红细胞。35亿×2.8亿=98×10^{18}。

5. 哺乳动物红细胞膜抗原除A、B、O、AB以外已发现36种红细胞血型，血小板血型多种，白细胞血型Class-Ⅰ数十种、Class-Ⅱ十几种、Class-Ⅲ 9种。Class-Ⅲ q 9绝对中型无种属特异性，在器官移植手术中不出现排斥反应。

6. 在骨髓细胞文献里我们首次提供一种新的发现：通常引起一种红细胞病的人兽共患病病原体，被称做附红细胞体（Epierythozoonosis），是寄生在红细胞质里的双杆菌。这种小体的名称应该改正。

第二节　淋巴细胞的进化

在动物界的系统发生树上，动物进化到后生动物“二胚层”腔肠动物，海绵动物阶梯从体壁内层细胞向中胶层里脱落，其形态学类似高等动物小淋巴细胞样的游走细胞。其体形呈球形，细胞核位于胞体中心，细胞质嗜碱性着色，无颗粒，被称之为嗜碱性阿米巴细胞。这种细胞具有吞噬功能。“三胚层”动物，如蠕形动物的间质层、环节蠕虫的体腔液和节肢动物门血淋巴液，脊索动物、低等脊椎动物血液里均有此类淋巴细胞。

但是早期的血液细胞学研究基本上限于形态学观察，因此有关两栖类动物、爬行类动物的淋巴细胞的生理功能方面究竟与圆口类动物（Cyclostomata）六鳃盲鳗（*Eptatretus Bürgeri*）、七鳃鳗又称八目鳗（*Lampetra jap.*）和鱼类（横口类）的淋巴细胞在生理功能方面有多大差别，至今找不到较详细的对比研究资料。

20世纪中叶Hungerford, DA.等（1959）在植物血凝素（Phytohemagglutinin-PHA）培养液里培养哺乳动物外周血液小淋巴细胞，以使其能合成蛋白质并幼稚化，进行增殖。由此开辟了深入研究淋巴细胞形态与功能的新的途径。大批血液细胞学家、组织胚胎学家、生物学家，沿此途径进行着工作。例如Marshall, WH.等（1963）用PHA培养的哺乳动物外周血小淋巴细胞诱导出能分裂增殖的幼稚淋巴细胞并以电子显微镜证实Hungerford等人的研究结果。Guwaus, JL.等人（1966）注入^{3}H-放射标记RNA技术追踪胸导管淋巴细胞证明，胸腺髓质毛细血管后微静脉（Post-capillary Venule）、淋巴结深层Post-capillary Venule、脾脏中央动脉淋巴鞘（Periarterial lymphatic sheath）是淋巴细胞再循环的主要部位。

在应用新的研究淋巴细胞发生来源、系统发生和个体发生过程淋巴细胞演化和功能变化的技术手段之后，有许多未解之谜得以逐步澄清。

淋巴细胞的发生来源和生理功能的研究，中心问题是免疫活性。

动物界在进化过程中，即系统发生过程中，Good, RA, Finstad, J., Pollara, B, 等（1966）证明六鳃鳗（盲鳗*Eptatretus bürgeri*）根本没有胸腺和淋巴组织，与黏盲鳗同属，但进化程度稍高一层的七鳃鳗（八目鳗*Lampetra japonica*）已经开始出现细胞免疫功能，这里指的细胞免疫并不同于单纯吞噬功能（后述）。秋山武夫（1970）也指出无脊椎动物没有免疫功能，只有低等脊椎动物，如盲鳗开始出现微弱的非特异性体液免疫功能。

Эбергардт, И.（1909）发现鸟类和某种黾的体内结缔组织的微血管沿线在炎症条件下可出现浆细胞，这种早年的凭形态学观察只供参考。

А.А.Заарзин（1953）确认两栖类动物并无浆细胞，甚至炎症发生时也未见浆细胞。他同时认为爬行动物黾的任何物种均无浆细胞。

总之，组织胚胎学界、生物学界普遍的见解是变温动物无现代观念上的特异性体液免疫功能。低等动物，从单细胞原生动物（Protozoa）的新陈代谢所需的营养物质是由细胞吞噬功能开始的。这种功能只能算营养性功能，也是生存斗争功能。后生动物（Metazoa）多细胞动物系统发生的早期阶梯上机体的几乎所有细胞都保持着吞噬功能。到环节动物（Annelida）出现真体腔和血管的阶梯在血淋巴液、体腔液里的除呼吸细胞（Respiracyte）以外的所有细胞都有吞噬功能。这时的血淋巴细胞的功能已具较复杂的性质。它们具吞噬功能的同时有些细胞是单细胞肾，另一些是单细胞肺，也可成为单细胞物质贮存库。

动物界系统发生到恒温动物（Homeotherm）时各种血液细胞均具备各种特具的

生理功能。

淋巴细胞的数量在低等动物中胶层里占据100%的比数，出现真体腔（Coelom）之后淋巴细胞的真实分类十分困难。有人认为这种类型细胞与组织细胞、单核细胞从形态学角度看来是雷同。但淋巴细胞氧化酶反应呈阳性，而过氧化酶反应呈阴性。另一方面淋巴样细胞中开始衍生出各种颗粒细胞，由此很难作到对无脊椎动物体内淋巴样细胞的准确的数据统计。

恒温动物淋巴细胞的形态特征较为恒定，易于确认。这事在20世纪后半期已成为无可争辩的事实。因此恒温动物淋巴细胞在骨髓里的数值已被算定，Yoffey, JM.（1960a, b）乳幼儿骨髓里中，小淋巴细胞占有核细胞的14.6%~67.3%，成人骨髓里占5.3%~14.2%（均数10%），体重400g的豚鼠1.0mm^{3}骨髓细胞里有43×10^{4}个，占有核细胞的20%~25%，全骨髓里含2660×10^{6}个，全血里含131×10^{6}个，但是这位研究者误认为骨髓小淋巴细胞是所有血细胞发生来源的干细胞。

20世纪60年代，随着人们对传染性疾病的预防及对高等动物免疫功能研究兴趣的高涨，对淋巴细胞发生来源、增殖、分化和免疫功能体系中的意义方面相继发表和出版过难以计数的论文、书刊。

Ford, CE.等（1963），Weakley, BS.等（1964），Ackerman, GA.等（1964），Koslawiecki, M.（1965），Ackerman, GA.等（1965），Galtoa, M.等（1966），小谷正彦（1972），Zimmermann, A.等（1975）都发表过有关淋巴细胞发生来源的报告。这些报告的基本观点较为一致，证明恒温动物（哺乳动物）胚胎发生时期胸腺淋巴细胞来源是由胸腺原基第5、6鳃弓的上皮细胞分化出来的，幼体出生后胸腺淋巴细胞主要来自骨髓淋巴细胞，在胸腺里淋巴细胞成熟，释放出来到脾和淋巴结之后再也不能回到胸腺里，鸟类则释放到腔上囊里再循环。

胸腺淋巴细胞是短寿命的细胞，其生存期为3天左右，但是短寿命淋巴细胞植入到脾中心动脉鞘淋巴组织里或淋巴结深层里，当受抗原刺激时变成长寿命的具有抗体记忆的记忆细胞（Memory lymphocyte）。Coffrey, RW.等（1962），川上正也等（1967）都证明记忆细胞的寿命可长达数周至数年。

众多研究淋巴细胞活动规律的学者，包括上面列举的研究者都确认在胸腺里增殖、分化的淋巴细胞进入脾脏、淋巴结、扁桃体、盲肠等淋巴组织继续增殖分化之后，重新又进入淋巴管系、血管系统进行再循环。

Zimmermann, A.等（1975），Gershon, RK.等（1972），Contor, H.等（1977）都发现循环淋巴细胞并不是完全同一群类细胞，根据其超微形态和生理活性可分为许多亚群，可分T–淋巴细胞（胸腺淋巴细胞之意）和B–淋巴细胞（骨髓淋巴细胞）两大类群，T–淋巴细胞又可分辅助淋巴细胞（Helper–Y）、具细胞溶解功能的杀伤淋巴细胞（Killer–T）、抑制淋巴细胞（Suppressor–T）等亚群。

辅助淋巴细胞是将流动抗原协助B–淋巴细胞受体接纳在细胞表面上。杀伤淋巴细胞是据Cradock，CG.（1961）消除异体细胞，炎症反应出现的对机体有害物的生物体防卫系统的后备兵，相对于后备兵他把巨噬细胞叫清除兵。Garshon，RK.等（1972）提出T–细胞另一亚群叫抑制淋巴细胞（Suppressor–T）。这是一群防止自身特异免疫应答反应或消灭此反应的淋巴细胞亚群。

B–淋巴细胞在形态学方面很难分辨其亚群。但是动物体可受众多种类的病毒、细菌之类病原体的攻击。对这些病原体的各种不同抗原蛋白质产生相对应的抗体，在一个细胞里不可能产生数种抗体，即只能产生一种抗体，因此免疫细胞的种类可想而知，是众多的。由此已引申出识别淋巴细胞、记忆淋巴细胞实验方法，已证明确有此类细胞。

淋巴细胞产生抗体的过程很复杂，首先生物体受到抗原攻击时巨噬细胞（Macrophag）吞噬抗原，在巨噬细胞胞质内消化分解抗原产生相应的核糖核酸，这种特异性RNA就成为传递该抗原信息的传递因子（Transfer factor），由此B–淋巴细胞增殖成免疫母细胞（Immunoblastic），再从免疫母细胞分化出浆细胞（Plasmocytes）。

Bjφrneboe，M.（1943），Coony，AH.等（1955），小林登（1968）证实浆细胞是分泌各种特异性抗体的免疫细胞，Bjφrneboe，M.等认为浆细胞并不是一种终末性效应细胞。这种细胞有其幼稚型细胞，能继续分裂增殖成终末细胞。

总之T–淋巴细胞继续分化成为各亚群，担当着细胞免疫功能，而B–淋巴细胞的效应细胞是浆细胞免疫功能细胞。关于浆细胞的来源的争论有三种说法：Rohr，K.（1936）曾认为来源于网状纤维细胞，天野重安（1948）说浆细胞的渊源是血管外膜细胞，而Nossal，GJ.等（1962）应用^{3}H–timidine标记方法证实浆细胞来源于小淋巴细胞，畔柳武雄（1972）以及Meyer，KH.（1975）用图示形式支持Nossal的观点。

本书著者在未受抗原攻击的20只正常猫骨髓里用光学显微镜、荧光显微镜和电子显微镜观察，均发现幼稚浆细胞、成熟型浆细胞以及浆细胞终端发育阶段的胞质时开始出现0.1~0.2μm直径的数个“闪光小泡”（图8–2–7）。随着细胞的发育“小泡”数量增多，伴随着大泡出现大量小泡。最后这种小泡占据浆细胞的全部胞质。在电子显微镜下可以看到的影像说明，它是在成熟浆细胞的内质网内形成，在May–

Grünwald染色标本上呈现较厚的外膜内的均匀的内含物被酸性染料轻度着染，这种现象并不常见。我初步推断所谓小泡可能是成熟浆细胞所分泌的黏蛋白体，是否含自身免疫抗体溶质未能验证。因为这种颗粒出现的几率太小，未能进一步追踪观察。

图8-2-1是小林登（1968）根据各种来源的文献资料将胸腺、骨髓、脾、淋巴结和再循环中的各型淋巴细胞、巨噬细胞、浆细胞等多种细胞的发生来源、变异、转化、功能活性的相互关系绘制成一目了然的模型图。

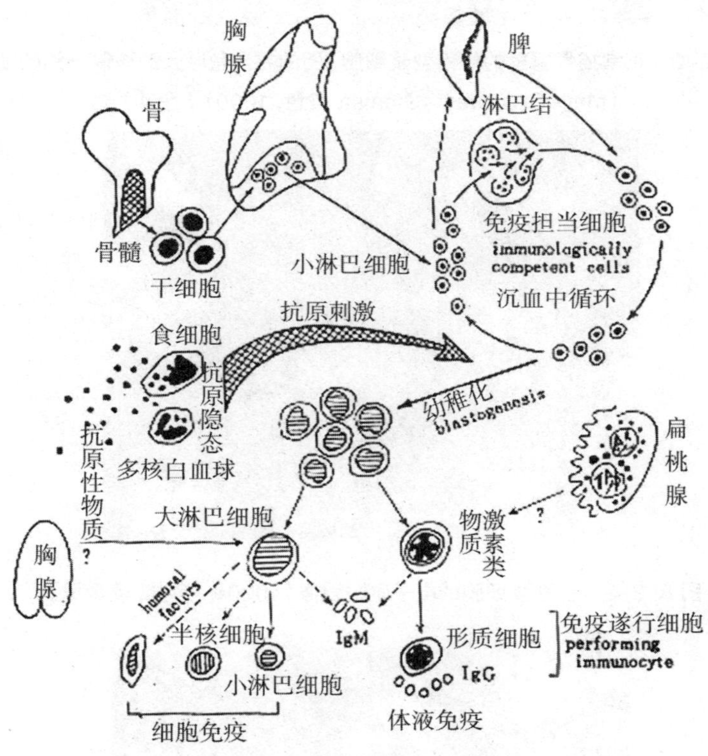

图 8-2-1　小林登、早川浩绘制的高等哺乳动物淋巴细胞系统的发生、成熟、再循环中分化及遂行免疫功能的模式图

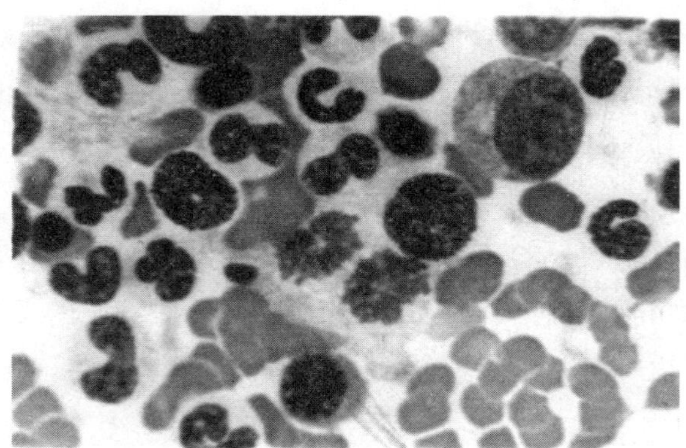

图 8-2-2　正常猫骨髓里的幼稚型浆细胞，图的右上角巨大的核偏一侧的细胞（May-Grünwald-Giemsa 染色，1000×，舍英）

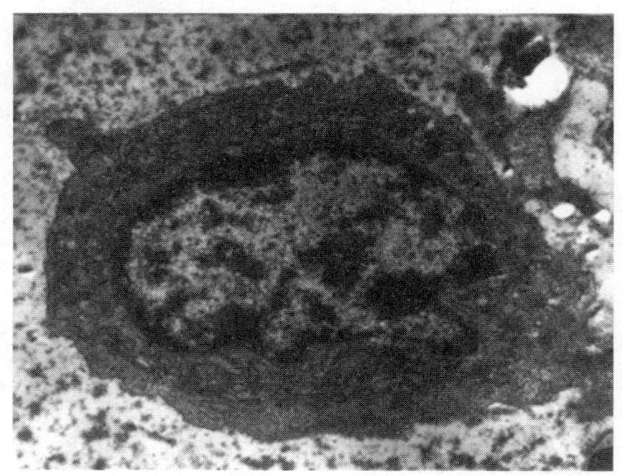

图 8-2-3　幼稚浆细胞的电子显微镜像（4000×，舍英，侯金凤）

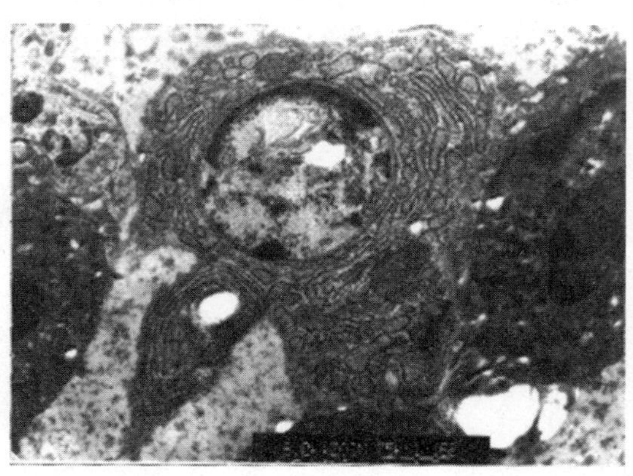

图 8-2-4　猫骨髓组织超薄切片上观察到的浆细胞，浆细胞下端出现扩张的内质网（舍英，侯金凤，12000×）

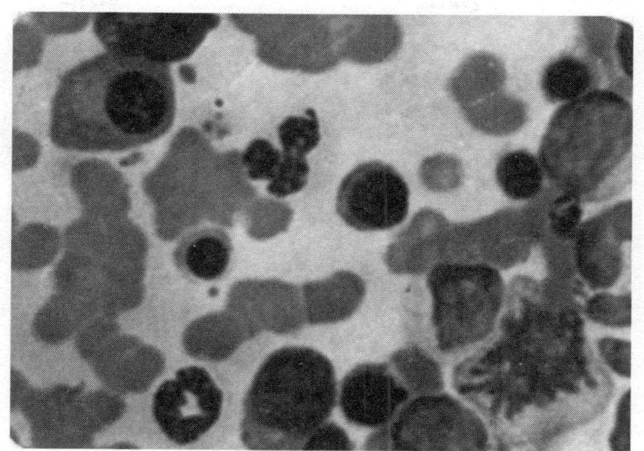

图 8-2-5　猫骨髓涂片上的浆细胞，照片左上角（舍英，May-Grünwald-Giemsa 染色，20×），图中央有一幼稚浆细胞

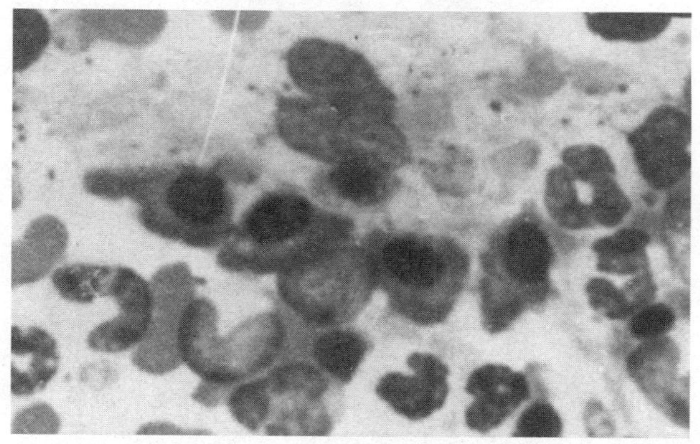

图 8-2-6　猫骨髓涂片上出现成群的浆细胞（May-Grünwald-Giemsa 染色，舍英）

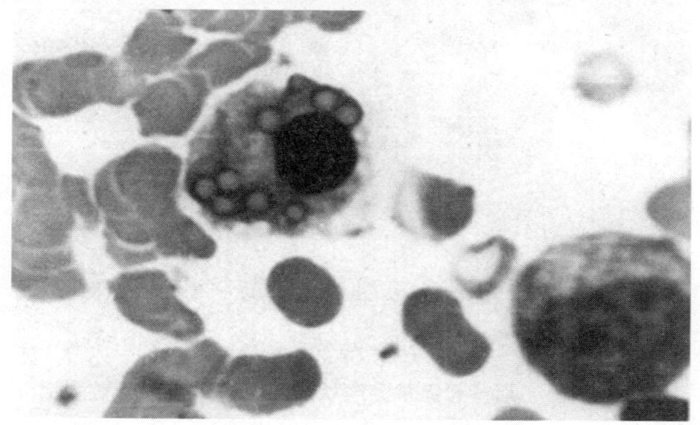

图 8-2-7　猫骨髓涂片上出现的胞质内含 9 粒球形泡状颗粒的浆细胞（May-Grünwald-Giemsa 染色，40×，舍英）

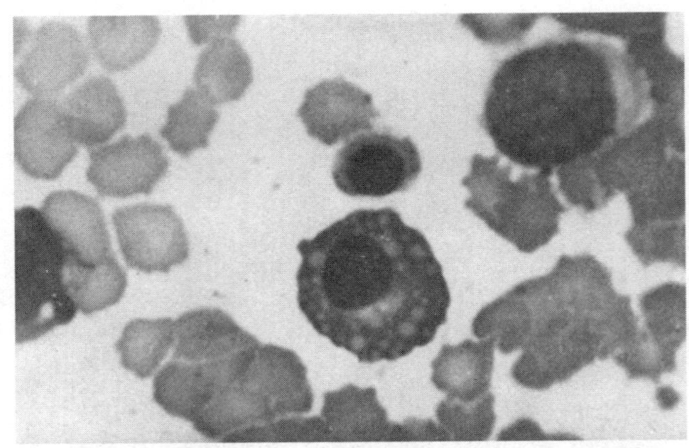

图 8-2-8　猫骨髓涂片上末期浆细胞，泡状颗粒增多

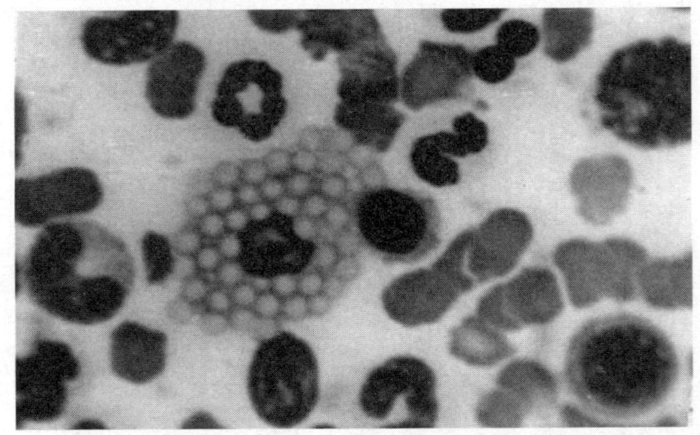

图 8-2-9　猫骨髓涂片上，泡状颗粒占满全部胞质

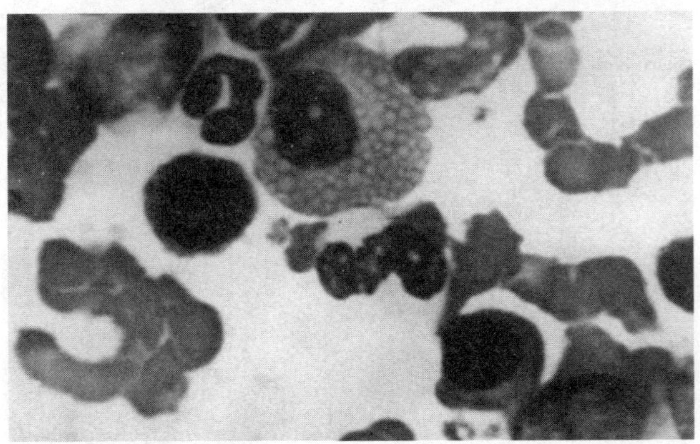

图 8-2-10　猫骨髓涂片上泡状颗粒增多后各个颗粒脱出
浆细胞下边见有两个脱出的颗粒

以上图中观察到的这种泡泡可能是脂蛋白颗粒。

本节结语

1. 从淋巴细胞的进化中可以看到无脊椎动物从最低等到圆口类六鳃鳗（盲鳗）为止无体液免疫系统的生物体防卫功能，完全依赖于各种细胞的吞噬功能。

2. 只有动物进化过程中从恒温动物，如鸟类、原兽类、哺乳动物开始出现特异性体液免疫系统。

3. 恒温动物出现体液免疫物质与恒温动物频发恶性肿瘤不能说是巧合，证明动物机体内出现恶性基因突变时，机体立即出现应对性突变，这是后天获得性状的又一实例。

4. 人体内骨髓是淋巴细胞的生发场，胸腺是功能分化场，脾脏是变异场，淋巴结、淋巴液、血液、体腔液唾液、泪液是功能场。

5. 在血液学文献里，我们首次提供动物进化史上恒温动物进化阶梯才出现体液免疫功能的报告。

第三节　嗜中性粒细胞的进化

嗜中性粒细胞是高等脊椎动物体内极为重要的杀灭侵入机体病原菌的机体自身防御系统的细胞成分。它不像嗜酸性粒细胞出现在动物界进化过程的较早期阶段，是经历过4亿多年的进化世代的细胞。

嗜中性颗粒细胞在动物进化过程中较嗜酸粒细胞、嗜碱粒细胞出现得很晚，蠕形动物（Vermis）、软体动物（Mollusca）、节肢动物（Arthropoda）等无脊椎动物尽管已具备了血管、血液、体腔液，但都没有嗜中性粒细胞。

Bizzozero, G.（1882）, Werzberg, A.（1911）, Jordan, HE.and Speider, C.（1931）在最原始的脊椎动物，圆口类（Cyclostomata）的七鳃鳗（*Lampetra jap.*）和硬骨鱼（osteichithyes）的鲤（*Cyprinus Carpio*）血液里发现了嗜中性颗粒白细胞。

现代血液细胞学研究者周知，在两栖类、爬行类、鸟类以后，只在哺乳动物血液细胞成分里嗜中性颗粒白细胞在生理功能方面和细胞数量方面才占有极为重要的位置。

首先嗜中性颗粒白细胞（Neutraphylic　Granulocyte）占人类血液白细胞总数的50%~70%，在机体内发生细菌性炎症时其数量急剧增多。本书作者在20世纪50年代撰写的学位论文的主题是，在动物机体内出现切除知觉神经部位时对骨髓细胞的增殖与分化的影响。为此使用过20只正常猫作对照，猫的知觉神经节在椎间孔出口前部位，第1、2颈节几乎与运动神经支不可分，而且神经节外面结缔组织里的血管很粗，因此切除颈1、2节极为困难。从颈3到腰5节只要小心避开神经节周围的小血管就有希望切除而且不易损伤运动支。我本人最多做到在颈3到腰5节，从两侧切除22对知觉神经节。当时只见过日本神经内科学者吴健（Ken Kure）曾切除猫单侧胸节9只，本人做到如此水平时当时，的苏联细胞学研究所（我的导师为所长）派两名青年讲师前来帮助我。他们在半年时间里最多达到切除胸腰节12节的水平。他们对我的导师说，我们无法与中国人的手法技巧攀比。在术后，猫骨髓里嗜中性颗粒白细胞的增长、分化高度活跃，外周血中此类细胞数始终保持高水平，我在术后连续观察了一年多。嗜中性白血细胞的高度增生的起因可排除术后反应性炎性增生的可能性。本人的博士论文就是以此成果得以通过的。

根据当时的技术手段无法阐明，在动物处于大片无感觉神经部位的条件下，嗜中性颗粒白细胞长久保持高度增生和活跃的机制。本人的研究生导师Г.К.Хрущов院士认为高等动物动员主要防御机制消除与整个机体脱节信息的部分器官以防整体被累及的危害。如冻伤后自动断指现象。

嗜中性颗粒白细胞在动物进化过程中的发生渊源和只从脊椎动物进化出来时才开始出现的问题至今没见文献报道。我们在考察动物界进化的众多现象中悟出一些线索。哺乳动物嗜中性颗粒白细胞源自于动物进化早期的无脊椎动物，如环节蠕虫多毛纲（Polychaeta）蚯蚓血细胞中的嗜酸性粒细胞，这种细胞无定形结构，有大量嗜酸颗粒，同时也有为数不多的嗜碱颗粒，在这个进化阶段上几乎所有种类的血细胞均有吞噬功能。

经过节肢动物、脊索动物、脊椎动物各进化阶梯，最后到哺乳动物时除单核细胞和嗜中性粒细胞以外的血液细胞，如凝血细胞、呼吸细胞（血小板和红细胞）、嗜酸粒细胞、嗜碱粒细胞大部分淋巴细胞均失去吞噬功能。均特化为专项功能的细胞。机体的血管内外移动性周身防御功能全靠嗜中性颗粒白细胞和单核细胞等巨噬细胞。

从形态学特征的变异也可看到嗜酸粒细胞逐渐衍化为嗜中性粒细胞的痕迹。例如在两栖类、爬行类动物和鸟类血液里的部分嗜酸粒细胞（也称嗜两色性粒细胞），因其胞质里含有小的嗜碱性颗粒和巨大的嗜酸颗粒，数量之比为嗜碱性颗粒占少数，嗜酸性颗粒的蛋白质的碱性降低，在哺乳动物的某些物种血液里的嗜中性粒细胞实质上并非嗜中性而是伪嗜酸性粒细胞（Pseudoeosinophyl），如小鼠、家兔、豚鼠等小型草食哺乳动物均如此。这些动物的伪嗜酸性粒细胞的主要颗粒介乎大部分种类的哺乳动物的嗜酸粒细胞和嗜中性粒细胞之间，但其功能实属嗜中性粒细胞。据B.H.Никитин（1956）的观察，上述哺乳动物物种的伪嗜酸性粒细胞颗粒的形状呈针状短杆状（Никитин著有两册家畜骨髓细胞图谱）。

嗜中性粒细胞在哺乳动物骨髓组织里，在血管外的造血灶里由单向干细胞（Stem cell）向着嗜中性粒细胞方向分化。我们在图8-3-1里展示嗜中性早幼粒细胞（Promielocyte），其核巨大，核质分布较均匀，并有核仁，胞质里开始出现为数甚少的特殊颗粒（内含碱性磷酸酶、溶菌酶），也出现数量稍多于特殊颗粒的嗜天青颗粒，这种颗粒体积比前者大，含有40多种酸性蛋白水解酶，如酸性磷酸酶、酸性肽酶、胰蛋白酶、非特异性酯酸、葡萄糖醛酸酶、过氧化酶等，当嗜中性粒细胞（成熟阶段）吞噬异物时细胞内pH下降到3.5~4.5溶酶体膜破裂释放出酸性水解酶，过氧化酶催化异物。

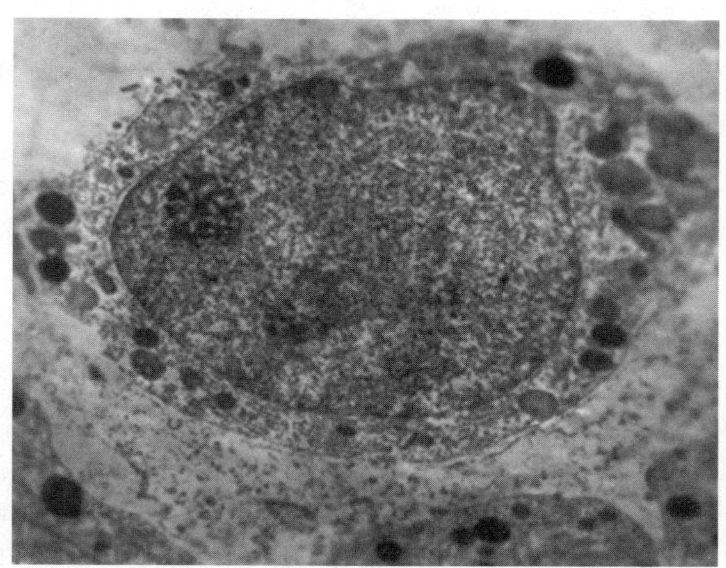

图 8-3-1　猫骨髓超薄切片，电子显微镜下（8000×）观察嗜中性早幼粒细胞（舍英，侯金凤，1989）

图示猫骨髓嗜中性早幼粒细胞电子显微镜下的结构。胞核巨大，染色质分布均匀，胞核仁明显，胞质里开始出现嗜天青颗粒和很少数特殊颗粒、线粒体（不太清楚）的数量也并没减少，有人认为骨髓细胞不经染色无法分类计数，但电子显微镜照片足以证明在未做核染色标本上能做到分类计数。

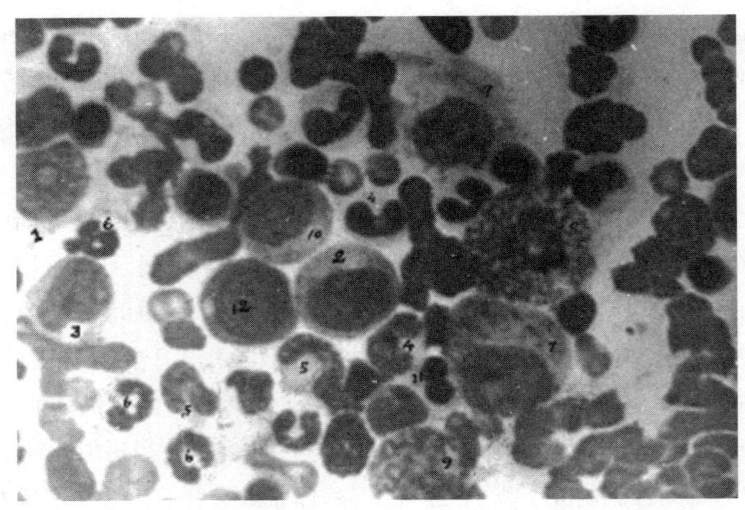

图 8-3-2　猫骨髓涂片 Giemsa 染色（×10，舍英，1955）

1. 嗜中性粒细胞（Neut，Hemocytoblast）；2. 嗜中性早幼粒细胞；3. 嗜中性中幼粒细胞；4. 嗜中性中晚幼粒细胞；5. 嗜中性绵状核粒细胞；6. 嗜中性分叶性粒细胞；7. 嗜酸性早幼粒细胞；8. 嗜酸性幼粒细胞（分裂）；9. 嗜酸性晚幼粒细胞；10. 早幼红细胞；11. 晚幼红细胞（分裂）；12. 早幼红细胞

图8-3-2显示嗜中性粒细胞从原粒细胞到分叶核粒细胞，此标本为Giemsa染色，所以颗粒显示得不好，但是从成熟嗜中性粒细胞的核、胞质的形态特征可以追索，辨认其分化各阶段的细胞。有人认为染色显示得不好时骨髓细胞不可分辨，但在你从事多年血细胞的工作后就不会被这难倒。

本书作者于1978年全国第一届科学大会上提交了我们所研究的猫、狗、兔骨髓细胞分化过程中的34种酶的酶细胞化学研究成果。曾获全国卫生科学大会奖状。后来内蒙古科学技术委员会提请给北京的专家审评，北京专家在评语里写道："未经Giemsa染色的只显示酶活性标本上不可能识别骨髓细胞的形态分类"。我们不知道北京专家是否长期从事过血细胞、脾脏细胞、淋巴结细胞、骨髓细胞的形态学、酶细胞化学、功能实验研究？是否从事过高低等动物造血细胞的对比研究？是否从事过血细胞的分离、制备匀浆，蛋白电泳研究？是否应用荧光显微镜、相差显微镜、偏振光显微镜、电子显微镜研究过血细胞、骨髓细胞形态学特征和分类法？如若未进行专业研究，而只以"北京专家"的名义如此肯定地下结论未免有点对科学技术有误解，未免会有些轻视和傲慢的心理。我们只举骨髓细胞众多种类的电子显微镜研究一项，不难肯定，未经Giemsa染色就可以做到详尽地、准确地分类（电镜标本不可能做染色），何况本书作者从20世纪50年代开始应用上述多种技术进行过几十年的研究，研究过各种动物骨髓细胞。详见图8-3-3~12。

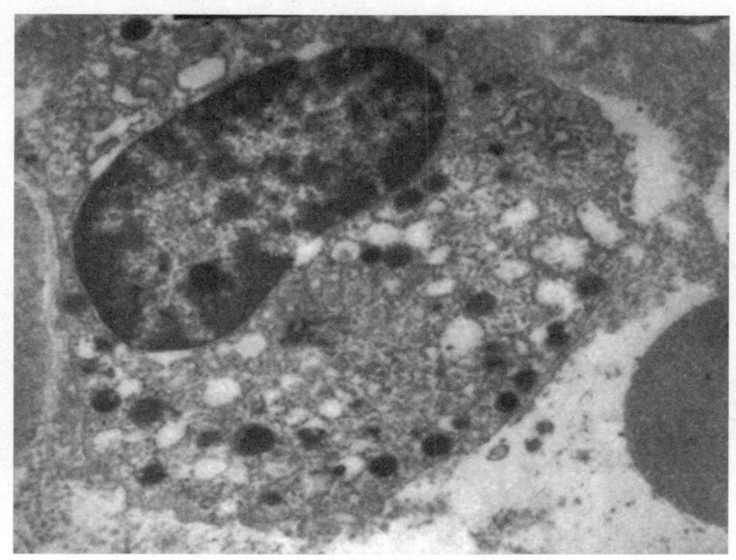

图 8-3-3　猫骨髓嗜中性中幼（较早期）粒细胞电子显微镜像（12000×，舍英，侯金凤）

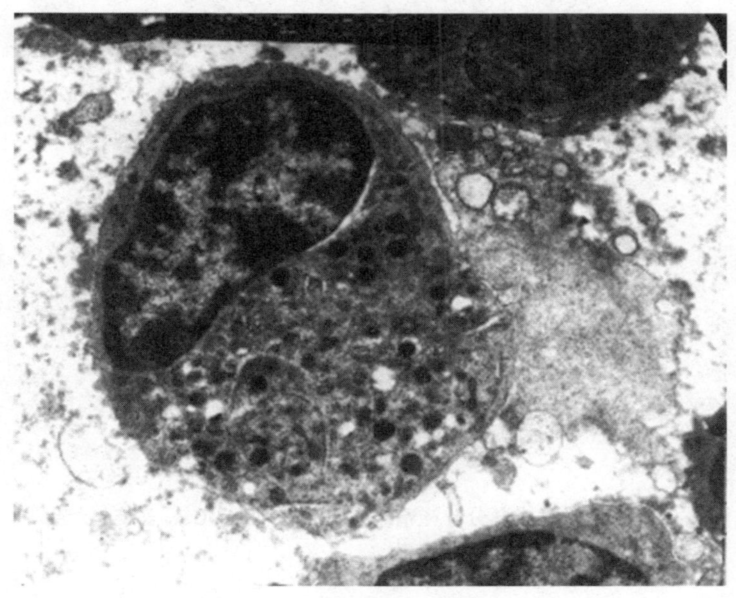

图 8-3-4　猫骨髓嗜中性中幼粒细胞（较晚期）

从这两张照片的核质浓缩颗粒成熟度可分辨其分化程度（12000×，舍英，侯金凤）

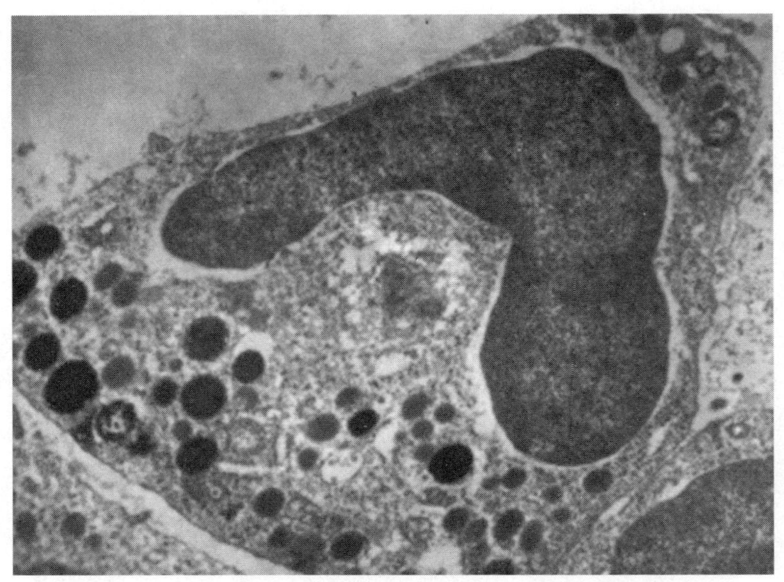

图 8-3-5　猫骨髓嗜中性晚幼粒细胞

有时核固缩程度和核形变化不完全并行（12000×，舍英，侯金凤）

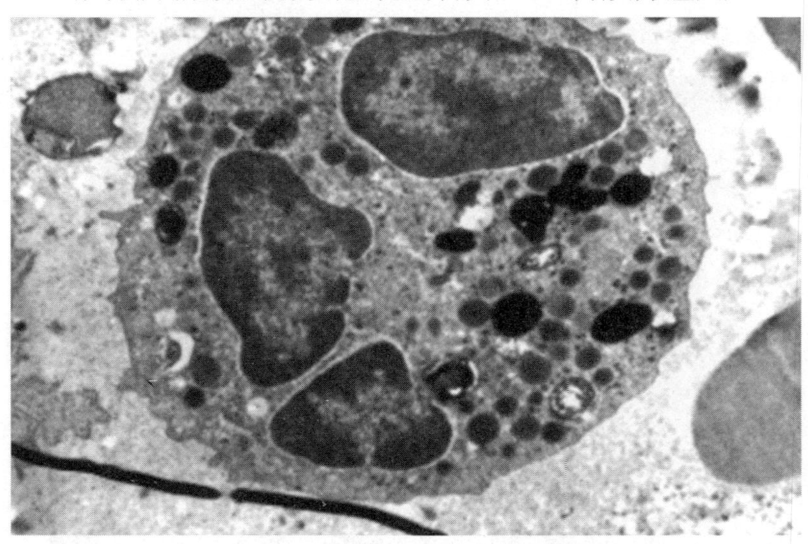

图 8-3-6　猫骨髓成熟分叶核嗜中性粒细胞（12000×，舍英，侯金凤）

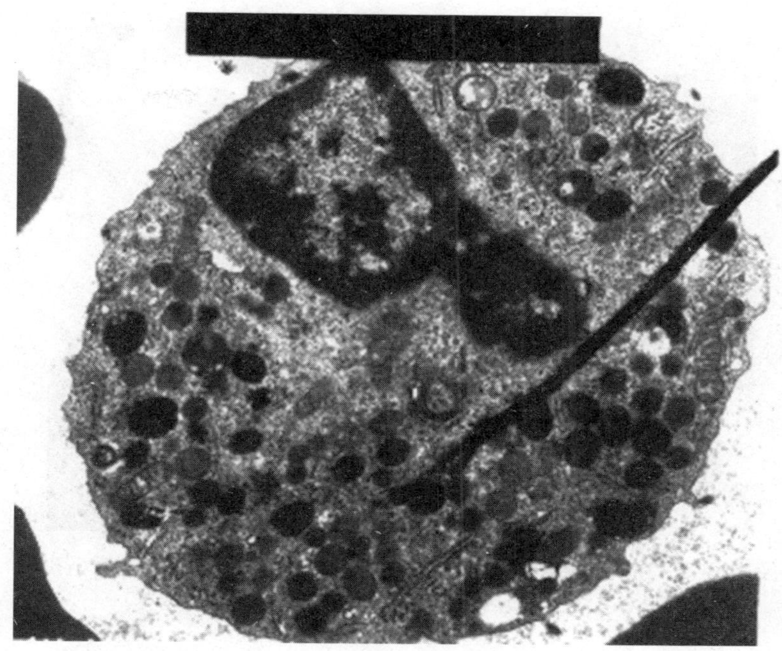

图 8-3-7　猫骨髓嗜中性成熟（较早期）粒细胞的电子显微镜照片（甲醛、锇酸固定 9000×，舍英，侯金凤）

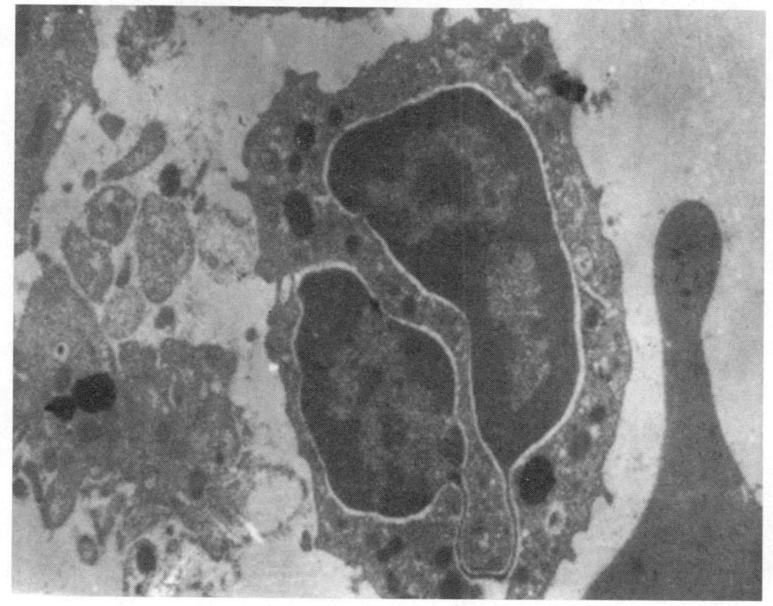

图 8-3-8　猫骨髓嗜中性成熟（较晚期）粒细胞的开始衰老阶段（12000×，舍英，侯金凤）

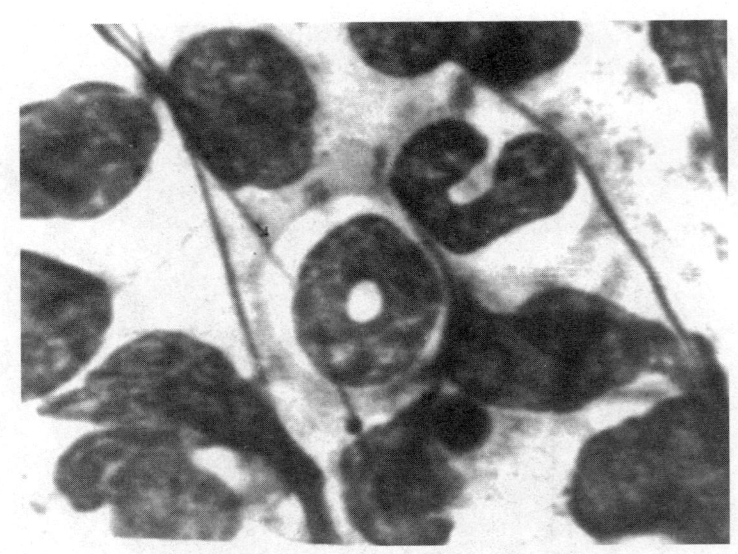

图 8-3-9 小白鼠伪嗜酸性颗粒白细胞分化晚期在细胞核中心出现小孔，接着小孔扩大，最后断裂成杆状核伪嗜酸粒细胞（舍英）

嗜中粒细胞的颗粒的着色性（蛋白质侧链氨基酸差别）和核分叶的形式在哺乳动物物种间也有明显差异，如上所述有些哺乳动物并非是真正的嗜中性粒细胞而是伪嗜酸性粒细胞。小鼠嗜中性粒细胞核分叶过程很特殊，首先在核的中心现出小孔，小孔逐渐扩大，最后成杆状核细胞。

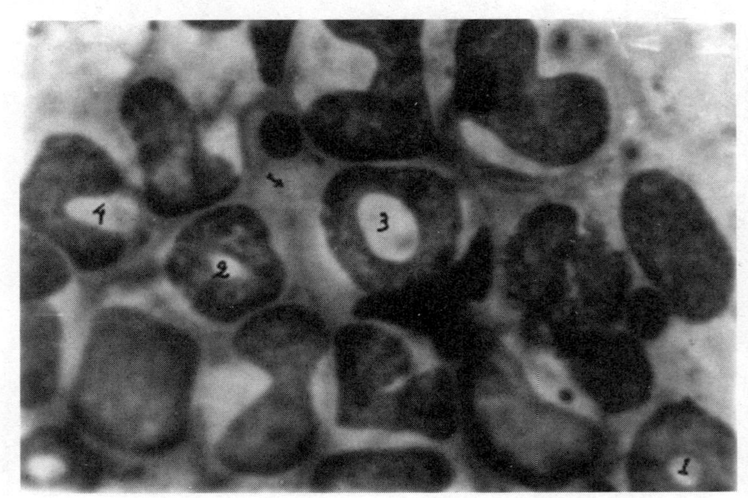

图 8-3-10 小白鼠骨髓伪嗜酸性颗粒白细胞核变成细环状物，最后在最细处断裂成杆状核成熟白细胞（舍英，40×）

小鼠血液里很少见到真正分叶核嗜中性粒细胞，但也有部分中幼粒细胞的核分叶形式与其他哺乳动物物种的核分叶形式相同。

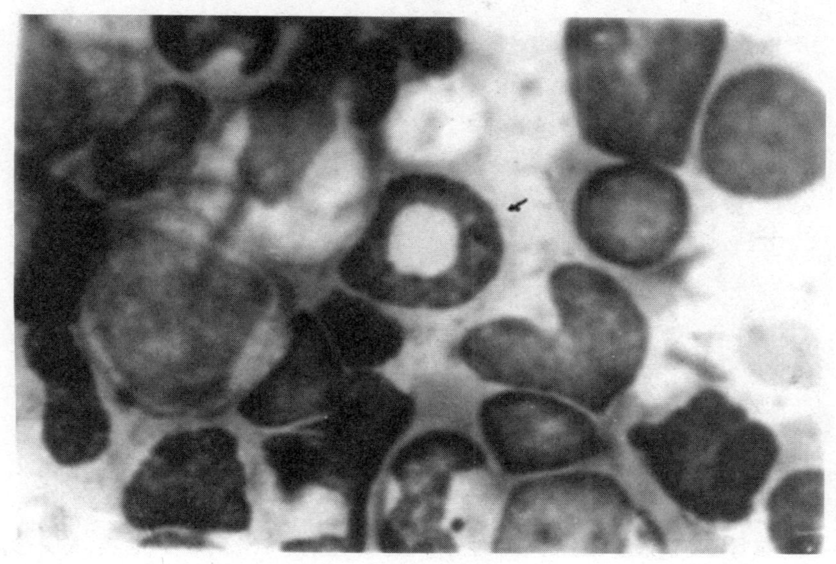

图 8-3-11　小白鼠骨髓伪嗜酸性颗粒白细胞胞核中心的小孔扩大，核变成细环（舍英，40×）

小鼠嗜中性粒细胞在骨髓里分化过程较为特殊，它的核中心出现“空洞”。实质上是细胞质转入细胞核中心，逐渐扩大。细胞核变成细细的面包圈，并在某一处断裂成杆状核白细胞。我院第一附属医院口腔科一位研究生在新生小鼠齿龈组织切片上发现同小鼠白细胞细胞核中出现细胞质的现象。这位学生认为自己有了惊人的发现：细胞核竟能吞噬细胞质，便去院病理解剖教研室老教师那里请教。他们也觉得未见过这种奇异现象，就前来我处讨论。我叫那位学生拿来从不同角度切下的超薄切片图像。指给他们看正面切片上看到细胞核包围着“被吞噬的胞质”，侧面切的切片上细胞核的凹陷里凸入的细胞质。在这些从不同角度切的超薄片上无可怀疑地证明不是胞核吞噬胞质，而是胞质凸入胞核里的切片“欺骗”了你们。接着请他们观看了我的小鼠骨髓嗜中性白细胞照片，加深了他们的认识。

在嗜中性粒细胞的酶代谢方面，我们做过大量的细胞化学工作。几乎所有酶在嗜中性粒细胞增殖分化过程中，早幼粒细胞阶段上酶活性并不高，而在分化过程中愈向成熟阶段发展则酶活性愈增强，但已衰老的分叶核白细胞的酶活性开始衰退，在电子显微镜下，在嗜天青颗粒表面出现的反应也是如此，在本节里不做详细介绍酶活性的影像，只展示一些彩色照片。

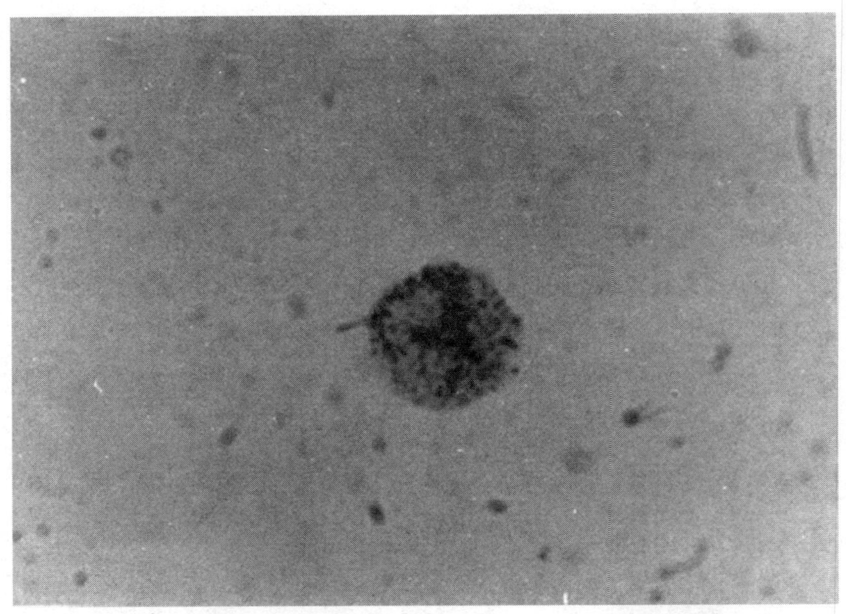

图 8-3-12 猫骨髓穿刺液涂征上的嗜中性分叶核粒细胞的过氧化酶活性（舍英，陈必珍，40×）

本节结语

1. 嗜中性粒细胞发育过程中嗜天青颗粒出现得早，之后出现特殊颗粒并逐渐增多。到晚幼中粒时嗜天青颗粒消失，特殊颗粒增多。成熟型嗜中性粒细胞质里所有颗粒消失细胞归于死亡。

2. 嗜中性粒细胞也有物种特性。无脊椎动物嗜中性粒细胞胞体较大，特殊颗粒变形成两头尖的短杆形颗粒。数量较多密集在胞质里。

第四节 嗜酸粒细胞的进化

动物界进化到“三胚层”阶段时，在线形动物纲（Nemathelminthes）动物还不具备血管系和真体腔，在环节蠕虫类（Annelida）体内开始出现真体腔和开放型血淋巴循环管道（并非真正的循环系），据Kukenthall, W.（1889），Rose, D.（1896），Cuenot, L.（1897），Kollmann, M.（1908），Dehorn, A.（1925）有关环节动物血淋巴液和体腔里的细胞成分中观察到嗜酸性颗粒吞噬细胞，这类细胞在环节动物不同物种体内也出现不同形态结构，但总的观察结果是相似的，都是属于阿米巴运动活跃的、具有吞噬功能的细胞。Kollmann, M.（1908）, Faure–Fremiet, E.（1927）也在软体动物体腔液里看到相同的细胞类型。

Werzberg, A.（1911）曾描述过蝾螈（*Cynops orientalis*）血细胞中的分叶核嗜酸性粒细胞（Acidophilic leucocyte）。这种细胞的发育在个体内的早幼阶段上颗粒较为均匀，充满胞质，但在衰老阶段上颗粒成空泡状，但对它的生理功能方面无人进行过实验研究。Werzberg, A.的时代有众多生物学家、组织胚胎学家对两栖类动物、爬行类动物、鸟类血细胞形态学做过描述。较为一致的观察资料证实，这些物种血液嗜酸粒细胞基本上相似，只是数量上有差别，因为两栖类动物和爬行类动物是变温动物，在寒冷季节里以冬眠的方式渡过冬季，在这期间造血过程停止活动，所以说有季节性变化。

Werzberg, A.（1911）图示两栖类动物龟类（Testudinata）血里的伪嗜酸性粒细胞的颗粒呈针状颗粒，往往被误认为是嗜酸性粒细胞。

哺乳动物血液嗜酸性粒细胞的形态特征基本稳定，细胞呈球形，无伪足和多形性，早幼嗜酸粒细胞体稍大于嗜中性早幼粒细胞。胞质内出现多数嗜酸性较强的球形颗粒，颗粒大小相当于0.4～0.9μm。但物种间有差异，例如马（*Equus Caballus*）的嗜酸细胞颗粒很大、充满胞质，也掩盖胞核，颗粒直径在5～7μm。有人曾误称马的红细胞（Erythrocyte）来自嗜酸细胞颗粒。实际上，嗜酸粒细胞颗粒是含有组蛋白和过氧化酶以及氨基肽酶之类的碱性蛋白质，而红细胞质里的血红蛋白在Giemsa染色时出现色彩相同，但分子结构属完全不同的蛋白质，只是因为二者的等电点相当接近。因此对染色剂的亲和力相似而已。

嗜酸粒细胞功能方面研究资料并不丰富，目前只知道嗜酸粒细胞能分泌一种物质作用于哺乳动物消化道或体内其他器官里寄生的线形动物表皮引起降解损伤的物质。这可能是溶酶体酶之类生物活性物质。嗜酸细胞颗粒释放的物质也可降解组织胺和各种致敏物质，因此在临床医学诊断学常看到过敏性哮喘症及其他过敏性疾患时血液里出现嗜酸粒细胞增多的病理反应。

嗜酸细胞的细胞化学酶反应极为丰富多彩，在医学临床诊断学里鉴别诊断粒细胞白血病和淋巴细胞白血病时常以过氧化酶为最简便的诊断手段。脊椎动物嗜酸粒细胞的过氧化酶反应很强，下面我们只展示家鸡外周血嗜酸粒细胞的过氧化氢酶细胞化学反应的照片和猫骨髓嗜酸粒细胞。（见图8–4–1~3）

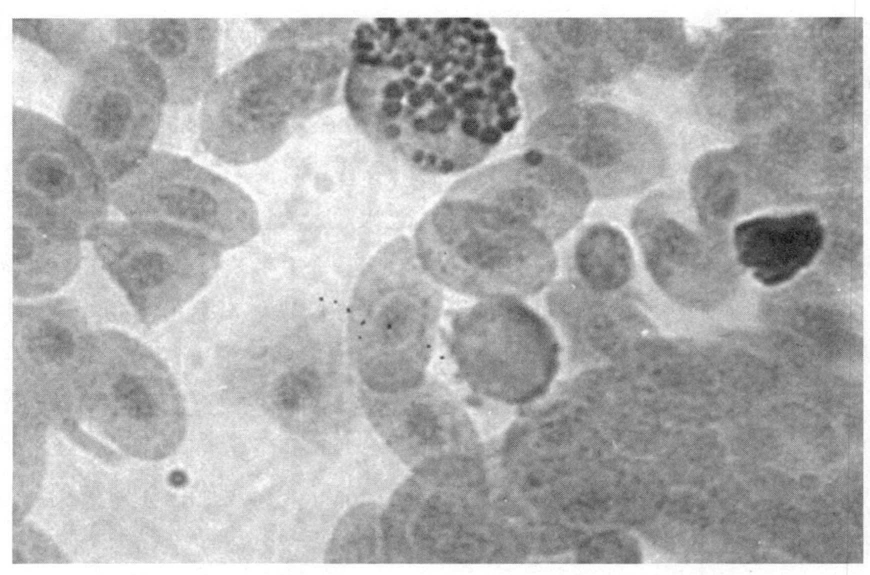

图 8-4-1 家鸡嗜酸性粒细胞过氧化氢酶反应呈强阳性，而淋巴细胞和栓细胞为阴性（舍英，40×）

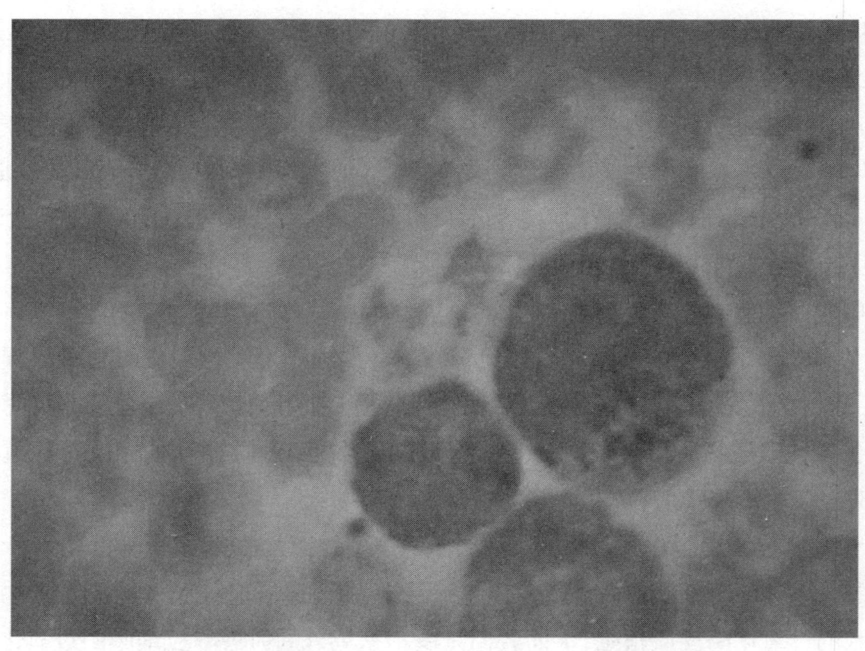

图 8-4-2 猫骨髓早幼嗜酸性粒细胞和成熟嗜粒细胞
（Giemsa-May-Grünwald 染色）（舍英，100×）

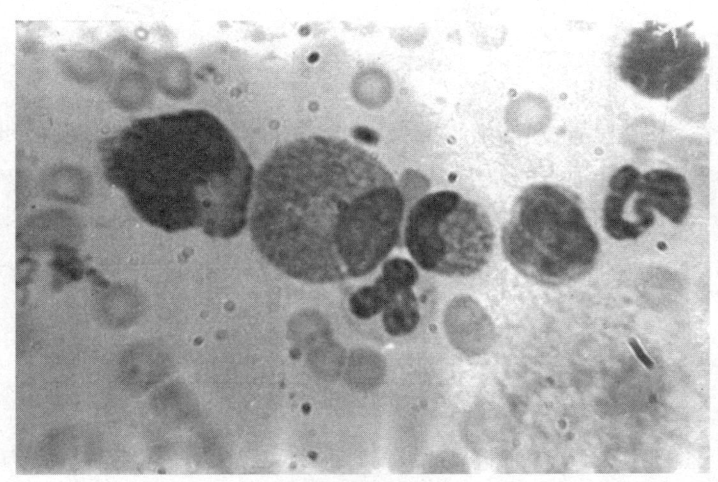

图 8-4-3　猫骨髓嗜酸中幼、晚幼粒细胞和单核细胞
（10×40，Giemsa-May-Grünwald 染色，舍英）

马科动物嗜酸性粒细胞的嗜酸性颗粒特别大，其直径达7.2μm。曾经有人报道过马的红细胞来自嗜酸粒细胞（《新英格兰医学杂志》，1949）。鸟类嗜酸粒细胞颗粒呈梭形，小型草食动物如鼠、兔嗜中性粒细胞颗粒呈短杆状，而且偏于嗜酸染色，常称伪嗜酸颗粒。这些血液细胞形态学特点也可能被用于刑事侦探。（见图8-4-4）

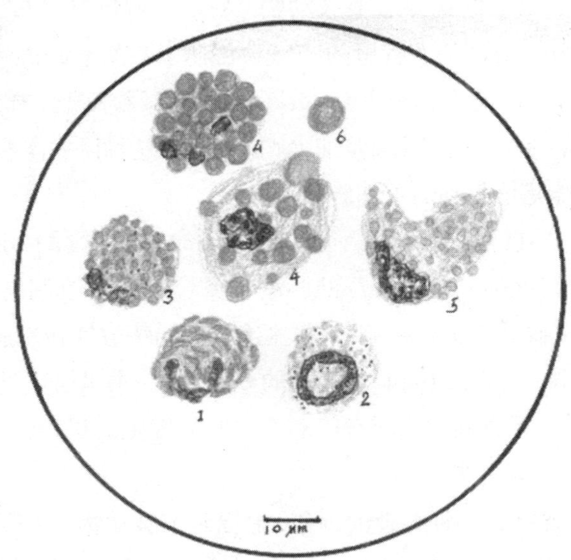

图 8-4-4　1. 小型草食哺乳动物嗜酸性粒细胞；2. 鼠类嗜中性粒细胞；3. 哺乳动物嗜酸性粒细胞；4. 马嗜酸性粒细胞；5. 低等无脊椎动物嗜酸性阿米巴细胞；6.（Gramsa-May-Grünwald 染色，舍英绘制）

本节结语

1. 嗜酸性粒细胞是古老的细胞类型。它在无脊椎动物还未出现血管时在假体腔液里开始存在了。这种细胞与抗组织氨、抗过敏反应关系密切。

2. 细胞形态学特征和动物物种有相关关系。只有马属物种的嗜酸性粒细胞的颗粒特别大。几乎和红细胞大小相当，因此曾有人误认为马的红细胞来自嗜酸粒细胞。

第五节　动物界嗜碱粒细胞的进化

动物界血液嗜碱性粒细胞在无脊椎动物系统发生早期阶段只从蠕形动物（Vermis）门纽形动物之类“三胚层”阶段开始在血淋巴液里出现。但这种嗜碱性粒细胞（Basophylic granulocyte）形态和功能与脊椎动物血液嗜碱粒白细胞和肥大细胞（Mast cell）有很大差异。在纽形动物（Nemertinea）和环节蠕虫纲（Annelida）的动物中进化程度较高的、已具真体腔的、动物体腔液里的嗜碱粒细胞胞体较大且无固定形态，具有伪足运动和吞噬功能的细胞，只是在其胞质里见到有分布并不密集的粗大嗜碱性易染的颗粒。

Kollmann, M.（1908）观察过节肢动物（Arthropoda）门甲壳纲（Crustacea）河蟹（*Eriocheir sinensis*）的血管里的嗜碱粒细胞。A.A.Завαрзин（1935）描绘过软体动物门（Mollusca）的无齿蚌（*Anodonta*）的嗜碱粒细胞，描绘过脊索动物门（Chordata）的海鞘（*Asicia*）的嗜碱粒细胞。据他分析这种巨大体积的粒细胞与氮的代谢关系密切，可能是该物种的单细胞肾。

Werzberg, A.（1911）观察过两栖类（Amphibia）无足目（Apoda）洞螈（*Proteus anguinus*）和硬骨鱼（*Osteichithyes*）的血液嗜碱粒细胞并绘制出图形。Kasarinoff（1910）绘制出鸟类血液嗜碱粒细胞、嗜酸粒细胞、伪嗜酸性粒细胞、有核红细胞和栓细胞等血象。大植登志夫（1944）在自己的《血液》一书里引述过许多生物学家、血液学家发表的有关无脊椎动物和脊椎动物嗜碱粒细胞的报告。但他说至今对有关嗜碱粒细胞的功能不得而知。

Jorpes（1933）观察到一种有趣的现象，他提到节肢动物门甲壳纲某些物种血管壁释放出坑凝血物质的同时嗜碱粒细胞增多。抗凝血物质的消长与嗜碱粒细胞的增多与减少具有明显的正相关关系。

当今，一般的大学组织胚胎学教科书里已普遍有哺乳动物血液嗜碱性颗粒白细胞和结缔组织里的肥大细胞的形态结构方面的内容，包括超微结构和一般功能，所以在本书里不再赘述嗜碱粒细胞的形态学结构，只重复简述现已明确的功能，现今普遍认知的嗜碱细胞颗粒含有组织胺，参与过敏反应的慢性反应物质和肝素，这些功能可能与来自低等无脊椎动物嗜碱粒细胞单细胞肾功能和抗凝血现象有相吻合的地方。但是在高等脊椎动物中已失去吞噬功能。

嗜碱粒细胞在血液白细胞总数里占有的比例很小，但这种细胞数急增时值得警惕。1960年内蒙古医学院组胚教研室的同行助教吴山在给大学生指导实验课时给学生采血，进行血细胞染色，辨认正常人的血象。这时作为老师的吴山（浙江人）采了自己的耳垂血时发现自己的嗜碱粒细胞数达5%以上，为正常人的10倍，但他本人却未加注意。本书作者作为教研室主任应关心同事的健康，出于这种心理提醒吴山先生要提高警惕常检查自己的血象。提醒他嗜碱细胞突然增多有可能变成嗜中性粒细胞白血病或变成慢性淋巴细胞白血病。听到我的话他有些惊恐。的确过了半年之后他出现了淋巴细胞白血病的象征，此人于1965年不幸死于慢性淋巴细胞白血病。

哺乳动物不同物种间的肥大细胞数量有极大差异，我们注意到小鼠肠系膜血管周围肥大细胞异常多，其次家兔、荷兰猪（豚鼠、天竺鼠）的肥大细胞稍少于小鼠。

下面我们将观察到的哺乳动物嗜碱粒细胞在骨髓组织里的发生、分化、增殖的图像展示给读者。（图8-5-1~6）

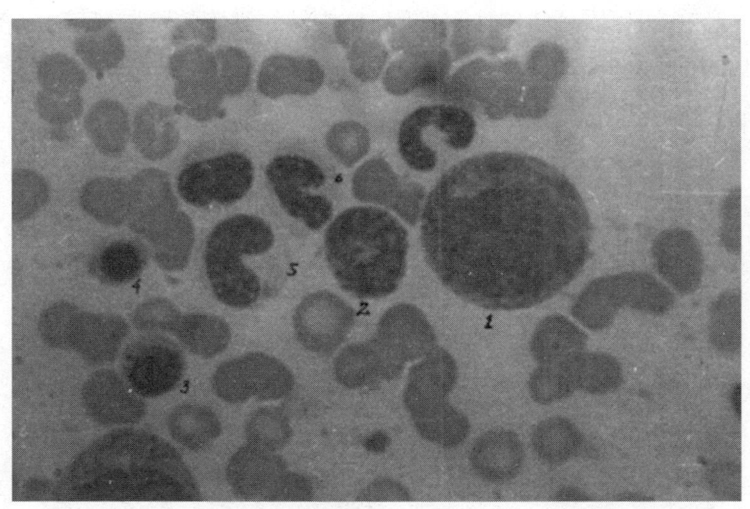

图 8-5-1　骨髓嗜碱性早幼粒细胞 May—Grünwald—Giemsa 染色

1. 早幼嗜碱性粒细胞；2. 成熟嗜碱性粒细胞；3. 嗜多色性幼红细胞；4. 嗜多色性幼红细胞；5. 成熟嗜中性粒细胞

图8–5–1所示早幼嗜碱性粒细胞核质疏松，有核仁，胞质里均匀分布着较细小的嗜碱性颗粒；嗜碱粒细胞幼稚阶段核形较大，染色质疏松，分布均匀，只有核仁结构较密集；晚期阶段细胞体变小，核结构凝集，核仁消失，颗粒充满胞质并盖在核上。

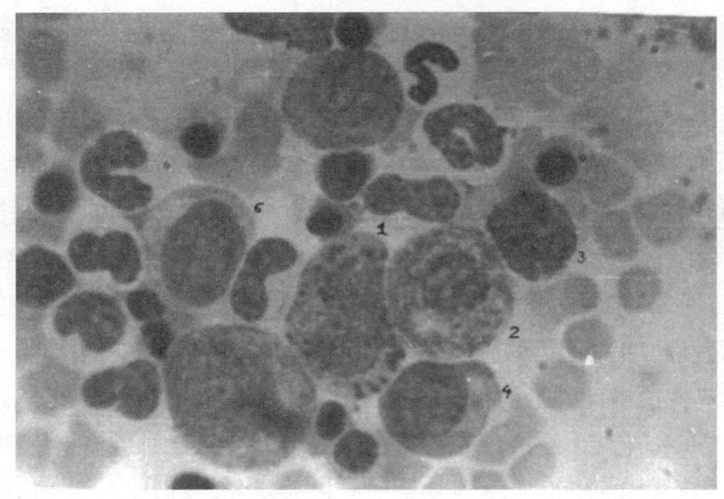

图 8–5–2 猫骨髓嗜碱粒细胞

1. 中幼粒细胞；2. 晚幼粒细胞；3. 成熟粒细胞；4. 中幼红细胞；5. 早幼红细胞；6. 晚幼红细胞（May—Grü nwald—Giemsa 染色，20×，舍英，1955）

从图8–5–2中可以看到嗜碱性粒细胞：1. 中幼粒细胞的胞质核较大，疏松，核仁消失，嗜碱颗粒变大粗糙；2. 嗜碱晚幼粒细胞核变小，染色质凝集，异染色质和常染色质分布不均匀。

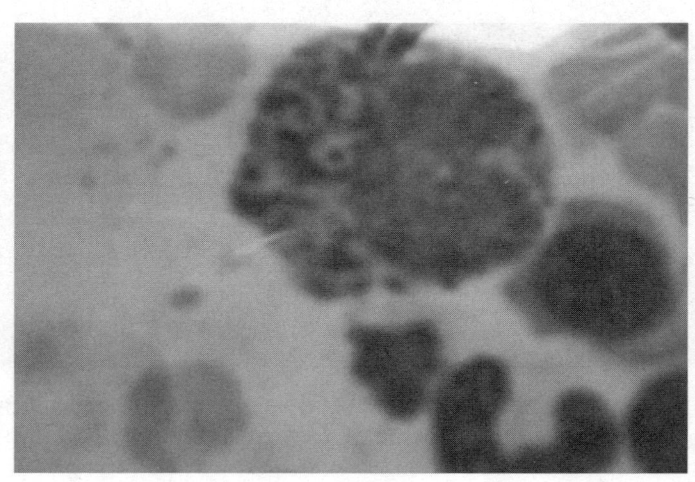

图 8–5–3 猫骨髓嗜碱粒细胞

图8-5-3显示嗜碱成熟粒细胞核开始固缩，颗粒变粗糙。

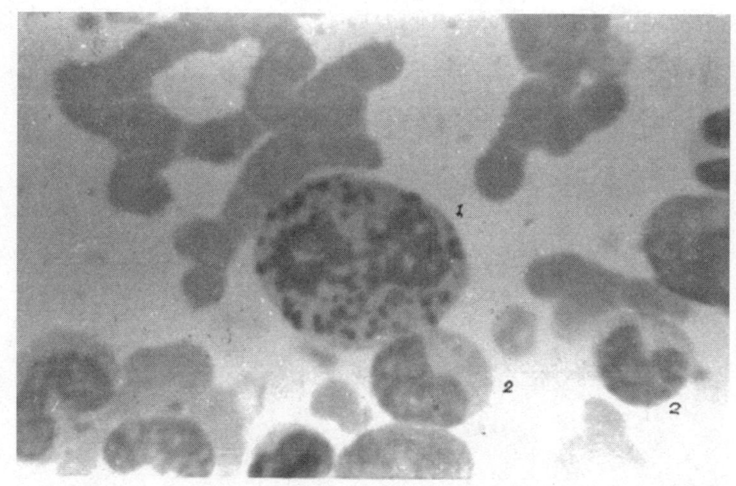

图 8-5-4　猫骨髓

1. 嗜碱中幼粒细胞分裂晚期像；2. 嗜中性中幼粒细胞

图8-5-4为猫骨髓中幼嗜碱性粒细胞有丝核分裂晚期图像。

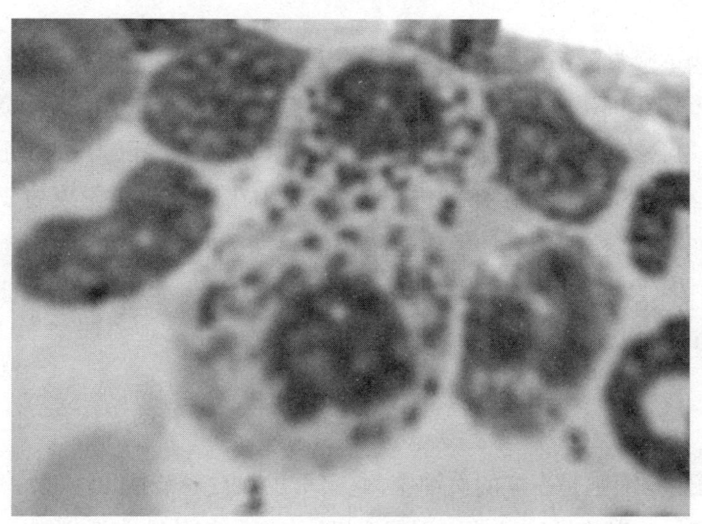

图 8-5-5　猫骨髓

1. 嗜碱性中幼粒细胞有丝分裂末期像；2. 成熟嗜碱粒细胞（舍英学位论文，100×）（首次报道于国际文献中）

图8-5-5示猫骨髓中幼嗜碱粒细胞有丝分裂末期的图像，子细胞两核已形成胞

质，中间开始变窄，即将完成两个子细胞。在我50多年的研究过程中，只发现在此照片上嗜碱性粒细胞进行细胞分裂。人们大概不太注意这种数量不多、功能不确定的细胞类核分裂现象。因此至今无人描述和展示此种现象。

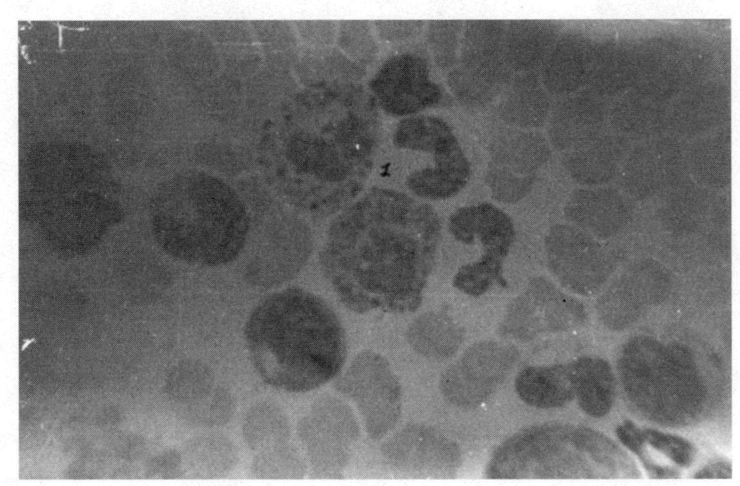

图 8–5–6　猫骨髓嗜碱性中幼粒细胞有丝分裂末期，胞质已分裂，已形成两个子细胞（舍英学位论文，40×）

图8–5–6示猫骨髓嗜碱粒细胞有丝分裂已完成两个子细胞。

总之在5亿年前出现的蠕形动物门环节蠕虫体腔液里的无定形、游走的，在吞噬细胞胞质里含有稀疏的、嗜碱性的、非特化嗜碱粒细胞。随着动物机体的结构和功能的进化经历了将近4亿多年的进化历程，其中在3.9亿年前出现的节肢动物甲壳纲某些物种的嗜碱粒细胞开始了功能特化的早期征兆。也就是说已能参与抗凝血机制了。到中生代晚期出现的哺乳类动物的特化程度最高的嗜碱粒细胞经历了近4亿年的漫长进化历程。

本节结语

1. 嗜碱性粒细胞是古老的血细胞，它最早出现在环节蠕虫体腔液里。4亿年前在还无血液时代，就有了这种抗凝固保全机体免于损伤的功能性机制。

2. 哺乳动物啮齿类，如荷兰猪（豚鼠）、家鼠、家兔肠系膜结缔组织里这种细胞明显多见。在外周血液细胞中的比例要多于其他物种。有一种现像似乎是推测。如豚鼠自身不能合成维生素C，这只不过是猜测。

3. 世界各国血液学图谱和著作里从来未出现过骨髓嗜碱粒细胞分化中有丝核

分裂图像。我们首次提供了猫骨髓嗜减性中幼粒细胞有丝分裂像。

第六节　巨核细胞的进化

巨核细胞（Megakariocyt）是动物界凝血细胞生成时由低等脊椎动物进化到哺乳动物阶段上才出现的特种细胞。鸟类、爬行类、两栖类、鱼类、脊索类等脊椎动物的血细胞包括凝血细胞（即栓细胞）都是在血管内生成，其祖细胞是血管内皮细胞、间充质来源的网状细胞。只有动物界进化到哺乳动物阶梯上，血细胞的祖细胞（成熟个体）才是造血器官骨髓、胸腺、淋巴结的多潜能干细胞在血管外增殖、分化成血液的各种细胞成分。

先前关于巨核细胞的发生来源曾经有过不同说法。有人主张，巨核细胞是数个淋巴细胞同巨噬细胞相融合而成的巨型细胞。也有人认为，巨噬细胞的核进行多次分裂，胞质不分裂成为巨核细胞。现今文献里普遍承认巨核细胞在造血器官有它的原始幼稚干细胞。我们在本节里用系列照片展示由原巨核细胞到血小板生成，以及巨核细胞的消失的系列过程。

20世纪初，由波兰学者Giemsa，Romanowsky开发了血细胞染色技术。继之由美国血液学家Wrigth，JH.（1906）开发血细胞染色法（至今沿用于临床血液病诊断实验室）的同时在猫骨髓涂片上首次发现巨核细胞和由此生成血小板的过程。此后的年代里许多组织胚胎学者、血液细胞学者、血液病临床工作者们对巨核细胞发生来源、分化过程（形态学分类）、死亡过程、血小板生成过程、细胞化学成分、酶活性以及巨核细胞白血病等诸多方面都发表过大量观察资料。

我本人及我的学生（硕士研究生）在这方面也提供了多篇研究报告。

我们曾对小白鼠、家兔、猫、狗、羊、牛、骆驼（Camelus）等哺乳动物骨髓切片、骨髓涂片、印片的苏木紫—伊红染色标本、May-Grünwald染色标本在光学显微镜下进行过显微摄像，还显示过多种酶的细胞化学活性。我带的研究生崔明玉以小鼠骨髓细胞体外培养的细胞的乙酰胆碱酯酶、谷氨酸脱氢酶、乳酸脱氢酶和苹果酸脱氢酶为标记酶进行过实验，以研究巨核细胞的生长过程（见图8-6-1）（崔明玉，1992）。

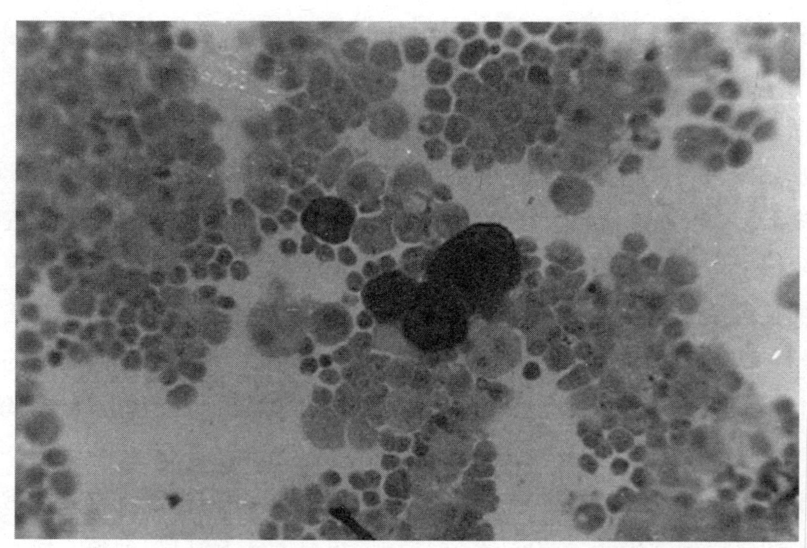

图 8-6-1　小鼠骨髓细胞体外培养第 3 天的巨核细胞乙酰胆碱酯酶的阳性反应（40×10，研究生崔明玉硕士论文照片）

据我观察，骨髓巨核细胞并非来自多个细胞的融合体，而是由骨髓多能干细胞发育分化出的独立的细胞系列，我们用下列显微照片加以证实。

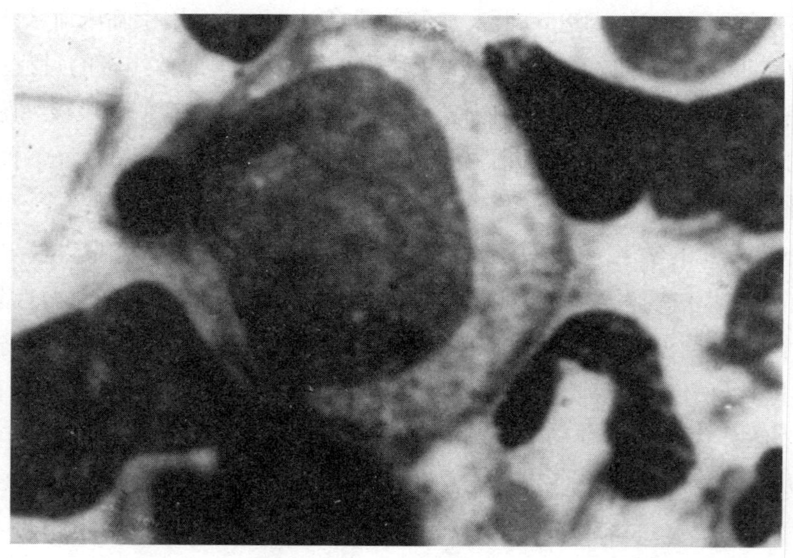

图 8-6-2 猫（Felis domestica）骨髓原巨核细胞（舍英，May-Grünwald 染色，100×，1955）

位于照片中心位置的含有大球形核的是原巨核细胞（见图8-6-2），这种细胞能够进行有丝分裂（见图8-6-3），中心位的原巨核细胞正在形成染色体，即将进入分裂期。

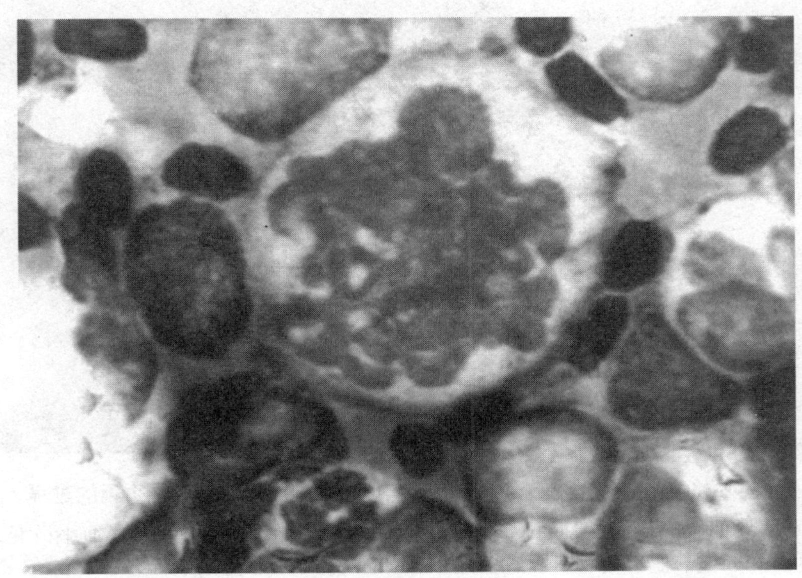

图 8-6-3　猫骨髓涂片上的原巨核细胞
（Promegakariocyt）的核分裂像（舍英，May-Grünwald 染色，40×，1955）

关于巨核细胞生成血小板的问题从20世纪初Wrigth，JH.（1906）以来学术界已没有异议，是肯定的事实。也有些人还认为哺乳动物骨髓巨核细胞还有吞噬功能，如尾曾越文亮（1944），Scogoe，B.，Ikeda，T. ITO，H.（1955），角南宏，粟井强二等就是这么描述的。关于此问题我在后边用事实进行辩析。

关于血小板在巨核细胞胞质里如何生成的问题，直至开始应用电子显微镜为止无人进行过详细报道。本书作者在1956年准备自己的博士论文时，曾经在猫骨髓组织穿刺涂片May-Grünwald染色标本上看到非常有趣的现象，并以苏联产的彩色胶片拍摄下来，自己配制显影液自己洗印的。如图8-6-4所示：1. 一个功能型巨核细胞的胞质里出现直径大约13μm的有限界膜的微小的血小板原始细胞的集团。2. 接着限界膜消失，血小板原细胞转化为成熟血小板细胞。3. 最后成熟血小板细胞逐步游离出巨核细胞胞质外（4、5），所以我们把血小板分成原血小板细胞和成熟血小板细胞。

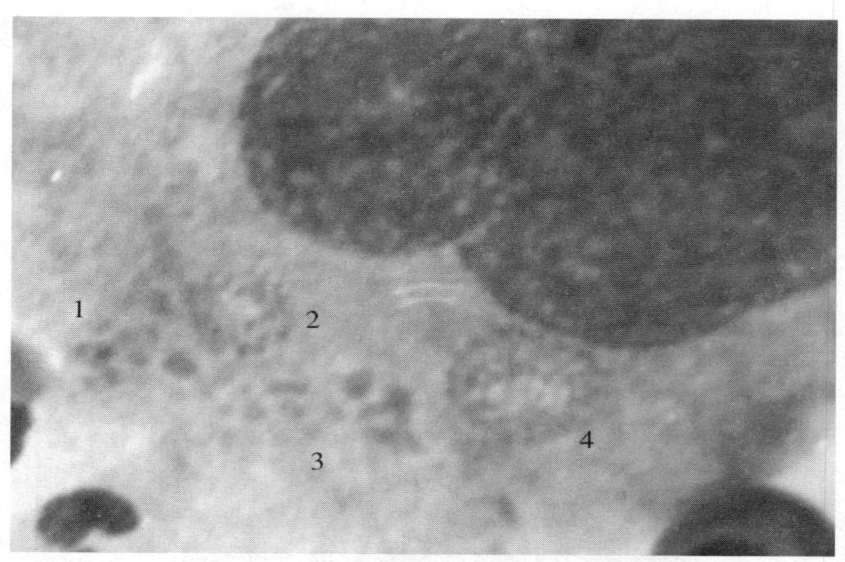

图 8-6-4　猫（Felis Domestica）骨髓巨核细胞胞质骨生成血小板的过程

1. 其限界膜的大颗粒（13μm）内开始生成原血小板；2. 限界膜开始消失，血小板变大；3. 游离的血小板群；4. 成熟血小板（舍英，100×10，May-Grünwald 染色 ）

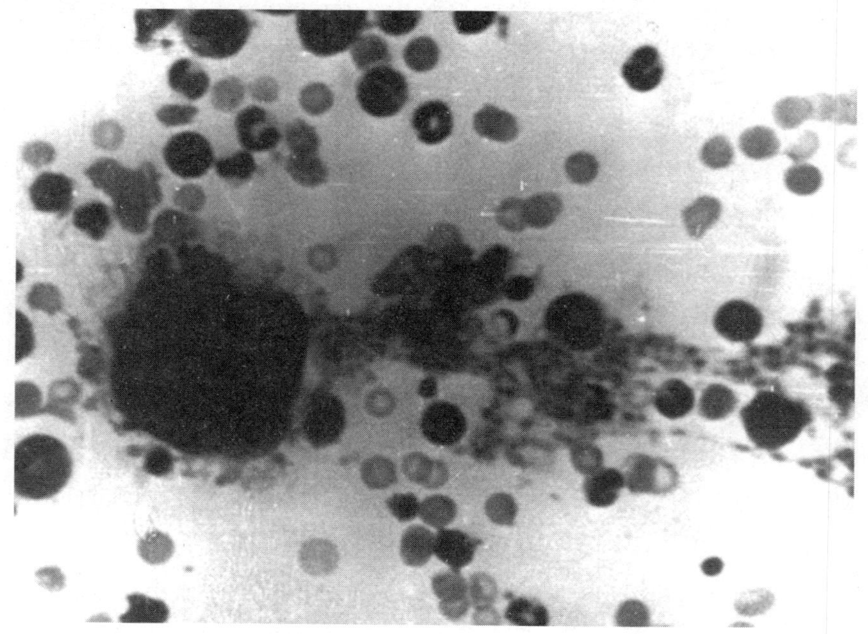

图 8-6-5　猫骨髓涂片上的巨核细胞与血小板（舍英，×40，May-Grünwald 染色，1955）

日本血液细胞学家神前五郎等人（1973）用电子显微镜观察过巨核细胞生成血

小板的全过程。松村让儿等（1986）在电子显微镜下看到了同我们于1956年在光学显微镜下观察到的猫骨髓巨核细胞胞质里有限界膜的含原血小板细胞完全相同的图像。图8-6-5所示在猫骨髓细胞穿刺液涂片上显示出成熟型巨核细胞分离出所有血小板之后变成裸核型骨髓巨核细胞。

Haoell, W.H.（1890）首次报道哺乳动物骨髓里有两种巨核细胞，即多核细胞Polykariocyte和 Megakariocyte。当然这是一种错误认识，骨髓巨核细胞的形态学研究报告无法统计，目前没有一个人认为有Polykariocyte。岩南督（1942），岗部童雄等（1953），山田英智（1963），余振王等（1960），Koike, T.等（1984）都描写过巨核发育分化各阶段的形态学特征，归纳起来基本上分为原巨核细胞或幼稚巨核细胞（Prokariocyte）成熟型或小泡型、活性型或膜性型和裸核型。前3型有细胞膜，后一型除退化的细胞核以外只有少量的胞质或完全无胞质，图8-6-6展示了猫骨髓巨核细胞的裸核型。

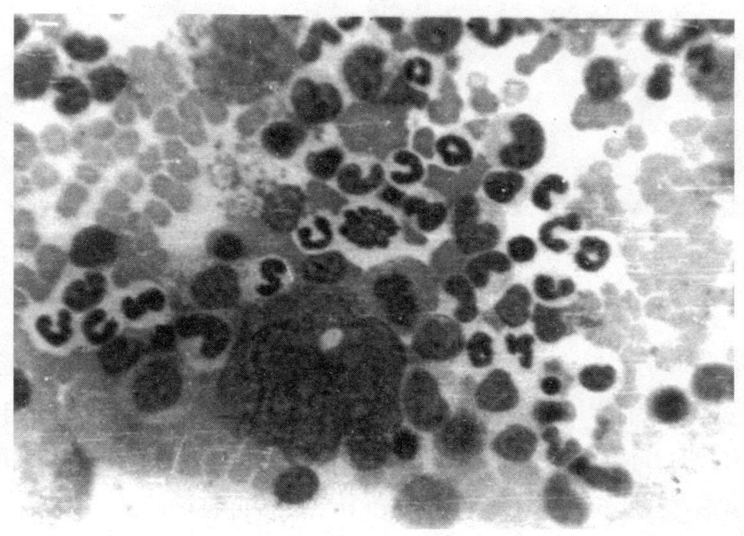

图 8-6-6 猫骨髓涂片上的巨核细胞裸核（舍英，May-Grünwald 染色，40×10，1955）

巨核细胞的发生来源由角南宏、粟井弘二（1956）提到从血管外的骨髓组织里发生，并不是由血管内皮细胞发生的。

巨核细胞晚期，将血小板释放完成之后的归宿问题，我曾在1981年《内蒙古医学杂志》上发表《骨髓巨核细胞的命运》一文进行过论述。胸骨穿刺技术的创始人Apehkиh（1927）发现肺毛细血管是巨核细胞残余裸核的墓地。后来有同意者也有反对者。根据我的观察巨核细胞裸核偶尔会"掉入"骨髓毛细血管，伴随红细胞、白细胞、淋巴细胞、血小板和个别有核红细胞流入肺毛细血管的现象。成熟血细胞个别晚幼红细胞在外周血流中可出现，但巨核细胞核被截留在肺毛细管里被肺隔巨噬细胞所吞噬。骨髓巨核细胞完成了生成血小板的功能之后基本上被骨髓成熟嗜中性粒细胞所吞噬（见图8–6–7）。

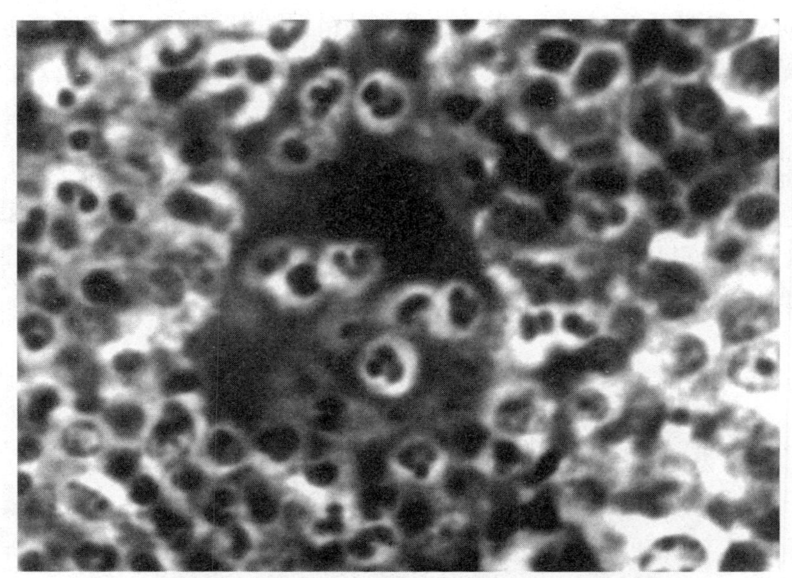

图 8–6–7 猫骨髓切片上的巨核细胞胞质内入侵的嗜中性粒细胞
（舍英，苏木紫－伊红染色，1955，40×10）

1981年在本院学报上发表的论文里已经说明此过程，图8–6–7清楚地展示着猫骨髓切片上一个细胞核浓缩的退变型或衰变型巨核细胞。当时（1956年于莫斯科准备学位论文时）本人取下猫股骨下端疏松的红骨髓一小块，先用10%甲醛固定，脱水时在蒸馏水里以5%的比例加入硝酸（HNO_3），再将稀硝酸溶液装入瓶里用线将骨髓块悬吊在瓶子里的中心部位。过5～6天，骨髓块里的骨小梁完全脱钙，接着水洗（浸泡于纯水中），制作石蜡—火棉胶切片，HE染色，连续切0.4μm厚片，连续切1000片（每隔10张取一张）染色。每张切片用黑白反转感光胶片拍照，冲洗，然后在每一张玻璃片中间夹一张透明胶片再按组织切片顺序把数十至数百张标本罗列起来，可以看到一块骨髓组织的立体结构。在多张切片上显示出巨核细胞的胞质里侵入了很多成熟的嗜中性粒细胞。对这种现象有过3种不同看法：①大批研究者认为，这是在制作骨髓涂片时骨髓细胞重叠在巨核细胞之上的人工假象，我们展示的照片是从骨髓组织百张连续切片中挑选出来的。因此完全排除人工假象的可能性。②第二种看法认为，巨核细胞除具有生成血小板功能之外还有吞噬功能（角南宏等〈1956〉，尾曾越文亮〈1944〉）。③第三种看法是，在我们的切片上可以注意到衰变细胞缩核巨核细胞浆里只有成熟嗜中性颗粒白细胞而没有衰老的红细胞，在猫脾脏巨噬细胞的超薄片上常可看到吞噬红细胞而未见吞噬颗粒白细胞的现象，由此可以证明我们发现的现象不是巨核细胞吞噬血细胞；相反，嗜中性白细胞侵入衰退型巨核细胞，这就是巨核细胞的最终去向。也就是衰变型巨核细胞在骨髓里被消灭。但是胸骨穿刺技术的发明者Аренкин曾报道说，他在正常人体肺脏毛细血管里发现巨核细胞裸核。证明衰变型骨髓巨核细胞核可能在肺组织里被吞噬细胞消灭。关于巨细胞的细胞化学研究的文献资料甚多，在此不再赘述，我们只把我们研究室显示的巨核细胞酶活性的照片展示给读者。（见图8-6-8~12）

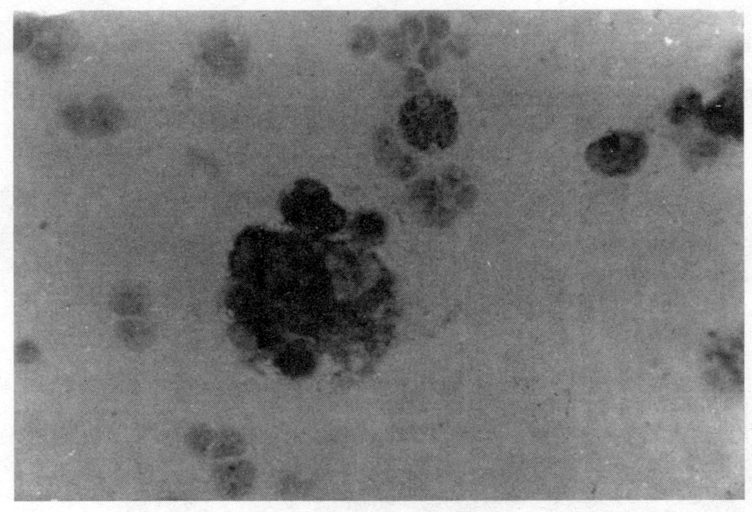

图 8-6-8 猫骨髓涂片上的巨核细胞与血小板
（舍英，10X10，May-Grünwald 染色，1955）

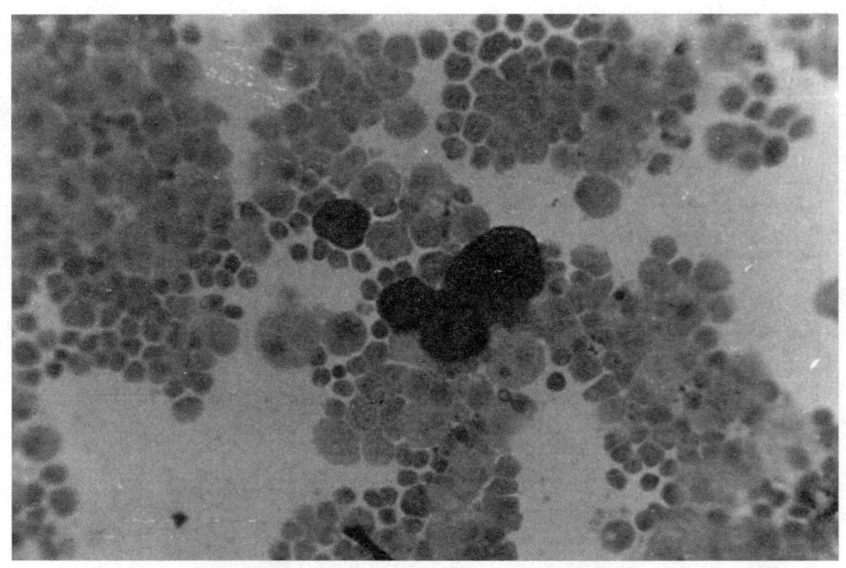

图 8-6-9　小鼠骨髓细胞体外培养第 3 天的巨核细胞乙酰胆碱酯酶的阳性反应
（40×，研究生崔明玉硕士论文照片）

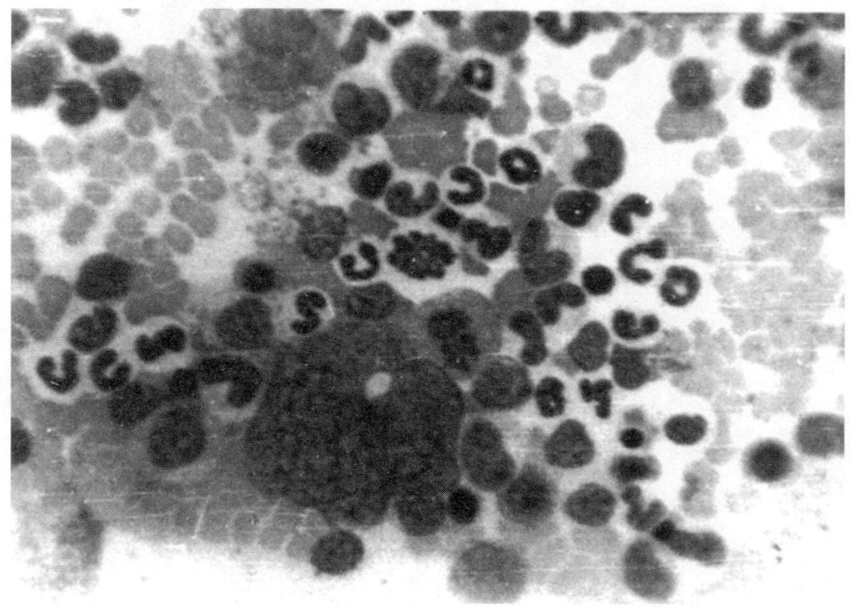

图 8-6-10　猫骨髓涂片上的巨核细胞裸核（舍英，M ay-Grünwald 染色，40X10，1955）

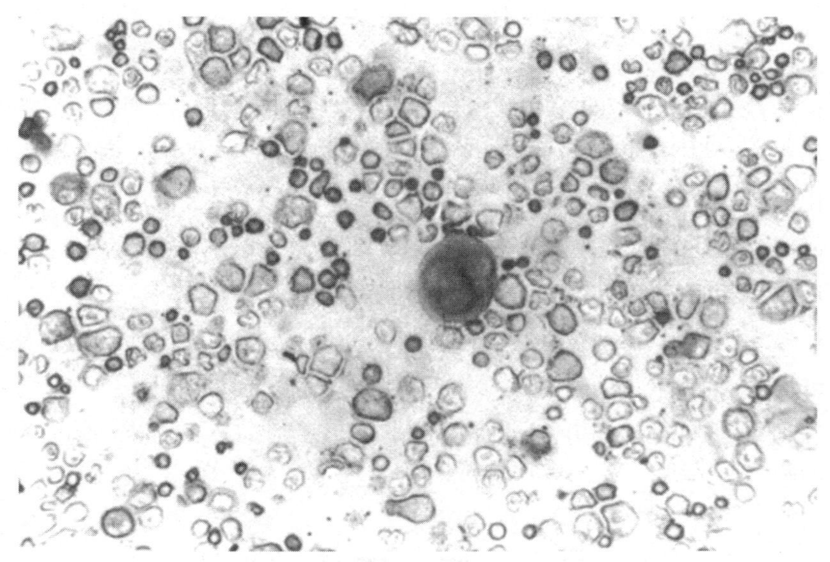

图 8-6-11 小鼠骨髓巨核细胞苹果酸脱氢酶（MDH）细胞化学活性（崔明玉，硕士论文照片，20×10，1990）

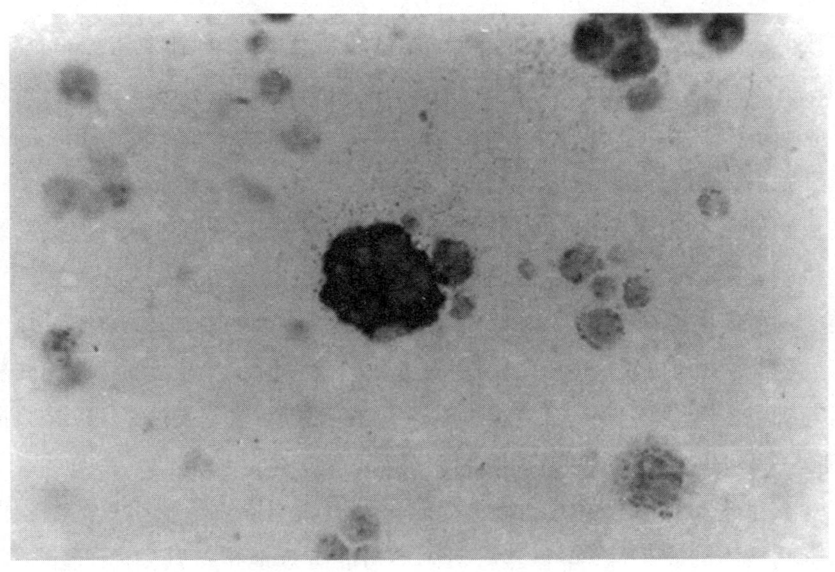

图 8-6-12 小鼠骨髓细胞 LDH

本节结语

1. 动物骨髓巨核细胞的发生、分化和生理功能一直受到血液细胞学界的怀疑和争论。我们在长达数十年的观察中，确切地以事实证明巨核细胞是由骨髓多潜能干细胞分化出来的独立细胞系列。

2. 巨核细胞是在动物进化历史上、在哺乳动物阶梯上开始出现的“生殖”血小板（Platelite）特殊细胞。1983年，由美国血液学家瑞特发现的。

3. 巨核细胞从祖细胞的有丝核分裂到“生殖”血小板——凝血细胞以及终极消失的全过程，我们首次用系列显微照片在血液学文献里提供实证。

4. 凝血细胞在哺乳动物体血液里称血小板，在鸟类以下的脊椎动物血液里只能称凝血细胞。

第七节　凝血细胞的进化

人类血液里具有凝血功能的细胞成分被称为血小板（blood Platelet）。血小板只见于哺乳动物血液里，最初被怀疑为是细胞或是细胞的碎片，叫血尘。而鸟类、爬行类、两栖类、鱼类等脊椎动物血液里找不到血小板，在它们的血液里具有凝血功能的是有细胞核和细胞某些小器官（Organelle）的细胞，称为凝血细胞（Thrombocytes）或称栓细胞（Agglutination cell）。

凝血功能是动物界进化过程中出现的防止过度失血的机体自身防御系统的一种重要机制。但是凝血现象在机体血流里出现的话，也可导致动物致残或死亡，因此人类从古至今一代一代地探索和寻找着凝血的原因和防凝血的手段。

追根溯渊，凝血机制究竟是在动物界进化的哪个阶梯上出现的？原始的凝血机制和高等动物的凝血凝血机制是否也有进化的问题？对这些还没有系统的报告资料，揭开这个谜团对于更深刻地理解凝血机制必定产生某些启迪吧。

在真核生物单细胞阶梯上动物体受到损伤时只能依靠细胞质里的黏蛋白的黏稠度保持其机体的完整性，单靠这种机制不可能有效地维护其生命。这时，此类动物以繁殖力极强的多极分裂和无丝分裂的增殖性能弥补个别个体的死亡，而维持物种的生存和繁衍。

多细胞“两胚层”动物进化阶段，如腔肠动物（Coelenterata）、海绵动物（Spongia）体的某一局部受到机械性损伤时从中胶层里出现的游走细胞被拉长成为长纤维丝网络，缠住一些游走细胞和黏蛋白以阻塞其受伤部位。

蠕形动物门“三胚层”体，软体动物（Mollusca）之类低等无脊椎动物以其强有力的再生能力补偿其机体损伤，甚至再生躯体的断裂部分。

节肢动物（Arthropoda）门甲壳纲（Crustacea）进化阶段上动物界首次出现类凝血细胞，然而动物界进化到无脊椎动物最高层次的节肢动物的凝血机制与进化程度较低的蠕形动物门的凝血机制几乎相同。但节肢动物的凝血物质包裹在游走细胞里，随血流到处流动，以备应付机体任何部位偶然出现的伤口的随机修补，在这点上不能不说是凝血功能的进化，节肢动物甲壳纲十足目（Decapoda）蝼蛄虾（*Upogebia*）根据Harday（1892）的观察可分为三种血细胞：①嗜酸性颗粒白血球；②嗜碱性颗粒细胞；③爆炸细胞，爆炸细胞是在体内流动的有伪足运动的无颗粒变形细胞，这种细胞一旦离开机体立即爆炸释放出凝血物质。非常有趣的是节肢动物甲壳纲某些物种的血液里出现凝血物质的同时出现嗜碱性颗粒白细胞并不是巧合。Jones（1937）看到动物血液里出现凝血细胞的同时血管壁细胞分泌抗凝血物质，抗凝血物质的消长与嗜碱性颗粒白细胞的增多和减少具有正相关关系。

JC.Jones的中译本《昆虫循环系统》（蒋书楠译）里说：昆虫的血细胞常可以非特异性地堆集到伤口周围，机械地堵塞伤口，以防止流血，浆细胞、足细胞更能堆积，他引述Zachary和Hoffman（1973）的报道认为足细胞可能具有血小板的作用，Gregouie（1951，1953a，b，c，1959a，b，c）证明囊细胞在淋巴液凝固以前就爆炸并释放出一种物质形成黏稠的有弹性的纤维细线以缠络其他细胞堵塞伤口。

大植登志夫（1944）著的《血液》一书的54页里描述了他亲自研究脊索动物（Chordata）门尾索动物（Urochordata）纲的日本单海鞘（*Ascidia japonica*）的血液细胞时发现其血液里有一种游走的、很活泼的无颗粒变形细胞，这种细胞一旦离开机体立即凝集。

脊椎动物血细胞的研究报告数量浩瀚，我们能列举一些较早期文献，如鱼类血细胞的形态分类，细胞功能方面有Grunberg，C.（1901）对星鲨（*Mustelus manazo*）、鳐（*Raje punctata*）；Maximov，A.（1923）对软骨鱼星鲨、棘赤刀鱼（*Acanthocepola limbata*）的血细胞，Niegolowski，F.（1894）对硬骨鱼和软骨鱼板鳃类，A.A.Заварзин（1937）对硬骨鱼类小杜父鱼（Cottiusculus gonez）的血细胞，Marguis，C.（1892），Maximow，A.（1809，1910）对两栖类鳃鲵、蝾螈，Fieidsohu，A.（1910），Werzberg，A.（1911a.b）对蟾蜍，Jordau HE.and C.Speidol（1924）对蝾螈的血细胞进行了分类研究。

Эбергардт, И.(1909)对陆龟(*Testudo elongata*), Jordan, HE. And I, plippin (1913)对海龟(*Chilonia mydas*)的血细胞进行过形态学研究。

Maslow, G.(1898)对鸟类, Cullen, EK.(1903)对鸟和硬骨鱼, Jolly(1910)对家禽(domestic bird)、猛禽(bird of prey), Majassjedoff, S.(1926)对鸡(*Gallus domestica*)的血细胞进行过观察。

上述众多研究鱼类、两栖类、爬行类、鸟类血细胞的学者基本上肯定这些动物血液里都有凝血细胞，但是大部分人都没有明确描述这些低等脊椎动物的疑血细胞的形态，只有现代生物学家才开始注意鱼类、两栖类、爬行类、鸟类等动物的凝血细胞是长椭球形有核小形细胞。关于这些动物的有核凝血细胞的凝血机制至今还无详细报告。

哺乳动物的血小板在显微镜分辨率达到2μm时，法国生物学家Donnė, A.于1842年发表的论文里写道，血液里有三种成分，除已知的白细胞和红细胞之外还有第三种微小的来源于乳糜的小球(2μm)，它在血液里流动时4个小球凝集起来形成1个细胞，他误认为这是血液细胞的母细胞(Hemocytoblastes)。Schultze, M.(1865)在恒温箱里观察到了血小板(blood platelet)的凝集特性和纤维蛋白的关系。

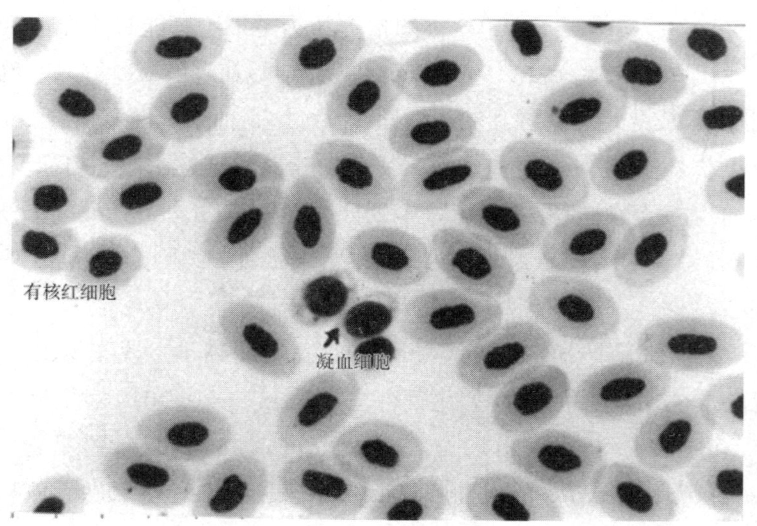

图 8-7-1　石鸡(*Alectoris graeca pubescens*)外周血象(×1000)
(内蒙古农牧学院硕士研究生毕业论文)

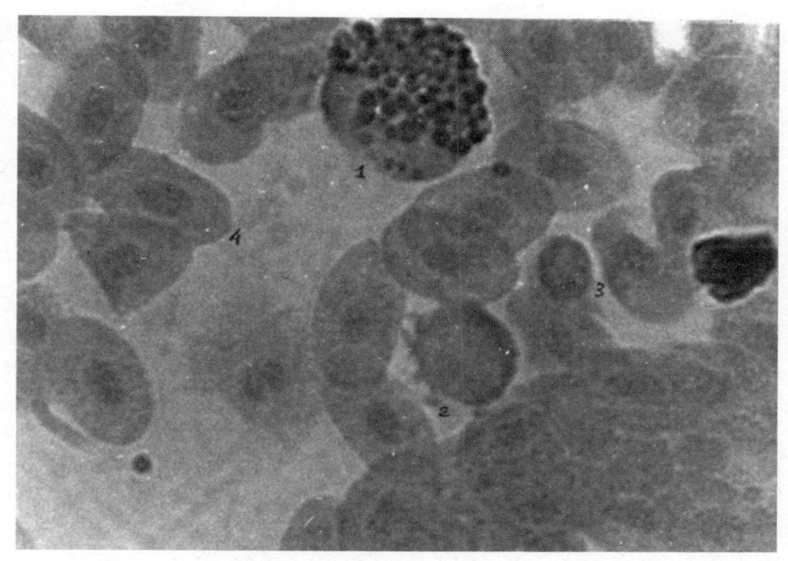

图 8-7-2　内蒙古土产家鸡（*Gallus Domestica*）血液细胞涂片过氧化酶显示

1. 甲绿复染；2. 伪嗜酸性颗粒细胞；3. 过氧化酶强阳性；4. 淋巴细胞

意大利生物学家Bizzozero，J.（1882a，b）用自制的透射光仪器照射哺乳动物翼手目（Chiroptera）蝙蝠（鼠耳蝠*Myotis*）的翼膜小血管，在光学显微镜下看到血液里的血小板，称为blood platelet或platelet，同时他又证实当血管受损时血小板迅速凝集修补血管壁止血。他正确地指出止血和凝血形成血栓的不同概念，Eberth，JC.和C.Schimmelbusch（1885）注意到在正常血管里流动的血细胞与靠近血管壁流动的血浆形成的分流层，当血管受损时血细胞立即贴近血管壁流动。

Wrigth，JH.（1906）创制血涂片染色法的同时在猫骨髓涂片上首次发现巨核细胞（Magakaryocyte）里生成血小板的现象。

在Bizzozero，G.以后的半个多世纪里血小板（Platelite）的形态结构方面没有重大进展，Van der EF. Luscher（1961）还写到“甚至10年前把血小板看成是不值争论的巨核细胞的无生命的残渣”。

20世纪60年代开始应用高分辨率电子显微镜研究血细胞，从此揭开了哺乳动物血小板形态结构的奥秘。这项研究由Kjaerheim，A.于1962年起头的。他用电子显微镜拍摄了兔血小板结构，继之有David–Ferriara，JF.（1964），White，JG.（1968a，b，1971a，b），Wood，JG.（1965），White，JG.（1983）都观察过哺乳动物血小板的超微结构，现在已经清楚地知道哺乳动物血小板是扁圆盘状有薄膜和各种细胞小器官的、贮有大量糖原，但无细胞核的直径在2~4μm的细胞。本人也拍摄到相同的电子显微镜照片，请参阅图8-7-3。该图是White用枸橼酸盐-枸橼酸溶液抗凝血以戊二醛-酸固定，在电子显微镜下放大13000倍拍摄的照片；图8-7-5也是White，放大38000倍的人血小板图片；图8-7-4为本人用电子显微镜拍摄的家兔血小板的放大4000倍的照片；图8-7-6为White绘制的人血小板超微结构模式图。

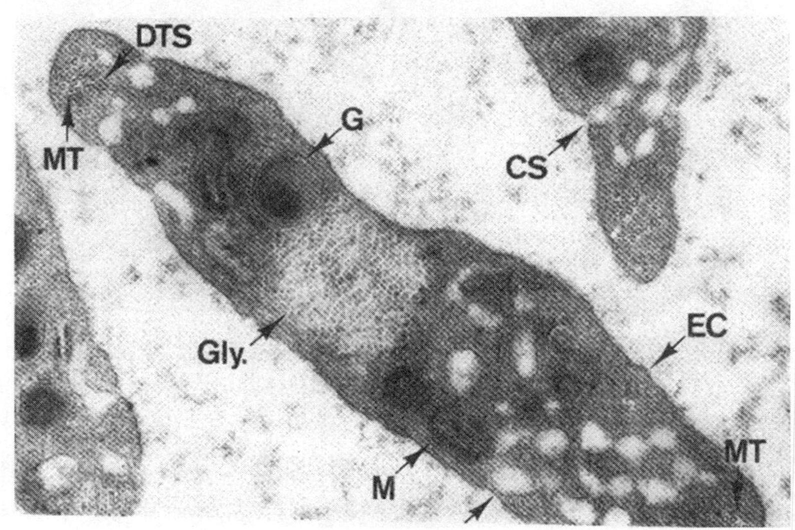

图 8-7-3 血小板电镜放大像（Whitre）

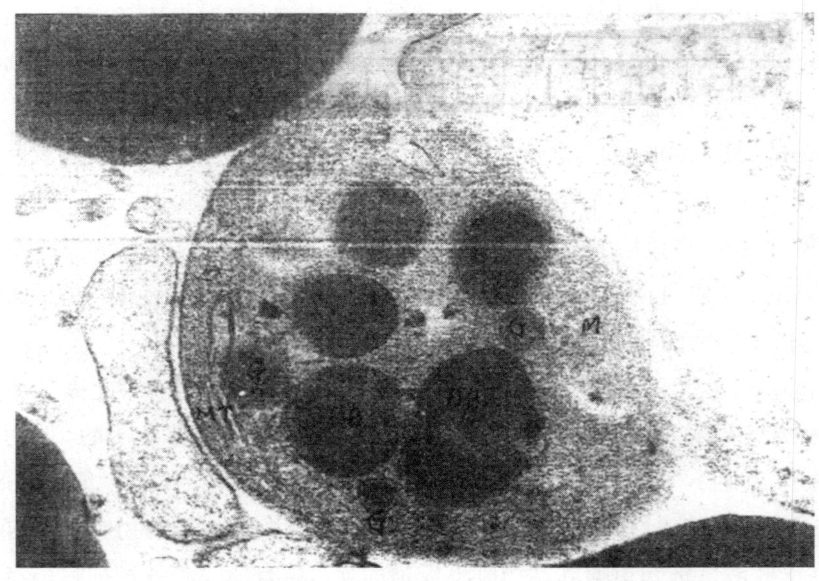

图 8-7-4 家兔血细胞超薄切片里的血小板（4000×，舍英，侯金凤）

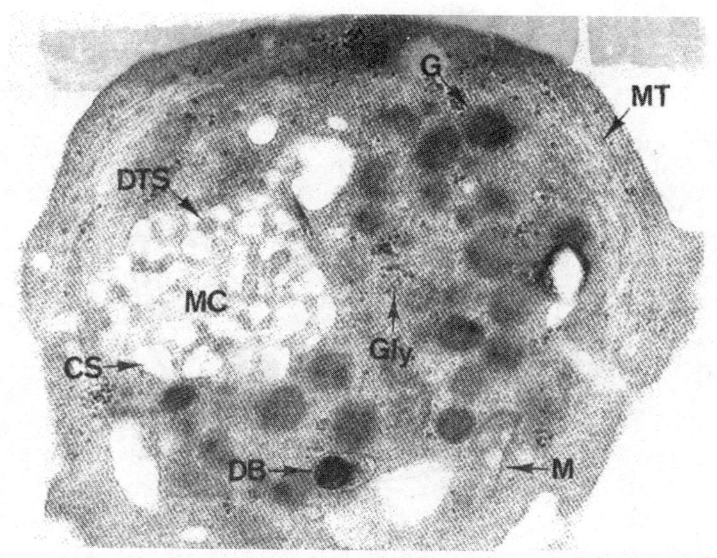

图 8-7-5 血小板透射电子显微镜高倍拍摄图（White）

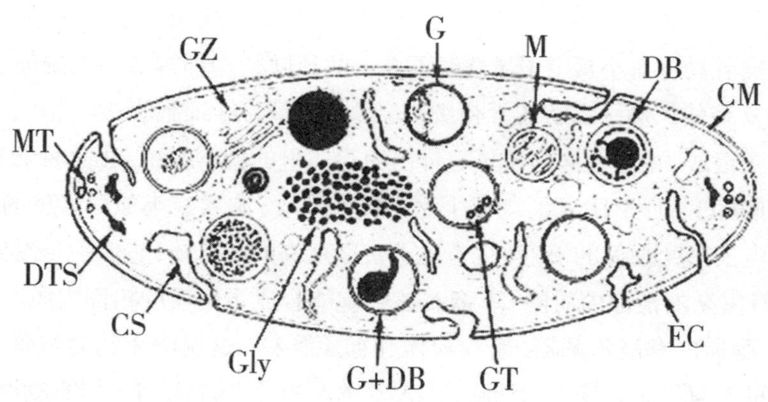

图 8-7-6 人血小板侧面切片的模式图

MT: 环行微管系统; M: 线粒体; CM: 膜的三层单位; EC: 边缘带里的表层; CS: 微管系统; GZ: 高尔基区; DB: 高电子密度体; D.T.S: 高电子密度微管系统; G: 颗粒; SMF: 细胞膜下的特异性纤维层; GLy: 糖原颗粒; MC: 膜综合物（White, 1983）

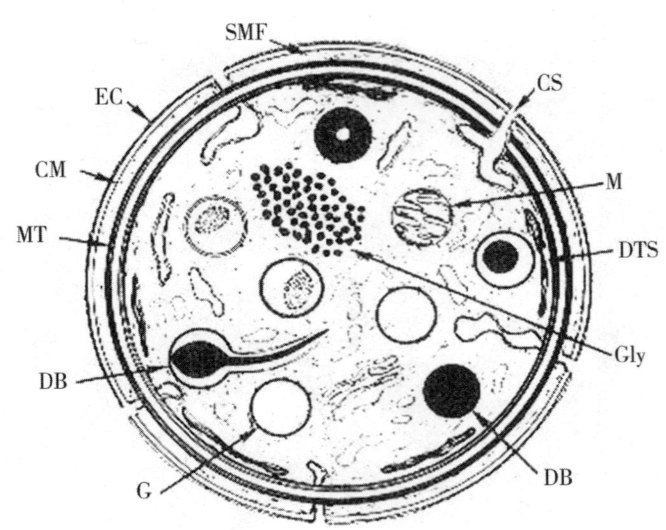

图 8-7-7 CM：综合物小膜；EC：边缘带的表层；MT：环行微管系统；CS：向外开口的管道系统；DTS：高电子密度微管系统；DB：高电子密度小体；M：线粒体；G：颗粒；Gly：糖原颗粒；SMF：胞膜下层特殊纤维层（White，1983）

上述哺乳动物血小板电子显微镜下显示的超微结构和模式图无疑能肯定血小板是结构复杂的长椭圆盘状的无核细胞，其细胞膜与红细胞膜极不相似，共由3层膜结构单元组成，由界膜向胞质里延伸出细胞质里的微管系统。由这种微管衍生出靠近细胞膜的3条环形微管围绕整个血小板的胞质，胞质有类似微管膜的颗粒，颗粒内质有电子密度很低的液泡，也有电子密度很高的小球体，它似乎是凝缩的液泡内容物。有复杂的滑面内质网，不像有核细胞能合成蛋白质的粗面内质网（即无核蛋白体），胞质内有高尔基器，有线粒体和糖原颗粒。这说明哺乳动物血小板里糖酵解和糖的有氧氧化系统极为活跃，本人及本人的学生们显示的酶细胞化学见证多种糖代谢的酶的活性远比骨髓各类细胞丰富得多。文献资料和我们的观察也证明血小板里ADP、ATP含量很高，血小板里含有丰富的磷酸腺苷，首先是高能代谢功能的表现（Kocholatky，W.1962），同时也是血小板释放ADP参与凝血功能[Gaarder，A.，J.Jonsen，S.Lalanet al.（1961），Born，CVR.（1962），Maguvce，MH.F.Michal（1968），Rogenberg，MC.，H. Holmsen（1968）]。小竹要（1974）分光测定结果证实血小板含GTP比红细胞高4倍，但远比ADP、ATP含量少得多。

Haschen，RJ.（1966）测得血小板含有能量代谢的所有酶，尤其是蛋白羧肽酶活性最强。ADP水解酶是血小板能量代谢的关键性酶。

Rappaport, MM. Green, AA.Page, IH.（1948）发现血小板含有血管收缩活性最强的5-羟色氨（Serotonin）。

哺乳动物血小板和红细胞都失去核和进行分裂功能的蛋白质、脂类、糖类的原生质块。从严格的细胞的概念进行分析的话，只能算作特化的细胞，但血小板（寿命约10天）和红细胞（寿命约120天）与病毒不能相比的是，它们由多种蛋白体组合而成，而且在机体内能显现某些重要的生理功能，而病毒以DNA、RNA为主要成分，无生命活性。

在这里我插入数张猫、兔、鼠等哺乳动物血小板各种酶细胞化学照片，如谷氨酸脱氢酶、辅酶Ⅰ脱氢酶（NAD DH）、丙酮酸脱氢酶（Pyruvate DH）。（见图8-7-8~10，还有许多酶细胞化学图片从略）

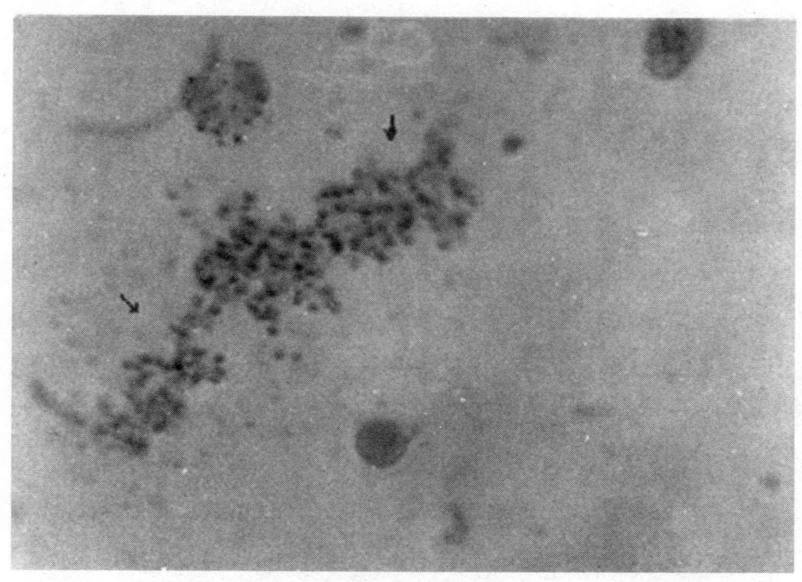

图 8-7-8 家兔血小板谷氨酸脱氢酶活性（GDH，舍英，陈必珍）

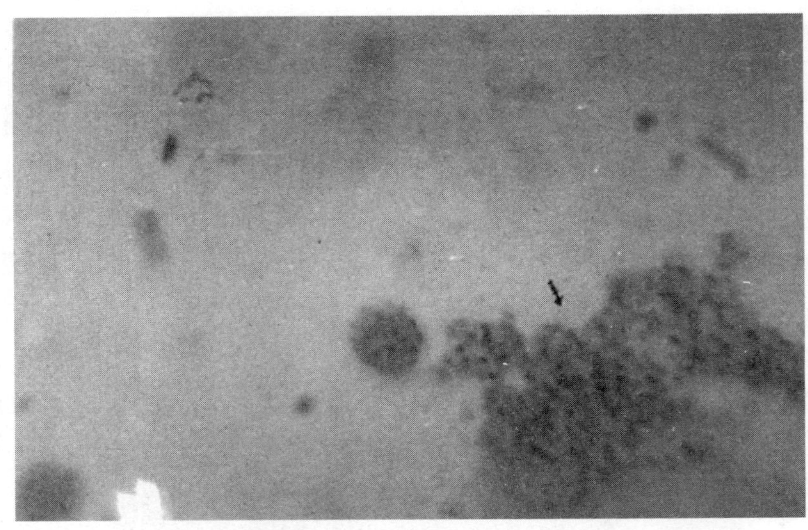

图 8-7-9　猫血小板 NAD 脱氢酶活性（舍英，陈必珍，40×10）

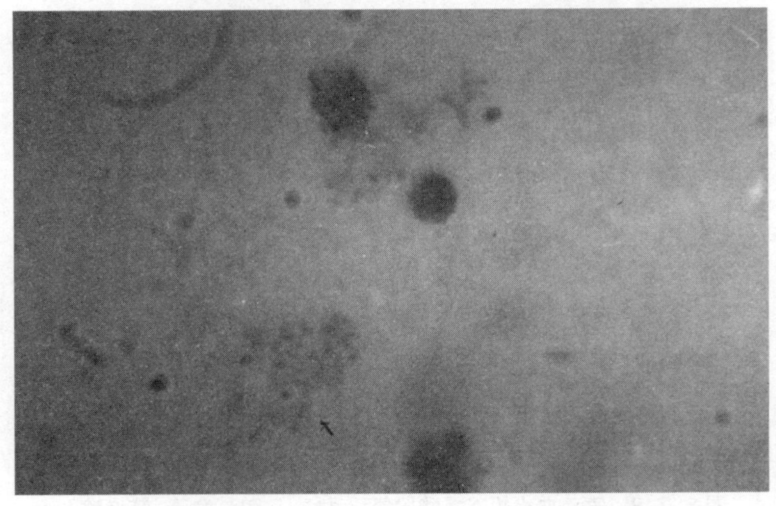

图 8-7-10　猫血小板丙酮酸脱氢酶（Pyruvate　DH）活性（舍英，陈必珍）

Kuramoto，A.（1966）用32P同位素测定血小板寿命为9~10天，以前人们确认低等无脊椎动物凝血细胞的寿命与动物寿命相同。血小板寿命可以使人们有理由推测人体内每10天有1/10的血小板被其“墓地”脾脏消灭，同时每天有1/10的血小板从巨核细胞生成并进入血流，根据血液病临床现象推测总有1/3~1/4的血小板功能进入衰退期，所以我们可期待血小板损失后大概在3~4天开始补充新的、活性高的幼型血小板。

关于血小板的凝血功能的研究资料汗牛允栋，这里没有必要追述历史性研究过程。但是应该提一提Schmidt，A.（1861）对凝血机制的贡献。在他年轻时，听其祖父的劝说，为了逃避普鲁士的兵役，逃到爱沙尼亚呆了数年之后又回到了德国研究凝血机制。他发现肝脏分泌的Prothrombin进入血流，当出血时Prothrombin变成组织TKThuombin，如Prothrombin Prothronbin Thrombin在这转化过程中钙离子（Ca^{2+}）起到Thrombokinase的激活剂作用（凝血第IV因子）。Thuombin将Fibrinogen切割成Fibrin单体（片段），再由Fibrmolygase（凝血VIII因子）再把Fibrin单体连接成长纤维Fifrin，即凝血块（血栓），后人进一步证明Ca^{2+}是催化Thrombokinase水解Prothrombin的激活剂，反应式

$$\text{Prothrombin} \xrightarrow{\text{Thrombokinaserca}^{2+}+\text{Ca}^{2+}} \text{Thrombin}$$

$$\text{Fibrinogen} \xrightarrow{\text{Thrimbin}} \text{Fibrin Momomer} \xrightarrow{\text{Fibrmolygase}} \text{长链Fibrin}$$

而后的一百多年时间里，许多血液学家通过各种贫血性疾病的临床观察和实验研究陆续发现了13种凝血因子，如：

第Ⅰ因子：Fibrinogen（纤维蛋白原）

第Ⅱ因子：Prothrombin（凝血酶原）

第Ⅲ因子：Thromboplastin（促凝血酶原激酶）

第Ⅳ因子：Ca^{2+}（钙离子）

第Ⅴ因子：Proaccelerin（Thrombokinase）

第Ⅵ因子：血清加速球蛋白（现不作独立因子）

第Ⅶ因子：stable faetor（fibrinolygase）

（Robbins KD.（1944），Loranot，OL.（1948）认为Stable factor是Fibrinolygase XIII 因子）

第Ⅷ因子：Antinemophilie globulin（抗血友病甲）

第Ⅸ因子：Plasma Thromboplastin componeat-ATC Christomas因子，抗血友病乙（Christomas是铁路板道工病人的名字）

第Ⅹ因子：Stuart-trower因子，两位患者的姓氏

第Ⅺ因子：Plasma thromboplastin Antecedent（抗血友病因子丙）-PTA

第Ⅻ因子：Hageman因子（Comtact factor）

第XIII因子：Fibren stabliting Factor（Fibrolygase）

注：1. Hageman因子是第Ⅻ因子，一位铁路板道工人先天性血液凝固迟缓的因

子。

2. Stuart因子，又称Stuart-prower因子（病人姓）或Plasma thromlooplastim Componeat，最后定名为第X因子。

3. Christomas因子是Christomas家族X染色体携带的，该因子缺乏症即血友病患者，这种因子的合成过程中必需有维生素K参与。

4. Fistzgerald因子又称Williams因子，Roid因子，其实质是高分子Kinogen。

$$\text{高分子Kininoge} \xrightarrow{\text{Kallikrein}} \text{Kinin Hageman因子}$$

5. Flanjeac因子就是血浆里的Prekallikrein，Prekallikrein kallikrein。

哺乳动物凝血机制异常复杂，这大概是凝血细胞功能进化的顶点，这里血液系统内因子系统促使Prothrombin转化为thrombin的机制和外因子即组织因子系统的功能。

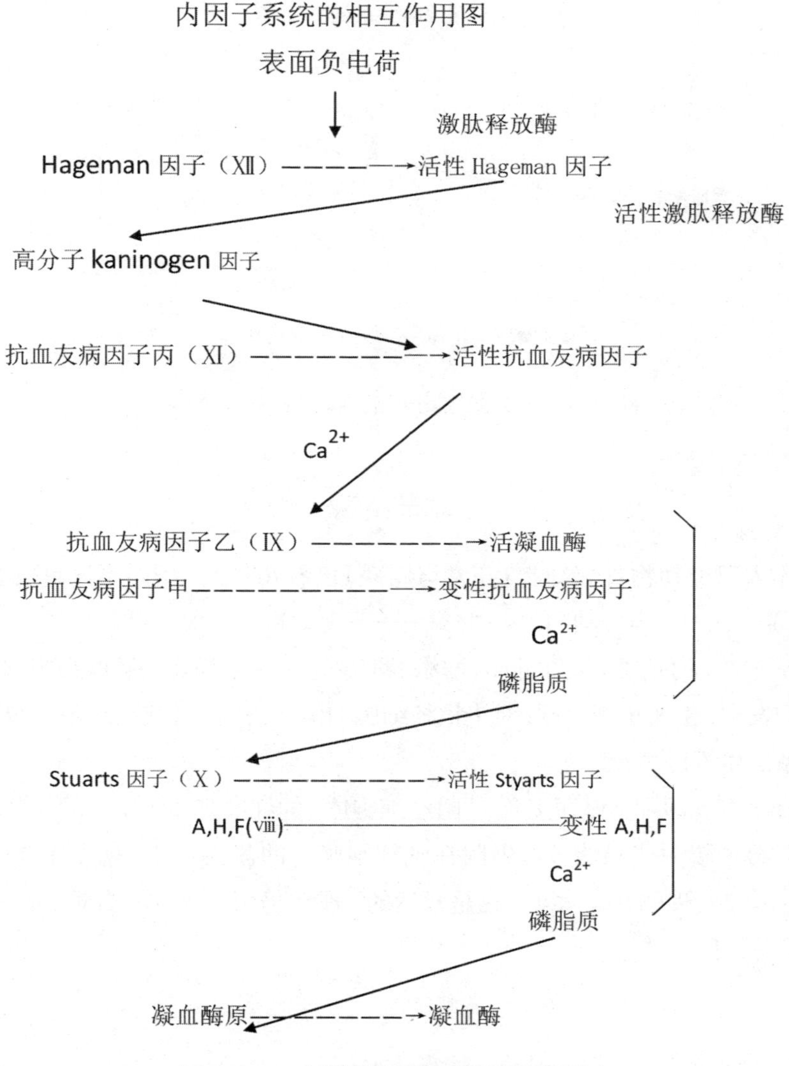

图 8-7-11　内因子致凝血酶的形成指示图

Paul　Owran（1947）是二战中挪威地下抵抗法西斯的医生，他从一位出生时就有出血倾向的女性血中发现凝血第V因子，后人称为Proaccerin，由此逐渐完成了由外源性（组织）因子致Prothrombin转化为Thombin 的整个机制，图8-7-12揭示此过程。

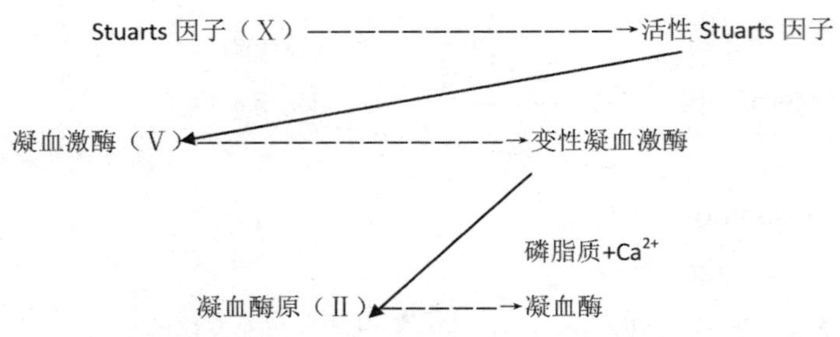

图 8-7-12　外源性凝血因子致 Tkrombin 的形成

本节结语

1. 本人研究动物骨髓细胞（正常与癌变）已有70年的经历。不过只限于数种哺乳动物（猫、狗——肉食动物，兔、豚鼠——草食动物，人、猴、鸡）。

2. 基本掌握了造血功能的同时增添了不少先人从未描述的新的细胞图像，如巨核细胞的发生，生血小板机制；衰老巨核细胞的消亡机制；嗜碱粒细胞分裂像；浆细胞的宗系发生等许多新问题。

3. 首次发现国际文献里惯称 “附红细胞体”的红细胞质里寄生的双杆菌。这种菌在光学显微镜时代只能被看做附在红细胞膜上的蓝色小体。现今在电境下不难辨认，但是被发现的几率太小。我是幸运的。现在仍用旧名称不合适，应该改用合适的新名称了！

第九章　现代进化论里的新时代的争论热点

第一节　自然选择原理的科学涵义

达尔文主义进化论的核心理论就是自然选择原理。当我们查阅我国当代文献发现几乎所有论文、专著、演讲稿里都把自然选择解释成自然界有意选择某种动物让它发展进化而让某种动物物种退化灭绝。米伐特质疑达尔文的原话最为典型（引自《达尔文新考》138页）：他提到长颈鹿的祖先还未表现出像它的后代那样脖子、前腿、舌具有择食优越性之前 “自然选择何以选中它对它发挥作用”。在米伐特的观念里，自然界似乎是能自主作出决定的主体，比如人或神，而动物是受他的主观意志摆弄的客体。《达尔文新考》作者引述米伐特这段话之后写道“自然选择具有明察秋毫之功力”。由此不难看出米伐特认为自然界似占卜算卦先生，具有“神机妙算”的本领。庚教授判断出自然界握有明察秋毫的功夫。两位学者的思想观点如出一辙。二者都把自然界人性化或神化。所以庚先生的结论是“回答这问题并非易事”。可惜长颈羚的祖先未能博得两位先生在自然界面前说句好话通融的幸运。

地球上陆地和水域的气候、生态条件不断发生着全局性或局域性、长期性或突发性变化。在这种变幻不定的生存环境里，动物个体只有自主选择能够与生存条件相适宜的且不断改善自身的结构、习性才能繁衍后代，这就叫适应性变异。在相同环境里，生存的动物个体之间也可出现不完全相同的适应性变异。因为它们的族先的遗传基因保守性结构具有差异，所以，可以定论：动物进化是在遗传性变异和适应性变异相互作用中实现的。我们可以列举许多实例正明这种解释是精准的。例如：新几内亚的鹭鹤（几维鸟）羽毛变成“狗毛”（不需要减少空气阻力），翅膀退化，变成走禽。喙变细长能探索地下15cm深处的虫卵，堪比工兵的探雷器。鹭鹤的变异是因为该岛上无猎食动物威胁鸟类的生命安全。翅膀的退化说明本来有用的器官已经用处不大了，该结构趋于萎缩，这对整个机体有好处，即不至于把能量消耗在飞翔上。几维鸟的变异既是退化，同时也是进化。翅膀不使用了便退化了，喙的用处就大了就进化了，这叫用进废退（拉马克语）。动物机体是一个体系，它的各个组成部分的功能不可分割。绝不像魏斯曼派主张的那样体质与种质无关。

动物机体与生存环境的关联不可隔断，绝不像魏斯曼派主张的那样种质与环境无关。达尔文曾写道“机体的全部机构，在其生长发育过程中彼此如此紧密地联系在一起。因此如果有任何部分发育中出了微弱的变异，而自然选择所积累，则其他部分也要相应地变异”。几维鸟的翅膀退化，被喙的进化替换，维持了物种的继续生存和繁衍的能力。

又如在北极的冰天雪地区域里白熊成为长住居民，而候鸟则在水面结冰季节迁往南方温暖地区。这不是北极的自然界喜欢白熊挽留它，而厌恶鸟类驱赶它。白熊的体质和习性能够适应极地环境，鸟类则在水面结冰后无法觅食时依靠飞行能力自主自然地选择适于生存的自然环境。许多专家、教授把自然选择解释为自然界有意挑选动物物种决定让它进化或退化的论点是唯心主义的人性化、神化的习惯性观念。我们应该把动物种群个体能够改变自身体质和习性在所处的自然环境里生存繁殖的本能看作是自然选择——适者生存。这是唯物主义的科学观，是对达尔文主义的精准解释。

第二节　渐变或骤变之争

早在19世纪中叶，海克尔时代就认识到生物进化范围内飞跃越来越不显著。达尔文的自然选择原理的科学内涵同海克尔的生物进化渐变论思想的延续，就是动物机体在生存环境中逐渐积累微小有利变异实现进化。众所周知：昆虫纲鳞翅目天蛾的复眼由2700个单眼组合而成。每个单眼里分布着7个神经细胞，其视觉分辨率和辨色力很高。如此复杂结构绝不可能通过骤变，就像是魔术一样变出来的。

河北师范大学生物系育种组的专家们在《生物进化论》（人民教育出版社，1975，7页）里用量变、质变的哲学概念批判被他们诬称“庸俗进化论者”时写道“把生物的进化看作是以同一的速度缓慢地进行的，他们不承认其中有飞跃，有质的变化，这是错误的”。这些专家们列举的哺乳类进化过程的质变阶段为：从无生到有生；从简单的蛋白质到原核生物；由原核生物到真核生物；由单细胞生物到多细胞动物；由水生到陆生；由变温到恒温；由卵生到胎生等等”。这些专家们自己没有意识到他们自己用庸俗的哲学观念企图批判“庸俗的进化论者”。他们根本没有理解量变、质变的哲学原理；他们也根本没有意识到被他们所列举的哺乳动物进化过程中质变、飞跃的骤变过程用去多么长时间。人们都知道地球诞生后隐生宙到显生宙历经30亿~25亿年的时间。先生们的飞跃或质变的速度只能以光年为单位加以计算。我们希望请讲明在这30亿~25亿年是飞跃的关节点吗？不妨在这里和先生们商讨量变、质变的哲学原理。水的变态是量变、质变的最好的例子。给液态水加温达到沸点（100℃）时液态变气态（蒸气）。给液态水降温达到冰点（0℃）时液态水立即变固态（冰）。水的沸点和冰点就是液态水量变到质变、飞跃的关节点。在此关节点上的一瞬间水发生的变态，而加温或降温时间不可确定。例如南极北极冰山融化或结冰都可能用去数百万年。物质运动的量变达到极限则必然出现质变。这一瞬间称运动变化的关节点。另一种运动形式是质变在量变中不经过飞跃来实现的，这要看物质的性质。

恩格斯在《自然辩证法》一书里明确提到质变也可在量变中实现。我们可以看到：哺乳动物个体发生过程是卵裂球缓慢地发育成胚胎→胎儿→婴儿→幼儿→少年→青年→中年→成年→老年→终年。综观人的一生中就是量变中有质变。但是变化的全过程中看不到飞跃，只有从缓慢的量变渐变成质变。再举哺乳动物系统发生中的量变、质变的情况：由单细胞生物到多细胞动物；由水生到陆生；由变温到恒温；由卵生到胎生的变化都是在数百万年至数千万年的漫长岁月里完成的。如此长时间不能算飞跃或质变的关节点。更何况极简单的无机化合物——水的量变、质变与具有适应环境能力、自我调控能力的生命物质的量变、质变相提并论是我们新时代的“哲学家们”的“新哲学”。我们谈论物质运动的量变和质变时要分清变化的物质的属性。一位科学家对待研究对相应保持严谨的态度。在这里对这类科学家仅举个极端的例子：水被冷却到冰点立即变态为冰（质变），再加温时冰融化成水。动物机体被冷却到极限（量变）时立即冻死（质变），再加温时不可能复活。所以我给我们的新时代的“哲学家”列举了一个极端浅薄的常识作为例证。

2009年科学出版社出版的《遗传》第31卷第12期：1171~1176页刊登有梁前进、邴杰、张根发的论文《达尔文——科学进化论的奠基者》。作者们高度赞扬“达尔文进化论来源于实践，反映了自然界的本来面貌，总结了生命历史发展的客观规律”。与此同时，作者们还是对达尔文进化论的核心原理——自然选择原理的渐变论以量变、质变哲学思维为依据提出了质疑。先生们列举了普朗克于1900年“把一个崭新的概念——能量子——引入物理学。这一概念完全超出经典物理学连续变化的旧概念”。我们觉得先生们把一个自然科学学科的新的发展阶段类比成生命物质的进化是否会有牵强附会之嫌。我们举个很浅白的例子：现今全世界建造巨型航空母舰、巨型客机、巨型空间站。工程流程是把千万件零附件逐一精细加工备齐，这是工程的量变。万件备齐之后立即开始组装产品，这就出现了质变——产品。人类的大脑可不是能在母体子宫里逐一加工神经胶质细胞、加工神经细胞及其纤维和触突，加工脑干、髓质、皮质，最后制造成品（质变）——大脑。我们不可以随便乱套量变、质变的哲学原理。

自然科学某一学科的创立和发展绝不是瞬间发生的变化。每一门学科的发展绝不是某一位伟大学者说一句话就在一瞬间完成的。众所同知：力学和能学领域里不可能有质变或飞跃的问题。人们都知道能量守恒定律，力的守恒定理。

先生们拉出了5亿到6亿年前的格陵兰冻土地带和澳大利亚地区寒武纪地层出土"绝大多数无脊椎动物类型和早期脊索动物在几百万年（他们将地质历史上的这一时段可看做一个瞬间）的时间内出现了——似乎启程于同一起跑线"。先生们的所引述的艾得里奇（N.Eldridge）和古尔德（S.Gould）提出的"间断平恒论"不值得质疑吗？他们把地层结构形成的几百万年算做一瞬间。地壳上的海相沉积层和陆相沉积层共六层，而每层的形成都用去数千万年。我国著名地质学家、考古学家杨钟健在他的《演化的实证与过程》（1950年，126页）里写道"有若干勇敢的学者，以为动物的各门类大约同时在寒武纪发生的。但是正常的说法，以为这些不同的种类似慢慢发生的，其历史可以追溯到寒武纪以前。"他说以前的物种并无化石的硬壳留下证物。

他指出寒武纪是最长的纪元，经历7000万年到1亿年。在寒武纪地层埋没的某些动物物种的发生年代始于18.3亿年前的隐生宙元古代。这是不可忽视的事实。例如再过几百万年掘开日本国富岛县——青木县近海海底沉积层形成的地层时可发现2011年大海啸所卷走的一切生物物种，其中包括各种无脊椎动物和脊椎动物甚至包括两万人的遗骨。那时的进化生物学家可否得出结论说新生代全新世又一次出现过动物进化大爆炸。草履虫、青蛙、角蜥蜴、沙鸡和北海道绒猴、人类从同一起跑线上发生的。我想：那个年代的学者总不会得出如此荒谬的结论吧。

还有一个不可忽视的是先生们所说的"在地质历史上可看做一瞬间的几百万年的时间"。假如要以计算宇宙星系寿命的光年为计算单位的话几百万年可以算做一瞬间。在这里的话题是生物的寿命，物种生成的年代时则不能再这么扒拉算盘珠子了。原核生物的生命周期只有10小时，昆虫纲双翅目家蝇（*Mlusca domestica*）生命周期只有20天，脊索动物生存周期最长的也不过年逾吧。在几百万年的漫长年代里这些低等动物物种经历的何止是多少千万代的换代繁殖。他们在畅谈骤变、飞跃之类闲话之余，有没有想一想在寒武纪如果那么多物种发生于同一起跑线上的话，其中许多物种是不会有自己的祖先型物种，只能是突然间一哄而起，一起上马。达尔文进化论的核心原理——自然选择，适者生存的科学内涵就是动物机体在漫长的时间里选择能够生存和繁殖的自然环境，逐渐积累微小的有利变异，去除既无用又无害的中性变异，去除有害变异，在祖先型遗传基因的基础上实现进化的（至少高等动物复杂的机体是这样的）。人类的大脑，鸟类的翅膀，高等动物的眼球之类如此复杂的器官不可能瞬间被塑造出来。我们查阅我国近期进化生物学文献发现，几乎所有进化生物学专家企图以量变与质变哲学原理把达尔文自然选择原理的渐变性机制硬性套入他们的质变、飞跃、骤变框架里时忽视了时间标准，也忽视了套用的框架的物质属性。

自然选择的科学涵义是"动物个体在世代繁殖中将每一代的微小的适应性变异渐渐积类起来，经过千百代，从量变到质变形成新的基因的慢慢来"（杨钟健）的过程。例如人类进亲婚配造成的致死基因经过15代繁殖才能从人类基因库里去除。假如在新的环境因素作用下塑造新的遗传基因结构，形成新的适应性变异可能需要更多代的微小变异的积累。因为在塑造新的基因时必须克服旧基因的保守性阻力。并从祖辈遗留下来的旧基因结构里删除已无用的片段，插入新片段，这是极端复杂的程序。

在遗传性变异和适应性变异相互作用中实现进化的驱动力——自然选择的渐变性被釜底抽薪的话就等于承认动物物种进化的动力是基因突变。有些专家们为了使人信服他们的骤变论，特别强调"随着科学的发展，飞跃和骤变的事物发展规律被人们更多地认识"。我们说人类对事物发展规律的更多的认识只能来源于自然界，而不是自然界的事物发展规律来源于更多的人类认识，这是唯物主义与唯心主义的分界线。

第三节　变异与突变

所有科学进化论者在谈论动物进化过程中所发生的个体、器官、组织、细胞、分子的变化时均用变异（Variation）一词。这个词汇的含义代表动物进化是在数十万年至数百万年的漫长时间里经过继代繁殖中反反复复适应环境变化，一点点地改变机体的体质结构及生活习性塑造出新的物种的新的遗传结构。所以说，达尔文的自然选择原理就是动物物种进化过程，是极为缓慢的随着自然界的变化，在逐步适应中积累微小的有利变异中发生有用的适合于时间、地点、条件的结构和功能。据生态统计学家计算，一个物种从发生到灭绝大约经历270万年的时间（最大限度）。达尔文在宏观生物学世代发现动物进化是渐进性过程。这就是自然选择中高等动物机体结构和生存功能越进化越精细化的过程。把自然选择适应性过程的渐变性硬往自己的骤变性框架里套的做法就是突变论的变相手法。人类不能创造客观规律而强迫自然界服从人类的意志。

突变（mutation）所指的是动物个体的细胞、分子结构（遗传密码→蛋白质）在瞬间发生的质的变化。在哲学术语里用质变或跃迁（trasition）表示。生物学术语叫突变。在正常物种进化过程中不出现突变。根据E.H.Haeckel等著名生物学者的发现，恩格斯首肯“在生命的范围内，飞跃往后就愈来愈少和不显著”。全世界的最普通的医生都知道：动物个体受到高能放射线照射，某些病毒DNA向正常细胞DNA链里插入异种片断或某些霉菌毒素，以及受到多种化学物质的侵害时可出现基因突变（mutation）或癌变（Cancerous）。中性基因论的倡导者们在谈论动物机体分子变异时总是使用突变一词。在他们的观念里动物进化是“随机突变”过程。在这里假若谈论细菌、蓝绿藻之类原始生命体的生命史的话无可非议。这些最低等物种体质结构极简单。其结构和习性的变异空间很大，遗传性变异的几率，突变、漂变的几率很广，很容易出现突变种。

高等动物的生命史中的变异不能与细菌等同而论。那些中性突变论的信奉者们回顾一下地球上现存的数百万动物物种中哪一种是以基因突变、基因漂变形式演化出来的。有时通常的物种中也出现特别异样的个体。这时突变论者如获至宝，兴奋异常。但是我们要观察，由这个异样的个体能否延续发生众多后代，其次还要追索其族先是否有过相同基因，是否属返祖遗传？这个时候就是考验研究者是否是一位严谨的科学家，还是轻浮的猎奇者。

第四节 “非达尔文主义进化论”

自从达尔文（Chr. Darwin，1859）发表了《物种起源》论著之日起就备受变革派和宗教界的疯狂攻击和嘲笑。

1878年欧根·杜林（Eugen. Dühring）在《在科学中实行变革》里对达尔文进化论也提出了改革。这位自称社会主义者的、最终真理所有权者的人当然不会以宗教信条反驳达尔文进化论。但他不赞同自然界按自身的客观规律支配物质运动，而以事物本身的必然性中的目的即"内在的目的论(Teleological)反对达尔文的自然选择原理"。19世纪80年代恩格斯在《自然辩证法》俄文版(苏联科学院搜集F.恩格斯计划撰写此巨著的札记将其整理成册)11页上写道"沃尔弗(Вольф, К.Ф.1759)首次提出进化论观点,这是天才的预见,到了奥肯(Окен, Лонц.1779–1851),拉马克(Жозельо, Ламарк, 1732–1829),贝尔(Бэр, К.Э.1792–1876)才有了确定的形式,而整整一百年之后即1859年才被达尔文胜利地完成了"。

1991年日本学者福田一郎在参加第四届国际系统进化生物学大会时,在出席录里通报的议题为"'21世纪进化生物学基础'、'群体间的分子和染色体的关系',会议参加者总的倾向是肯定达尔文进化论,但在选择理论里有一些空白"。应该说有些争论更符合事实。

2009年杰里·A.科因(Jerry A.Coyne, 2009)著《为什么要相信达尔文》一书里写道"《物种起源》出版之后,科学家们始终用怀疑的眼光来看待达尔文的真正创新所在——自然选择理论。当时演化机制的证据尚不明了,而其起效的途径——遗传学——尚在萌芽之中。这些问题在20世纪初的几十年里全部得以解决。从那时起,演化和自然选择的证据击溃了一切针对达尔文的科学质疑"。

2009年《上海科坛》上刊登了杨海燕博士介绍的英国剑桥大学热烈庆祝达尔文发表《物种起源》150周年和达尔文200周年诞辰的盛况。同年《上海科坛》和《遗传》杂志都为庆祝达尔文《物种起源》发表150周年召开纪念大会和发表了纪念文章,总之达尔文主义进化论经历了150年至今,科学界主流以及随从主流者也都承认达尔文进化论是生物学科及一切学科的基础理论。

但是任何科学家都是时代的人物,他们的著作、学说、法则不可能是最终真理,不可能没有质疑,不可能没有争论。20世纪,在生物学进入分子生物学时代之际由木村资生(Kimura, M., King.J., jukes, 等, 1969–1985)发表了一系列论文及著作宣扬他们的"非达尔文主义进化论"。他们对人类、马、猕猴、真菌、小麦等物种的细胞色素C氧化酶蛋白质的氨基酸残基顺序加以测定,并对比这些动物、植物物种出现的年代和氨基酸残基的变化时认为生物进化"都不是由自然选择产生的,而是自然选择中的中间变化,是随机突变和遗传漂变的结果"。他们认为"进化的主角是中性突变,而不是有利突变(达尔文从未提突变)。在生物进化过程中中性突变通过遗传漂变实现生物进化是偶然的,随机发生的现象,分子进化与环境无关"。"命运好的中性突变才能偶然地增殖下去"。木村先生们如此多次重复突变,他们重复强调基因突变是分子进化的基本动力。他们完全忽视一个氨基酸可被3~5个mRNA

三联密码子编码是防止出现突变、防止出现故障系统的自动控制机制。这是自然界里发生的客观事实。李文雄等在《分子进化基础》一书里确认突变的概念为“DNA序列在染色体复制过程中，在正常情况下被精确拷贝。然而也会出现极偶然的错误，从而产生新的序列。这些错误被称之为突变（mutation）”。事实也已证明，现今生存在地球上的150万种动物物种中，所有体质结构复杂的、生活习性灵活的、适应性能宽广的物种没有一个物种是瞬间塑造出来的，或没有一个物种是突变种。

达尔文的年代里人类还不知道蛋白质、核苷酸的分子结构、分子功能和分子进化。但是达尔文预见到“那些无利也无害的变异，将不受自然选择的影响。它们或者成为变动不定的性状，或者成为固定的性状，要看生物本身或环境的本质而定”（《物种起源》第四章）。意思很明确，所谓中性突变与物种进化无关。但达尔文的慧眼已看到了动物物种祖先遗留下的遗传基因在物种进化过程中的重要作用。他谈到自然选择时总是将遗传性和适应性（后天获得有利变异）联系在一起。在《物种起源》里达尔文写道：“在一切场合都有两种因素，一种是有机体本身的性质，一种是外界条件的性质，两者中以有机体的本性为最重要。”接着他近一步指出，“被选择或被保留的变异的性质与环境条件，同时也和同它斗争的周围他种生物有关，最后还要与无数祖先所留下的遗传有关，遗传本身是变动的因素。”意思很明确：遗传基因的随机漂变与生物进化无必然关系。遗传是物种延续的基础，与此同时，本身是变动的因素，是适应性变异的因素。

生物进化的动力的认定根据是实证资料，而不是技术手段的变换。就像科因在他的著作《为什么要相信达尔文》第一章第12页写道“这一分子方法并没有带来太多改变。这是因为，有机体的可见特征与DNA序列通常会给出同样的演化亲缘关系”。

1973年R.E.Dickerson评论蛋白质进化速率时说细胞色素氧化酶分子变异和进化年代速率的比较证实“自然选择能影响到一种生物的一个外部变化。常常不是一个酶的效应而是一整套代谢途径的效应”。这里我们指出：所有生物应对生存环境变异而演化时最先激起变化的是体形的变化，即R.E.Dickerson，所说的“一个外部变化”。例如：陆生爬行动物、陆生哺乳动物进入水里变为海生动物时体形变异最为显著，如流线形体形，四肢变成划桨。内部器官的变异紧随而来，许多酶的催化机制几乎不变。

《非达尔文主义进化论》的著者们仅仅通过测定细胞色素氧化酶的氨基酸变换和各物种出现年代的数据能否代表人体1000多种酶蛋白质基因变异？仅此一种酶的数据能否说明人类大脑基因和小麦籽粒的基因的差异？站在这类数据上企图以

基因突变、漂变之类无序变换现象取代自然界的客观规律，企图以DNA错误拷贝片段的动力取代自然选择的塑造能力。这种结论是现代科学界常见的急功近利，轻飘浮藻的不良作风。

我和我的研究生们显示不同动物物种的许多种类的水解酶、氧化还原酶、转移酶、异构酶、核苷酸酶、环化酶的细胞化学活性和电泳区带分析，只有个别酶种在不同物种里被不同类型的酶所取代。例如驱动脊椎动物心肌纤维收缩的能源是肌酸激酶（Creatine kinase），而无脊椎动物驱动心肌纤维收缩的动力是精氨酸激酶（Arginine kinase）（请阅舍英著《应用同功酶学》，2001，304、320页）。

随着动物机体结构和生理功能的复杂化，代谢程序增多，酶种类也增多，各种酶的催化特异性、精确性在变异中被某些氨基酸替换并不能改变酶种的催化特异性。甚至有些同功酶的一种杂合子代替另一种杂合子不影响代谢功能。还可以说动物进化决不取决于某一种酶分子结构里的某一个氨基酸的替换。中性基因论者，仅仅测定了一种酶蛋白质的个别氨基酸的替换，而未测定一种细胞、一种组织、一种器官、一种个体、一种新物种DNA、RNA片段的变异就下结论，认定物种进化的动力是中性基因突变而不是自然选择的作用。这种以偏概全，缺少全面事实证据的结论实属荒谬。

1974年A.C.Wilson及其合作者们写道："1.5亿年前的蛙类的形态很相似，但蛋白质差异很大。7500万年前分支的有胎盘类动物形态多样化，但蛋白质很相似。"结论是"生物进化不一定和蛋白质结构广范围的变异相对应"。李文雄（美国）和D.戈劳尔（以色列，1991）也承认"突变不是在整个基因组中随机出现的。有些区域比另一些区域更容易出现突变的热点区。有一个热点区是二磷酸5，–CG–3，中胞嘧啶甲基化而被错误地复制，变成5，–TG–3，二核苷酸5，–TT–3，是原核生物中的热点。真核细胞基因组中串连重复是缺失和插入热点，或许是滑脱链误配所造成"。

最原始的物种，原核生物如细菌的生命周期只不过20小时，其遗传基因信息量很少，其性别有6~8种，基因编码功能的稳定性也很低，变异空间很大，因此对生存环境中的轻微变化很敏感，比较容易产生突变或无序的随机的漂变。真核细胞以及后生动物细胞功能变异远比原生生物复杂得多。其遗传功能较为稳定，不轻易出现基因编码突变和随机漂变。因为高等生物机体里已经出现了自动控制基因编码机制。例如对某一个极性氨基酸由3~5个mRNA三联密码子变码的机制就是防止出现不正常氨基酸序列。高等动物机体结构复杂，各个器官之间功能相关性密切，一个器官发生变异必然牵动其他器官的相应变异。因此以一两个氨基酸的突变泛论生物进化的动力归因于基因突变或基因漂变恐怕缺少说服力。

经过数千万年，数亿年，数十亿年进化出来的生物物种已达150万种，每个物种个体体形、生活习性、机体结构、生理功能、生存本能、代谢机制的多样性有赖于祖先型蛋白质的基因编码顺序的稳定性和mRNA编码三联体的自我调控机制和生存环境的制约。

在后寒武纪世代动物界的生存环境愈来愈有利于生物的进化，因此高等动物物种变异和进化愈来愈有序，器官的分化量和特化量越来越显著。按自然界生存环境变化的压力，稳定地进化，这不能与细菌及在实验室的培养皿里发生的无序突变相提并论。

美国生物学家A. 科因参阅最近15年里的数百篇分子生物学研究论文和著作，编写了《为什么要相信达尔文》一书。他认为随机的、无序漂变现象是由不同家庭的不同子代数量引起，"结果会产生与适应性完全无关的随机演化改变。不过这种方式只能轻微地影响重要的演化改变，因为它不具备自然选择的塑造能力，自然选择仍是唯一能产生适应性的演化过程"。

在这里我们不完全认同科因先生的突变说明不同家庭不同子代个体中引起的变异的问题。父母双方的基因差异引起的变异是同源性等位基因编码的杂合子。这种正常基因遗传变异和非正常基因突变截然不同。接受来自父母双方的杂合基因引起的子女性状的变异符合蒙德尔遗传法则的变异，并非突变。

我国有位专家（某一出版社聘请审阅本书稿的）认为木村的《非达尔文主义进化论》是"人类思想的进步的新亮点"，并称它是唯物主义理论。我们希望这位专家细心重读达尔文的《物种起源》里的上述论点和科因的上述论述就会明白木村先生们的关于"非达尔文主义进化论"是新世代的人类思想的亮点的理解是否有什么依据。盲目迷信某些人利用最新技术手段而不看他作出的结论是否符合自然界的客观规律，就认定其为"人类思想的新的亮点"，是"唯物主义理论"，敢下如此重大结论的专家正是哲学家培根所说的"什么也不懂的人什么都相信"的名言。

目前，在我国学习、研究DNA、RNA及其表达形式已成为最时尚的，似乎淹没一切的风潮。因此一些"专家"被卷入时尚的意识流，不假思索地追捧时尚的"新思潮"。2011年美国政府问责局调查人员向众议院安全委员会提交的报告指出"这些基因测试公司要获得准确测试结果还有很长的路要走"。继续说"各公司针对同一疾病得出的结论有70%的可能是矛盾的"。又说"另外有一位装有心脏起搏器的受检测者被告知，他患心脏病的几率要低"。这里我们仍然认为分子生物学时代的基因技术是新世代的极为先进的生命科学技术手段，但是科学发展道路上任何新的技术或新的理论都有时代的局限性。而且这类新技术的难度的深、浅层次也不可轻视。就像科因在他的著作《为什么要相信达尔文》第一章第12页里写的“这一分子方法并没有带来太多改变。这是因为，有机体的可见特征与DNA序列通常会给出同样的演化亲缘关系”。当前我国刊发的的最普遍的论文通报内容都是“某种蛋白质在某种组织里的表达”。看来相互模仿，或抄袭的几率最多。在媒体报道里，出现最多的母子基因鉴定的报道给人们的印象似乎是我国的基因基术已经达到高水平阶段。我建议媒体，不可超限度地渲染。任何技术都简繁不一，都必须由浅入深。

当前关于自然选择与基因随机漂变的问题仍有争论。达尔文进化论的科学内涵是动物物种进化在祖先遗留下来的遗传性的基础上，在生存环境的影响下，一代一代逐渐积累微小的有利变异的结果，辐射进化出各种地理物种，趋同进化的形态，习性很相似的不同物种。这种进化的动力是自然选择，适者生存的功力。

人们谈论生物进化为什么有方向性的问题时往往出现认识论的分歧。分歧可分为唯心主义学说：如神创论、内在目的论、智慧设计论、自然发生论（Spontaneous genration theory）及其他。各种唯物主义自然哲学的最具代表性的是拉马克—达尔文主义进化论。达尔文进化论被誉为19世纪三大发现之一，被科学界认定为生物学所有领域的最基础理论。

达尔文主义进化论的核心原理自然选择为什么能保存有利变异而去除有害变异或既无用又无害的所谓中性变异呢？达尔文在《物种起源》里写道：“自然选择向着各器官的分化量和特化量前进，器官的特化向着行使较好的功能方向发展，每个生物可积累的向着特化的变异就是自然选择的作用。”

当今显生宙（Phanerozoic Eon）新生代（Cenozoic Era）地球表面陆海空域的不同经、纬度里的共同自然环境和无数时间、空间上变化着的不同自然环境（局域环境，或小气候）里生存着150万种动物、30万种植物、无数种类的微生物。如此多样的生物都靠祖先遗留下的基因的同时，适应着各自所处环境来繁衍其后代。每个物种发展的导向动力就是遗传性变异和适应性变异的相互作用。（请阅本书第1章第4节）

当人们探讨自然选择时往往忽略动物物种进化过程中的退化、淘汰的一面。自然选择具有保留有利变异，去除有害变异，并非来自动物界有意执行选择，并非来自自然界的合理目的，并非来自造物主的智慧设计，而是来自不断变化中的生存环境的压力，迫使动物适者生存，不适者被淘汰；来自在漫长的时代交替中一些失去作用的基因退化；偶然地也来自人类不能察觉的自然界变化中的因素迫使物种个体的一些基因随机漂变致使个体的突变，这种突变不可能塑造出新的物种。正如，科因指出的“选择总是去除有害的等位基因，提高有益等位基因的频度。作为纯粹的随机过程，基因漂移无法演化出适应性。它永远不可能构建一只翅膀或一个眼睛。那需要非随机的自然选择。漂移所能做的就是引发对生物既无益处又无害处的特征的演化”（《为什么要相信达尔文》154页）。我们可以列举5亿年前出现的甲胄鱼，4亿多年前出现的盔甲鱼的头、胸、腹、盖以及坚硬的防盾，使它在当时的生存环境里同其他物种进行生存斗争的过程中成为优势物种。但是随着时间的推移、环境的变化，用于消极防守的防盾已不适用了，在争夺食物时妨碍其运动速度，而变成了自然淘汰的物种灭绝了。因为任何特化的、对个体有用的器官，当动物生存环境改变之后，可能变成无用的或有害的器官。例如与达尔文同时代的人地质学之父查·莱伊尔（Chr.Lyell，1797–1875）写道：“地球表面和一切生活条件的渐次改变，直接导致有机体的渐次改变和它们对变化着的环境的适应，导致物种的变异性。”达尔文在《物种起源》中写道：“同类动物因生存条件的改变，必先形成相适应的习性，由此在世代相传中改变身体结构。”人人都可看到早期的无脊椎动物体表没有任何保护盾甲，极易被天敌猎食。进化到节肢动物时出现了外骨骼或甲壳，这种体质结构有利于保全生命，在某个进化阶梯时代有利。但是它又禁锢肉体的成长发育，不得不每年蜕换。再次进化时不得不抛弃。这就是进化与退化的辩证法。

生存环境因素如何导致动物遗传性（世代相传）改变的机制，只有到分子生物学时代才获初步解释。分子生物学众多学者提出了各种蛋白质由DNA信息编码的模型，这些模型都是在遗传信息中心法则为唯一信息流动方向的框架内的解说。无数事实证明，动物生存环境因子有可能逆向传递信息，变成新的适应性遗传基因驱动物种进化的分子活性机制。如光刺激、气味刺激等环境因子首先被感觉细胞的特定蛋白质激活RNA（Activator RNA）与激素之类物质相结合，再激活整合基因（intergrator genes）在细胞里贮存信息。这是一条由外部流向内部的信息途径。与此同时，也可向子代遗传或逆向调节（Reversible regulator genes）结构基因（Structural genes）蛋白质合成方向流动。以北极冻土地带的飞蛾变态实例为证。但是分子生物学界目前只承认遗传信息唯一流动方向中心法则。逆转录酶的发现明确证实遗传信息逆向流动的事实。

胡耕文和黄芬在《生物史》第一分册（1978：30）里写道：“……实验结果说明了蛋白质的生物合成不一定要按照所谓‘中心法则’的规定，没有核酸的参与，蛋白质也可以作为模版，合成新的蛋白质。”

Temin, H.(1972)首次指出“在极个别的情况下，中心法则所包含的信息流向的不可逆性可能是不确切的”。有许多生物学家质疑后天获得性状不遗传的论点，如李播、卢继传等发表过专论。他们在这方面作了许多有根据的论述。

神经系统对外源性信息的应答反应重复多次变成动物物种个体的微小的有利变异，逐渐形成动物习性，由此逆转录到体质细胞和种质细胞，变成下一代个体的新的本能。这个过程就是自然选择，适者生存的基本机制的另一条基因信息流的传递方向。虽然分子生物学能够解释基因物质作用于蛋白质的机制（编码机制），但外界环境因子如何作用于机体细胞的问题，目前仍然处在根据基因表达顺序的机理的推理、判断或根据统计学资料的判断阶段。量子生物学时代可能给出适者生存的化学机制的答案。

20世纪70年代，发现逆转录酶是癌细胞里出现的一种等位酶。我们还不能下结论认为此种酶是致癌特异性酶。从生物进化的原理可以推断这种酶必定是正常细胞传递生存环境因子的正常途径，否则如何解释“适者生存”的分子机理。对逆转录酶的研究时间不长，逆转录系统的研究只不过刚刚起步。20世纪70–90年代Grandgenett, DP. et all.(1973), Martha, S. and Balthimore, D.(1973), Goodman, MF.(1977), Hiz1i, A.et all.(1977), Papas, TS. et all.(1977), Ueno, A.et all.(1982), Fukui, T. et all.(1982)，榎亚正芳(1983)，松影照夫等(1983)，高岩等(1993)从鸟类肉瘤病毒、人类髓母细胞病毒提取液里分离出以RNA 为模板合成的cDNA链。后来在正常胚胎细胞、卵母细胞，正常动物肠黏膜上皮细胞里也发现了逆转录酶（请参阅舍英著《应用同功酶学》，2001, 348页）。造成这种状况，只是因为目前人们的意识里中心法则凝固成习惯的成见。由于人类思想的惰性，也可成为保守性因素阻挡人们对基因信息逆向流动现象的观注。我们相信，这个问题必将成为分子生物学者注意的专题。因为来自生物体生存环境的信息不可能不通过适应性反应机制传递到动物体质里去。不久的将来，人类一定会将生物进化中的遗传和适应两种基因信息流向探究清楚的。

第五节　“新达尔文主义进化论”

魏斯曼(Weisman, A.)于1892年提出“种质连续学说”(theory of germplasm)，主张动物机体可分体质和种质两部分。体质专门执行物质代谢，能量转换，呼吸，排泄之类各种生命功能。它与机体的遗传无关。体质死亡，后天获得性状随之消失，种质执行遗传继代功能。种质不受体质的影响，也不受环境影响，而且体质由种质分化而来。由此在进化生物学面前出现许多无法解释的问题：如在动物宗系发生过程中，单细胞原生动物绿色眼虫进行裂殖生殖；草履虫通过接合生殖繁殖后代；淡水海绵的繁殖形式为芽球裂变；腔肠动物水螅虫在温暖季节靠枝芽增殖，降温季节靠生殖细胞增殖。在这类动物机体裂变的哪一方算种质细胞，哪一方算体质细胞不可能辨认。可能双方都是种质，也可能双方都是体质。淡水海绵动物有时以无性生殖模式繁殖其后代。这时从中胶层上皮细胞分化出雄雌两性生殖细胞（魏斯曼的种质）。水螅虫在秋季从外层表皮细胞群里分化出生殖细胞。动物进化到涡虫阶段才出现生殖腺。人类胚胎期性分化期才从内胚层细胞分出巨大球形游走细胞到达生殖腺成熟变成性细胞（上海第一医学院王一飞）。而且性细胞的遗传信息来自机体各部。气体交换靠肺，营养物质靠胃、肠，排泄靠肾。魏斯曼及其后继者们所谓动物生殖只靠种质的“理论”只能说是动物物种进化到有性生殖二态性的高等动物的生殖模式的生殖生理常识。我们感到惊奇的是魏斯曼对普通生理学知识的欠缺，违背进化论基本法则。竟把一个有机体的部分器官功能看成相互无关的论点和Viechow的细胞王国的主张思路相同。

魏斯曼坚持种质不受体质的影响，不受环境影响，以永远不变为依据执意反对拉马克的后天获得性状可遗传的结论，这就是魏斯曼及其继承者的信念，是他的“新达尔文主义进化论”的主要基石，是反对拉马克的利器，贬低达尔文的伎俩。他们的学说实属无本之木。魏斯曼的教条阻挡进化生物学的发展整整有120年之久。

我在1950年从沈阳的中国医科大学调回内蒙古受命筹建内蒙古军区卫生学校。带领一群前来报道的青年人挖掘无主坟墓，制作骨骼标本。其中得到三例小脚女人骨骼。在中国，旧社会女人从孩提开始用长长的布条裹住脚，人工阻止女孩足骨正常发育。女孩成年时其根骨发育成粗壮的支撑体重的柱脚，第一跖骨和第一趾骨异常发达构成脚掌的支架。第二跖骨、趾骨轻度萎缩。第三跖骨近段剩余小骨块和骨针。第四、五跖骨、趾骨完全消失。成年女子的双脚长成三角锥形小脚，称三寸金莲。这种给女性造成极度痛苦的制度延续了上千年，但从未出生过天生小脚子女。全世界妇女穿耳孔带耳环已有200万~300万年的漫长历史，但并未出现天生有耳孔的妇女。人类历史上因械斗、战争留下过无数伤残、缺腿断臂者，他们也未曾留下残疾后代。事实证明人工损伤不能塑造遗传性变异，事实也证实人工损伤并不是适应性变异结果，这是违背自然选择规律的人为伤害，不能与“后天获得性状可遗传”相混淆。这种伤害违背生物机体正常发育的生理学规律。人工制造的局部结构不可能是与机体整体协调活动相合的适配性零部件，因此机体不可能硬性安装无用的遗传基因。

GE.艾伦著《二十世纪生命科学》（1975）指出："非连续的变异不能遗传，环境引起的适应性、连续性变异才遗传。"艾伦的观点未曾引起进化生物学界的关注。可能使人信服的实证资料不足。

我们对比分析动物进化历史表明，人工损伤的后果不可能遗传给后代，同样基因突变造成的后果也不能遗传给后代。例如癌症、胚胎畸形（连体畸形、多肢畸形、内脏反转畸形）、慢性病引起的变形都不能遗传给后代。"非达尔文进化论"和"新达尔文进化论"依靠人工损伤和基因突变企图否定拉马克—达尔文的后天获得性状可遗传原理实属南辕北辙。更不可思义的是，假如后天获得性状不能遗传的话或后天获得性状随体质的死亡而消失的话，现今地球上只能有原核生物。这是极度荒唐的。我们的这一新见解（可以称得上是新发现），足以能够给达尔文进化论同"非达尔文主义进化论"和"新达尔文主义进化论"的120多年之久的争论画上句号。

达尔文强调"无论人工变异或自然变异都不是人造的，而是自然界本身的发展规律"（《物种起源》）。我们发现基因突变的后果和人工损伤的后果相同，都不能遗传。

拉马克独身隐居马来亚原始森林十多年，实地观察野生动物的生存与繁殖的实际情况。他在1759年发表的名著《动物的哲学》里提出　"优胜劣汰，用进废退，后天获得性状可遗传"的原理。他的创见来自自然界的客观事实。用现代语言表达的话就是适应性变异才能遗传。拉马克的理论为达尔文进化论体供了重要的思想支撑。

站在唯物主义自然哲学立场上的严肃的科学家决不否认生物体作为一个统一的体系其各个部分之间的有机联系。我国著名生物学家童第周在1963年的《遗传学问题讨论集》第三卷上发表的《生物的发育是辩证的》一文里极其详尽地阐述了细胞核、细胞质之间的相互依赖、相互控制关系，各种细胞之间的相互诱导等实验研究报告。他的实验彻底驳斥了魏斯曼的"种质不受体质的影响"的、毫无事实依据的、形而上学的说教。进化生物学家人所周知：生物演化过程中器官相关变异律是常识。达尔文写道："生物的全部机构，在其生长发育过程中彼此如此紧密地联系在一起。因此如果有任何部分在发育中出了一些微小的变异而为自然选择所积累。则其他部分也要相应地变异。"

达尔文在《物种起源》里写道　"食粪蟑螂前肢跗节消失（后天），可认为不是残肢的遗传而是不使用的结果”（《物种起源》）。他还列举马德拉甲虫又称达尔文甲虫的例子时写到“其跗肢受损是因为不使用而造成的变异”。我们可以列举克罗地亚地下岩洞淡水湖里生存的蝾螈、白鱼（双眼退化）、茨盖鱼（*Pamacanthus imperator*）白化、塔斯马尼亚鸸鹋（*Dromaeus novaechollandiae*）、非洲鸵鸟、南极企鹅（*Spheniscus demersus*）前肢变态，生存在波斯尼亚杜罗河里的大型青蛙蝌蚪的变态，澳大利亚鹤鸵（*Casuarius casuarius*）和新西兰的几维鸟的翅膀退化。几维鸟的羽毛变狗毛，是因为新几内亚岛上无猎食动物，其翅膀不仅无用，反而浪费能量。马达加斯加的指猴的中指延长变成“叩诊锤”，用以叩击树皮觅食昆虫幼虫。日本有一种爱吃右旋蜗牛的蛇，它是右旋蜗牛的天敌。在天敌的致命威胁下，日本蜗牛的体形改变为左旋形形体。借此出现变异的蜗牛避免了物种灭绝的厄运。无数实例证明，达尔文引用拉马克的用进废退，后天获得性状可遗传原理并不是败笔，而是继承先人科学成果的成功范例。达尔文从许多物种的对比中看到了“习性和器官的使用和不使用的效果”。他又说：“变种走向新种的过程，可以归因于自然选择的作用，由器官的使用和不使用的效果来决定。”若从系统发生来看，动物器官的使用和不使用的效果的实例数不胜数。器官的使用不使用；后天获得性状可遗传；去除有害变异和中性突变，保留有利变异；生存斗争；性选择等进化论的一系列原理的寓意隐含在达尔文的自然选择原理之内。这就是达尔文理论创新所在。

达尔文的自然选择原理的核心是生物进化过程中每一个世代里总是把微小的有利变异保存下来，累积下来催生生物物种进化，有害变异逐渐被消灭。现代遗传学研究已证明，动物个体近亲交配所造成的有害变异积累成致死基因或后代不育症，大约经过动物繁殖15代之后携带这种有害基因的个体死亡或不育，从种群的基因库里消除有害变异的基因。

由此可以说“非达尔文进化论”的“演化理论”中突变是没有方向性的，是无序的和中性基因论者的基因漂变实现生物进化是偶然的、随机的，与环境无关，命运好的中性突变才能偶然地增殖下去的观点在生物进化的无数事实面前没有任何一点可供支持的事实。在较高等动物进化中，由扇鳍鱼（*Ripiditia*）发育出两栖类动物，由迷齿类（Labyrinthodontia）虾蟆龙（*Mastodonsauerus*）演化出爬行类动物都不是偶然的、不是命运决定的变异。达尔文看到：“自然选择向着各器官的分化量和特化量前进。器官的特化量向着能行使较好的功能方向发展”。（《物种起源》）

海绵动物（Spongia）、棘皮动物（Echinodermata）成虫失去两侧对称体形而演化为侧生动物（Parazoa）失去了再向高等动物进化的趋向。这符合达尔文的论断“自然选择都易使动物的构造适应于它的已改变了的习性，或专门适应于若干习性中的一种”（《物种起源》）。又如蜥蜴是四足类爬行动物，大约在晚白垩纪，距今1.2亿~1.1亿年前有些蜥蜴物种四肢逐渐退化，延长的躯体行波状运动演化成为蛇目（Serpentformes）。这种动物的某些物种的肛孔附近仍残存着后肢残迹，称肢带。这里无法否认体形极度延长、四肢不适合使用而废用性退化：腹壁着地爬行中腹鳞的运动执行百足虫步行肢的功能。又如海栖爬行动物，海栖哺乳动物在5000万年前由陆生环境转变为水生环境时祖先型前肢逐渐演化成为划桨，而且其后肢变成水平扇形尾，以保留其祖先四肢动物奔跑模式。其体形蜕变成酷似鱼类流线形体躯，几乎都用肺呼吸。而善于潜泳的海兽、潜鸟、海龟、海蛇、水蟒之类动物红细胞里出现大量贮氧型血红蛋白，再加上占体重70%的肌组织的肌红蛋白和乳酸氧化还原反应，以补助潜水乏氧环境的不适条件。无尾两栖类动物蛙（*Rana*）的幼体蝌蚪形似鱼类，在水生生活阶段出现外鳃（External gill），成虫开始用肺呼吸而外鳃退化。达尔文指出：“自然选择常常使生物的各个机构不断地趋于节约。在变动的生活条件下，一种本来有用的构造如果用途不大了，则此构造的萎缩，对于个体是有利的，因为可以使养料不至于消毫在无用之处。”

我的理论创新：

人工损伤和基因突变都是非正常因素造成的基因骤变的后果，并不是在连续多世代繁殖过程中逐渐塑造的适应性基因变异的产物。因此人工损伤和基因突变不能遗传，这不是自然选择的产物。

第六节　人工选择与自然选择

达尔文在《物种起源》的第1、2节里论述了人工选择和自然选择的特点和弊病。科学进化论的精髓是自然选择原理的自然哲学观。河北师范学院编著的《生物进化论》（1975，116页）的著者生物学教授、博导、专家们在自己的著作里写道“自然选择通过对具有不同生存性的个体生殖作用的控制，也就是淘汰那些不利于生存的个体，保留有利于生存的个体，引起基因频率发生改变，获得新的生物类群。”从此段描述可以看出著者们把自然选择看成为自然界有意挑选有生存能力的个体加以关照，即当作宠物加以保护，而把没有生存能力的个体加以淘汰。本来自身具有生存能力的个体没有必要借助于自然界的关照和选择。这是对于达尔文的自然选择原理的自然哲学的曲解或扭曲。达尔文进化论的自然选择原理是“有利变异的保存和有害变异的消除，我称之为自然选择，或适者生存”。“自然选择并不计较外貌，自然的作用遍及内部各器官，遍及微细的体质差异，遍及整个的生活机构”。怎样理解达尔文的自然选择的科学含义方面各种著作里有各种不同的理解。我们理解达尔文的自然选择的含意是：生物体选择对于自身生存最适合的自然环境，如在气候条件、生态环境等各种因素里“适者生存”。如果逃不脱极端恶劣不适于生存的环境时生命即将灭亡——自然淘汰。当我们讨论生物进化或退化的原因时绝不该把一切归因于自然选择的作用。达尔文提出的人工选择则“人类只为自己的利益而选择，人类仅就外部可见的特征加以选择”。人工选择出现的新的物种虽然就某一些后天获得的性状特别优越，但是失去众多其祖先遗留下来的、在野生角斗中获得的基因，如耐寒能力，耐饥耐饿，抗病能力，如北极熊或棕熊半年不进食不致被饿死，长吻鳄可以两年不进食不致被饿死，秃鹫（*Aegypius monachus*）、非洲鬣狗饱食腐肉不会感染肉毒杆菌。人工选择是按达尔文的原话“养畜者以其几十年的经验眼光，挑选特殊性状的个体加以培养”（《物种起源》）。有人提到人工选择培养出来的新物种远比自然选择出现新物种的时间短暂。似乎要说动物物种进化就是骤变而来。但是我们不可把不同的事实加以混淆。这是因为饲养者以几十年经验所识别的眼力为自己的利益挑选特殊性状的个体进行交配，被挑选交配的雄、雌个体都是已经具备优良基因特性的个体。其后代应该具备父母双方的最优遗传基因，最有优体质，最大限度地满足饲养者的利益。而在野生种群里性选择决定较为优良的雄性个体留下较多的后代。但是选择配偶的随机性极广，不可能出现特定性状的种子选手。野生环境中生存的动物每日每时为获得食物而耗费尽全部能量，冒生死的风险，觅到食物的几率无法确定。有时在饥肠辘辘中煎熬度日，每日每时在生存与死亡的边缘上挣扎，为逃避天敌使出全身解数。相比之下人工选择的动物堪比活在“敬老院”，衣来伸手，饭来张口。它们悠闲自得而不付出点滴的能量。两种选择中动物个体从环境中得到的有利条件的差异决不可忽视。有人认为人工选择可在短期内，即所谓瞬间获得进化。这种人应该注意分析问题的细节。人工选择所选配的雄雌双方都是已经具备高度进化的优良基因。

第七节　后天获得性状能否遗传

魏斯曼（1839–1914）认为，生物的遗传必须通过种质（Germ plasm）实现，而与体质无关。获得性状属于体质的变化，不能遗传。

我有一本藏书（1995年，我的书房荣获呼和浩特市体报社，呼和浩特市民族民间文笔家协会，《这一代》编辑部第一届藏书家荣誉证书）里有古埃及法老时代描绘的妇女生育图。图示一位妇人，腹里怀有一小人，小人腹里又套一小人。如此层层套着小人，就像俄罗斯木刻玩具套娃一样。古埃及人很形象地描绘出了种质连续学说的最原始的版本。这是7000年前的人类理解物质世界的先例。现今的科学常识摆在我们面前的是：生物界有种类众多的低等无脊椎动物依靠无性生殖，而繁衍其后代。还有地球上生存的多数植物物种依靠插枝、压条进行繁殖，靠爬行根增殖的植物物种只有体质而无种质，仍然按亲代的遗传基因繁育出亲代的“复制品”。但不是套娃就能证明魏斯曼的学说。

我们都知道，动物界在早期原始的多细胞后生动物个体发生过程中，在胚胎早期卵裂球中根本没有种质细胞。Korschelt，E.et al.1936年报告说，蠕形动物门还无特化的生殖细胞，如涡虫的生殖功能的担当者无法被辨别。多毛纲环节蠕虫沙蚕、海蚯蚓的肠上皮细胞演化为生殖细胞。从环节蠕虫开始，才开始出现生殖腺。人类胚胎性分化期才由内胚层细胞分化出大而球形游走细胞转移到性腺里行使生殖功能。魏斯曼的继承者坚持体细胞与生殖细胞无关的论点在生物学最普通教材里无处可寻，与动物生理活动无法捏合。又如腔肠动物水螅虫在夏季温暖季节里从外层体细胞里增殖出枝芽。在12天内已断裂的枝芽能生长8倍大于枝芽的新的个体。在秋季气温不利时在枝芽细胞中间分化出生殖细胞。不论枝芽增殖或是生殖细胞增殖都是来源于体质细胞。又如高等动物物种的生殖细胞都起源于体质细胞。达尔文提到“改变了的条件直接加于全部有机体或部分有机体和间接通过生殖系统发生作用”（《物种起源》）。高等动物机体具有的二倍体染色体的每一个细胞都有全套该机体的遗传基因。每个细胞既有共有的相同基因，也有不同的量化、分化、专业化和特化的基因。例如变色龙舌尖黏膜上基因产生红外光传感物质，哺乳动物舌根黏膜含有味觉物质。不同动物物种眼底感光细胞比例显著不同（见本书第二章第五节）。魏斯曼的种质，即普通生理学教科书里称的精子和卵，只不过把来自父母双方的半倍体加半倍体染色体所含的遗传基因传递给下一代合体的一个细胞。我们用俗话叫“投递员”。

近些年来，体外细胞培养高等动物任何一种已分化的终端细胞，即用细胞扩增培养技术由表皮细胞能克隆出小鼠、豚鼠、羊、犬等动物。实际实验无可辩驳地证明高等动物体质细胞中凡是具备二倍体染色体，并且能够进行有丝核分裂的细胞都有可能成为多潜能干细胞。在这些实证面前大名家魏斯曼和他的在21世纪分子生物学时代的知识渊博的教授们却把动物机体分成互不相干的种质细胞和体质细胞的做法实在耐人寻味。

我们的这一新见解（可以称得上是新发现），足以能够为达尔文进化论同“非达尔文主义进化论”和“新达尔文主义进化论”之间进行的120多年之久的争论画上句号。

达尔文强调“无论人工变异或自然变异都不是人造的，而是自然界本身的发展规律”（《物种起源》）。我们发现基因突变的后果和人工损伤的后果相同，都不能遗传。

第八节　遗传和适应

达尔文主义进化论的代表性著作《物种起源》里自始至终贯穿着一条主线就是遗传和适应的问题。虽然在达尔文所处的年代里，关于遗传基因分子结构（DNA、RNA）还处于萌芽状态，但是深入分析动物物种变异时不可能绕过这个问题谈论进化。达尔文的创新所在就是，围绕着遗传性变异和适应性变异展开的论述。他的同时代人奥地利遗传学家孟德尔（G. J. Mendel, 1865）在植物育种实验中，在宏观观察遗传性状的基础上奠定了生物遗传学原理。达尔文和孟德尔都没能阐述DNA、RNA为蛋白质合成的模板功能。《新考》的作者下结论认为“达尔文不懂得遗传及变异的规律”。《新考》作者的一系列论述和遗传学规律更是南辕北辙。在贬低“达尔文不懂得遗传及变异的规律”之前还是审视一下魏斯曼派的割尾实验为依据的遗传学知识为好。

我们不妨回顾一下人类驯化野生动物、人工改良动物品种的历史，在这方面人类已有上万年的实际经验，积累了丰富的遗传学感性知识。人类认识世界的知识经过传承才会有现代科学的。达尔文的时代并不是对于动物遗传一无所知。但也谈不到量子化的水平。我国有位专家评述我的书稿时说孟德尔的遗传学是量子化遗传学，实际上孟德尔遗传学只是量化记录。计算出豌豆籽粒中杂合子和纯合子（基因型和表现型）的比例量化计算结果（如9、3、3、1的比例）。1964年施履吉发表专著《定量组织学实验技术》，列举了测量组织的长度、面积、厚度及各种参数。我的研究生们应用德国产分光扫描显微镜实测了血细胞的各种酶活性在单一细胞里的活性强度，各种同功酶亚基单位的杂合子、纯合子的量比关系。他们应用光密度扫描测定法和波长扫描测定法进行定量研究的。这种量化技术和量子化学技术完全不同。我们的专家、教授只看到量化和量子化都姓量，而相互混淆。

这位专家不知道，他所说的孟德尔的量子化实验和普朗克、狄拉克等的量子力学（Quantum mechanics），在时间上相差190年。这位专家肯定还不知道我国刘若庄（1983）；刘次全，温元凯，曹槐，陈洪（1989）；刘次全（1990）；邹承鲁（1997）；赫柏林，刘寄星（1997）及其他许多学者以《量子生物学》中文书名公开出的书。外国人如AC. 达维多夫（1979）的《生物学与量子力学》（中译本，1990）；永田亲义《量子生物学入门》（1975），以及Schrädinger, E.（1944）的英、德、法、俄等各种文字的《量子生物学》专著出现已有60余年的历史了。我国还有"专家"评审本国公民的著作时声明"进化生物学现今的发展阶段为基因学、后基因学发展阶段，量子化学对生物学帮助不大"。我国现今的350多万教授级专家中还不知到量子化学已经渗透到进化生物学的历史已有半个世纪的人不会是个别人。

有的专家大概对恩格斯的《自然辩证法》或《反杜林论》不屑一顾；不值得分析拉马克在自己的《动物的哲学》里阐述的"优胜劣汰原理"和达尔文在自己的《物种起源》里阐述的"适者生存"原理的相同意义。据我们的分析，达尔文主义的理论体系与拉马克的论点具有与生俱来的连贯性。达尔文明确说道 "适者生存，我称之为自然选择"。

相反，魏斯曼学派缺少思想的连贯性。他们把一个动物机体里的体质与生殖看做相互无关的孤立的两部分。总是提出别人"没有实验根据"，但是他们自己拿出的根据是人工损伤造成的后果，以此作实验，根据企图贬低别人的想法提出的来自自然界的事实根据。俗话可形容其为"以假乱真"。

拉马克最先提出生物的生存环境因素对于生物物种进化具有重要影响，这就是"适者生存原理"；其次拉马克的结论包括动物体的器官经常使用者发展壮大，不使用者退化萎缩，这就是"用进废退原理"；第三点是拉马克确认，在适应环境条件的过程中动物体后天获得性状可以遗传的原理。拉马克的用进废退，后天获得性状可遗传原理受到魏斯曼派的反对。有些人提出自然选择与获得性遗传相矛盾。达尔文是这样回答这个问题的"如果有利于生物的变异确实发生，则具有此等性状的个体将在生存斗争中有最好的机会得以保存，并且根据坚强的遗传原理，它们将会产生具有相似性质的后代。此种保存原理，或适者生存，我称之为自然选择"。

米丘林（Мичурин, А.И., 1855–1935）在植物育种研究中形成了基本上与拉马克学说，查·达尔文进化论相似的遗传学理论。米丘林在苏联的较寒冷地域栽培了300多种果树和麦类品种。他在对果树进行气候驯化、大量选择、有性杂交、无性杂交、定向培育、远缘杂交等方面创造了许多技术方法，为进化论提供了重要原理。最显著的是使许多适应于温带气候生长的果树，可以在北方寒带地区生长，打破了果树生长的北限。由此米丘林学派得出结论认为环境不仅对生物的遗传性的选择和淘汰可起一定作用，而且是引起遗传性变异的直接原因。

达尔文及其继承者们一再强调祖先遗留下来的基因是生物进化驱动力的基础。我们完全赞同这种论点。由此我们希望考察一下祖先遗留下来的基因的根源和变异。

地球历史上隐生宙太古代晚期，距今大约21亿年前在水生环境里生命物质——蛋白体（蛋白质、脂类团块）诞生了。这些最原始的生命物质里还未出现基因物质。当时的化学物质的演化程序不可能衍生出分子结构极为复杂的核苷酸链，只能是蛋白质以蛋白质为模板复制蛋白质。生命物质进一步进化为单细胞生物体——原核生物体内出现了分散的核苷酸链（DNA、RNA），其信息量极少。大肠杆菌的DNA链含3000个密码子，果蝇DNA链含15000个密码子，是大肠菌的50倍。人类DNA含3.2×10^6Bp，是大肠杆菌的1000倍。由上述数字可以看出人类的祖先原核生物，真核生物，多细胞后生动物，脊椎动物，哺乳动物的基因物质从含有极少量的信息开始伴随着体质结构、生理功能、生活习性的复杂化，基因物质的信息量在步步增加。还可以说基因信息逐步增加导致蛋白质种类增加。摆在我们面前的事实很清楚地表明祖先留下的基因物质是一代接一代后天获得新的基因，一代接一代遗传下来的。庚先生认为达尔文吸收拉马克学说是迫于质疑的压力写下的败笔。这是庚教授以他的先导魏斯曼割掉小鼠尾巴的人工损伤不可能引起可遗传的获得性性状为标准来否定拉马克的后天获得性状可遗传原理。按着魏斯曼派的后天获得性状不能遗传的话，地球上的动物多样性不可能出现。如今的地球上只能看到一切动物的祖先型——原生生物。不可能谈论进化论。

人们又提出一个问题：生物发生发育过程中先出现蛋白质，还是先出现核苷酸链的？（类似先有鸡蛋，还是先有鸡？）问题的深层含意里暗含着如果没有核苷酸就不可能出现蛋白质。从海克尔时代以来探讨生物进化的动力时必然把遗传与适应联系在一起。进化生物学者承认生物的生存与进化不可能没有生存环境提供必需的物质条件，生物个体适者生存，不适者被淘汰（优胜劣汰）。这是自然界的客观规律。只有非达尔文主义进化论者主张生物体内的“分子进化与环境无关”。

澳大利亚新南威尔士大学动物系主任T.J. Dawson（1978）专论澳洲大袋鼠（*Macropus giganteus*）适合在澳洲干旱草原上生存最成功的动物的特性证明：动物物种适应环境条件，改变习性，后天获得性状能够遗传的极明显的事例。大袋鼠的祖先是2亿年前的三叠纪世代的爬行类动物。是在2500万年至1000万年前演化出来的具有尿囊、无绒毛膜胎盘的有袋类真兽（Eutheria）。

大袋鼠的适应性特征是：用后肢跳跃运动要比四肢行走节约能量（如在1.2亿年前的霸王龙就是以后肢加尾巴跳跃前进的）；育儿袋的出现，缩短了怀孕期，节省母体胎盘供血量，避免母体受免疫侵害；有袋类的基础代谢只有其他类型有胎盘类动物的70%，因为幼仔出生后生存温度较低（+35.6℃~36.5℃）。休息时以舌舔前肢毛细血管最密集的部位，以最节能方式散热，和所有反刍类动物一样有瘤胃（背囊），将蛋白质代谢尾产物——尿素送回前胃发酵，重新合成蛋白质，而不以排尿形式排出体外。这是在干旱草原生长的草禾食物缺乏蛋白质的情况下最成功的适应环境的实例，与此同时少排尿也是保存体内水分的一种适应手段。

众所周知，草食动物山羊的肠管长度与体长之比为24∶1，而肉食类动物，如犬科或猫科动物的肠管长度与体长之比为8∶1。因为草食动物食物里蛋白质贫乏，而食肉动物食物所含蛋白质丰富。远途飞行的候鸟将蛋白质代谢尾产物不以尿素形式排泄，而以尿酸形式排泄，当每排除一分子尿酸时回收6分子水分。鸟类、大袋鼠的祖先爬行类动物则以尿素形式排泄。这就是鸟类在高空飞行的生存模式决定尽量少带水，以减轻负荷，节约用水的有利变异（舍英《应用同功酶学》，2001）。

在干旱沙漠地区生存的骆驼、南美洲安第斯山脉生存的羊驼（*lama alpacos*）的血液红细胞呈梭形，长径7.35μm，短径4μm。其他高等哺乳动物血液红细胞呈双凹圆盘形，椭圆偏心率很小。骆驼和驼羊生活在干旱缺水地区，其血液、乳汁浓度很高，因此梭形红细胞能比较顺利地在浓稠血液的毛细血管里循环。动物机体为适应生存环境而体形、器官、组织、细胞、蛋白质分子结构的变异，随着动物机体的复杂化、代谢功能的多变，酶、蛋白质种类急剧增多等无数事实不可否认。

无尾两栖类动物四肢分布于腹部旁侧，而完全进化到陆生动物时两侧前后肢相互靠近转向腹部下面，因此陆生四足动物真兽类（Eutheria）中的啮齿目（Rodentia）、食肉目（Carnivora）、偶蹄类（Artiodactyla）、奇蹄目（Perissodactyla）动物物种，猫科动物、犬科动物的四肢使躯体离开地面奔跑，这类动物的奔驰速度极高，在生存斗争中占有极大优势。

又如海栖爬行动物、海栖哺乳动物在5000万年前由陆生环境转变为水生环境时祖先型前肢逐渐演化成为划桨。而且其后肢变成水平扇形尾以保留其祖先四肢动物奔跑模式。几乎都用肺呼吸，而又善于潜泳的海兽、潜鸟、海龟、海蛇、水蟒之类动物红细胞里出现大量贮氧型血红蛋白再加上占体重70%的肌组织的肌红蛋白和乳酸氧化还原反应，以补助潜水乏氧的问题。

无尾两栖类动物蛙（Rana）幼虫蝌蚪形似鱼类，在水生生活时出现外鳃（External gill），成虫时开始用肺呼吸而外鳃退化。达尔文指出："自然选择常常使生物的各个机构不断地趋于节约。在变动的生活条件下，一种本来有用的构造如果用途不大了，则此构造萎缩，对于个体是有利的，因为可以使养料不至于消毫在无用之处。"

我们在上边已列举过哺乳动物翼手目（Chiroptera）鼠耳蝠（*Myotis*）、大鼠耳蝠（*Myotis myotis*），皮翼目（Dermoptera）猫猴（*Galeopithecus volans*），太平洋飞鱼（*Exocoetus volitans*）都是用进废退的实例。

关于特殊习性与特殊构造的生物起源与过渡的问题时达尔文说"反对我的意见的人曾问道：比方说陆栖肉食动物怎么能变成水栖习性的动物？"达尔文列举了美洲水貂的习性变换，如夏季入水捕鱼，寒季登陆觅食。这就像非洲肺鱼在旱季由一水坑跳入另一水坑，由此从鳃呼吸转化为肺呼吸。这不可能是"预适应"，而是在生存环境的压力下，自然选择迫使其变异的后果。宇宙空间里没有没有原因的结果，同时也没有没有结果的原因，所谓"预适应"是没有原因的结果的同义词。也是对"目的论"的变相解说。

达尔文在《物种起源》一书里指出："任何有害的变异，虽然有害程度极为轻微，亦必然消灭这种有害的个体差异，有利变异的保存和有害变异的消除，我称之为自然选择，或适者生存。"

达尔文的自然选择原理的核心是生物进化过程中每一个世代里总是把微小的有利变异保存下来、累积下来催生生物物种进化，而有害变异则逐渐被消灭。现代遗传学研究已证明动物个体近亲交配所造成的有害变异积累成致死基因，动物繁殖大约经过15代之后携带有害基因的个体就会死亡或不育，从种群的基因库里消除有害变异的基因。

在较高等动物进化过程中，由扇鳍鱼（*Ripidistia*）发育出两栖类动物，由迷齿类（*Labyrinthodontia*）虾蟆龙（*Mastodonsaurus*）演化出爬行类动物都不是偶然的、命运决定的变异。达尔文看到："自然选择向着各器官的分化量和特化量前进。器官的特化量向着能行使较好的功能方向发展"。（《物种起源》）

海绵动物（Spongia）、棘皮动物（Echinodermata）成虫失去两侧对称体形而演化为侧生动物（Parazoa）失去了再向高等动物进化的趋向。这符合达尔文的论断"自然选择都易使动物的构造适应于它的已改变了的习性，或专门适应于若干习性中的一种”(《物种起源》)。

我在本书里引述了不少有关哲学的原理。本来这本拙作是进化论著作，并非哲学著作，但是进化论与生物学某些狭窄的学科不同，它所涉及的学科门类极广，几乎适用于自然科学绝大多数学科。

自然科学各门类的核心学科是数学、物理学及化学（分子物理学）。在自然科学各门类的发展中所考察到的实证资料由量变到质变，形成客观世界发展规律的理论认识。但是量变到质变时总会有个转变的关节点。数学、理论物理学、化学用极为简练的，不易歪曲的公式、常数、定律、法则表述下来，固定下来，这是人类智慧的结晶。

数学、理论物理学、化学（分子物理学）为所有外围学科提供新的研究手段、研究技术设备、精确的参数依据，所以我们称之为核心学科。

哲学是人类智慧更高等次的思维方法、思维逻辑，哲学是从客观物质世界一切物质运动规律中提炼出来，用抽象的概括推理的理解自然界本来面貌的思维方法，哲学超越于所有考察、实验、测量等技术方法，甚至它可提出预言（不是爱因斯坦所说的思想实验）。

自然界的一切物质的存在形式是相互作用的（黑格尔语），在变异中取得相对平衡，物质运动是绝对的，静止是相对的，没有永恒不变、永远平衡的物质运动形式。哲学是物质运动基本规律在人类头脑里以抽象的形式所反映的结果。所以在人类社会里，包括自然科学家，在自身的成长经历中难免会受各种社会经济地位、不同意识形态、不同生存境遇等不同生存条件的影响。因此不可避免地面对同一事物、同一现象出现不同的思维逻辑。如唯心主义的、形而上学的、经验主义以及各种扭曲了的逻辑。一千多年前的古希腊哲学家总结人类智慧从所创造的所有知识财富中凝结出来的哲学思维逻辑就是辩证法。在19世纪中叶，马克思和恩格斯接受德国古典哲学的精髓奠定了辩证唯物主义（Dialectical Materialism）哲学体系，只有这种哲学体系才能准确无误地解析自然界物质运动的动态平衡状态。至今人类所发现的一切说明自然界客观规律的科学发现同辩证唯物主义思维逻辑相吻合。

因此，可以说文艺复兴以来400多年的自然科学的一切成果证明，凡是站在唯物主义自然哲学根基上的科学理论才被公认为真科学，偏离辩证唯物主义哲学一步的理论都走向斜路。真理走错一步，就成谬论，失之分毫，差之千里。所有具有思维能力的人，自觉或不自觉地都受到某种哲学的支配。进化论范畴里的争论既来自对物质运动表象的不同判断，也来自哲学思维逻辑的差异。

遗传（Heredity）和适应（adaptation）问题是达尔文进化论和一切类型的非达尔

文主义进化论的理论争辩的重点课题。我们把适应看做是生物进化中获得越来越多的遗传信息量以便更好地使个体特征传递给后代的进化过程；把遗传看做是抗拒遗传信息创新的保守过程。与此同时，把遗传看做是继续保留既得特征传递给后代，使物种延续下去的进化过程；把适应看做是破坏废用性蛋白质和器官的保守过程。这就是自然界的辩证法。

第九节　利己与利它

2009年纪念达尔文200周年诞辰暨《物种起源》出版150周年，《上海科坛》（2009）里关于利己和利它问题的讨论，没有给出明确的解释。我们仔细分析从隐生宙晚期出现原生生物发育演化到最高等哺乳动物人类的发育历史时看到，生命物质得以生存的首要的共同属性是选择有利于自身生存环境（包括寻觅食物，即营养物质、同化、异化、增殖）适者生存。就是利于己才能生存。因此没有一种生物个体不参与生存斗争（与自然界或生物）而能生存。因此可以说所有生物物种包括人类就是利己的物质。它不同于无生命物质。生命物质的最主要特征是新陈代谢，复制自身。这就决定要从自身生存的周围环境自主取其所需。

从低等物种发育到高等物种时最多见的利己形式是弱肉强食，损它利己。所以在人们的习惯性观念里形成了利己等同于弱肉强食。但是不尽然，所有物种不一定都是弱肉强食，也有利己又利它的互利共存的生物物种。例如海葵（*Actiniaria*）与寄居蟹（*Pagurus*）和谐共栖，海绵动物六放海绵（*Hyalonema*）和俪虾（*Spongicola*）形成偕老同穴（Euplectella）之类就是不同物种互利共生，就是利己的基础上又利它。又如高等哺乳动物犬科动物非洲野犬可以哺乳自生幼仔或它生幼仔。这种犬科动物是非常合群的动物。它们获得猎物时可供群体分享，群体里的任一强壮个体向来不独享猎物。秃鹫也自愿喂养其他鸟的幼雏。但是从动物界整体来说，形成各级食物链，各级物种靠弱肉强食才能生存。这是肉食动物维持生命的普遍生存模式。这类动物对待弱势物种不损它利己就是死亡。尼罗河鳄鱼不杀死猎物充饥至多活两年，北极白熊不进食至多活一年，加拉帕格斯象龟也可断食一年。猎豹断食三五天就无力追上羚羊，难逃饿死的命运。

人类是社会化的物种。人的个体已经失去甲壳、毛皮之类的防护器官，已经失去锋利的獠牙、屠角、利爪或剧毒之类猎食武器。人类已经学会了种植农作物获取生存资源，学会了从生存环境中获取衣、食、住等生存用具。甚至学会了利用化学原料，能人工合成食物和工具。

人类的大脑能够自我意识到个体生存不可不依靠群体的生存。因此个人的生存和群体的生存不可分。必须利己又利它的个体才能融入社会群体里，才能适者生存。人类个体之间具有社会分工，创造财富，共同享用才能体现个体生存的价值，才能体现个体利己的结局。那种脱离社会群体只顾自己的极端自私者不可能获得良好的生存保障。更是那些只为利己而又损它者或既不利己还损它者之类的弱肉强食的个体由人性回变为兽性和野性。人类的大脑进化到了能构权衡群体的社会化与自我生存之间的关系。个体服从群体的利益，自觉遵守群体的道德规则，群体的法治规范。这种社会化的意识已成为人类的第三种本能。如美军入侵伊拉克期间黑水公司老板滥杀无辜平民从中获得巨额利益。此类弱肉强食的人，在人类群体里不可能占有道义地位和生存地位。可是现今的所为“国际社会”明显地以双重标准包庇着黑水公司的反人类罪。这种社会秩序不可能被人类永久接受。

人类群体里，利己又利它的同时不损它者是常人。把利它放在比利己更高的位置上的人是高尚的，是社会主义—共产主义价值观的体现者。必要时舍得利己的权利即舍身救人者是人类的精英。

第十节　食与性

量子生物学家永田亲义的《量子生物学入门》(1975)，A.C.Двидов《Биолоия и квантовая механузма》(1976)，郝柏林、刘寄星《理论物理与生命科学》(1997)等著作都从量子力学原理角度提出了生命物质的基本概念。他们的结论是生物机体为对外开放的体系，不断从外界环境中吸取营养物质以求热力学平衡。最近出版的《表观遗传学手册》(2011，英文版，P425-429)里也强调环境因子中首要的是营养物质对生存和繁殖的持久性效应。

我们把生物体吸取营养物质的活动简称为“食”，单细胞原生动物(protozoa)以吞噬形式捕食海水里的浮游生物或同种异体，进行氧化、同化获得生存繁殖能量。草履虫开始出现咽裂、肠道、肛孔捕食细菌等异物为生的消化系统的雏形。在高等无脊椎动物和脊椎动物宗系发生过程中，首先完善消化系统及其中枢神经系统，如咽管环状中枢神经系统。人类为生存和繁殖所需求的最低条件是衣食住，即民以食为天。

动物进化中生存斗争的核心因素是个体生存和繁殖后代的问题(食和性)。 生存在同一地区内的同种个体之间或异种个体之间为争夺食物而拼搏是生存斗争的最显著的最主要的现象。无政府主义者首领俄罗斯克鲁特泡金（П.И.Крупоткин，1842–1921）提出的动物“物种合群和互助是进化的主要因素”。现代综合进化理论者坚决反对他的主张，认为动物物种进化与种内斗争之间的相关关系很重要，但是合群和互助不足以成为进化的动力。我们原则上赞同后者的论点的主要方面。动物种内互助和合群不可能成为物种进化的主要动因，但是可以认定动物群的个体协作在生存斗争中占据显著优势地位。以此减少遗传劣性个体，保持遗传强壮个体对物种繁衍的贡献不可漠视。克鲁特泡金说：“从来不存在动物种内斗争的事实”是无根据的推测，克鲁特泡金又说从来没有动物种内斗争的实例，我们展示俄罗斯东部堪察加半岛上生存的虎头海雕为争食而猛烈撕咬的录像，还有堪察加雪鸮幼雏为争夺食物饿死同巢弱小姐妹；在加拉帕格斯群岛上生存、繁殖的蓝脚鲣鸟同巢两幼雏在母鸟的眼皮下强者把弱者活活啄死；非洲雄狮把非自己婚生的（非自己血统的）幼狮杀死吃掉，狮、虎、狼等肉食动物在“狼多肉少”的情况下同种个体间生死相拼的现象是人所共知的情况；在马赛马拉河两岸塞伦盖蒂大草原上，马拉河里生存的长吻鳄为争食咬断同类的上颚（录像）；生存于镜泊湖里的长吻中华鳖（*Trionyx sinensis*）同类相食是此物种的习性；生存于新西兰南岛南端的洪堡企鹅无天敌，在平地上各自挖洞筑巢，流浪企鹅企图占据人家的巢穴时，巢穴主禽与流浪者拼死相啄，最终追至远处将入侵者啄死才罢休。

为争食物而斗争是动物界种间最普遍的现象。食肉动物与草食动物间的斗争，如狮群捕猎斑马、角马（*Connochaetes*），老虎猎捕梅花鹿，鳄鱼捕食斑马、角马，猞猁捕食珍珠鸡等最常见。猫鼬（*Herpestes edwards*）善于捕猎眼镜蛇（*Naja Naja*），其体内有抗毒素；狮子水牛相斗，狮群可猎捕水牛。狮子与水牛单独相斗时狮子不敌水牛。狮子与鬣狗是仇敌，一只狮雄能咬死一支鬣狗。猎豹善于捕猎羚羊，但遇到鬣狗群会悄然丢弃猎物逃上树枝，因为猎豹一旦受伤不能追捕猎物只能被饿死。

达尔文谈道：“各种生物都求以几何级增加其后代。它们必须以生存斗争求得不致出现重大死亡。死亡的来临是迅速的，但强壮者、幸运者总会生存和繁殖。”

动物界生存斗争以求繁衍后代的行为被人们称为“性”选择，因为繁育后代与动物个体生存对于物种延续具有同等重要意义。但是为繁殖后代在生存于同一地区的动物个体间的斗争仅限于同一物种范围内。因为生殖隔离壁垒阻止异种间为繁殖而斗争。高加索盘羊雄性间为争夺雌性在悬崖上的角斗。太平洋鲑鱼洄游数千公里到达出生地西伯利亚冷水湖浅滩产卵后死去，雄性鲑鱼带领幼鱼回归太平洋，雌性繁殖而死。俄罗斯极地雄性麋鹿头顶生长重约20kg、宽度达2m的大角，这只是用于得到雌鹿的芳心。生存在印度、孟加拉的雄性孔雀（*Pavo muticus im perator*）长有2m长鲜艳夺目的长尾，也是只用于争得雌鸟的钟爱。这些多余的角和尾成为个体生存的负担。它们在生存和繁殖之间牺牲个体生存，只求繁殖而活着。植物和动物间也有生存斗争的实例，如猪笼草、茅膏菜、捕蝇草、格陵兰仙女树花等植物诱骗捕食昆虫。

生存斗争，并非全都属弱肉强食，动物个体或动植物间也有互利共生实例，且并非鲜见。达尔文在《物种起源》里写道："生物的相互依存性是生存斗争的广义上的名称，包括生物个体生存繁育其同类等含义在内。"本书著者游览过高加索高山冰川湖——里察湖（Озеро Рица），是高山雪线下的死火山口，其水源是山顶积雪融化而来，经落差很高的瀑布通过长100kg的地裂流入黑海。湖岸上建有许多餐馆，餐厅中心地面留有接触湖水的水池，游客可直接指认捞出的大鱼做美餐。我们年轻学子出于好奇心，询问湖鱼来源得知：海鸟捕食黑海鱼卵，未经消化的鱼受精卵孵化出该湖鱼种，证明鸟类与鱼类的互利共生的事实。生存在墨西哥与南美洲的闪绿蜂鸟（*Chlorostilbon poort manni*）与美洲菊科植物三色堇（*Viola tricolor* var. *hovtensis*）、多色东轴草（*Tribolium poratense*）延长的花粉囊适于蜂鸟细长管状嘴吸食蜜汁的同时也帮助植物授粉。马达加期加岛国菊科植物，如向日葵花呈头状花序，其花粉囊短，适于蜜蜂短吻吸花蜜与授粉。生存于温带、亚温带地区山林里的交嘴雀属（*Loxia*）以松柏树的坚果为食，未消化的果实传播树种，这是动物与植物协同共生的实例。

作为动物进化最高等级的物种——人类，从野蛮时代到现代文明时代在种内书写着斗争的历史，如部落战争，种族压迫战争，贩卖奴隶，殖民战争，世界大战，在利比亚上空的"人道主义轰炸"，宗教战争等均出于争夺领土的野心，究其根源就是争夺食物的花样翻新的表象。现今世界上人类已觉悟到和平共处，和谐共赢，人类仍然是自然界的产物，应该利用人类所积累的科学技术为改造自然环境、改造社会制度尽其所能。但是无限度的人口膨胀是现今世界领土争夺的定时炸弹。

第十一节　奉为灯塔到被抹黑

2009年《上海科坛》专题里写到"150年来，《物种起源》的巨大影响远远超过了生命科学本身，已经成为人类思想史上光芒四射的灯塔"。在这次纪念演讲中称赞的声音事实上显得很空虚，而修正或扭曲的呼声确也实在响亮。纪念演讲会的主持者们写道“一直有观点认为达尔文主义显然不能算科学，它只是一个假说。——因此，进化论始终有很多争论。这是进化论本身的性质所决定的”。上海师范大学哲学学院和华东大学人文学院的专家们把150年来受到全世界科学界盛赞的，19世纪三大发现之一的达尔文进化论划定为“非科学，至多算作假说”。达尔文主义引起争论的罪过就在于“进化论本身的性质所决定”。我们不妨回顾一下历史看看：早在中世纪欧洲神权、君权统治的黑暗时期一切科学发现都在宗教法庭的火刑场上受到质疑和审判。布鲁诺因为传播哥白尼太阳中心学说在米兰广场上的火刑场活活被烤了两小时。只是因为他传播的科学本身的性质决定他的罪过而已。如今21世纪的上海的科学论坛上，进化论本身的性质所决定为“不算科学”，而复旦大学哲学院张志林教授的“本源意义上的上帝的智慧设计论能够补充进化论的缺陷”。由此可以确证：现今科学界里急风暴雨式的争论、质疑、批判、修正的狂澜把巨视生物学时代的一切成果，在进入分子生物学时代统统予以修正。哪怕是用本源意义上帝替换达尔文都在所不惜。人们要问：哥白尼肉眼观察太阳系恒星运转现象中解析出所有恒星围绕太阳旋转的规律，现今天文学家应用射电望远镜观察星体的年代，是否应该对哥白尼提出质疑或重新认定太阳中心学说，说其“本身的性质所决定它不是科学，而是假说”，还是用新的发现补充哥白尼学说呢？这就取决于一个学者是否能拿到不可辩驳的新的证据，是否有严谨的追求真理的态度，还是以轻浮的想象为依据、毫无事实根据的“新发现”而在豪华的实验室里无休止地饶舌、发表宏论。

上海科学技术学会出版的《上海科坛》(2009年，第4期)在纪念达尔文《物种起源》出版150周年学术研讨会上我国许多学者都发表了各自的论点。总的趋势是似乎肯定达尔文进化论的科学价值和对人类思想进化方方面面的推动和启蒙意义。但是有些人发表的见解值得商榷。论坛里刘绪源先生引述W.B.Canon(坎能)的“稳态理论”，提出动物机体内环境能够自我修复，对待外环境保持相对的稳态的论点。这是医学、生物学界普遍所持的共识。刘先生的意愿是要用“共生”的理论来弥补达尔文的“对于生存斗争的片面认识”。达尔文说“一切生物均有高速增加的倾向，所以生存斗争是必然的结果”。人所共知，海洋里沙丁鱼、磷虾等物种滤食浮游生物而其繁殖数量惊人。虎鲸、大白鲨、虎鲨、海豚以及企鹅、军舰鸟、鲣鸟等各级食物链到顶端物种有惊人的食量，因此在低等物种的过度繁殖中获得生存能量，所以小型鱼类数量才能保持常态。有人测算过牡蛎一次生10^7数量级的卵，如果全部卵得以成活的话，其第五代的硬壳体积比地球大5倍。又如海翻鲀(*Mola mola*)一次生3

亿粒卵，每个卵都能存活到成体的话，在三五年内水域将挤满海翻鲀。但是它的后代中只有两位数的卵能达到成体。如果地球上的150万种动物物种尽其所能高速度繁殖下去的话地球将无法承载如此多的动物。

诚然，有互利共生的物种，如六放海绵动物与俪虾和谐共生；寄居蟹与海葵谐老同穴。此类共生的作用对于动物的生态平衡是无足轻重的。只有地球上的气候条件、层层互叠的食物链才是保持动物界生态平衡的关键环节。刘先生仅仅以此罕见的“共生”加以平衡无限增殖的动物，保持“稳态”则缺少依据，仅仅以此弥补达尔文“对于生存斗争的片面认识”也是荒诞的臆断。在这里我们不应苛求刘先生，他终归不是生物学家而只是媒体人。但是我们衷心希望媒体记者对待不同专业的问题应该咨询专家，以免误导民众。

在同一论坛上某研究员反思人类科学技术进化引起的逆反自然进化、逆反生物进化的危机。吴研究员对那些欲壑难填的暴发户们的警告性论述，我们完全赞同。但是我们不能跟着吴先生过高估计人类科技进步，“改变了达尔文进化论中有机体适应环境而生存（适者生存）的逻辑，创造了让自然环境适应特殊物种——人类需要而存在（为人而存）的逻辑；改变了达尔文进化论中的自然选择（物竞天择）的逻辑，创造了人类选择（物由人择）的逻辑”。吴先生还是没有摆脱“人定胜天”的唯意志论的反唯物主义的思想影响。他又回到了“让高山低头、让河水倒流”的“大跃进”年代的逻辑上了。珠穆朗玛峰仍然没有低头让杨红缨的淘气包马小跳跳上跳下；雅鲁桑布江水仍然没有倒流去浇灌珠峰冰雪。高山风化变矮是大自然的作用；河水从高流向低位是地心引力的功能。吴研究员的特殊物种只能利用它，不可能创造另一种规律强迫自然界服从特殊物种之命。

哲学界认为人类只能认识自然界的不依人类意志为转移的客观规律。善于利用它为人类创造精神财富与物质财富。人类不可能创造规律而强加于物质世界。人类认识物质世界也是在世代相传中逐渐接近真理。吴先生提到的人类科技进步引起逆反自然进化的恶果正是人类还未充分认识自然界客观规律的结果。在地震海啸、火山喷发、地壳板块碰撞、龙卷风、台风洪水面前吴先生奉之为特殊物种的人类和普通物种蚂蚁相比不甚特殊。

《上海科坛》里还有人提出质疑：“达尔文主义理论无法找到一种方法来证实自然选择如何使生物定向发展，从而产生新的物种。”“它既不能推导出可供检验证实生物进化的预言，也不能推导出可供检验真伪的进化陈述，因此，有观点认为达尔文进化论显然不能算科学，它只是一个假说”。关于此点的认识敬请先生们翻阅本书第一章第四节。

这只能算是进化论反对者们没有刻苦精读和确切领会达尔文的名著而随心所欲发表高见。进化论初学者都知道从原生生物物种在显生宙开始在不同环境条件下向线形物种发展的原始物种个体只要有生命活性就能自发地适应环境变异改变身体结构获得新的性状和习性，自发地完善其器官的专业化或特化。这就是动物进化定向发育的动力，这就是新物种产生的动力（请阅本章前节）。

每一种动物群体在不同生存环境里，所受环境因素影响的差异引起动物的体型与习性必然向不同方向适应性演化。辐射物种向各自的发展轨迹发育。这就是自然选择成为生物定向演化的动力。在泥盆纪大量乔木倒毙，树叶腐烂，水质混浊，氧含量降低导致鱼类几近灭绝。在石炭纪昆虫井喷式繁殖，导致两栖类已成石炭纪优势物种。在三叠纪出现爬行动物，由此相继出现哺乳类动物。动物界在漫长的数亿年里由低等物种有序地变异成高等物种的过程中微小有利变异逐渐积累的贡献怎能予以否认？在如此漫长的岁月中微小的有利变异积累的结果怎能在短期实验中"可供检验证实"呢？例如原生动物眼虫（*Euglena*）的感光分子进化到昆虫纲鳞翅目蛾的由2700个单眼组合起来的复眼能够在短期实验中提供检验真伪的证据吗？

本届论坛的主持者否定达尔文进化论的科学性的原因似乎只在于"进化论本身的性质所决定的"。据主持者的论据是进化论本身具有受人提出质疑的性质，所以它不是科学而是假说。这种提法实为离奇。在科学史上没有任何一种学说、一种定律没有受到过质疑或反对。且看反对者或质疑者是否掌握着确切的实证资料，据此提出质疑的，还是凭借自己的空想说三道四呢。中世纪，在神权加君权统制的黑暗年代里任何科学发现都要在宗教法庭火刑场上受到"质疑"（审判）。这是科学发现本身的性质所决定的。更使人难以理解的是复旦大学哲学学院张志林教授在纪念达尔文科学进化论发表150周年的轮坛上提出："设计论证达到的结论是：很可能有一个上帝存在：——人生在世，应该有一个"意义本源"的上帝来关爱我们。"

达尔文进化论所以被誉为19世纪自然科学三大发现之一，是站在自然哲学立场上颠覆了神创论的根基。在达尔文进化论发表经历150年之后竟能搬来上帝关爱科学进化论的做法是否可以认为是历史的倒退。其实这也不算空穴来风。翻译A.Coyine所著《为什么要相信达尔文》的叶盛博士在他的译后话里揭穿了谜底。他在译后话里说"在美国学习智设论的人，回国后扯起大旗借以出名。这些反演化论的著作在国内受到追捧。相反进化论的书很少出版。"这股风是借改革开放的大潮钻空子添枝加叶的小动作而已！现今的人类社会已经不是欧洲神权、君权专政的黑暗时代了。人类不会赞同反科学、反进化的有悖于人类幸福的行径了。

第十二节　达尔文主义的暗点

达尔文进化论是继沃尔弗在进化理论的天才的预见，在拉马克等人的具体形式的基础上达尔文成功完成的19世纪三大发现之一。他的物质观（世界观）完全符合唯物史观，他的方法论是实证主义的。即对动物进化不加任何主观臆造。他的名著《物种起源》进化理论的核心原理自然选择是动物进化的驱动力。在他之后的150年间有许多生物学家没有确切理解命题的含义发表了著作。他们仅仅从文词字母顺序（中文）中解释成自然界选择动物物种让它进化的。这是本末倒置、头脚颠倒的解释。自然选择的科学内涵是动物个体寻找最有利于自我生存的自然环境生存和繁殖，按海克尔的话“在适应与遗传相互作用中进化”——适者生存。生物界的远祖是无细胞结构的生命物质团聚体——aggregate发育出单细胞原生生物。由此祖先型生命物质进化出愈加复杂的高等生物物种。中性基因论者企图以基因突变、漂变替换自然选择——适者生存原理是对生物进化历史的歪曲。

但是，达尔文没有界定自然选择在何种范围内对动物进化起效的问题。恩格斯在《反杜林论》（《马克思恩格斯选集》三卷，109页）里批评“达尔文赋予自己的发现以过大的作用范围，把这一发现看做物种变异的唯一杠杆”。从现代的进化生物学进展水平考察的时候可以同意恩格斯的批评。因为最低等生物的演化不完全以自然选择为动力。在这种体质结构简单、生活习性不稳定，极易发生基因突变、基因漂变的物种的变异往往不易以自然选择的功力加以解释。达尔文没能指明此点。这是他的论点的暗点。但是达尔文在《物种起源》里有好几处声明过“这里不是自然选择所能作用的……”

恩格斯在《反杜林论》和《自然辩证法》里好几处批评达尔文的“生存斗争”的论点似乎过激。达尔文过于强调了动物过度繁殖引起生存斗争的提法有点局限性。动物机体抵御严酷环境，不得不改变体质结构，改变习性的表现也是生存斗争。

在《Диалектика Природы》（1952，248页）上恩格斯在批评达尔文把海克尔（Haeckel, EH.〈1868〉）的“物种变异是适应和遗传相互作用的结果”的论点和达尔文的自然选择的论点说成相互对立的，互不相干的看法应算恩格斯的偏颇。恩格斯没有把海克尔的论点和达尔文的自然选择原理的内涵的内在联系加以重视。自然选择原理的含义是动物选择有利于生存的自然条件积累，哪管是微小的有利变异即适应性变异。应该说海克尔的论点、达尔文的论点和拉马克的论点是一脉相承的。

达尔文的自然选择理论是动物进化历史进程的粗线条的路线图，它是宏观形态学时代的产物，经过细胞生物学时代、分子生物学时代150多年的检验证明进化生物学历史上的划时代性的创新。总的方向是无可置疑的。但是作为时代的产物在发展前程中仍然盲点很多。例如：在遗传学里3～5个mRNA三联密码子如何给一个极性氨基酸编码的分子结构是盲点；在适应性变异——后天获得性状的信息作用到动物机体（逆转录机制）仍然是盲点；能量转换机制，如线粒体把化学能转移到三磷酸腺苷的γ-脂键上是盲点；在低等动物，如鞭毛虫体表鞭毛里的2+9微管系协调一致波动机制的信息传递问题是盲点；有机化合物如何获得生命活性的问题是盲点。以及许多盲点在达尔文主义进化论发展道路上是必需要解决的问题。进化生物学界再也不该把时间浪费在吹毛求疵上而玩弄文字和无聊的饶舌了。当然这些盲点并不是达尔文个人的盲点，是全人类的盲点。我们只能在原子生物学、电子生物学、质子生物学时代求助于新时代的不断深化的科学技术来加以解决。

第十章　与神创论者新的较量

第一节　智慧设计论要取代达尔文进化论

2005年年末在美国大学、中学兴起了开设一门新理论——智能设计论（Intelligent design theory，也译智慧设计论）民众运动。学生家长要求以智能设计论代替达尔文进化论。全美广大生物学教师团体强烈反对教授这种纯属宗教教条并非科学理论的课程。

奉布什总统之命审理此案的一位虔诚教徒的法官宣布智设论只不过是重新包装的神创论而已。但是在各种宗教原教旨主义根深蒂固的国度，如美国、英国、土耳其智慧设计论仍有很大市场。科学理性和宗教迷信之战在未来时期内不会结束。我们相信人类终归会醒悟，终归会抛弃愚昧、偏见、幻觉、迷信。

在我国各种宗教扎根不深，但是科学理性也欠缺历史沉积。近年来趁改革开放之际一些人从美国潜心移植智设论。我国知名学府复旦大学哲学学院×××教授在《上海科坛》（2009，第4期）上发表题为《进化论与设计论证》的演讲。据他的定论"进化论与设计论证并非是彼此冲突，而是互相补充的"。使人不可理解的是我国知名学府的哲学家竟把科学理性和宗教迷信搅和成一门学科，这又是哪般学科？它适用于科学殿堂还是适用于教会的礼拜堂？我们也从美国著名生物学家A.科因所著《为什么要相信达尔文》的中译者叶盛博士的译后记得知："一些在美国从事智设论宣传的华人出于各种不同目的既有……也有借机出名的，回国后扯起了智设论的大旗。"他又指出"在这样背景下，近年来国内很少见到有演化论的书籍出版，反而反对演化论的书籍受到追捧"。

第二节　反噬达尔文

《上海科坛》（2009年，第4期，19页）上刊登的复旦大学哲学院×××教授的

《达尔文主义对科学哲学的挑战》演讲稿里写道“它挑战了科学哲学的科学与非科学的划界标准，使得人们追问它究竟什么是科学？它也挑战了科学哲学中的科学方法，使得人们追问究竟有没有公认的科学方法？”此先生发明的科学哲学究竟是唯物主义哲学，还是经院哲学？这项“新学科”和提出的追问在我们面前是无题告示。达尔文进化论是全世界公认的自然科学的伟大成就，它本身就是科学。最普通的自然科学家不会追问什么是科学！

关于科学与非科学的划界标准，达尔文本身的经历足已证明，他从神的奴仆转化为伟大的自然科学家的事实足以回答此提问。这位教授不会扪心自问究竟谁在践踏科学与非科学划界标准，也就是谁以某种似是而非的言语混淆了宗教与科学的划界标准的？

该教授提到究竟有没有公认的科学方法？中世纪欧洲教廷发动十字军杀戮压制人类进步。用宗教法庭火刑摧残科学发明。神创论者、智设论者不需要科学方法，只需要轻信、迷信。与此相反，所有从事科学事业的人们都知道：自然科学有公认的科学方法，社会科学有它的公认的科学方法。中世纪欧洲文艺复兴时期以来自然科学家们的无数发明创造推动了产业革命和社会革命就是靠公认的科学方法开创的。现代文明、现代科学就是用公认的科学方法创造的。达尔文主义挑战的正是宗教迷信。此先生的追问就带有浓厚的宗教偏见和宗教气味。憨厚老实的年轻后代的嗅觉灵敏度在辨认该先生的气味时比起辨认那位说“进化论与设计论证并非是彼此冲突，而是互相补充的”教授的气味难度大一些。希望我们的年轻后代要远离迷信，不轻信或轻言。

第十一章　分析与推论

第一节　动物进化是否已经终止

现今地球表面水、陆生境里仍然活着150多万种动物和30多万种植物。在30亿~20亿年前出现的最小的细菌（Pplos体积1000Å），至今仍生存着。而后出现的单细胞原生生物蓝、绿藻，细菌仍然生存于水生环境里。7亿多年前出现的珊瑚虫在热带海洋里以繁盛的生命力哺育着4亿年前出现的水生脊椎动物鱼类。4亿多年前出现昆虫物种占据着现存动物界物种的85%。由单细胞祖先型物种线性或辐射演化出的两栖类动物、爬行类动物、鸟类、哺乳类动物依然是地球表面水生环境或陆环境中整个动物进化阶梯的所有物种大家族的成员。

现今时代里，人们看到的是从原生生物到最高等的动物人类的整个所有进化阶梯上的物种未出现变化，似乎动物的进化已经停留在各个进化阶梯上，再也不进化了。如Bonnet，C.（1770），Needham，J.（1934，李约瑟），陈容霞（1996）等的见解，动物进化已经走到终点了。如果现今世纪的海底沉积层或陆地沉积层再过数百万年至数千万年形成地壳层时地质学家可能发现从低等无脊椎动物等发生于同一起跑线上的数百万种动物物种。那时的地质学家、进化生物学家决不会得出动物物种大爆炸这种结论，因为当时的学者知识水平不会与今日的学者相提并论。

如果我们把进化界定为由单细胞动物在我们的眼皮下必须衍化为多细胞后生动物，无脊椎动物必须演化为脊椎动物，猿类必须演化成人类才算进化的话，就算进化已到终点。

但是在宇宙空间里，在延续不停的时间里没有永恒静止不变的物质。动物物种也不例外，在不停地进化着、不停地退化着。现存物种所以停留在原来进化阶梯上的现象只不过是漫长的物种变异过程的某一时间段的静止表象。如达尔文的进化阶梯论。同时也是地球表面的显生宙古生代、中生代、新生代的气候条件恒定的适合于生物生存活动，大多数物种的机体结构和习性与生存条件无显著冲突。就像达尔文所说的“既然它们的结构和习性和它们生存条件合适的话它们能够长期保存其结构和体形”。

有报道称：物种进化的缓慢过程，如一个物种变异成新物种最长需要270万年。这一过程不可能在人类几十代人面前像卡通电影片那样急速映显出新的画面。生命世界变异的范畴里不再会有飞跃。另外，现有各种动物物种在漫长世代交替中适应于当时的生存环境，身体结构演化成最适于当时的生存条件的特化结构，再也无法退回到向另一进化逆向发展的可能性。在我们面前最显著的例子就是鸟类的前肢已经变成了翅膀，海豹的四肢已变成划桨，这种变异再也不可能变成奔跑的四肢。

黑猩猩已经是直立行走的物种，其智商、动作、使用工具的技巧与人类相当近似，说明其智商已很发达。其染色体核组型2n=48，与人类（2n=46）相近，那么是否有可能进化成人类。但是我们应该看到黑猩猩仍然是草食动物。审阅本书稿的专家写道，猩猩有时也会吃肉——这是无味道的废话。

人类使用火、烧烤肉类、使蛋白质变为半消化状态的人类食谱与黑猩猩的食谱差距很大。黑猩猩的消化液里以β-淀粉水解酶为主，而人类消化液里主要是α-淀粉酶。人类会制造工具，手的灵巧，促进了脑髓发育，智力发达。人类母体与子代伴随时间很长，从出生到少年甚至青年时代一直协助子女认识生存环境，取得生存的经验，学会逃避险境，学会制造工具的技巧。因此早期猿人的劳动能力日益丰富，在亲代与子代间信息传递过程中出现了有音节的语言，这就是“劳动和语言创造了人类”（F.Engels）。与之相反，黑猩猩伴随子代的时间短暂（至多6~7年），子代出生后很快独立寻觅食物，代代重复其祖先的生殖和觅食本能，在自己的生存途径上求得进步。那么黑猩猩最终能否进化成人，可能性有多大，我们无法做出肯定的回答。即使能演化也得数亿年之后的事情。

我们看到现存150多万种动物，各自在自己的进化阶梯上平静如常地生存着，但是各物种在各自进化阶梯上仍在进化着。最为显著的事例就是人类本身在近几个世纪里智慧的进步是惊人的快。原先只为谋生而与自然界的灾祸抗争中取得自然界的恩惠，而如今不仅已成地球的主人加以管理，甚至已向外星伸手了（这里指的是某些方面）。

又如最低等生物细菌不断改变着自身生存能力，提高应对各种抗生素的抗御能力。将近十亿年前出现的菌类，至近仍然保留其祖先的发育阶梯上的问题据达尔文的论断为“低等的简单的生物，如果它们与简单的生活条件密且适合，却也可以长期内保存”。（《物种起源》）总之我们说动物进化仍在延续，并未达到静止不变的终点，也不可能达到永远静止的终点。在宇宙空间，从小的基本粒子到大的人类社会其发展不可能永远停留不变。人类进化历史呈现在我们眼前的景象证明，人类的体形正好适合当前的环境，没有必要变形，没有必要变成流线形体形。更不可能像有些人所主张的那样用进废退。头颅无限增大，四肢退化萎缩。智人以来的体形基本上适合于现今的生存环境。但在这三百多万年里大脑结构和功能的变异是异常显著的。我们的科学家切忌用固定模式推断动物进化所依据的各种不同的时间、地点、条件。猿人开始直立行动，视野扩大。学会辨别临近所遇猎物活猎食物，学会决定应对手段，学会施用猎取措施，或是逃避行动。在漫长的世代里，在与同期生存的其他动物之间斗争中，大脑和相关的体质积累微小的有利变异而发育成为现代人。由此可以推测人类饮食习性，视野宽广，手的功能，发声的音节，消化习性，代谢机制都出现了一系列变异。由此可以得出结论：自然环境的变化导致自然选择的作用施加在动物机体各部分的分量不可能是均一的。

第二节　自然选择原理的科学内涵

进化生物学进入分子生物学时代人们都想重新审视巨视生物学时代的一切成果。由此许多专家对于达尔文进化论的自然选择原理提出了反思、质疑，甚至否定的见解。最为常见的见解是骤变论。他们以物质运动的量变、质变的哲学原理为依据认定生物进化过程是跃迁式的、飞跃式的过程。有人列举了无生命物质到有生命物质，原生生物到单细胞动物，变温动物到恒温动物进化历史，看做是在瞬息间完成的质变、飞跃。这些人把隐生宙到显生宙的近30亿年算作瞬间，算作飞跃。实事求是地讲，先生们不是不识数的幼童，他们思考问题的方式过于浮躁。也有人列举，经典物理学发展到量子物理学以此来企图说明生物进化是飞跃，是骤变过程。他们忽略了能学和力学里没有量变、质变的问题。敬请这等专家重温Helmholtz, LF. vant der Hoff力学（热力学）著作。我们诚心地希望生物学家也要认真地学习辩证唯物主义哲学理论。哲学本身要求严密，精确论述思维逻辑。思维错之分毫就差之千里，真理变成谬误。有人认为自然选择就是自然界判断出某个动物物种的后代肯定演化成优势物种，成功的物种。这是对于自然选择原理的扭曲了的注解。自然界不可能靠占卜算卦预见到哪种物种的后代演化成优势物种，成功的物种。我们查阅现代进化生物学文献发现，几乎所有著者都把自然选择解释为自然界选择动物物种的祖先，允许某种动物可以发育、进化，不允许某种物种的后代（可能不成器）进化而淘汰它。这是本末倒置的，占卜算卦的先验论观点，是对达尔文思想的扭曲。

第三节　反思还是否定

进化生物学进入分子生物学时代人们对达尔文进化论争相提出歪曲的，甚至是否定的论点。我敬佩达尔文的惊人的智慧和聪颖的头脑。他观察动物的体形、颜色、生活习性、生存环境等各种肉眼可见的表象，从中提炼、抽象、理顺成科学进化论的不朽著作《物种起源》。它被誉为19世纪三大发现之一。虽经过了150多年，但仍有许多生物学博学多才之士以敬佩之心情推崇着达尔文主义进化论的科学理论，并不断地用新的实证资料补充着他的进化理论。如美国生物学家A. 科因所著《为什么相信达尔文》一书就是实例。科因的书告诉我们，用新鲜事实补充达尔文著作本身就意味着帮助他将继续提升遗留给后人的理论财富。与之相比，有那么一些人还没有深入理解达尔文之前就匆匆忙忙捕风捉影，提笔质疑、歪曲，甚至是否定。他们手头无丝毫的新鲜事实，只是从文献里闻出了一点点气味就急忙发表文章，高谈阔论，批判起"庸俗的进化论者"。在理论科学面前，任何人都拥有对于任何权威学者的理论提出质疑、发表个人见解的权利。但是提出质疑应该以新的事实为依据。假如确实发现新现象与达尔文理论发生了冲突，无法加以解释时提出质疑是理所当然的。否则只拿各自的臆想，使用各种华丽的词句大发议论绝算不上是科学争论。我们发现一些专家、教授、硕导、博导们的治学态度不够严谨，过于急功近利，浮躁轻飘。他们没有拿出点滴的新的事实，只是用华丽的辞藻饶舌，这种花样文章对科学进步毫无价值。

第四节　背离达尔文进化论的错误根源

1.《非达尔文主义进化论》的作者们把动物进化的驱动力完全归因于偶然的、随机的、漂变中的无序碰撞机制，否定生物进化与生存环境之间的相互关系。他们应用最先进的技术手段搜集了生物机体次级结构的微细成分的可观的资料，进而得出了在35亿年间适应性变异出数百万种物的事实完全不对路的结论。这类资料令那些对基因技术崇拜至极的人们产生足够的敬畏和诱惑。

动物机体内某一种分子或某一个原子的替换，某一次级结构的变异不足以引起整个机体的变异，不足以引起习性的变异。这种变异比起机体的器官、组织、细胞的贡献来说是极为次要的结构。对机体来说某个原子、某个分子水平上的变异是频繁发生的不影响整个代谢系统的变异。拿此资料企图说明动物物种进化的驱动力的思维逻辑不对路。中性基因论者只观察了一种酶蛋白的氨基酸残基的变换，未涉及一种细胞、一种组织、一个器官、一个物种的变异就下结论，认定动物进化的动力不是自然选择而是中性基因突变。

《非达尔文主义进化论》的著者们仅仅凭借测定细胞色素氧化酶的氨基酸变换和各物种出现年代的数据能否代表人体一千多种酶蛋白质基因变异？仅此一种酶的数据能否说明人类大脑基因和小麦籽粒的基因出现年代和基因变异出现差异的客观条件？站在这类数据上企图以基因突变、漂变之类无序变换现象取代自然界的客观规律，企图以DNA错误拷贝片段的动力取代自然选择的塑造能力。这种以点盖面的荒唐结论引来不少追捧者。甚至有一位“专家”颂扬它为“人类思想进化的新的亮点”，认为动物进化与环境无关的结论是“唯物主义的”。这种人不懂唯物主义和唯心主义，缺乏最起码的知识，竟斗胆下结论，实属无知者。

中性基因论者背离了所有生物学科成果赖以确立的科学进化论的基本立场。他们并没有观察事物的全貌，只考察动物机体进化过程中的较为保守的次级结构的变异，并当做进化特征企图建立自己的体系。他们选错了实验研究设计路线，这是错误的根源。

2. 细胞学家已经展示出高等动物所有能够进行有丝分裂的细胞都具备二倍体染色体，意味着它们完全具备像生殖细胞那样能够分化成任何种类的干细胞的潜能。在现今的细胞克隆技术已经使用表皮细胞克隆出完整的动物机体的事实面前仍有魏斯曼的继承者坚持着体质细胞与生殖无关的观点。他们只看到动物界进化途径上出现高等动物生殖二态性之后的生殖模式：如雄雌两性个体交配，产生合子、胚胎、子代个体的表型。他们无视动物机体的生理机制。他们的错误来自只从表面现象理解生殖生理学的深奥机理。事实上精子和卵只不过是全身14万亿个细胞的遗传基因的名不见经传的一位“投递员”，绝不是动物机体所有细胞、组织、器官、系统的遗传基因结构、功能的独占者。他们无视动物机体的最一般的生理学常识。其哲学思维逻辑属形而上学——机械唯物主义。阐述如此复杂的问题离开辩证唯物主义思维逻辑是不会找到出路的。

3. 魏斯曼学派以人工损伤不可能造成遗传效应的实验结果，并错误地将其当做遗传学法则，来否定后天获得性状可遗传的拉马克理论，从而贬低了达尔文的科学创新。还有一些专家的各式各样的曲解、歪曲、修正或否定达尔文进化论的核心原理——自然选择的错误来自于没有确切理解达尔文主义进化论的科学内涵。只从自然选择的文字顺序上搬出各自的结论。认为自然界有意挑选被它喜欢的物种关照它，使它演化发育。他们以庸俗的观念引述质变、量变哲学原理，并强加在自然选择原理上。杜撰生物进化是跳跃式的，在飞跃式的质变中或突变、漂变中进化出的，殊不知像眼球那样精密而复杂的器官，像中枢神经系统那样能够协调来自机体内外的无数条信息并进行自动控制的器官在突变、漂变、骤变、飞跃中怎能完成进化。他们把最简单的无机物——水的变态与高等动物的极为复杂的结构的变异不加区别而得出错误结论。

4. 那些扭曲达尔文进化论原理的专家们的悲剧来源并不是缺少智商（智慧），而是缺少刻苦读书和学习的志气和独立思考的教养。我们的教育工作者、硕导、博导们应该认真总结过去时代的填鸭式教学模式的危害，注重在科学实践中养成刻苦读书的风尚，独立思考的勇气，亲自动手的能力。我们唾弃功利主义，急功近利的浮躁病。如果一个人不掌握数种语言（语言能力、阅读能力），欠缺文献能力（基本理论涵养），欠缺实验研究技术手段，欠缺调查统计能力（实践能力，常说的动手能力），欠缺几本理论著作（缺乏实践锻炼），而只会搬教材，更不应该只掌握某些手段就称为“教授”、“专家”而自我感觉良好。我们的专家、教授应该是学者，而不是匠人（教书匠），更不是只会抄袭的庸人。我们只有用人类智慧的全部成果不断地丰富自己的头脑才能成为名副其实的科学家。《参考消息》（1999年7月1日）刊出一条英国卫报新闻，题为《英国教授滥竽充数》文中说“教授，这个足以令世界学术界为之炫目的职称现在却在英国变得不值钱了”。说的数字是“英国现在教授人数已多达7400 人，而10年前只有5000人”。据有关统计，在我国教授级职称的人有350余万人，可见队伍是多么的庞大。内蒙古医科大学2006年的院报刊载的人员数字为：在编人员3600余人。其中教授、副教授共计1031人。教授人数为英国的七分之一。我们的政策还允许小学也可以评高级职称。如果小学、中学、大学教师拉成一个档次的话令世人（不值得提学术界）为之炫目的并不是教授、专家的学识水平，而是在一个现代科学知识底蕴积淀并不深的国度里井喷式出现数百万、数千万（中、小学教师也评教授的话）教授才是令世人炫目（惊讶）的事。

目前大学教研室教授满堂，实验员、助教、讲师几乎罕见了。欧洲文艺复兴时期世界科学中心是英国。现在他们所拥有的7400名教授中还有一百多名诺贝尔奖获得者。我建议，我国教育事业的决策者学点达尔文进化论的核心理论——自然选择的精准科学含义，遵照在遗传性和适应性相互作用中实现进化原理为好。用通俗的语言表达这条进化生物学术语，我希望我国决策者应该具体了解现行教育模式及其教育学原理；具体了解大学校长的知识底蕴和骨干师资的知识水平（宁缺毋滥），可聘兼职；有选择地引进国外最有用的先进管理措施和人物（要防盲目迷信）；改革现行有漏洞的评审制度；让校长在忠于职守的条件下握有自主履职的实权。书记管好党，培养全体人员勤奋工作的职业道德；在校长和教师中确立履职不力问责制。只提职，不监督（问责）是失职的官僚表现。

2002年，我国的中专纷纷改换门牌为大学，拔地而起的大学不计其数。仅呼和浩特市除原有的六所大学之外一年时间就出现了百多所学院（有人说有80～100所）。有一所小学内竟设了大专班。该小学教师“突变”、“漂变”为大学教授。有的中专未赶上换牌子，但把毕业生学历改为高等学历。这些不可计数的大学的教育质量如何？可想而知。中专毕业生都领大专文凭，毫无专业知识的博导、硕导带给国家的远期影响使人忧虑。我区一所大学的新生向学校提出抗议：“你这所大学的18位教授都是初中毕业，是本地卫校（中专）出身的教授，而我们是高中毕业，考的是大学”。该校领导急中生智答应“请来老大学的教授们来给讲学嘛”。我在此书里表示忧虑是，因为就此问题曾向许多上级领导机关上书无回应。这种宋人拔苗式的“脱颖而出”的专家、教授能否担负起时代的重任？这种拔地而起的或改换门牌“突变”、“漂变”出来的大学能否培育出创造未来的杰出人才？值得我们每一位对国家和人民的未来着想的人深思和予以改变。

本章结语

本章集中用全书罗列的具体实例展开了与中性基因论、魏斯曼的继承者、形形色色的扭曲达尔文主义核心原理——自然选择原理、否定达尔文主义为科学性、否定进化论本源意义的各种倾向的理论进行了辩论。争论项目繁杂不得不提到一些人，回避这些人读者无法辨别争论的真实性。

第十二章　某些自然现象的解说

第一节　从进化论看水怪

近几十年来，不断出现让世人惊奇的有关水怪的传闻。那些以“眼见为实”为信条的人们最易接受。各国猎奇媒体大肆炒作，尤其是那些为牟取暴利的旅游业主，视为商机大加利用。

这类传闻中最吸引人们的是英国尼斯湖怪兽的消息。据某些游客“亲眼所见”，湖面上突现波涛，一个长长的脖颈和小小的蛇头露出水面，目睹者人数并不多。但总是有人不断“亲眼所见”。已有一些投资者动用现代科学考察船，动用声纳等现代科学仪器探索，都未获得确切的证据。（经商者借机大动干戈，兴师动众，招摇过市，可能是在制造商机吧？）

无独有偶，据有关消息称有一艘日本渔船从太平洋深处打捞出一具腐烂的巨型动物尸体，未见骨骼，只是有一条颀长的“脖颈”。船员中无动物学家，无法辨认是何物。这条消息也被媒体炒作为“蛇颈龙”（*Plesiosautoidea*）。人们知道蛇颈龙是恐龙家族的一员，生存于1.35亿年至6500万年间的巨形爬行动物。这种巨型恐龙是营水生生活。但和所有爬行动物一样，只用肺呼吸以供机体的气体交换。因此它与鲸类（Cetacea）、海豹（*Phoca Vitulina*）、海象（*Mirounga*）、海豚（*Delphinus delphis*）之类海生哺乳动物都相同，潜泳10~60分钟之后，必定浮出水面进行气体交换。

现今航海业船舶无时不刻地在地球上的所有水面上航行着，在此种情形下水生哺乳类、水生爬行类，如海蛇（*Hydrophis Cyanocinctus*）、海龟（*Chelonia mydas*）不可能隐匿于人类视线之外，不可能只被个别人“眼见”。

尼斯湖原先是苏格兰近海海湾里的浅海，在中生代白垩纪，距今6500万年前的造山运动中，被圈入内陆，变成湖泊。

有些学者推断：是否在恐龙灭绝之际少数蛇颈龙（*Plesiosautoidea*）侥幸残存于尼斯湖里。这种推测无法被稍有动物学知识的人接受。假如确有幸运的蛇颈龙生存于尼斯湖里，那么少数个体雄雌动物在6500万年间相交配、繁殖后代的话，早已因近亲繁殖而灭绝。

又可以推测，白垩纪以来幸存着此物种的话，群体数量必须相当庞大。大数量的蛇颈龙生存于狭小的湖里，必定频繁地露出水面呼吸。巨大数量的蛇颈龙在如此狭小的湖泊里生存，也无法容纳。因此也就不可能只被少数人看见，而且每次见证者要么是相机里忘装胶卷，要么是忘带相机了，成功拍摄的录像也似事而非，含混不清。

那么尼斯湖里的蛇颈龙只是个别有幸残存的个体的话，它应该是6500万年的老寿星了，动物界某种代谢率极低的龟类也不过生存百十多年而已。

植物界中高寿的古老的树也只活5000年罢了，生存6500万年的蛇颈龙只能算是神话故事了。

我国某些杂志上刊登过长白山天池水怪，新疆喀纳斯湖水怪的报道，近来水怪已被某种冷水鱼（蜇罗鱼）的说法取代了。

20世纪50年代之前在捷克也有过水怪的传闻。这个水怪并不像尼斯湖水怪那样神秘，只被少数人偶然看见。捷克有一小村庄临近一个大水湖，长期以来每天夜晚在水面上出现一个巨大怪物的头部，并发出可怕的叫声，村民们已习以为常。但是人们总有惊奇和惧怕的心理，每到夜晚便紧闭门户不敢外出。1955年有一渔民偶然打捞出一条巨大的鲶鱼，身长超3m，体重超200kg。捷克一位摄像师拍摄了此鱼，并附一些先人所作的描述“水怪”头像和“水怪”现身的可怕画面。这位摄像师叫Stanêk，C.J.出版了用德文解说的两大卷动物图集，书名为《Geheimnisvolles Leben am Wasser》（1956，这两本书是一位捷克同学Володя赠送给我的纪念品。他在少年时代曾参加过二战，是抗击法西斯游击队少年勇士）。从此以后该村居民完全摆脱了巨形水怪的恐惧。（见图12-1-1~4）

图 12–1–1　Stanêk，V.J. 所编图谱（333–338 页，1955 年），
根据人们描述而画的在湖面上每晚出现的怪物头部，实际上是巨型鲶鱼的头部

图 12–1–2　Stanêk 图集里描画的湖怪的想象图

图 12-1-3　巨型鲶鱼

图 12-1-4 捷克一小村庄附近湖面上每天出现的湖怪最终被渔民捕捞出来了，实际上是一条 3m 长、200kg 重的大鲶鱼（Stanêk, V.J., 1955）

由此可以断言：民间广传的水怪并非是早在6500万年前灭绝的蛇颈龙，更不是什么妖魔鬼怪，可能是巨型长寿冷水鱼。

第二节　植物有神经系统吗

很久以来人们对于植物是否有神经系统的问题困惑不解。如猪笼草（*nepenthes mirabilis*）、扑蝇草（*dionaea muscipula*）、茅毡苔（*drosera peltata* var.，*lunata*）、格陵兰仙女树花瓣等植物颇像猎食动物，能引诱昆虫加以扑食。例如猪笼草叶端生出一个小口瓶状小袋，上有小盖片。瓶口生有腺毛分泌香甜黏液。昆虫落在瓶口舔食黏液时瓶盖闭合，昆虫掉进瓶内。瓶内腺细胞分泌消化液，将昆虫消化掉。

扑蝇草对生的两叶片形如贝壳。其游离边缘上长有很长且锋利的硬刺，贝形叶片内面的腺细胞可分泌香甜的黏液，同时每个叶片内面生出3个刺棘。引诱昆虫舔食香甜的黏液。当昆虫的脚误碰刺棘的瞬间两叶片会合拢，其边缘的利刺交叉围困昆虫。叶片内面的腺细胞分泌消化液消化昆虫。这类食虫植物生长在贫瘠的土地上极度缺氮，由此演化出食虫机制。

毛毡苔叶片上生长许多刚毛。毛尖分泌出香甜的黏液以引诱昆虫舔食时叶片将昆虫卷食。这一连串协调一致的动作极易使人相信植物有神经系统。但是大肠杆菌的纤毛、草履虫的纤毛当受到刺激时也以协调一致的波状颤动使菌体运动。这些物种个体并无神经。其收缩运动的9+2微管蛋白依靠胞质的敏感的感应性能和传导性能进行协调有序的运动（图12-2-1、2、3）。在这里应该承认，细胞质如何感应和定向传导外来信息，并能下达应激反应的问题至今是个未解之谜。其精确机制在分子生物学时代无法解析。

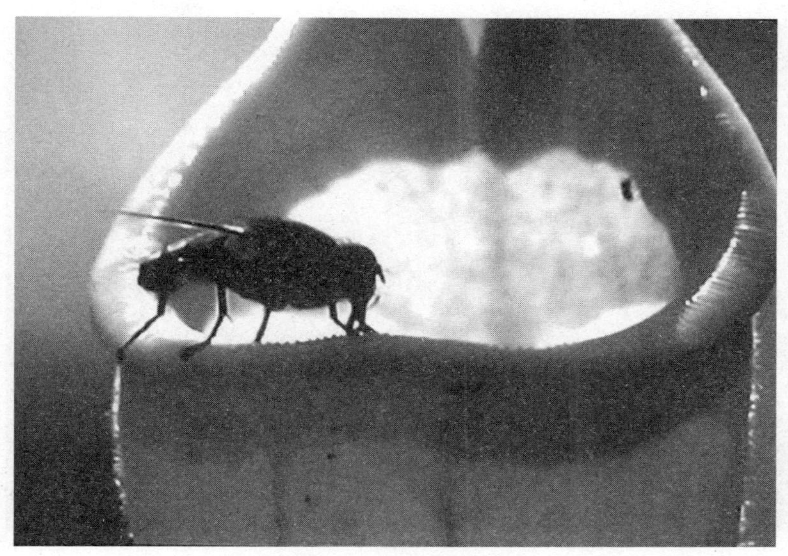

图 12-2-1　猪笼草瓶状叶

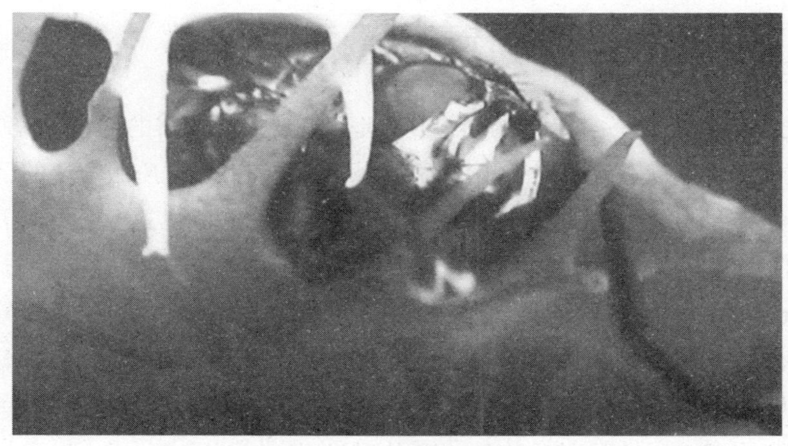

图 12-2-2　扑蝇草贝状对生叶

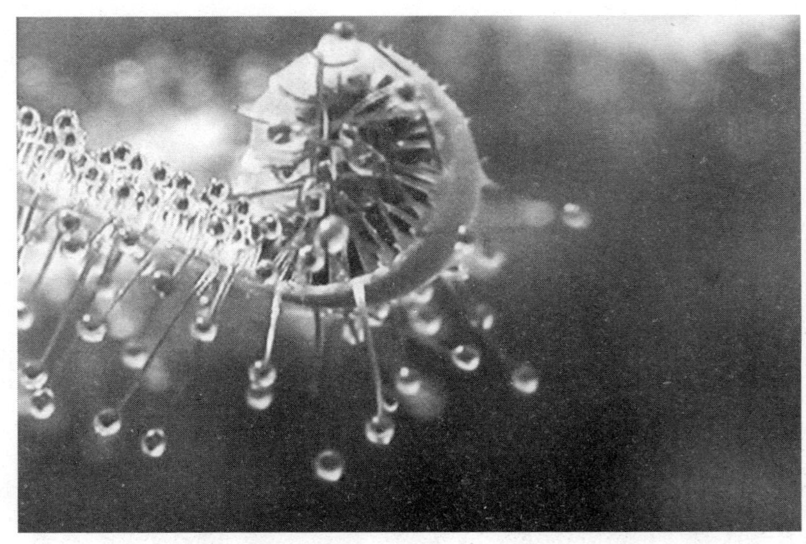

图 12-2-3　毛毡草正在卷扑小蝇

第三节　先有鸡蛋，还是先有鸡

“先有鸡蛋，还是先有鸡”的问题并非是民间笑闹时争辩的话题。1987年在美国召开的关于生命起源问题第8届国际研讨会上核酸派和蛋白质派争论的是先有核酸，还是先有蛋白质的问题时就是以“先有鸡蛋，还是先有鸡”这一形象的语言表述的（日本代表柳川弘志，1987）。

2006年8月份《参考消息》上转载过英国《卫报》的一则消息称：一位英国分子遗传学家断言“鸡蛋是此物种的最原始的生物”。要问鸡蛋从何而来？答案恐怕只能回到“卵源论者”（Ovist）或“预成论”（Preformation theory）或“神创论”里找了。

原核生物和绝大多数植物物种并没有“最原始的生物”——卵。许多植物物种靠爬行根生芽增殖或插枝、接枝繁殖其后代。腔肠动物门水螅虫在春夏季节条件良好时，从外层细胞生长出枝芽，进行无性增殖，秋冬季节条件恶劣时才由外层细胞的枝芽里分化出生殖细胞，进行有性生殖。被囊动物（Tunicata）的枝芽上的类淋巴细胞衍化成生殖细胞。海绵动物（Spongia）的领细胞转化为生殖细胞，环节动物门（annelida）蚯蚓（*Lumpruculas terestris*）环节带里从体腔膜细胞转化为生殖细胞。高等动物受精后第19~21天，胚胎卵黄囊后壁、近尿囊处出现来源于内胚层的大而圆、能游走的细胞，它到达生殖器官之后变成生殖细胞（王一飞，上海第一医学院组胚）。鸡蛋是这种卵细胞通过产道时其外壳钙化，变成鸡蛋。可惜英国这位分子遗传学家欠缺这点动物生殖生理学的知识。武断地下结论说“鸡蛋是此物种的原始生物”。所以生命起源的脂蛋白团块并不是从团卵孵化出来的。

卵源论者（Ovist）和精源论者（animalculist）从何处找出“原始生物”的蛋给无性生殖动物安装起来呢?

目前提出先有鸡蛋，还是先有鸡的问题的背后隐藏着更为重要的有关进化论的争论，这就是先有蛋白质还是先有核酸的问题。

请参阅参加第8届生命起源国际协会（ISSOL）的日本代表柳川弘治先生的印象记吧。他说这次会议的参加者有300多人，会上的主要争论点为蛋白质派和核酸派各自主张为先有蛋白质还是先有核酸的问题。

绝大多数生物学家、地球化学家认为，在原始地球表面上不易生成核苷酸，较容易从简单的有机化合物相聚合成蛋白质。核酸派的主要代表性人物Pace先生认为核蛋白体的主要成分之一的5，-GMP具有自我切割、自我组合的能力，仅此而已，核酸派无法摆脱多核苷酸链的组合与酶蛋白质的关系。

对于远古时代地球上的变化大部分都是以现代的思维逻辑，即所谓思想实验（爱因斯坦话）或模拟实验推敲出来的。

当前化学家用放射性同位素标记技术已证明人体内核苷酸含氮环，如嘌呤碱基（Purine base）和嘧啶碱基（Pyrimidine base）的碳、氮骨架生物合成来源于甘氨酸、一碳单位、二氧化碳、天冬酰胺和谷氨酰胺（图12-3-1示）。

单核苷酸的合成、核苷酸链的聚合、核苷酸长链的解旋、转录、翻译等所有功能变化程序完全在酶蛋白质的催化下完成。

众所周知，单纯由核糖核酸组成RNA病毒，由脱氧核糖核酸组成的DNA病毒并无生命活性，只能寄生于有生命活性的生物体内才能借助宿主的生命活性进行复制，所以以严格的生物学标准来看病毒并非是生物，而只能看成是生命体的有活性的部件。就像分离出来的某种酶，或细胞小器官线粒体一样不可能是生物。

最近又有人主张蛋白质结构复杂，是由20多种氨基酸形成的四维结构大分子化合物。而核苷酸链只由4~5种碱基、核糖、磷酸构成的，为结构简单的大分子。这些人只看到了核苷酸的晚期构象。其实，肽分子是由碳、氢、氧、氮构筑的直链烷、烃链。核苷酸初级结构是碳、氢、氧、氮构成的环状或亚环状嘧啶环或吡咯环在自然界无序碰撞中生成的，此过程要比直链烷烃复杂得多。

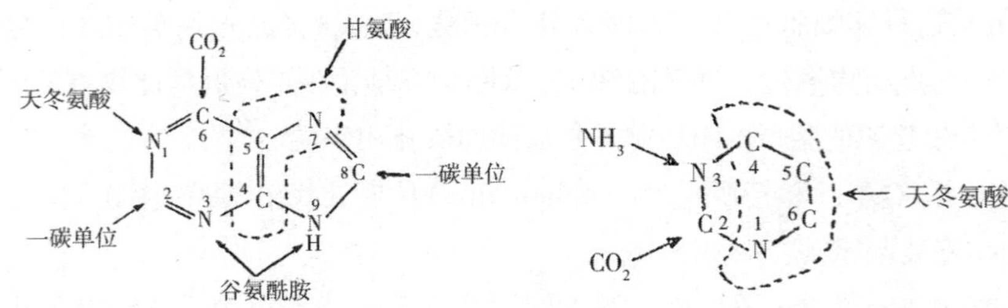

图 12-3-1 人体内核苷酸嘌呤碱基和嘧啶碱基生物合成来源的放射标记研究结果

主张先有核酸才有蛋白质的核酸派的思维逻辑就是核酸学派的遗传信息的流向只能是DNA→RNA→Pro的传统观念。生命物质从极简单的蛋白体发育出细胞、多细胞生物再向脊椎动物、哺乳动物进化。发育如果只有遗传的流动方向，而没有适应性后天获得的信息流动方向的话，生物多样性只是上帝的慧眼所创造。自然界的客观规律一再证实，生存环境创造了生命（指地球而言），而不是生命创造环境的。适应性获得创造了生物多样化，遗传是适应的继续（也可以说适应是遗传的延续）。

第四节　地球上为什么有那么多左旋

法国人JBL.Foucault（1819—1868）设计的巨摆证明地球公转和自转方向是逆时针方向的。

地球上存在的许多物体具有左旋（逆时针方向）倾向。例如软体动物门腹足纲的各种螺的外壳旋转构型绝大多数呈左旋。只有扁蜷螺（*Planorbis cormeus*）属里见有少数物种有右旋者，但绝大多数物种均属左旋。海洋生物中银汉鱼（*Allanetta bleekeri*）在暗夜中趋光性很强，当强光照射海面时鱼群浮游于海面上向着左旋方向旋游。在北美洲最常出现的龙卷风，在我的家乡，从我孩提时代在辽河岸边每年春季遭遇的大旋风都是左旋。有时清朗无风天气在沙丘的阳坡突然卷起小旋风，只几十秒钟时间立即消失。这种小旋风重复多次无例外全数都是左旋。太平洋上每年出现的台风也是左旋。豆科植物约有1.2万种，其长茎缠绕其他植物的缠绕方向总是逆时针方向的。日本陆地上的蜗牛螺壳都是右旋。在当地有一种蛇专吃右旋蜗牛，这种蜗牛便逐渐演化为左旋蜗牛（又一后天获得性状的实例）。

人类偏用右手者居多。偏用右手者抛出的重物，如铁饼、链球、铅球、长矛时总是在逆时针方向旋转身体的动作中抛出物体。

有人认为DNA双螺旋是左旋，蛋白质的α-螺旋段也是左旋。

从巨大的地球到微观物体左旋者引人注目，这种宇宙对称不守衡现象的起因无从考察。我们希望物理学家给予回答。而我们普通人的推断是：是否宇宙空间的物质和反物间的对称失衡引起磁力方向决定左旋倾向的？我们建议：设计各种电力旋转仪器的专家们应该重视太阳系里占主导地位的磁力逆时针方向，即左旋方向。如果人工运行旋转顺从大环境的磁力旋转方向可能阻力更小。这是我异想天开的建议。

第五节　黑、白、黄色人种算物种还是亚种

当前的所有人种学典籍里都把尼格罗人种（Negroid）、欧罗巴人种（Europoid）和蒙古人种（Mongoloid）称为三大人种。

在自然界里，动物种群的个体继代相传中，在自然选择的压力下肯定出现性状的微弱的变异。可能是有利的变异，也可能是不利的变异。有利变异逐渐积累成种群基因库里的新的、永久性的、群体的基因时种群成为新的物种。变异了的新的种群与原物种之间产生生殖隔离机制。这就是物种进化的一项基本规律。即新物种和旧物种之间不进行交配，即便交配生出第二代，而第二代失去繁育后代的能力（杀雄基因启动），例如驴和马的杂交后代骡子就无生殖能力。

人类黑色人和白色人种间的混血后裔，黑色人与黄色人种混血后裔，白色人种和黄色人种的混血后裔并非鲜见，南美洲智利、巴西、巴拉圭、玻利维亚、秘鲁、委内瑞拉、厄瓜多尔、哥伦比亚的国民中印地安人与欧罗巴人混血后裔少则占全国人口的45%，多则占95%。这证明三大人种间的杂婚并不出现生殖隔离。

三大人种起源的地质年代并无大的差异，脑容量并无大的差异，使用语言、文学能力并无差异。每个人种中都出现过杰出的科学家、文学家、政治家、历史学家，这证明三大人种间的进化程度基本相同。这与人与黑猩猩间的种间距离不可相比。只是由于某些人种中的某些民族得益于地理条件优越，孕育出了先进文化。某些地区地理环境恶劣，人民只为争取基本生存条件疲于奔命，顾不上韵诗配词，顾不上建造宫殿，顾不上精雕细刻。尤其是一些先进民族国家进入工业化时代之后推行殖民统治，奴隶贸易，出于民族利己主义扩张生存空间，造成弱势民族文化素质落后。

有些历史学家歪曲造成弱小民族文化素质差异的历史根源，杜撰出弱势人种智商低，命运决定高尚种族的利益至上。

事实证明，人种间的差异只是自然环境造成的肤色差异而已，鉴于上述条件三大人种并非不同物种，至多可称亚种。

本人对人类学欠缺基本知识，写此文只为人种间造成和谐气氛，揭露国际事务中制造双重标准，危害弱势种族的新老殖民主义者的阴险嘴脸，避免其复活。

本章结语

1. 应用进化论原理解释民间流传的在自然界中出现的离奇古怪的景象的谜底，可能有益于破除迷信，普及科学知识。

2. 许多自然界气象现象总是呈现逆时针方向性。在这背后起作用的动力可能是地球自转角动力和地球磁力线带有切线方向的阻力。

结束语

近年来，凡是企图修改达尔文进化论科学原理的人都把自己的主观意念用离奇的新名词加以表达。他们并没有发现什么新鲜事实充作论据，甚至还用基因突变改换达尔文的有利变异。也有人借用水的质变、量变的哲学推销他们的飞跃或骤变论，也有人把数百万年当作飞跃的一瞬间。总之，从我国进化生物学文献里很难归纳出准确说明自然界里发生的动物进化的真实规律的精确解释。20世纪是分子生物学开花结果期和量子生物学含苞欲放期。在基因学狭窄领域里取得了辉煌成果，在生命现象的更大领域、更深奥的领域里突显出了更多未解之谜。为了扫除前进道路上的障碍，需要整顿秩序更精准地解析达尔文进化论的科学内涵。为此我们花费了15年的时间，日日夜夜撰写了拙作《精准达尔文主义进化论》。

希望当代同行专家批评和辩论。科学理论不靠权威人士的旨意，不靠多数票选举，不靠时尚论点漂移，只能靠客观事实，以此为依据。但是如今人世间往往对同一事实出现截然不同的理解，这就需要辩论。需要辩证唯物主义哲学思维逻辑推理。机械唯物主义、形而上学、唯心主义不可能给你出路。

生物科学不可能以分子生物学属性的分子基因学或后“分子基因学”为终点。因为在分子生物学继续发展的道路上已经遇到了许多难题，这些难题是依靠分子生物学技术和理论无法绕过的难关。例如有机化合物如何经化学途径获得生命活性的？mRNA三联密码子所携带的信息如何转译到肽链上的？线粒体内膜换能中光子如何与ATP的磷酸键结合的？生物生存环境因子如何改变基因结构、基因编码等诸如此类更高层次的问题只能借助量子化学的协力。我们有一些专家只宣称基因学和“后基因学”是进化生物学发展的最终阶段，并确认量子化学与生物学无关。虽然在我国，量子生物学专著已出版了数十种，且出售已有40多年了，但竟有晋升为教授、被尊称为专家的甚至博导的却不知何为量子生物学。

21世纪进化生物学已进入辩证唯物主义思维逻辑指引下的电子生物学时代。将来也可能迎来质子生物学、中子生物学、光子生物学、玻色子生物学等时代，人类认识生物的能力不会永远停留在基因学水平上的。进化生物学和各种科学技术学科不可能以“后基因学”为终极。

有关《上海科坛》2009年纪念达尔文进化论150周年演讲里发表的对达尔文的质疑和我们的评论内容请读本书的简明短文集部分。

附录：

简要经历

1924年3月出生于内蒙古科尔沁草原东蒙最大牧业豪门吉特如盖（祖姓）家族。本家族曾有万匹白马和近千峰双峰驼。曾祖父曾在北京被清朝同治皇帝召见，并赐黄缎御印圣诏。民国初年在张作霖勾结达尔汗王侵占牧场后家产衰败。日本入侵东北之后家道破落，家庭经营模式转为半农半牧，最后务农。本人学前教育为蒙古文。小学毕业后考入王爷庙兴安学院五年制全日文师范专科教育（1985年经国家教委调查认定为伪满17所大专院校之一），毕业后考入（长春）新京畜产兽医大学（日文、德文）。1945年8月苏联红军对日宣战前5天逃出日本人的学校回科左中旗参加革命。1946年内战伊始担任辽吉军区（也称西满军区，政委陶铸）五分区独立骑兵大队第一连连长，参战一年。在前线加入共产党，介绍人是五分区政委赵石（抗战前干部）。内蒙古南部地区解放后（1947年3月）我被派往后方哈尔滨到鹤岗中国医大学习。1948年中国医大搬迁至沈阳原满洲医大校址，我兼任大学助教职务。1949年被调回内蒙古军区，我独自带领33名学员开办军区医士培训班，当年扩改为军区卫生学校。军区卫生部给我记大功，颁发了用钢版刻字油印的功臣奖状。1950年获东北解放纪念章。1952年去北京参加巴甫洛夫学说学习班。1953年经过严格的考试考入北京俄文专科学校，留苏预备班学习俄语和哲学。1954年赴莫斯科第二医学院研究生院师从于苏联科学院赫露晓夫院士。经过4年的研究生教育，1958年论文答辩获副博士学位。

1957年在莫斯科学习期间，参加了在基辅召开的全苏形态学大会，并在会上作发言发表了一篇论文。我国受邀参加大会的代表团成员为：臧玉淦、张作干、吴汝康三人。臧玉淦的论文由孟民（列宁格勒研究生）俄译并代为宣读，张作干的论文（《小鼠妊娠期子宫黏膜核酸染色反应》）由我俄译并代为宣读，吴汝康论文的译者已记不清是谁了。

同年接受大使馆的命令，为从北京受聘来克林姆林宫医院治疗列宁外甥女白血病的中医秦伯威、韩刚当翻译，工作一个月。当年11月17日聆听过毛泽东主席的《中国的未来属于你们，希望寄托在你们身上》的讲话。

1958年毕业回国正遇上“大跃进”，人民公社化运动。这与我们本想回国用全部的精力实现毛主席的号召参加国家现代化建设的愿望相悖，却被迫去从事修土高炉炼钢这一无效的劳动。1959年被下放到内蒙古呼伦贝尔盟东三旗克山病、大骨节病、地方性甲状腺病等地方病多发地区。在那里，冬季零下30度、极度饥饿的状态下我走遍三旗（县）所有村屯，为该地区筹建了具备一定人力、物力（仪器、试剂、汽车等）的较正规的扎兰屯地方病研究所，为病区承办过多期中、初级医务人员培训班。防克期间我从未中断本专业的研究工作。1962年内蒙古自治区党委组织部给我平反。1964年被“四清运动工作团”召回学院，又以“只专不红，修正主义”等罪名受到批判。在从1966年开始的“文化大革命”中不停地被游斗、批判。在坐牢期间，要求看守人员给我买来德文、英文、挪威文毛泽东语录（称红宝书），借以补学外文。

1975年，我负责创建内蒙古医学院中心研究室，从内蒙古政府求得资金购置进口精密试剂，购买了许多高档精密仪器，并自行设计制造了许多辅助设备。受中国细胞生物学会的委托为全国承办过一期酶细胞化学学习班，并根据研究室条件开展了抗白血病短肽实验研究。在小鼠身上获得白血病治愈率34%的初期成果，经省级鉴定刊登于《红字大参考》报。先后培养了24名硕士生和大批实验技术员。1978年参加第一届全国科学大会（科学的春天），有34篇骨髓细胞各种酶细胞化学论文获奖。1978年获自治区先进科技工作者称号（领省级劳模津贴），并获自治区教育厅光荣人民教师称号。1962年被评为高极六级高校讲师。1963年受聘为中央卫生部科学委员（1963—1985），1982年起为全国政协第五届特邀委员，内蒙古政协第五、六届委员。1991年开始享受政府特殊津贴。获卫生部荣誉证书，国家教育委员会荣誉证书。

1963年，我院开始评定教师职称和定级别。这次评审委员会里只有院党委委员，有主要话语权。评审结果是新中国成立前从北京前来支援内蒙古的老大学生与伪满洲国高二肄业却无教学经验的人被评委评为高教6级（职称可评副教授或高级讲师的都评了讲师）。这些大学生当讲师30年后，1993年同回城的工农兵大学生一同晋级为教授。

我先后发表过3篇俄文论文（包括学位论文1篇）、英文1篇、蒙文1篇、中文近百篇论文。著的书有《现代光学显微镜》（约40万字）、《应用同功酶》（150万字，参加第10届基因、基因族、同功酶国际研讨会），与他人合编《组织化学》（150万字），制备多种同功酶显示试剂盒（Kit）向全国出售，获自治区科技进步三等奖。先后获自治区优秀论文一等、二等、三等奖多项。1999年离休享受厅局级待遇。

在离休后的15年里，未休节假日、未出游，先后发表4篇论文，其中《生命的起源与进化》一文曾收到近150多部大辞典、大丛书入编通知和150多次特等奖通知。对于以盈利为目的的编辑部的入编通知我一概拒绝，只同意《人民日报》海外版、人事部留学人员及专家服务中心、中国历史文献出版社、中国经济出版社、北京大学《当代中国杰出共产党人》等杂志社和出版社的入编要求。在离休后的10年里我从头补习量子物理学、量子化学等学科，在1982年已完稿的《血液细胞的渊源及进化》一书的基础上，改写为本书《精准达尔文主义进化论》。在本书第一章第四节里我们试图触及生命起源的奥秘，抛出了试探性的“砖头”，希望引出“真玉”激起千重浪。

本人所撰写的《生命起源与进化》一文属于问题的概要论述。事实上距离解释有机化合物如何获得新陈代谢、复制自身的生命物质的问题只能算是皮毛之作。本文将编入进化论短篇论文里。此篇论文系我受中国经济出版社和《发现》杂志社的《中国当代思想宝库》编辑部约稿，于2002年撰写。接着入编人事部留学人员和专家服务中心的《当代专家论文精选》第一卷中（2003）。另外有50多部大词典、大丛书约稿和授予我“特等奖”和“勋章”均被我拒绝。这种特等奖和勋章是一种获利的手法而已！事实证明，我这一生虽然受到过无数打击和挫折，但我根本没放在心上，仍一如继往地坚持工作，奔向既定目标。

本人以1940年在兴安学院（伪满洲国5年制高等专科学校）官布色旦老师开设的动物学、植物学、矿物学课为基础，参阅国际文献数千篇（册），花费15年的时间撰写了两本进化论图书。读到魏斯曼的《新达尔文主义进化论》以及许多质疑、否定达尔文进化论等著作之时，便执意以更多的生物进化的新的事实并以辩证唯物主义哲学思维为导向，精准地表达了达尔文的创新理论。在写作实践中发现了一些新问题、新理论。现单独列举如下。

适应性变异才能遗传

动物机体的遗传性变异只能由适应性变异——自然选择创造活力。人工创伤、突变性畸形、病毒基因插入（癌变）、真菌毒素致变的遗传基因都不能创造动物遗传变异。我们可以回顾历史：年轻大学毕业生拉马克从拿破仑的军队退役后，独身隐居马来亚热带森林里对陆生动物进行了十多年的生态学考察，于1809年发表了《动物的哲学》一书。其中心内容是“优胜劣汰、用进废退的结论中引申出后天获得性状可遗传的理论”。这种理论来自自然界动物进化的客观事实，不加任何主观臆造，是整个生物进化途径的最基本规律。拉马克的理论给达尔文主义进化论的形成注入了重要活力。

1892年德国生物学家A.魏斯曼出版了《新达尔文主义进化论》一书。它的主题称精原论或卵原论——“种质连续学说”。它的诸多信条不值得在学术争论中浪费口舌。诸如组成机体的体质与遗传无关，种质不受体质和环境的影响，种质永恒不变等等奇谈怪论在普通生理学教科书中无权占据篇幅。值得进化生物学界严重关切的是，魏斯曼的割老鼠尾巴实验，不是因为它有什么学术价值，恰恰相反，它对进化生物学的发展有害而理应受关切。魏斯曼把这种实验结果当做动物遗传学不可动摇的“定理”来反对拉马克的“用进废退、后天获得性状可遗传”原理。1975年GE.艾伦在自己的专著《20世纪生命科学》一书里提出“环境引起的适应性连续变异才能遗传”。可是艾伦的正确论述未能引起进化生物学界普遍关注。2009年出版的庚镇诚教授的专著《达尔文新考》，这本书是典型的魏斯曼主义新版本。著者在书的前言里写道“李森克派认为拉马克提出的环境改变能直接或间接地影响生物变异的方向，用进废退、获得性遗传的论点是正确的”，并且歪曲地说“这些论点正是达尔文学说的精华”。

我们认为李森克的错误并不是高举拉马克—达尔文主义旗帜。恰恰相反，他们利用达尔文的大旗打击正直的科学家。《新考》的著者在揭露李森克的错误时不慎露出了马脚。《新考》139页上写道“为了应对质疑，好几处明确吸取了拉马克的用进废退，后天获得性状可遗传的观点”导致了达尔文进化理论体系里增添了“一大败笔”。他从此推导出达尔文进化论第一版到第六版由于吸取了拉马克原理走向衰退、败落的前途。据《新考》唯独基因突变论——进化综合理论拯救了达尔文进化论失去科学理论价值的厄运。

我们考察了大量国际文献、临床医学著作和加上本人人体解剖学的实际经历，揭穿了魏斯曼“新达尔文主义进化论”和木村资生“非达尔文主义进化论”的宗旨不符合自然界客观规律。魏斯曼的由人工损伤造成的体质结构的变化不可能引起遗传基因信息的变异，因此不能遗传。如：魏斯曼的割尾实验未出现天生无尾老鼠。我本人带领刚刚招集来准备筹建内蒙古军区卫生学校的一群年轻人挖掘无主坟墓时搜集到3例小脚女人的骨骼（1950）。发现女孩自幼缠足人工阻止其骨骼发育，当女孩成龄时足骨严重变形，只有根骨、第一跖骨和趾骨异常发达，其余足骨严重萎缩或消失。整个脚掌变成三角锥形“三寸金莲”。这种不人道的制度在中国流行近千年，向来未出生过天生小脚后代子女。全人类女人戴耳环未生出有耳孔的后代，战伤所致断腿断臂伤残人后代未出现过残疾人。

木村的基因突变论认定动物（高等动物）进化的驱动力不是自然选择而是基因突变、漂变的论点和魏斯曼的人工损伤的后果基本机制相同。例如癌症、良性肿瘤、胚胎畸形（连体畸形、多肢畸形……）、基因突变侏儒症、巨人症以及毒瘾、不良嗜好、不良恶习都不能遗传。因为这些变异都不是多世代的微小有利变异逐渐积累的适应性连续变异，不是自然选择的结果。我们的这项发现能够清除"新达尔文主义进化论"和"非达尔文主义进化论"在"达尔文主义进化论"发展道路上的障碍。在这长达117年之久的时间里，魏斯曼的不可能引起遗传基因结构变异的人工损伤实验未被进化生物学界识破。所以他的继承者们以此搅乱人们的视听，并借助抹黑拉马克之名贬低达尔文主义进化论，阻碍其发展。

我们这本《精准达尔文主义进化论》精准地解释了一系列问题，如自然选择、渐变与骤变、突变与变异、基因信息流向、整体与局部、体质与种质、环境与遗传、进化与退化、量子化与量化等诸多概念。

生命物质的起源——有机化合物如何获得生命活性的

生命起源问题，在国际文献里至今停留在化学途径一词上已有近100年的历史了。我们坚信，现代自然科学家站在辩证唯物主义自然哲学立场上，并借助量子化学的助力，人类有可能摆脱困境。恩格斯指出"人类认识世界的能力是无限的，在世代相传中逐步接近绝对真理"。自然科学的基础学科已经迈入量子物理学、量子化学，由于普朗克、薛定谔、狄拉克和一大批物理学家、化学家的贡献，帮助进化生物学开始进入量子生物学时代（Schrädinger,E.1944,Holum,J.1952，俄译文）。从前困扰化学学科的基础知识开始步步取得新的进展，人类已经积累了足够的知识经验。尤其是在赫姆霍尔兹力学、热力学诸定律（零次定理、第一定理、第二定理、第三定理）的理论知识的帮助下我们可以试探性地讨论生命起源问题的前进道路展现在眼前了。20世纪晚期，量子生物学者永田亲义在《量子生物学入门》（东京大学出版社，1975）；A.C.ДАВИДОВ，《Биология и квантовая механизма》（1973）；郝柏林和刘寄星《理论物理学与生命科学》（上海科学技术出版社，1979）都在量子力学的基础上给出了生命物质综合性概念，认为生命物质是组织化了的对外开放的体系。它的内熵（Entroby）总是处于比外界低的状态，因此不断从外界吸取营养物质，以求热力学平衡。这已经是公认的道理。但我们称赞此定理的同时，还认为生命物质至少从真核细胞开始到一切高等动物机体对外界是独立性的体系。因为，动物生存环境的物质运动是呈无序性、随机性的，是变化的物质碰撞的环境。动物个体内部吸收无序性物质，利用其能量不断改变为有序性体系。这种体系的生命活性的启动力量主要来自太阳能和来自物质运动的固有能量之间的热力学平衡移位。不论体系外部能量还是内部能量都必须遵从热力学诸定理和赫姆霍尔兹（Helmholtz）力学定理。

1924年，苏联科学院院士奥帕林（Опарин, А.И.）提出生命起源于化学途径的假说，被国际学术界所接受。此后召开过八届国际会议，至今已经过去近100年之久了，从奥帕林的假说没有前进一步。1997年日本进化生物学家原田馨在自己的论文里写道“生命起源问题是根植于自然界的深远问题，我们无法回答。其背后也可能深潜着神的意志”。原田先生表述的是问题的深度和难度。人类不认同不可知论，也不信神。

近几十年来，进化生物学家借助于量子化学之力探索此谜，尽管打的都是擦边球，但还是为人们提供着各种不同的思路。在这项探索热潮中我们也想提出自己的推想。

1.赫姆霍尔兹（Helmholtz）力的概念:自由能的概念可能提供解脱困境的出路。赫姆霍尔茨力就是地球条件下一切物质的存在和运动的原动力。它是引力（地心引力、化学亲和力——万有引力）与之对立的斥力之间的相对平衡，平衡点（重力）的不断变动的合力。这个对立面的任何一方虽可占绝对优势，但也不能致使对方消失。就是说力不能被消灭，也不能被创造。这项定理与黑格尔辩证哲学原理相容。

2.碳($^{12}_{6}C$)原子化合价为2价，由于SP2轨道杂化变成4价原子。碳的化学亲和力特别强，能形成350万种化合物，元素周期表里的其余104种元素只能形成5万多种化合物。可以说，碳成为含氮有机化合物的骨架原子的事实符合生命物质结构的客观规律。因为生命物质的微观结构里出现无法计数的多种类化合物。其碳的σ-键延续以碳为骨架形成烷烃链。它的π键与氢键合。氢原子的离子结合力是脆弱的很容易被置换。

3.在隐生宙太古代晚期太阳光光照度较高的海面浅表层里，或海底火山喷发处碳氢化合物——烃链和烷链形成胶状团块浮游在水环境里。一些来自烷链的类脂质和烃链化合物结合成境界膜把团块包裹起来形成既是开放型体系，又是相对独立体系。膜内开始有序化，膜外为无序碰撞的外环境和膜内的有序化倾相不断发生冲突。（太阳能包括热能——斥力和其他色光的引力）（热力学零次定理）

4.体系内的部分烃链（Hydrocarbon）α-碳的σ-键上键合一个羧酸基，另一个π-键上键合一个氨基形成氨基酸。20种氨基酸是所有种类蛋白质的基本结构单位。除甘氨酸以外的19种氨基酸的侧链是不对称结构，它们的碳的π-键上键合着亲水基（极性基）、疏水基、电离基（极性基）、非电离基。因此氨基酸的功能特征决定了侧链的结构特征。2003年许春祥的书里提到在这碳上只有氮（$^{14}_{7}N_{2s2p3}$）、氧

($^{16}_{8}O_{2s2p4}$)原子能提供两个或两个以上孤电子对，这就决定氨基和羧基出现。这两个化学基是所有氨基酸链的两端活性基。

5.两个以上氨基酸在肽酶的催化下一个肽的氨基和另一个肽的羧基相吸引合成多肽链（蛋白质）。多肽链的氨基端和羧基端之间形成整个大分子的成键轨道时就开始具备出现轨道函数（动能），就有了生物活性的前提条件了。

6.根据赫姆霍尔兹力学定理我们推断，在一瞬间里氨基上的引力的活力占优势的极限而斥力占劣势时力的平衡点（重力）下降。紧接着羧基上的力的平衡点（重力）上升到极限，激起蛋白质链主轴的有节律的钟摆式摆动。力的平衡点（重力）正向一逆向反复转移激起多肽链起始端氨基酸α–碳的共振。共振波沿肽链依次波及整条多肽链，同时激起所有氨基酸侧链功能基团的共鸣。重力正反方向钟摆式摆动的点火是分子内的两个不对称电子的自旋波摩擦激起的。

FW.普赖斯在《基础分子生物学》里写道“肽链骨架碳原子和氮原子之间的共价键为单键，因此能在它们周围自由旋转。然而物理测验表明，把氮原子连接到羰基碳原子的共价键，其长度是1.33Å，比预期的C—N共价单键要短。而羰基基团的双键长度是1.24Å，这种差异说明发生了共振”。这种力的有节律的摆动激起多肽链氨基（碱性基、负电荷）和羧基（酸性基、正电荷）之间形成多肽链大分子成键轨道函数或分子磁力循环线，进一步引发多肽链服从热力学诸定理激活蛋白质链的化学活性。某些分子内随机合成的小分子片段或废用性无序性片段分解，引起吸热反应增强。与此同时，从环境中渗入的化学组分（营养物质）的化学亲和力使封闭体系F内化学合成机制启动，增强放热反应。F=U–TS:U=体系内的吉布斯自由能（做功的能）与S=内熵（不做功的能）不断增高（热力学第二定理）。但是环境里的太阳能和无序碰撞热也不断自发流入体系内，调控内熵不可能达到与环境之间热力学平衡(U=F+ST, T=绝对温度)。这一切力的变换的总和活力开启了体系内的物质交换机制。这种体系内的物质交换和热力学活动就是生命活动的开端。（热力学零、一、二、三定理）

7.生命活性一旦开动再也不能停止，因为体系内分子结构的放热反应与吸热反应之间的平衡与冲突不能终止。

8.动物机体内也有一些种类的二肽以上的多肽链能服从赫姆霍尔茨力学法则和热力学诸定理时也可能受酶的催化功能被动地合成蛋白质长链，但是不能进行自主的新陈代谢。它只能是和单肽一样作为营养物质而存在，如卵白蛋白。与此不同的生物活性蛋白质增生出现各种功能结构，如分散的核苷酸分子、酶蛋白分子、收缩蛋白分子、呼吸蛋白分子……最终演化出原核细胞。

9.原核细胞的膜系统极力增生出现内质网、核蛋白体、核膜、染色体、线粒体等各种细胞器。由此演化出真核细胞。

10.在地球表面上，隐生宙元古代晚期含氮大分子有机化和物——蛋白质获得新陈代谢，部分复制自身的功能必然引来排除既无利又无害的变异，排除有害变异，积类微小的有利变异进化出高等动物物种。这就是自然界创造生命的概略蓝图。

我的理论创新：

含氮大分子碳氢化合物——氨基酸多肽链成为热力学平衡体系的载体时才能变成生命的存在形式。蛋白体（除变性蛋白质）是生命的显性存在形式，核酸是生命的隐性存在形式。它从蛋白体获得热力学活性时才能被激活成显性存在。这就是我的定义。

再论生命物质的起源

绿色星球地核里的氢燃料燃烧（裂变反应）的热能已经使地球保持温暖宜居45亿年了，据估计还能继续供暖50亿年。地球表面碳的燃烧为生命的诞生和繁衍提供条件，生命现象也已持续了35亿年。总观自然界，不难看出碳、氢燃料的燃烧是探索生命的首选目标，而且在其能量转换形式中热能变换的形式也是首选目标。因此说只有解读体系内外的热力学活性才能解读生命！人类与猿类分道扬镳之途起步于钻木取火，烧炭生火。所以说碳、氢是生命之能源。一切基本粒子在无序碰撞的宇宙空间里，碳氢链借助氧、氮原子提供的两对以上的孤电子对依据轨道能层的方向性结合成各种立体结构的含氮化合物。这些化合物就是氨基酸、蛋白质链。这种含氮大分子化合物的复制程序一旦启动就以此引物（模板）复制不停。启动复制程序的起点必定要有个开关（Switch）。我们认定氨基酸的α-碳上的羧基的氧原子的阴电子的（逆时针方向）自旋波与氨基上的阳电子的（顺时针方向）自旋波摩擦产生的光量子在两电子的磁偶极矩内闪烁激发共振波（点火也可用力学解释）。这种共振波波及整个蛋白质链，启动蛋白质链侧链的化学活性。体系内化学合成反应产生的放热反应和外来的太阳能增加体系内的自由能。同时也产生不做功的副产物——内熵（Entropy）。体系内的熵应变机制和从体系外自发流入的太阳能，整合体系内的能量交换压制内熵达不到与体系外热力学平衡。这就是我们认定的生命的起源。

绿色星球的特征

我们对比地球与月球、金星、火星、土星等无生机的星体发现：

1.地球的核心是以氢原子为燃料的高温原子炉，不断为地球提供热能，再加上太阳能，地球变成了得天独厚的适于生物生存的温暖星球。（酷似保温箱）

2.绿色星球有别于已经死亡、无生命的星球的特殊性在于：它有气态层保护生命，还有岩性壳层保存生命的发展历史。地球表面面积的72%被海洋占据，每天数千万吨水蒸气飘向陆地。（保持饱和和水蒸气）

3.地球公转与自转轴成直角，因此它的赤道面始终面向太阳。是昼夜明暗、昼夜温差的成因。赤道面是地球最热的区域，趋向两极逐渐降温，两极全年冰天雪地。同时也是半年黑夜半年白昼的成因。在同一纬度上球体表面凸凹不平，水陆相异，覆有植被或被沙漠覆盖。在这种不同区域环境的气候变化里，生物机体的生存本能必然导致机体结构和生活习性的适应性变异，必然出现多种多样的地理物种。那些质疑"达尔文理论无法找到一种方法来证实自然选择如何使生物定向发展，从而产生新物种"的途径的专家们得出结论说"达尔文主义显然不能算科学"。敬请这些专家们若不愿阅读150年来的进化论著作的话，请在便闲时游览绿色星球的美丽景观和浩瀚大沙漠，游览冰天雪地的极地或热带雨林，大自然会免费赠送给您答案。

4.地核的熔融岩浆喷向地表释放热能和火山灰，制造肥沃的土壤。

5.火山活动和地壳板块碰撞致使地壳隆起形成高山峻岭。海拔3500m雪线以上的高峰凝结水蒸气变成云、雨、冰、雪，这是地表淡水的来源。如全世界最高山峰喜马拉雅山脉珠穆朗玛峰高达8844.43m。在亚洲喜玛拉雅山脉海拔在7000m以上的高峰有50多座，富士山（日）、阿贡火山（印尼）、基纳巴卢山（马来西亚）均高于3000m，帕米尔高原的4000~7700m高峰很多，青藏高原的众多高峰、印度尼西亚的查亚峰、印度北部山区海拔在5500m以上。欧洲有阿尔卑斯山脉的勃朗峰，还有大高加索山脉的厄尔布鲁士峰（俄，阿塞拜疆，格鲁吉亚）；喀尔巴阡山脉虽然没有高峰，但对该洲气候具有重要意义；奥地利的大格洛克纳山。非洲坦桑尼亚的乞力马扎罗山，肯尼亚的基力尼亚加峰，埃塞俄比亚高原达尚峰，摩洛哥的阿特拉斯山脉的图卜卡勒山，乍得的库西山峰，喀麦隆火山，乌干达的玛格丽塔峰，马达加斯加的马鲁穆库特峰，南非莱索托高原。大洋洲有新几内亚的查亚峰、威廉山。北美洲有科迪勒拉山系的阿空加瓜峰，落基山脉埃尔伯特峰，阿拉斯加山脉的麦金利峰。中美洲有墨西哥高原的奥利萨巴火山、惠特尼山峰，加拿大的洛根山，危地马拉的塔胡穆尔科峰，哥斯达黎加的大奇利波峰，巴拿马的巴鲁火山。南美洲安第斯山脉超6000m以上的高峰有50多座。

6.地球近地大气层里含的氮（78%）为动、植物合成蛋白质提供氮源，含氧（20.9%）为生物氧化还原活动创造了条件。绿色星球上的氧化型大气、淡水、温暖而又可调控的气候、铺满地球表面的绿色植被和地热、日光是动物繁衍生存的基本条件。几个世纪以来，天文学家耗巨资在火星、金星、木星上寻找人类宜居的环境，企图在地球上人口过多致使地球超负荷时，进行搬迁。人类往往在发现某星体岩层有生命迹象时欢呼雀跃。我想，将几位具有特殊体质的人类代表送到没有气态层、没有氧化型大气的星体上生存，不会比在地球上圈养的野生动物欢快多少，更不可能形成数亿人口的移民潮。

这就是太阳系唯一绿色星球地球，有别于其他星球的特殊环境。

附红细胞体原形的新发现

哺乳动物无核红细胞菌血病种类很多。根据布坎南（Buchanan,R.E., 1983）等的《伯杰细菌鉴定手册》（科学出版社，1984）里的分类，立克次体目，属V的血虫体（Eperythrozoon，附细胞小体），中译为附红细胞体即为其中的一种。我查阅了109篇英、德、日、韩（英文）、西、波、古、南非、东南亚、非洲、澳洲的许多国家和地区的近现代文献：施令（Schilling, V., 1928）提到在受感染的脊椎动物血液里都有粘在红细胞表面的小体。形态为0.4～1.5μm大小的圆形、环状、盘状小体。Bartonellaceae属小体环形者罕见。施令型在红细胞表面和血浆里分布比例为1∶1。巴通体在血浆里不出现。Wigand,R.(1958)用位相差显微镜、暗视野显微镜观察都未看到环状小体。至20世纪末，所有研究血虫体的学者无一例外地都肯定血虫体是附着在红细胞表面的球形小体，定名为附红细胞小体（Eperythrozoon）。都肯定所有脊椎动物可感染，可引起贫血症，是人兽共患病，幼兽死亡率甚高。在20世纪70年代，造成国际家畜贸易的重大事故。内蒙古自治区阿拉善左旗一畜群死亡大批绵羊，病因不明。旗兽医站邀请我去帮助澄清病因。内蒙古农牧学院有众多专家而我去虽有喧宾夺主之嫌，但无奈本人于1997年带着三位助手前去查找病因。在调查过程中，在一群羊中发现一只2周岁的矮小绵羊，身高41cm，体重11.5kg。随即我们解剖小绵羊，取回其末梢血涂片和脾脏，我的实验师侯金凤制作了矮小绵羊的脾脏的超薄切片。在巨大的脾脏里的无数个红细胞中寻找一粒附红细胞体等于是大海捞针。我本人双眼疲劳，叫小侯继续观察。我在和旁人聊的过程中突然有了新的发现，便叫小侯转回刚刚看过的视野。告诉他们这就是我们梦寐以求的东西，寻找它并无多大的技术困难，但是找到它的几率太小。能够找到它，也算是对我研究血细胞50多年所付出劳苦的回报吧。

我们首次证明此病原体是寄生于红细胞质里的一对短杆菌，这是人兽共患病的病原体。从下图可以清楚地看到像八卦似的阴阳鱼。每个菌体内分散的核物质呈高电子密度小粒，菌体限界膜很清楚。由此为困惑兽医学界半个世纪的悬案给出了一个明确的答案。

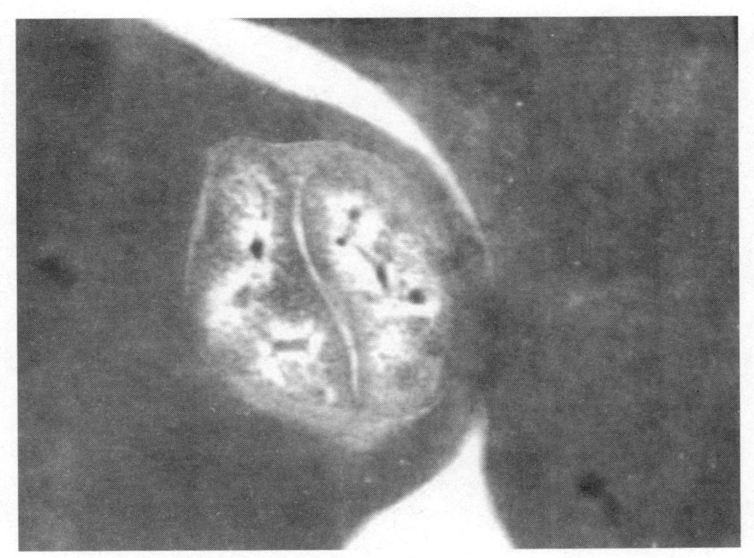

血虫病患羊脾脏红细胞超薄切片（8000×，侯金凤，舍英）

可惜我无机会进一步研究如何消灭此病原体，只待后代来完成我的愿望了。

精准达尔文主义进化论续篇

（简明短文集）

前 言

近年来，我国只出版了一本进化论专著《达尔文新考》，论文、演讲稿、报告也很少见。就像叶盛博士在美国进化生物学家杰里·A.科因所著《为什么要相信达尔文》一书的译后记里说的“近几年国内很少有演化论的书籍出版，反而有反对演化论的书籍受到追捧”。的确，举着改革的大旗以突变、骤变，质疑甚至以改装了的神创论——智慧设计论扭曲达尔文的自然选择原理的论述很普遍。为了精准地解析达尔文进化论的核心理论我们以动物进化的大量事实，应用辩证唯物主义思维逻辑撰写了《精准达尔文主义进化论》一书。考虑到长篇论述对于初学者不易学习理解，又编入了一部简明扼要的论文集。这部短篇论文集挑选了本书里争辩和论述的问题，一共包括32篇短论文。希望在我国青少年读者群里普及生物进化理论有所助益。敬请老一辈进化生物学家修正纰漏，共同完成这项对年轻后辈普及进化论理论知识有益的事业。

1. 进化生物学发展阶段简史

1759年，德国学者沃尔弗在他的学位论文里批驳了预成论，而首次提出了进化论，即渐成论的观点。接着奥肯、贝尔、拉马克具体地论证了动物发育过程是进化的过程。一百年之后达尔文在1859年发表了《物种起源》一书，胜利地完成了被誉为19世纪三大发现之一的进化论学说。达尔文主义进化论受到了全世界科学界的赞赏，同时也激起了宗教界和保守势力的攻击。达尔文进化论是在生物学宏观形态学时代完成的。他是在洲际考察中对比分析了动物个体的形态、习性、地理分布等具体资料，由此归纳出动物物种形成和生存环境之间相互关系论证了生物物种变异的规律。与达尔文同一时代的德国的施旺、施莱登于1839年完成了细胞学说。捷克purkiné及其学团开发了组织切片、染色技术，由此进化生物学进入了细胞生物学发展阶段。20世纪30年代，德国学者发明了电子显微镜，人类开始观察到生物体的超微结构，通向分子生物学时代。20世纪初由于自然科学核心学科——数学、物理学、化学（分子的物理学）跃迁到波动力学、量子化学（原子的物理学）把生物学提升到量子生物学新时代（更精准地称为原子生物学或电子生物学时代）。

2. 拉马克和达尔文

魏斯曼主义的继承者们无休止地诬蔑拉马克的用进废退，后天获得性状可遗传原理，并且以此贬低达尔文进化论的科学价值。可是达尔文的《物种起源》出版150 年以来从来没有一本书受到过如此高度评价，如此多的赞颂。凡是应用唯物主义辩证思维逻辑分辨事物的进化生物学家都赞同达尔文的器官的使用和不使用的价值和适者生存原理，也就是拉马克和达尔文的一脉相承的基本理论。恩格斯在《反杜林论》里指出“无论是达尔文或者追随他的自然科学家，都没有想到要用某种方法缩小拉马克的伟大功绩”。接着说“于是发现，有机体的胚胎向成熟的有机体的逐步发育同植物和动物在地球历史上相继出现的次序之间有特殊的吻合。正是这种吻合为进化论提供了最可靠的根据”。我们能够举出很多事实证明上述结论：如新几内亚岛上生存的鹦鹉翅膀有点退化，会飞但不善飞。想要飞越百多公尺宽的海峡，却落水被淹死。它的同乡几维鸟也退化成步行鸟（走禽类）。几维鸟羽毛退化成狗毛，翅膀彻底消失，只能在地面上觅食。它的喙变得细长，能够探知地下15厘米深的虫卵，堪比工兵的探雷器。该岛上没有掠食动物威胁鸟类生存，因此，本来有用的翅膀，已经用处不大了，该结构趋于退化。这对机体有好处，不至于把能量消耗在飞翔上。这种适应性变异和遗传性变异是在长期世代交替繁殖中缓慢完成的。这种退化也是适应新的生存条件的进化。魏斯曼遗产的继承者们在《达尔文新考》中给达尔文打了上不了高考分数线的分数。在自然界的实事面前他们应该重写《达尔文补考》，给达尔文高分才是不可回避的责任。

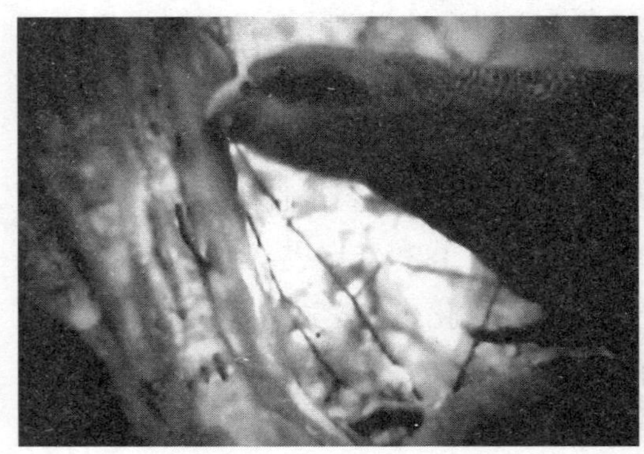

图 2–1　新几内亚鸮鹦飞行能力退化不善飞行

图 2–2　新几内亚几维鸟翅膀退化

3. 加拉帕戈斯群岛

加拉帕戈斯群岛是南太平洋赤道面上距南美洲900多公里处的海底火山熔岩上升露出海面形成的群岛。在这个地区，火山仍然活跃。附近海域里生物多样性异常显著。诸岛陆地全被火山岩覆盖，植被稀疏，食物贫乏。而后在火山灰沃土上植被繁盛，动物漂来。

达尔文看到各个岛屿上的象龟体形很不相同。年轻的博物学家特别注意到各岛上的雀群喙的形态也相差很多。这种现象吸引了达尔文。在这些岛上飞来的祖先型雀类相同的喙为什么变形了？①诸岛的雀类祖先的喙相同，而现代雀类的喙变异了。②诸岛上的现代雀已被困在各自的岛上无法相互接触。③某个岛上的雀只以植物坚果为食，此种雀的喙变异成粗壮的三角形短而坚硬的喙。另一个岛上的雀的喙变异成细长直喙，这种雀以植物果肉为食。第三个岛上的雀喙变得更长稍弯曲，这种雀专吃昆虫幼虫或其他鸟类的卵。这些现象给达尔文以灵感。他想到雀类喙的变异，是在不同自然环境里为适应食物特性而引起的变异。这种变异是有利变异，而非有害变异或既无害又无用的中性变异。这种变异并非在短期内经过几代遗传能够完成的。必需是微小的有利变异逐渐积累起来在漫长的世代适应性遗传中完成的。这就是达尔文进化论的核心理论——自然选择原理。在这种变异面前有谁能说这不是后天获得性状，谁能说它不是遗传的，谁能说这和生存环境无关，谁能说这是在瞬间基因突变实现的，谁能说这是种质的与体质无关，事实胜于雄辩。在自然界呈现的事实面前精准地描述其本来面貌，不加主观臆造才算科学。后世公认：加拉帕戈斯岛是诞生达尔文进化论一切论点的发源地。

说明：

本篇的图像资料来自许多探险家、旅行者、动物保护者、环保学家、生物考察者们的录像纪录片。

4. 达尔文发现了什么

19世纪中叶，在自然科学领域里出现了表明人类思想进化的三大高峰——能量守恒与转换定律；细胞学说；达尔文进化论。恩格斯（F.Engels）在准备撰写的巨著《自然辩证法》的提纲里写道“沃尔弗（Вольф, Кф, 1759）首次提出进化论的观点，是天才的预见。到了奥肯（Окен Лони, 1779—1829）、拉马克（Ж.Ламарк, 1732—1829）、贝尔（Бэр, КЭ, 1792—1878）才有了确定的形式。而整整一百年之后，即1859年才被达尔文胜利地完成了”。他所指的是达尔文发表的光辉著作《物种起源》。达尔文于1831年从神学院毕业后，在当时的一些著名的植物学家、昆虫学家、地质学家的先进思想的影响下和在他们的推荐下获得机会以博物学家的身份随贝格尔号军舰环游南太平洋诸岛、新西兰、澳大利亚、新几内亚群岛、加拉帕戈斯群岛、南美洲等地区，这些地区动物多样性丰富、动物遗传变异和适应性变异极为活跃，自然环境中的动物界的客观现像如实地刻印在达尔文天才的头脑里形成了自然哲学的世界观。达尔文的时代，观察手段处于宏观形态学时代，细胞学说处于刚刚创建阶段，遗传基因DNA、RNA的分子结构、分子功能的知识还处于萌芽阶段。但是达尔文考察动物的体形、外观颜色、地理环境、生活习性、生育后代的特征等，从外观表象中归纳出了动物进化中遗传性变异和适应性变异的客观规律。

恩格斯说过人类认识世界的方法有很多很多，但是归根到底只有一个，那就是比较。目前有那么一种人不正视达尔文的创新所在，只看他得出结论所用手段是否先进。因此，在庆祝《物种起源》问世150周年之际《上海科坛》（2009）专题讲演里发出了一片质疑到否定达尔文的噪音，其中包括宗教神使。复旦大学哲学学院×××教授把那种早已被扔进历史垃圾堆里的“神创论”的改头换面的新版“智慧设计论”拉出来补充达尔文进化论。还有的著作里作者们以本身还不太懂得的哲学理论为依据企图篡改达尔文进化论的科学内涵。新旧反达尔文进化论者，如木村资生的“非达尔文主义进化论”和魏斯曼的“新达尔文主义进化论”的继承者们纷纷登场发表宏论。他们所用的是使人昏醉的新鲜措词，而没能拿出任何新的事实。

达尔文《物种起源》里提出了生物进化中的许多原理，诸如自然选择、生存斗争、性选择、弱肉强食、用进废退等等。所有这些原理都展示着动物世界的生存方式的复杂现象。但是，达尔文所阐述的各种原理都是从不同角度集中表达一个核心观念，即动物进化的驱动力——自然选择。我们通读《物种起源》之后可以用一句话概括达尔文的发现就是自然选择原理。

自然选择原理的含义是动物个体寻找最适合于自己能够生存和繁殖后代的自然环境条件，在这种条件下发生的身体结构和生理功能的微小的有利变异逐渐积累起来变成更强健的基因型个体组成的物种。尽力排除中性突变和不利突变，保持继续进化方向。在这条发育途径上先前适用的结构，因环境因素的改变成为无用或有害的结构，将要退化——用进废退。性选择和自然选择之间似乎相冲突。例如孔雀的颀长的尾巴是起飞逃生的额外负担，是不利变异。北极驼鹿头顶20千克重、2米跨度的大角也只是利于吸引雌性的芳心，对个体生存不利。但是从物种延续、繁殖、进化角度衡量个体生存和种群繁殖及基因增强，则性选择占据更重要位置。这也是对自然选择的补充。

现今我国有些专家还不能辨明自然选择的确切含义就急急忙忙抛出高谈阔论。

如河北师范大学遗传育种教研组的专家们所著的《生物进化论》116页上写道“自然选择——淘汰那些不利于生存的个体，保留有利于生存的个体——获得新的生物类群”。这里究竟自然界有权选择哪类个体可以生存或哪类个体应该淘汰，还是生物个体选择有利于生存的环境才能适者生存，环境不利者则退化灭绝。他们把自然界和生物个体的自主选择权弄颠倒了。给自然界赋予人性化或神化的性质。并没有精准地表达自然选择的科学含义。又如《达尔文新考》（2009）137页引述米伐特的异议“初生状态的长颈鹿（长颈鹿的祖先种）其颈、前腿、舌还未像今天这样发达和显示出优越性之前，自然选择何以能选中它对它发挥作用？”《新考》的著者说自然选择有高瞻远瞩的功能。二者都把自然界人性化、神化了。所以庚先生不易回答这个问题。更为使人惊奇的是，认为自然界用占卦卜算的神机妙算从长颈鹿的祖先种中猜测出它的后代可发育成长颈鹿，而长颈羚的祖先没被选中。敬请那位某出版社聘请审评本著作的专家给予回答。他认为木村资生的生物进化与环境无关的论点是唯物主义的？希望这位专家认真学习一下唯物主义与唯心主义哲学的常识。

在《生物进化论》76页上借用量变、质变的哲学原理把达尔文进化论的核心原理自然选择的渐变论（微小有利变异的积累）篡改为骤变论（飞跃）。他们还是对黑格尔的这一法则不甚懂得就用他们的哲学批判被他们污称为“庸俗的进化论者，把生物的进化看作是同一速度缓慢地进行的。他们不承认其中有飞跃，有质的变化，这是错误的”。这些专家们列举了“哺乳动物要经过不少质变阶段：由无生到有生，由简单的蛋白质到原核生物，由原核生物到真核生物，由单细胞生物到多细胞动物，由水生到陆生，由变温到恒温，由卵生到胎生等”。

殊不知，地球诞生之后隐生宙太古代晚期距今35亿年前出现原核生物之后又经过10多亿年才出现真核细胞。先生们列举的生物进化每个阶段实际上都需要数亿年或数千万年之久。如此漫长的历史过程算瞬间？由原生生物突变为真核生物质变的关节点都要用去数亿年到数千万年。这就是我们的专家们的骤变论的数学依据。

哲学理论里举出的量变到质变最显著的事例为液态水被加温到沸点转化为蒸气，降温到冰点转化为冰。沸点和冰点瞬间发生的变态才算是关节点。而加温或降温并不是瞬间完成的过程（如南极冰山的变化要经过数百万年）。

我们追索哺乳动物进化历史的数十亿年间的变异可以看到质变，但是未能发现飞跃、跃迁、突变（正常高等动、植物物种）。

我们在考察人类个体发生过程中，受精卵→胚胎→婴儿→小儿→青年→中年→成年→老年→终年，一生百年中确有质变。但是无法确定飞跃、骤变的关节点。

事实上在生物进化过程中，在漫长的量变中实现质变，并不一定经过飞跃、跃迁式达到质变。

达尔文的自然选择原理里已经暗含着这个哲学法则。海克尔的时代已经提出生物学范围内飞跃越来越少见，恩格斯也肯定了海克尔的这种论点。而我们的专家们偏偏把数百万年当作生物进化的瞬间质变的关节点。是固执还是健忘或是二者兼备。

5. 自然选择原理的科学含义

当我们查阅近年来所发表的进化生物学文献，几乎无一例外地讨论达尔文进化论所提出的问题时都把自然选择解释成自然界选择动物物种的祖先让它进化或退化的。米伐特质疑达尔文的原话最为典型。他提到长颈鹿的祖先还未表现出像它的后代那样脖子、前腿、舌具有择食优越性之前“自然选择何以能选中它对它发挥作用？”《达尔文新考》的著者引述（138页）达尔文答复米伐特很多质疑时说过“自然选择具有明察秋毫之功力”。达尔文根本不可能把自然选择人性化或神化。

图 5–1　长颈鹿

图 5–2　长颈羚

《新考》著者和米伐特的理解自然选择的含意雷同。达尔文论述自然选择时他的着重点是动物机体结构或习性承受生存条件的压力积累有利变异逐渐沿着进化的道路发育出新物种。这种提法的含义与自然界有意挑选某种动物让它生存，让某种动物灭绝的说法完全不同。例如北极地区的自然界并非有意让白熊变成北极环境的永久居民，而把鸟类赶走。本来白熊的祖先在千百代（百万年）适应性变异中出现了能够生存的习性和结构变成了地理物种。这就是动物机体慢慢地积累了适应性，能够生存于北极的自然界。这是白熊的祖先型动物棕熊经过千百代适应性变异的结果。可以称作自然选择的效应作用在棕熊的机体上了。自然选择的效应无法作用到鸟类身上，并不是自然界挑选了白熊而抛弃了鸟类。鸟类有翅膀，遇到水面结冰、无法觅食时飞到5000公里以外的温暖、食物丰富的南方过冬。这就是鸟类自然而然地选择了得以活命的途径。我们应该给自然选择的含义和自然界选择某种动物的含义以科学的解释，不应该将自然界赋予人性化或神化的含义。我们曾经指出过科学理论的哲理差之分毫，错之千里。如果把自然界人性化或神化，最终与神创论会是殊途同归。因此，不应该认为自然选择和自然界自主选择某种动物的含义是相同的。

6. 遗传性变异和适应性变异的相互作用

德国杰出的生物学家海克尔（Haeckel, EH., 1868）提出生物进化就是在遗传性变异和适应性变异相互作用中发展的。他的命题准确地反映了生物进化的实际途径，同时准确地表达了唯物主义哲学逻辑。遗传性变异和适应性变异是进化论一个理论体系的相互协调的两个方面。

现今生存于地球上的数百万种动物的最原始的祖先型原生生物体内没有DNA和RNA之类基因物质。它们依靠蛋白质为模板复制自身，机体结构异常简单，生命周期很短（以小时计），性别6~8种。它们是来自无序环境的有序体系，还无能力摆脱无序秩序的制约，不能独自适应不断变化中的生存环境。其遗传功能突变、漂变几率最大，不大受自然选择驱动。原核生物的体内出现了环状单股螺旋状DNA，这种基因物质的信息量很少。原核细胞依靠DNA、RNA为模板复制自身。其机体成分分配给后代的基因物质不均匀。

后生动物进化到具备基因物质DNA、RNA和组蛋白、非组蛋白能够生成二倍体核组型的结构才有可能遗传性变异和适应性变异相互配合以自然选择为动力实现进化。mRNA三联密码子编码一个极性氨基酸，防止正常DNA拷贝出现错误片段，防止基因突变。这时动物机体内作为一个体系开始出现自动调控各种生命活动保持平衡，既依赖生存环境的遗传性，又保持对环境的相对独立性的适应性。

后生动物遗传性变异的信息流动方向是DNA→RNA→蛋白质，即中心法则。适应性变异的信息流动方向是逆转录方向即逆中心法则（至今还无人肯定此用词）。19世纪20年代自然科学家揭开遗传基因物质的化学结构以来，遗传基因学研究的飓风吸引了人们的全部注意力。很少有谁关心除中心法则以外还会有另一种遗传基因信息流动方向。因此适应性变异的机制的研究搁浅了很久。适应性变异在动物进化途径上出现动物物种分化，出现物种多样性机制中的份量比遗传性变异重要得多。达尔文在《物种起源》里写道“有利变异的保存和有害变异的消除我称之为自然选择，或适者生存”。他把自然选择和适者生存等同看待。魏斯曼学派仅仅抱住人工损伤不能遗传的实验结果反对后天获得性状可遗传原理，干扰人们探索遗传信息逆向流动的途径。因此逆转录酶在20世纪80年代才被发现。

地球上气候条件、生态环境经常发生全球性或局域性、长期性或突发性变化。常言道“人有旦夕祸复，天有不测风云”。对于生存环境的变化，动物机体的全身所有细胞都能感应到。感觉细胞较为敏感，神经细胞最为敏感。所有细胞都要参与适应性活动，都要参与自然选择。这就是一个体系各部相关性法则，由此整个机体具备进化潜力。生殖细胞只承担传递获得的适应性基因信息的功能。我们（舍英）可用俗话说生殖细胞是传递遗传基因信息的“投递员”而不是“产权”垄断者。

《达尔文新考》178页里写道“就广泛的意义来说，就是伴随着‘生殖’的‘生长’几乎包含在生殖以内的‘遗传’，由于生活条件间接的和直接的作用以及使用和不使用的变异性，足以导致‘生活斗争’，因而导致‘自然选择’”。他们把遗传功能全部归结与生殖细胞。近年来的细胞扩增技术已经成功地实现了由表皮细胞培育出正常鼠或绵羊，这足以证明所有体细胞核是遗传性变异和适应性变异的基因信息的生命活性结构。难道“遗传”只包含在“生殖”以内吗？难道“种质”与体质无关，与环境无关，世代相传不变吗？（请参阅第12篇）。

7. 进化的概念不可抛弃

近几年来，有一股冷风悄悄吹进进化生物学里来了。这股风是一位稍有名气的专家在介绍达尔文引用进化（Evolution）一词的过程中详述了改换各种词汇的繁杂情形。介绍地质学之父莱伊尔恶意诽谤拉马克理论使用Evolution一词。接着达尔文为了避嫌未采用此一词的举措（？）。这项介绍在我国的刚刚迈入科学殿堂、阅历不深的学子们的思想里激起了很大的波浪。接着在《上海科坛》（2009，第4期）演讲集里质疑达尔文主义进化论的声音漂出了水面。在那里写道“达尔文进化论显然算不上是科学，这由进化论本身的性质所决定的”。

30多亿年来，动物界从极为低等物种慢慢地变成了极为复杂的高等物种，是自然界客观存在的事实。由单细胞原核生物变成了多细胞真核生物，由无脊索动物变成了脊椎动物，由四足动物变成了人类。动物界变化的图景呈现出由简单向复杂，由低等向高等发育的图景。这是物质世界不以人类意志为转移的客观事实。为表达这种事实使用什么词无关紧要。用"演化"、"进化"、"发育"、"前进"等词中的哪一条都无法撼动达尔文进化论丰碑的基座，也无法改变地球上的生命物质的生存和发育方向。每位严肃的科学家不应该挑剔某个词而否定达尔文真实地反映物质世界本来面貌的进化学说。更无权否定生命物质"进化"或"演化"的发展趋势。我耗费纸墨是多此一举，但是提问、质疑、修正达尔文主义进化论的波浪漂动了我这根稻草，我无奈。

8. 生物进化及思想进化

物质运动、社会变革、生物进化、劳动生产力的提高等客观存在的变化是人类思想进化的根源。辨别事物、行动设想、思想情感、幻想梦想以及宗教信仰都是客观事物在人脑里的反映。但是对于同一事物人类群体中可出现各种不同的看法、不同的理解、不同的认知。这种差别源自于个人成长的不同环境，个人的知识素质，文化素质，先人或同时代人们的思想影响。同时，也来自人类固有的社会意识进步的惰性。知识素质越低下的人越固执己见或无保留地盲从名人。这种人不用自己的头脑分辨客观事物的本来面貌。有位哲学家说过"什么也不懂的人什么都相信"。我们曾经经历过一段历史时期，那个时代搞起群众运动群众会一哄而起，齐上马；一阵风吹来，齐下马，上马下马一刀切。运动骨干中总有那么一伙人，成为追风的中轴。

生物学界在19世纪80年代Kossel，A.(1881)首次从DNA链里分离出4种碱基以来，各国学者共同完成了遗传基因物质DNA链双螺旋分子结构。共同完成了生物继代繁殖DNA→RNA→蛋白质信息流向复制子代个体。这叫中心法则。这项技术引起了生物学化分时代的进步，激起了生物学界的高度崇尚的研究热情。在这种强大潮流中有些善于随风飘动的人们被冲昏了头脑，不去想一想任何先进的技术都是时代的产物，都会有时代的局限性；不去想一想生物进化是在遗传性变异和适应性变相互作用中完成的。因此基因信息传递流向是否还会有逆相流动的可能性，如DNA信息转录给RNA的机制在分子结构水平上容易解释。但是3～5个mRNA三联密码子如何传递到（编码）一个极性氨基酸分子的机制不借助量子化学知识是不可能给出精确的解释的。在细胞线粒体呼吸链里把化学能转换到三磷酸腺苷的γ-酯键上的机制不可能用分子化学原理加以解释。有一些专家宣称基因学、后基因学时代是进化生物学的发展终点，量子化学对生物学帮助不大。我们仅举这一崇尚时尚、固执己见的实例，希望我们的后继者们以此为鉴，希望我们的后继者们既应该专心致志继承先人的知识成果，又要从生物进化的事实中求得思想进化。人类认识世界的能力在世代相传中发展，思想进化没有尽头。但是人类思想进化只能在客观事物变化之后才能刻印到头脑里去，不存在所谓的预感知、预适应。而且在已有的知识的基础上再接受新的知识时总会出现惰性，即思想的保守性。因为，人类每个个体都在生存环境里，按思想意识流动方向沿着已经习惯了的道路运动着。新鲜事物的出现就成为思维逻辑的阻力，这是所有心理学家都承人的事实。常言道“先入为主”。日常生活中可看到独创型发明家的思想总比保守型个体对待事务的变化敏感得多。我们仔细考查现代科学史可以发现，有许多科学巨匠的成长史证明，他们都是不拘泥于固有习惯，不盲目崇尚名人，不把他们的创建当成永远遵循的圣旨，不把众论当雷池。他们是新时代的勇敢的开拓者，这是客观规律。

9. 物种的定义

在20世纪40年代的动物学教科书里记载地球上的动物物种有150多万种，植物有30多万种。其中动、植物被正式命名的只有70多万种。如今已被发现的物种超过250万~400万种。这些物种被生物学界分类归属为界（动物界、植物界）、门、纲、目、科、属、种。物种名称采用林奈双命名法。物种是进化生物学里生物分类的基本单位。

直到20世纪中期判断物种的定义还含混不清。人们经常看到一些体、羽毛色彩明显不同的雄性动物和雌性动物同巢生活。给人的印象是不同物种雌雄动物也可成为配偶。例如鸳鸯雌雄个体着装相异，明显至极。东北野鸡、太行山野鸡、角雉等雉科鸟类雌雄体形、羽毛色彩显著不同。

图 9–1　雄性红腹角雉外貌

图 9-2　雌性红腹角雉外貌

1955年，赫露晓夫院士在与我们这一群研究生谈话时说“鹿科动物的巨大的角除作为械斗武器之外，可能和生殖功能还有相关关系”。事过近20年之后，1973年Dubzhnsky提出鉴别物种的最重要性状是生殖壁障（生殖隔离），称黄金法则。事实证明，动物界里雌雄个体之间只限于同一物种个体之间进行交配，能够交换染色体。例如只能雌性狗与雄性狗或狼之间交配，狗和猪之间、牛和猪之间绝不交配。马和驴交配所生种间杂交后代——骡，似马又似驴。有多种杂种优势，但是不交换染色体，故产生的下一代不能生育。1958年，在我国社会主义“大跃进”运动中一些人“放卫星”（当时称重大发明创造），如“牛精猪”、“鹅精鸡”、“柳枝接骨”、“蒜膜补鼓膜”等违背科学原理的报道占据国家媒体的主要篇幅。我本人向党组织提交了许多封信，建议阻止违背科学原理的虚假卫星，结果遭到大批判，下放农村3年（1962年内蒙古党委组织部以书面形式给我赔礼道歉）。我作为忠诚的智力劳动者毫无怨言地继续为人民拼力苦干至今（虽然早已离休，但仍坚持写作15年了）。

10. 动物进化大爆炸

中国《遗传》杂志（2009，31〈12〉：1174）中梁前进等的论文里写道“在生物发生发展的30多亿年的进化历史中，爆发式的类群发生现象和类群绝灭现象也不断被揭发出来。例如，在5亿~6亿年前的寒武纪开始之时，绝大多数无脊椎动物类型和早期脊索动物在几百万年（在地质历史上可看做一个瞬间）的时间内出现了——似乎启程于同一起跑线”。我国著名古生物学家杨钟健在《演化的实证与过程》

（1952）一书126页上写道“有若干勇敢的学者（作者按：此处有点讽刺之意），以为动物的各门类大约同时在寒武纪发生的。但是正常的说法，以为这些不同的种类，是慢慢发生的，其历史可追索到寒武纪以前。不过这些早期的祖先并无介壳或硬的部分”。他又警告说“不要忘记寒武纪是最长的一个纪，历时约六千万年到九千万年”。我们说：同样不要忘记一种原核生物的生命周期只有10小时，一种昆虫（家蝇）的生命周期只有20天，啮齿类动物的生命周期超不过一年，牛、马的生命周期超不过25年。在几百万年时间它们要经历多少千万代交替繁殖，以百万年为单位计算年代，并换算动物繁殖千万代时我们的算盘珠子是不够用的。

2011年，在日本本州北端青木县和福岛县发生的大海啸中被冲走的动物，包括低等无脊椎动物及人类（约两万人），假如，我们按动物发生大爆炸理论设想的话，新生代第四纪全新世海相沉积层再过几百万年形成地壳层，那时的古生物学家会发现日本近海地壳层里出现所有系列无脊椎动物、脊索动物、脊椎动物，包括家畜还有日本左旋蜗牛、日本绒猴以及人类（约两万多人）。那时代的进化生物学家也像我们这个时代的“有勇敢的学者”那样能够作出日本近海地层里被埋没的动物物种都是发生在同一起跑线上的物种。并以此证明动物发生特大爆炸的理论？如今在我们生活的年代里，看到经过化学途径发生的最原始的生命物质各个进化阶梯上进化过程在继续着。这就不难理解在同一时间断面上，在同一空间里发生于不同世纪的各种不同物种似乎在同一起跑线上向不同方向缓慢地进化的图景。如果发生突发性自然灾害，它们的遗骸留在同一地层里那是必然的事实。但是不问它们的发生年代相差两亿年的同种物种只要出现在同一地层里就认定是在同一起跑线上发生物种大爆炸的结论是否应该受到质疑？假如证明在同一地层里被埋没的所有物种发生在同一起跑线上的话，有些物种不会有它们的祖先型物种，只能算是一哄而起自然发生的物种。

11. 基因突变和人工损伤的后果不能遗传（我的新发现）

达尔文主义进化论思想在其继承和发展的道路上的最主要的障碍是“非达尔文主义进化论”的基因突变论、漂变论和“新达尔文主义进化论”的后天获得性状不可遗传的论点。木村资生（Kimura，Moto，1969）等人主张动物物种进化与环境无关，其驱动力不是自然选择而是中性突变。魏斯曼以他的人工损伤不可能出现可遗传的后天获得性状的错误论点（1898）反对拉马克的用进废退—后天获得性状可遗传原理。

《非达尔文主义进化论》的著者应用最先进的技术手段仅仅观察一种酶蛋白质的氨基酸残基的变换速率，未触及任何一种细胞、一种组织、一个器官、一个新物种的遗传变异就提出物种进化与环境无关，其驱动力不是自然选择而是基因突变的结论。这种结论是以点盖面，言过其实的，欠缺理论基础的结论。更为甚者动物进化与环境无关的说法违背自然界最普遍规律。就是因为他们采用了现今最时尚的基因学技术搅浑了崇尚者的头脑，争得了一大批粉丝。有一位受聘评审我的著作的“专家”竟然认为基因突变论是人类思想进化的新的亮点，认为动物进化与环境无关的论点是唯物主义的。这些专家整天念叨着唯物主义却不能分辨唯物主义与唯心主义之间存在的最起码的差别。

《新考》的著者借助于魏斯曼割断小鼠尾巴观察了25代而未能看到无尾后代鼠为依据否认拉马克的后天获得性状可遗传的原理。艾伦（Allen, GE., 1975）在自己的专著《20世纪的生命科学》一书里指出“环境引起的适应性连续变异才能遗传”。我们完全赞同艾伦的论点。这种符合遗传学规律的论点未被进化生物学界重视，他可能没有提供足以使人信服的实证。

我在1950年受命筹建内蒙古军区卫生学校期间，带领刚来报道的十多位青年挖掘无主坟墓，在收集的尸骨中拾得三例小脚女人的尸骨。小脚女人的根骨发育成粗壮的短骨棒，能支撑全身重量。向前伸展的脚掌第一跖骨、趾骨异常发达变粗，成为脚掌的主架。第二跖、趾骨明显萎缩。第三跖骨近端残留骨针。第四、五跖、趾骨完全消失。女人脚变成三角锥形小脚，称三寸金莲（9cm）。这种对女童进行人工裹脚，限制正常发育的残忍制度延续千年之久。但是向来未出生过天生小脚的女人。人类扎耳孔有上万年了，却从未出现过天生有耳孔的女人。动物遗传在世代交替的过程中基因突变不可能产生可遗传的性状，如在全世界医学界已证明的癌症、良性肿瘤、胚胎畸形（连体畸形、多肢畸形……），基因突变侏儒症及巨人症；在战争中致残，缺臂断腿者没有留下残疾后代等各种基因突变，以及毒瘾、不良嗜好、不能形成后天遗传性状。魏斯曼的《新达尔文主义进化论》（1892）的主导思想是动物机体由专司其他功能的体质细胞和专司生殖功能的种质细胞组成。种质细胞世代相传保持不变，不受体质和环境影响。后天获得性状随体质的死亡而消失。我们不妨回过头来看一看：地球形成之后历经十多亿年氢原子核裂变停止，气温冷却，地球形成岩性星球。原始海洋占据地球表面的72%。火山喷发激烈，地壳板块撞击，高山峻岭突起。海面蒸气越过山顶形成冰雪。冰雪融化后的淡水形成江河湖泊。植被覆盖陆地。海洋浅层有光亮的暖水里滋生菌类藻类。这是现今数百万种生物的祖先。从此生命物质在地球表面的多种气候条件下适应环境出现多种不同的身体结构和习性。这就是物种起源，生物多样性的基本过程。如此再经过30多亿年，不停顿地在适应和遗传的相互作用中进化和发育。在这里魏斯曼的种质细胞世代相传保持不变，不受体质和环境影响的论点多么暗淡无光。艾伦（Allen,GE.，1975）提出 “环境引起的适应性连续变异才能遗传”的论点与拉马克的后天获得性状能遗传的论点寓意相同。因为拉马克在马来亚森林里长期观察动物后发现，动物随生存环境改变体质和习性，这种变异能够传代。他提出了“用进废退，优胜劣汰”的论点。由此引申出后天获得性状可遗传的原理。魏斯曼的继承者们，在进化生物学进入21世纪时仍然借助否定拉马克的手段哀唱达尔文的“败笔”。他们不加区别（可能不懂）进化生物学里适应性变异和遗传性变异与人工损伤的后果之间的本质差异。

印度尼西亚的加里曼丹岛上生存的哺乳动物物种中有许多物种属侏儒型物种，如侏儒犀、侏儒象、侏儒猪、侏儒猴、侏儒蟾蜍等。这些是加里曼丹岛的自然环境里适者生存的可遗传性侏儒物种。这种侏儒动物是延续传代百万年的古老物种，并不是突变动物个体。

有人认为在加里曼丹岛的生存环境里动物缩小体型是最好的生存策略，这种论点不够准确。加里曼丹岛应算马达加斯加岛之后的世界第三大岛，生存空间足够大，淡水充足，森林草原非常丰富，足够养育现存动物。这类侏儒动物体型变小不是缺少食物的后果。我们估计，可能是缺少生成生长激素的必需微量元素。这有待后人研究。

我的理论创新：

人工损伤和基因突变都是非正常因素造成的基因骤变的后果。并不是在连续多世代繁殖过程中逐渐塑造的适应性基因变异的产物。因此人工损伤和基因突变不能遗传，不是自然选择的产物。

12. 驳“非达尔文主义进化论”中性基因论

1969—1985年木村资生，King,J.,Jukes等人发表了一系列论文及著作宣扬他们的“非达尔文主义进化论”。他们将人、马、猕猴、真菌、小麦等物种的细胞色素C氧化酶蛋白质的氨基酸残基顺序加以测定，并对比这些动物、植物物种出现年代和氨基酸残基变换时得出结论，认为生物进化“都不是由自然选择产生的，而是自然选择的中间变化，是遗传基因突变和漂变的结果”。他们认为“进化的主角是中性突变而不是有利突变（达尔文从来未用过突变之词）。在生物进化过程中中性突变通过遗传漂变实现生物进化是偶然的，随机发生的现像，分子进化与环境无关”。“命运好的中性突变才能偶然地增殖下去”。木村先生们如此强调生物进化的驱动力是突变。李文雄和戈劳尔·D.在《分子进化基础》（1991）一书里证明“DNA系列在染色体复制过程中，在正常情况下被精确拷贝。然而偶然地也会出现错误，从而产生新的序列。这些错误称之为突变（Mutation）”。

在临床医学里，基因突变意味着癌变。美国著名生物学家A.科因所著《为什么要相信达尔文》一书里指出随机的无序漂变现象的“结果会产生与适应性无关的随机演化改变——因为它不具备自然选择的塑造能力，自然选择仍是唯一能产生适应性演化的过程”。自然界的实际现象证明上述论点：如对某一个极性氨基酸由3~5个mRNA三联密码子编码的机制就是防止出现不正常氨基酸序列。

木村等人仅仅通过测定整个机体里一种分子的一种次级结构的变异企图说明生物界的变异规律的完整图谱。1973年，RE.Dickerson评论蛋白质进化速率时说细胞色素氧化酶分子变异和进化年代速率的比较证实“自然选择能影响到一种生物的一个外部变化。常常不是一个酶的效应，而是一整套代谢途径的效应”。木村等人并没有观察动物机体的一整套酶代谢的变化，并没有观察一种动物数代或数十代遗传性变异，只凭突变——DNA片段的错误拷贝否定自然选择的塑合能力，企图创立他的学说——“非达尔文主义进化论”（基因突变的后果能否遗传的问题见本书第21篇短文）。

《非达尔文主义进化论》的著者们仅仅通过测定细胞色素氧化酶的氨基酸变换和各物种出现的代数就下定论，这是否能代表人体1000多种酶蛋白质基因变异？仅此一种酶的数据能否说明人类大脑基因和小麦籽粒基因的差异？站在这类数据上企图以基因突变、漂变之类无序变化现象取代自然界的客观规律，企图以DNA错误拷贝片段的动力取代自然选择的塑造能力。

1900年德国学者普朗克（Planck,M.K.E.L.）首创的量子力学导引经典化学进入量子化学。1925年奥地利学者薛定谔在量子力学和生命现象之间搭起了桥梁。20世纪分子生物学时代蛋白质分子结构里的电子排布能够定位；分子结构的多维构相已经被解析；核苷酸分子结构、遗传密码功能已经应用到医学诊断、亲子鉴定、刑事侦查等实际应用当中，但是分子生物学时代只能用分子结构、分子功能解释生命现象。20世纪30年代进化生物学进入量子生物学时代，能够应用原子的壳电子所带光量子、角动量、波函数为动力解释生命现象。我国有些专家还不知道量子生物学为何物。有人说现今的生物学时代是基因学、后基因学时代，“量子化学对生物学用处不大”；有人说孟德尔的基因学就是量子基因学，把量化、定量化研究和量子化混为一谈，二者都姓量。这些人是不读书、不步入图书馆和书店的专家。我国有一大批学者用中文出版量子物理学、量子化学、量子生物学专著已有60年的历史，而他们（评审我这本书的专家）却不知道量子生物学是什么“怪物”，却把量化与量子化相混淆。

13. 驳“新达尔文主义进化论”魏斯曼主义

德国生物学家魏斯曼（A.Weismann）1892发表种质论，主张生物体由专司生殖功能的种质细胞和专司其他功能的体质细胞组成。认为种质细胞世代相传保持不变，不受体质和环境影响，体质细胞由种质细胞分化出来；后天获得性状随个体的死亡而消失。这就是魏斯曼的“新达尔文主义进化论”（1892）。我们替魏斯曼及其后继者们回顾一下动物界宗系发生过程中生殖功能进化史。最低等生物无性增殖类型不分种质和体质。淡水海绵动物既有有性生殖，也有无性生殖，却很难分辨这两种细胞。绿色眼虫，某些海绵动物物种，某种腔肠动物，扁形动物靠裂殖生殖进行繁殖。“

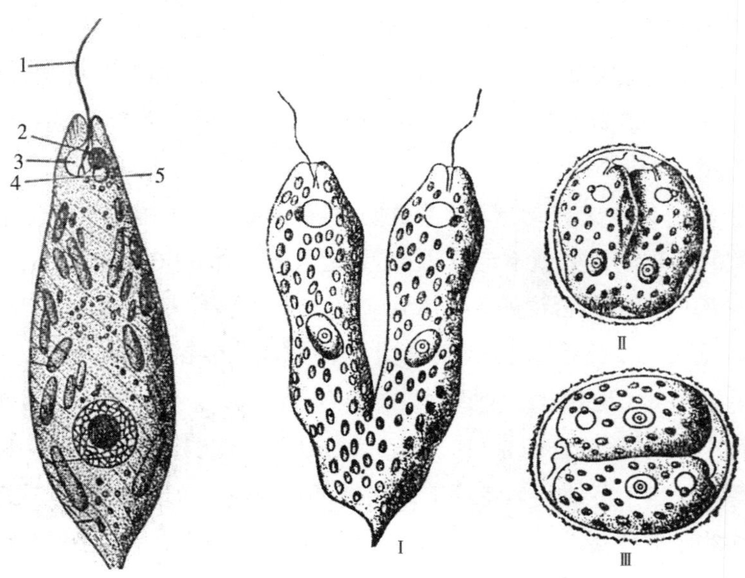

图 13–1　绿色眼虫的裂体增殖分裂

1. 鞭毛；2. 眼点；3. 储存泡；4. 伸缩泡；5. 刺

这些物种里不分种质与体质细胞。多毛纲环节蠕虫属沙蚕、海蚯蚓的肠上皮细胞演化为种质细胞。水螅虫体质外层枝芽细胞，在夏季温暖季节里生长出枝芽12天后断裂发育成大于枝芽8倍的个体（体质）。秋季寒冷时枝芽细胞中演化出种质细胞。环节蠕虫才开始出现生殖腺。人类胚胎性分化期由内胚层细胞演化出大而呈球形的游走细胞到达生殖腺才变成生殖细胞。

动物界系统发生过程中，种质细胞从体质细胞发生的历史事实证明，魏斯曼的论点只是根据动物进化到生殖二态性以后的高等动物生殖模式来进行以点盖面的错误判断。他的种质细胞不受环境影响的说教有悖于唯物主义自然哲学原理，有悖于生理学常识。魏斯曼把一个体系内的种质细胞与体质细胞看成相互无关的观点，是违背生物机体整体与局部之间的相关律（科学基本原理）的形而上学的教条思想。有人认为魏斯曼的种原论对进化生物学起到过推动作用。有见识的人们不难看到，魏斯曼的人工损伤不出现后天获得性状，会阻碍人们深入挖掘适应性变异的基因信息流向的多种可能性。时至今日，几乎所有进化生物学者（除极个别人）相信遗传基因信息流向只能是中心法则。20世纪70年代才发现逆转录酶。事实证明魏斯曼主义抵制进化生物学整整118年之久，怎能说“起到过推动作用”？

2009年，在全世界科学界庆祝《物种起源》问世150周年之际，上海科学技术出版社出版了《达尔文新考》（以下简称《新考》）进化论专著。著者在书里高度赞扬了达尔文对进化科学所作的贡献堪与哥白尼、牛顿、爱因斯坦相比。但《新考》后来对重要论点、原理进行解释时以魏斯曼的论点评达尔文主义走向（第一版到第六版）逐渐后退，坠落。拉马克是致使达尔文败笔的罪魁祸首。恩格斯在《反杜林论》与《自然辩证法》中，一再肯定拉马克是达尔文的先驱。拉马克提出用进废退（达尔文语“适者生存”），后天获得性状可遗传（达尔文语“保存有利变异”）。但是《新考》前言第8页上借批判李森克的名义彻底否定拉马克的功绩。奇怪的是第9页上写道“拉马克是第一个试图用自然的原因来解释生物进化机理的伟大进化论者”。怎么回事? 前一页否定拉马克，而翻开一页又追捧其为伟大进化论者。

对于20世纪苏联学术界斗争稍有点知识的人们都知道李森克的错误并不是高举拉马克和达尔文的大旗，而在于利用拉马克—达尔文大旗乱扣政治帽子打击正直的科学家的卑劣行为才是李森克的错误。作为知识渊博的教授（某院士的评价）应该分辨是非、泾渭分明才是，不该在倒掉澡盆里的脏水时连孩子一同倒掉。

《新考》著者在136页上评论达尔文回答米伐特诘问时说“无需承认生物体内有一种向着进步发展的内在倾向”。紧接着再次引述达尔文的回答是“器官专业化或分化所达到的程度，自然选择有完成这个目的的倾向”。 达尔文在自然选择原理里没有混进“目的论”的唯心主义杂质。138页上达尔文回答米伐特时似乎又说“自然选择具有明察秋毫之功力”。达尔文不可能赋予自然选择人性化的虚拟功力。137页上引述米伐特的质疑“初生状态的长颈鹿（长颈鹿的祖先种）其颈、前腿、舌还远未像今天这样发达和显示出优越性之前，自然选择何以能选中它，并对它发挥作用？由此不难看出，米伐特将自然界看成是怀揣占卜“绝技”的算命先生。某教授判断出自然界握有明察秋毫的功夫。两位学者的思想观点贴恰得如出一辙。二者都把自然界人性化或神化。所以庚先生的结论是“回答这问题并非易事”。可惜长颈羚的祖先未能博得两位先生在自然界面前说句好话通融的幸运。

《新考》著者要回答这样的质疑确非易事。在达尔文主义者来说米伐特的占卜算卦的魔法只用一个字就可以回答——不（NO）。

139页上写道“达尔文由于不了解生物遗传及变异的规律，为了应对质疑，在好几处他明确地吸取了拉马克的——用进废退和获得性遗传的观点，将其纳入到自己的进化理论体系中来，这无异与在光彩夺目的华章中增添了一大败笔”。《新考》著者又以魏斯曼的割掉小鼠尾巴的人工损伤不能遗传为自己的标准借用拉马克的用进废退、获得性状可遗传的论点向达尔文发难。达尔文在许多物种变异的对比中看到了“习性和器官的使用和不使用的效果，相关变异，习性的改变能产生遗传的效果，器官的使用对自身的影响更重要”。

图 13-2　高海拔地区藏牦牛的厚毛是牛卧冻土上过夜用得着的厚绒垫

他又说“变种走向新物种的过程，可以归因于自然选择的作用，和器官的使用和不使用的效果”。达尔文还强调“在改变了的生活条件下，本来有用的构造如果用处不大了此构造趋于萎缩，对于个体有利，因为使养料不至于消耗在无用之处”。

《新考》著者制造达尔文屈服于质疑被迫吸纳拉马克的论点的故事，并将其渲染于世间。恩格斯（《反杜林论》）指出“无论是达尔文或者是追随他的自然科学家都没有想到要用某种方法来缩小拉马克的伟大功绩”。

魏斯曼主义者背离科学原理的原因在于：

1.制造人工损伤，即切掉小鼠尾巴繁殖25代未见遗传效应，认定体质与遗传无关。所以《新考》还是以魏斯曼的结论推导拉马克的原理。

2.认定一个体系的体质与种质（动物机体）相互无关。这是形而上学的典型范例。这证明他们无视生物机体内各个器官、细胞之间功能相互协调不可分割的原理。

3.只看高等动物性别二态性生殖生理学的性成熟阶段的功能，而无视种质细胞发生的历史过程。事实上精子和卵只不过是全部机体的遗传信息的投递员而已，绝不是全身基因结构占有者。

4.《新考》著者很可能读过《自然辩证法》一书，很可能读过马克思、恩格斯的原著。我们猜测先生们把精力过度投放到《物种起源》一书第一版到第六版的每个字、每一句、每一行、每一页中存在的差异的繁琐劳动上，而无暇顾及那些过时的文献吧？更不可理解的是，魏斯曼主义者们毫无事实根据地否定种质由体质发生的事实。这是出于无知，还是在臆造？

14. 坎能的“稳态理论”能平衡生存斗争吗

《上海科坛》（2009，第4期，19~21页）上某先生引述美国心理学家坎能（W.B. Cannon，1871–1945）的“稳态理论平衡进化理论”，“以共生理论纠正达尔文的竞争理论的片面认识”。

我们知道宇宙空间的一切物质、一切存在都在发生与毁灭、生与死、平衡与失衡、稳态与变态的对立面的相互作用中演化着、运动着。稳态平衡则使生物进化发展，失衡则使生物萎缩退化。

在地球环境里，高等动物机体比任何无生命物质体系都呈现出最完美的平衡。因为动物体内神经组织、肌组织、结缔组织、上皮组织之间不存在弱肉强食的斗争，反而拥有高度协调的功能。动物体独特的神经系统的调控功能的高度灵敏性足以维持体系内外的稳态平衡。激素系统助力神经系统，一千多种酶催化全身的物质代谢平衡。坎能所界定的白细胞、淋巴细胞、血小板只不过是执行极为次要的生理功能。坎能先生缺少最起码的生理学知识。某先生推崇坎能的理论“才有可能读出相对完整的世界图谱”的大话有失学术辩论的法码。对动物体外环境的稳态的理解坎能的知识更显得盲点过多。坎能要以共生理论来弥补“达尔文对于竞争的片面认识”。动物在极为严酷的生存环境，如严寒、酷热、干燥缺水、食物贫乏的条件下为生存的拼搏也是属于生存斗争的范畴。拉马克、达尔文提出的适者生存（优胜劣汰）的概念就是竞争（斗争）的同义词。达尔文指出“一切生物均有高速增加的倾向，所以生存斗争是必然的结果”。

达维塔什利（Давиташвили, ЛШ.）在《Курс Палеонталоги》等数十本俄文古生物学教程里引述了各种动植物高速增殖的数据。我们只引以下2例：“一棵蒲公英10年间繁殖的后代的每一粒种子如果都成活的话10代的后代繁殖需要地球面积的15倍。一只家蝇每次生出20000个卵，20天内每个幼虫又生20000卵。林奈说‘三个家蝇的后代吃掉一匹马比三个狮子还快’”。假如数百万个物种的个体都以几何级数比例增殖的话小小的地球将无法承受。坎能的共生机制对此杯水车薪。只有层层相克的食物链和严酷的气候变化才是解决动物界过度繁殖灾难的根本机制。这就证明，达尔文的生存竞争的认识是动物体内外生态平衡机制的补充因素。某先生作为媒体人参与非本行的理论争辩时应谨慎从事才有助于职业生涯，才不至于误导后代。

15. 人类能创造客观规律吗

《上海科坛》（2009，第4期，21页）上刊登了上海社会科学院哲学研究室某研究员题为《达尔文进化论对现代科学技术进步观和社会进步观的影响及其反思》的报告。该研究员反思人类科学技术进化引起了逆反自然进化、逆反生物进化的危机。该研究员的对那些欲壑难填的暴发户们的批判我们完全赞同。他对那些为了私利无节制地掠夺自然资源，破坏生态环境，至使社会伦理道德丧尽，危及人类自身的体质，频发富裕病的警告或批判是人类理智的代表性呼声。我们毫无保留地赞同该研究员的正义呼声。但是我们不能把那些梦想一夜暴富的暴发户们的罪过倾倒在科技进步的头上，更不能跟着吴先生过高估计人类科技进步“改变了达尔文进化论中有机体适应环境而生存（适者生存）的逻辑，创造了让自然环境适应特殊物种——人类需要而存在（为人而存）的逻辑。改变了达尔文进化论中的自然选择（物竞天择）的逻辑，创造了人类选择（物由人择）的逻辑”。

这位先生还是没有摆脱“人定胜天”的唯意志论的思想影响。他似乎又回到了“让高山低头，让河水倒流”的“大跃进”时的思维逻辑上了。珠穆朗玛峰仍然没有低头让杨红缨的淘气包马小跳跳上跳下，亚鲁藏布江水仍然没有倒流去浇灌珠峰冰雪。高山变矮（所谓低头）是大自然的风化作用，河水从高流向低位是地心引力的功能。该研究员的特殊物种只能利用它，不可能创造另一种人为的规律强迫自然界服从特殊物种之命。自然环境永远不可能仅仅为适应人类的需要而存在。

哲学界认为，人类只能认识自然界的不依人类意志为转移的客观规律，善于利用它才能为人类创造精神财富与物质财富。人类不可能创造规律强加于物质世界。人类认识物质世界也是在世代相传中逐渐接近真理。该先生提到的人类科技进步引起逆反自然进化的恶果正是人类还未充分认识自然界客观规律的结果，或者是为眼前利益而牺牲长远利益的后果。在地震海啸、火山喷发、地壳板块碰撞、龙卷风、台风、洪水面前吴先生奉之为特殊物种的人类和普通物种蚂蚁相比不堪特殊。

16. 智慧设计论能与进化论彼此互补吗

2005年末，在美国兴起了允许中学生学习一种理论——智能设计论（Intelligent design theory，也译为智慧设计论）。学生家长要求以智能设计论代替达尔文进化论。生物学教师们强烈反对教授这种纯属宗教教条并非科学理论的课程。奉布什总统之命审理此案的一位法官宣布智设论只不过是重新包装的神创论而已。但是在各种宗教原教旨主义根深蒂固的国度，如美国、英国、土耳其智慧设计论仍有市场。科学理性和宗教迷信之战在未来一定的时期内不会结束。我们相信人类终归会醒悟，终归会抛弃愚昧、偏见、幻觉、迷信。

在我国各种宗教扎根不深，但是科学理性也缺乏历史的沉积。近年来趁改革开放之际一些人从美国潜心移植智设论。我国知名学府复旦大学哲学学院×××教授在《上海科坛》（2009，第4期）上发表题为《进化论与设计论证》的演讲。据他的定论“进化论与设计论证并非是彼此冲突，而是互相补充的”。使人不可理解的是，我国知名学府的哲学家竟把科学理性和宗教迷信搅和成一门学科。这又是哪般学科？它适用于科学殿堂还是适用于教会的礼拜堂？我们也从美国著名生物学家A.科因所著《为什么相信达尔文》的中译者叶盛博士的译后记得知：“一些在美国从事智设论宣传的华人出于各种不同目的，既有……，也有借机出名的，回国后扯起了智设论的大旗。”他又指出“在这样背景下，近年来国内很少见到有演化论的书籍出版，反而有反对演化论的书籍受到追捧”。

17. 达尔文进化论搅乱了科学吗

《上海科坛》(2009，第4期，19页)上刊登的复旦大学哲学院×××教授的《达尔文主义对科学哲学的挑战》演讲稿里写道“它挑战了科学哲学的科学与非科学的划界标准，使得人们追问究竟什么是科学？它也挑战了科学哲学中的科学方法，使得人们追问究竟有没有公认的科学方法？”×先生发明的科学哲学究竟是唯物主义哲学，还是经院哲学？这项“新学科”和提出的追问在我们面前是无头告示。达尔文进化论是全世界公认的自然科学的伟大成就，它本身就是科学。最普通的自然科学家不会追问什么是科学！

关于科学与非科学的划界标准，达尔文本身的经历已证明，他从神的奴仆转化为伟大的自然科学家的事实足以回答此提问。×教授应该扪心自问，究竟谁在践踏科学与非科学划界标准，也就是谁以某种似是而非的言语混淆了宗教与科学的划界标准的？

×教授提到究竟有没有公认的科学方法？欧洲中世纪教廷发动十字军杀戮压制人类进步，用宗教法庭火刑摧残科学发明。神创论者、智设论者不需要科学方法，只需要轻信、迷信。与此相反，所有从事科学事业的人们都知道：自然科学有公认的科学方法，社会科学有它公认的科学方法。欧洲中世纪文艺复兴以来自然科学家们的无数发明创造推动了产业革命和社会革命，就是靠公认的科学方法开创的。现代文明、现代科学就是用公认的科学方法创造的。达尔文主义挑战的正是宗教迷信。×先生的追问就带有浓厚的宗教偏见和宗教气味。憨厚老实的年轻一代的嗅觉辨认×先生的气味比起辨认×××教授气味难度大一些。希望我们的年轻人要远离迷信，不轻信，不妄言。

18. 达尔文进化论不能算科学吗

《上海科坛》(2009，第4期，19页)上刊登的演讲稿里说“达尔文进化论无法找到一种方法来证实自然选择如何使生物定向发展，从而产生新的物种”。看来演讲者似乎未读过《物种起源》一书，也未曾读过150年来的进化生物学的无数论述。敬请演讲者看看地球北极上空闪烁着的极光证明短波紫外光照射着大地，其强度足以侵害生命物质。因此极地动物从其毛、羽上删除掉深色物质，以洁白的体表反射紫外光，免受其害。在南极生存的企鹅背部羽毛全黑，捡拾石块筑巢，当暴风雪来袭时企鹅群体紧紧靠拢到一起黑色背面迎向红光，证明红外光和红光能助力企鹅抗拒暴风雪的袭击。这就是动物机体以适应性变异应对有害生存环境，自然界用其威力强使动物定向发展的证明。在这里我愿借助自然选择—适者生存原理替达尔文开导我们的、拔地而起的无数大学里的、无数脱颖而出的专家们品尝点进化生物学的理论知识。看来他们似乎是不读书、不迈入图书馆，或书店门槛的“专家”。我劝这位专家看一看本书的第一章第四节里关于物种生成的知识。遗憾的是在这位专家或类似的专家们的质疑中，学术年会的组织者们得出的结论更是不可思议。他们说“一直有观点认为，达尔文主义显然不能算科学，它只是一个假说”。“这是进化论本身的性质所决定的”。否定达尔文进化论的科学价值的理由是“进化论始终有很多争论”。人人皆知：一切生物科学的理论著作或学科著作始终受到教廷，神创论信徒们的非议和攻击。如果，照此推断，是否古生物学、胚胎学、生理学、解剖学都不能算科学，只能算是假说呢？

我们不妨回忆一下历史：哥白尼发表日心学说激怒了教廷；布鲁诺（Bruno,Giordan，1548–1600）进一步发展哥白尼学说，在宗教裁判所的审判中他拒绝放弃自己的信念，在火刑场上被活活烧烤两小时。布鲁诺死的原因就是科学本身的性质所决定的。进入21世纪，一些专家、教授们认定进化论本身的性质决定达尔文进化论不算科学，那么今世谁该替达尔文受火刑？这项罪与罚不会有公正的审判。

19. 细胞核能吞噬胞质吗

事情是这样的：我院附属医院口腔科李树棠教授提议和我共同招收两名硕士研究生。李教授自知欠缺细胞学知识，因此经商定招收了潘巨力和郭伟二位学生。经三年学习临毕业时在郭伟的导师名单中把我给遗忘了。郭伟的选题为《涎腺混合瘤的细胞学研究——透射电镜观察及图像分析》。经三年研究发现瘤细胞核吞噬细胞质的图像。李树棠教授因学生有了新发现，兴奋之余找到我院病理解剖教研室王××副教授咨询，她肯定为“新发现”。又找到病解专业王焕华教授。王教授很谨慎，自己没有把握下结论。作为老学者实事求是的态度是我们学习的榜样。他知道我是专业研究细胞学的人，因此找我商量。本人研究骨髓造血细胞已有50多年的经历。我在研究骨髓细胞各种水解酶、氧化酶细胞化学活性，从未发现细胞核里出现溶酶体酶种。确信细胞核不可能具备吞噬异物的功能。原核生物细胞、真核细胞核只具传递遗传信息功能，这是细胞学常识。我们观察骨髓晚幼粒细胞核在各种不同角度的超薄切片时会出现各种不同影像（Image）。我叫学生拿来全部照片，请他们看一张切片上细胞核呈C字形，胞质的突起伸入胞核的凹陷里的图像。说明细胞质伸入细胞核凹陷内时作横向切片，就可看到胞核吞噬胞质的"新发现"了。假如我们把这种人工假象当作新发现发表的话可能会成为人们的笑柄，也会令内蒙古医学院非常难堪。

20. 利己与利它

2009年，纪念达尔文诞辰200周年暨《物种起源》出版150周年，《上海科坛》（2009）里关于利己和利它问题的演讲中没有给出明确的解释。我们估计演讲者不可能缺乏对此问题的知识。可能是对如此敏感的问题留有余地。俗话说"一朝被蛇咬，十年怕井绳"（历次运动中挨整之苦）。

我们仔细分析，从隐生宙晚期出现原生生物到人类的发育历史时会看到生命物质得以生存的首要的共同属性是选择有利于自身生存环境（包括寻觅食物，即营养物质，同化、异化、增殖以及避寒避热）才能适者生存，也就是利于己才能生存。没有一种生物个体不寻求有利于自己生存的条件，并参与为生存斗争（与自然界或生物）而能生存的。因此，可以说所有生物物种包括人类就是利己的物质。它不同于无生命物质。生命物质的最主要特征是新陈代谢，复制自身。这就决定要从自身生存的周围环境自主取其所需。

利己不等于利己主义，不等于自私自利，不等于利己必定害它。把达尔文进化论里的生存竞争界定在弱肉强食的狭窄范畴内不符合达尔文进化理论的真实含义（社会达尔文主义另当别论）。

动物界从低等物种发育到高等物种（掠食物种）时最多见的利己形式是弱肉强食，损它利己。所以在人们的观念里形成了利己等同于弱肉强食。但是所有物种不尽然都是弱肉强食，也有利己又利它的互利共存的生物物种，例如海葵（*Actiniaria*）与寄居蟹（*Pagurus*）的和谐共栖；海绵动物六放海绵和俪虾（*Spongicola*）形成偕老同穴(Euplectella)之类，不同物种互利共生就是利己的基础上又利它。又如高等哺乳类犬科动物非洲野犬允许哺乳它生幼仔。这种犬科动物是非常合群的动物。它们获得猎物时可供群体分享，群体里的任一强壮个体向来不独享猎物。秃鹫也自愿喂养其他秃鹫的幼雏。

但是从动物界整体来说，形成各级食物链，各级物种靠弱肉强食才能生存。这是肉食动物维持生命的普遍生存模式。这类动物对待弱势物种时不损它利己自身就会死亡。尼罗河鳄鱼不杀死猎物充饥至多活两年，北极白熊不进食至多活一年，加拉帕戈斯象龟也可断食一年，猎豹断食三五天就无力追上羚羊被饿死。现今生存于世的生物，绝对没有一种生物不追求有利于自我生存的条件而自愿死去的。

人类是社会化的物种。人的个体已经失去甲壳、毛皮之类个体防护器官，已经失去锋利的獠牙、屠角、利爪或剧毒之类猎食武器。人类已经学会了种植农作物获取生存资源，学会了从生存环境中获取衣、食、住等生存资源，甚至学会了利用化学原料人工合成食物和工具。

更为重要的是，人类的大脑能够自我意识到个体生存不可不依靠群体而生存。因此个人的生存和群体的生存是不可分离的。人类在生存经历中形成了社会伦理、道德和群体性纪律与法律，形成了自我约束和群体的强制约束机制。

必须是利己又利它的个体才能融入社会群体里，才能适者生存。人类个体之间的社会分工、创造财富、共同享用才能体现个体生存的价值，才能体现个体利己的结果。那种脱离社会群体只顾自己的极端自私者不可能获得持久的生存保障。更是那些只为利己而又损它者或既不利己还损它者之类弱肉强食的个体由人性回变为兽性和野性。如美军入侵伊拉克期间黑水公司老板从乱杀无辜平民中获得巨额利益。此类弱肉强食的人在人类群体里不可能占有道义地位和生存地位。可是现今的所谓“国际社会”明显地以双重标准包庇着黑水公司的反人类罪。这种社会秩序不可能被人类永久接受。

人类群体里，利己又利它的同时不损它者是常人。把利它放在比利己更高的位置上的人是正常人群里的高尚的人，是社会主义—共产主义价值观的体现者。必要时舍弃利己的权利，即舍身救人者是人类的精英。毫不利己专门利人的口号不是进化生物科学术语，应算口号。

21. 突变与变异

当我们查阅文献时发现，在描写生物遗传变异的争论中使用突变或变异的词汇飘忽不定。那些以骤变论改换达尔文自然选择原理的渐变论思想的人们和中性基因论者除执意使用突变来表达自己的见解以外，乱措词者也不少见。达尔文在解释自然选择原理时从来未随意使用过突变一词。因为以自然选择为驱动力的动物进化机制是“逐渐积累微小有利变异”的过程。木村资生引述达尔文的原话时总是写突变。在这点上木村资生用词不严谨，用“突变”指“骤变”。美国李猛雄和以色列的戈劳尔在《分子进化基础》（1991）一书里指出“DNA序列在染色体复制过程中，在正常情况下被精确拷贝。然而极偶然地也会出现错误，从而产生新的序列。这种错误称之谓突变（Mutation）”。

我们应该知道变异的含义是渐变。高等动物机体是极为复杂的体系，如由环节动物的食管环状神经节（它的大脑）进化到人类大脑“一切都是偶然发生的，一切都是意外发生的，这一常见说法绝对是错误的”。科因先生很谨慎地使用变异和突变等词，用词较为严谨，但偶尔也会用错。他形容动物界性别二态性有性生殖时，称雄雌交配生育子代分配基因配额的随机比例产生与亲代不同性状为突变。事实上有性生殖产生的子代的性状不恒定现象应该被看成是符合孟德尔遗传定律的自由结合和自由分离的表现形式。因为来自父母的基因都不是突变产物。这里发生的变异只不过是来自双亲的正常基因分配到子女各方的份额决定他们之间的表型不完全相同而已。

我们注意到在高等动物机体里发生突变最常见的表现是癌变。另一种情况是胚胎期发生的畸形。在非洲狮群里有时出现白师。白狮的的出现和消失并不是基因突变产生的变异，生物学家的考证证实是返祖遗传的结果。《新考》135页上引述的在美国马萨诸塞州产出的短腿公羊羔和另一例细毛羊等突变种是来自其远祖退变基因的再度显现，还是基因突变种？对此判断应该慎重。因为，在现存的百万种物种中，几乎未见到木村式突变物种。

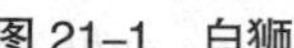

图 21–1　白狮　　图 21–2　白熊

如果说原生生物生殖过程中经常发生突变，应该说是正常现象，因为它们的身体结构异常简单，生殖周期很短。临床医生经常遇到某种致病菌对某种抗生素出现抗药性变异就是突变种。稍许头脑清醒的自然科学家绝对不把细菌、病毒瞬间突变成新物种同高等动物身上出现的基因突变产物等同看待。我们对比观察高等动物机体身上发生突变性状和人工损伤造成的后果都不能遗传，如癌症、胚胎畸形（连体畸形、多肢畸形等）、慢性病症引起的变形等。"非达尔文主义进化论"和"新达尔文主义进化论"以中性突变和人工损伤所造成的不能遗传的结果为标准企图否定拉马克、达尔文的用进废退，优胜劣汰，后天获得性状可遗传原理。魏斯曼及其继承者们，以割掉小鼠尾巴繁育25代后未出现无尾小鼠后代的现象为动物遗传学基准原理，来否定拉马克的后天获得性状可遗传的论点，否定动物界世代交替延续繁殖过程中不断获得新的适应性变异，实现进化的最一般的演化规律。魏斯曼主义在近120年的漫长时间里，干扰进化生物学向纵深挖掘适应性变异的机制和理论。我们的这一新的见解（可以称新的发现）完全能够以"精准达尔文主义进化论"给予"非达尔文主义进化论"和"新达尔文主义进化论"的反达尔文主义思潮的冲突当中把后两者违背自然界客观规律的错误论点删除。

22. 量变与质变

量变到质变是物质运动的普遍规律。任何物质的量的增加或减少都有极限。量变达到极限时会立即出现质变，这叫关节点。几乎所有物理、化学定理都有量变到质变的关节点。《自然辩证法》里阐述量变、质变的问题时列举了水的沸点和冰点的例子。水加热到沸点使液态水立即变成气态水——蒸气，温度降到冰点时变成固态水——冰。我们暂且把这叫质变。实质上这里并没有发生水（H_2O）的质变，只不过发生了状态的变化。目前有些人企图以量变、质变的哲学原理否定达尔文进化论的核心原理——自然选择渐变论。他们想用水的变态解释动物进化是在飞跃、骤变，即在瞬间变异中完成的。也有些人将哺乳动物宗系发生的数千万年，数十亿年算做瞬间或将哺乳动物个体发生的百万年时间算做瞬间发生的骤变。还有人把同一地壳层里出现的多物种的遗骸认为这许多物种是在同一起跑线上发生的，并且把一个地层的数百万年当做一瞬间来看待。最早期的软体动物物种出现在24亿年前，珊瑚虫出现在7亿年前，其同类毛肤石鳖（*Acanthochiton rubrolineatus*）、龟足（*Mitella mitella*）、江珧（*Atrina pectinata*）等类的出现年龄相差2亿多年。它们的起跑时间相差如此之大，是不能套用奥林匹克运动场的起跑线准则的。

这里的话题是生物发生的年代，而不能以讨论宇宙空间星球诞生的光年做计算单位的。这些专家们赶上改革年代的时尚潮流，改革一切过去年代人类创造的成果。本来动物进化是极为缓慢的"精雕细琢"的变异，是在漫长的历史中进化与退化、死灭与重生，并在这个过程中适者生存，劣者被淘汰的。一只翅膀，一个眼球，一个人类脑子不可能在一次质变、飞跃中产生的。更不可能在发生质变之后，再在此基础上出现大的变化。

上述论点必然导出：生物进化是在缓慢的漫长时间里、在量变中不经过骤变、不经过飞跃而实现质变的。就像恩格斯指出的那样，有时事物的发展在量变中实现质变。这要看由量变到质变的物质的性质。如果话题转到宇宙空间里涉及星体发生的年代时则以光年计算的话，地球生存的45亿年也可叫跃迁、飞跃或质变、骤变、突变。就看我们谈论的对相是最原始，还是最高等动物的变异；谈论的对相是结构最简单的无机化合物（水）的变异或是具有自我调控能力的生物的变异；是生命体的，还是星体的变化，依此采取的时间标准应该不同。

23. 时间与空间

时间不是物质，而是计算物质运动的量度。时间无起点也无终点，无标准度数单位。人类以约定某种物体的运动速度约定了标准时间单位。如某种原子衰减速度以毫秒、微秒、秒、分、小时为标准单位；或以光量子运动的标准单位，也以声波传播速度为标准单位。当计算天体生成速度、计算天体之间距离时以光年为计算标准单位（光子的每秒运行速度为30万千米，光年是光在365天的时间里行走的距离）。空间是物质运动分布广度时约定以米、千米或以米、千米的平方做量度。空间广阔无限界。

科学界在描述物质运动速度的标准单位时必许选择与被描述物质运动速度近似的标准单位。不能描述蜗牛爬行速度时，以光年为标准，也不能以光波速度，或以声波速度做标准。有些进化生物学家谈论生物进化速度时竟以“几百万年为一瞬间（在地质历史可看做一瞬间）”。这种做法不是以物质运动的客观事实做标准，而是把个人的主观意志套入所需要的时间标准框架里。用这种计算方法把达尔文进化论自然选择的渐变论修改为骤变论。在进化生物学里各类学派、各类人物谈论物种进化渐变或骤变时对时间与空间的量度的认识相差很远。如在科学出版社出版的《遗传》杂志刊登的梁前进等的论文，文章中写道“绝大多数无脊椎动物类型和早期脊索动物在几百万年（在地质历史上可以看做是一瞬间）的时间里出现了”。河北师范大学的《生物进化论》的著者们用量变和质变的哲学原理批判被他们贬称的“庸俗进化论者”时写道“把生物的进化看做是以同一的速度慢慢地进行的，他们不承认其中有飞跃、有质的变化，这是错误的”。先生们胡乱指责他们不承认有质变。我们查阅各国各时期的文献没有发现有谁否认量变到质变原理。只有那些有哲学头脑的学者反对胡乱套用量变到质变的哲学原理。例如把“几百万年算做一瞬间”。又有他们为了证实飞跃、质变——骤变列举了“由简单的蛋白质到原核生物，由原核生物到真核生物，由单细胞动物到多细胞动物，由水生到陆生，由变温到恒温，由卵生到胎生等等的进化”的例子。

众所周知，生物祖先自隐生宙元古代出现到显生宙新生代中期这30多亿年的进化史里经历的时间与动物繁殖的世代交替的生殖周期可以换算。如菌类的生命周期为10余小时，果蝇的生命周期为10天，家蝇的生命周期为20天，啮齿类动物的生命周期超过一年，牛、马的生命周期不超过20~30年，人类活过百年者不多见。敬请先生们翻看我国著名古生物学家杨钟健的《演化的实证与过程》（商务印书馆，1952）128~129页里是怎么写的。某先生们当做“一瞬间的几百万年”里菌类可世代交替几亿代，昆虫世代交替几千万代，牛、马世代交替几十万代，更不用说动物从卵生到胎生的世代交替数值。将在如此漫长的世代交替中用去的时间当做一瞬间的看法如何能塞进骤变论的框架里。进化生物学里的话题是动物进化，而不是星体进化。在这里以地质变化历史的几百万年或以光年为单位计算的话我们的算盘珠子则无法进行换算。

24. 达尔文进化论与哲学

16世纪20年代欧洲教会势力仍然在社会思想、精神、文化领域里占据着统治地位。一切真实反映自然界本来面貌的言论、著作都会招致厄杀。因为一切反映自然界不依人类主观意志为转移的客观规律都会动摇神创论的根基，因为科学要证实事物发生变化的原因及其结果，神学不需要证实，只要求轻信甚或迷信。达尔文毕业于神学院，立志为神服务的教徒在当时的一些站在唯物主义自然哲学观立场的卓有成就的科学家们的影响下和推荐下，周游考察动物多样性的自然界，他的世界观改变了。经过20多年的磨炼，1859年他完成了光辉著作《物种起源》。在这本著作里贯穿着遗传性变异和适应性变异相互作用并驱动着动物界由低等种类发育出高等种类的进化的客观规律。这条规律就是自然选择原理。由简单的单细胞原核生物发育到像人体那样的能够把具体物件的形状、性状、外观、颜色、相互作用的客观存在变成抽象信息储存起来的大脑，能够把大量来自体内外的信息进行综合分析发出准确指令的自动控制系统的大脑的动物绝不可能在骤变、飞跃、突变的瞬间所能完成的。美国科学家Jerry A.Coyne在著作里写到“基因漂变无法演化出适应性。它永远不可能构建一只翅膀或一只眼睛。那需要非随机的自然选择”。目前有那么一些人想尽一切可能借以套用量变、质变的哲学原理扭曲达尔文发现的动物个体生存过程中排除既无利又无害的变异（中性变异），排除有害变异，保留微小的有利变异，并积累起来形成新的物种的自然选择理论。

2009年中国《遗传》（日本也有同名杂志）上发表的梁前进、鄢杰、张根发的论文里提道：“达尔文指出，新种的产生是由于极微小变异的积累；变异和遗传以及自然选择是生物进化渐变的决定因素”。紧接着他们引出 “1900年普朗克——把一个崭新的概念——能量子——引入物理学。这一概念完全超出经典物理学连续变化的旧观念”梁先生们踢掉了达尔文的物种进化渐变论的“旧概念”利用这个“新概念”证实他们的生物进化在飞跃、骤变中完成的新理念。他们有了“对事物发展规律更多的认识”而不是因为发现了动物进化的新的事实，抛弃了颂歌唱起了哀歌。先生们何以用一门自然科学学科的发展当做修改、否定达尔文自然选择原理的渐变性论点呢？量子物理学科的发展绝对不是普朗克的一句话在瞬间完成的。何况力学和能学领域里根本不存在量变到质变的问题。我们都没有忘记Helmholtz的力守恒和J.L.Myer(1842)能量守恒定律。事实上达尔文的自然选择的渐变论恰恰同这个科学法则相吻合。海克尔的时代已经提出生物学范围内飞跃越来越少见。恩格斯也肯定了海克尔的这种论点。量变到质变的概念是物质运动的普遍规律，但是不看对相随意套用到任一事物上的举动不够严谨。先生们特别强调“随着科学的发展，飞跃和骤变的事物发展规律被人们更多地认识”。我们说人们对事物发展的规律的更多的认识来源于自然界，而不是来源于“更多地认识”。这是唯物主义与唯心主义的分界线。

25. 达尔文主义的暗点

达尔文进化论是达尔文继沃尔弗之后在进化理论方面的天才的预见，在拉马克等人提出的具体形式基础上成功完成的19世纪三大发现之一。他的物质观（世界观）完全符合唯物史观，他的方法论是以实证为基础的辩证法，即对动物进化不加任何主观臆造。他的名著《物种起源》进化理论的核心原理自然选择是动物进化的驱动力。在他之后的150年间，有许多生物学家没有确切理解命题的含义发表了著作。他们仅仅从文词字母顺序（中文）解释成自然界选择某种动物物种让它进化的。这是本末倒置、头脚颠倒的解释。自然选择的科学内涵是动物个体寻找最有利于自我生存的自然环境生存和繁殖，按海克尔的话“适应与遗传相互作用中进化”，而且适应性变异是主流——适者生存。生物界的远祖是无细胞结构的生命物质团块（Cuacerate），由其发育出单细胞原生生物。由此，祖先型生命物质进化出愈加复杂的高等生物物种。中性基因论者企图以基因突变、漂变替换自然选择—适者生存原理是对生物进化历史的歪曲。

但是，达尔文没有界定自然选择在何种范围内对动物进化起效的问题。恩格斯在《反杜林论》里批评“达尔文赋予自己的发现以过大的作用范围，把这一发现看做物种变异的唯一杠杆”。从现代的进化生物学进展水平考察的时候可以同意恩格斯的批评。因为最低等生物的演化不完全以自然选择为动力。在这种体质结构简单、生活习性不稳定，极易发生基因突变、基因漂变的物种的变异往往不易以自然选择的功力加以解释。达尔文没能指明此点。这是他的论点的暗点。但是达尔文在《物种起源》里有好几处声明过“这里不是自然选择所能作用的……”

恩格斯在《反杜林论》和《自然辩证法》里有好几处批评达尔文的“生存斗争”的论点似乎过激。达尔文过于强调了动物过度繁殖引起生存斗争的提法有点局限性。动物机体抵御严酷环境，不得不改变体质结构、改变习性的表现也是生存斗争。

在《Диалектика Природы》（1952）上恩格斯在批评达尔文把海克尔

（Haeckel,EH.1868）的“物种变异是适应和遗传相互作用的结果”的论点和达尔文的自然选择的论点说成相互对立的、互不相干的看法应算恩格斯的偏颇。恩格斯没有把海克尔的论点和达尔文的自然选择原理的内涵的内在联系加以重视。

自然选择原理的含义是动物选择有利于生存的自然条件积累，哪管是微小的有利变异即适应性变异。应该说海克尔的论点、达尔文的论点和拉马克的论点是一脉相承的。

达尔文的自然选择理论是动物进化历史进程的粗线条图，是宏观形态学时代的产物。经过细胞生物学时代、分子生物学时代150多年的检验证明，达尔文的自然选择理论是进化生物学历史上有划时代性的创新。总的方向是无可置疑的，但是作为时代的产物在历史发展进程中仍然盲点多多。例如：在遗传学里3~5个mRNA三联密码子如何给一个极性氨基酸编码的分子结构是盲点；在适应性变异——后天获得性状的信息作用到动物机体（逆转录机制）仍然是盲点；能量转换机制，如线粒体把化学能转移到三磷酸腺苷的γ-脂键上的机制是怎样的？在低等动物如鞭毛虫体表鞭毛里的2+9微管系协调一致波动机制的信息传递问题；有机化合物如何获得生命活性的问题，以及许多盲点是在达尔文主义进化论发展道路上必需解决的问题。进化生物学界再也不该把时间浪费在玩弄文字和无聊的饶舌上了。当然这些盲点并不是达尔文个人的盲点，是全人类的盲点。只能在原子生物学、电子生物学、质子生物学……时代求助于新时代的不断深化的科学技术的助力。

26. 猪

人世间常常把懒于使用正常发育的大脑思考问题，表现愚昧迟钝的人喻为“蠢猪”。其实被骂的人的大脑组织结构及其智力功能并不比别人差。只是因为他不勤于或不具备储存最简单的最基本知识的机会。人类的知识就像堆积沙堆一样，底盘面积越大沙堆堆得就越高。同样，基础知识的底盘越宽知识水平就越高。知识积累量达到一定极限就特变成智慧。智慧积累越多记忆力越强，变通能力越灵敏。灵气一通，茅塞便顿开。

过去我们的大学教育是填鸭式灌输模式。老师搬书本，学生记笔记。不用脑子记，只用手笔记。结果是大学毕业了，脑子里的理论知识所剩无几（内蒙古医学院教务处在20世纪50年代末曾强制推行搬书本教学模式受到部分懒于思考的学生的好评）。也有些孩子从小娇生惯养，懒惰成性，不肯刻苦学习，结果变成呆子。这是不良家庭教育的后果，是父母错爱的后果。

本来大学教育的宗旨是培养年轻人掌握较高水平的知识，进行脑力训练，成为有能力为发展自己的事业所需打下基础知识和培养技能。为此，在老师传递知识过程中，启发学生的脑力自主活动的灵活性，确立刻苦学习积累知识的兴趣，理解问题钻研到底的进取毅力。老师应该因材施教，将爱心施于每个学生，但是只能力所能及，不应强求一致。另外，还有更多的天赋很高的儿童因社会制度而被边缘化，失去受教育的机会。这不是个人的问题，对这些人不应抱有偏见。

猪（*Sus scrofa domestica*）是哺乳类偶蹄目猪科动物。其进化程度和其他四足类基本相同，它的大脑结构与其他哺乳类动物也无大的差别，如果加以训练其智商也可达到很高水平。6000~5000年前被人类驯化以来把猪圈养起来宰杀吃肉，未再加以训练。猪的一生就是吃和繁殖，终生不见天日。它的愚蠢是人类制造的。此物种的祖先生活在块根植物极为丰盛的大草原上，低着头觅食毫不费力。因此它的体形适应性变成颈部粗壮仰角，俯角极小；上下左右视野很窄，视力很弱；嗅觉很灵敏，监听天敌的听觉灵敏。这是地理物种成因所致，不可怪罪于人类。

近年来，人们把猪当宠物驯养，结果证明猪的接受能力和智商并不低。有一位老妇人驯养了一头猪为宠物。当老妇人心脏病发作晕倒，宠物猪发现主人倒地，立即跑去医院找到熟悉的医生，扯他衣襟。医生到家里抢救了病人。可见，猪原本并不是愚蠢的动物。

野猪在极为复杂的生态环境里与掠食动物——狮、豹、虎、蟒、鬣狗、鳄鱼等的周旋中生存与繁衍下来，靠的是特有的攻防技巧。有时还能给猛狮造成致命性伤害，如图26-1。

图 26-1　一头猛狮猎杀野猪时被猪的獠牙划开巨大的致命性裂伤

人人皆知，警犬、猎犬、极地役犬的智商很高。因为它们已伴随人类一万多年，共同走过进化征途。相比之下，猪就不那么幸运了，所以人们不要再羞辱猪了。

27. 变温动物在苔原冻土上生存

北极圈从6月到12月半年是白天，从12月到翌年的6月半年是黑夜。这一地带是冰天雪地的苔加林区，只有针叶树种能艰难地越冻。在这寒冷世界的陆地上，北极熊、棕熊、极地狼、极地狐、麝牛、白兔、鼠类、驯鹿等野生动物是长住居民。它们各自有独特的生存技能和生存繁殖方式，对此无人置疑。使人们惊愕的是昆虫纲鳞翅目的害虫蛾的幼虫——毛虫，生存在苔原山坡石块下面，每年入冬"冻死"，春季成蛹，但不能孵化成虫，直到第14年春天才孵出成虫。蛾幼虫——毛虫，成为冬眠苏醒的棕熊充饥的小菜。饥饿难耐的棕熊在山坡上逐个翻开石块寻觅毛虫舔食。当苔藓、地衣和嫩草生长起来时棕熊每天能吃掉20千克食物才能填饱肚子。等待太平洋鲟鱼回来才能积攒越冬的脂肪。每年太阳出现在半空时冰雪下面的蟾蜍便懒洋洋地爬出来。还会出现近百条成捆的黑斑幼蛇，它们争相向雪地爬行。粗大的蝾螈（*Cynops orientalis*）也从冰雪下出现在阳光照射的雪地上。毛虫的"冻死"是借助低温使机体迅速玻璃化而越冬。两栖类、爬行类动物在严寒环境里越冬的现象却难以解释，因为，这些变温动物自身没有调解体温的机制。在温暖潮湿地带依靠晒太阳维持体温。在北极圈里生存的奥秘，只有一种猜测，即它们的体内有一种抗冻蛋白质。

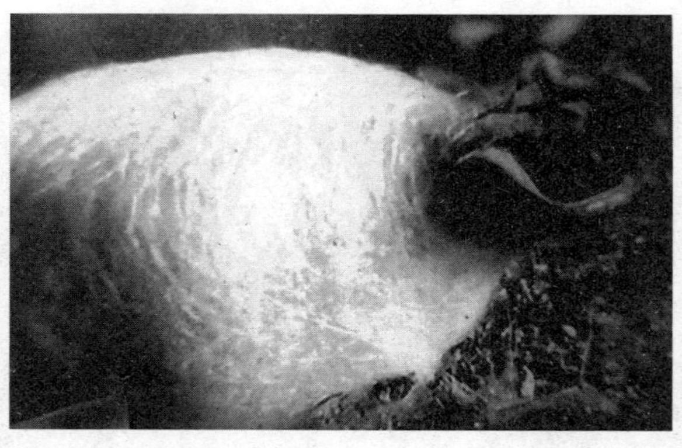

图 27–1　毛虫与棕熊

图 27-2　极地生存的蝾螈

图 27-3　极地蛇

28. 长有羽毛的爬行动物

爬行动物(Reptilia)是继脊椎动物门鱼类（4.4亿年前）、两栖类（4亿年前）出现之后在3.5亿年前出现的陆生动物。大概在1.2亿年前生存的爬行动物恐龙（Dinosaurs）中个体最大的是梁龙（*Diplodocus*），长达30m、体重60t；霸王龙（*Tyrannosaurus*）是侏罗纪最大的食肉恐龙。这些恐龙体形巨大，四肢粗壮，尾巴颀大，长长的脖颈顶着小小的、丑陋的头颅。小型恐龙在逃脱或猎食时跳越沟谷，而使前肢逐渐变成翅膀，这种恐龙称始祖鸟（*Archaeopteryx*）。在它的流线形矫捷的体形上长出色彩娇艳的羽毛，展翅翱翔于天空。单从外形对比说鸟类是爬行动物的后裔使人愕然。在中生代白垩纪末，大型恐龙、小型恐龙、蜥蜴、龟鳖、蛇蟒、鳄鱼继续生存，鸟类繁盛。各地发掘出的化石证明，始祖鸟（*Archaeo pteryx*）是爬行动物进化为鸟类的过渡类型。进化途径出现叉路是自然界的客观规律。遗传性必定有适应性配合，必定要有后天获得的性状、习性才能进化，才出现动物的多样性。如始祖鸟进化出翅膀，皮毛变成羽毛。羽毛质轻、防水、保温、空气阻力小，最适于鸟类飞行、潜泳。鸟类每年更换两次羽毛，蛇类每年蜕皮也很显眼。因此，从进化族系确认鸟类是爬行动物的后代。它的体质结构也保留着一些祖先的特征，如生殖模式仍是卵生，生殖管道还是泄殖腔。排泄功能也保留着祖先型模式，如排泄代谢尾产物尿素仍然是以尿酸形式，每排泄一分子尿酸由泄殖腔回收六分子水，以节省在飞行中身体需要的最可贵的水。血液红细胞和血小板依然保留着有核细胞形式，无骨髓生血灶，依然是淋巴灶里血管腔内生血。无肺脏，呼吸器官为气囊，鸟类气囊延伸到长骨管腔内。这种结构防止发生冻裂，又有利于减轻体重。气囊内有多层富含毛细血管的中隔。呼吸效率远比陆生动物的呼吸效率高。动物进化就是如此。只有体温调节功能改变为变温调节模式了。

图 28-1　始祖鸟

图 28-2　现代鸟

29. 动物的智慧

人类是在地球上生存的数百万动物物种中最具智慧的，是思维能力最高的物种。有些人把所有动物都看成是毫无认知能力的“畜生”。生物学家都知道，所有生命物质无一例外地都有感知环境变异的能力，所以才有进化的基础条件。我们现在只谈动物界的情况吧。

由最原始的动物物种就开始出现辨别生存环境变化的趋向，进而萌生出随环境变化而变化的猜测食物的气味或危险信息的能力。在这种生存环境里，机体结构和生活习性不断随环境的变化分化、特化。在漫长的进化途径上进化出猎食或逃生的知识和策略，甚至初步的适应能力。进化程度仅次于人类的灵长类物种黑猩猩，它会使用石锤子砸坚果进食，会用石块、木棍当武器，会组织家庭群体生活，会表达感情维持社交往来，会帮助友邻照顾幼仔。和人类相比还缺少有音节的语言，缺少劳动创造技能。马达加斯加多刺林里的狐猴能辨别200多种有毒植物。它们挑选一种草叶，嚼碎挤出汁涂沫在幼仔身上以防蚊蜢蜇刺。野生猎食动物捕猎策略中最有效力的是群体协力。极地狼猎食体重近1吨，双角尖利的麝牛时，将队伍分成追击群、迂回群、堵劫群，形成包围圈，并找到被围者的弱点进击。堪比人类的野战战术。非洲鬣狗的群体战术也很出色：三只鬣狗能抢走两只狮子的猎物。狮群围住一只长颈鹿，从前面进攻的母狮被鹿蹄铲死，从后面进击的母狮险被踢死。一只雄狮仔细观察发现该鹿只用左后腿踢，右后方是长颈鹿自我防守的短板，便利用长颈鹿防守的弱点从右后侧爬上鹿体杀死了高不可攀的鹿。猎食动物和猎物在同一生存环境长期共存都有体能竞争的同时也都有智能竞争，都学会了独特的猎食策略和防守策略。我们发现肉食动物的智力比起草食动物略高一筹。那些被人类驯化的动物智能更高，而且人类用爱抚驯育的动物的智力比用鞭打驯从的动物智力高一筹。

图 29-1　马达加斯加绒猴使用工具砸坚果

图 29-2　狮群围攻长颈鹿，从前面进攻者被铲死

图 29-3　雄狮识破长颈鹿防守弱点，欲从右后方爬上鹿体

图 29-4　喜马拉雅雪豹捕猎一支山羊，喜马拉雅青鹊群逗弄雪豹，骗食羊肉

假如人类在人工饲养条件下加以良好地调教的话动物的接受潜力具有巨大空间。在1万年前人类驯化的狗已经变成人类的得力帮手。似乎鸟类的思变能力比起地面活动的动物较高。例如南美洲有一种雀生活在河滨，人类在河滨留下一小块面包，河雀把面包叨成小块，一次往水里扔进一块小面包，等待小鱼前来吃面包时，河雀叼住小鱼进食。如此诱骗小鱼来填饱肚子。又如胡秃鹫拣到一块硕大的兽骨，无法吞咽时会抓起它升空，随后从高空将长骨抛向山石，将骨块撞碎后再逐块吞食。喜马拉雅高山上生存的雪豹猎获了一只岩羊正在进食时青鹊没法临席就餐，这就需要谋略。一只喜马拉雅青鹊叨扯雪豹尾巴，被激怒的雪豹回头扑向青鹊时它退避几步继续逗弄。待雪豹离开猎物时后边的数只青鹊飞来急速进食。反复数次已经饱餐的青鹊接替其他青鹊继续激怒雪豹。用此计谋待所有青鹊饱餐之后才能轮到雪豹收拾残羹剩饭。乌鸦、喜鹊也会像喜马拉雅青鹊，用激怒雪豹的策略激怒落单的胡秃鹫骗取猎物享受盛宴。

30. 适应性变异才能遗传

动物机体的遗传性变异只能由适应性变异——自然选择创造活力。人工创伤、突变性畸形、病毒基因插入（癌变）、真菌毒素致变的遗传基因都不能创造动物遗传变异。我们可以回顾历史：如年轻大学毕业生拉马克从拿破仑的军队退役后，独身隐居马来亚热代森林里对陆生动物进行了十多年的生态学考察，于1809年发表了《动物的哲学》一书。其中心内容是“从优胜劣汰、用进废退的结论中引申出后天获得性状可遗传的理论”。这种理论来自自然界动物进化的客观事实，不加任何主观臆造，是整个生物进化途径的最基本规律。拉马克的理论给达尔文主义进化论的形成注入了重要活力。

1892年德国生物学家A.魏斯曼出版了《新达尔文主义进化论》一书。它的主题称精源论或卵源论——“种质连续学说”。它的诸多信条不值得在学术争论中浪费口舌。诸如组成机体的体质与遗传无关，种质不受体质和环境的影响，种质永恒不变等等奇谈怪论在普通生理学教科书中无权占据篇幅。值得进化生物学界严重关切的是，魏斯曼的割老鼠尾巴实验，不是因为它有什么学术价值，恰恰相反，它对进化生物学的发展有害而应受关切。魏斯曼把这种实验结果当做动物遗传学不可动摇的“定理”来反对拉马克的“用进废退、后天获得性状可遗传”原理。1975年GE.艾伦在自己的专著《20世纪生命科学》一书里提出“环境引起的适应性连续变异才能遗传”。可是艾伦的正确论述未能引起进化生物学界普遍关注。2009年出版的《达尔文新考》是典型的魏斯曼主义新版本。著者在书的前言里写道“李森克派认为拉马克提出的环境改变能直接或间接地影响生物变异的方向，用进废退、获得性遗传的论点是正确的，并且歪曲地说这些论点正是达尔文学说的精华”。

我们认为李森克的错误并不是高举拉马克—达尔文主义旗帜。恰恰相反，他们利用达尔文的大旗打击正直的科学家。《新考》的著者在揭露李森克的错误时不慎露出了马脚。《新考》139页上写道“为了应对质疑，好几处明确吸取了拉马克的用进废退，后天获得性状可遗传的观点”导致了达尔文进化理论体系里增添了“一大败笔”。他从此推导出达尔文进化论第一版到第六版由于吸取了拉马克原理走向衰退、败落的前途。据《新考》唯独基因突变论——进化综合理论拯救了达尔文进化论失去科学理论价值的厄运。

我们考察了大量国际文献、临床医学著作和加上我本人人体解剖学的实际经历，揭穿了魏斯曼“新达尔文主义进化论”和木村资生“非达尔文主义进化论”的宗旨不符合自然界客观规律。魏斯曼的由人工损伤造成的体质结构的变化不可能引起遗传基因信息的变异，因此不能遗传。如：魏斯曼的割尾实验未出现天生无尾老鼠。我本人带领刚刚招集来准备筹建内蒙古军区卫生学校的一群年轻人挖掘无主坟墓时搜集到3例小脚女人的骨骼（1950）。发现女孩自幼缠足人工阻止其骨骼发育，当女孩成龄时足骨严重变形，只有根骨、第一跖骨和趾骨异常发达，其余足骨严重萎缩或消失。整个脚掌变成三角锥形“三寸金莲”。这种不人道的制度在中国流行近千年，向来未出生过天生小脚后代子女。全人类女人戴耳环未生出有耳孔的后代，战伤所致断腿断臂伤残人后代未出现过残疾人。

木村的基因突变论认定动物（高等动物）进化的驱动力不是自然选择而是基因突变、漂变的论点和魏斯曼的人工损伤的后果基本机制相同。例如癌症、良性肿瘤、胚胎畸形（连体畸形、多肢畸形……）、基因突变侏儒症、巨人症以及毒瘾、不良嗜好、不良恶习都不能遗传。因为这些变异都不是多世代的微小有利变异逐渐积累的适应性连续变异，不是自然选择的结果。我们的这项发现能够清除“新达尔文主义进化论”和“非达尔文主义进化论”在“达尔文主义进化论”发展道路上的障碍。在这近120年之久的时间里魏斯曼的不可能引起遗传基因结构变异的人工损伤实验未被进化生物学界识破。所以他的继承者们以此扰乱人们的视听，并借助抹黑拉马克之名贬低达尔文主义进化论，阻碍其发展。

我们这本《精准达尔文主义进化论》精准地解释了一系列问题，如自然选择、渐变与骤变、突变与变异、基因信息流向、整体与局部、体质与种质、环境与遗传、进化与退化、量子化与量化等诸多概念。

31. 绿色星球的特征

我们对比地球与月球、金星、火星、土星等无生机的星体发现：

1.地球的核心是以氢原子为燃料的高温原子炉，不断为地球提供热能，再加上太阳能，地球变成了得天独厚的适于生物生存的温暖星球。（酷似保温箱）

2.绿色星球有别于已经死亡、无生命的星球的特殊性在于：它有气态层保护生命，还有岩性壳层保存生命的发展历史。地球表面面积的72%被海洋占据，每天数千万吨水蒸气飘向陆地，保持饱和水蒸气。

3.地球公转与自转轴成直角，因此它的赤道面始终面向太阳。是昼夜明暗、昼夜温差的成因。赤道面是地球最热的区域，趋向两极逐渐降温，两极全年冰天雪地。同时也是半年黑夜半年白昼的成因。在同一纬度上球体表面凸凹不平，水陆相异，覆有植被或被沙漠覆盖。在这种不同区域环境的气候变化里，生物机体的生存本能必然导致机体结构和生活习性的适应性变异，必然出现多种多样的地理物种。那些质疑“达尔文理论无法找到一种方法来证实自然选择如何使生物定向发展，从而产生新物种”的途径的专家们得出结论说“达尔文主义显然不能算科学”。敬请这些专家们若不愿阅读150年来的进化论著作的话，请在便闲时游览绿色星球的美丽景观，如浩瀚的大漠，冰天雪地的极地或热带雨林，大自然会免费赠送给您答案。

4.地核的熔融岩浆喷向地表释放热能和火山灰，制造肥沃的土壤。

5.火山活动和地壳板块碰撞致使地壳隆起形成高山峻岭。海拔3500m雪线以上的高峰凝结水蒸气变成云、雨、冰、雪，这是地表淡水的来源。如全世界最高山峰喜马拉雅山脉珠穆朗玛峰高达8844.43m。在亚洲喜玛拉雅山脉有海拔7000米以上的高峰50多座，富士山（日）、阿贡火山（印尼）、基纳巴鲁山（马来西亚），帕米尔高原的4000~7700m高峰很多，青藏高原的众多高峰、印度尼西亚的查亚峰、印度北部山区海拔在5500m以上。欧洲有阿尔卑斯山脉的勃朗峰，还有大高加索山脉的厄尔布鲁士峰（俄，阿塞拜疆，格鲁吉亚）；喀尔巴阡山脉虽然没有高峰，对该洲气候具有重要意义；奥地利的大格洛克纳山。非洲坦桑尼亚的乞力马扎罗山，肯尼亚的基力尼亚加峰，埃塞俄比亚高原达尚峰，摩洛哥的阿特拉斯山脉的图卜卡勒山，乍得的库西山峰，喀麦隆火山，乌干达的玛格丽塔峰，马达加斯加的马鲁穆库特峰，南非莱索托高原。大洋洲有新几内亚的查亚峰、威廉山。北美洲有科迪勒拉山系的阿空加瓜峰，落基山脉埃尔伯特峰，阿拉斯加山脉的麦金利峰。中美洲有墨西哥高原的奥利萨巴火山、惠特尼山峰，加拿大的洛根山，危地马拉的塔胡穆尔科峰，哥斯达黎加的大奇利波峰，巴拿马的巴鲁火山。南美洲安第斯山脉超6000m以上的高峰有50多座。

6.地球近地大气层里含的氮（78%）为动、植物合成蛋白质提供氮源，含氧（20.9%）为生物氧化还原活动创造了条件。绿色星球上的氧化型大气、淡水、温暖而又可调控的气候、铺满地球表面的绿色植被和地热、日光是动物繁衍生存的基本条件。几个世纪以来，天文学家耗巨资在火星、金星、木星上寻找人类宜居的环境，企图在地球上人口过多致使地球超负荷时，做搬迁的准备。往往在发现某星体岩层有生命迹象时欢呼雀跃。我想，将几位具有特殊体质的人类代表送到没有气态层、没有氧化型大气的星体之上生存，不比在地球上圈养的野生动物欢快，更不可能形成数亿人口的移民潮。

这就是太阳系唯一绿色星球地球，有别于其他星球的特殊环境。

32. 附红细胞体原形的新发现

哺乳动物无核红细胞菌血病种类很多。根据布坎南（Buchnan,R.E., 1983）等的《伯杰细菌鉴定手册》（科学出版社，1984）里的分类立克次体目，属V的血虫体（Eperythrozoon），中译为附红细胞体。我查阅了109篇英、德、日、韩（英文）、西、波、古、南非、东南亚、非洲、澳洲的许多国家和地区的近现代文献：施令

（Schilling,V., 1928）提到在受感染的脊椎动物血液里都有粘在红细胞表面的小体。形态为0.4～1.5μm大小的圆形、环状、盘状小体。Bartonellaceae属小体环形者罕见。施令型在红细胞表面和血浆里分布比例为1:1。巴通体在血浆里不出现。Wigand,R.(1958)用位相差显微镜、暗视野显微镜观察都未看到环状小体。至20世纪末，所有研究血虫体的学者无一例外地都肯定血虫体是附着在红细胞表面的球形小体，定名为附红细胞体（Eperythrozoonosis）。都肯定所有脊椎动物可感染，可引起贫血症，是人兽共患病，幼兽死亡率甚高。在20世纪70年代，造成国际家畜贸易的重大事故。内蒙古自治区阿拉善左旗一畜群死亡大批绵羊，病因不明。旗兽医站邀请我去帮助澄清病因。内蒙古农牧学院有众多专家而我去虽有喧宾夺主之嫌，但无奈本人于1997年带着三位助手前去查找病因，在一群羊中发现一只2周岁的矮小绵羊，身高41cm，体重11.5kg。随即我们解剖小绵羊，取回其末梢血涂片和脾脏，我的实验师侯金凤制作了矮小绵羊的脾脏的超薄切片。在巨大的脾脏里的无数个红细胞中寻找一粒附红细胞体等于是大海捞针。我本人双眼疲劳，叫小侯继续观察。我在和旁人聊的过程中突然有了新的启发，便叫小侯转回刚刚看过的视野。告诉他们这就是我们梦寐以求的东西，寻找它并无多大的技术困难，但是找到它的几率太小。能够找到它，也算是对我研究血细胞50多年所付出劳苦的回报吧。

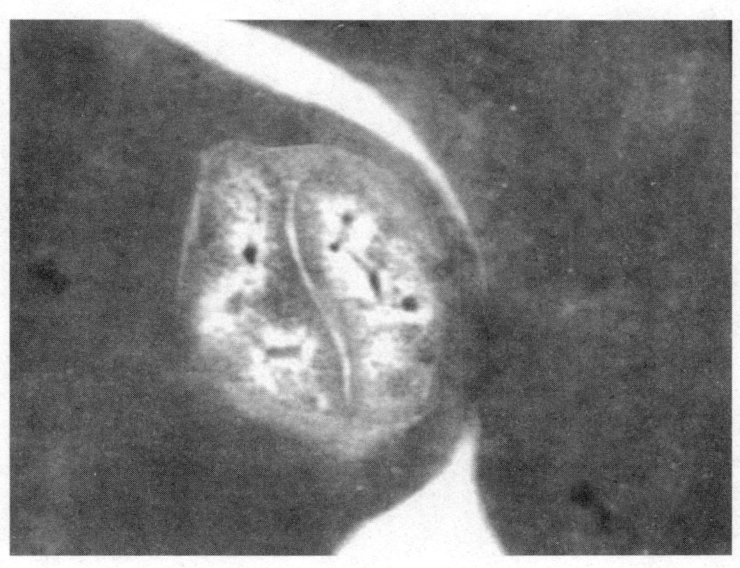

图 32–1　血虫病患羊脾脏红细胞超薄切片（8000×，侯金凤，舍英）

我们首次证明此病原体是寄生于红细胞质里的一对短杆菌，这是人兽共患病的病原体。从图32-1可以清楚地看到像八卦中的阴阳鱼。每个菌体内分散的核物质呈高电子密度小粒，菌体限界膜很清楚。由此为困惑兽医学界半个世纪的悬案给出了一个明确的答案。

可惜我无机会进一步研究消灭此病原体，只待后代来完成我的愿望了。

某些词汇涵义的注解

1.自然选择：动物选择能够生存繁殖的有利环境，不是自然界选择某物种允许它进化，故意让某物种退化灭绝。

2.人工损伤不能遗传：它和基因突变同样都不是适应性变异。二者都不是连续千百代在积累微小的有利变异中塑造出来的遗传基因。

3.渐变和骤变：动物遗传基因物质的可塑性是极为保守的。高等动物的体质和习性不会在短短的世代繁殖中频繁地翻新花样。最低等生物机体结构简单，较容易出现突变种。主张动物进化骤变、突变，忽视在适应性变异和遗传性变异相互作用中实现进化的观点是个人思维里的主观存在，不是自然界的客观存在。

4.用进废退：动物进化过程中，经常使用者发达，不使用者萎缩。本来有用的器官因为环境改变了，用处不大了就得萎缩，不把能量消耗在无用之处这对全身有好处。这是自然界的客观规律。

5.基因突变：DNA链正常拷贝时在有害因素的干扰下出现错误片段的产物。

6.适应性变异：动物继代繁殖中，在环境因素不断变异的压力下其体质结构和生活习性也出现变异，称适应性变异。实质上适应性变异与自然选择含义相同。

7.量子生物学：参与动物机体结构的原子共有29种元素。这些种类的原子以它们的最外层壳电子按Paouli原理的规则形成共价键结合、离子键结合、受授键结合、疏水键结合等形式生成分子。这种以壳电子的波函数、角动量解释生物机体结构和活动的科学称量子生物学。

8.量化或定量化研究技术是测量生物学研究中应用数值表达各种性状的自由组合、自由分离的量比差异的方法，孟德尔发表于1865年。量子生物学始于1925年。二者出现的时间相差近100年。最近我国有专家称孟得尔遗传学是量子遗传学（受聘某出版社审评本书的专家的观点），这是错误概念。这类专家的专业知识太贫乏。我国350万教授队伍里此类专家的数量不少。他们承担大学教学力不从心，误人子弟。希望高层领导要吸取20世纪50年代“大跃进”的教训，妥善解决此问题。

结束语

近代国际文献里相当多数进化生物学著作、论文的著者们和演讲者们的演讲都没有精确地解释达尔文进化论的代表性论著《物种起源》的重要论点，且加以扭曲，使其失去了科学价值。如魏斯曼的"新达尔文主义进化论"（种质连续学说，1892）和木村资生等的"非达尔文主义进化论"（1969）是淡化达尔文主义进化论在现代进化生物学界影响力的主要代表性论述。另外，还有以质疑、提问等方式曲解、歪曲，甚至否定达尔文主义进化论诸项原理的噪音干扰进化生物学发展的论著、演讲，也较为普遍，如换了新装的神创论——智慧设计论也粉墨登场了。

本书以无可辩驳的事实创新了唯适应性连续性变异才能遗传，才能塑造新物种的理论。揭穿了魏斯曼及其继承者们以人工损伤的后果阻挡进化生物学近120年之久的发展；又以无可辩驳的事实创新了达尔文进化论的核心原理自然选择才是塑造新的遗传基因的驱动力；揭穿了木村的基因突变、漂变论的以点盖面的缺少事实根据的、哗众取宠的谬论，使达尔文主义进化论重新焕发光芒。

本书列举了大量新的动物进化与环境的相互关系和遗传性变异与适应性变异在相互作用中进化的论点，纠正了毫无事实根据，空口饶舌企图扭曲达尔文进化论的科学原理的诸多演讲、论著的噪音。

本书列举动物进化的大量新的事实，应用马克思主义哲学理论对分子生物学时代无法解释的诸多难题，例如含氮大分子化合物如何获得生命活性的难题，试图应用量子化学的助力，借助热力学诸定理和赫姆霍尔茨力学推出了著者自己的解说。本书里也例出了著者的一些新的发现（见血细胞关联问题）。

致谢

在本书出版之际，感谢朱勒特木同志在办理本书的出版事宜中给予的支持和帮助。

另外，向为本书编写提供部分实验资料的朋友们以及我的助理们致谢，特别是向侯金凤、陈必珍、崔明玉表示感谢。

舍英　2017.02.10

参考文献

[1]永田亲义. 量子生物学入门. 陶宗普等译. 上海：上海科学技术出版社，1975.

[2]木村资生. 分子进化的中性理论. 科学，1980（3）.

[3]达尔文. 物种起源. 北京：科学出版社，1972.

[4] [美]杰里·A. 科因. 为什么要相信达尔文. 北京：科学出版社，2009.

[5]庚镇诚. 达尔文新考. 上海：上海科学技术出版社，2009.

[6]舍英. 应用同功酶学. 呼和浩特：内蒙古人民出版社，2000.

[7]Ф. Энгелъс. Диалектика природы Гос изд полит литературы，1952.

[8] RJ.Taylor. 元素起源.中泽清等译.东京：共立社，1975.

[9]罗·埃·莎格杰也夫，尤·伊·扎伊切等. 科学的探索——宇宙科学与天文学.陆延卫等译.上海：上海科学技术出版社，1980.

[10]胡文耕，黄芬. 生物史.北京：科学出版社，1978.

[11]ハ——レイ，竹内筠日译. 地球年龄.东京：河出书房新社，1980.

[12]Dow，O.，Woodword，DD.分子遗传学概论.上海：上海科学技术出版社，1983.

[13]罗森，S..科学知识宫——地球科学.上海：上海科学技术出现社，1983.

[14]北京师范大学《地球外貌》小组. 地球的外貌.北京：商务印书馆，1972.

[15]阿西摩夫.宇宙、地球和大气.北京：科学出版社，1979.

[16]海克伦，J..大气化学.北京：科学出版社，1983.

[17木村资生等.非达尔文主义进化论.北京：科学出版社，1996.

[18]恩格斯. 自然辩证法//马克思，恩格斯.马克思恩格斯选集：第3卷.北京：人民出版社，1972.

[19]Ferrell，W..Recet advances in meteorology，1885.

[20]斯特勒拉，AN.自然科学基础——地学.北京：科学出版社，1984.

[21]大·俊美保. 原始时代、文明、气候. 东京：河出书房新社，1976.

[22]TC. ブランチヤド著. 海·大气.乌羽良明译. 东京：河出书房新社，1971.

[23]深田久弥，新田次郎，根木顺吉. 气象. 东京：河出书房，1980.

[24]Proust, J.L..Indegacinoes sobre et estande de cebre, la vaxilla de estano y et vidriado, 1803.

[25]Avögadro, A.C.diq. Fisica de corpiorderabili, ossia trattato della constituzione generale dicorpi. 4: 41, 1838.

[26]Richter, V..Kurzes Lerbuch der organischen Chemie, 1875.

[27]Lorentz, H.A..The thiory of electrons, 1909.

[28]Менделев, Д.И..Основы Химии 2, ст Петербург-УРС, 1871.

[29]瑞德著. 化学与生物学中的激发态.高谨译.北京: 科学出版社, 19 6 3.

[30]Агранова, В.М..Тиорий Эксчитэов (Exciter). М. Н а у к а , 1968.

[31]海森伯, W.. 量子论的物理原理.北京: 科学出版社, 1983.

[32]薛定谔, E..波动力学原理. 维也纳, 1927.

[33]格林卡, Н.Л.. 普通化学. 北京: 人民教育出版社, 1983.

[34]Poulli, W..Die allgemeinen Prinziplen der Wellenmechanik. Hadbuch der Physik, 1926.

[35]Lewis, G.N..Valence and structure of atom and molecules. New york, 1923.

[36]Langmuri, I..Phenomena Atom, Molecules, 1950.

[37]Gllespie, RJ..Molecular Geometry. Van nosrand Reinold, 1972.

[38]PCH.希克曼. 动物学大全. 北京: 科学出版社, 1988.

[39]王夔主编. 生命科学中的微量元素分析与数据手册.北京: 中国计量出版社, 1998.

[40]Опарин, А. И.. Возникновение жизни на земле. Москва, 1924.

[41]Опарин, А.И..Возникновение жизни на емле.Москва, 1957.

[42]叶永烈. 化学元素漫话. 北京: 科学出版社, 1974.

[43]阿西摩夫. 生命起源. 北京: 科学出版社, 1979.

[44]舍英. 生命的起源及进化. 北京: 中国经济出版社, 2002.

[45]刘道生. 蛋白质具有遗传信息作用吗. 生命的化学, 1984: 5~23.

[46]郝柏林, 刘寄星. 理论物理与生命科学. 上海: 上海科学技术出版社, 1997.

[47]永田亲义. 量子生物学入门. 上海: 上海科学技术出版社, 1975.

[48]原田馨著. 生命の起源の化学基础.庚镇诚译.上海: 上海科学技术出版社, 1979.

[49]原田馨.宇宙观, 生命观と化学.东京: 东京理工大学出版社, 1997.

[50]原田馨.宇宙における生命「物质の 进化」とは. 东京: 东京理科大学出版社, 1997.

[51]米勒, 奥吉尔, LE..地球上的生命起源.北京: 科学出版社, 1981.

[52]爱德华兹著. 现代生物学中的进化. 喻迦译. 北京: 科学出版社, 1987.

[53]冯德培, 谈家祯, 王鸣岐.简明生物学词典.上海: 上海辞书出版社, 1982.

[54]布赖恩特, C.. 呼吸生物学. 赵甘泉译. 北京: 科学出版社, 1985.

[55]杨钟健.演化的实证与过程.北京: 商务印书馆, 1952.

[56]艾伦.20世纪的生命科学.北京: 北京师范大学出版社, 1975.

[57]恩格斯.反杜林论.北京: 人民出版社, 1971.

[58]Друщиц, ВВ.и Якубовская ТЛ..Палеобтанический Атлас.Москва, 1961.

[59]Основы палеотологии.редактор тома ТЛ.Тахтаджян и др. Москва, 1963.

[60]Основы палеонтологии, Геккер, РФ.Тип Ехинодермта и иглокожие. Москва, 1964.

[61]丁波汉.脊椎动物学.北京: 高等教育出版社, 1983.

[62]A.Von Leewenhock.Arcana naturae delecta.Delphis batavorum, 1795.

[63]O, Lorenz..Lehrbuch der natuphilosophie, 1808.

[64]Jen.E.V. Purkyn é .In memore .Pragae, 1828.

[65]Dr.Th. Schwann.MikroskopischeUntersuchungenLiberdie Ubereinstimungen in der Struktur und Wachstum der Thiere und Pflanzen.Berlin, 1838.

[66]T.Schwann.Über die Analogie in der Strukturund dem Wachstum der Yiere undPflanzen. Berlin, 1838.

[67]Purkyn ě , J.E..Über die Analogien in den Strukturelementen des Tierischen und Pflanzilichen Organismus. pragae, 1848.

[68]Huexley, T.H..The physiological basis of life. London, 1868.

[69]赫胥黎著. 人类在自然中的位置.严复中译.北京: 科学出版社, 1971.

[70]Хрущов, Г.К. и Студитский, А.Н.. О биологические основы клеточнойтеории.Журнал общ. биологии1956, 17(2): 102~120.

[71]Кацнельсон, З.С.. Клеточная тиория в её ис-торическом развтии. Ленинград, 1963.

[72]Kölliker, A..Zur Kenntnis der quergestiffen Muskelfasern Zeitscr.Wissens. Zool., 1888, 47: 689~710.

[73]Wallin, I.E..Symbionticism and the origin of species.Baltimore Williams and Wilkins, 1927.

[74]西姆著. 膜生物化学.李敏媛译.北京：科学出版社，1985.

[75]《中华医学研究精览文库》编委会. 中华医学研究精览文库//舍英，侯金凤，阎美容.红细胞的酶.北京：军事医学科学院出版社，1999.

[76]Streler, B.L..me, cells and Aging. Acad.press.new york, 1962.

[77]刘绪源.进化论的过去与现在.上海科坛，2009，4：20~21.

[78]吴晓江.达尔文进化论对现代科技进步观和社会进步观的影响及其反思.上海科坛，2009，4：21.

[79]叶永烈.化学元素漫话.北京：科学出版社，1974.

[80]许春祥.基础化学.北京：高等教育出版社，2003.

[81]王箴.化工辞典：第二版.北京：化学工业出版社，1979.

[82]河北师范大学生物系.生物进化论.北京：人民教育出版社，1972.

[83]梁前进，邴杰，张根发.达尔文——科学进化论的奠基者.遗传，2009.

[84]张友瑞.细胞凋谢与程序化细胞死亡.生命的化学，1993，13(4)：5.

[85]米原伸.アポトーシスとFas抗原. 蛋白质核酸酵素，1993，38(2)：117~122.

[86]尹汉生，Robert，E..细胞分化とcell cycle.医学の步み，1984，128(7)：424~428.

[87]清水信义.细胞の增殖机构と增殖因子.最新医学，1985，40(3)：466~474.

[88]尾曾越文亮.淋巴球产生の定量研究.最新医学，1958，132：1028~1041.

[89]土屋纯.赤芽球回转の实验的研究.日本血液学杂志，1967，30(3)：423.

[90]大植登志夫.血色素赤血球系统发生.日本血液学杂志，1965，28(3)：262~268.

[91]舍英，闫晓红.关于抗癌短肽的试验研究初步成果.内蒙古画报，1982，5.

[92]Neumann, E..ber die Beteutung des Knochenmarkes fr die Bltbildung.Ein Beitrag ihrer entwiklunggeschichte der Blutkrperchen.Arch, Hailk., 1869, 10: 68~102.

[93]Erlich, P..Beitrag zur kenntnis der Anilinfabungen und ihrer verwendung in der mikroskopischen technik. Arch.Mikros.Anat. , 1877, 13:263~277.